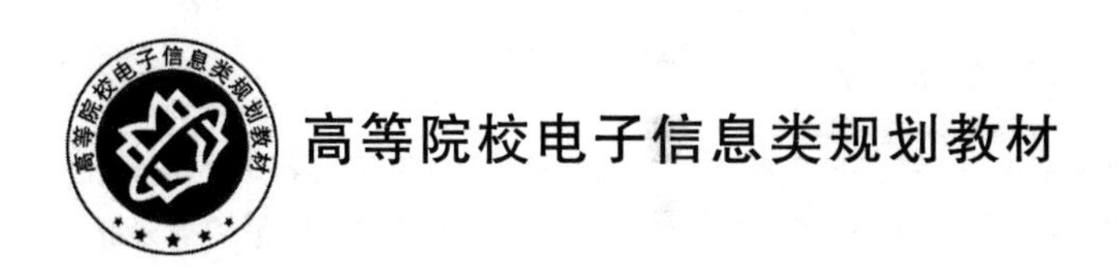

信息光学理论与应用

（第4版）

王仕璠　编著

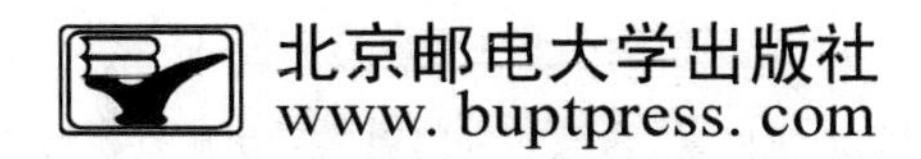
北京邮电大学出版社
www.buptpress.com

内 容 简 介

本书是在普通高等教育“十一五”国家级规划教材《信息光学理论与应用》(第3版)的基础上修订而成的，系统地介绍了信息光学的基础理论及相关的应用。全书共10章，内容涉及二维傅里叶分析、标量衍射理论、光学成像系统的频率特性、部分相干理论、光学全息照相、空间滤波、相干光学处理、非相干光学处理，以及信息光学在计量学中的应用等。

本书内容丰富，选材新颖，既系统地介绍基础理论，又同时兼顾理论和技术的发展，并强调理论与应用的结合。《信息光学理论与应用》的第2版曾被教育部评为“2009年度普通高等教育精品教材”。第3版在保持原书总体特色的基础上，结合作者多年的教学实践，对第2版做了许多修订和补充，并将其中的习题解答部分从原书中剥离出来，做了适当的添加和完善，同时补充了思考题解答，独立成书。

在准备出版本书和英文版时，作者对第3版又做了全面的修订，删去了一些次要的内容，对个别章节做了适当的补充，使其更加精炼、流畅，更适合于课堂教学。同时，为了配合重点大学进行双语教学的需要，作者力图使中文第4版与英文版的全书内容一致，便于学生对照参考。

本书读者对象为光学、光学工程、光电子技术、光信息科学与技术、应用物理、精密仪器等专业的高年级本科生和研究生。本书也可供相关专业的工程技术人员参考。

图书在版编目（CIP）数据

信息光学理论与应用 / 王仕璠编著． -- 4版． -- 北京：北京邮电大学出版社，2020.8（2023.7重印）
ISBN 978-7-5635-6122-3

Ⅰ．①信… Ⅱ．①王… Ⅲ．①信息光学—高等学校—教材 Ⅳ．①O438

中国版本图书馆CIP数据核字（2020）第119543号

策划编辑：马晓仟　**责任编辑**：王晓丹　左佳灵　**封面设计**：七星博纳

出版发行：北京邮电大学出版社
社　　址：北京市海淀区西土城路10号
邮政编码：100876
发 行 部：电话：010-62282185　传真：010-62283578
E-mail：publish@bupt.edu.cn
经　　销：各地新华书店
印　　刷：唐山玺诚印务有限公司
开　　本：787 mm×1 092 mm　1/16
印　　张：20.25
字　　数：524千字
版　　次：2004年3月第1版　2009年2月第2版　2013年3月第3版　2020年8月第4版
印　　次：2023年7月第3次印刷

ISBN 978-7-5635-6122-3　　定价：52.00元

·如有印装质量问题，请与北京邮电大学出版社发行部联系·

第 4 版前言

《信息光学理论与应用》一书自 2004 年 3 月出版以来，已连续再版多次，分别是在 2009 年和 2013 年。本书出版以来，获得不少高校同行的认可，并被选作“信息光学”课的教材，作者深受鼓舞！

在准备本书第 4 版和英文版的出版时，作者对《信息光学理论与应用》的第 3 版做了全面的修订，删去了一些次要的内容，使全书更精炼，更适于课堂教学，并使阅读更加流畅；同时，对个别章节也做了适当的补充，例如在第 5、6 章分别增加了插图，并对原书中的一些欠准确的文字做了修改。为了配合重点大学双语教学的需要，作者力图使中文第 4 版与英文版的全书内容一致，便于学生对照参考。

在完成本书的过程中，作者参考了国内外已出版的信息光学相关的多种教材、习题集和学术著作，在此，特向作(译)者们致以衷心的谢意！

最后，衷心感谢北京邮电大学出版社对本书出版的支持，衷心感谢采用本书作为教材的各兄弟院校的同行们，衷心感谢多年来听我讲授“信息光学”课程的同学们，同学们的学习热情时时激励着我在教学上精益求精，还要衷心感谢电子科技大学物理学院的各位领导和刘艺副教授对本书和英文版的出版给予的关心、支持与帮助。

由于作者水平所限，书中难免存在疏漏和错误，恳切希望使用本书的读者批评指正。

又及，作者和刘艺副教授用本书讲授“信息光学”课程的视频，已由北京超星数字图书馆“名师讲坛”全程录像，可全时段在百度上搜索到 ，有兴趣的读者可在百度上观看。

作　者

2019 年 12 月 10 日

第3版前言

《信息光学理论与应用》的第2版自2009年2月出版以来，获得不少兄弟高校同行的认可，被选作“信息光学”课的教材，并被教育部评为“2009年度普通高等教育精品教材”“普通高等教育‘十一五’国家级规划教材”，作者深受鼓舞！为了不辜负使用本书的老师、同学的信任和期望，作者随时都在考虑如何把本书修改、完善得更好一些，以满足当前教学的需要。

现在的第3版就是在保持第2版总体特色的基础上，结合作者近几年的教学实践，对全书做了全面的校订，使文字更加流畅、概念表述更加准确、数学推演更加严谨，更方便于读者自学，达到轻松学习的目的，以期培养学生独立获取知识和创造性地运用知识的能力，培养学生创新精神、勇于实践的动手能力，发展个性特长。考虑到近几年来信息光学领域的发展，全书各章都做了适当的补充。例如，在第2章“标量衍射理论”中，增加了“双缝的夫琅和费衍射”，以用于第10章中解释采用位相掩膜技术制作布拉格光纤光栅的理论依据；在第5章“光学全息照相”中，介绍了“全息网真”的最新进展；增加了5.8节“数字全息图　计算全息图”，并在书末引入了附录2“计算全息图记录和重现的Matlab程序”；在第6章“空间滤波”中，增加了“相衬显微镜的典型光路”；等等。

与第2版相比较，第3版变动特别大的是将书中的习题解答部分从原书中剥离出来，并做了适当的添加和完善，同时补充了思考题解答，独立成书，此即《信息光学理论与应用习题详解》一书，这样做有助于读者深入领会教材中所讨论的内容，并用于解决具体问题，产生动手的欲望。该书是对教材的一本很好的补充读物。

在完成本书的过程中，作者应用和参考了国内已出版的多种教材、习题集和学术著作，在此，特向作(译)者们致以衷心的谢意！

最后,衷心感谢北京邮电大学出版社对本书出版的支持,衷心感谢采用本书作教材的各兄弟高校的同行们,衷心感谢多年来听我讲授"信息光学"课的同学们,你们的学习热情时时激励着我在教学上精益求精,还要衷心感谢电子科技大学物理电子学院刘艺副教授为本书编制了计算全息图的仿真程序。

由于作者水平所限,书中缺点和错误在所难免,恳切期望使用本教材的读者批评指正。

作　者

第 2 版前言

本书和第 1 版相较，有了很多修改。主要的修改如下：

1. 对第 1 版各章做了全面的校订，使文字更加流畅、概念叙说更加准确、数学推演更加严谨，同时为便于教师与学生使用本教材，在各章末增加了“本章重点”和“思考题”，与此相配合，精选了数十道实用的例题作解题示范；重新审订了各章的习题，并给出了全部习题的详细答案。

2. 在相关章节，增写了信息光学在工业和科技领域中的应用，以便使理论与应用更紧密结合，同时开拓学生视野。

3. 将第 1 版中第 9 章至第 11 章共 3 章压缩成一章（即现在的第 9 章），重点介绍信息光学用于计量学领域时的数据处理方法，第 1 版中有关实验方面的一些描述，因另有专门的实验教材出版（见本人主编的《现代光学实验教程》，北京邮电大学出版社，2004），就从本书中删去了。

4. 新增了第 10 章“信息光学在光通信中的应用”。这是因为近 10 年来，光纤通信和相应元器件的发展极大地促进了信息光学与光通信技术的结合。光纤布拉格光栅和阵列波导光栅等的出现使全光网通信成为可能。鉴于空间光调制器在光学信息处理和光通信中日益广泛的应用，在第 7 章还专门增写了“空间光调制器”一节。全部新增和校订的内容约占原书1/3的篇幅。

衷心感谢北京邮电大学出版社对本书再版和申报“十一五”国家级规划教材给予的支持；衷心感谢采用本书作教材的各兄弟高校的同行们，是你们的支持才使本书得以再版；衷心感谢多年来听我讲授过“信息光学”课的学生们，是你们孜孜不倦的求知精神，激发了我的教学和写作热情；还要衷心感谢电子科技大学物理电子学院刘艺副教授，他为本书电子教案（PPT）的打印和绘图付出了辛勤劳动。

由于作者水平所限，书中缺点和错误在所难免，恳切期望使用本教材的读者批评指正。

作　者

第 1 版前言

本书是在作者多年从事信息光学教学和科研的基础上写成的。信息光学是一个很宽的研究领域,其发展也十分迅速。作为一本大学教材,要全面介绍信息光学各方面的最新成果似乎有一定的困难,篇幅和授课学时数都不允许这样做。相反,学生在学习阶段打下良好的理论基础却是十分必要的。有了这些基础,再去阅读最新的相关文献应该不会感到有太多的困难。因此,作者把本书的重点放在系统介绍信息光学的基础理论及其相关的应用技术上,同时兼顾理论和技术的当前发展。全书大体是这样安排的:前几章着重讨论理论基础,力图使读者在较短的时间内掌握信息光学最基本的原理以及当前的一些发展概况;后几章则是介绍在若干领域的应用。为了让读者更好领会书中所讨论的内容,全书列举了大量例题和习题,并给出了大部分习题的详细解答列在书末,供读者参考。

作者在平时的教学过程中以及在撰写本书时,曾参考了国内外已出版的多部相关教材和专著,并从中获得很多教益。在此,特向这些教材或专著的作者们(恕不一一列出)致以深切的谢意!

最后,作者衷心感谢北京邮电大学出版社对本书出版给予的支持,也衷心感谢电子科技大学研究生院和教务处对作者本人在长期从事信息光学教学工作中的支持、帮助和鼓励。

中国光学学会全息与光信息处理专业委员会主任、南京理工大学博士生导师贺安之教授为本书提供了他们科研中的最新成果照片;电子科技大学物理电子学院刘艺副教授帮助打印了本书部分手稿,周均仁同志帮助拍摄了部分插图照片,研究生王刚、韩振海、刘秋武、向根祥等帮助查阅了部分参考文献资料。在此作者也向他们表示衷心的谢意!

由于作者水平所限,书中缺点和错误在所难免,恳切期望读者批评指正。

作者谨识

2003 年 12 月 1 日

目　　录

第1章　二维傅里叶分析

自20世纪40年代后期起，通信理论中“系统”的观点和数学上的傅里叶分析（频谱分析）方法被引入光学，更新了传统光学的概念，丰富了光学学科的内容，并形成现代光学的一个重要分支——傅里叶光学（Fourier Optics）。

作为系统，无论是通信系统还是光学系统，它们都用于把收集的信息转换成人们所需要的输出信息，只不过通信系统传递和转换的信息是随时间变化的函数（例如，被调制的电压和电流波形），而光学系统传递和转换的信息（光场的复振幅分布或光强度分布）则是随空间变化的函数。在数学上，这两者之间没有实质性的差别。近年来，随着光纤通信和相应元器件（例如，半导体激光器和接收器等）的出现，进一步促进了光学与通信理论和技术的结合。傅里叶光学促进了图像科学、应用光学、光纤通信和光电子学的发展，可以认为它是光学、光电子学、信息论和通信理论的交叉科学，也是信息光学在各种应用领域中的数理基础。

本章的重点是介绍傅里叶光学中广泛用到的一些数学知识。在内容的选择和数学概念的引入上，密切结合光学现象而不拘泥于数学上的系统性和严密性，希望这样会有助于读者较快地掌握和运用这些数学工具来处理问题，从而避免由于烦琐的数学论证和运算而淡化傅里叶光学内容的物理实质和实用性。

1.1　光学中常用的几种非初等函数

在傅里叶光学中，有一些广泛使用的非初等函数被用来描述各种物理量。掌握它们的定义，熟悉它们的图像，常常会对分析、理解诸多光学现象带来很多方便。为此，首先介绍它们的定义和性质，并给它们各自指定专门的符号，为以后的讨论节省许多篇幅。

1.1.1　矩形函数

一维矩形函数（Rectangle Function）定义为

$$\mathrm{rect}\left(\frac{x}{a}\right)=\begin{cases}1 & |x|\leqslant\dfrac{a}{2}\\ 0 & \text{其他}\end{cases}\tag{1.1.1}$$

式中，$a>0$，其函数图形如图1.1.1所示。

该函数以坐标原点为中心,在宽度为 a 的区间内其值等于1,其他地方处处为0。

在时间域中,当用 x 代表时间变量时,光学中可以用一维矩形函数来描写照相机快门,定义式(1.1.1)中的 a 便是曝光时间;在空间域中,可以用该函数来描述无限大不透明屏上单缝的透过率,故一维矩形函数也称为门函数(Gating Function)。同时,它与某函数相乘后,可限制该函数自变量的取值范围,起到截取函数的作用。例如,乘积 $\cos x \cdot \mathrm{rect}\left(\frac{x}{a}\right)$ 表示余弦函数只出现在区间 $\left(-\frac{a}{2},+\frac{a}{2}\right)$ 上。

二维矩形函数的定义为

$$\mathrm{rect}\left(\frac{x}{a},\frac{y}{b}\right)=\mathrm{rect}\left(\frac{x}{a}\right)\cdot\mathrm{rect}\left(\frac{y}{b}\right)=\begin{cases}1 & |x|\leqslant\frac{a}{2},|y|\leqslant\frac{b}{2}\\ 0 & \text{其他}\end{cases} \tag{1.1.2}$$

式中,$a>0,b>0$。

该函数可视为两个一维矩形函数的乘积,它在 xOy 平面上以原点为中心的 $a\times b$ 矩形区域内,函数值为1,在其他地方处处为0,如图1.1.2所示。二维矩形函数可用来描述无限大不透明屏上矩形孔的透过率。

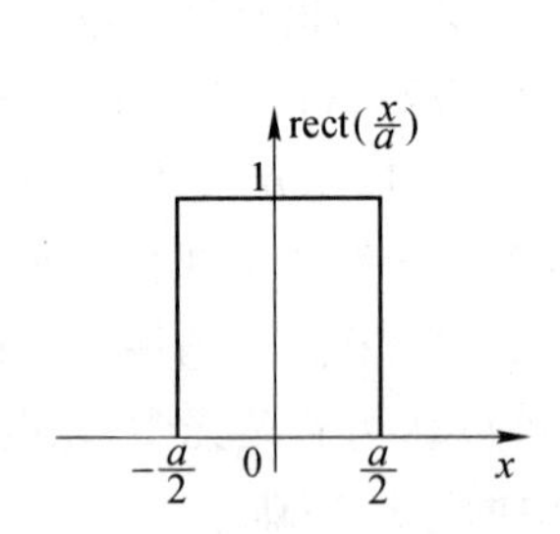

图1.1.1 一维矩形函数

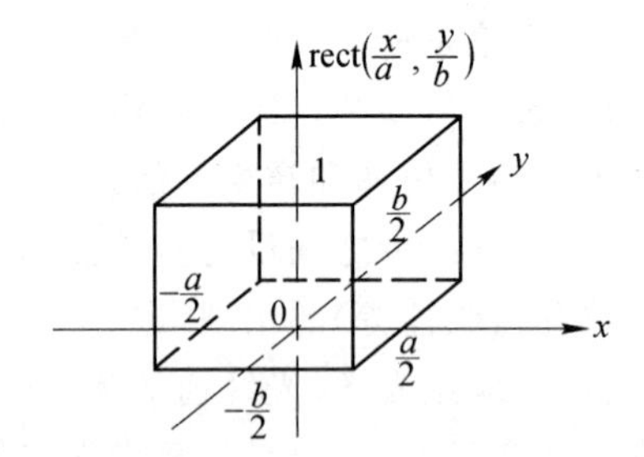

图1.1.2 二维矩形函数

1.1.2 sinc函数

一维sinc函数(sinc Function)定义为

$$\mathrm{sinc}\left(\frac{x}{a}\right)=\frac{\sin\left(\frac{\pi x}{a}\right)}{\frac{\pi x}{a}} \tag{1.1.3}$$

式中,$a>0$。

该函数在原点处有最大值1,而在 $x=\pm na(n=1,2,3,\cdots)$ 处的值等于0,其函数图形如图1.1.3所示。原点两侧第一级零点之间的宽度(称为sinc函数的主瓣宽度,Mainlobe Width)为 $2a$,并且它的面积(包括正波瓣和负波瓣)刚好等于 a。

二维sinc函数定义为

$$\mathrm{sinc}\left(\frac{x}{a},\frac{y}{b}\right)=\mathrm{sinc}\left(\frac{x}{a}\right)\mathrm{sinc}\left(\frac{y}{b}\right) \tag{1.1.4}$$

式中,$a>0,b>0$。

该函数可视为两个一维sinc函数的乘积,零点位置在$(\pm ma,\pm nb)$,m、n 均为正整数,其函数图形如图1.1.4所示。

由基础光学中知道,sinc函数可用来分别描述单缝(一维情形)和矩孔(二维情形)的夫琅和费衍射的光场振幅分布，其平方表示衍射图样。由于 sinc 函数与矩形函数（单缝、矩孔的透过率）之间的这种紧密联系，致使它们在傅里叶光学中经常被用到。

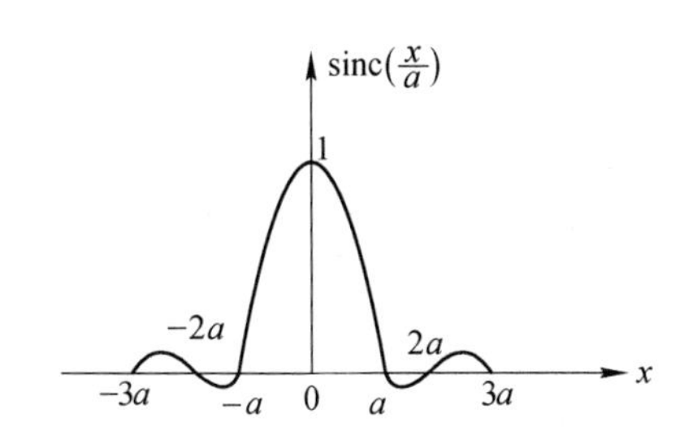

图 1.1.3　一维 sinc 函数

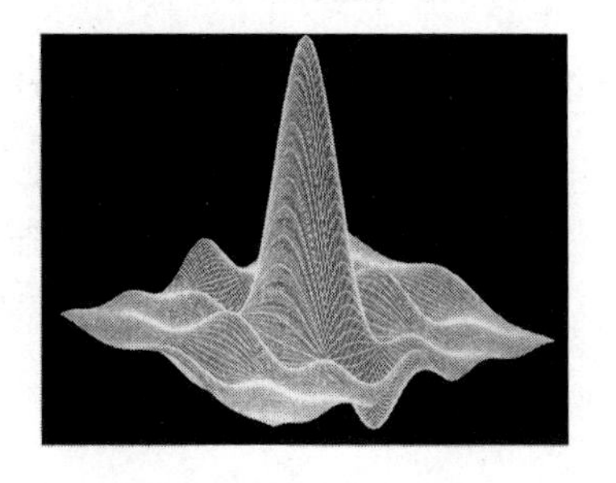

图 1.1.4　二维 sinc 函数

1.1.3　阶跃函数

一维阶跃函数（Step Function）定义为

$$\operatorname{step}\left(\frac{x}{a}\right)=\begin{cases}1 & \dfrac{x}{a}>0\\ \dfrac{1}{2} & \dfrac{x}{a}=0\\ 0 & \dfrac{x}{a}<0\end{cases} \tag{1.1.5}$$

式中，$a>0$，其函数图形如图 1.1.5 所示。

该函数在原点 $x=0$ 处有一个间断点，取值为$\frac{1}{2}$（规定它等于该间断点处左、右极限的平均值）。这种定义方式只是为了与本节后面的符号函数相呼应，对实际计算来说，这种间断点处的情况无关紧要，通常无须考虑。此外，讨论这种函数的宽度和面积是没有意义的。

将一维阶跃函数与某函数相乘时，在 $x>0$ 的部分，乘积等于该函数，在 $x<0$ 的部分，乘积恒等于 0，因而一维阶跃函数的作用如同一个“开关”，可在某点“开启”或“关闭”另一个函数。例如，乘积 $\cos(2\pi x)\cdot\operatorname{step}(x)$，对 $x<0$ 恒等于 0，而对 $x>0$ 则是 $\cos(2\pi x)$。

二维阶跃函数定义为

$$f(x,y)=\operatorname{step}(x) \tag{1.1.6}$$

上式表明，这里定义的二维阶跃函数在 y 方向上等于常数，而在 x 方向上等同于一维阶跃函数，其函数图形如图 1.1.6 所示。这种函数可用来描述光学直边（或刀口）的透过率。

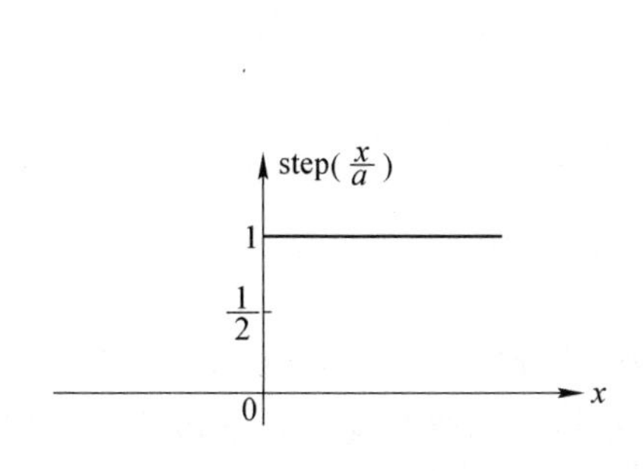

图 1.1.5　一维阶跃函数

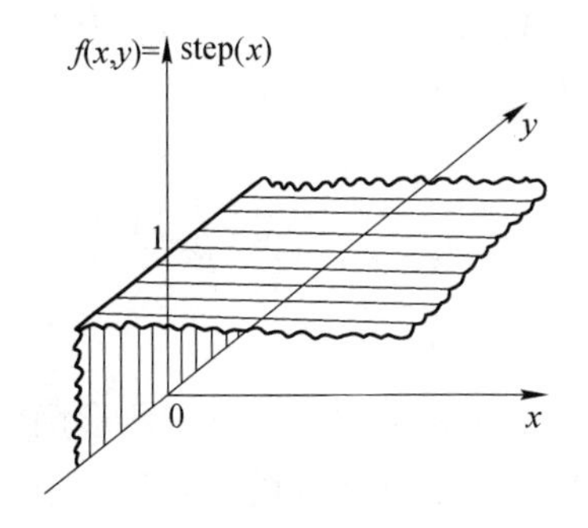

图 1.1.6　二维阶跃函数

1.1.4 符号函数

一维符号函数(Signum Function)定义为

$$\mathrm{sgn}\left(\frac{x}{a}\right)=\begin{cases}+1 & \frac{x}{a}>0\\ 0 & \frac{x}{a}=0\\ -1 & \frac{x}{a}<0\end{cases}\tag{1.1.7}$$

其函数图形如图1.1.7所示。

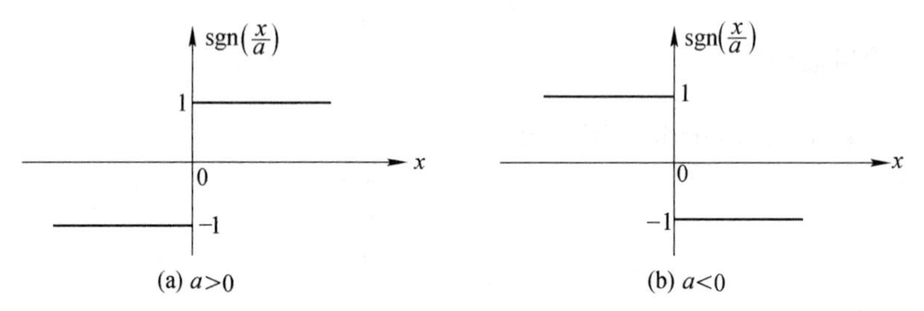

图1.1.7 符号函数

符号函数与一维阶跃函数之间存在下列关系式:

$$\mathrm{sgn}(x)=2\mathrm{step}(x)-1\tag{1.1.8}$$

和阶跃函数的情况一样,宽度和面积的概念是没有意义的。而 a 的正负仅仅决定函数的取向。

符号函数 $\mathrm{sgn}(x)$ 与某函数相乘,可使该函数在某点的极性(正负号)发生翻转。例如,某孔径的一半嵌有 π 位相板,则可利用符号函数来描述此孔径的复振幅透过率。

1.1.5 三角形函数

一维三角形函数(Triangle Function)定义为

$$\Lambda\left(\frac{x}{a}\right)=\begin{cases}1-\frac{|x|}{a} & \frac{|x|}{a}<1\\ 0 & \text{其他}\end{cases}\tag{1.1.9}$$

式中,$a>0$,函数图形如图1.1.8(a)所示。

该函数图形可视为底边宽度为 $2a$、高度为1的三角形。

二维三角形函数定义为

$$\Lambda\left(\frac{x}{a},\frac{y}{b}\right)=\Lambda\left(\frac{x}{a}\right)\Lambda\left(\frac{y}{b}\right)=\begin{cases}\left(1-\frac{|x|}{a}\right)\left(1-\frac{|y|}{b}\right) & \frac{|x|}{a},\frac{|y|}{b}<1\\ 0 & \text{其他}\end{cases}\tag{1.1.10}$$

式中,$a>0,b>0$。

该函数可视为两个一维三角形函数的乘积,其函数图形如图1.1.8(b)所示。

二维三角形函数可用来表示一个光瞳为矩形的非相干成像系统的光学传递函数(详见第3章)。

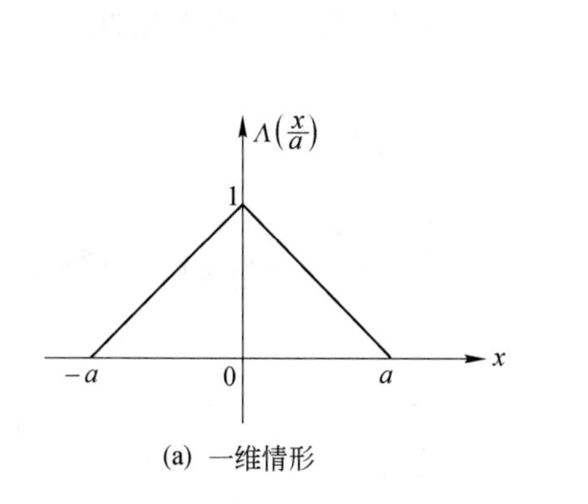

(a) 一维情形

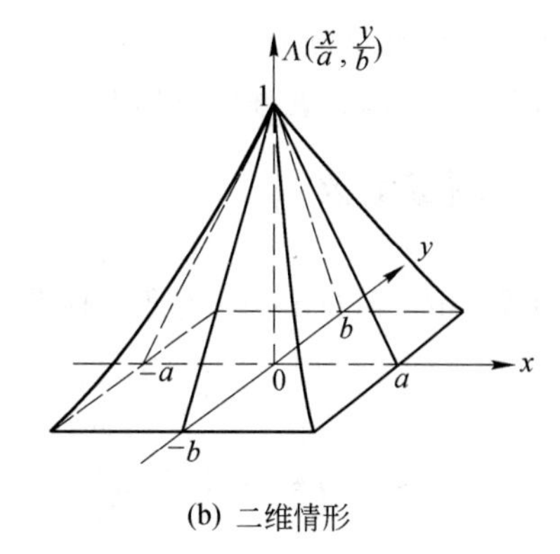

(b) 二维情形

图 1.1.8　三角形函数

1.1.6　高斯函数

一维高斯函数(Gaussian Function)定义为

$$\text{Gauss}\left(\frac{x}{a}\right)=\mathrm{e}^{-\pi\left(\frac{x}{a}\right)^2} \tag{1.1.11}$$

式中,$a>0$。

该函数图形如图 1.1.9(a)所示,指数中加入因子 π,是为了使高斯函数曲线的中央高度具有最大值 1,曲线下的面积等于 a。

二维高斯函数定义为

$$\text{Gauss}\left(\frac{x}{a},\frac{y}{b}\right)=\exp\left\{-\pi\left[\left(\frac{x}{a}\right)^2+\left(\frac{y}{b}\right)^2\right]\right\} \tag{1.1.12}$$

式中,$a>0$,$b>0$。

该函数图形如图 1.1.9(b)所示,函数曲线下的体积等于 ab。若 $a=b=1$,则二维高斯函数可表示成

$$\text{Gauss}(x,y)=\exp[-\pi(x^2+y^2)] \tag{1.1.13}$$

若用极坐标表示,则令 $r=\sqrt{x^2+y^2}$,便有

$$\text{Gauss}(r)=\mathrm{e}^{-\pi r^2} \tag{1.1.14}$$

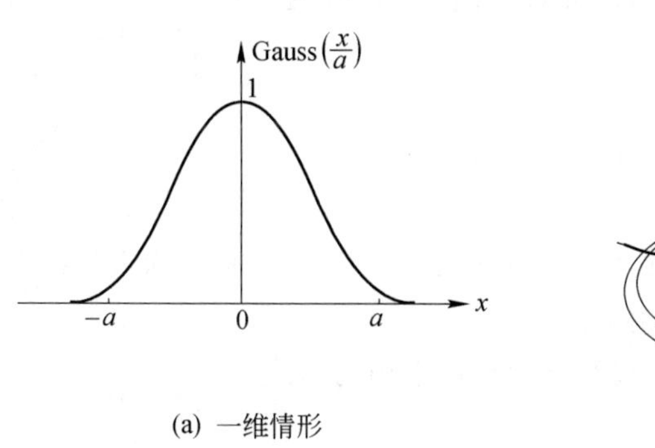

(a) 一维情形

(b) 二维情形

图 1.1.9　高斯函数

高斯函数具有下列重要性质:

① 它是光滑函数,且其各阶导数都是连续的;

② 高斯函数的傅里叶变换也是高斯函数。

高斯函数在统计学领域内经常遇到。在光学领域中,它常用来描述激光器发出的高斯光束,有时也用于光学信息处理中的“切趾术”(详见第8章)。

1.1.7 圆域函数

圆域函数(Circle Function)在直角坐标系中写成 $\mathrm{circ}\left(\frac{\sqrt{x^2+y^2}}{r_0}\right)$,在极坐标系中写成 $\mathrm{circ}\left(\frac{r}{r_0}\right)$,其定义如下:

$$\mathrm{circ}\left(\frac{r}{r_0}\right)=\mathrm{circ}\left(\frac{\sqrt{x^2+y^2}}{r_0}\right)=\begin{cases}1 & r=\sqrt{x^2+y^2}\leqslant r_0\\ 0 & \text{其他}\end{cases} \tag{1.1.15}$$

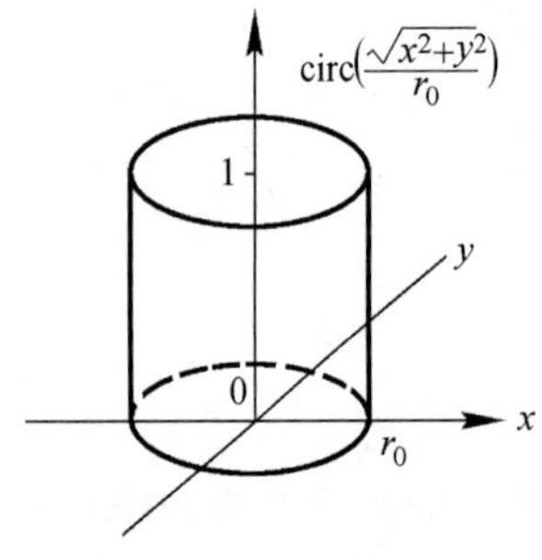

图 1.1.10 圆域函数

其函数图形如图1.1.10所示,呈圆柱形,其圆柱半径为 r_0,高度等于1。圆域函数可用来描述无限大不透明屏上圆孔的透过率。

至此,已介绍了光学中几种常用的非初等函数的定义式。这些定义式可看作是各函数的标准形式,相应的图形也可看作是标准图形。如果这些图形的位置、宽度或高度有所变化,则可看作是标准图形的相应位移或相应坐标比例尺的缩放,故相应的函数表达式也不难由其标准式导出。图1.1.11给出了3个实例。

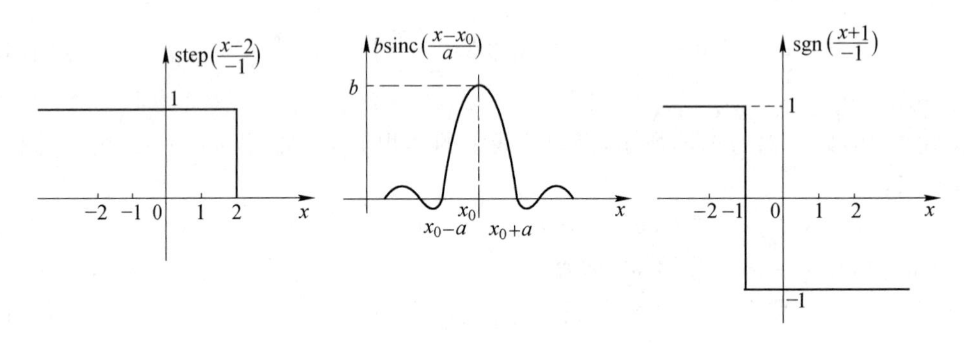

图 1.1.11 函数发生位移后的情况

1.2 δ函数

1.2.1 δ函数的定义

δ函数(Delta Function)是由P. A. M. Dirac在1930年引入的,故称为狄拉克δ函数,在物理学和工程技术中常用来描述一种极限状态。

δ函数的定义有许多种形式,下面仅给出两种最常用的形式。

定义1 (积分表达式)

$$\begin{cases}\delta(x-x_0,y-y_0)=\begin{cases}\infty & x=x_0,y=y_0\\ 0 & \text{其他}\end{cases}\\ \iint_{-\infty}^{\infty}\delta(x-x_0,y-y_0)\,\mathrm{d}x\mathrm{d}y=1\end{cases} \tag{1.2.1}$$

定义 2　(函数序列表达式)

若存在函数序列 $f_N(x,y)$，且满足条件：

$$\begin{cases} \lim\limits_{N\to\infty} f_N(x,y)=\begin{cases}\infty & x=0,y=0\\ 0 & 其他\end{cases} \\ \lim\limits_{N\to\infty}\iint_{-\infty}^{\infty} f_N(x,y)\mathrm{d}x\mathrm{d}y = 1 \end{cases} \tag{1.2.2}$$

则

$$\delta(x,y)=\lim_{N\to\infty} f_N(x,y)$$

定义 1 表明 δ 函数不是普通的函数，它不像普通函数那样全由数值对应关系确定。实际上，δ 函数是一个广义函数(Distribution)，其属性完全由它在积分中的作用表现出来。然而，从应用角度看，可以把 δ 函数与普通函数联系起来，用普通函数描述它的性质。

定义 2 表明 δ 函数可以用一个函数序列 $f_N(x,y)$ 的极限来表示。$f_N(x,y)$ 的具体形式可以是多种多样的，表 1.2.1 列出了几种表示 δ 函数的函数序列及其极限。这些函数序列都可作为 δ 函数的定义式，其中前 3 个可在直角坐标系中进行分离变量，而后两个则是关于圆对称的。应用时可方便地选用对该问题最适合的定义式。

表 1.2.1　几种表示 δ 函数的函数序列及其极限

函　数	一　维	二　维
矩形函数	$\delta(x)=\lim\limits_{N\to\infty} N\mathrm{rect}(Nx)$	$\delta(x,y)=\lim\limits_{N\to\infty} N^2\mathrm{rect}(Nx)\mathrm{rect}(Ny)$
高斯函数	$\delta(x)=\lim\limits_{N\to\infty} N\exp(-N^2\pi x^2)$	$\delta(x,y)=\lim\limits_{N\to\infty} N^2\exp[-N^2\pi(x^2+y^2)]$
sinc 函数	$\delta(x)=\lim\limits_{N\to\infty} N\mathrm{sinc}(Nx)$	$\delta(x,y)=\lim\limits_{N\to\infty} N^2\mathrm{sinc}(Nx)\mathrm{sinc}(Ny)$
圆域函数		$\delta(x,y)=\lim\limits_{N\to\infty} \frac{N^2}{\pi}\mathrm{circ}(N\sqrt{x^2+y^2})$
贝塞尔函数		$\delta(x,y)=\lim\limits_{N\to\infty} N\frac{\mathrm{J}_1(2\pi N\sqrt{x^2+y^2})}{\sqrt{x^2+y^2}}$

图 1.2.1 是按照表 1.2.1 中前两种函数序列绘制的图形，随着 N 的增大，所取的矩形函数和高斯函数对应的曲线变得越来越窄，峰值则越来越高，而曲线覆盖的面积始终等于 1。当 $N\to\infty$ 时，函数曲线趋于无限大。因此在作图时也可简单地用图 1.2.2 所示的一个箭头表示 δ 函数。图中取单位长度，相应于 δ 函数的"面积"(一维情形)或"体积"(二维情形)。

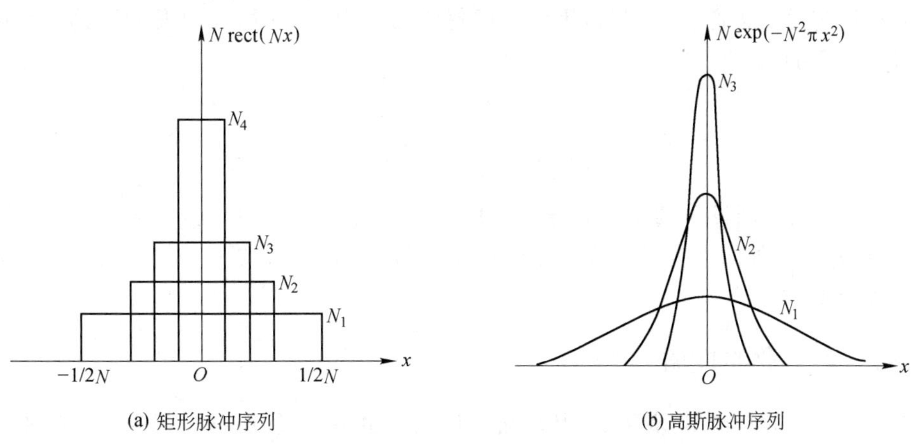

图 1.2.1　两种表示 δ 函数的函数序列

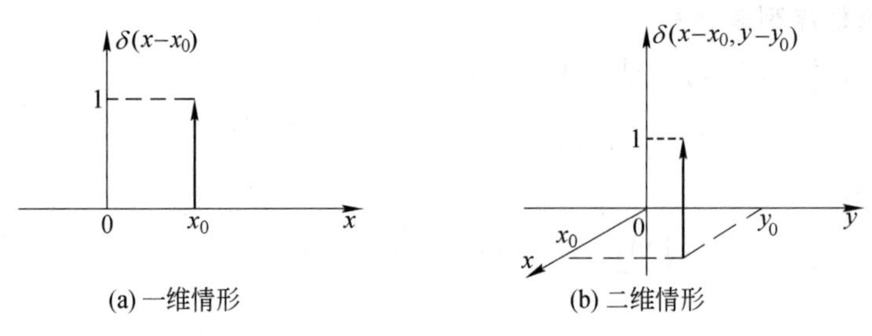

图 1.2.2 δ 函数表示

1.2.2 δ 函数的物理意义

δ 函数常用来描述脉冲状态这类物理现象。时间变量的 δ 函数用来描写单位能量的瞬间电脉冲;空间变量的 δ 函数可以描写诸如单位质量的质点的质量密度,单位电量的点电荷的电荷密度,单位光通量的点光源的面发光度等。作为例子,考察平行光束通过透镜后会聚于焦点时的照度分布,如图 1.2.3 所示。图中,L 是一个理想会聚透镜,平行光束通过透镜后会聚于焦点 F′,在 L 与焦平面之间放置一个与透镜轴线垂直的屏 P,假设透镜孔径的衍射可以忽略,这时屏上得到一个界限清晰的圆形亮斑,随着屏 P 向后焦面趋近,亮斑的直径越来越小,屏上的照度$A(x,y)$(投射到单位面积上的光通量)越来越大,在屏与后焦面完全重合,这种极限情况下,屏上 F′点的照度已无法用普通函数来描述了,它在焦点处的值为无限大,在焦点以外为 0。换言之,后焦面上的照度分布$A(x,y)$满足以下两个方程:

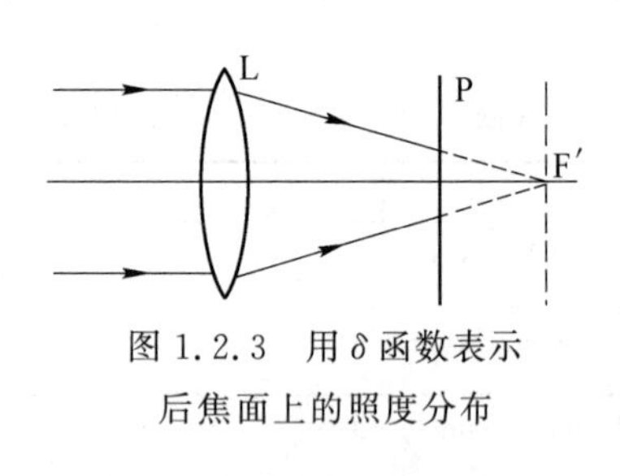

图 1.2.3 用 δ 函数表示后焦面上的照度分布

$$\begin{cases} A(x,y) = \begin{cases} \infty & x=0, y=0 \\ 0 & x \neq 0, y \neq 0 \end{cases} \\ \iint_{-\infty}^{\infty} A(x,y)\mathrm{d}x\mathrm{d}y = \text{常量(通过透镜的全部光通量)} \end{cases} \tag{1.2.3}$$

如果将通过透镜的光通量归一化,则上式与式(1.2.1)相同,即后焦面上的照度分布可用$\delta(x,y)$描述。类似地,也可分析由空间任一点 $P(\boldsymbol{r}_a)$处的点光源所发出的面发光度 $L_a(\boldsymbol{r})$(通过单位面积所传送的光通量)。当包围该点的封闭面无限缩小时,其面发光度达到无穷大,而总光通量是有限的,故有

$$\begin{cases} L_a(\boldsymbol{r}) = F_a\delta(\boldsymbol{r}-\boldsymbol{r}_a) \\ \iint_{-\infty}^{\infty} L_a(\boldsymbol{r})\mathrm{d}S = \iint_{-\infty}^{\infty} F_a\delta(\boldsymbol{r}-\boldsymbol{r}_a)\mathrm{d}S = F_a \end{cases} \tag{1.2.4}$$

式中,F_a 表示由点光源发出的全部光通量。所以,一般在光学中用 $\delta(x-x_0, y-y_0)$来直接表示平面上点(x_0, y_0)处的点光源。在一维情况下,$\delta(x-x_0)$表示在 $x=x_0$ 处的一个线光源(或无限细的狭缝光源)。

1.2.3 δ 函数的性质

在 Dirac 引入 δ 函数 20 多年后,其严格的理论才由 L. 施瓦茨发展起来。这里不加证明,仅列出 δ 函数的几个基本性质。

1. 筛选特性(Sifting Property)

若函数 $f(x,y)$ 在 (x_0,y_0) 点连续,则有

$$\iint_{-\infty}^{\infty} f(x,y)\delta(x-x_0,y-y_0)\mathrm{d}x\mathrm{d}y = f(x_0,y_0) \tag{1.2.5}$$

δ 函数的这一性质使我们在分析线性系统时,几乎可以把一切函数都分解成 δ 函数的线性组合,而每一个这样的 δ 函数都产生它自己的脉冲响应。

2. 可分离变量(Separable Variable)

在直角坐标系下,有

$$\delta(x-x_0,y-y_0)=\delta(x-x_0)\delta(y-y_0) \tag{1.2.6}$$

而在极坐标系下,相应的表达式为

$$\delta(\boldsymbol{r}-\boldsymbol{r}_0)=\frac{\delta(r-r_0)}{r}\cdot\delta(\theta-\theta_0) \qquad (r_0>0,0<\theta_0<2\pi) \tag{1.2.7}$$

式中,$\boldsymbol{r}$ 与 $\boldsymbol{r}_0$ 分别是相应于点 (r,θ) 和点 (r_0,θ_0) 的矢径,并且

$$\begin{cases} r_0=\sqrt{x_0^2+y_0^2} & (r_0>0) \\ \theta_0=\arctan\left(\dfrac{y_0}{x_0}\right) & (0<\theta_0<2\pi) \end{cases} \tag{1.2.8}$$

同时

$$\begin{cases} \displaystyle\int_0^{\infty}\delta(r-r_0)\mathrm{d}r = 1 & (r_0>0) \\ \displaystyle\int_0^{2\pi}\delta(\theta-\theta_0)\mathrm{d}\theta = 1 & (0<\theta_0<2\pi) \end{cases} \tag{1.2.9}$$

3. 乘法性质(Multiplication)

设函数 $f(x,y)$ 在 (x_0,y_0) 处连续,则有

$$f(x,y)\delta(x-x_0,y-y_0)=f(x_0,y_0)\delta(x-x_0,y-y_0) \tag{1.2.10}$$

推论:

① $f(x,y)\delta(x,y)=f(0,0)\delta(x,y)$

② $\delta(x,y)\delta(x-x_0,y-y_0)=0 \qquad (x_0\neq 0,y_0\neq 0)$

③ $\delta(x,y)\delta(x,y)$ 　　无定义

4. 坐标缩放(Scaling)

$$\delta(ax,by)=\frac{1}{|ab|}\delta(x,y) \tag{1.2.11}$$

式中,a、b 为任意实常数。

推论:

$$① \ \delta(ax-x_0)=\frac{1}{|a|}\delta\left(x-\frac{x_0}{a}\right) \tag{1.2.12}$$

$$② \ \delta(-x)=\delta(x) \tag{1.2.13}$$

故 δ 函数是偶函数。

5. 积分形式(Integration)

$$\delta(x) = \frac{1}{2\pi}\int_{-\infty}^{\infty}\cos\omega x\,\mathrm{d}\omega \tag{1.2.14}$$

$$\delta(x) = \frac{1}{2\pi}\int_{-\infty}^{\infty}\mathrm{e}^{\pm\mathrm{i}\omega x}\,\mathrm{d}\omega \tag{1.2.15}$$

式(1.2.14)表明:δ 函数可以由等振幅的所有频率的正弦波(用余弦函数表示)来合成,换言

之,δ 函数可以分解成包含所有频率的等振幅的无数正弦波。这一概念对于理解某些光学现象是很重要的。式(1.2.14)和式(1.2.15)的证明留待本章习题中进行。

***6. 微分形式(Differentiation)**

引入符号 $\delta^{(1)}(x)=\dfrac{\mathrm{d}\delta(x)}{\mathrm{d}x}$,则有

(1) $\delta^{(1)}(x)=0 \qquad (x\neq 0)$ (1.2.16a)

(2) $\int_{-\infty}^{\infty}\delta^{(1)}(x)\mathrm{d}x=0$ (1.2.16b)

(3) $\int_{-\infty}^{\infty}\delta^{(1)}(x)f(x)\mathrm{d}x=-f^{(1)}(0)$ (1.2.16c)

式中,$f(x)$有界且在 $x=0$ 处可微。

(4) $x\delta^{(1)}(x)=-\delta(x)$ (1.2.16d)

为了证明式(1.2.16a)和式(1.2.16b),可以采用 δ 函数的序列表达形式,例如,令

$$\delta(x)=\lim_{N\to\infty}f_N(x)=\lim_{N\to\infty}\frac{N}{\pi(1+N^2x^2)} \tag{1.2.17}$$

容易证明该函数序列满足 δ 函数的定义式(1.2.2):

$$\lim_{N\to\infty}f_N(x)=\lim_{N\to\infty}\frac{N}{\pi(1+N^2x^2)}=\begin{cases}\infty & x=0\\ 0 & x\neq 0\end{cases}$$

并由积分公式①,有

$$\int\frac{\mathrm{d}x}{1+x^2}=\arctan(x)$$

令 $\xi=Nx$,则有

$$\frac{1}{\pi}\int_{-\infty}^{\infty}\frac{\mathrm{d}(Nx)}{1+(Nx)^2}=\frac{1}{\pi}\int_{-\infty}^{\infty}\frac{\mathrm{d}\xi}{1+\xi^2}=\frac{1}{\pi}\arctan(\xi)\Big|_{-\infty}^{\infty}$$

$$=\frac{1}{\pi}\left[\frac{\pi}{2}-\left(-\frac{\pi}{2}\right)\right]=1$$

现在对式(1.2.17)取导数,有

$$\delta^{(1)}(x)=\lim_{N\to\infty}f_N^{(1)}(x)=\lim_{N\to\infty}\left[-\frac{2N^3x}{\pi(1+N^2x^2)^2}\right]=0$$

并注意到 $f_N^{(1)}(x)$为奇函数,式(1.2.16b)便得证。

对于式(1.2.16d),进一步,令 $\delta^{(m)}(x)=\dfrac{\mathrm{d}^{(m)}\delta(x)}{\mathrm{d}x^m}$,则对 $\delta(x)$的 m 阶导数有

a. $\int_{-\infty}^{\infty}\delta^{(m)}(x)\mathrm{d}x=0 \qquad (m>0)$ (1.2.18a)

b. $\int_{-\infty}^{\infty}\delta^{(m)}(x)f(x)\mathrm{d}x=(-1)^m f^{(m)}(0)$ (1.2.18b)

式中,$f(x)$有界且在 $x=0$ 处至少可微 m 次。

c. $\dfrac{(-1)^m x^m}{m!}\delta^{(m)}(x)=\delta(x)$ (1.2.18c)

现在对式(1.2.18b)证明如下。

首先,仿照式(1.2.2)将 δ 函数定义为普通函数序列的极限,即令 $\delta(x)=\lim\limits_{N\to\infty}g_N(x)$,且 $g_N(x)$至少可微 m 次,并定义

① 徐桂芳.积分表.上海:上海科学技术出版社,1962:6.

$$\delta^{(m)}(x)=\lim_{N\to\infty}g_N^{(m)}(x)$$

因为式(1.2.18b)中 $f(x)$有界且在 $x=0$ 处至少可求导 m 次，于是按照分部积分法，有

$$\begin{aligned}\int_{-\infty}^{\infty}\delta^{(1)}(x)f(x)\mathrm{d}x &= \lim_{N\to\infty}\int_{-\infty}^{\infty}g_N^{(1)}(x)f(x)\mathrm{d}x\\ &= \lim_{N\to\infty}\left\{g_N(x)f(x)\Big|_{-\infty}^{\infty}-\int g_N(x)f^{(1)}(x)\mathrm{d}x\right\}\end{aligned}$$

由 $g_N(x)$与 $f(x)$的性态可知

$$\lim_{N\to\infty}\left\{g_N(x)f(x)\Big|_{-\infty}^{\infty}\right\}=0$$

故

$$\begin{aligned}\int_{-\infty}^{\infty}\delta^{(1)}(x)f(x)\mathrm{d}x &=-\lim_{N\to\infty}\int_{-\infty}^{\infty}g_N(x)f^{(1)}(x)\mathrm{d}x\\ &=-\int_{-\infty}^{\infty}\delta(x)f^{(1)}(x)\mathrm{d}x=-f^{(1)}(0)\end{aligned}$$

依此类推可得

$$\lim_{N\to\infty}\int_{-\infty}^{\infty}g_N^{(2)}(x)f(x)\mathrm{d}x=(-1)^2f^{(2)}(0)$$

重复上述过程，最后有

$$\int_{-\infty}^{\infty}\delta^{(m)}(x)f(x)\mathrm{d}x=(-1)^m f^{(m)}(0)$$

为了证明式(1.2.18c)，取检验函数 $\varphi(x)$，可以写出

$$\int_{-\infty}^{\infty}\frac{(-1)^m x^m}{m!}\delta^{(m)}(x)\varphi(x)\mathrm{d}x=\frac{(-1)^m}{m!}\int_{-\infty}^{\infty}\delta^{(m)}(x)[x^m\varphi(x)]\mathrm{d}x$$

再由式(1.2.18b)，上式可化为

$$\begin{aligned}\frac{(-1)^m}{m!}\int_{-\infty}^{\infty}\delta^{(m)}(x)[x^m\varphi(x)]\mathrm{d}x &=\frac{(-1)^m}{m!}\cdot(-1)^m\frac{\mathrm{d}^m[x^m\varphi(x)]}{\mathrm{d}x^m}\bigg|_{x=0}\\ &=\varphi(0)\\ &=\int_{-\infty}^{\infty}\delta(x)\varphi(x)\mathrm{d}x\end{aligned}$$

得证。

1.2.4 梳状函数

前面已指出，δ 函数可用来描述线光源或点光源，若在同一条直线上排列无穷多个等距离的这样的点光源，则可用该直线上无穷多个等间距的 δ 函数之和来表示。同样，若在一个平面上纵横排列着无穷多个各自等距离的点光源，则可用该平面上无穷多个等间隔排列的 δ 函数之和来表示。为了方便描述这种情况，引入梳状函数(Comb Function)。

一维梳状函数定义为

$$\mathrm{comb}\left(\frac{x}{x_0}\right)=\sum_{n=-\infty}^{\infty}\delta\left(\frac{x}{x_0}-n\right)=x_0\sum_{n=-\infty}^{\infty}\delta(x-nx_0) \tag{1.2.19}$$

其函数图形如图 1.2.4 所示。一维梳状函数可用于描述光栅透过率。

二维梳状函数定义为

$$\begin{aligned}\mathrm{comb}\left(\frac{x}{x_0},\frac{y}{y_0}\right) &=\mathrm{comb}\left(\frac{x}{x_0}\right)\mathrm{comb}\left(\frac{y}{y_0}\right)\\ &=x_0y_0\sum_{m,n}\delta(x-mx_0,y-ny_0)\end{aligned} \tag{1.2.20}$$

其函数图形如图 1.2.5 所示。二维梳状函数可用于表示点源面阵、针孔面阵的透过率。

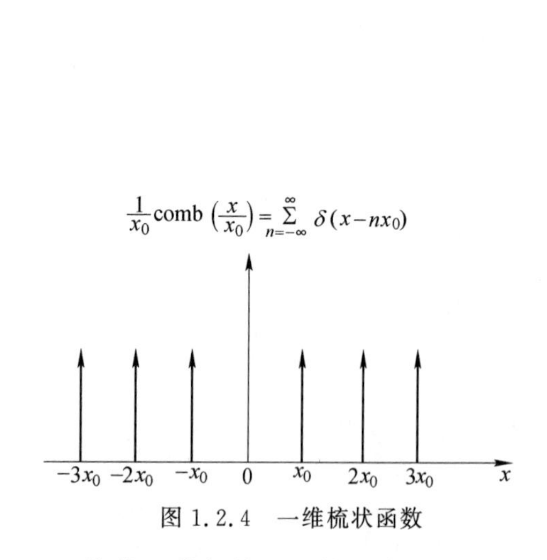

图 1.2.4　一维梳状函数

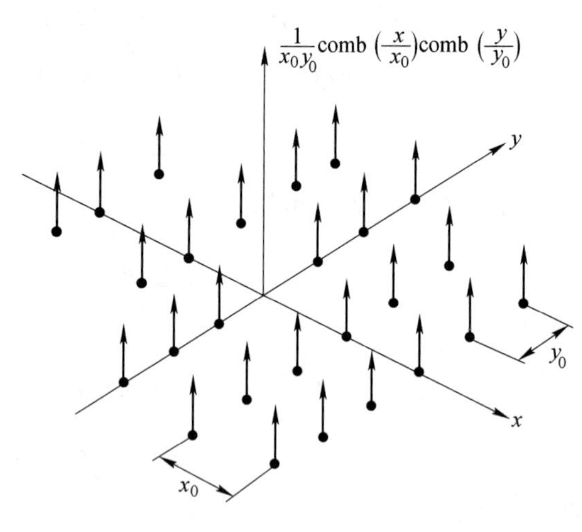

图 1.2.5　二维梳状函数

梳状函数与普通函数的乘积：

$$f(x,y)\mathrm{comb}\left(\frac{x}{x_0},\frac{y}{y_0}\right)=x_0y_0\sum_{m,n=-\infty}^{\infty}f(mx_0,ny_0)\delta(x-mx_0,y-ny_0) \tag{1.2.21}$$

式中，m、n 取整数。

显然，可以利用梳状函数对普通函数做等间隔采样，所以它又可称为普通函数的采样函数，在讨论图像的采样理论时极有用。

1.3　卷　积

卷积(Convolution)既是一个由含参变量的无穷积分定义的函数，又代表一种运算。其运算性质在线性系统理论、光学成像理论和傅里叶变换及其应用中经常用到。本节先介绍它的定义和基本性质。

1.3.1　卷积概念的引入

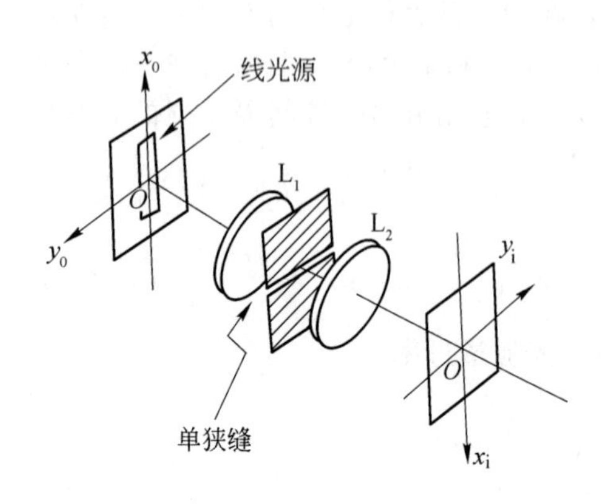

图 1.3.1　线光源的夫琅和费衍射

我们来考察一个线光源经过狭缝后的夫琅和费衍射。如图 1.3.1 所示，线光源置于会聚透镜 L_1 的前焦平面上，它与 x_0 轴方向一致，其强度分布(物函数)为 $I_0(x_0)$，欲求透镜 L_2 后焦平面(像平面)上的强度分布。

由基础光学知：根据单缝夫琅和费衍射的强度公式，位于 $x_0=0$ 处的一小段光源 $I_0(0)\Delta x_0$，通过系统后的像强度分布$\Delta I_i(x_i)$为

$$\Delta I_i(x_i)=I_0(0)\Delta x_0\,\frac{\sin^2(\pi a\sin\varphi/\lambda)}{(\pi a\sin\varphi/\lambda)^2} \tag{1.3.1}$$

式中，a 为缝宽，$\varphi=\arctan\left(\frac{x_i}{f}\right)$，$f$ 为会聚透镜 L_1、L_2 的焦距。位于 x_0 处的一小段光源 $I_0(x_0)\Delta x_0$ 通

过系统后的像强度分布 $\Delta I_{\mathrm{i}}(x_{\mathrm{i}},x_0)$ 为

$$\Delta I_{\mathrm{i}}(x_{\mathrm{i}},x_0)=I_0(x_0)\Delta x_0\frac{\sin^2\left[\frac{\pi a}{\lambda}(\sin\varphi-\sin\theta)\right]}{\left[\frac{\pi a}{\lambda}(\sin\varphi-\sin\theta)\right]^2} \tag{1.3.2}$$

式中，$\theta=\arctan\left(\frac{x_0}{f}\right)$。式(1.3.2)是斜入射情况下单缝夫琅和费衍射的强度公式。在近轴条件下，可简化为

$$\Delta I_{\mathrm{i}}(x_{\mathrm{i}},x_0)=I_0(x_0)\Delta x_0\frac{\sin^2\left[\frac{\pi a(x_{\mathrm{i}}-x_0)}{\lambda f}\right]}{\left[\frac{\pi a(x_{\mathrm{i}}-x_0)}{\lambda f}\right]^2} \tag{1.3.3}$$

式(1.3.3)表示 x_0 处点光源 $I_0(x_0)\Delta x_0$ 通过系统后的像强度分布，对于满足近轴条件的一切 x_0 都是成立的。从该式的结构可以看出，位于不同 x_0 处的光源，除了 $I_0(x_0)\Delta x_0$ 可能不同外，通过系统后的像强度的“分布形式”是一样的。若 $x_0=0$ 处的单位强度的点光源对应的像强度分布记为

$$P(x_{\mathrm{i}})=\frac{\sin^2\left(\frac{\pi a x_{\mathrm{i}}}{\lambda f}\right)}{\left(\frac{\pi a x_{\mathrm{i}}}{\lambda f}\right)^2}=\mathrm{sinc}^2\left(\frac{a x_{\mathrm{i}}}{\lambda f}\right) \tag{1.3.4}$$

则在 x_0 处单位强度点光源对应的像强度分布为 $P(x_{\mathrm{i}}-x_0)$，也就是 $P(x_{\mathrm{i}})$ 在 x_{i} 方向上平移了 x_0。式(1.3.3)可以用函数 $P(x_{\mathrm{i}})$ 表示为

$$\Delta I_{\mathrm{i}}(x_{\mathrm{i}},x_0)=I_0(x_0)\Delta x_0 P(x_{\mathrm{i}}-x_0) \tag{1.3.5}$$

物平面内的线光源上的每一点都会在像平面上形成一个确定的强度分布。由于线光源上各点之间完全不相干，所以各点在像平面上得到的光强度分布之间也完全不相干。这样，像平面上某点 x_{i} 处的总光强 $I_{\mathrm{i}}(x_{\mathrm{i}})$ 应该是所有这些点光源的光强分布在该点所取值之和。于是，$I_{\mathrm{i}}(x_{\mathrm{i}})$ 可表示成

$$I_{\mathrm{i}}(x_{\mathrm{i}})=I_0(0)\Delta\xi\cdot P(x_{\mathrm{i}})+I_0(\xi_1)\Delta\xi\cdot P(x_{\mathrm{i}}-\xi_1)+I_0(\xi_2)\Delta\xi\cdot P(x_{\mathrm{i}}-\xi_2)+\cdots$$

当 $\Delta\xi\to 0$ 时，ξ 遍取所有的 x_0 值，则 $I_{\mathrm{i}}(x_{\mathrm{i}})$ 可用积分式表示为

$$I_{\mathrm{i}}(x_{\mathrm{i}})=\int_{-\infty}^{\infty}I_0(\xi)P(x_{\mathrm{i}}-\xi)\,\mathrm{d}\xi \tag{1.3.6}$$

上式称为 $I_0(x)$ 对 $P(x)$ 的卷积运算。

1.3.2 卷积的定义

两个复函数 $f(x)$ 与 $h(x)$ 的一维卷积定义为

$$g(x)=\int_{-\infty}^{\infty}f(\xi)h(x-\xi)\,\mathrm{d}\xi=f(x)*h(x) \tag{1.3.7}$$

式中，$*$ 表示卷积运算，ξ 实际上就是自变量 x，只是为了明确参与卷积积分运算的是哪个量，而把 x 改变成了 ξ。故可把卷积运算看成是含参变量 x 的积分运算，运算结果是 x 的函数。由于光学图像大多是二维平面图像，故定义函数 $f(x,y)$ 与 $h(x,y)$ 的二维卷积为

$$g(x,y)=\iint_{-\infty}^{\infty}f(\xi,\eta)h(x-\xi,y-\eta)\,\mathrm{d}\xi\mathrm{d}\eta=f(x,y)*h(x,y) \tag{1.3.8}$$

如果 $f(x,y)$ 和 $h(x,y)$ 描述的是两个真实的光学量,则其卷积 $f(x,y)*h(x,y)$ 总是存在的。

1.3.3 卷积的物理意义和几何意义

由式(1.3.6)可知,光学系统像平面上的光强分布是物的光强分布与单位强度点光源对应的像强度分布的卷积。这就是卷积在光学成像中的物理意义。下面讨论卷积的几何意义。

虽然卷积仍表示两个函数乘积的积分,但它和通常的两个函数乘积的积分不同,区别在于积分式中出现了 $h(x-\xi)$。理解了 $h(x-\xi)$ 的意义之后,卷积运算的几何意义就清楚了。可以采用图解分析方法帮助理解卷积运算的含义,并加强对物理图像的认识。现结合图 1.3.2 所示函数图形来看卷积的过程。

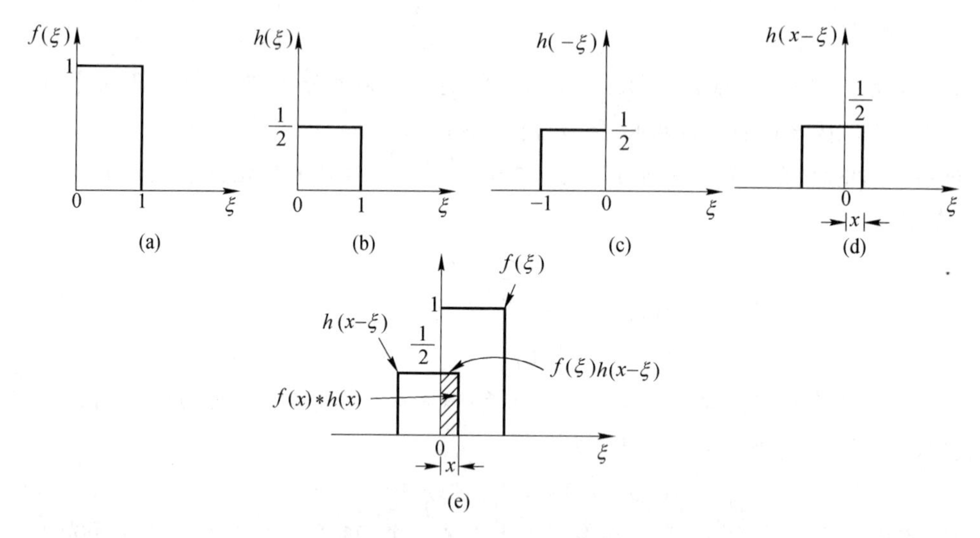

图 1.3.2 函数 $f(x)$ 与 $h(x)$ 卷积的几何解释

① 置换变量:将 $f(x)$ 与 $h(x)$ 中的自变量 x 换成积分变量 ξ,见图 1.3.2(a)、(b)。

② 折叠:将曲线 $h(\xi)$ 绕纵轴转 180°,构成对称于纵轴的"镜像" $h(-\xi)$,见图 1.3.2(c)。

③ 位移:将曲线 $h(-\xi)$ 移动距离 x(设向右移动时 $x>0$),得到 $h(x-\xi)$,见图 1.3.2(d)。

④ 相乘:将位移后的函数 $h(x-\xi)$ 乘以 $f(\xi)$,得到 $f(\xi)h(x-\xi)$。

⑤ 积分:$f(\xi)h(x-\xi)$ 曲线下的面积即为对应于给定 x 值时的卷积值,见图 1.3.2(e)。

上述卷积过程的图解方法概括起来有 4 个步骤:折叠、平移、相乘和积分。同时,通过上述讨论,可以注意到卷积运算有如下两个效应:

(1) 展宽效应(Broadening Effect):即卷积的非零值范围等于被卷积两函数的非零值范围之和。由卷积的几何意义可明显看出,只要 $f(x)$ 和 $h(x)$ 的非零值范围有重叠,则二者的卷积就不为零。

(2) 平滑化效应(Smoothing Effect):设 $f(x)$ 是一个变化很剧烈的函数,$h(x)$ 是宽度为 a 的一维矩形函数,则

$$f(x)*h(x)=f(x)*\mathrm{rect}\left(\frac{x}{a}\right)=\int_{-\infty}^{\infty}f(\xi)\mathrm{rect}\left(\frac{x-\xi}{a}\right)\mathrm{d}\xi=\int_{x-\frac{a}{2}}^{x+\frac{a}{2}}f(\xi)\mathrm{d}\xi$$

上式是以某区段内的积分值来表示卷积函数在某点 x 的值。这样,卷积的结果将变得比原来函数 $f(x)$ 本身的起伏更平缓。可以把 $f(x)$ 理解为某一线状光源的光强空间分布,把 $\mathrm{rect}\left(\frac{x}{a}\right)$ 理

解为宽度等于 a 的一个光电探测狭缝，狭缝在空间某一位置接收到的光强度是光强分布函数在狭缝范围内的积分。若光电之间的转换是线性的，则由一定宽度的狭缝探测后所显示的光强分布要比原来的光强分布平缓。但经过卷积运算后，函数的细微结构在一定程度上被消除了。

还可以用卷积效应来解释一些物理现象。例如，一个无像差光学系统的成像过程可以看成是卷积的运算结果，物点通过光学成像系统后，之所以得不到一个像点，而是一个像斑，这在物理上是由于系统光瞳的衍射造成的，在数学上就是卷积运算的必然结果。

1.3.4　卷积的运算性质

1. 线性特性

设 a,b 为任意常数，则对于函数 $f(x,y)$，$h(x,y)$ 和 $g(x,y)$，有

$$\{af(x,y)+bh(x,y)\}*g(x,y)=af(x,y)*g(x,y)+bh(x,y)*g(x,y) \tag{1.3.9a}$$

同样有

$$f(x,y)*\{ah(x,y)+bg(x,y)\}=af(x,y)*h(x,y)+bf(x,y)*g(x,y) \tag{1.3.9b}$$

2. 复函数的卷积

设 $f(x,y)$ 与 $h(x,y)$ 都是复函数，它们可表示为

$$f(x,y)=f_{\mathrm{R}}(x,y)+\mathrm{i}f_{\mathrm{I}}(x,y)$$
$$h(x,y)=h_{\mathrm{R}}(x,y)+\mathrm{i}h_{\mathrm{I}}(x,y)$$

式中，下标 R、I 分别表示 $f(x,y)$ 和 $h(x,y)$ 的实部和虚部。这样，$f(x,y)$ 和 $h(x,y)$ 的卷积 $g(x,y)$ 表示为

$$g(x,y)=[f_{\mathrm{R}}(x,y)+\mathrm{i}f_{\mathrm{I}}(x,y)]*[h_{\mathrm{R}}(x,y)+\mathrm{i}h_{\mathrm{I}}(x,y)]$$

利用卷积的线性特性可将上式进一步写成

$$\begin{aligned} g(x,y)&=f_{\mathrm{R}}(x,y)*[h_{\mathrm{R}}(x,y)+\mathrm{i}h_{\mathrm{I}}(x,y)]+\mathrm{i}f_{\mathrm{I}}(x,y)*[h_{\mathrm{R}}(x,y)+\mathrm{i}h_{\mathrm{I}}(x,y)] \\ &=[f_{\mathrm{R}}(x,y)*h_{\mathrm{R}}(x,y)-f_{\mathrm{I}}(x,y)*h_{\mathrm{I}}(x,y)]+\mathrm{i}[f_{\mathrm{R}}(x,y)*h_{\mathrm{I}}(x,y)+f_{\mathrm{I}}(x,y)*h_{\mathrm{R}}(x,y)] \\ &=g_{\mathrm{R}}(x,y)+\mathrm{i}g_{\mathrm{I}}(x,y) \end{aligned} \tag{1.3.10}$$

式中，$g_{\mathrm{R}}(x,y)$ 和 $g_{\mathrm{I}}(x,y)$ 分别为 $g(x,y)$ 的实部和虚部，即

$$g_{\mathrm{R}}(x,y)=f_{\mathrm{R}}(x,y)*h_{\mathrm{R}}(x,y)-f_{\mathrm{I}}(x,y)*h_{\mathrm{I}}(x,y)$$
$$g_{\mathrm{I}}(x,y)=f_{\mathrm{R}}(x,y)*h_{\mathrm{I}}(x,y)+f_{\mathrm{I}}(x,y)*h_{\mathrm{R}}(x,y)$$

可见，复函数的卷积运算可以归结为实函数的卷积运算。

3. 可分离变量

对于直角坐标系下的两个可分离变量的二元函数，其二维卷积也是可分离变量函数。换言之，若 $f(x,y)=f_x(x)f_y(y)$，$h(x,y)=h_x(x)h_y(y)$，则

$$\begin{aligned} g(x,y) &= f(x,y)*h(x,y)=\iint_{-\infty}^{\infty} f(\xi,\eta)h(x-\xi,y-\eta)\mathrm{d}\xi\mathrm{d}\eta \\ &= \int_{-\infty}^{\infty} f_x(\xi)h_x(x-\xi)\mathrm{d}\xi \cdot \int_{-\infty}^{\infty} f_y(\eta)h_y(y-\eta)\mathrm{d}\eta = g_x(x)g_y(y) \end{aligned} \tag{1.3.11}$$

4. 卷积符合交换律

$$f(x,y)*h(x,y)=h(x,y)*f(x,y) \tag{1.3.12}$$

5. 卷积符合结合律

$$[f(x,y)*h_1(x,y)]*h_2(x,y)=f(x,y)*[h_1(x,y)*h_2(x,y)] \tag{1.3.13}$$

6. 坐标缩放性质

设 $f(x,y)*h(x,y)=g(x,y)$，则

$$f(ax,by)*h(ax,by)=\frac{1}{|ab|}g(ax,by) \tag{1.3.14}$$

式中，$a\neq0$，$b\neq0$。需要指出，尽管式中各函数的宗量具有 ax、by 的形式，但这里的卷积运算仍以 x、y 为参变量，即所有函数的图像都是对应于 x、y 的曲线。

7. 卷积位移不变性

若 $f(x,y)*h(x,y)=g(x,y)$，则

$$\begin{aligned} f(x-x_0,y-y_0)*h(x,y)&=f(x,y)*h(x-x_0,y-y_0)\\ &=g(x-x_0,y-y_0) \end{aligned} \tag{1.3.15}$$

卷积位移不变性表明，当 $f(x,y)$ 和 $h(x,y)$ 中任一函数在 x、y 方向分别平移 x_0、y_0 后，其卷积所产生的函数图像的形状和大小不变，只是在 x、y 方向上同样分别平移了 x_0、y_0。

8. 函数 $f(x,y)$ 与 δ 函数的卷积

$$\begin{aligned} f(x,y)*\delta(x-x_0,y-y_0)&=\iint_{-\infty}^{\infty}f(\xi,\eta)\delta(x-x_0-\xi,y-y_0-\eta)\mathrm{d}\xi\mathrm{d}\eta\\ &=f(x-x_0,y-y_0) \end{aligned} \tag{1.3.16}$$

$$f(x,y)*\delta^{(k,l)}(x,y)=f^{(k,l)}(x,y) \tag{1.3.17}$$

现在仅对式(1.3.17)的一维情况证明如下。首先证明 $f(x)*\delta^{(1)}(x)=f^{(1)}(x)$。

仿照对式(1.2.18b)的证明，有

$$\begin{aligned} f(x)*\delta^{(1)}(x)&=\int_{-\infty}^{\infty}\delta^{(1)}(\xi)f(x-\xi)\mathrm{d}\xi=\lim_{N\to\infty}\int_{-\infty}^{\infty}g_N^{(1)}(\xi)f(x-\xi)\mathrm{d}\xi\\ &=\lim_{N\to\infty}\left\{g_N(\xi)f(x-\xi)\Big|_{-\infty}^{\infty}+\int_{-\infty}^{\infty}g_N(\xi)f^{(1)}(x-\xi)\mathrm{d}\xi\right\}\\ &=\int_{-\infty}^{\infty}\delta(\xi)f^{(1)}(x-\xi)\mathrm{d}\xi=f^{(1)}(x) \end{aligned}$$

依此类推可证

$$\int_{-\infty}^{\infty}\delta^{(2)}(\xi)f(x-\xi)\mathrm{d}\xi=f^{(2)}(x)$$

重复上述过程，最后便有

$$f(x)*\delta^{(n)}(x)=f^{(n)}(x)$$

从公式(1.3.16)还可看出，对于任一函数 $f(x,y)$ 与 $\delta(x-x_0,y-y_0)$ 卷积运算的结果，在数学上就是用 δ 函数的宗量 $(x-x_0,y-y_0)$ 分别代换该函数中的自变量 x、y。显然，这和函数 $f(x,y)$ 与 $\delta(x-x_0,y-y_0)$ 的乘积结果式(1.2.10)是不同的，这里的卷积结果是把函数 $f(x,y)$ 平移到脉冲所在的空间位置。从物理实际过程来看，这一卷积结果是，当点源平移时，成像系统所得到的像斑分布不发生变化。把这个结论推广到函数 $f(x,y)$ 与多个脉冲函数的卷积情况时，卷积结果可在每个脉冲所在位置处产生 $f(x,y)$ 的图像。这一性质可以用来描述各种重复性的结构，例如，可以表示双缝、多缝、光栅的透过率函数。

1.3.5 卷积运算举例

由于卷积运算过程比较麻烦，初学者常感到难以操作，为此特列举几个运算示例。为了简洁起见，只讨论一维情形。

【例 1】 设有二函数，分别为

$$f(x)=\Lambda(x)\mathrm{step}(x)$$

$$h(x)=\mathrm{rect}\left(\frac{x-1}{2}\right)$$

试求它们的卷积：$g(x)=f(x)*h(x)$。

【解】这两个函数对应的曲线如图1.3.3所示。按照前面介绍的卷积运算过程，首先将两个函数的自变量 x 换成积分变量 ξ，接着将 $h(\xi)$ 翻转成 $h(-\xi)$，再沿 x 轴将 $h(-\xi)$ 平移 x 得到 $h(x-\xi)$，最后将两个函数进行乘积、积分。这里采用的图解分析将有助于确定卷积运算中的积分限。同时，根据 x 的可能取值范围，即 $x\leqslant 0$、$0<x\leqslant 1$、$1<x\leqslant 2$、$2<x<3$ 和 $x\geqslant 3$ 等几种情形，分别画出 $f(\xi)h(x-\xi)$ 乘积曲线下的面积，如图 1.3.4(a)～(h)中的阴影区域（重叠面积部分）所示。

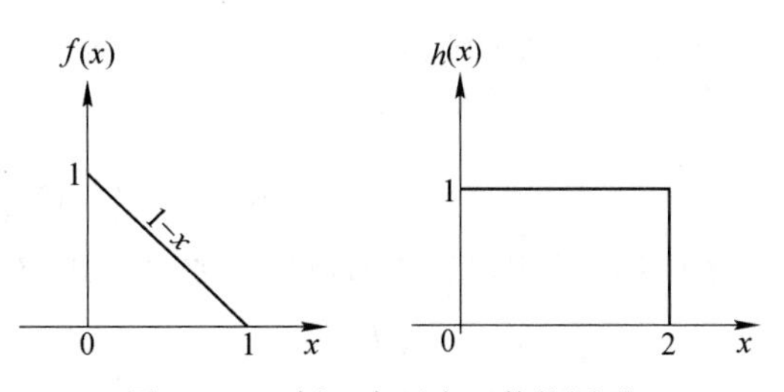

图 1.3.3　例 1 中两个函数的图形

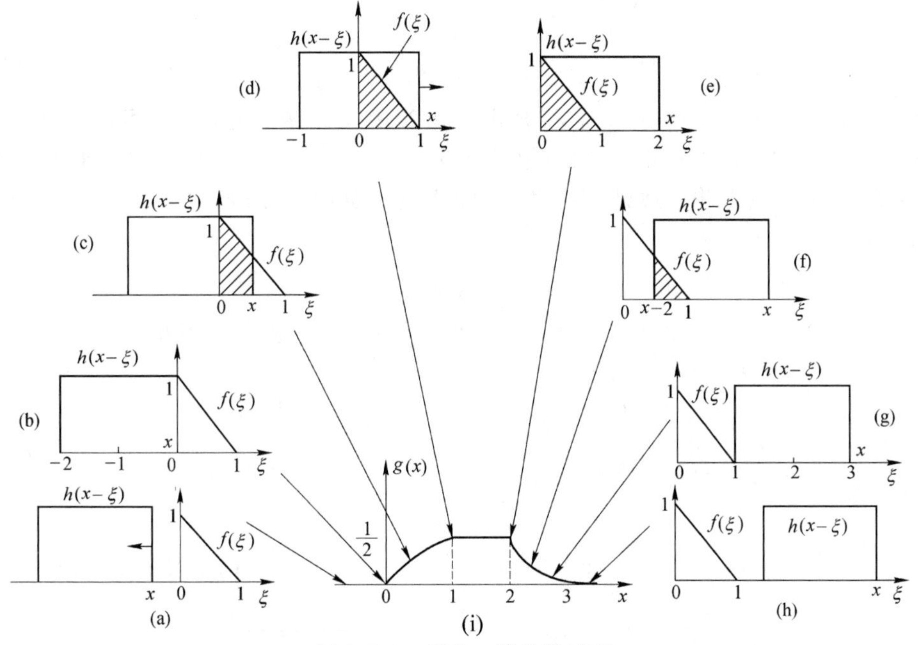

图 1.3.4　例 1 一维卷积过程

① $x\leqslant 0$ 时，$g(x)=f(x)*h(x)=0$　　（图 a，b）

② $0<x\leqslant 1$ 时，$g(x)=\int_0^x(1-\xi)\mathrm{d}\xi=x-\dfrac{x^2}{2}$　　（图 c）

③ $1<x\leqslant 2$ 时，$g(x)=\int_0^1(1-\xi)\mathrm{d}\xi=\dfrac{1}{2}$　　（图 d，e）

④ $2<x<3$ 时，$g(x)=\int_{x-2}^1(1-\xi)\mathrm{d}\xi=\dfrac{9}{2}-3x+\dfrac{x^2}{2}$　　（图 f）

⑤ $x\geqslant 3$ 时，$g(x)=f(x)*h(x)=0$　　（图 g，h）

综合上述各式，可知所求二函数的卷积为

$$g(x)=f(x)*h(x)=\begin{cases}0 & x\leqslant 0\\ x-\dfrac{x^2}{2} & 0<x\leqslant 1\\ \dfrac{1}{2} & 1<x\leqslant 2\\ \dfrac{9}{2}-3x+\dfrac{x^2}{2} & 2<x<3\\ 0 & x\geqslant 3\end{cases}\tag{1.3.18}$$

根据上述计算结果画出了 $g(x)=f(x)*h(x)$ 的完整曲线,如图1.3.4(i)所示。

【例2】 求下面的卷积。

$$g(x)=\text{rect}\left(\frac{x+1}{2}\right)*\text{rect}\left(\frac{x-1}{2}\right)$$

【解】 由卷积定义式和矩形函数表达式,有

$$\begin{aligned} g(x) &= \text{rect}\left(\frac{x+1}{2}\right) * \text{rect}\left(\frac{x-1}{2}\right) \\ &= \int_{-\infty}^{\infty} \text{rect}\left(\frac{\xi+1}{2}\right)\text{rect}\left(\frac{x-\xi-1}{2}\right)\text{d}\xi = \int_{-2}^{0} \text{rect}\left(\frac{x-\xi-1}{2}\right)\text{d}\xi \end{aligned} \tag{1.3.19}$$

其中,$\text{rect}\left(\frac{\xi-1}{2}\right)$ 经翻转并平移 x 后,有

$$\text{rect}\left(\frac{x-\xi-1}{2}\right)=\begin{cases} 1 & x-2\leqslant\xi\leqslant x \\ 0 & \text{其他} \end{cases} \tag{1.3.20}$$

由式(1.3.19)的积分限知,$-2\leqslant\xi\leqslant 0$,再结合式(1.3.20)中矩形函数的表达式可以看出:当 $\xi=-2$ 时,有 $-2\leqslant x\leqslant 0$;当 $\xi=0$ 时,有 $0\leqslant x\leqslant 2$。故只有当 $-2\leqslant x\leqslant 0$ 和 $0\leqslant x\leqslant 2$ 时,函数乘积曲线下的积分面积不等于0,而当 x 超出上述界限时,积分面积都为0,如图1.3.5所示。

遂有

$$g(x)=\begin{cases} 0 & -\infty\leqslant x\leqslant -2 \\ \int_{-2}^{x}\text{d}\xi = 2+x = 2\left(1+\frac{x}{2}\right) & -2< x\leqslant 0 \\ \int_{x-2}^{0}\text{d}\xi = 2-x = 2\left(1-\frac{x}{2}\right) & 0\leqslant x< 2 \\ 0 & 2\leqslant x\leqslant\infty \end{cases} \tag{1.3.21}$$

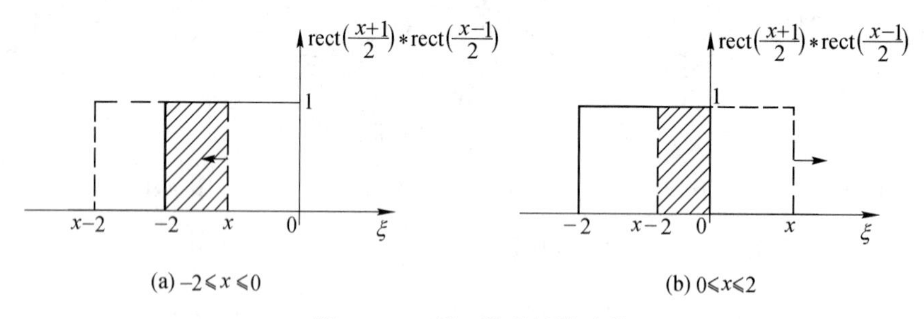

图1.3.5 例2卷积运算过程

故最后结果可表示成

$$g(x)=\text{rect}\left(\frac{x+1}{2}\right)*\text{rect}\left(\frac{x-1}{2}\right)=2\Lambda\left(\frac{x}{2}\right) \tag{1.3.22}$$

其函数图形如图1.3.6所示。

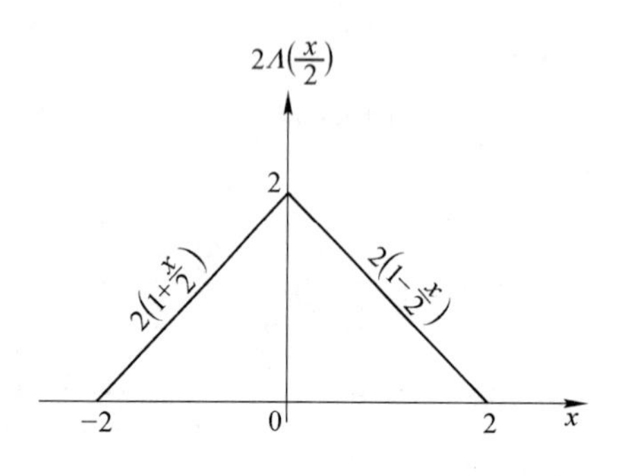

图1.3.6 例2卷积运算结果

【例3】 求下面的卷积。

$$g(x)=\frac{1}{4}\text{comb}\left(\frac{x}{4}\right)*\text{rect}\left(\frac{x}{2}\right)$$

【解】 由卷积定义式和梳状函数表达式,有

$$\begin{aligned} g(x) &= \frac{1}{4}\int_{-\infty}^{\infty}\sum_{n=-\infty}^{\infty}\delta\left(\frac{\xi}{4}-n\right)\mathrm{rect}\left(\frac{x-\xi}{2}\right)\mathrm{d}\xi \\ &= \sum_{n=-\infty}^{\infty}\int_{-\infty}^{\infty}\delta(\xi-4n)\mathrm{rect}\left(\frac{x-\xi}{2}\right)\mathrm{d}\xi \\ &= \sum_{n=-\infty}^{\infty}\mathrm{rect}\left(\frac{x-4n}{2}\right) \qquad 4n-1<x<4n+1 \end{aligned}$$

其函数图形如图 1.3.7 所示。该结果可用来表示罗奇(Ronchi)光栅的强度透过率。

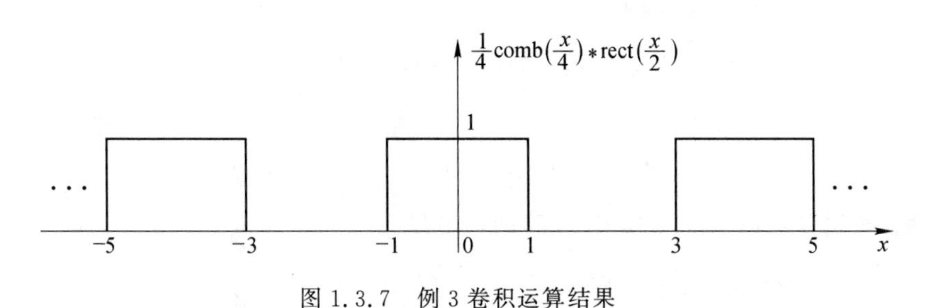

图 1.3.7　例 3 卷积运算结果

1.4　相　关

相关(Correlation)和卷积类似，它既是一个由含参变量的无穷积分定义的函数，又代表一种运算。它与傅里叶变换有密切的联系，并且在光学图像特征识别中具有重要的应用。

1.4.1　互相关

1. 互相关(Crosscorrelation)的定义

两个复函数 $f(x,y)$ 和 $g(x,y)$ 的互相关定义为

$$e_{fg}(x,y)=\iint_{-\infty}^{\infty}f^*(\xi,\eta)g(x+\xi,y+\eta)\mathrm{d}\xi\mathrm{d}\eta=f(x,y)\otimes g(x,y) \tag{1.4.1}$$

式中，$*$ 表示函数的复共轭，$\otimes$ 表示相关运算。若令 $x+\xi=\xi'$，$y+\eta=\eta'$，则可得到互相关的另一种定义形式为

$$e_{fg}(x,y)=\iint_{-\infty}^{\infty}f^*(\xi'-x,\eta'-y)g(\xi',\eta')\mathrm{d}\xi'\mathrm{d}\eta'=f(x,y)\otimes g(x,y) \tag{1.4.2}$$

比较式(1.4.1)和式(1.3.8)可以看出，相关与卷积的区别仅在于相关运算中，函数 $f(x,y)$ 应取复共轭，但图形不需要翻转，而位移、相乘和积分 3 个过程是共通的。尽管它们的运算结果迥然不同，但两者之间也有一定的联系。

互相关是两个信号间存在多少相似性或关联性的量度。两个完全不同的、毫无关联的信号，对所有位置，它们互相关的值应为零。如果两个信号由于某种物理上的联系在一些部位存在相似性，则在相应位置上就存在非零的互相关值。

2. 互相关的运算性质

① 互相关与卷积的联系

$$e_{fg}(x)=f(x)\otimes g(x)=f^*(-x)*g(x) \tag{1.4.3}$$

【证明】按照互相关的定义式(1.4.2),有

$$\text{左边}=f(x)\otimes g(x)=\int_{-\infty}^{\infty}f^*(\xi-x)g(\xi)\mathrm{d}\xi=\int_{-\infty}^{\infty}g(\xi)f^*[-(x-\xi)]\mathrm{d}\xi$$

$$=g(x)*f^*(-x)=\text{右边}$$

得证。

当 $f(x)$ 是实偶函数时,有

$$f(x)\otimes g(x)=f(x)*g(x)$$

② 互相关运算不满足交换律

$$f(x)\otimes g(x)\neq g(x)\otimes f(x) \tag{1.4.4}$$

但有

$$f(x)\otimes g(x)=g^*(-x)\otimes f^*(-x) \tag{1.4.5}$$

【证明】按照公式(1.4.3)、式(1.4.5)两边分别为

$$\text{左边}=f(x)\otimes g(x)=f^*(-x)*g(x)=g(x)*f^*(-x)$$

$$\text{右边}=g^*(-x)\otimes f^*(-x)=g(x)*f^*(-x)$$

$$\text{左边}=\text{右边}$$

得证。

1.4.2 自相关

1. 自相关(Autocorrelation)的定义

$$e_{ff}(x,y)=f(x,y)\otimes f(x,y)=\iint_{-\infty}^{\infty}f^*(\xi,\eta)f(x+\xi,y+\eta)\mathrm{d}\xi\mathrm{d}\eta$$

$$=\iint_{-\infty}^{\infty}f^*(\xi-x,\eta-y)f(\xi,\eta)\mathrm{d}\xi\mathrm{d}\eta \tag{1.4.6}$$

上式称为两个相同函数的自相关。自相关是两个相同函数图像重叠程度的量度。当两个相同函数图像完全重叠时,自相关有一极大峰值,称为自相关峰(Autocorrelation Peak)。由于只有相同函数的图形才能完全重合,故相同函数间的自相关相较于不同函数之间的互相关而言,其相关程度要高得多。

2. 自相关函数的性质

① 自相关函数具有厄米特对称性

$$e_{ff}(x,y)=f(x,y)\otimes f(x,y)=f^*(-x,-y)\otimes f^*(-x,-y)=e_{ff}^*(-x,-y) \tag{1.4.7}$$

上式可由式(1.4.5)直接得到。显然,当 $f(x,y)$ 是实函数时,其自相关函数是实偶函数,也即

$$e_{ff}(x,y)=f(x,y)\otimes f(x,y)=f^*(-x,-y)\otimes f^*(-x,-y)=e_{ff}(-x,-y) \tag{1.4.8}$$

② 自相关函数的模在原点处有最大值

$$|f(x,y)\otimes f(x,y)|\leqslant f(0,0)\otimes f(0,0) \tag{1.4.9}$$

【证明】取施瓦茨(Schwarz)不等式:

$$\left|\iint_{-\infty}^{\infty}g(x,y)h(x,y)\mathrm{d}x\mathrm{d}y\right|\leqslant\left[\iint_{-\infty}^{\infty}|g(x,y)|^2\mathrm{d}x\mathrm{d}y\right]^{1/2}\left[\iint_{-\infty}^{\infty}|h(x,y)|^2\mathrm{d}x\mathrm{d}y\right]^{1/2} \tag{1.4.10}$$

若令 $g(x,y)=f^*(\xi,\eta)$，$h(x,y)=f(\xi+x,\eta+y)$，则

$$
\begin{aligned}
|f(x,y)\otimes f(x,y)| &= \left|\iint_{-\infty}^{\infty} f^*(\xi,\eta)f(\xi+x,\eta+y)\mathrm{d}\xi\mathrm{d}\eta\right| \\
&\leqslant\left[\iint_{-\infty}^{\infty}|f^*(\xi,\eta)|^2\mathrm{d}\xi\mathrm{d}\eta\right]^{1/2}\left[\iint_{-\infty}^{\infty}|f(\xi+x,\eta+y)|^2\mathrm{d}(\xi+x)\mathrm{d}(\eta+y)\right]^{1/2} \\
&=\iint_{-\infty}^{\infty}|f(\xi,\eta)|^2\mathrm{d}\xi\mathrm{d}\eta
\end{aligned}
$$

因为从形式上看，上述不等式右端两个带根号的积分是完全相同的，故得证。

1.4.3　相关运算举例

前面已指出，在函数 $f(x)$ 和 $h(x)$ 的相关运算中，$f(x)$ 须取共轭，但 $h(x)$ 不需翻转，只需作平移，再作两函数的乘积和积分。下面列举两个运算示例。

【例 1】试计算下面二函数的相关，并绘图表示所得结果。

$$g(x)=\mathrm{rect}\left(\frac{x+1}{2}\right)\otimes\mathrm{rect}\left(\frac{x-1}{2}\right)$$

【解】由定义式(1.4.2)，有

$$g(x)=\int_{-\infty}^{\infty}\mathrm{rect}\left(\frac{\xi+1-x}{2}\right)\mathrm{rect}\left(\frac{\xi-1}{2}\right)\mathrm{d}\xi=\int_0^2\mathrm{rect}\left(\frac{\xi+1-x}{2}\right)\mathrm{d}\xi \tag{1.4.11}$$

其中

$$\mathrm{rect}\left(\frac{\xi+1-x}{2}\right)=\begin{cases}1 & x-2\leqslant\xi\leqslant x\\ 0 & \text{其他}\end{cases} \tag{1.4.12}$$

由式(1.4.11)积分限知，$0\leqslant\xi\leqslant2$。再由式(1.4.12)可知：当 $\xi=0$ 时，有 $0\leqslant x\leqslant2$；当 $\xi=2$ 时，有 $2\leqslant x\leqslant4$。故按图解分析法(见图 1.4.1)易得

$$g(x)=\begin{cases}0 & -\infty<x\leqslant0\\ \int_0^x\mathrm{d}\xi=x=2\left(1+\frac{x-2}{2}\right) & 0<x\leqslant2\\ \int_{x-2}^2\mathrm{d}\xi=4-x=2\left(1-\frac{x-2}{2}\right) & 2\leqslant x<4\\ 0 & 4\leqslant x<\infty\end{cases} \tag{1.4.13}$$

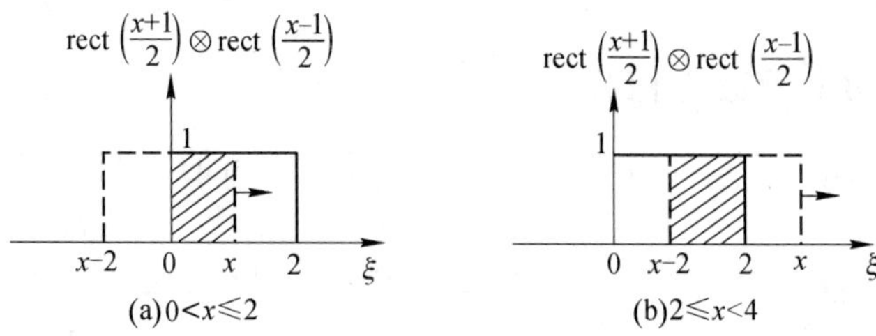

图 1.4.1　例 1 相关运算过程

故最后计算结果可表示为

$$g(x)=\mathrm{rect}\left(\frac{x+1}{2}\right)\otimes\mathrm{rect}\left(\frac{x-1}{2}\right)=2\Lambda\left(\frac{x-2}{2}\right) \tag{1.4.14}$$

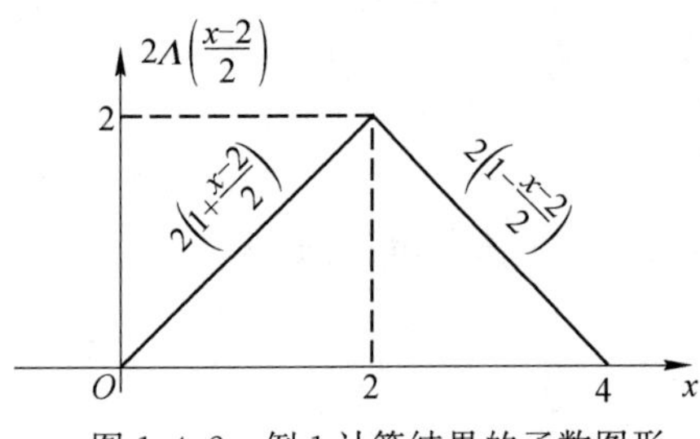

图 1.4.2 例 1 计算结果的函数图形

其函数图形如图 1.4.2 所示。上述结果与式(1.3.22)的卷积运算结果相比较,相关运算后的函数图形保持不变,但图形发生了一定的位移。

【例 2】 试计算 $g(x)=\text{rect}(x)\otimes\text{rect}(x)$。

【解】

$$g(x)=\int_{-\infty}^{\infty}\text{rect}(\xi)\text{rect}(x+\xi)\text{d}\xi=\int_{-1/2}^{1/2}\text{rect}(x+\xi)\text{d}\xi \tag{1.4.15}$$

其中

$$\text{rect}(x+\xi)=\begin{cases}1 & -\left(\frac{1}{2}+x\right)\leqslant\xi\leqslant\frac{1}{2}-x\\ 0 & \text{其他}\end{cases}$$

由式(1.4.15)中的积分限知,$-\frac{1}{2}\leqslant\xi\leqslant\frac{1}{2}$。当 $\xi=-\frac{1}{2}$ 时,有 $0\leqslant x\leqslant1$;$\xi=\frac{1}{2}$ 时,有 $-1\leqslant x\leqslant 0$,再由图解分析法(见图 1.4.3)有

$$g(x)=\begin{cases}\int_{-\frac{1}{2}}^{x+\frac{1}{2}}\text{d}\xi=1+x & -1\leqslant x\leqslant 0\\ \int_{x-\frac{1}{2}}^{\frac{1}{2}}\text{d}\xi=1-x & 0\leqslant x\leqslant 1\end{cases} \tag{1.4.16}$$

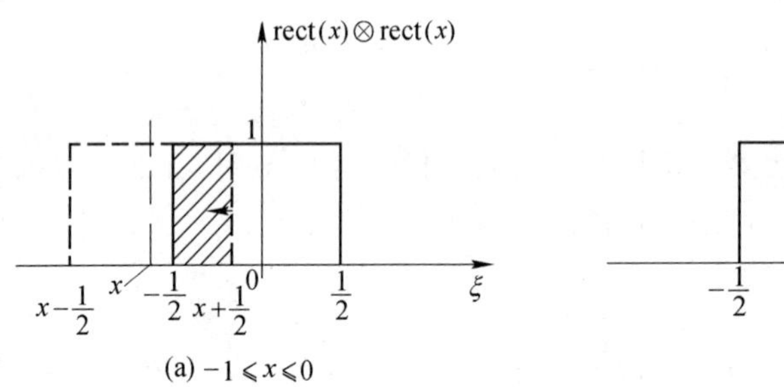

图 1.4.3 例 2 相关运算过程

故得

$$\text{rect}(x)\otimes\text{rect}(x)=\Lambda(x) \tag{1.4.17}$$

其函数图形如图 1.4.4 所示。

1.4.4 有限功率函数的相关

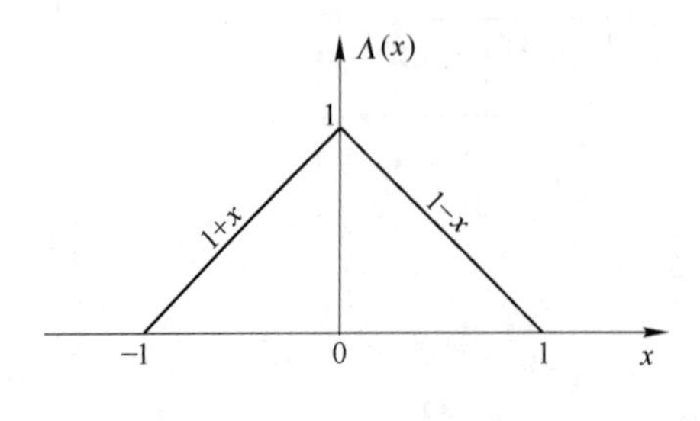

图 1.4.4 例 2 计算结果

在前面所给出的互相关定义式(1.4.1)或式(1.4.2)中,要求函数 $f(x,y)$ 和 $g(x,y)$ 是有限能量函数,即其函数的平方是绝对可积的

$$\begin{aligned}&\iint_{-\infty}^{\infty}|f(x,y)|^2\text{d}x\text{d}y<\infty\\&\iint_{-\infty}^{\infty}|g(x,y)|^2\text{d}x\text{d}y<\infty\end{aligned} \tag{1.4.18}$$

有些函数,例如周期函数、平稳随机函数等并不满足这一条件,但却满足下述极限:

$$\begin{cases} \lim\limits_{x,y\to\infty} \dfrac{1}{4xy}\displaystyle\int_{-x}^{x}\int_{-y}^{y} |f(x,y)|^2 \mathrm{d}x\mathrm{d}y < \infty \\ \lim\limits_{x,y\to\infty} \dfrac{1}{4xy}\displaystyle\int_{-x}^{x}\int_{-y}^{y} |g(x,y)|^2 \mathrm{d}x\mathrm{d}y < \infty \end{cases} \tag{1.4.19}$$

当系统中能量传递的平均功率为有限值时，常用这类函数，把它们称为有限功率函数。于是，当两个复函数都是有限功率函数时，人们把函数 $f(x,y)$ 和 $g(x,y)$ 的互相关定义为

$$\langle f^*(\xi-x,\eta-y)g(\xi,\eta)\rangle = \lim_{x,y\to\infty} \frac{1}{4xy}\int_{-x}^{x}\int_{-y}^{y} f^*(\xi-x,\eta-y)g(\xi,\eta)\mathrm{d}\xi\mathrm{d}\eta \tag{1.4.20}$$

式中，符号〈·〉表示求平均。

而有限功率函数 $f(x,y)$ 的自相关便定义为

$$\langle f^*(\xi-x,\eta-y)f(\xi,\eta)\rangle = \lim_{x,y\to\infty} \frac{1}{4xy}\int_{-x}^{x}\int_{-y}^{y} f^*(\xi-x,\eta-y)f(\xi,\eta)\mathrm{d}\xi\mathrm{d}\eta \tag{1.4.21}$$

定义式(1.4.21)适用于功率有限的信号，而定义式(1.4.6)适用于能量有限的信号。

1.5　傅里叶变换的基本概念

由于光学系统几乎都是用二维空间变量来描述的，所以下面讨论傅里叶变换及其基本定理时，都采用二维变量函数形式。

1.5.1　二维傅里叶变换的定义

复函数 $f(x,y)$ 的傅里叶变换(Fourier Transform)定义为

$$F(f_x,f_y) = \mathscr{F}\{f(x,y)\} = \iint_{-\infty}^{\infty} f(x,y)\mathrm{e}^{-\mathrm{i}2\pi(f_x x+f_y y)}\mathrm{d}x\mathrm{d}y \tag{1.5.1}$$

式中，符号 $\mathscr{F}\{\cdot\}$ 表示傅里叶变换，其变换结果 $F(f_x,f_y)$ 也是两个自变量 f_x、f_y 的函数，称为 $f(x,y)$ 的傅里叶谱，f_x、f_y 分别称为沿 x 方向和 y 方向的空间频率，积分中的复指数 $\mathrm{e}^{-\mathrm{i}2\pi(f_x x+f_y y)}$ 有时称为二维傅里叶变换的核(Nucleus)。

函数 $f(x,y)$ 也可以用其频谱函数 $F(f_x,f_y)$ 表示，即

$$f(x,y) = \mathscr{F}^{-1}\{F(f_x,f_y)\} = \iint_{-\infty}^{\infty} F(f_x,f_y)\mathrm{e}^{\mathrm{i}2\pi(f_x x+f_y y)}\mathrm{d}f_x\mathrm{d}f_y \tag{1.5.2}$$

通常把式(1.5.1)称为傅里叶正变换；而把式(1.5.2)称为傅里叶逆变换(Inverse Fourier Transform)，用符号 $\mathscr{F}^{-1}\{\cdot\}$ 表示。函数 $f(x,y)$ 和 $F(f_x,f_y)$ 构成傅里叶变换对(Fourier Transform Pairs)，常用下列简洁的符号表示：

$$f(x,y)\leftrightarrow F(f_x,f_y) \tag{1.5.3}$$

式中，$f(x,y)$ 称为 $F(f_x,f_y)$ 的原函数，$F(f_x,f_y)$ 称为 $f(x,y)$ 的像函数。作为数学运算，傅里叶正变换与逆变换在形式上是非常相似的，只是被积函数中指数因子的符号和积分变量不同而已。有时也称函数 $F(f_x,f_y)$ 的傅里叶逆变换式为函数 $f(x,y)$ 的傅里叶积分。

由于 $F(f_x,f_y)$ 一般是复函数，故可以用它的模和幅角表示，写成

$$F(f_x,f_y) = |F(f_x,f_y)|\mathrm{e}^{\mathrm{i}\Phi(f_x,f_y)} \tag{1.5.4}$$

式中，$|F(f_x,f_y)|$ 称为 $f(x,y)$ 的傅里叶变换振幅谱(Amplitude Spectrum)；$\Phi(f_x,f_y)$ 称为位相谱(Phase Spectrum)；$|F(f_x,f_y)|^2$ 称为 $f(x,y)$ 的功率谱(Power Spectrum)。

1.5.2 存在条件

函数 $f(x,y)$ 要能进行傅里叶变换，必须满足一定的条件，否则定义式(1.5.1)和式(1.5.2)在通常的数学意义下不一定存在。因此，至少应该简略地讨论一下傅里叶变换的存在条件。函数 $f(x,y)$ 存在傅里叶变换的充分条件通常有下列几条。

(1) 函数 $f(x,y)$ 必须在整个无限 xOy 平面绝对可积，即

$$\iint_{-\infty}^{\infty} |f(x,y)|\,\mathrm{d}x\mathrm{d}y < \infty$$

(2) 函数 $f(x,y)$ 必须在 xOy 平面上的每一个有限区域内局部连续，即仅存在有限个不连续点和有限个极大和极小点。

(3) 函数 $f(x,y)$ 必须没有无穷大间断点。

上述存在条件是从数学的角度提出的，本书不准备也没有必要去严格证明它，这里只简单说明以下两点：

① 若函数 $f(x,y)$ 存在间断点，则假定在该点附近函数值有限，且其左、右极限存在，分别记为 $f(x-0,y-0)$ 和 $f(x+0,y+0)$，并令

$$\mathscr{F}^{-1}\{F(f_x,f_y)\} = \iint_{-\infty}^{\infty} F(f_x,f_y)\mathrm{e}^{\mathrm{i}2\pi(f_x x+f_y y)}\mathrm{d}f_x\mathrm{d}f_y = \begin{cases} f(x,y) & (x,y)\text{ 为连续点} \\ \dfrac{1}{2}[f(x-0,y-0)+f(x+0,y+0)] & (x,y)\text{ 为间断点} \end{cases} \tag{1.5.5}$$

② 应用傅里叶变换的各个领域的大量事实证明，作为空间函数而实际存在的物理量，总具备保证其傅里叶变换存在的基本条件。可以说，物理上的可能就是傅里叶变换存在的有力的充分条件。

但是，在分析光学系统时，为了描述方便，又往往用一些理想化的数学函数来表示实际的物理图像，而对于这些有用的函数，上述 3 个存在条件中的某一个或多个可能都不成立。例如 δ 函数，它有一个无穷大间断点，因而不满足存在条件(3)；又如符号函数、正弦函数、余弦函数和阶跃函数，它们都不满足存在条件(1)。因而上述这些函数都不存在普通的傅里叶变换。为了能用傅里叶分析方法来讨论大量有用的函数，并用它们来描述实际的物理图像，就必须对前述的傅里叶变换定义做一些推广。

1.5.3 广义傅里叶变换

假定有一个函数序列 $g_N(x,y)$，其中的每一个函数都存在傅里叶变换，对应的频谱函数为 $G_N(f_x,f_y)$。函数 $g(x,y)$ 虽然不存在傅里叶变换，但 $g(x,y)$ 却是 $g_N(x,y)$ 在 $N\to\infty$ 时的极限，则定义 $N\to\infty$ 时 $G_N(f_x,f_y)$ 的极限为 $g(x,y)$ 的广义傅里叶变换(Generalized Fourier Transform)。由此可见，广义傅里叶变换就是极限意义下的普通傅里叶变换。因此，可采用同样的算符 $\mathscr{F}\{\cdot\}$ 和 $\mathscr{F}^{-1}\{\cdot\}$ 表示广义傅里叶变换。

广义傅里叶变换可以按照普通傅里叶变换相同的规则进行演算，二者之间的差别一般可以不计。为了说明广义傅里叶变换的计算，下面列举两个例子。为简洁起见，这里只讨论一维情况，二维情况按可分离变量函数的变换求解。

【例 1】 求符号函数 $\mathrm{sgn}(x)$ 的傅里叶变换。

【解】 计算过程可分为 3 个步骤。

(1) 选择适当的函数序列。例如,取

$$g_N(x)=\begin{cases}e^{-x/N} & x>0\\ 0 & x=0\\ -e^{x/N} & x<0\end{cases} \tag{1.5.6}$$

由式(1.1.7),显然有

$$\operatorname{sgn}(x)=\lim_{N\to\infty}g_N(x)=\begin{cases}1 & x>0\\ 0 & x=0\\ -1 & x<0\end{cases}$$

(2) 求 $\mathscr{F}\{g_N(x)\}$。

$$\begin{aligned}G_N(f_x)=\mathscr{F}\{g_N(x)\}&=\int_{-\infty}^{\infty}g_N(x)e^{-i2\pi f_x x}dx\\ &=-\int_{-\infty}^{0}e^{x/N}e^{-i2\pi f_x x}dx+\int_{0}^{\infty}e^{-\frac{x}{N}}e^{-i2\pi f_x x}dx\\ &=\frac{-i4\pi f_x}{\left(\frac{1}{N}\right)^2+(2\pi f_x)^2}\end{aligned} \tag{1.5.7}$$

(3) 求 $\lim\limits_{N\to\infty}\mathscr{F}\{g_N(x)\}$。

由式(1.5.7)取极限得

$$\mathscr{F}\{\operatorname{sgn}(x)\}=\lim_{N\to\infty}G_N(f_x)=\begin{cases}\dfrac{1}{i\pi f_x} & f_x\neq 0\\ 0 & f_x=0\end{cases} \tag{1.5.8}$$

上式就是符号函数的广义傅里叶变换。

【例2】 求 $\delta(x)$的傅里叶变换。

【解】 (1) 选择适当的函数序列。

例如,从表1.2.1中选取

$$f_N(x)=Ne^{-\pi(Nx)^2}$$

显然有

$$\delta(x)=\lim_{N\to\infty}f_N(x)=\lim_{N\to\infty}\{Ne^{-\pi(Nx)^2}\}$$

(2) 求 $\mathscr{F}\{f_N(x)\}$。

$$\begin{aligned}F_N(f_x)=\mathscr{F}\{f_N(x)\}&=N\int_{-\infty}^{\infty}e^{-\pi(Nx)^2}e^{-i2\pi f_x x}dx\\ &=Ne^{-\pi f_x^2/N^2}\int_{-\infty}^{\infty}e^{-[(\sqrt{\pi}Nx)^2+i2\pi f_x x+(i\sqrt{\pi}f_x/N)^2]}dx\\ &=Ne^{-\pi(f_x/N)^2}\int_{-\infty}^{\infty}e^{-(\sqrt{\pi}Nx+i\sqrt{\pi}f_x/N)^2}dx\end{aligned}$$

令 $y=\sqrt{\pi}Nx+i\sqrt{\pi}f_x/N$,并利用积分公式①,得

$$\int_{-\infty}^{\infty}e^{-y^2}dy=2\int_{0}^{\infty}e^{-y^2}dy=\sqrt{\pi}$$

容易算得

$$F_N(f_x)=e^{-\pi(f_x/N)^2}$$

---

① 徐桂芳.积分表.上海:上海科学技术出版社,1962:65.

(3) 求 $\lim\limits_{N\to\infty}\mathscr{F}\{f_N(x)\}$。

由上式取极限最后得

$$\mathscr{F}\{\delta(x)\}=\lim_{N\to\infty}\mathscr{F}\{f_N(x)\}=1 \tag{1.5.9}$$

*1.5.4 虚、实、奇、偶函数傅里叶变换的性质

复函数 $f(x,y)$ 的傅里叶变换可以改写成

$$\begin{aligned}F(f_x,f_y)&=\iint_{-\infty}^{\infty}f(x,y)\mathrm{e}^{-\mathrm{i}2\pi(f_x x+f_y y)}\mathrm{d}x\mathrm{d}y\\&=\iint_{-\infty}^{\infty}f(x,y)\cos[2\pi(f_x x+f_y y)]\mathrm{d}x\mathrm{d}y-\mathrm{i}\iint_{-\infty}^{\infty}f(x,y)\sin[2\pi(f_x x+f_y y)]\mathrm{d}x\mathrm{d}y\end{aligned} \tag{1.5.10}$$

令

$$f(x,y)=f_{\mathrm{R}}(x,y)+\mathrm{i}f_{\mathrm{I}}(x,y)$$

式中，$f_{\mathrm{R}}(x,y)$ 和 $f_{\mathrm{I}}(x,y)$ 分别为 $f(x,y)$ 的实部和虚部，则式(1.5.10)变为

$$\begin{aligned}F(f_x,f_y)=&\left\{\iint_{-\infty}^{\infty}f_{\mathrm{R}}(x,y)\cos[2\pi(f_x x+f_y y)]\mathrm{d}x\mathrm{d}y+\right.\\&\left.\iint_{-\infty}^{\infty}f_{\mathrm{I}}(x,y)\sin[2\pi(f_x x+f_y y)]\mathrm{d}x\mathrm{d}y\right\}+\\&\mathrm{i}\left\{\iint_{-\infty}^{\infty}f_{\mathrm{I}}(x,y)\cos[2\pi(f_x x+f_y y)]\mathrm{d}x\mathrm{d}y-\right.\\&\left.\iint_{-\infty}^{\infty}f_{\mathrm{R}}(x,y)\sin[2\pi(f_x x+f_y y)]\mathrm{d}x\mathrm{d}y\right\}\\=&F_{\mathrm{R}}(f_x,f_y)+\mathrm{i}F_{\mathrm{I}}(f_x,f_y)\end{aligned} \tag{1.5.11}$$

式中，$F_{\mathrm{R}}(f_x,f_y)$ 和 $F_{\mathrm{I}}(f_x,f_y)$ 分别代表复函数 $F(f_x,f_y)$ 的实部和虚部。

下面讨论几种特殊情况。

(1) $f(x,y)$ 是实函数，即 $f(x,y)=f_{\mathrm{R}}(x,y)$，$f_{\mathrm{I}}(x,y)=0$。式(1.5.11)化为

$$\begin{aligned}F(f_x,f_y)=&\iint_{-\infty}^{\infty}f(x,y)\cos[2\pi(f_x x+f_y y)]\mathrm{d}x\mathrm{d}y-\\&\mathrm{i}\iint_{-\infty}^{\infty}f(x,y)\sin[2\pi(f_x x+f_y y)]\mathrm{d}x\mathrm{d}y\end{aligned} \tag{1.5.12}$$

而

$$\begin{cases}F_{\mathrm{R}}(f_x,f_y)=\displaystyle\iint_{-\infty}^{\infty}f(x,y)\cos[2\pi(f_x x+f_y y)]\mathrm{d}x\mathrm{d}y\\F_{\mathrm{I}}(f_x,f_y)=-\displaystyle\iint_{-\infty}^{\infty}f(x,y)\sin[2\pi(f_x x+f_y y)]\mathrm{d}x\mathrm{d}y\end{cases} \tag{1.5.13}$$

显然有

$$F_{\mathrm{R}}(f_x,f_y)=F_{\mathrm{R}}(-f_x,-f_y)$$
$$F_{\mathrm{I}}(f_x,f_y)=-F_{\mathrm{I}}(-f_x,-f_y)$$

即 $F(f_x,f_y)$ 的实部为偶函数，虚部为奇函数。

(2) $f(x,y)$ 是实值偶函数。这时式(1.5.13)中 $F_{\mathrm{I}}(f_x,f_y)=0$，故

$$F(f_x,f_y)=2\iint_{0}^{\infty}f(x,y)\cos[2\pi(f_x x+f_y y)]\mathrm{d}x\mathrm{d}y \tag{1.5.14a}$$

上式称为函数 $f(x,y)$ 的余弦变换，记为 $F_{\mathrm{c}}(f_x,f_y)$。由于 $F(-f_x,-f_y)=F(f_x,f_y)$，故这时

的 $F(f_x,f_y)$ 也是实值偶函数，位相谱恒为0，只有振幅谱，并有

$$f(x,y)=2\iint_0^\infty F_c(f_x,f_y)\cos[2\pi(f_x x+f_y y)]\mathrm{d}f_x\mathrm{d}f_y \tag{1.5.14b}$$

(3) $f(x,y)$ 是实值奇函数。这时式(1.5.13)中 $F_R(f_x,f_y)=0$，故

$$F(f_x,f_y)=-2\mathrm{i}\iint_0^\infty f(x,y)\sin[2\pi(f_x x+f_y y)]\mathrm{d}x\mathrm{d}y \tag{1.5.15a}$$

上式称为函数 $f(x,y)$ 的正弦变换，记作 $F_s(f_x,f_y)$。

由于 $F(f_x,f_y)=-F(-f_x,-f_y)$，故这时的 $F(f_x,f_y)$ 是虚值奇函数，并有

$$f(x,y)=2\mathrm{i}\iint_0^\infty F_s(f_x,f_y)\sin[2\pi(f_x x+f_y y)]\mathrm{d}f_x\mathrm{d}f_y \tag{1.5.15b}$$

由上述讨论可见，傅里叶变换并不改变函数的奇偶性。

1.5.5 傅里叶变换作为分解式

在处理线性系统时，常用的方法是把一个复杂的输入分解成许多较简单的“基元”的输入，计算该系统对每一个这样的“基元”函数的响应，再把所有的这些单个响应叠加起来便得到总响应。傅里叶分析提供了一个进行这种分解的基本手段。

由傅里叶逆变换公式(1.5.2)看出，可以把二维傅里叶变换看作是把函数 $f(x,y)$ 分解成形式为 $\exp[\mathrm{i}2\pi(f_x x+f_y y)]$ 的基元函数的线性组合，$f(x,y)$ 的傅里叶频谱 $F(f_x,f_y)$ 只不过是一个权重因子，必须把它加到各个基元函数上才能综合出所需要的函数。换言之，傅里叶逆变换提供了分解函数的一种手段。

上述基元函数具有许多有意义的性质。

(1) 我们知道，在 xOy 平面上传播的平面波，其复振幅可以表示为

$$U(x,y)=U_0\mathrm{e}^{\mathrm{i}\boldsymbol{k}\cdot\boldsymbol{r}}=U_0\mathrm{e}^{\mathrm{i}\frac{2\pi}{\lambda}(x\cos\alpha+y\cos\beta)}$$

式中，$\cos\alpha$、$\cos\beta$ 分别表示平面波波矢的方向余弦。把上式与前述基元函数对照，可知

$$f_x=\frac{\cos\alpha}{\lambda},\quad f_y=\frac{\cos\beta}{\lambda}$$

即基元函数代表的是传播方向为

$$\cos\alpha=\lambda f_x,\quad \cos\beta=\lambda f_y \tag{1.5.16}$$

的单位振幅的平面波。随着 (f_x,f_y) 不同，此平面波在 xOy 平面上的取向也不同。

(2) 对于任意一对特定的 (f_x,f_y)，当 $(f_x x+f_y y)=N$（N 为整数）时，有 $\exp[\mathrm{i}2\pi(f_x x+f_y y)]=1$，相应的基元函数在由

$$y=-\frac{f_x}{f_y}x+\frac{N}{f_y}$$

表示的直线上“位相为零”(或为 2π 的整数倍)。因此，如图1.5.1所示，这些等位相线的法线与 x 轴的夹角 θ 可用 f_x、f_y 表示成

$$\theta=\arctan\left(\frac{f_y}{f_x}\right)。$$

(3) 引入了空间频率(或空间周期)的概念。众所周知，时间频率表示特定波形在单位时间内重复的次数。类似地，空间频率表示特定波形在单位间距内重复的次数。空间频率也表示透镜和照相底片等的分辨率，并且在图像分析、信息处理方面是一个不可缺少的物理量。空间频率的倒数称为空间周期。由图1.5.1可看到，空间周期(即零位相线间的间距)显然为

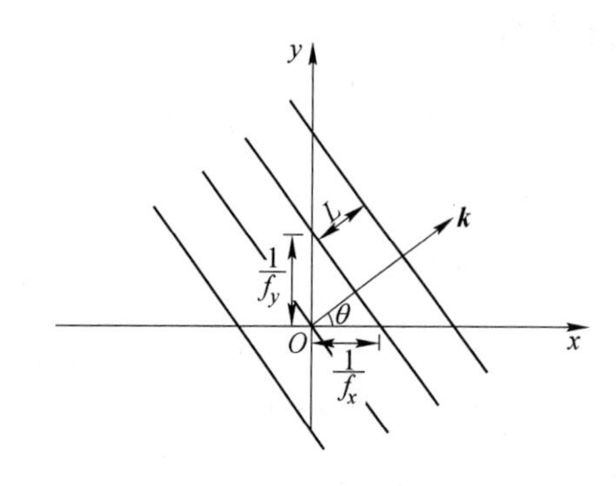

图1.5.1 函数 $e^{i2\pi(f_x x+f_y y)}$ 的零位相直线族

$$L=\frac{1}{\sqrt{f_x^2+f_y^2}} \tag{1.5.17}$$

而在 x、y 轴方向的周期为 $\frac{1}{f_x}$、$\frac{1}{f_y}$，故 f_x、f_y 分别称为 x、y 轴方向的空间频率，而沿等位相线法线方向的空间频率为

$$f=\sqrt{f_x^2+f_y^2} \tag{1.5.18}$$

综合上述讨论可以看出傅里叶逆变换的物理意义是：物函数 $f(x,y)$ 可看成是无数振幅不同($|F(f_x,f_y)\mathrm{d}f_x\mathrm{d}f_y|$)、方向不同($\cos\alpha=\lambda f_x$, $\cos\beta=\lambda f_y$)的平面波线性叠加的结果。这种分解方法通常称为傅里叶分解(Fourier Decomposition)。理解这一点，对于讨论线性系统尤其是线性空间不变系统的性质和作用是很重要的。

1.6 二维傅里叶变换的基本定理

本节讨论傅里叶变换的一些基本数学性质，进而把它们概括为一些基本定理，在后面各章将广泛应用。为了行文简洁起见，首先假设函数 $f(x,y)$、$g(x,y)$ 和 $h(x,y)$ 存在傅里叶变换，其频谱函数分别是 $F(f_x,f_y)$、$G(f_x,f_y)$ 和 $H(f_x,f_y)$。

1. 线性定理(Linearity Theorem)

设 a、b 为任意常数，则

$$\mathscr{F}\{af(x,y)+bg(x,y)\}=aF(f_x,f_y)+bG(f_x,f_y) \tag{1.6.1}$$

即函数线性组合的傅里叶变换等于它们各自傅里叶变换的同样的线性组合。线性定理反映了波的叠加原理(Superposition Principle)。

当 $a=b=1$ 时，有

$$\mathscr{F}\{f(x,y)+g(x,y)\}=F(f_x,f_y)+G(f_x,f_y) \tag{1.6.2}$$

其逆也成立。上式称为傅里叶变换中的相加定理(Addition Theorem)。

2. 缩放和反演定理(Scaling and Inversion Theorem)

$$\mathscr{F}\{f(ax,by)\}=\frac{1}{|ab|}F\left(\frac{f_x}{a},\frac{f_y}{b}\right) \tag{1.6.3}$$

即原函数在空域坐标 (x,y) 中的"伸展"(a、$b>1$ 时)，将导致其频谱函数在频域坐标 (f_x,f_y) 中的"收缩"，以及整个频谱幅度的一个总体的变化。反之，原函数在空域坐标 (x,y) 中的"收缩"(a、$b<1$ 时)，将导致其频谱函数在频域坐标 (f_x,f_y) 中的"伸展"，以及整个频谱幅度的一个总体的变化。例如，在单缝的夫琅和费衍射(一维傅里叶变换)实验中，当缝变宽(空域坐标伸展)时，衍射花样向中心收缩(频域坐标收缩)；而当缝变窄时，衍射花样从中心向外伸展。

显然，频谱函数的有效宽度和原函数的有效宽度之间存在反比关系。在一维情形下即有(见习题1.8)，

$$\Delta f_x\cdot\Delta x=1 \tag{1.6.4}$$

上式称为傅里叶变换反比定理(Inverse Ratio Theorem)。

当式(1.6.3)中的 $a=b=-1$ 时,则

$$\mathscr{F}\{f(-x,-y)\}=F(-f_x,-f_y) \tag{1.6.5}$$

上述变换性质称为反演(Inversion),或称为对称性定理(Symmetry Theorem)。

3. 位移定理(Shift Theorem)

$$\mathscr{F}\{f(x\pm a,y\pm b)\}=F(f_x,f_y)\mathrm{e}^{\pm \mathrm{i}2\pi(f_x a+f_y b)} \tag{1.6.6}$$

$$\mathscr{F}\{f(x,y)\mathrm{e}^{\pm \mathrm{i}2\pi(\xi x+\eta y)}\}=F(f_x\mp\xi,f_y\mp\eta) \tag{1.6.7}$$

即原函数在空域中的平移,将导致频谱函数在频域中的一个线性相移。反之,原函数在空域中的相移会引起频谱函数在频域中的平移。式(1.6.7)又称为频率搬移定理(Frequency Shift Theorem)。

4. 转动定理(Rotational Theorem)

设 $\mathscr{F}\{f(r,\theta)\}=F(\rho,\Phi)$,则

$$\mathscr{F}\{f(r,\theta+\alpha)\}=F(\rho,\Phi+\alpha) \tag{1.6.8}$$

即当原函数在空域中转动 α 角时,其频谱函数在频域中也转动了同样的 α 角。

5. 帕色渥定理(Parseval Theorem)

$$\iint_{-\infty}^{\infty}|f(x,y)|^2\mathrm{d}x\mathrm{d}y=\iint_{-\infty}^{\infty}|F(f_x,f_y)|^2\mathrm{d}f_x\mathrm{d}f_y \tag{1.6.9}$$

即信号在空域中的能量与其在频域中的能量相等,故上式又称为能量守恒定理。

6. 广义帕色渥定理(Generalized Parseval Theorem)

$$\iint_{-\infty}^{\infty}f(x,y)g^*(x,y)\mathrm{d}x\mathrm{d}y=\iint_{-\infty}^{\infty}F(f_x,f_y)G^*(f_x,f_y)\mathrm{d}f_x\mathrm{d}f_y \tag{1.6.10}$$

注意:$G^*(f_x,f_y)$并不是 $g^*(x,y)$的傅里叶变换〔参见式(1.6.30)〕。广义帕色渥定理可以用来计算一些较复杂的积分(参见习题 1.11)。

7. 卷积定理(Convolution Theorem)

$$\mathscr{F}\{f(x,y)*g(x,y)\}=F(f_x,f_y)G(f_x,f_y) \tag{1.6.11}$$

$$\mathscr{F}\{f(x,y)g(x,y)\}=F(f_x,f_y)*G(f_x,f_y) \tag{1.6.12}$$

即两个函数卷积的傅里叶变换等于这两个函数各自傅里叶变换的乘积;而两个函数乘积的傅里叶变换等于这两个函数各自傅里叶变换的卷积。换言之,通过傅里叶变换,可将空域(或频域)中的卷积运算对应于频域(或空域)中的乘积运算。因此,该定理为复杂的卷积运算提供了一条捷径:先求两个函数各自的傅里叶变换,再相乘,然后对该乘积取傅里叶逆变换。这一特性在傅里叶光学中非常有实用价值。

8. 互相关定理(Cross-Correlation Theorem)[①]

$$\mathscr{F}\{f(x,y)\otimes g(x,y)\}=F^*(f_x,f_y)G(f_x,f_y) \tag{1.6.13}$$

$$\mathscr{F}\{f^*(x,y)g(x,y)\}=F(f_x,f_y)\otimes G(f_x,f_y) \tag{1.6.14}$$

式(1.6.13) 的证明可以由下列关系得到

$$\begin{aligned}f(x,y)\otimes g(x,y)&=f^*(-x,-y)*g(x,y)\\&\leftrightarrow F^*(f_x,f_y)G(f_x,f_y)\qquad \text{参见公式(1.6.30)}\end{aligned}$$

① 互相关定理又称为韦纳-肯欣定理(Winner-khintchine Theorem)。

$F^*(f_x,f_y)G(f_x,f_y)$称为函数$f(x,y)$与$g(x,y)$的互功率谱(Mutual Power Spectrum)。所以两个函数的互相关函数与它们的互功率谱构成傅里叶变换对。

9. 自相关定理(Autocorrelation Theorem)

$$\mathscr{F}\{f(x,y)\otimes f(x,y)\}=|F(f_x,f_y)|^2 \tag{1.6.15}$$

$$\mathscr{F}\{|f(x,y)|^2\}=F(f_x,f_y)\otimes F(f_x,f_y) \tag{1.6.16}$$

即信号的自相关函数与其功率谱函数之间存在傅里叶变换关系。

10. 积分定理(Integrating Theorem)

在函数$f(x,y)$连续的各点上,有

$$\mathscr{F}\mathscr{F}^{-1}\{f(x,y)\}=\mathscr{F}^{-1}\mathscr{F}\{f(x,y)\}=f(x,y) \tag{1.6.17}$$

即对函数连续进行变换和逆变换,又重新得到原函数。

11. 迭次变换定理(Iterative Transform Theorem)

在函数$f(x,y)$连续的各点上,有

$$\mathscr{F}\mathscr{F}\{f(x,y)\}=\mathscr{F}^{-1}\mathscr{F}^{-1}\{f(x,y)\}=f(-x,-y) \tag{1.6.18}$$

即对函数$f(x,y)$连续作两次傅里叶变换或两次傅里叶逆变换,得其“镜像”,同时也反映了傅里叶变换的对称性。

上述积分定理与迭次变换定理,从光学成像系统的观点来看是没有本质的区别的。因为这两个定理所描述的物场分布$f(x,y)$处于光学成像系统的输入面,而像场分布$\mathscr{F}\mathscr{F}^{-1}\{f(x,y)\}$或$\mathscr{F}^{-1}\mathscr{F}\{f(x,y)\}$〔或$\mathscr{F}\mathscr{F}\{f(x,y)\}$、$\mathscr{F}^{-1}\mathscr{F}^{-1}\{f(x,y)\}$〕位于输出面。式(1.6.18)表明输入面和输出面采用的坐标系取向相同;而式(1.6.17)则表明输出面相对于输入面采用反演坐标系。但不管采用什么样的坐标系,都不会改变光学系统的成像性质。

12. 微分变换定理(Differential-transform Theorem)

设$f^{(m,n)}(x,y)=\dfrac{\partial^{(m+n)}f(x,y)}{\partial x^m\partial y^n}$,$F^{(m,n)}(f_x,f_y)=\dfrac{\partial^{(m+n)}F(f_x,f_y)}{\partial f_x^m\partial f_y^n}$,则有

$$\mathscr{F}\{f^{(m,n)}(x,y)\}=(\mathrm{i}2\pi f_x)^m\cdot(\mathrm{i}2\pi f_y)^n F(f_x,f_y) \tag{1.6.19}$$

$$\mathscr{F}^{-1}\{F^{(m,n)}(f_x,f_y)\}=(-\mathrm{i}2\pi x)^m\cdot(-\mathrm{i}2\pi y)^n f(x,y) \tag{1.6.20}$$

13. $\boldsymbol{\delta}$函数的微分变换定理

令$\delta^{(k,l)}(x,y)=\dfrac{\partial^{(k+l)}}{\partial x^k\partial y^l}\delta(x,y)$,则

$$\mathscr{F}\{\delta^{(k,l)}(x,y)\}=(\mathrm{i}2\pi f_x)^k\cdot(\mathrm{i}2\pi f_y)^l \tag{1.6.21}$$

14. 积分变换定理(Integral-transform Theorem)

$$\mathscr{F}\left\{\int_{-\infty}^{x}f(\xi)\mathrm{d}\xi\right\}=\frac{1}{\mathrm{i}2\pi f_x}F(f_x)+\frac{F(0)}{2}\delta(f_x) \tag{1.6.22}$$

【证明】由阶跃函数性质,有

$$\int_{-\infty}^{x}f(\xi)\mathrm{d}\xi=\int_{-\infty}^{\infty}f(\xi)\mathrm{step}(x-\xi)\mathrm{d}\xi=f(x)*\mathrm{step}(x)$$

而

$$\mathscr{F}\{f(x)*\mathrm{step}(x)\}=\mathscr{F}\{f(x)\}\cdot\mathscr{F}\{\mathrm{step}(x)\}$$

再由式(1.1.8)及式(1.5.8),最后便得

$$\mathscr{F}\left\{\int_{-\infty}^{x}f(\xi)\mathrm{d}\xi\right\}=F(f_x)\left[\frac{1}{\mathrm{i}2\pi f_x}+\frac{\delta(f_x)}{2}\right]=\frac{F(f_x)}{\mathrm{i}2\pi f_x}+\frac{F(0)}{2}\delta(f_x)$$

得证。

***15. 矩定理(Moment Theorem)**

函数 $f(x,y)$的 $k+l$ 阶矩定义为下列积分：

$$M_{k,l}=\iint_{-\infty}^{\infty}x^k y^l f(x,y)\mathrm{d}x\mathrm{d}y \tag{1.6.23}$$

它完全由函数 $f(x,y)$的傅里叶变换 $F(0,0)$的性态决定；或者说 $F(f_x,f_y)$在原点附近的性态,包含了关于函数 $f(x,y)$的各阶矩的信息。矩定理实际上是傅里叶变换微分定理的一种应用。

(1) 零阶矩

此时 $k=l=0$,即

$$\iint_{-\infty}^{\infty}f(x,y)\mathrm{d}x\mathrm{d}y=F(0,0) \tag{1.6.24}$$

(2) 一阶矩

这时 $k=1,l=0$ 或 $k=0,l=1$,由式(1.6.20)得

$$\iint_{-\infty}^{\infty}xf(x,y)\mathrm{d}x\mathrm{d}y=\frac{\mathrm{i}}{2\pi}F^{(1,0)}(0,0) \tag{1.6.25}$$

$$\iint_{-\infty}^{\infty}yf(x,y)\mathrm{d}x\mathrm{d}y=\frac{\mathrm{i}}{2\pi}F^{(0,1)}(0,0) \tag{1.6.26}$$

当函数 $f(x,y)$表示某随机变量的概率密度时,其一阶矩就是该随机变量的统计平均(数学期望)。

(3) 二阶矩

这时有 3 种情况:$k=l=1$;$k=2,l=0$;$k=0,l=2$。

即有

$$\iint_{-\infty}^{\infty}xyf(x,y)\mathrm{d}x\mathrm{d}y=\left(\frac{\mathrm{i}}{2\pi}\right)\left(\frac{\mathrm{i}}{2\pi}\right)F^{(1,1)}(0,0) \tag{1.6.27}$$

$$\iint_{-\infty}^{\infty}x^2f(x,y)\mathrm{d}x\mathrm{d}y=\left(\frac{\mathrm{i}}{2\pi}\right)^2F^{(2,0)}(0,0) \tag{1.6.28}$$

$$\iint_{-\infty}^{\infty}y^2f(x,y)\mathrm{d}x\mathrm{d}y=\left(\frac{\mathrm{i}}{2\pi}\right)^2F^{(0,2)}(0,0) \tag{1.6.29}$$

该二阶矩在概率论中称为均方值。

16. 共轭变换定理(Conjugate Transform Theorem)

$$\mathscr{F}\{f^*(x,y)\}=F^*(-f_x,-f_y) \tag{1.6.30}$$

$$\mathscr{F}^{-1}\{F^*(f_x,f_y)\}=f^*(-x,-y) \tag{1.6.31}$$

推论 若 $f(x,y)$是非负的实函数(例如光强度),则有

$$F(f_x,f_y)=F^*(-f_x,-f_y) \tag{1.6.32}$$

具有上述性质的函数称为厄米特函数(Hermite Function)。

1.7 傅里叶-贝塞尔变换

1.7.1 可分离变量函数的变换

一个二元函数在某种坐标系内若能写成两个一元函数的乘积,则称此函数在该坐标系内是可分离变量的。这种情况,在直角坐标系中可写成

$$g(x,y)=g_x(x)g_y(y) \tag{1.7.1a}$$

而在极坐标系中可表示成

$$g(r,\theta)=g_r(r)g_\theta(\theta) \tag{1.7.1b}$$

函数的可分离性常常可使复杂的二维计算得以简化为更简单的一维计算。可以证明:可分离变量函数的频谱函数在频域中也是可分离变量函数。例如,在直角坐标系中,有

$$\begin{aligned}\mathscr{F}\{g(x,y)\} &= \iint_{-\infty}^{\infty} g(x,y)\mathrm{e}^{-\mathrm{i}2\pi(f_x x+f_y y)}\mathrm{d}x\mathrm{d}y \\ &= \int_{-\infty}^{\infty} g_x(x)\mathrm{e}^{-\mathrm{i}2\pi f_x x}\mathrm{d}x\cdot\int_{-\infty}^{\infty} g_y(y)\mathrm{e}^{-\mathrm{i}2\pi f_y y}\mathrm{d}y \\ &= \mathscr{F}\{g_x(x)\}\cdot\mathscr{F}\{g_y(y)\}\end{aligned}$$

即

$$G(f_x,f_y)=G_x(f_x)G_y(f_y)$$

这样,对于在直角坐标系中的可分离变量函数 $g(x,y)$,其频谱函数 $G(f_x,f_y)$ 可以由二维积分简化为一维积分求解。

为了导出在极坐标系中可分离变量函数的变换式,首先写出函数 $g(r,\theta)$ 在直角坐标系中的变换式:

$$G(f_x,f_y)=\iint_{-\infty}^{\infty} g(x,y)\mathrm{e}^{-\mathrm{i}2\pi(f_x x+f_y y)}\mathrm{d}x\mathrm{d}y$$

然后利用下列换算关系:

$$\begin{cases} x=r\cos\theta \\ y=r\sin\theta \\ r=\sqrt{x^2+y^2} \\ \theta=\arctan\dfrac{y}{x} \end{cases} \qquad \begin{cases} f_x=\rho\cos\phi \\ f_y=\rho\sin\phi \\ \rho=\sqrt{f_x^2+f_y^2} \\ \phi=\arctan\dfrac{f_y}{f_x} \end{cases}$$

这时变换式中的指数因子在极坐标系中表示为

$$\mathrm{e}^{-\mathrm{i}2\pi(f_x x+f_y y)}=\mathrm{e}^{-\mathrm{i}2\pi r\rho\cos(\theta-\phi)}$$

直角坐标系中的积分元 $\mathrm{d}x\mathrm{d}y$ 在极坐标系中变为 $r\mathrm{d}\theta\mathrm{d}r$。对于整个平面上的积分,在直角坐标系中积分限为$(-\infty,\infty)$,而在极坐标系中则 r(或 ρ)的积分限是$(0,\infty)$,θ(或 ϕ)的积分限是$(0,2\pi)$。这样,在极坐标系中可分离变量函数 $g(r,\theta)=g_r(r)g_\theta(\theta)$ 的傅里叶变换可写成

$$\begin{aligned}\mathscr{F}\{g(r,\theta)\} &= \int_0^{\infty}\int_0^{2\pi} rg_r(r)g_\theta(\theta)\mathrm{e}^{-\mathrm{i}2\pi r\rho\cos(\theta-\phi)}\mathrm{d}r\mathrm{d}\theta \\ &= \int_0^{\infty} rg_r(r)\left\{\int_0^{2\pi} g_\theta(\theta)\mathrm{e}^{-\mathrm{i}2\pi r\rho\cos(\theta-\phi)}\mathrm{d}\theta\right\}\mathrm{d}r\end{aligned} \tag{1.7.2}$$

根据贝塞尔函数的关系式

$$\begin{cases}\mathrm{e}^{\mathrm{i}x\cos\varphi} = \sum\limits_{k=-\infty}^{\infty}\mathrm{i}^k\mathrm{J}_k(x)\mathrm{e}^{-\mathrm{i}k\varphi} \\ \mathrm{J}_k(-x) = (-1)^k\mathrm{J}_k(x)\end{cases} \tag{1.7.3}$$

式中,$\mathrm{J}_k(x)$ 为 k 阶贝塞尔函数。式(1.7.2)中的指数因子遂变为

$$\mathrm{e}^{-\mathrm{i}2\pi r\rho\cos(\theta-\phi)} = \sum_{k=-\infty}^{\infty}\mathrm{i}^k\mathrm{J}_k(-2\pi r\rho)\mathrm{e}^{-\mathrm{i}k(\theta-\phi)} = \sum_{k=-\infty}^{\infty}(-\mathrm{i})^k\mathrm{J}_k(2\pi r\rho)\mathrm{e}^{-\mathrm{i}k(\theta-\phi)}$$

于是有

$$\mathscr{F}\{g(r,\theta)\} = \sum_{k=-\infty}^{\infty}(-\mathrm{i})^k \mathrm{e}^{\mathrm{i}k\phi} \cdot \int_0^{2\pi} g_\theta(\theta)\mathrm{e}^{-\mathrm{i}k\theta}\mathrm{d}\theta \cdot \int_0^{\infty} rg_r(r)\mathrm{J}_k(2\pi r\rho)\mathrm{d}r \tag{1.7.4}$$

令

$$C_k = \frac{1}{2\pi}\int_0^{2\pi} g_\theta(\theta)\mathrm{e}^{-\mathrm{i}k\theta}\mathrm{d}\theta \tag{1.7.5}$$

$$H_k\{g_r(r)\} = 2\pi\int_0^{\infty} rg_r(r)\mathrm{J}_k(2\pi r\rho)\mathrm{d}r \tag{1.7.6}$$

则式(1.7.4)可写成

$$\mathscr{F}\{g(r,\theta)\} = \sum_{k=-\infty}^{\infty}(-\mathrm{i})^k C_k \mathrm{e}^{\mathrm{i}k\phi} H_k\{g_r(r)\} \tag{1.7.7}$$

上式表明,在极坐标系中可分离变量的函数 $g(r,\theta)=g_r(r)g_\theta(\theta)$,其频谱函数在极坐标系中也是可分离变量的。其中关于 ϕ 的函数是 $\mathrm{e}^{\mathrm{i}k\phi}$,关于 ρ 的函数是 $H_k\{g_r(r)\}$。$H_k\{g_r(r)\}$ 由式(1.7.6)给定,称为函数 $g_r(r)$ 的 k 阶汉开尔函数(Hankel Functions of kth Order)。

1.7.2　具有圆对称的函数:傅里叶-贝塞尔变换

在极坐标系中,可分离变量函数最简单的情况是圆对称函数,即只是半径 r 的函数:

$$g(r,\theta)=g_r(r),\quad g_\theta(\theta)=1 \tag{1.7.8}$$

由于大部分光学系统都具有圆对称性,所以这种圆对称函数在解决光学问题中是十分重要的。将式(1.7.8)代入式(1.7.5)中,得

$$C_k = \frac{1}{2\pi}\int_0^{2\pi}\mathrm{e}^{-\mathrm{i}k\theta}\mathrm{d}\theta = \begin{cases}1 & k=0\\ 0 & k\neq 0\end{cases} \tag{1.7.9}$$

再将式(1.7.9)代入式(1.7.7)中,得

$$G_0(\rho) = \mathscr{F}\{g_r(r)\} = \mathrm{H}_0\{g_r(r)\} = 2\pi\int_0^{\infty} rg_r(r)\mathrm{J}_0(2\pi r\rho)\mathrm{d}r \tag{1.7.10}$$

由于变换结果仅是半径 ρ 的函数,不再依赖角度 ϕ,因而圆对称函数的傅里叶变换本身也是圆对称的,它可通过一维计算式(1.7.10)求出。这种特殊的变换由于出现频繁,给它一个专门名称叫作傅里叶-贝塞尔变换(Fourier-Bessel Transform),用符号 $\mathscr{B}\{\cdot\}$表示。

用与上面完全相同的论证方法,圆对称函数 $G_0(\rho)$的傅里叶逆变换可表示为

$$g_r(r) = \mathscr{B}^{-1}\{G_0(\rho)\} = 2\pi\int_0^{\infty}\rho G_0(\rho)\mathrm{J}_0(2\pi r\rho)\mathrm{d}\rho \tag{1.7.11}$$

因此,对于圆对称函数,变换式(1.7.10)和逆变换式(1.7.11)形式完全相似。

由傅里叶积分定理可以直接推出,在 $g_r(r)$连续的每一个 r 值上有

$$\mathscr{B}\mathscr{B}^{-1}\{g_r(r)\}=\mathscr{B}^{-1}\mathscr{B}\{g_r(r)\}=g_r(r) \tag{1.7.12}$$

此外,采用缩放与反演定理可直接证明

$$\mathscr{B}\{g_r(ar)\}=\frac{1}{a^2}G_0\left(\frac{\rho}{a}\right) \tag{1.7.13}$$

但在使用上式时应注意与式(1.6.3)的细微差别。总之,傅里叶变换中的所有性质,在傅里叶-贝塞尔变换中都有着完全对应的结论。

【例 1】求圆域函数 circ(r)的傅里叶-贝塞尔变换。

【解】由式(1.1.15)知

$$\mathrm{circ}(r)=\begin{cases}1 & r\leqslant 1\\ 0 & 其他\end{cases}$$

遂由式(1.7.10),圆域函数的变换式可写成

$$\mathscr{B}\{\mathrm{circ}(r)\}=2\pi\int_0^{\infty}\mathrm{circ}(r)r\mathrm{J}_0(2\pi r\rho)\mathrm{d}r=2\pi\int_0^1 r\mathrm{J}_0(2\pi r\rho)\mathrm{d}r \tag{1.7.14}$$

作变量代换,令 $r'=2\pi r\rho$,并利用贝塞尔函数关系式:

$$\int_0^x \xi\mathrm{J}_0(\xi)\mathrm{d}\xi=x\mathrm{J}_1(x) \tag{1.7.15}$$

由式(1.7.14)得

$$\mathscr{B}\{\mathrm{circ}(r)\}=\frac{1}{2\pi\rho^2}\int_0^{2\pi\rho}r'\mathrm{J}_0(r')\mathrm{d}r'=\frac{\mathrm{J}_1(2\pi\rho)}{\rho} \tag{1.7.16}$$

$\mathscr{B}\{\mathrm{circ}(r)\}$仅是 ρ 的函数,也是圆对称的,其变换结果的图形如图 1.7.1 所示,中央峰值为 π,零点沿径向的位置是不等距的。这个函数的一个便于应用的归一化形式为 $2\left[\frac{\mathrm{J}_1(2\pi\rho)}{2\pi\rho}\right]$,它在原点之值为 1。这个特殊的函数叫作贝森克函数(Besinc Function)。

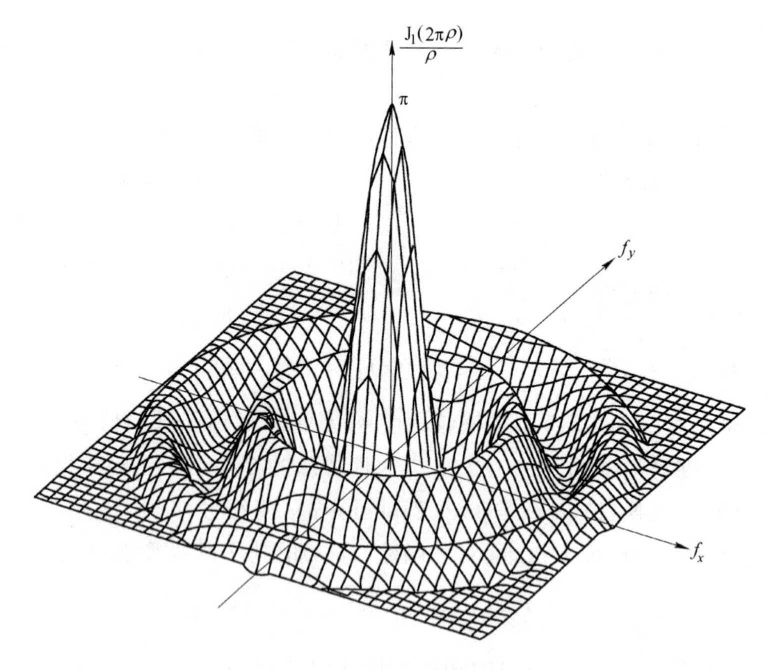

图 1.7.1 圆域函数的变换

【例 2】 求函数 $g_r(r)=\delta(r-r_0)$的傅里叶-贝塞尔变换。

【解】 函数 $g_r(r)=\delta(r-r_0)$代表一个半径为 r_0 的圆周上的线 δ 函数,它是圆对称的。根据公式(1.7.10)有

$$\begin{aligned}\mathscr{B}\{g_r(r)\}&=2\pi\int_0^{\infty}r\delta(r-r_0)\mathrm{J}_0(2\pi r\rho)\mathrm{d}r\\&=2\pi r_0\mathrm{J}_0(2\pi r_0\rho)\end{aligned}$$

这里,最后一步骤利用了 δ 函数的筛选特性。

1.8　常用傅里叶变换对

本节列举出傅里叶光学中一些常用函数的傅里叶变换对，如表 1.8.1 所示，供应用时参考。其中有一些可直接从傅里叶变换定义式求解，另一些则由傅里叶变换的基本定理导出。为了简洁起见，示例中暂时只讨论一维函数。对于可分离变量的二维函数，其变换式可直接从一维变换式的乘积求出。现举例计算如下。

表 1.8.1　常用函数的傅里叶变换对

原函数↔频谱函数		原函数↔频谱函数	
1	$\delta(f_x, f_y)$	$\mathrm{rect}(x)\mathrm{rect}(y)$	$\mathrm{sinc}(f_x)\mathrm{sinc}(f_y)$
$\delta(x,y)$	1	$\Lambda(x)\Lambda(y)$	$\mathrm{sinc}^2(f_x)\mathrm{sinc}^2(f_y)$
$\delta(x-x_0, y-y_0)$	$\exp[-\mathrm{i}2\pi(f_x x_0+f_y y_0)]$	$\mathrm{comb}(x)\mathrm{comb}(y)$	$\mathrm{comb}(f_x)\mathrm{comb}(f_y)$
$\exp[\mathrm{i}2\pi(ax+by)]$	$\delta(f_x-a, f_y-b)$	$\mathrm{step}(x)$	$\frac{1}{2}\delta(f_x)+\frac{1}{\mathrm{i}2\pi f_x}$
$\cos(2\pi f_0 x)$	$\frac{1}{2}[\delta(f_x-f_0)+\delta(f_x+f_0)]$	$\exp[-\pi(x^2+y^2)]$	$\exp[-\pi(f_x^2+f_y^2)]$
$\frac{1}{2}[\delta(x-x_0)+\delta(x+x_0)]$	$\cos(2\pi f_x x_0)$	$\mathrm{circ}(\sqrt{x^2+y^2})$	$\frac{\mathrm{J}_1(2\pi\sqrt{f_x^2+f_y^2})}{\sqrt{f_x^2+f_y^2}}$
$\sin(2\pi f_0 x)$	$\frac{1}{2\mathrm{i}}[\delta(f_x-f_0)-\delta(f_x+f_0)]$	$\mathrm{sgn}(x)\mathrm{sgn}(y)$	$\frac{1}{\mathrm{i}\pi f_x}\cdot\frac{1}{\mathrm{i}\pi f_y}$
$\frac{\mathrm{i}}{2}[\delta(x-x_0)-\delta(x+x_0)]$	$\sin(2\pi f_x x_0)$	$\mathrm{e}^{\mathrm{i}\pi(x^2+y^2)}$	$\mathrm{e}^{\mathrm{i}\frac{\pi}{2}}\mathrm{e}^{-\mathrm{i}\pi(f_x^2+f_y^2)}$

【例 1】 求证：$\delta(x)\leftrightarrow 1$。　(1.8.1a)

【证明】 由傅里叶变换的定义和 δ 函数的筛选特性，有

$$\mathscr{F}\{\delta(x)\}=\int_{-\infty}^{\infty}\delta(x)\mathrm{e}^{-\mathrm{i}2\pi f_x x}\mathrm{d}x=\mathrm{e}^{-\mathrm{i}2\pi f_x\cdot 0}=1$$

证毕。

再应用平移定理可证得

$$\delta(x-x_0)\leftrightarrow \mathrm{e}^{-\mathrm{i}2\pi f_x x_0} \tag{1.8.1b}$$

$$\delta(x-x_0)+\delta(x+x_0)\leftrightarrow 2\cos(2\pi f_x x_0) \tag{1.8.1c}$$

【例 2】 求证：$1\leftrightarrow\delta(f_x)$。　(1.8.2a)

【证明】 $\mathscr{F}^{-1}\{\delta(f_x)\}=\int_{-\infty}^{\infty}\delta(f_x)\mathrm{e}^{\mathrm{i}2\pi f_x x}\mathrm{d}f_x=\mathrm{e}^{\mathrm{i}2\pi x\cdot 0}=1$　证毕。

应用平移定理可证得

$$\mathrm{e}^{\mathrm{i}2\pi f_0 x}\leftrightarrow\delta(f_x-f_0) \tag{1.8.2b}$$

推论：

① $\cos(2\pi f_0 x)\leftrightarrow\frac{1}{2}[\delta(f_x-f_0)+\delta(f_x+f_0)]$　(1.8.3a)

② $\sin(2\pi f_0 x)\leftrightarrow\frac{1}{2\mathrm{i}}[\delta(f_x-f_0)-\delta(f_x+f_0)]$　(1.8.3b)

【例 3】 求证:$\text{rect}(x)\leftrightarrow\text{sinc}(f_x)$。 (1.8.4)

【证明】 $\mathscr{F}\{\text{rect}(x)\}=\int_{-\infty}^{\infty}\text{rect}(x)\text{e}^{-\text{i}2\pi f_x x}\text{d}x$

$$=\int_{-1/2}^{1/2}\text{e}^{-\text{i}2\pi f_x x}\text{d}x=\frac{\sin(\pi f_x)}{\pi f_x}=\text{sinc}(f_x)$$ 证毕。

【例 4】 求证:$\Lambda(x)\leftrightarrow\text{sinc}^2(f_x)$。 (1.8.5)

【证明】 根据三角形函数的定义式(1.1.9)有

$$\mathscr{F}\{\Lambda(x)\}=\int_{-1}^{1}(1-|x|)\text{e}^{-\text{i}2\pi f_x x}\text{d}x$$
$$=\int_{-1}^{1}\text{e}^{-\text{i}2\pi f_x x}\text{d}x-\int_{-1}^{0}(-x)\text{e}^{-\text{i}2\pi f_x x}\text{d}x-\int_{0}^{1}x\text{e}^{-\text{i}2\pi f_x x}\text{d}x$$

上式中第一个积分可直接计算,后两个积分可用分部积分法求得。将上述 3 个积分的计算结果经整理便得式(1.8.5)。

【例 5】 求证:$\text{comb}(x)\leftrightarrow\text{comb}(f_x)$。 (1.8.6)

【证明】 首先将梳状函数

$$\text{comb}(x)=\sum_{n=-\infty}^{\infty}\delta(x-n)$$

看作周期函数,且周期 $T=1$,因此可把 $\text{comb}(x)$按傅里叶级数展开为

$$\text{comb}(x)=\sum_{n=-\infty}^{\infty}C_n\text{e}^{\text{i}2\pi nx}$$

式中

$$C_n=\int_{-1/2}^{1/2}\text{comb}(x)\text{e}^{-\text{i}2\pi nx}\text{d}x=\int_{-1/2}^{1/2}\delta(x)\text{e}^{-\text{i}2\pi nx}\text{d}x=1$$

于是

$$\text{comb}(x)=\sum_{n=-\infty}^{\infty}\text{e}^{\text{i}2\pi nx} \tag{1.8.7}$$

故

$$\mathscr{F}\{\text{comb}(x)\}=\mathscr{F}\left\{\sum_{n=-\infty}^{\infty}\text{e}^{\text{i}2\pi nx}\right\}=\sum_{n=-\infty}^{\infty}\mathscr{F}\{\text{e}^{\text{i}2\pi nx}\}$$
$$=\sum_{n=-\infty}^{\infty}\delta(f_x-n)=\text{comb}(f_x)$$ 证毕。

本例说明梳状函数的傅里叶变换仍然是梳状函数。

【例 6】 求证:$\text{sinc}(x)\leftrightarrow\text{rect}(f_x)$。 (1.8.8)

【证明】 $\mathscr{F}^{-1}\{\text{rect}(f_x)\}=\int_{-1/2}^{1/2}\text{e}^{\text{i}2\pi f_x x}\text{d}f_x=\frac{1}{\text{i}2\pi x}\text{e}^{\text{i}2\pi f_x x}\Big|_{-1/2}^{1/2}$

$$=\frac{1}{\text{i}2\pi x}(\text{e}^{\text{i}\pi x}-\text{e}^{-\text{i}\pi x})=\frac{\sin\pi x}{\pi x}=\text{sinc}(x)$$ 证毕。

【例 7】 求证:$\text{e}^{\text{i}\pi x^2}\leftrightarrow\text{e}^{\text{i}\frac{\pi}{4}}\text{e}^{-\text{i}\pi f_x^2}$。 (1.8.9)

【证明】 函数 $\text{e}^{\text{i}\pi x^2}$ 代表一种线性调频信号或编码脉冲信号,其实部和虚部函数图形如图 1.8.1 所示。

$$\mathscr{F}\{\text{e}^{\text{i}\pi x^2}\}=\int_{-\infty}^{\infty}\text{e}^{\text{i}\pi x^2}\text{e}^{-\text{i}2\pi f_x x}\text{d}x$$
$$=\int_{-\infty}^{\infty}\text{e}^{\text{i}[(\sqrt{\pi}x)^2-2\pi f_x x+(\sqrt{\pi}f_x)^2]}\cdot\text{e}^{-\text{i}\pi f_x^2}\text{d}x=\text{e}^{-\text{i}\pi f_x^2}\int_{-\infty}^{\infty}\text{e}^{\text{i}\pi(x-f_x)^2}\text{d}x$$

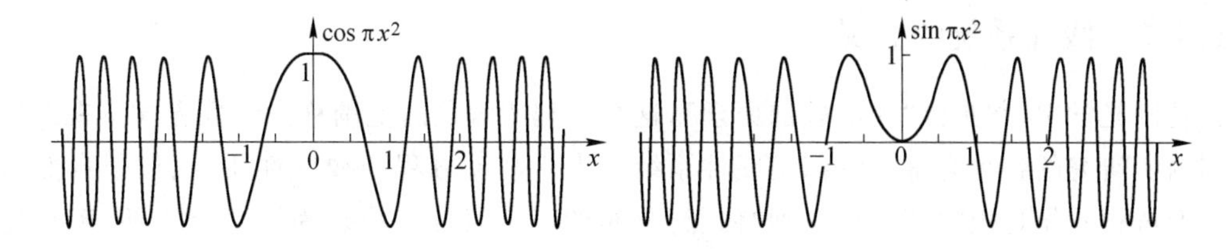

图 1.8.1　函数 $\mathrm{e}^{\mathrm{i}\pi x^2}$ 的实部和虚部图形

令 $y=\sqrt{\pi}(x-f_x)$，并利用积分公式①：

$$\int_0^{\infty}\cos y^2\,\mathrm{d}y=\int_0^{\infty}\sin y^2\,\mathrm{d}y=\frac{1}{2}\sqrt{\frac{\pi}{2}}$$

容易求得

$$\mathscr{F}\{\mathrm{e}^{\mathrm{i}\pi x^2}\}=\frac{\mathrm{e}^{-\mathrm{i}\pi f_x^2}}{\sqrt{\pi}}\int_{-\infty}^{\infty}\mathrm{e}^{\mathrm{i}y^2}\,\mathrm{d}y=\frac{\mathrm{e}^{-\mathrm{i}\pi f_x^2}}{\sqrt{\pi}}\cdot 2\int_0^{\infty}\mathrm{e}^{\mathrm{i}y^2}\,\mathrm{d}y=2\,\frac{\mathrm{e}^{-\mathrm{i}\pi f_x^2}}{\sqrt{\pi}}\left(\int_0^{\infty}\cos y^2\,\mathrm{d}y+\mathrm{i}\int_0^{\infty}\sin y^2\,\mathrm{d}y\right)$$

$$=\mathrm{e}^{-\mathrm{i}\pi f_x^2}\left(\frac{1}{\sqrt{2}}+\mathrm{i}\,\frac{1}{\sqrt{2}}\right)=\mathrm{e}^{\mathrm{i}\frac{\pi}{4}}\mathrm{e}^{-\mathrm{i}\pi f_x^2}$$

证毕。

1.9　线性系统与线性空间不变系统

1.9.1　系统的算符表示

在通信和光学领域中，常常涉及各种"系统"，例如，某个具体的通信网络、电子线路或光学成像装置等。但有时也常常需要研究一些与某种实际系统无关的物理现象，例如，光波通过自由空间的传播过程等。因此，为了便于讨论问题，暂时抛开某种具体的物理装置，而在相当广泛的意义上来定义系统(System)一词，即把系统定义为一种变换或映射，把对系统的输入称为激励(Excitation)，而系统对此产生的输出则称为响应(Response)。这样，当在研究一个系统的性质时，不必过多地关心系统内部的结构，只需知道其输入端和输出端的性质就行了。这样定义下的系统，既更具有一般性，又常使研究方法更加简捷。

为了用简洁的语言来分析物理系统，最常用的办法是寻找一个数学模型，使其在数学意义上能恰当地描述该系统的性质和状态。在傅里叶光学中，常常采用一种算符把光学系统的激励与对此产生的响应联系起来，系统的作用就是完成数学上的某种变换或运算。如图 1.9.1 所示，算符 $\mathscr{S}\{\cdot\}$表示系统的作用，激励函数$f(x_1,y_1)$通过系统后变成相应的响应函数 $g(x_2,y_2)$，两函数之间满足下列关系：

激励 $f(x_1,y_1)$ → 系统 $\mathscr{S}\{\cdot\}$ → 响应 $g(x_2,y_2)$

图 1.9.1　系统的算符表示

$$g(x_2,y_2)=\mathscr{S}\{f(x_1,y_1)\} \tag{1.9.1}$$

至于这个算符 $\mathscr{S}\{\cdot\}$的性质，则要针对具体的系统而定。实际存在的系统是多种多样的，这里只讨论具有线性或同时具有平移不变性的系统。

① 徐桂芳. 积分表. 上海：上海科学技术出版社，1962：65.

1.9.2 线性系统的意义

在基础光学中,曾提到“光的叠加原理”,这个原理所满足的范围称为线性光学。在线性光学范围内所研究的各种光学系统都是线性系统。由于波动方程的线性性质,我们很自然地把光学成像过程看作是由“物”光分布到“像”光分布的一个线性变换。为了研究方便,现在先给线性系统下一个严格的定义。

设函数 $f(x_1,y_1)=\sum_{i=1}^{n}f_i(x_1,y_1)$ 代表对系统的激励,函数 $g(x_2,y_2)=\sum_{i=1}^{n}g_i(x_2,y_2)$ 代表系统相应的响应,a_i 是任意复常数,$\mathscr{S}\{\cdot\}$表示系统算符。如果在激励与响应之间成立下列关系式:

$$g_i(x_2,y_2)=\mathscr{S}\{f_i(x_1,y_1)\} \tag{1.9.2}$$

$$\sum_{i=1}^{n}a_ig_i(x_2,y_2)=\mathscr{S}\left\{\sum_{i=1}^{n}a_if_i(x_1,y_1)\right\} \tag{1.9.3}$$

则称此系统为线性系统(Linear System)。

对于具有连续激励的系统而言,式(1.9.3)中的求和可以表示成积分形式,即

$$g(x,y)=\iint_{-\infty}^{\infty}ag(\xi,\eta)\mathrm{d}\xi\mathrm{d}\eta=\mathscr{S}\left\{\iint_{-\infty}^{\infty}af(\xi,\eta)\mathrm{d}\xi\mathrm{d}\eta\right\} \tag{1.9.4}$$

式(1.9.3)和式(1.9.4)表明,若把一个线性组合整体输入线性系统,则系统的总响应是单个响应的同样的线性组合。换言之,系统对任意输入的响应能够用它对此输入分解成的某些基元函数的响应表示出来。这是线性所带来的最大好处。上述结论在线性系统分析中非常重要,同时也使我们看到,找出一个简便方法将输入函数分解成基元函数是很重要的。所谓基元函数,是指不能再进行分解的基本函数单元,它们的响应是很容易被单独确定的。在光学系统中,常用的基元函数有3种,即δ函数、复指数函数和余弦(或正弦)函数。下面以δ函数作为基元函数,来说明线性系统的分解和综合过程。

1.9.3 脉冲响应函数与叠加积分

根据δ函数的筛选性质,可以把系统的输入函数写成

$$f(x_1,y_1)=\iint_{-\infty}^{\infty}f(\xi,\eta)\delta(x_1-\xi,y_1-\eta)\mathrm{d}\xi\mathrm{d}\eta \tag{1.9.5}$$

此方程可看作是把 $f(x_1,y_1)$表示成带有权重的无穷多个位置不同的δ函数的线性组合。为了求出系统对输入函数 $f(x_1,y_1)$的响应,可将式(1.9.5)代入式(1.9.1)得到

$$g(x_2,y_2)=\mathscr{S}\{f(x_1,y_1)\}=\mathscr{S}\left\{\iint_{-\infty}^{\infty}f(\xi,\eta)\delta(x_1-\xi,y_1-\eta)\mathrm{d}\xi\mathrm{d}\eta\right\} \tag{1.9.6}$$

既然把 $f(\xi,\eta)$看作是一个加在基元函数 $\delta(x_1-\xi,y_1-\eta)$上的简单权重因子,则由线性系统的叠加性质,可以先把算符 $\mathscr{S}\{\cdot\}$直接作用到各个基元函数上,再把各基元函数的响应叠加起来,遂有

$$\begin{aligned}g(x_2,y_2)&=\iint_{-\infty}^{\infty}f(\xi,\eta)\mathscr{S}\{\delta(x_1-\xi,y_1-\eta)\}\mathrm{d}\xi\mathrm{d}\eta\\&=\iint_{-\infty}^{\infty}f(\xi,\eta)h(x_2,y_2;\xi,\eta)\mathrm{d}\xi\mathrm{d}\eta\end{aligned} \tag{1.9.7}$$

式中

$$h(x_2,y_2;\xi,\eta)=\mathscr{S}\{\delta(x_1-\xi,y_1-\eta)\} \tag{1.9.8}$$

而 $h(x_2,y_2;\xi,\eta)$ 表示输入平面上位于 $x_1=\xi,y_1=\eta$ 点的单位脉冲(点光源)，通过系统以后在输出平面上 (x_2,y_2) 点得到的分布，称为系统的脉冲响应函数(Impulse Response Function)。它是关于输入-输出平面上坐标的四元函数。对于一般存在像差且通光孔径有限大的光学成像系统而言，输入平面上一物点(用 δ 函数表示)通过系统后，在输出像面上不是形成一个像点，而是扩展成一个弥散的像斑，类似于晕现象(Halo Effect)，故把 $h(x_2,y_2;\xi,\eta)$ 又称为点扩展函数(Point-Spread Function，PSF)。

式(1.9.5)称为系统输入函数的分解式，而式(1.9.7)称为线性系统输出函数的叠加积分(Superposition Integral)。叠加积分表明：线性系统的性质完全可由它对单位脉冲的响应 $h(x_2,y_2;\xi,\eta)$ 来表征。也就是说只要知道了 $h(x_2,y_2;\xi,\eta)$，则任何输入函数所对应的输出函数都可通过叠加积分求得。换言之，为了完全确定输出，通常必须知道系统对位于输入平面所有可能的点上的脉冲响应。对于光学成像系统，只要确定了物场中各点的点光源的像(即脉冲响应)，就可以知道光学系统的成像质量。这种方法在光学镜头的装校中称为“星点检验”。

1.9.4　线性空间不变系统　传递函数

线性系统中有一个重要的子类，即线性空间不变系统，它具有很特别的性质和重要应用。下面首先给出这种特殊线性系统的定义。

设线性系统对输入信号 $f_1(x,y)$ 和 $f_2(x,y)$ 分别产生输出信号 $g_1(x,y)=\mathscr{S}\{f_1(x,y)\}$ 和 $g_2(x,y)=\mathscr{S}\{f_2(x,y)\}$，若输入函数在空间发生了平移，且对任意复常数 a_1 和 a_2，有

$$\begin{aligned}&\mathscr{S}\{a_1f_1(x-x_0,y-y_0)+a_2f_2(x-x_0,y-y_0)\}=\\&a_1g_1(x-x_0,y-y_0)+a_2g_2(x-x_0,y-y_0)\end{aligned} \tag{1.9.9}$$

则称此系统为线性空间不变系统(Linear Space Invariant System，LSI)。上式表明：LSI 系统对输入信号空间位置的平移所产生的唯一效应是：其输出信号也产生了同样的位置平移。

对于线性空间不变系统的含义，还可以结合一个理想成像系统来理解。设在此系统中，物函数 $f(x_1,y_1)$ 对应像函数 $g(x_2,y_2)$，当物分布形式不变，仅在物平面上发生一位移，即 $f(x_1,y_1)$ 变为 $f(x_1-x_0,y_1-y_0)$ 时，对应的像函数形式不变，也只在像平面上有一个相应的位移，即 $g(x_2,y_2)$ 变成了 $g(x_2-Mx_0,y_2-My_0)$，其中 M 代表成像系统的横向放大率，不失一般性可令 $M=1$。按照 LSI 定义式(1.9.9)知，理想成像系统就是一个线性空间不变系统。空间不变特性是理想成像系统必备的。图1.9.2以一维形式表示了这一平移不变性质。

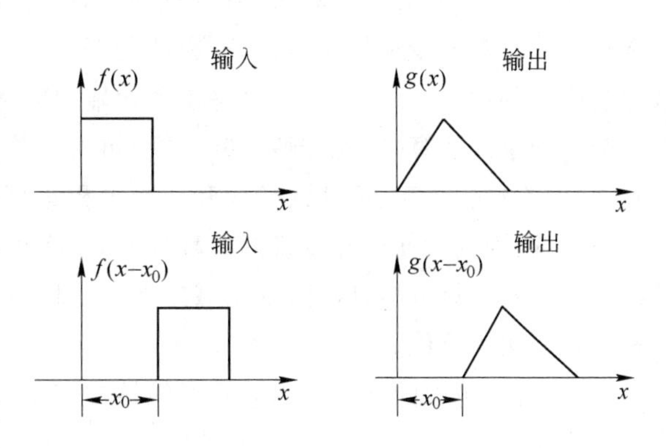

图 1.9.2　LSI 系统对一维函数的平移不变效应

线性空间不变系统具有一些重要的特性，现分析如下：

(1) 脉冲响应具有比较简单的形式。在 LSI 系统中，其脉冲响应函数 $h(x_2,y_2;\xi,\eta)$ 只依

赖于坐标差($x_2-\xi$)和($y_2-\eta$),可以写成

$$h(x_2,y_2;\xi,\eta)=\mathscr{S}\{\delta(x_1-\xi,y_1-\eta)\}=h(x_2-\xi,y_2-\eta) \tag{1.9.10}$$

即,当点光源在物场中移动时,其像斑只改变位置,而不改变其函数形式。这一特性称为等晕性(Isoplanatism)。当然,把实际的成像系统当作线性空间不变系统,只是一种理想化,事实上,由于实际成像系统存在像差,而像差大小与物点位置有关,故成像系统很少能在它的整个物场上是等晕的。但只要像差大小随物点位置的变化比较缓慢,往往有可能把物场分成许多小的等晕区(Isoplanatic Region),在每个这样的小区域中系统是近似空间不变的。为了完备地描写成像系统,应当给出适用于每个等晕区的脉冲响应。但是,如果所关心的那一部分物场相当小,通常只要考虑系统轴上的等晕区就够了。

(2) 叠加积分式(1.9.7)具有特别形式,即

$$\begin{aligned} g(x_2,y_2) &= \iint_{-\infty}^{\infty} f(\xi,\eta)h(x_2-\xi,y_2-\eta)\mathrm{d}\xi\mathrm{d}\eta \\ &= f(x_2,y_2)*h(x_2,y_2) \end{aligned} \tag{1.9.11}$$

上式表明,LSI系统的输出函数(像)可以表示为输入函数(物函数)与系统脉冲响应在输出平面上的一个二维卷积。这一特殊形式的叠加积分又称为卷积积分,我们在1.3节早已熟悉。由此可见,脉冲响应函数 h 完全描述了LSI系统的性态,故也称 h 为LSI系统输入-输出关系的空域描述。

(3) 傅里叶变换形式特别简单。对式(1.9.11)进行傅里叶变换,并利用卷积定理得

$$G(f_x,f_y)=H(f_x,f_y)F(f_x,f_y) \tag{1.9.12}$$

式中

$$H(f_x,f_y)=\mathscr{F}\{h(x,y)\} \tag{1.9.13}$$

$H(f_x,f_y)$ 称为系统的传递函数(Transfer Function),它表示系统在频域中对信号的传递能力。

从式(1.9.11)和式(1.9.12)可以看到,用脉冲响应函数和传递函数来描述线性空间不变系统对输入函数的变换作用时,两种方法是等效的,只不过前者是在空域中描述,后者是在频域中描述。利用后一种方法时,可将求系统输出时需要的比较冗繁的卷积运算(1.9.11),变成更简单的一系列运算,即先作傅里叶变换,再将变换式相乘,最后进行傅里叶逆变换。从表面上看,这种方法包括正、反两次变换和一次乘积运算,似乎比前一种方法复杂、烦琐,然而事实并非如此,因为利用傅里叶变换的各种性质,常常可以使傅里叶变换、乘积和逆变换这些运算过程远比卷积运算方便,因此,从频域来考察线性空间不变系统,不仅具有重要的理论意义,还具有很高的实用价值。

当然,对频域中的这种描述只是对线性空间不变系统才成立。

1.9.5 线性空间不变系统的本征函数

如果函数 $f(x,y)$ 满足条件:

$$\mathscr{S}\{f(x,y)\}=af(x,y) \tag{1.9.14}$$

式中,a 为一复常数,则称 $f(x,y)$ 为算符 $\mathscr{S}\{\cdot\}$ 所表示的系统的本征函数(Eigen Function),a 称为此本征函数的本征值(Eigen Value)。换言之,系统的本征函数是一个特定的输入函数,相应的输出函数与该输入函数之比为一个复常数。显然,一个LSI系统的本征函数,通过该

系统时不改变其函数形式，而仅仅可能被衰减或放大，或产生相移，其变化量取决于相应的本征值。

前面曾提到线性系统的3种基元函数，即 δ 函数、复指数函数和余弦函数。可以证明，这些基元函数正是LSI系统的本征函数，它们都可以形式不变地通过线性空间不变系统。下面就来进一步验证这一结论。

设线性空间不变系统 $\mathscr{S}\{\cdot\}$ 的传递函数为 $H(f_x,f_y)$，输入函数为 $f(x,y)$。以下就3种基元函数分别进行讨论。

(1) $f(x,y)=e^{i2\pi(f_{0x}x+f_{0y}y)}$

其频谱为

$$F(f_x,f_y)=\mathscr{F}\{f(x,y)\}=\delta(f_x-f_{0x},f_y-f_{0y})$$

这时，输出函数的频谱为

$$\begin{aligned}G(f_x,f_y)&=H(f_x,f_y)F(f_x,f_y)\\&=H(f_{0x},f_{0y})\delta(f_x-f_{0x},f_y-f_{0y})\end{aligned}$$

于是，输出函数为

$$\begin{aligned}g(x,y)&=\mathscr{F}^{-1}\{G(f_x,f_y)\}\\&=\iint_{-\infty}^{\infty}H(f_{0x},f_{0y})\delta(f_x-f_{0x},f_y-f_{0y})e^{i2\pi(f_xx+f_yy)}\,df_x df_y\\&=H(f_{0x},f_{0y})e^{i2\pi(f_{0x}x+f_{0y}y)}\end{aligned}\tag{1.9.15}$$

即

$$\mathscr{S}\{e^{i2\pi(f_{0x}x+f_{0y}y)}\}=H(f_{0x},f_{0y})e^{i2\pi(f_{0x}x+f_{0y}y)}\tag{1.9.16}$$

由此可见，复指数函数可以形式不变地通过线性空间不变系统，输出函数只是输入函数与一个复比例常数的乘积，所以复指数输入函数是LSI系统的本征函数，而相应的复比例常数 $H(f_{0x},f_{0y})$ 则称为此本征函数的本征值。这个本征值函数正是LSI系统的传递函数 $H(f_x,f_y)$。

(2) $f(x,y)=\delta(x-x_0,y-y_0)$

其频谱为

$$F(f_x,f_y)=\mathscr{F}\{\delta(x-x_0,y-y_0)\}=e^{-i2\pi(f_xx_0+f_yy_0)}$$

这时，输出函数的频谱为

$$G(f_x,f_y)=H(f_x,f_y)F(f_x,f_y)=H(f_x,f_y)e^{-i2\pi(f_xx_0+f_yy_0)}$$

而输出函数为

$$\begin{aligned}g(x,y)&=\mathscr{F}^{-1}\{G(f_x,f_y)\}\\&=\iint_{-\infty}^{\infty}H(f_x,f_y)e^{-i2\pi(f_xx_0+f_yy_0)}e^{i2\pi(f_xx+f_yy)}\,df_x df_y=h(x-x_0,y-y_0)\end{aligned}\tag{1.9.17}$$

即

$$\mathscr{S}\{\delta(x-x_0,y-y_0)\}=h(x-x_0,y-y_0)\tag{1.9.18}$$

这表明脉冲响应函数在空域中描述了LSI系统的性态。这也是预料中的结果。

(3) $f(x,y)=\cos[2\pi(f_{0x}x+f_{0y}y)]$

这种基元函数常用于非相干成像系统中(见第3章)。对于这种系统，其脉冲响应函数是实函数，它可以把一个实值输入变换为一个实值输出，且其傅里叶变换具有厄米特函数特性，即

$$H(f_x,f_y)=H^*(-f_x,-f_y) \tag{1.9.19}$$

令

$$H(f_x,f_y)=A(f_x,f_y)e^{i\phi(f_x,f_y)} \tag{1.9.20}$$

则由式(1.9.19)有

$$\begin{cases} A(f_x,f_y)=A(-f_x,-f_y) \\ \phi(f_x,f_y)=-\phi(-f_x,-f_y) \end{cases} \tag{1.9.21}$$

即非相干系统传递函数的模是偶函数,其幅角是奇函数。下面来证明余弦函数就是这类系统的本征函数。

输入余弦函数的频谱为

$$\begin{aligned} F(f_x,f_y)&=\mathscr{F}\{\cos 2\pi(f_{0x}x+f_{0y}y)\} \\ &=\frac{1}{2}[\delta(f_x-f_{0x},f_y-f_{0y})+\delta(f_x+f_{0x},f_y+f_{0y})] \end{aligned}$$

这时,输出函数的频谱为

$$\begin{aligned} G(f_x,f_y)&=H(f_x,f_y)F(f_x,f_y) \\ &=\frac{1}{2}H(f_x,f_y)[\delta(f_x-f_{0x},f_y-f_{0y})+\delta(f_x+f_{0x},f_y+f_{0y})] \end{aligned}$$

而输出函数为

$$\begin{aligned} g(x,y)&=\mathscr{F}^{-1}\{G(f_x,f_y)\} \\ &=\frac{1}{2}\iint_{-\infty}^{\infty}H(f_x,f_y)[\delta(f_x-f_{0x},f_y-f_{0y})+\delta(f_x+f_{0x},f_y+f_{0y})]e^{i2\pi(f_x x+f_y y)}\mathrm{d}f_x\mathrm{d}f_y \\ &=\frac{1}{2}[H(f_{0x},f_{0y})e^{i2\pi(f_{0x}x+f_{0y}y)}+H(-f_{0x},-f_{0y})e^{-i2\pi(f_{0x}x+f_{0y}y)}] \end{aligned}$$

将式(1.9.20)代入上式,得

$$\begin{aligned} g(x,y)&=\frac{1}{2}A(f_{0x},f_{0y})e^{i[2\pi(f_{0x}x+f_{0y}y)+\phi(f_{0x},f_{0y})]}+\frac{1}{2}A(f_{0x},f_{0y})e^{-i[2\pi(f_{0x}x+f_{0y}y)+\phi(f_{0x},f_{0y})]} \\ &=A(f_{0x},f_{0y})\cos[2\pi(f_{0x}x+f_{0y}y)+\phi(f_{0x},f_{0y})] \end{aligned} \tag{1.9.22}$$

即

$$\mathscr{S}\{\cos 2\pi(f_{0x}x+f_{0y}y)\}=A(f_{0x},f_{0y})\cos[2\pi(f_{0x}x+f_{0y}y)+\phi(f_{0x},f_{0y})] \tag{1.9.23}$$

上式说明,对于脉冲响应是实函数的 LSI 系统来说,余弦输入将产生同频率的余弦输出。但可能产生与频率有关的振幅衰减与相移,其大小取决于传递函数的模和幅角。因此,为了检验一个系统是否是 LSI 系统,只要输入一个余弦信号,考察其输出中是否包含其他频率成分。若除了输入频率的余弦信号之外,还包含其他频率的余弦信号,则该系统不是 LSI 系统。

1.9.6 LSI 级联系统

设有两个级联在一起的线性空间不变系统,如图 1.9.3 所示,前一系统的输出恰是后一系统的输入。令 $f_1(x,y)$和 $g_2(x,y)$分别代表整个系统的输入和输出,则由系统的线性空间不变特性,有

$$g_1(x,y)=f_2(x,y)=f_1(x,y)*h_1(x,y) \tag{1.9.24}$$

$$g_2(x,y)=f_2(x,y)*h_2(x,y) \tag{1.9.25}$$

式中,$h_1(x,y)$和 $h_2(x,y)$分别为级联的两个 LSI 系统的脉冲响应。将式(1.9.24)代入式

(1.9.25)并根据卷积运算满足结合律,有

$$g_2(x,y)=[f_1(x,y)*h_1(x,y)]*h_2(x,y)$$
$$=f_1(x,y)*[h_1(x,y)*h_2(x,y)] \tag{1.9.26}$$

上式表明级联的两个 LSI 系统仍然是线性空间不变系统,总的脉冲响应为

$$h(x,y)=h_1(x,y)*h_2(x,y) \tag{1.9.27}$$

对上式取傅里叶变换,得

$$H(f_x,f_y)=H_1(f_x,f_y)\cdot H_2(f_x,f_y) \tag{1.9.28}$$

即 LSI 级联系统总的传递函数是级联的两个 LSI 系统的传递函数之积。而由式(1.9.26)取傅里叶变换又易得

$$G_2(f_x,f_y)=F_1(f_x,f_y)\cdot[H_1(f_x,f_y)\cdot H_2(f_x,f_y)] \tag{1.9.29}$$

上述结果可以推广到 n 个 LSI 子系统级联的情况。总系统的脉冲响应和传递函数分别为

$$h(x,y)=h_1(x,y)*h_2(x,y)*\cdots*h_n(x,y) \tag{1.9.30}$$

$$H(f_x,f_y)=H_1(f_x,f_y)\cdot H_2(f_x,f_y)\cdot\cdots\cdot H_n(f_x,f_y) \tag{1.9.31}$$

即系统总的传递函数是各子系统传递函数的乘积。这为分析复杂系统(光学链)提供了很大的方便。一个复杂的物理过程常常由许多环节构成,这许多环节在大多数情况下可视为一个级联系统。如果每个子系统都是线性空间不变的,则单独确定每个子系统的传递函数后,总的系统的传递函数就是各子系统传递函数的乘积,这样,系统的特性很容易掌握。

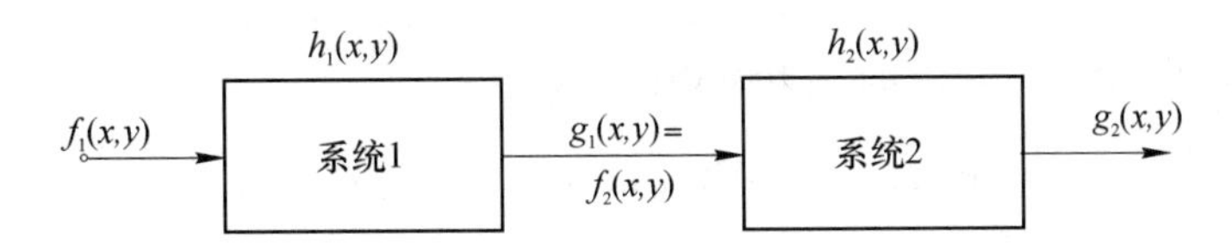

图 1.9.3　两个 LSI 系统的级联

1.10　二维采样定理

任何一个宏观的物理过程都是连续变化的,物理量的空间分布也是连续变化的。但由于物理器件的信息容量有限,在对一个实际的物理过程或图像进行观测、记录、传送和处理时,常常不能用连续的方式进行。例如,现今广泛使用的 CCD 摄像机在记录连续变化的图像时,每秒钟只记录 30 幅图像,而其中每幅图像也是用一些离散分布的采样值来表示的,其采样点数则被 CCD 的像素数所限制。此外,即使是现代最高级的巨型数字计算机也不可能以连续的方式去运算,尽管它的运算速度已高达每秒千万亿次以上。

因此,必须对真实的物理过程进行采样处理,将一个连续变化的物理量(或过程),用它的一些离散分布的采样值来表示,而且这些采样值的表达式也是离散的。但是在做这样处理时,常常会发生下列问题:

(1) 用这种方式获得的采样值函数(或称为样本函数,Sample Function)来表示原来的物理过程,有多大的准确性?采样间隔应取多大才能做到既不丢失信息,又不致对探测器件提出过分要求?

(2) 选择什么样的采样函数对被测函数采样,才能使采样值函数更精确地反映被测函数?

(3) 如何从采样值函数复原出真实的连续变化的函数来?

这些就是本节中采样定理要讨论的问题。

1.10.1 图像函数的采样表示法

采样过程在数学上是通过原函数与一个采样函数相乘来实现的。显然,对于图像函数 $f(x,y)$ 来说,用它在 (x,y) 平面内的一个分立点集上的采样值阵列来表示往往是方便的,因此,比较理想的是采用二维梳状函数作为采样函数。从直观上能清楚看出,如果这些采样点间隔取得相当小时,那么可以说采样数据就很接近原图像函数的精确表示。

函数 $f(x,y)$ 的采样由下式定义:

$$f_S(x,y)=f(x,y)\text{comb}\left(\frac{x}{X},\frac{y}{Y}\right) \tag{1.10.1}$$

其中

$$\text{comb}\left(\frac{x}{X},\frac{y}{Y}\right)=\sum_{m=-\infty}^{\infty}\sum_{n=-\infty}^{\infty}\delta\left(\frac{x}{X}-m,\frac{y}{Y}-n\right)=XY\sum_{m=-\infty}^{\infty}\sum_{n=-\infty}^{\infty}\delta(x-mX,y-nY)$$

因此,采样值函数 $f_S(x,y)$ 由 δ 函数的阵列组成,各个 δ 函数之间的相互间隔在 x 方向上的宽度为 X,而在 y 方向上的宽度为 Y。

为了分析方便,可以研究 $f_S(x,y)$ 的频谱。应用卷积定理,由式(1.10.1)有

$$\begin{aligned}F_S(f_x,f_y)&=\mathscr{F}\left\{f(x,y)\text{comb}\left(\frac{x}{X},\frac{y}{Y}\right)\right\}\\&=F(f_x,f_y)*XY\text{comb}(Xf_x,Yf_y)\\&=F(f_x,f_y)*\sum_{m=-\infty}^{\infty}\sum_{n=-\infty}^{\infty}\delta\left(f_x-\frac{m}{X},f_y-\frac{n}{Y}\right)\\&=\sum_{m=-\infty}^{\infty}\sum_{n=-\infty}^{\infty}F\left(f_x-\frac{m}{X},f_y-\frac{n}{Y}\right)\end{aligned} \tag{1.10.2}$$

上式表明,采样值函数的频谱由频率平面上无限重复的原函数的频谱所构成,形成排列有序的"频谱岛",其重复间距分别为 $\frac{1}{X}$,$\frac{1}{Y}$,如图1.10.1(a)所示。

从式(1.10.2)可以看出,如果令 $m=n=0$,则 $F_S(f_x,f_y)=F(f_x,f_y)$,即从采样值函数的周期性重复的频谱中可绝对准确地恢复出原函数的频谱。方法是让采样值函数的频谱 $F_S(f_x,f_y)$ 通过一个能够无畸变地传递式(1.10.2)中的 $m=n=0$ 项,并同时能完全阻挡所有其他各项的线性滤波器。这样,在这个滤波器的输出端,就会得到原始函数 $f(x,y)$ 的绝对准确的复现。

但是,从图1.10.1(a)可以看出,要能从采样值函数的周期性重复的频谱中恢复原函数的频谱,必须使各重复的频谱彼此分得开,为此,原函数的频谱宽度应是有限的。这样的函数称为带限函数(Bandlimited Function),其定义如下:

$$\mathscr{F}\{f(x,y)\}=\begin{cases}F(f_x,f_y) & |f_x|\leqslant B_x,|f_y|\leqslant B_y\\0 & \text{其他}\end{cases} \tag{1.10.3}$$

即要求 $f(x,y)$ 的频谱只在频域中一个有限区域 $\mathscr{R}$ 内不为0。图1.10.1(b)表示某二维带限函数的频谱分布。

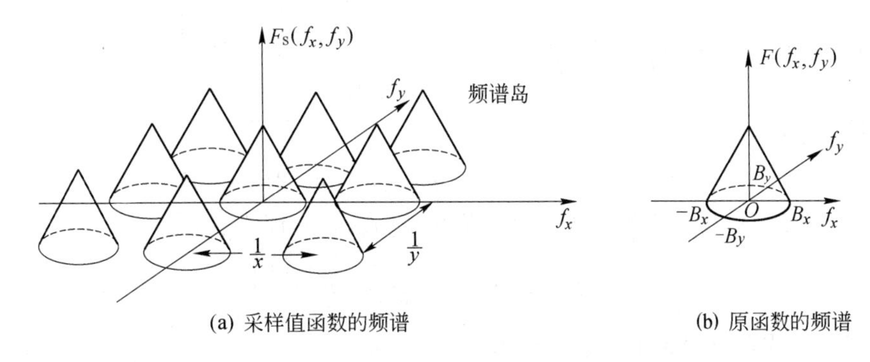

(a) 采样值函数的频谱　　(b) 原函数的频谱

图 1.10.1　函数的频谱

1.10.2　奈奎斯特判据

由式(1.10.2)可知,采样值函数的频谱岛的区域可由频率平面上的每个点$\left(\frac{m}{X},\frac{n}{Y}\right)$周期性划出的不为零的有限区域 $\mathscr{R}$ 得到。因此,如果采样点间隔 X、Y 足够小,则各个频谱岛区域的间隔$\frac{1}{X}$、$\frac{1}{Y}$就会足够大,就能保证相邻的区域不会重叠。

为了确定各抽样点之间最大容许间隔,按公式(1.10.3),令 $2B_x$、$2B_y$ 分别表示正好围住区域 $\mathscr{R}$ 的最小矩形的频带宽度,并且为了简单起见,设该矩形中心位于坐标原点(即 $m=n=0$)。由于采样值函数的频谱沿 f_x、f_y 方向周期性重复的间隔为$\frac{1}{X}$和$\frac{1}{Y}$,故若

$$2B_x=\frac{1}{X},\quad 2B_y=\frac{1}{Y} \tag{1.10.4}$$

就可保证各频谱岛之间不重叠,即采样点阵的最大容许间隔应为

$$X=\frac{1}{2B_x},\quad Y=\frac{1}{2B_y} \tag{1.10.5}$$

上式称为奈奎斯特判据(Nyquist Criterion)。满足此条件的采样间隔称为临界采样间隔(Critical Sampling Interval)。与之对应,当

$$X<\frac{1}{2B_x},\quad Y<\frac{1}{2B_y} \tag{1.10.6}$$

时,称为是过采样的(Oversampled),这将对探测器件提出过高的要求。而当

$$X>\frac{1}{2B_x},\quad Y>\frac{1}{2B_y} \tag{1.10.7}$$

时,称为是欠采样的(Undersampled),这时频谱岛间将有部分重叠。

1.10.3　原始函数的复原

在确定了临界采样间隔之后,剩下的问题就是选择具体的滤波器及其传递函数。这里有很大的选择余地,只要能使式(1.10.5)成立,不论其 $\mathscr{R}$ 的形式如何,都存在一个传递函数,使得只让 $F_S(f_x,f_y)$中的 $m=n=0$ 项通过,而同时阻挡其他各项。例如,可以选择矩形滤波器,其传递函数为

$$H(f_x, f_y) = \mathrm{rect}\left(\frac{f_x}{2B_x}, \frac{f_y}{2B_y}\right) = \begin{cases} 1 & \left|\frac{f_x}{2B_x}\right| \leqslant \frac{1}{2}, \left|\frac{f_y}{2B_y}\right| \leqslant \frac{1}{2} \\ 0 & \text{其他} \end{cases} \tag{1.10.8}$$

相应的脉冲响应函数为

$$h(x,y) = \mathscr{F}^{-1}\{H(f_x, f_y)\} = 4B_x B_y \mathrm{sinc}(2B_x x, 2B_y y)$$

上述滤波器将从 $F_S(f_x, f_y)$ 中绝对准确地复原出 $F(f_x, f_y)$,即

$$F_S(f_x, f_y)\mathrm{rect}\left(\frac{f_x}{2B_x}, \frac{f_y}{2B_y}\right) = F(f_x, f_y)$$

根据卷积定理,上式在空间域中的表示式为

$$\mathscr{F}^{-1}\left\{F_S(f_x, f_y)\mathrm{rect}\left(\frac{f_x}{2B_x}, \frac{f_y}{2B_y}\right)\right\} = f(x,y)$$

亦即

$$\begin{aligned} f(x,y) &= f(x,y)\mathrm{comb}\left(\frac{x}{X}, \frac{y}{Y}\right) * 4B_x B_y \mathrm{sinc}(2B_x x, 2B_y y) \\ &= XY \sum_{m=-\infty}^{\infty} \sum_{n=-\infty}^{\infty} f(mX, nY)\delta(x - mX, y - nY) * 4B_x B_y \mathrm{sinc}(2B_x x, 2B_y y) \\ &= 4B_x B_y XY \sum_{m=-\infty}^{\infty} \sum_{n=-\infty}^{\infty} f(mX, nY)\mathrm{sinc}[2B_x(x - mX), 2B_y(y - nY)] \end{aligned}$$

再将奈奎斯特判据(1.10.5)代入上式,最后得

$$f(x,y) = \sum_{m=-\infty}^{\infty} \sum_{n=-\infty}^{\infty} f\left(\frac{m}{2B_x}, \frac{n}{2B_y}\right)\mathrm{sinc}\left[2B_x\left(x - \frac{m}{2B_x}\right), 2B_y\left(y - \frac{n}{2B_y}\right)\right] \tag{1.10.9}$$

上式称为惠特克-香农采样定理(Whittaker-Shannon Sampling Theorem)。它是一个插值公式,即用采样点的函数值去计算在采样点之间所不知道的非采样点的函数值。这个定理的重要意义在于:它表明在一定条件下,由插值准确恢复一个带限函数是可以实现的。办法是在每一采样点上放置一个以采样值为权重的 sinc 函数作为内插函数,并将它们线性组合起来,就得到了这种复原。

采样定理表明:一个连续的带限函数可由其离散的采样序列代替,而并不丢失任何信息。换言之,这个连续函数具有的信息内容等效于一些离散的信息采样。采样定理指出了重新产生连续函数所必需的离散值的最低数目以及由采样值恢复原函数的方法,即在空域插值或在频域滤波。

上述结果在形式上不是唯一可能的采样定理。因为在讨论中做了两种相当任意的选择:一是使用了方形的采样格点;二是选择了式(1.10.8)表示的传递函数。如果在这两处做别的选择,则将导出别种形式的采样函数。例如,若将带限函数的定义域 $\mathscr{R}$ 选为圆形,则其传递函数为

$$H(f_X, f_Y) = \mathrm{circ}\left(\frac{\sqrt{f_x^2 + f_y^2}}{B}\right) = \begin{cases} 1 & \sqrt{f_x^2 + f_y^2} \leqslant B \\ 0 & \text{其他} \end{cases}$$

相应的脉冲响应函数为

$$h(x,y) = \mathscr{F}^{-1}\left\{\mathrm{circ}\left(\frac{\sqrt{{f_x}^2 + {f_y}^2}}{B}\right)\right\} = \frac{B^2 \mathrm{J}_1(2\pi Br)}{Br}$$

由此便可导出另一种插值公式(参见习题 1.17),所得结果其有效性不一定比公式(1.10.9)差。

最后说明一下,严格来说,带限函数在物理上是不存在的。任何在空域中分布在有限范围内的信号(函数),其频谱在频域的分布都是无限的。但这些函数的频谱随着频率提高,到一定程度后总会大大减小,大部分能量总是由一定频率范围内的分量所携带。实际上,由于观察仪器(包括人眼)的通频带总是有限的,即使某函数的频带很宽,观察仪器也感知不到其高频部分,因此实际应用时,可以把它们近似看作带限函数,而忽略高频分量引起的误差。

1.10.4　空间-带宽积

若带限函数 $f(x,y)$ 在频域中的区间 $|f_x|\leqslant B_x$, $|f_y|<B_y$ 以外恒等于零,那么这个函数在空域 $|x|\leqslant L_x$, $|y|\leqslant L_y$ 上的那部分可以用多少个实数值来确定呢?根据奈奎斯特判据和采样定理,要在空域中恢复该函数,则沿 x、y 两个方向上的采样点数分别为

$$\frac{2L_x}{X}=\frac{2L_x}{1/(2B_x)}=4L_xB_x,\quad \frac{2L_y}{Y}=\frac{2L_y}{1/(2B_y)}=4L_yB_y$$

而在整个这部分空域中的采样点数至少为

$$(4L_xL_y)(4B_xB_y)=16L_xL_yB_xB_y \tag{1.10.10a}$$

式中,$4L_xL_y$ 表示函数在空域中覆盖的面积,$4B_xB_y$ 表示函数在频域中覆盖的面积。函数在该区间可由 $16L_xL_yB_xB_y$ 个采样值来近似表示。当 $f(x,y)$ 是复函数时,每一个采样值都是复数,它应由两个实数值确定。所以,这时的 $16L_xL_yB_xB_y$ 个复数采样值应由 $32L_xL_yB_xB_y$ 个实数值确定。根据采样定理,XY 平面上任一非采样点处的准确的函数值,应等于整个空域所有采样点上内插的 sinc 函数在该点的贡献之和。但由于 sinc 函数衰减很快,离该点足够远位置上的 sinc 函数对其贡献趋于 0。因而在一定精度范围内,只需要该点周围有限数目的采样值,就可近似确定这一点的函数值。

空间-带宽积(Space-Bandwidth Product,SW)定义为函数在空域和频域所占面积的乘积,表示成

$$\mathrm{SW}=16L_xL_yB_xB_y \tag{1.10.10b}$$

空间-带宽积是评价系统性能的重要参数,它既可以用来描述图像的信息容量,也可以用来描述成像系统、信息处理系统的信息传递和处理能力。例如,成像系统的空间-带宽积就等效于有效视场和系统截止频率所确定的通带面积的乘积。对于一个二维函数,例如图像,SW 也决定了像面上可分辨像元的数目,这个数目也称为图像的自由度(Freedom)或自由参数 N。当 $f(x,y)$ 为实函数时,每个采样值为一个实数,则自由度为

$$N=\mathrm{SW}=16L_xL_yB_xB_y \tag{1.10.11}$$

当 $f(x,y)$ 为复函数时,每个采样值为一个复数,它要由两个实数表示,故其自由度为

$$N=\mathrm{SW}=32L_xL_yB_xB_y \tag{1.10.12}$$

只有系统的 SW 大于待处理图像的 SW 时,才不会损失信息。此外,SW 是一个不变量(Invariant),当函数(图像)在空间位移或产生频移时,随空间大小变化,带宽依反比关系变化。当然,系统的 SW 越大,传递信息的能力就越大,但设计和制造就越困难。

本章重点

1. δ函数的意义和运算特性。
2. 卷积和相关的意义及运算。
3. 傅里叶变换诸定理及常用傅里叶变换对。
4. 线性空间不变系统的特性。

思考题

1.1 如何理解δ函数是一个“广义函数”?

1.2 卷积与相关在光学系统中各表示什么物理意义?彼此的联系和区别如何?

1.3 按照系统的定义,傅里叶变换算符可以看成是系统的变换算符,问:

(1) 这个系统是线性系统吗?

(2) 能否给出这个系统的传递函数?如果能,它是什么?如果不能,为什么?

1.4 线性空间不变特性为什么是每个成像系统必备的?

1.5 设在一线性系统上加一个余弦输入:

$$f(x,y) = \cos[2\pi(f_x x + f_y y)]$$

在什么样的(充分)条件下,输出是一个空间频率与输入相同的实数值余弦函数?

1.6 如何理解线性空间不变系统的本征函数?

习　题

1.1 试分别写出图X1.1中所示图形的函数表达式。

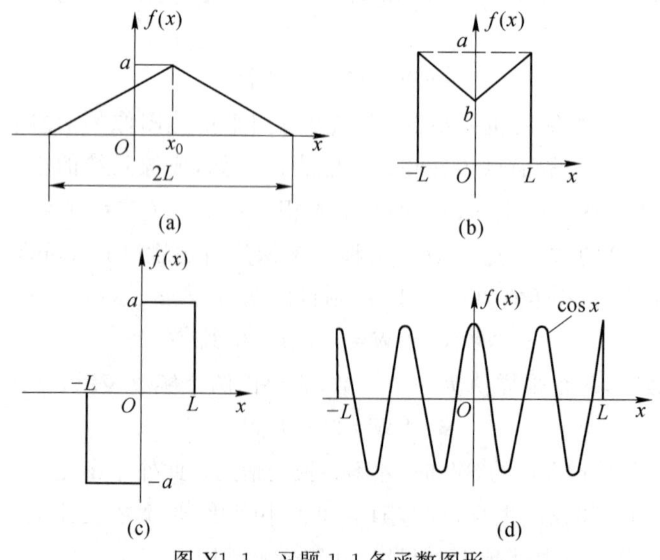

图X1.1　习题1.1各函数图形

1.2 试证明下列各式。

(1) $\mathrm{comb}\left(x-\frac{1}{2}\right)=\mathrm{comb}\left(x+\frac{1}{2}\right)$　　(2) $\mathrm{comb}\left(\frac{x}{2}\right)=\mathrm{comb}(x)+\mathrm{comb}(x)\mathrm{e}^{\mathrm{i}\pi x}$

(3) $\mathrm{comb}(x)=\lim\limits_{N\to\infty}\left|\frac{\sin(N\pi x)}{\sin(\pi x)}\right|$　　(4) $\delta(x)=\lim\limits_{\omega\to\infty}\frac{\sin(\omega x)}{\pi x}$

(5) $\delta(x)=\frac{1}{2\pi}\int_{-\infty}^{\infty}\cos(\omega x)\mathrm{d}\omega$　　(6) $\delta(x)=\frac{1}{2\pi}\int_{-\infty}^{\infty}\mathrm{e}^{\pm\mathrm{i}\omega x}\mathrm{d}\omega$

1.3　计算下列积分式。

(1) $\int_{-\infty}^{\infty}f(x)\sin(\pi x)\delta(x)\mathrm{d}x$　　(2) $\int_{-\infty}^{\infty}f(x)\cos(\pi x)\delta(x)\mathrm{d}x$

(3) $\int_{-\infty}^{\infty}\mathrm{rect}(x-\alpha)\delta\left(2\alpha^2-\frac{1}{2}\right)\mathrm{d}\alpha$　　(4) $\int_{-\infty}^{\infty}\delta^{(2)}\left(x-\frac{\pi}{2}\right)\cos x\mathrm{d}x$

1.4　计算下列各式的一维卷积。

(1) $\mathrm{rect}\left(\frac{x-1}{2}\right)*\delta(2x-3)$　　(2) $\mathrm{rect}\left(\frac{x+3}{2}\right)*\delta(x-4)*\delta(x-1)$

(3) $\mathrm{rect}(x)*\mathrm{comb}(x)$

(4) $f(x)*h(x)$，其中 $f(x)=\begin{cases}1 & x\geqslant 0\\ 0 & \text{其他}\end{cases}$，$h(x)=\begin{cases}\mathrm{e}^{-x} & x\geqslant 0\\ 0 & \text{其他}\end{cases}$

1.5　试采用图解分析方法计算下列函数的卷积(或相关)，并画出卷积或相关运算后的函数图形。

(1) 图 X1.2 所示的两个函数的卷积：$f(x)*h(x)$

(2) $\mathrm{rect}(x)*\mathrm{rect}\left(\frac{x-1}{2}\right)$

(3) $\mathrm{rect}\left(\frac{x-1}{2}\right)\otimes\mathrm{rect}\left(\frac{x+1}{2}\right)$

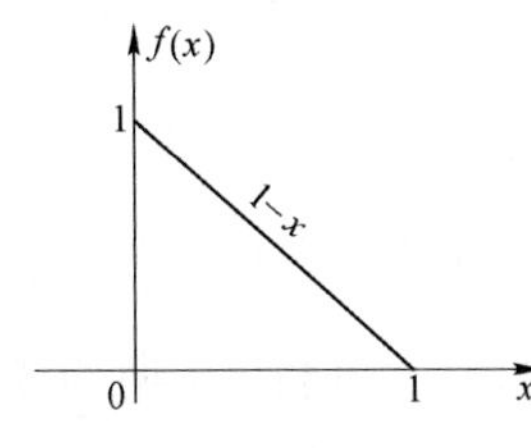

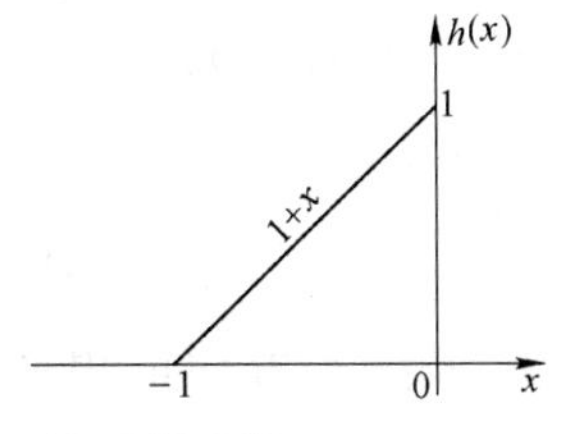

图 X1.2　习题 1.5(1)的两个函数

1.6　试用卷积定理计算下列各式。

(1) $\mathrm{sinc}(x)*\mathrm{sinc}(x)$　　(2) $\mathscr{F}\{\mathrm{sinc}(x)\mathrm{sinc}(2x)\}$

1.7　求下列各函数的傅里叶变换。

(1) $\mathrm{rect}(5x-15)$　　(2) $f(ax-b)$

(3) $f(x)=\begin{cases}\frac{1}{2\varepsilon} & |x|\leqslant\varepsilon\\ 0 & |x|>\varepsilon\end{cases}$，并求出当 $\varepsilon\to 0^+$ 时该变换的极限。

1.8　定义：

$$\Delta_{xy}=\left|\frac{1}{f(0,0)}\iint_{-\infty}^{\infty}f(x,y)\mathrm{d}x\mathrm{d}y\right|,\quad \Delta_{f_xf_y}=\left|\frac{1}{F(0,0)}\iint_{-\infty}^{\infty}F(f_x,f_y)\mathrm{d}f_x\mathrm{d}f_y\right|$$

分别为原函数 $f(x,y)$ 及其频谱函数 $F(f_x,f_y)$ 的“等效面积”和“等效带宽”，试证明：

$$\Delta_{xy}\cdot\Delta_{f_xf_y}=1$$

上式表明函数的“等效面积”和“等效带宽”成反比,称为傅里叶变换反比定理,亦称面积计算定理。

1.9 证明:

$$g(x)\otimes\cos(2\pi f_0 x)=|G(f_0)|\cos[2\pi f_0 x-\varphi(f_0)]$$

其中,$g(x)$为实函数,$G(f_x)$为$g(x)$的频谱。

1.10 证明:

$$\mathscr{F}\{\nabla^2 g(x,y)\}=-4\pi^2(f_x^2+f_y^2)\mathscr{F}\{g(x,y)\}$$

式中,$\nabla^2=\dfrac{\partial^2}{\partial x^2}+\dfrac{\partial^2}{\partial y^2}$,称为拉普拉斯算子。

1.11 试利用帕色渥定理分别计算下列积分。

(1) $\int_{-\infty}^{\infty}\operatorname{sinc}^2(x)\mathrm{d}x$ (2) $\int_{-\infty}^{\infty}\operatorname{sinc}^3(x)\mathrm{d}x$

(3) $\int_{-\infty}^{\infty}\operatorname{sinc}^4(x)\mathrm{d}x$

1.12 设变换算符$\mathscr{F}_A\{\cdot\}$和$\mathscr{F}_B\{\cdot\}$由下式定义:

$$\mathscr{F}_A\{g\}=\frac{1}{a}\iint_{-\infty}^{\infty}g(\xi,\eta)\exp\left[-\mathrm{i}\frac{2\pi}{a}(f_x\xi+f_y\eta)\right]\mathrm{d}\xi\mathrm{d}\eta$$

$$\mathscr{F}_B\{g\}=\frac{1}{b}\iint_{-\infty}^{\infty}g(\xi,\eta)\exp\left[-\mathrm{i}\frac{2\pi}{b}(x\xi+y\eta)\right]\mathrm{d}\xi\mathrm{d}\eta$$

(1) 求出$\mathscr{F}_B\{\mathscr{F}_A\{g(x,y)\}\}$的简单表达式;

(2) 说明对于$a>b$和$a<b$两种情形,其结果的意义(设$a,b>0$)。

1.13 试证明在极坐标系下,对于圆对称函数有:

(1) $\mathscr{B}\{\mathrm{e}^{-\pi r^2}\}=\mathrm{e}^{-\pi\rho^2}$

(2) 在$a\leqslant r\leqslant 1$时,若$f_R(r)=1$,而其他地方为零,则

$$\mathscr{B}\{f_R(r)\}=[\mathrm{J}_1(2\pi\rho)-a\mathrm{J}_1(2\pi a\rho)]/\rho$$

(3) $\mathscr{B}\{\cos(\pi r^2)\}=\sin(\pi\rho^2)$

1.14 表达式

$$p(x,y)=g(x,y)*\operatorname{comb}\left(\frac{x}{X_0},\frac{y}{Y_0}\right)$$

定义了一个周期函数,它在x方向的周期为X_0,在y方向的周期为Y_0,现令$g(x,y)=\operatorname{rect}\left(2\dfrac{x}{X_0},2\dfrac{y}{Y_0}\right)$,试画出函数$p(x,y)$的图形,并求出$p(x,y)$的傅里叶变换式。

1.15 试求如图X1.3所示函数的一维自相关。

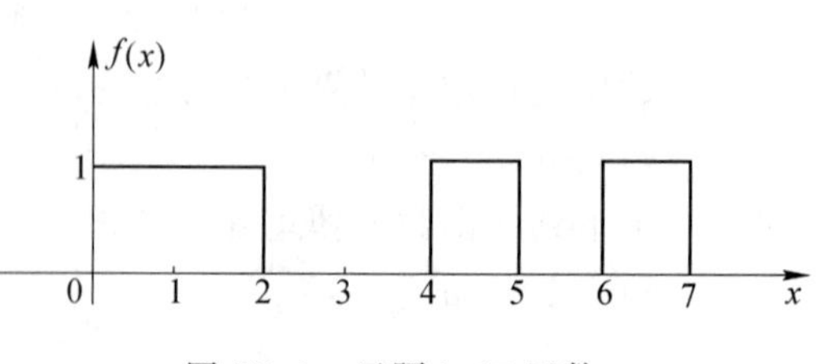

图X1.3 习题1.15函数

1.16 试计算函数$f(x)=\operatorname{rect}(x-3)$的一阶矩。

1.17 证明:圆域函数遵从下述采样定理。

$$f(x,y)=\sum_{m=-\infty}^{\infty}\sum_{n=-\infty}^{\infty}f\left(\frac{m}{2B},\frac{n}{2B}\right)\cdot\frac{\pi}{4}\left\{2\frac{\mathrm{J}_1\left[2\pi B\sqrt{\left(x-\frac{m}{2B}\right)^2+\left(y-\frac{n}{2B}\right)^2}\right]}{2\pi B\sqrt{\left(x-\frac{m}{2B}\right)^2+\left(y-\frac{n}{2B}\right)^2}}\right\}$$

该圆域函数在频率平面上的一个半径为B的圆之外没有非零的频谱分量。

本章参考文献

[1] 顾德门.傅里叶光学导论[M].3 版.秦克诚,刘培森,陈家璧,等译.北京:电子工业出版社,2006:3-27.

[2] 刘培森.应用傅里叶变换[M].北京:北京理工大学出版社,1990:1-140.

[3] 王仕璠,朱自强.现代光学原理[M].成都:电子科技大学出版社,1998:45-85.

[4] 苏显渝,李继陶,曹益平,等.信息光学[M].2 版.北京:科学出版社,2011:1-31.

[5] 陈家璧,苏显渝.光学信息技术原理及应用[M].北京:高等教育出版社,2002:1-23.

[6] 吕乃光.傅里叶光学[M].2 版.北京:机械工业出版社,2008:4-43.

第 2 章　标量衍射理论

2.1 引　言

光在传播过程中，除发生反射、折射以外，还会发生偏离直线传播的现象，称其为光的衍射(Diffraction)。索末菲(A. J. W. Sommerfeld，1868—1951 年)把衍射定义成“不能用反射或折射来解释的光线对直线光路的任何偏离”。衍射现象是光的波动性的主要标志之一。衍射规律也是光传播的基本规律。为了透彻了解光学成像系统和光学信息处理系统的特性，深入理解衍射规律是十分必要的。衍射的中心问题是计算衍射光场的分布。由于光波是电磁波，其理论基础是严格的电磁场理论，因此，要求解衍射光场的分布，就必须根据麦克斯韦方程组并利用一定的边界条件来求解。在这种情况下，应把光波场看作是矢量场。这种处理方法称为矢量波衍射(Vector Wave Diffraction)理论。但是，用矢量波方法求解衍射问题时，数学运算相当复杂，其计算方法实际上是数值方法。在实际中，只有在高分辨率衍射光栅的理论中，或当光学元件的特征尺寸接近或小于所用光波波长时(亚波长光学元件，Sub-Wavelength Optical Element)，由于出现了电(磁)矢量各分量之间的耦合，才必须用到矢量衍射理论。在大多数情况下，仍可以把光波场当作标量场来处理，即只考虑光矢量的一个横向分量的标量振幅，而假定任何别的有关分量都可以用同样方式独立处理，从而忽略电矢量和磁矢量的各个分量按麦克斯韦方程组的耦合关系。这种研究方法称为标量衍射理论(Scalar Diffraction Theory)。实验证明，这种近似处理方法，在我们所涉及的光学系统中，只要满足下列条件：①衍射孔径比照明光波长大得多；②观察点离衍射孔径不太近，则所得结果与实际是很好符合的。

概括起来，标量衍射理论的核心问题可归结为：用确定边界上的复振幅分布来表达光场中任一观察点的复振幅分布，如果边界面上复振幅分布相同，即使光振动的方向不同，所得结果也应该相同。

经典的标量衍射理论最初是由荷兰物理学家惠更斯(C. Huygens，1629—1695 年)在 1678 年提出的，他设想波动所到达的面上每一点都是次级子波源，每一个子波源发出的次级球面波以一定波速向四面八方扩展，而所有这些次级子波的包络面就形成新的波前。惠更斯的这种观点实质上是一种几何作图法，缺乏严格的以波动理论为基础的根据。1818 年菲涅耳(A. J.

Fresnel，1788—1827 年）引入干涉的思想，补充了惠更斯原理，他考虑到子波源是相干的，认为空间某一点 P_0 的光场是所有这些子波干涉的结果。这就是著名的惠更斯-菲涅耳原理。据此，对于在自由空间传播的单色光波，P_0 点的复振幅可表示为

$$U(P_0)=C\iint_S dU(P_1)=C\iint_S U(P_1)K(\theta)\frac{e^{ikr}}{r}dS \tag{2.1.1}$$

如图 2.1.1 所示，S 是由点源 S_0 所发出的某一波前，其上任一点 P_1 处的小面元 dS 对 P_0 点处光场的贡献 d$U(P_0)$ 与下列各量成正比：面积元 dS、P_1 点处光场的复振幅 $U(P_1)$、倾斜因子（Obliquity Factor）$K(\theta)$ 以及次波源发出的球面波 $\frac{e^{ikr}}{r}$。其中 r 代表面元 dS 到观察点 P_0 的距离，C 是比例系数。而后在 1882 年，基尔霍夫（G. R. Kirchhoff，1824—1887 年）利用格林定理，并采用球面波作为求解波动方程的格林函数，导出了严格的标量衍射公式。

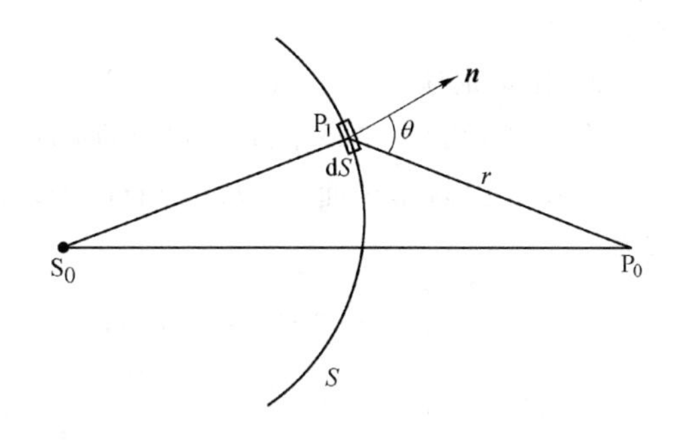

图 2.1.1　惠更斯-菲涅耳原理图示

本章就从基尔霍夫衍射公式开始，讨论标量衍射理论。在建立起普遍形式的基尔霍夫衍射公式后，转向讨论两类典型的衍射，即夫琅和费衍射（Fraunhofer Diffraction）和菲涅耳衍射（Fresnel Diffraction），并用空间频谱的观点来分析衍射现象。通过分析将会看到，所谓空间频谱，就是夫琅和费衍射花样，且其幅值与衍射屏透过率函数的傅里叶变换成正比。而从系统的观点看，菲涅耳衍射过程等效于一个线性空间不变系统的作用。由此可见，标量衍射理论是傅里叶光学的物理基础。

2.2　基尔霍夫衍射理论

2.2.1　数学预备知识

在着手讨论衍射问题之前，首先介绍一些数学预备知识，以便为推导衍射公式打下基础。

1. 亥姆霍兹方程

设用标量函数 $u(P,t)$ 表示空间某点 P 在时刻 t 的光扰动，对于线偏振波的情形，可以认为这个函数代表电场强度。暂时先只限于讨论频率为 ν 的单色光波，则有

$$u(P,t)=U(P)e^{i\omega t}=U(P)e^{i2\pi\nu t} \tag{2.2.1}$$

式中

$$U(P)=U_0(P)e^{-i\phi(P)} \tag{2.2.2}$$

称为光扰动的复振幅或相幅矢量（Phasor）。

$u(P,t)$ 在每一个无源点上必须满足标量波动方程：

$$\nabla^2 u-\frac{1}{c^2}\frac{\partial^2 u}{\partial t^2}=0 \tag{2.2.3}$$

式中，∇^2 是拉普拉斯算子（Laplacian Operator），在直角坐标系中为

$$\nabla^2=\frac{\partial^2}{\partial x^2}+\frac{\partial^2}{\partial y^2}+\frac{\partial^2}{\partial z^2}$$

对于单色光波场，由于频率 ν 恒定，从而对时间的函数关系 $e^{i2\pi\nu t}$ 已经预先知道，故复振幅

$U(\mathrm{P})$已足以描述空间某点的光扰动,它基本上包含了所需要的光波空间结构的信息。将式(2.2.1)代入式(2.2.3),可得复振幅必须满足的方程:

$$(\nabla^2+k^2)U=0 \tag{2.2.4}$$

式中,$k=\frac{\omega}{c}=\frac{2\pi\nu}{c}=\frac{2\pi}{\lambda}$,$k$ 称为波数(Wave Number)。式(2.2.4)称为亥姆霍兹方程(Helmholtz Equation)。对于在自由空间或均匀介质中传播的所有单色光扰动,其复振幅都必须满足这一方程。

2. 格林定理

令 $U(\mathrm{P})$和 $G(\mathrm{P})$是空间位置坐标的两个任意复函数,S 为包围空间某体积 V 的封闭曲面。若在 S 面内和 S 面上,$U(\mathrm{P})$和 $G(\mathrm{P})$均单值连续,并且具有单值连续的一阶、二阶偏导数,则有

$$\begin{aligned}\iiint_V (G\nabla^2U-U\nabla^2G)\mathrm{d}V &= \oiint_S (G\nabla U-U\nabla G)\cdot\mathrm{d}\boldsymbol{S}\\ &=\oiint_S\left(G\frac{\partial U}{\partial n}-U\frac{\partial G}{\partial n}\right)\mathrm{d}S\end{aligned} \tag{2.2.5}$$

关系式(2.2.5)即称为格林定理(Green's Theorem)。其中 $\mathrm{d}\boldsymbol{S}=\boldsymbol{n}\mathrm{d}S$,$\boldsymbol{n}$ 是面元 $\mathrm{d}S$ 上指向 S 外的法向单位矢量,$\frac{\partial}{\partial n}$表示在曲面 S 上每一点沿向外法线方向的偏导数。

格林定理的证明是比较简单的。由矢量分析中的高斯散度定理公式知,对于任一矢量场 $\boldsymbol{F}$,在任意体积 V 内其散度的体积分,等于 V 的闭合边界面 S 上该矢量场的面积分,即

$$\iiint_V (\nabla\cdot\boldsymbol{F})\,\mathrm{d}V=\oiint_S \boldsymbol{F}\cdot\mathrm{d}\boldsymbol{S}$$

现令 $\boldsymbol{F}=G\nabla U-U\nabla G$,并利用矢量恒等式:

$$\nabla\cdot(G\nabla U)=G\nabla^2U+(\nabla G)\cdot(\nabla U)$$
$$\nabla\cdot(U\nabla G)=U\nabla^2G+(\nabla U)\cdot(\nabla G)$$

便可证明公式(2.2.5)。

格林定理是标量衍射理论的主要基础。但是,只有慎重地选择作为辅助函数的格林函数 G 和封闭曲面 S 后,才能将该定理直接应用到衍射问题上来。

3. 基尔霍夫积分定理

基尔霍夫衍射理论是建立在一个积分定理基础上的。这个积分定理把齐次波动方程在任意一点的解,用包围该点的任意封闭曲面上方程的解及其一阶导数之值表示出来。

令观察点为 P_0,并令 S 代表包围 P_0 点的任一封闭曲面,如图 2.2.1 所示。问题是要用封闭曲面 S 上的光扰动值来表示在 P_0 的光扰动。为此,首先将格林定理表达式作一些简化。令 $U(\mathrm{P})$为单色光场的复振幅,并选择函数 $G(\mathrm{P})$为由 P_0 点向外发散的同频率的单位振幅的球面波(称为自由空间格林函数),即

$$G(\mathrm{P}_1)=\frac{\mathrm{e}^{\mathrm{i}kr_{01}}}{r_{01}} \tag{2.2.6}$$

式中,r_{01} 表示从 P_0 点指向 P_1 点的矢量 $\boldsymbol{r}_{01}$ 的长度。前面已指出,函数 $U(\mathrm{P})$和 $G(\mathrm{P})$及其一阶、二阶导数在被包围的体积 V 内必须是连续的,才能运用格林定理。但在 P_0 点,$G(\mathrm{P}_0)$出现

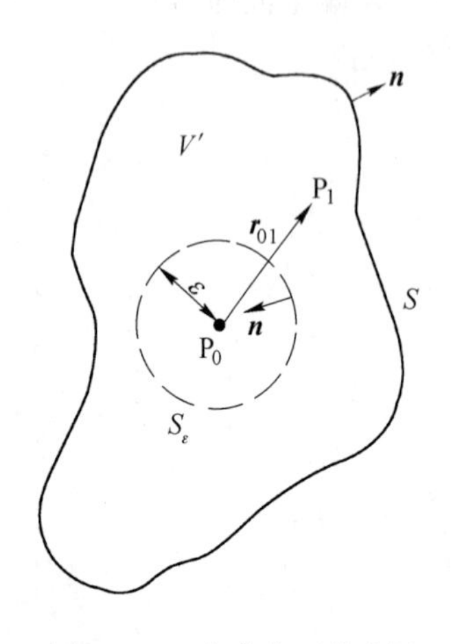

图 2.2.1 积分曲面的选择

了不连续的情况。为了排除在 P_0 点处的不连续性，可以 P_0 点为球心，用半径为 ε 的小球面 S_ε 嵌在 P_0 点周围，然后应用格林定理。这时积分体积 V' 为介于 S 面和 S_ε 面之间的那部分空间，面积分曲面是复合曲面 $S'=S+S_\varepsilon$。而在曲面 S 和 S_ε 上的“外向”法线方向如图 2.2.1 所示。

在体积 V' 内，扰动 $G(P)$ 只是一个向外扩展的球面波，它必然满足亥姆霍兹方程：

$$(\nabla^2+k^2)G=0 \tag{2.2.7}$$

将式(2.2.4)和式(2.2.7)代入格林定理表达式(2.2.5)左端，得到

$$\iiint_{V'}(G\nabla^2U-U\nabla^2G)\mathrm{d}V=-\iiint_{V'}(k^2GU-k^2UG)\mathrm{d}V\equiv 0$$

于是，格林定理(2.2.5)简化成

$$\oiint_{S'}\left(G\frac{\partial U}{\partial n}-U\frac{\partial G}{\partial n}\right)\mathrm{d}S=\oiint_{S}\left(G\frac{\partial U}{\partial n}-U\frac{\partial G}{\partial n}\right)\mathrm{d}S+\oiint_{S_\varepsilon}\left(G\frac{\partial U}{\partial n}-U\frac{\partial G}{\partial n}\right)\mathrm{d}S=0$$

或

$$\oiint_{S}\left(G\frac{\partial U}{\partial n}-U\frac{\partial G}{\partial n}\right)\mathrm{d}S=-\oiint_{S_\varepsilon}\left(G\frac{\partial U}{\partial n}-U\frac{\partial G}{\partial n}\right)\mathrm{d}S \tag{2.2.8}$$

现在，再由上述简化的格林定理表达式导出基尔霍夫积分定理。对于在 S 上的任一点 P_1，有

$$\begin{cases}G(P_1)=\dfrac{\mathrm{e}^{\mathrm{i}kr_{01}}}{r_{01}}\\[2mm]\dfrac{\partial G(P_1)}{\partial n}=\dfrac{\partial G(P_1)}{\partial r_{01}}\dfrac{\partial r_{01}}{\partial n}=\cos(\boldsymbol{n},\boldsymbol{r}_{01})\left(\mathrm{i}k-\dfrac{1}{r_{01}}\right)\dfrac{\mathrm{e}^{\mathrm{i}kr_{01}}}{r_{01}}\end{cases} \tag{2.2.9}$$

式中，$\cos(\boldsymbol{n},\boldsymbol{r}_{01})$代表外向法线 $\boldsymbol{n}$ 与由 P_0 点至 P_1 点的矢量 $\boldsymbol{r}_{01}$ 之间夹角的余弦。

对于 S_ε 上的 P_1 点的特殊情况：$r_{01}=\varepsilon$，则 $\cos(\boldsymbol{n},\boldsymbol{r}_{01})=-1$，这时式(2.2.9)变为

$$\begin{cases}G(P_1)=\dfrac{\mathrm{e}^{\mathrm{i}k\varepsilon}}{\varepsilon}\\[2mm]\dfrac{\partial G(P_1)}{\partial n}=\left(\dfrac{1}{\varepsilon}-\mathrm{i}k\right)\dfrac{\mathrm{e}^{\mathrm{i}k\varepsilon}}{\varepsilon}\end{cases} \tag{2.2.10}$$

令 $\varepsilon\to 0$，则由 U 及其导数在 P_0 点的连续性，利用微积分学里的中值定理，U 和$\dfrac{\partial U}{\partial n}$用 P_0 点的值代替，而 $S_\varepsilon=4\pi\varepsilon^2$，便得

$$\begin{aligned}\iint_{S_\varepsilon}\left(G\frac{\partial U}{\partial n}-U\frac{\partial G}{\partial n}\right)\mathrm{d}S&=4\pi\varepsilon^2\left[\frac{\mathrm{e}^{\mathrm{i}k\varepsilon}}{\varepsilon}\cdot\frac{\partial U(P_0)}{\partial n}-U(P_0)\frac{\mathrm{e}^{\mathrm{i}k\varepsilon}}{\varepsilon}\left(\frac{1}{\varepsilon}-\mathrm{i}k\right)\right]_{\varepsilon\to 0}\\&=-4\pi U(P_0)\end{aligned}$$

将上述结果代入式(2.2.8)，得到

$$U(P_0)=\frac{1}{4\pi}\oiint_{S}\left(G\frac{\partial U}{\partial n}-U\frac{\partial G}{\partial n}\right)\mathrm{d}S=\frac{1}{4\pi}\oiint_{S}\left[\frac{\mathrm{e}^{\mathrm{i}kr_{01}}}{r_{01}}\cdot\frac{\partial U}{\partial n}-U\frac{\partial}{\partial n}\left(\frac{\mathrm{e}^{\mathrm{i}kr_{01}}}{r_{01}}\right)\right]\mathrm{d}S \tag{2.2.11}$$

这个结果称为基尔霍夫积分定理(Kirchhoff's Integral Theorem)。其意义是：衍射光场中任意点 P_0 的复振幅分布 $U(P_0)$可以用包围 P_0 点的任意封闭曲面 S 上各点的波动边界值 U 和$\dfrac{\partial U}{\partial n}$求得。显然，这是一个根据边界值求解波动方程的问题。这一定理在标量衍射理论的发展中起着重要作用。公式中积分面的选取有着很大的灵活性，在求解具体问题时完全可以根据具体情况选择适当的封闭面，而使问题变得简单。

2.2.2 平面衍射屏的基尔霍夫衍射公式

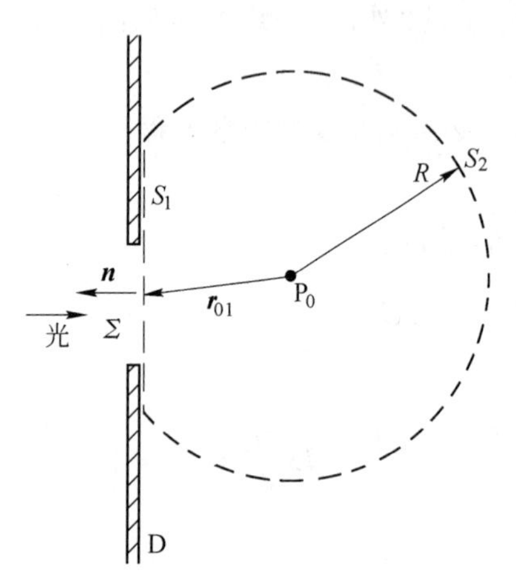

图 2.2.2 平面屏衍射的基尔霍夫理论推导

现在应用基尔霍夫积分定理来考察无限大不透明屏上的一个小孔所引起的衍射问题。如图 2.2.2 所示，假定一个光扰动从左面投射到屏幕和孔径上，要计算孔径后面一点 P_0 处的光扰动。

选择的封闭面由两部分组成，即由正好位于孔径 Σ 后且紧靠屏幕的平面 S_1 与一个半径为 R、中心在观察点 P_0 的大球形罩 S_2 组成。显然，只要球面半径 R 比 P_0 点到屏的距离长，球面 S_2 总会与无限大屏 D 相交，构成平面 S_1。遂由积分定理(2.2.11)有

$$U(P_0)=\frac{1}{4\pi}\oiint_{S_1+S_2}\left(G\frac{\partial U}{\partial n}-U\frac{\partial G}{\partial n}\right)\mathrm{d}S \tag{2.2.12}$$

其中，G 仍由定义式(2.2.6)给定。

先看在 S_2 面上的积分值：当 R 增大时，S_2 趋于一个大的半球壳，并且在 S_2 面上有

$$\begin{cases} G=\dfrac{\mathrm{e}^{\mathrm{i}kR}}{R} \\ \dfrac{\partial G}{\partial n}=\left(\mathrm{i}k-\dfrac{1}{R}\right)\dfrac{\mathrm{e}^{\mathrm{i}kR}}{R}\approx \mathrm{i}kG\Big|_{R\text{很大时}} \end{cases} \tag{2.2.13}$$

于是，式(2.2.12)中 S_2 面上的积分可化为

$$\iint_{S_2}\left(G\frac{\partial U}{\partial n}-U\frac{\partial G}{\partial n}\right)\mathrm{d}S=\iint_{\Omega}G\left(\frac{\partial U}{\partial n}-\mathrm{i}kU\right)R^2\mathrm{d}\Omega$$

式中，Ω 是 S_2 对 P_0 点所张的立体角，它是小于 4π 的一个常量。又由式(2.2.13)中第一个等式显见，$|RG|=|\mathrm{e}^{\mathrm{i}kR}|=1$，这个量在 S_2 上是一致有界的。所以，只要满足下列条件：

$$\lim_{R\to\infty}R\left(\frac{\partial U}{\partial n}-\mathrm{i}kU\right)=0 \tag{2.2.14}$$

则 S_2 面上的整个积分将随着 R 趋于无穷大而消失。条件式(2.2.14)称为索末菲辐射条件(Sommerfeld Radiation Condition)。此条件是否被满足，必须对各种情况进行检验，但若扰动趋于零的速度至少像发散球面波一样快，则此条件满足。因为这时有 $U=\dfrac{\mathrm{e}^{\mathrm{i}kR}}{R}$，$\dfrac{\partial U}{\partial n}=\left(\mathrm{i}k-\dfrac{1}{R}\right)\dfrac{\mathrm{e}^{\mathrm{i}kR}}{R}$，把它们代入式(2.2.14)便得

$$\lim_{R\to\infty}R\left[\left(\mathrm{i}k-\frac{1}{R}\right)\frac{\mathrm{e}^{\mathrm{i}kR}}{R}-\mathrm{i}k\,\frac{\mathrm{e}^{\mathrm{i}kR}}{R}\right]=-\lim_{R\to\infty}\frac{\mathrm{e}^{\mathrm{i}kR}}{R}=0$$

由于投射到孔径上的光扰动总由各个球面波或球面波的线性组合所构成，故可确信这个条件实际总会满足，于是 S_2 面上的积分正好为零。

现在 P_0 点的扰动可以只用紧靠屏幕后方的无穷大平面 S_1 上的扰动及其法向导数表示，即

$$U(P_0)=\frac{1}{4\pi}\iint_{S_1}\left(G\frac{\partial U}{\partial n}-U\frac{\partial G}{\partial n}\right)\mathrm{d}S \tag{2.2.15}$$

屏幕 D 上除了敞开着的孔径 Σ 之外，其余部分是不透明的，所以从直观上看来，对积分式

(2.2.15)的贡献应该主要来自 S_1 面上位于孔径 Σ 内的那些点。可以预期，被积函数在那里最大。因此，基尔霍夫采用了下述假设：

① 在孔径 Σ 上，光场分布 U 及其导数 $\frac{\partial U}{\partial n}$ 与没有屏幕时完全相同；

② 在 S_1 面上位于屏幕几何阴影区内的那一部分上，光场分布 U 及其导数 $\frac{\partial U}{\partial n}$ 恒等于零。

这两条假设称为基尔霍夫边界条件(Kirchhoff's Boundary Condition)。于是，式(2.2.15)简化为

$$U(\mathrm{P}_0)=\frac{1}{4\pi}\iint_{\Sigma}\left(G\frac{\partial U}{\partial n}-U\frac{\partial G}{\partial n}\right)\mathrm{d}S \tag{2.2.16}$$

上式与式(2.2.15)不同，它必须在基尔霍夫边界条件得到满足的前提下才成立。但是应该认识到，这两个边界条件中没有一条是严格成立的。首先，同时对光场及其法向导数施加了边界条件，这使得基尔霍夫衍射公式本身还存在着内在的不自洽性(Incompatibility)；其次，屏幕的存在必然会在一定程度上干扰孔径上的光场分布，并且屏幕后的阴影处光场也不可能完全为零，因为光场总是要扩展到屏幕后孔径区域之外几个光波长的距离。但是，如果孔径的线度比光波长大得多，或观察点离孔径 Σ 较远，那么这些边缘上的精细效应尽可忽略不计，并且用这两个边界条件能得出与实验符合得很好的结果。

附带指出，选择换用别的格林函数，可以对基尔霍夫边界条件做进一步改善，从而消除衍射理论中的内在不自洽性。有关这方面的讨论留在本章习题中进行(见习题 2.1，2.2)。

2.2.3 菲涅耳-基尔霍夫衍射公式

若对孔径 Σ 采取具体的照明方式并选定了具体的格林函数后，基尔霍夫衍射公式会有更具体的积分表达式。首先注意到从孔径到观察点的距离 r_{01} 通常远长于光波长，因而 $k\left(=\frac{2\pi}{\lambda}\right)\gg\frac{1}{r_{01}}$，式(2.2.9)中第二式遂变成

$$\frac{\partial G(\mathrm{P}_1)}{\partial n}=\mathrm{i}k\cos(\boldsymbol{n},\boldsymbol{r}_{01})\frac{\mathrm{e}^{\mathrm{i}kr_{01}}}{r_{01}} \tag{2.2.17}$$

将上式及式(2.2.6)代入公式(2.2.16)，得到

$$U(\mathrm{P}_0)=\frac{1}{4\pi}\iint_{\Sigma}\frac{\mathrm{e}^{\mathrm{i}kr_{01}}}{r_{01}}\left(\frac{\partial U}{\partial n}-\mathrm{i}kU\cos(\boldsymbol{n},\boldsymbol{r}_{01})\right)\mathrm{d}S \tag{2.2.18}$$

现假设孔径是由位于 P_2 点处的点源所产生的单色球面波照明的，P_2 与 P_1 点的距离为 r_{21}(见图 2.2.3)，则

$$U(\mathrm{P}_1)=A\frac{\mathrm{e}^{\mathrm{i}kr_{21}}}{r_{21}}$$

式中，A 为入射光在距点光源单位距离处的振幅。同样也有 $k\gg\frac{1}{r_{21}}$，故仿照式(2.2.17)有

$$\frac{\partial U}{\partial n}=\mathrm{i}k\cos(\boldsymbol{n},\boldsymbol{r}_{21})\frac{A\mathrm{e}^{\mathrm{i}kr_{21}}}{r_{21}} \tag{2.2.19}$$

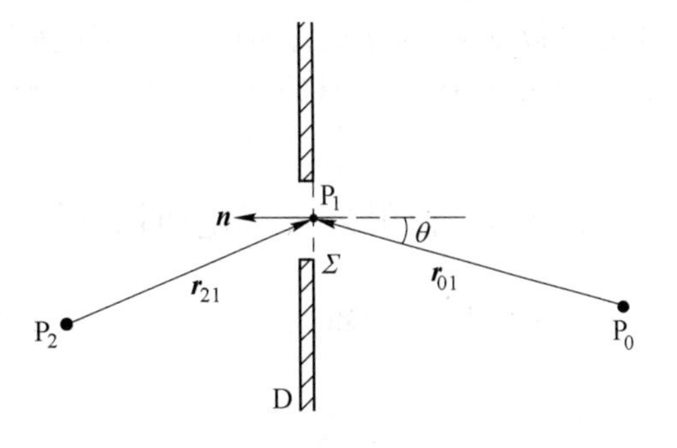

图 2.2.3　单色点光源照明孔径

于是,式(2.2.18)化为

$$U(\mathrm{P}_0)=\frac{A}{\mathrm{i}\lambda}\iint_{\Sigma}\frac{\mathrm{e}^{\mathrm{i}k(r_{01}+r_{21})}}{r_{01}r_{21}}\cdot\frac{\cos(\boldsymbol{n},\boldsymbol{r}_{01})-\cos(\boldsymbol{n},\boldsymbol{r}_{21})}{2}\mathrm{d}S \tag{2.2.20}$$

上式称为菲涅耳-基尔霍夫衍射公式。下面对这个公式做一些讨论。

① 由此式可以看出,点光源位置与观察点位置是对称的。若将同一个点光源与观察点位置互换,所产生的衍射效果相同。这一结论称为亥姆霍兹互易定理(Helmholtz's Reciprocity Theorem)。

② 如果把式(2.2.20)改写成

$$U(\mathrm{P}_0)=\iint_{\Sigma}U'(\mathrm{P}_1)\frac{\mathrm{e}^{\mathrm{i}kr_{01}}}{r_{01}}\mathrm{d}S \tag{2.2.21}$$

其中

$$U'(\mathrm{P}_1)=\frac{A}{\mathrm{i}\lambda}\left(\frac{\mathrm{e}^{\mathrm{i}kr_{21}}}{r_{21}}\right)\frac{\cos(\boldsymbol{n},\boldsymbol{r}_{01})-\cos(\boldsymbol{n},\boldsymbol{r}_{21})}{2} \tag{2.2.22}$$

则可把式(2.2.21)解释为惠更斯-菲涅耳原理,即 P_0 点的光场是由孔径内的无穷多个虚设的次级点源产生的,P_1 点的次级波源的振幅 $U'(\mathrm{P}_1)$ 正比于投射到 P_1 点上的波的振幅$\left(\frac{A\mathrm{e}^{\mathrm{i}kr_{21}}}{r_{21}}\right)$,但与惠更斯-菲涅耳公式(2.1.1)相比较可知

$$C=\frac{1}{\mathrm{i}\lambda},\ \frac{1}{\mathrm{i}}=-\mathrm{i}=\mathrm{e}^{-\mathrm{i}\frac{\pi}{2}},\ K(\theta)=\frac{\cos(\boldsymbol{n},\boldsymbol{r}_{01})-\cos(\boldsymbol{n},\boldsymbol{r}_{21})}{2}$$

从而看出:

(a) 惠更斯-菲涅耳公式中的倾斜因子 $K(\theta)$ 有了具体的形式。若 P_0 点在与入射方向相同的一侧,且在近轴近似条件下,则 $\cos(\boldsymbol{n},\boldsymbol{r}_{01})=\cos(\boldsymbol{n},\boldsymbol{r}_{21})\approx\cos 180°=-1$,这时 $K(\theta)=0$,在这一方向上不存在波面。由此解释了"倒退波"是不可能的,这一结果解决了惠更斯-菲涅耳原理的不足。

(b) 基尔霍夫衍射公式中出现了$\frac{1}{\mathrm{i}}$,这表明孔径 Σ 上任一点的子波波源的振动位相比光源直接传到衍射场中 P_0 点振动的位相要超前$\frac{\pi}{2}$,但实验观察到的都是衍射花样的强度分布,而且人们关注的是相对强度分布,故公式中出现$\frac{1}{\mathrm{i}}$或$\frac{1}{\mathrm{i}\lambda}$不会影响理论与实验结果的一致。这就说明了为什么用惠更斯-菲涅耳原理处理衍射问题基本上是正确的。

附带指出,式(2.2.20)和式(2.2.21)虽然假设了孔径 Σ 是在点光源照明情况下导出的,但是可以证明,对于更普遍的孔径照明情况,衍射公式也是成立的。因为任意的照明情况总可以分解为无穷多点源的集合,而由于波动方程的线性性质,可以对每个点源应用衍射公式。

2.2.4 衍射公式与叠加积分

在菲涅耳-基尔霍夫衍射公式(2.2.20)中,如果令 $K(\theta)=\frac{\cos(\boldsymbol{n},\boldsymbol{r}_{01})-\cos(\boldsymbol{n},\boldsymbol{r}_{21})}{2}$,并注意到 $U(\mathrm{P}_1)=A\frac{\mathrm{e}^{\mathrm{i}kr_{21}}}{r_{21}}$,则

$$U(\mathrm{P}_0)=\frac{1}{\mathrm{i}\lambda}\iint_{-\infty}^{\infty}U(\mathrm{P}_1)\frac{\mathrm{e}^{\mathrm{i}kr_{01}}}{r_{01}}K(\theta)\mathrm{d}S \text{ ①} \tag{2.2.23}$$

① 这里把积分限写成±∞,应该这样来理解:根据基尔霍夫边界条件,$U(\mathrm{P}_1)$ 在孔径 Σ 之外恒等于零。

$$= \iint_{-\infty}^{\infty} U(\mathrm{P}_1) h(\mathrm{P}_1, \mathrm{P}_0) \mathrm{d}x \mathrm{d}y \tag{2.2.24}$$

式中

$$h(\mathrm{P}_1, \mathrm{P}_0) = \frac{1}{\mathrm{i}\lambda} \frac{\mathrm{e}^{\mathrm{i}kr_{01}}}{r_{01}} K(\theta) \tag{2.2.25}$$

为了理解上式中 $h(\mathrm{P}_1,\mathrm{P}_0)$ 的物理意义，设想 Σ 上任一点 P_1，其复振幅为 $U(\mathrm{P}_1)$，在 P_1 点处的小面元 $\mathrm{d}S$ 对观察点 P_0 产生的复振幅为 $\mathrm{d}U(\mathrm{P}_0)=U(\mathrm{P}_1)h(\mathrm{P}_1,\mathrm{P}_0)\mathrm{d}S$，当 $U(\mathrm{P}_1)\mathrm{d}S=1$ 时，$\mathrm{d}U(\mathrm{P}_0)=h(\mathrm{P}_1,\mathrm{P}_0)$。由此可见，$h(\mathrm{P}_1,\mathrm{P}_0)$ 表示 P_1 点处一个单位脉冲对观察场中 P_0 点所产生的复振幅，即 $h(\mathrm{P}_1,\mathrm{P}_0)$ 表示脉冲响应。将 Σ 上所有点的小面元在 P_0 点产生的复振幅进行相干叠加，就得到 $U(\mathrm{P}_0)$。因此，积分式(2.2.24)具有叠加积分的意义。光波由 P_1 点所在平面传播到 P_0 点所在平面的过程实际上是一个衍射过程，该过程将 $U(\mathrm{P}_1)$ 变换成 $U(\mathrm{P}_0)$，这等效于一个“系统”的作用，由于满足叠加积分，故此系统还是线性系统。对于这个系统，$h(\mathrm{P}_1,\mathrm{P}_0)$ 表征了它的全部特性。

2.3　衍射规律的频域表达式

前节介绍了衍射规律的空域描述，得到了公式(2.2.20)或式(2.2.23)。本节从频域的观点来讨论衍射规律，并引入角谱的概念。在第 1 章讨论傅里叶变换时曾指出，若对任一复场分布作傅里叶分析，则各个不同空间频率的傅里叶分量可以看作是沿不同方向传播的平面波，而在任一其他点上的场振幅，可以在考虑到这些平面波传播到该点所经受的相移之后，通过对各个平面波的贡献求和而算出。下面就来讨论这个问题。

2.3.1　衍射规律的频域描述

如图 2.3.1 所示，设有一单色光波沿 z 轴方向投射到衍射屏上，衍射屏后表面上的场用 $U(x,y,0)$ 表示，观察屏上 P_0 点的场记为 $U(x,y,z)$。为了描述方便起见，在观察屏和衍射屏上都暂时采用同一种坐标系。又设 $G_0(f_x,f_y)$ 和 $G_z(f_x,f_y)$ 分别代表 $U(x,y,0)$ 和 $U(x,y,z)$ 的频谱函数，根据傅里叶变换定义，有

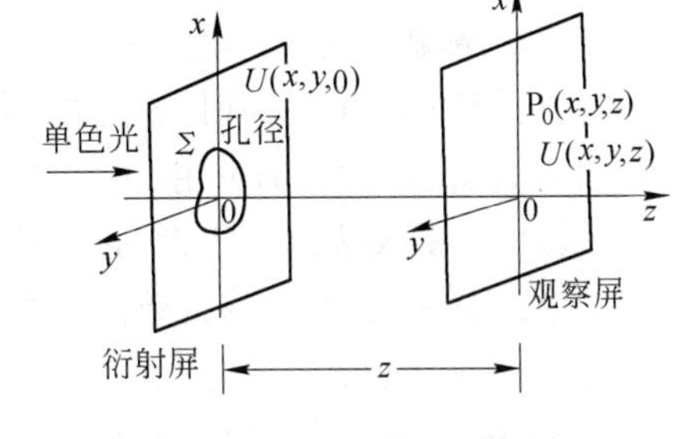

图 2.3.1　计算角谱用的坐标系

$$G_0(f_x,f_y) = \iint_{-\infty}^{\infty} U(x,y,0) \mathrm{e}^{-\mathrm{i}2\pi(f_x x + f_y y)} \mathrm{d}x \mathrm{d}y$$

$$G_z(f_x,f_y) = \iint_{-\infty}^{\infty} U(x,y,z) \mathrm{e}^{-\mathrm{i}2\pi(f_x x + f_y y)} \mathrm{d}x \mathrm{d}y$$

并且有

$$U(x,y,z) = \iint_{-\infty}^{\infty} G_z(f_x,f_y) \mathrm{e}^{\mathrm{i}2\pi(f_x x + f_y y)} \mathrm{d}f_x \mathrm{d}f_y \tag{2.3.1}$$

上式把 $U(x,y,z)$ 分解成各种空间频率 (f_x,f_y) 的指数基元的集合，每个基元的权重密度为 $G_z(f_x,f_y)$。前面已指出，频率为 (f_x,f_y) 的指数基元相当于以方向余弦 $\cos\alpha=\lambda f_x$，$\cos\beta=\lambda f_y$ 和 $\cos\gamma=\sqrt{1-(\lambda f_x)^2-(\lambda f_y)^2}$ 传播的平面波，这个平面波分量的复振幅就是

$G_z(f_x,f_y)\mathrm{d}f_x\mathrm{d}f_y$在$f_x=\dfrac{\cos\alpha}{\lambda}$,$f_y=\dfrac{\cos\beta}{\lambda}$处的所求值。由于这个缘故,函数$G_z(f_x,f_y)=G_z\left(\dfrac{\cos\alpha}{\lambda},\dfrac{\cos\beta}{\lambda}\right)=\mathscr{F}\{U(x,y,z)\}$称为扰动$U(x,y,z)$的角谱(Angular Spectrum)。同样,$G_0(f_x,f_y)=G_0\left(\dfrac{\cos\alpha}{\lambda},\dfrac{\cos\beta}{\lambda}\right)$称为$U(x,y,0)$的角谱。另外,由于在所有无源点上,$U(x,y,z)$必须满足亥姆霍兹方程(2.2.4),故将式(2.3.1)代入式(2.2.4),并改变积分与微分的顺序,有

$$(\nabla^2+k^2)\left[G_z(f_x,f_y)\mathrm{e}^{\mathrm{i}2\pi(f_x x+f_y y)}\right]=0$$

在对上式进行微分运算时,注意到$G_z(f_x,f_y)$在空域坐标系中仅仅是z的函数,经直接运算后,得到下列微分方程:

$$\frac{\mathrm{d}^2}{\mathrm{d}z^2}G_z(f_x,f_y)+\left(\frac{2\pi}{\lambda}\right)^2\left[1-(\lambda f_x)^2-(\lambda f_y)^2\right]G_z(f_x,f_y)=0 \tag{2.3.2}$$

上式是一个二阶线性齐次常微分方程,其特征根r为

$$r=\pm\mathrm{i}\,\frac{2\pi}{\lambda}\sqrt{1-(\lambda f_x)^2-(\lambda f_y)^2}$$

上式中取"+"号得到方程(2.3.2)的一个基本解(另一个解是倒退波,此处不予讨论)是

$$G_z(f_x,f_y)=A\mathrm{e}^{\mathrm{i}\frac{2\pi}{\lambda}z\sqrt{1-(\lambda f_x)^2-(\lambda f_y)^2}}$$

式中,A是积分常数,由初始条件决定。初始条件是:$z=0$时,$A=G_0(f_x,f_y)$。最后得到方程(2.3.2)的一个基本解为

$$G_z(f_x,f_y)=G_0(f_x,f_y)\exp\left[\mathrm{i}\,\frac{2\pi}{\lambda}z\,\sqrt{1-(\lambda f_x)^2-(\lambda f_y)^2}\right] \tag{2.3.3a}$$

或

$$G_z\left(\frac{\cos\alpha}{\lambda},\frac{\cos\beta}{\lambda}\right)=G_0\left(\frac{\cos\alpha}{\lambda},\frac{\cos\beta}{\lambda}\right)\exp\left[\mathrm{i}\,\frac{2\pi}{\lambda}z\,\sqrt{1-\cos^2\alpha-\cos^2\beta}\right] \tag{2.3.3b}$$

公式(2.3.3a)和(2.3.3b)表现了频谱函数$G_z(f_x,f_y)$与$G_0(f_x,f_y)$之间的联系,因此它就是衍射规律的频域表达式。该式表明,可以用频谱的语言来描述光波的衍射过程。光波从$z=0$的平面传播到$z=z$的平面时,相应的频谱函数由$G_0(f_x,f_y)$转换成了$G_z(f_x,f_y)$,并且P_0点的频谱函数$G_z(f_x,f_y)$仍可用P_1点处的频谱函数$G_0(f_x,f_y)$表示,仅多了一个位相因子。因此,公式(2.3.3)又表示了角谱的传播。

下面对公式(2.3.3)的指数因子再做进一步讨论。

① $(\lambda f_x)^2+(\lambda f_y)^2<1$

这时,频率为(f_x,f_y)的指数基元相当于方向余弦是$\cos\alpha=\lambda f_x$和$\cos\beta=\lambda f_y$的平面波,它在传播过程中既不会改变方向,也不会改变振幅,只是改变了不同平面上复振幅的相对位相。由于方向余弦必须满足$\cos^2\alpha+\cos^2\beta+\cos^2\gamma=1$,故只有$(f_x,f_y)$满足$(\lambda f_x)^2+(\lambda f_y)^2<1$的指数基元,才真正对应于沿空间某一确定方向传播的平面波。

② $(\lambda f_x)^2+(\lambda f_y)^2>1$

这时,公式(2.3.3)中的平方根变为虚数,遂可写成

$$G_z(f_x,f_y)=G_0(f_x,f_y)\mathrm{e}^{-\mu z} \tag{2.3.4}$$

其中,μ是正实数,即

$$\mu=\frac{2\pi}{\lambda}\sqrt{(\lambda f_x)^2+(\lambda f_y)^2-1}>0$$

很显然，对于一切满足$(\lambda f_x)^2+(\lambda f_y)^2>1$的$(f_x,f_y)$，所对应的波动分量将随$z$的增加按指数$e^{-\mu z}$急速衰减，在几个波长距离内很快衰减到零。这些角谱分量称为隐逝波(Evanescent Wave)。这些隐逝波并不把能量从孔径带走。

③ $(\lambda f_x)^2+(\lambda f_y)^2=1$

这时，$\cos\gamma=0$，即$\gamma=90°$。该频率对应的指数基元相当于传播方向垂直于z轴的平面波，它在z轴方向的净能流为零。

2.3.2　传播现象作为一种线性空间滤波器

公式(2.2.23)表示了由$U(x,y,0)$经过一段距离z的自由传播后，得到$U(x,y,z)$的空域变换关系，这种变换满足我们前面对系统的定义；公式(2.3.3)则是表征这个系统的频域变换关系。表征这个系统变换特征的传递函数为

$$H(f_x,f_y)=\frac{G_z(f_x,f_y)}{G_0(f_x,f_y)}=\begin{cases}e^{i\frac{2\pi}{\lambda}z\sqrt{1-(\lambda f_x)^2-(\lambda f_y)^2}} & f_x^2+f_y^2\leqslant\frac{1}{\lambda^2}\\ 0 & \text{其他}\end{cases}\tag{2.3.5}$$

能求出传递函数$H(f_x,f_y)$这个事实本身就说明了与自由传播等效的系统是一个线性空间不变系统。当空间频率满足$f_x^2+f_y^2<\frac{1}{\lambda^2}$时，$H(f_x,f_y)$的模等于1(但引进了与频率有关的相移)；而当$f_x^2+f_y^2\geqslant\frac{1}{\lambda^2}$时，$H(f_x,f_y)$的模等于0。这就说明，该系统的传递函数相当于一个低通滤波器，其截止空间频率为$\rho_0=\sqrt{f_x^2+f_y^2}=\frac{1}{\lambda}$。在频谱面上，这个滤波器是半径为$\frac{1}{\lambda}$的圆孔，如图2.3.2所示。该滤波器的作用是阻止高频信息进入衍射光场。由于截止空间频率的倒数即为系统可分辨的最小空间周期或最小分辨距离，因此在分析一幅图像结构时，比波长还小的精细结构或者空间频率大于$\frac{1}{\lambda}$的信息，在单色光照明下不能沿z方向传播。

2.3.3　衍射孔径对角谱的效应

首先定义孔径Σ的透射率函数为

$$t(x,y)=\frac{U_t(x,y)}{U_i(x,y)}\tag{2.3.6}$$

式中，$U_i(x,y)$和$U_t(x,y)$分别表示紧贴衍射屏前后表面的光场复振幅分布，如图2.3.3所示。$t(x,y)$又称为衍射屏的屏函数。

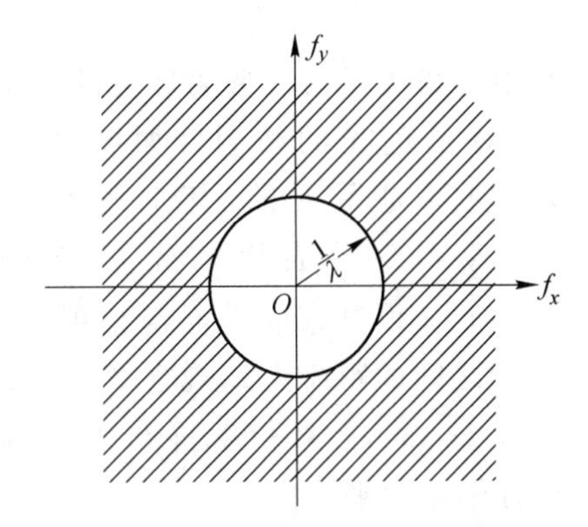

图 2.3.2　传递函数相当于一个低通滤波圆孔

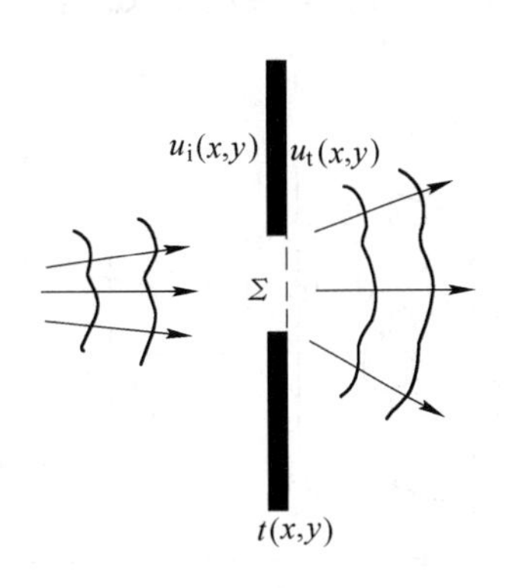

图 2.3.3　衍射屏的屏函数

令 $t(x,y)$、$U_i(x,y)$ 和 $U_t(x,y)$ 的频谱函数分别为 $T(f_x,f_y)$、$G_i(f_x,f_y)$ 和 $G_t(f_x,f_y)$，则由卷积定理和式(2.3.6)可得

$$G_t(f_x,f_y)=G_i(f_x,f_y)*T(f_x,f_y) \tag{2.3.7}$$

当此孔径由单个单位振幅的平面波垂直照明时，有 $U_i(x,y)=1$，则

$$G_i(f_x,f_y)=\delta(f_x,f_y)=\delta\left(\frac{\cos\alpha}{\lambda},\frac{\cos\beta}{\lambda}\right)$$

只有当 $\cos\alpha=0,\cos\beta=0$ 时，此函数才不等于0，所以照明光波的角谱只有一个，它代表沿衍射屏法线方向传播的平面波。当此光波通过衍射屏后，由式(2.3.7)有

$$\begin{aligned}G_t(f_x,f_y)&=\delta(f_x,f_y)*T(f_x,f_y)\\&=T(f_x,f_y)=T\left(\frac{\cos\alpha}{\lambda},\frac{\cos\beta}{\lambda}\right)\end{aligned}$$

于是角谱不再是一个值，而成了展宽。现以矩形孔径为例，$t(x,y)=\mathrm{rect}\left(\frac{x}{a},\frac{y}{b}\right)$，则

$$\begin{aligned}G_t(f_x,f_y)&=T(f_x,f_y)=ab\,\mathrm{sinc}(af_x,bf_y)\\&=ab\,\mathrm{sinc}\left(\frac{a\cos\alpha}{\lambda},\frac{b\cos\beta}{\lambda}\right)\end{aligned}$$

显然，透射光场的角谱 $G_t\left(\frac{\cos\alpha}{\lambda},\frac{\cos\beta}{\lambda}\right)$ 较之入射光场的角谱分量 $\delta\left(\frac{\cos\alpha}{\lambda},\frac{\cos\beta}{\lambda}\right)$ 大大展宽了。由此可见，当用一定大小的孔径限制入射光场时，其效果是使入射光场的频谱展宽。孔径越小，频谱展宽越显著。

2.4 菲涅耳衍射与夫琅和费衍射

前面介绍了最普遍形式的标量衍射理论，得到基尔霍夫衍射公式，但是用它来进行计算时，在数学上是非常困难的。因此有必要讨论普遍理论的某些近似，以便可以用比较简单的数学运算来计算衍射图样，并且这些近似又是实际问题所允许的。按照近似条件的不同，可把这些近似分为菲涅耳近似和夫琅和费近似两类，与之相应的衍射现象分别称为菲涅耳衍射和夫琅和费衍射。现按照“把传播现象看作是一个系统”的观点，试图求得对广泛的一类“输入”的场分布都适用的近似。

2.4.1 初步的近似处理

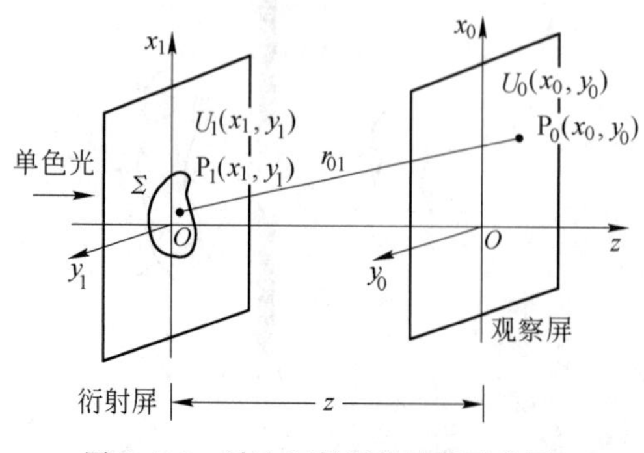

图2.4.1 讨论衍射用的几何示意图

仍然考虑无限大不透明屏上的一个有限孔径 Σ 对单色光的衍射。如图2.4.1所示，设衍射屏是平面的，其上附有直角坐标系(x_1,y_1)，Σ 后表面的光场分布记为$U_1(x_1,y_1)$。又设观察屏平面与衍射屏平行，两个平面之间的距离为 z，观察平面上的光场分布记为$U_0(x_0,y_0)$。衍射屏与观察屏上的 x,y 坐标轴彼此平行。

按照衍射公式(2.2.23)，观察点$P_0(x_0,y_0)$

的场振幅可以写成

$$U_0(x_0,y_0)=\frac{1}{\mathrm{i}\lambda}\iint_{-\infty}^{\infty}U_1(x_1,y_1)\frac{\mathrm{e}^{\mathrm{i}kr_{01}}}{r_{01}}\cdot\frac{\cos(\boldsymbol{n},\boldsymbol{r}_{01})-\cos(\boldsymbol{n},\boldsymbol{r}_{21})}{2}\mathrm{d}x_1\mathrm{d}y_1 \tag{2.4.1}$$

初步近似的基础是以下假设：

① 孔径 Σ 与观察平面之间的距离 z 远大于孔径 Σ 的最大限度；

② 只考虑在观察平面上 z 轴附近的一个有限小区域(近轴近似)。

在这些条件下，$\cos(\boldsymbol{n},\boldsymbol{r}_{01})\approx 1$，$\cos(\boldsymbol{n},\boldsymbol{r}_{21})\approx -1$，由此推得倾斜因子 $K(\theta)=\frac{\cos(\boldsymbol{n},\boldsymbol{r}_{01})-\cos(\boldsymbol{n},\boldsymbol{r}_{21})}{2}\approx 1$。另外，在近轴近似条件下，公式(2.4.1)分母中的 r_{01} 之值跟 z 差别不大。于是，公式(2.4.1)可近似写成

$$U_0(x_0,y_0)=\frac{1}{\mathrm{i}\lambda z}\iint_{-\infty}^{\infty}U_1(x_1,y_1)\mathrm{e}^{\mathrm{i}kr_{01}}\mathrm{d}x_1\mathrm{d}y_1 \tag{2.4.2}$$

注意：上式指数中的 r_{01} 值不能简单换为 z，而必须采用更高一级的近似，才能使问题获得合理的解决。原因是指数中的 $k=\frac{2\pi}{\lambda}$，其值很大，从而一旦 r_{01} 发生很小误差，都可能导致位相差远大于 2π。

2.4.2　菲涅耳近似

由图 2.4.1 知，r_{01} 可表示成

$$r_{01}=\sqrt{(x_0-x_1)^2+(y_0-y_1)^2+z^2}=z\left[1+\left(\frac{x_0-x_1}{z}\right)^2+\left(\frac{y_0-y_1}{z}\right)^2\right]^{1/2} \tag{2.4.3}$$

按照下列公式对根号作二项式展开：

$$(1+x)^m=1+mx+\frac{m(m-1)}{2}x^2+\cdots \qquad (|x|<1)$$

得到

$$r_{01}=z+\frac{(x_0-x_1)^2+(y_0-y_1)^2}{2z}-\frac{[(x_0-x_1)^2+(y_0-y_1)^2]^2}{8z^3}+\cdots \tag{2.4.4}$$

由于只考虑 z 轴附近的区域，有 $z\gg|x_0-x_1|^2$ 及 $z\gg|y_0-y_1|^2$，故上式右端可只取前两项，则得

$$r_{01}=z+\frac{(x_0-x_1)^2+(y_0-y_1)^2}{2z} \tag{2.4.5}$$

上式称为菲涅耳近似(Fresnel Approximation)。这个近似式成立的区域称为菲涅耳衍射区。

将式(2.4.5)代入式(2.4.2)得

$$U_0(x_0,y_0)=\frac{1}{\mathrm{i}\lambda z}\mathrm{e}^{\mathrm{i}kz}\iint_{-\infty}^{\infty}U_1(x_1,y_1)\mathrm{e}^{\mathrm{i}\frac{k}{2z}[(x_0-x_1)^2+(y_0-y_1)^2]}\mathrm{d}x_1\mathrm{d}y_1 \tag{2.4.6}$$

上式称为菲涅耳衍射公式。现在对这个公式做如下讨论：

(1) 近似程度估算

在导出衍射公式(2.4.6)时，略去了式(2.4.4)中的高次项，为了避免由此而导致明显的位相误差，则要求

$$\Delta\varphi=\frac{2\pi}{\lambda}\frac{[(x_0-x_1)^2+(y_0-y_1)^2]^2}{8z^3}\ll 1$$

若允许 (x_0,y_0) 取观察区域内任何值，(x_1,y_1) 取衍射孔径内任何值，则要求当 $[(x_0-x_1)^2+(y_0-y_1)^2]^2$ 取最大值时，$\Delta\varphi$ 仍远小于 1 个弧度，即

$$z^3 \gg \frac{\pi}{4\lambda}[(x_0 - x_1)^2 + (y_0 - y_1)^2]^2_{\max} \tag{2.4.7}$$

当满足上式时,公式(2.4.6)肯定成立。但上式并不是菲涅耳近似的必要条件,而只是一个充分条件。事实上,要使菲涅耳近似成立,只要求展开式(2.4.4)中的高阶项不改变积分式(2.4.2)之值就行。由于k值很大,从而$\frac{k}{2z}$值也很大,故只要式(2.4.6)中的子波源坐标(x_1, y_1)与观察点坐标(x_0, y_0)有一定差异,其二次位相因子就将振荡很大,以致对积分的主要贡献仅仅来自$(x_0 = x_1, y_0 = y_1)$附近的点,那里的位相变化速度最小。在这些"稳相"点附近,次高阶位相项的大小往往可以完全忽略。在一般问题中,菲涅耳近似是很容易实现的。

(2) 菲涅耳衍射的卷积表示

如果把衍射公式(2.4.6)写成叠加积分式(2.2.24)的形式,则显然有

$$h(x_0, y_0; x_1, y_1) = \frac{1}{\mathrm{i}\lambda z}\mathrm{e}^{\mathrm{i}kz}\,\mathrm{e}^{\mathrm{i}\frac{k}{2z}[(x_0 - x_1)^2 + (y_0 - y_1)^2]} = h(x_0 - x_1, y_0 - y_1) \tag{2.4.8}$$

$$\begin{aligned} U_0(x_0, y_0) &= \iint_{-\infty}^{\infty} U_1(x_1, y_1)h(x_0 - x_1, y_0 - y_1)\,\mathrm{d}x_1\mathrm{d}y_1 \\ &= U_1(x_0, y_0) * h(x_0, y_0) \end{aligned} \tag{2.4.9}$$

上式称为菲涅耳衍射的卷积积分表达式。它表明:如果把菲涅耳衍射过程看作一个系统,则这个系统等效于一个线性空间不变系统,从而这种衍射过程必然存在一个相应的传递函数。根据2.3节的讨论,一般衍射过程的传递函数可由式(2.3.5)表示。对该式取菲涅耳近似可得

$$H(f_x, f_y) = \mathrm{e}^{\mathrm{i}\frac{2\pi}{\lambda}z\sqrt{1-(\lambda f_x)^2-(\lambda f_y)^2}} = \mathrm{e}^{\mathrm{i}kz}\,\mathrm{e}^{-\mathrm{i}\pi\lambda z(f_x{}^2 + f_y{}^2)} \tag{2.4.10}$$

式中,$\mathrm{e}^{\mathrm{i}kz}$代表总体的位相延迟,这是任何空间频率成分在传播过距离z后都要产生的;而$\mathrm{e}^{-\mathrm{i}\pi\lambda z(f_x^2 + f_y^2)}$代表和空间频率平方有关的位相"色散"。

(3) 菲涅耳衍射的傅里叶变换关系

将衍射公式(2.4.6)被积函数指数中的二项式展开,得到

$$U_0(x_0, y_0) = \frac{1}{\mathrm{i}\lambda z}\mathrm{e}^{\mathrm{i}kz}\,\mathrm{e}^{\mathrm{i}\frac{k}{2z}(x_0^2+y_0^2)}\iint_{-\infty}^{\infty} U_1(x_1, y_1)\mathrm{e}^{\mathrm{i}\frac{k}{2z}(x_1^2+y_1^2)}\,\mathrm{e}^{-\mathrm{i}\frac{2\pi}{\lambda z}(x_0x_1+y_0y_1)}\,\mathrm{d}x_1\mathrm{d}y_1$$

令$f_x = \frac{x_0}{\lambda z}, f_y = \frac{y_0}{\lambda z}$,则上式变为

$$\begin{aligned} U_0(x_0, y_0) &= \frac{1}{\mathrm{i}\lambda z}\mathrm{e}^{\mathrm{i}kz}\,\mathrm{e}^{\mathrm{i}\frac{k}{2z}(x_0^2+y_0^2)}\iint_{-\infty}^{\infty} U_1(x_1, y_1)\mathrm{e}^{\mathrm{i}\frac{k}{2z}(x_1^2+y_1^2)}\,\mathrm{e}^{-\mathrm{i}2\pi(f_xx_1+f_yy_1)}\,\mathrm{d}x_1\mathrm{d}y_1 \\ &= \frac{1}{\mathrm{i}\lambda z}\mathrm{e}^{\mathrm{i}kz}\,\mathrm{e}^{\mathrm{i}\frac{k}{2z}(x_0^2+y_0^2)}\mathscr{F}\{U_1(x_1, y_1)\mathrm{e}^{\mathrm{i}\frac{k}{2z}(x_1^2+y_1^2)}\} \end{aligned} \tag{2.4.11}$$

上式可看作是傅里叶变换形式的菲涅耳衍射公式,亦即菲涅耳衍射可看成是乘积$U_1(x_1, y_1)\mathrm{e}^{\mathrm{i}\frac{k}{2z}(x_1^2+y_1^2)}$的傅里叶变换。稍后将会看到,在某些问题中,例如,当照明衍射屏的是会聚球面波时,$U_1(x_1, y_1)$中将包含关于(x_1, y_1)的二次位相因子,在一定条件下可以与$\mathrm{e}^{\mathrm{i}\frac{k}{2z}(x_1^2+y_1^2)}$相消,使式(2.4.11)直接变成傅里叶变换形式,从而使菲涅耳衍射的计算得以简化。许多光学仪器像面上的衍射均属于这种情况。

2.4.3 夫琅和费衍射

如果采用比菲涅耳近似更严格的限制条件,即令

$$\frac{k}{2z}(x_1^2 + y_1^2)_{\max} \ll 1 \quad 或 \quad z \gg \frac{k}{2}(x_1^2 + y_1^2)_{\max} \tag{2.4.12}$$

则在式(2.4.11)的变换函数中,因子$(x_1^2 + y_1^2)$对位相的影响可忽略,而观察面上的场分布就可

直接从孔径上的场分布的傅里叶变换求出，即

$$\begin{aligned} U_0(x_0, y_0) &= \frac{1}{\mathrm{i}\lambda z} \mathrm{e}^{\mathrm{i}kz} \mathrm{e}^{\mathrm{i}\frac{k}{2z}(x_0^2+y_0^2)} \mathscr{F}\{U_1(x_1, y_1)\} \\ &= \frac{1}{\mathrm{i}\lambda z} \mathrm{e}^{\mathrm{i}kz} \mathrm{e}^{\mathrm{i}\pi\lambda z(f_x^2+f_y^2)} \mathscr{F}\{U_1(x_1, y_1)\} \end{aligned} \tag{2.4.13}$$

式中，$f_x = \frac{x_0}{\lambda z}$，$f_y = \frac{y_0}{\lambda z}$。式(2.4.12)称为夫琅和费近似(Fraunhofer Approximation)，这个近似式成立的区域称为夫琅和费衍射区，由此导出的公式(2.4.13)称为夫琅和费衍射。

要注意的是，夫琅和费近似条件(2.4.12)实际上是很苛刻的，例如，当照明光波的波长 λ=500 nm，孔径直径 d=2 mm 时，由该条件算出 $z \gg 6.3$ m，有时难于满足。关键在于消除式(2.4.11)的变换函数中位相因子的影响。稍后将看到，采用光学元件(例如会聚透镜)，可在近距离内实现夫琅和费衍射。此外，夫琅和费衍射花样分布在系统的傅里叶变换平面上。由于在研究实际的衍射问题时，往往只需要确定衍射花样的相对强度分布，故公式(2.4.13)可简化成

$$U_0(x_0, y_0) = \mathscr{F}\{U_1(x_1, y_1)\} \tag{2.4.14}$$

上式称为夫琅和费衍射公式的直观形式。

2.4.4　菲涅耳衍射与夫琅和费衍射的关系

根据菲涅耳近似(2.4.5)和夫琅和费近似(2.4.12)表达式，可以按传播距离划分衍射区，如图 2.4.2 所示。从图上看到，夫琅和费衍射范围包含在菲涅耳衍射范围之内，所以凡能用来计算菲涅耳衍射的公式都能用来计算夫琅和费衍射。但是，夫琅和费近似从形式上破坏了式(2.4.9)的卷积关系，即破坏了衍射过程"系统"的空间不变特性。由于仅对于空间不变系统，其在频域中的作用才可以用系统的传递函数表示，因而对夫琅和费衍射而言，不存在专门的传递函数。不过，由于菲涅耳衍射区包含了夫琅和费衍射区，因此，菲涅耳衍射过程的传递函数也适用于夫琅和费衍射。

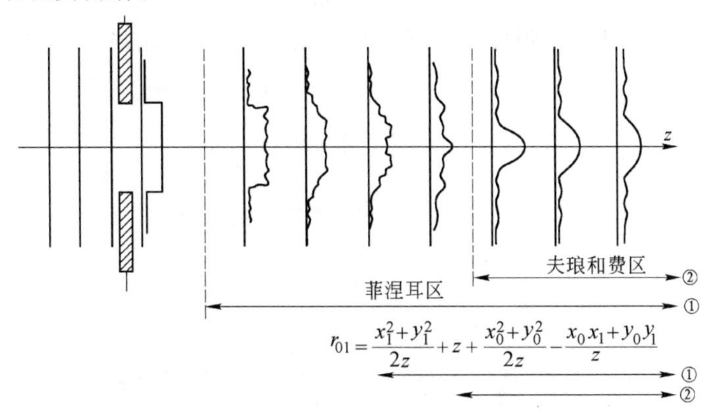

图 2.4.2　按传播距离划分的衍射区

2.5　夫琅和费衍射计算实例

本节介绍夫琅和费衍射的若干典型计算实例。从衍射公式(2.4.13)已知，观察平面上的光场分布正比于衍射孔径后表面的光场分布 $U_1(x_1, y_1)$ 的傅里叶变换，而由式(2.3.6)知，

$U_1(x_1,y_1)$又等于入射到孔径上的光场与孔径透过率函数的乘积。因此，实际影响衍射现象的因素必然包括两个方面：照明光波的性质和孔径的特点。稍后将看到，孔径的概念可以推广到一般透明或半透明的平面物体，其透过率函数通常是复函数，它直接反映了物体的结构特点。为了能够从衍射图样直接了解物体透过率的性质，或者对不同物体的衍射图样做比较，有必要排除复杂照明光波的影响。因此，通常约定采用单位振幅的单色平面波垂直照明孔径。这时，透过孔径的光场分布就等于孔径的透过率函数。下面就以此约定为基础，计算各种衍射光场。

2.5.1 矩孔和单缝的夫琅和费衍射

矩孔的透过率函数为

$$t(x_1,y_1)=\mathrm{rect}\left(\frac{x_1}{a},\frac{y_1}{b}\right)$$

式中，a、b 分别是孔径在 x_1 轴和 y_1 轴方向上的宽度。当用单位振幅的单色平面波垂直照明此孔径时，其后表面上的光场分布就等于孔径透过率函数，故由式(2.4.13)得到观察面上的夫琅和费衍射光场为

$$\begin{aligned}U_0(x_0,y_0)&=\frac{1}{\mathrm{i}\lambda z}\mathrm{e}^{\mathrm{i}kz}\,\mathrm{e}^{\mathrm{i}\frac{k}{2z}(x_0^2+y_0^2)}\mathscr{F}\{t(x_1,y_1)\}\\&=\frac{1}{\mathrm{i}\lambda z}\mathrm{e}^{\mathrm{i}kz}\,\mathrm{e}^{\mathrm{i}\frac{k}{2z}(x_0^2+y_0^2)}\cdot ab\,\mathrm{sinc}(af_x,bf_y)\end{aligned}\tag{2.5.1}$$

而光强分布为

$$I(x_0,y_0)=U_0(x_0,y_0)U_0^*(x_0,y_0)=\left(\frac{ab}{\lambda z}\right)^2\mathrm{sinc}^2\left(\frac{ax_0}{\lambda z},\frac{by_0}{\lambda z}\right)\tag{2.5.2}$$

显然，光强度在($x_0=0$，$y_0=0$)点取最大值，其值为

$$I(0,0)=\left(\frac{ab}{\lambda z}\right)^2$$

它与孔径面积的平方成正比，与距离平方成反比。沿 x_0 轴上的光强分布如图 2.5.1 所示。函数关系为

$$I(x_0,0)=\left(\frac{ab}{\lambda z}\right)^2\mathrm{sinc}^2\left(\frac{ax_0}{\lambda z}\right)\tag{2.5.3}$$

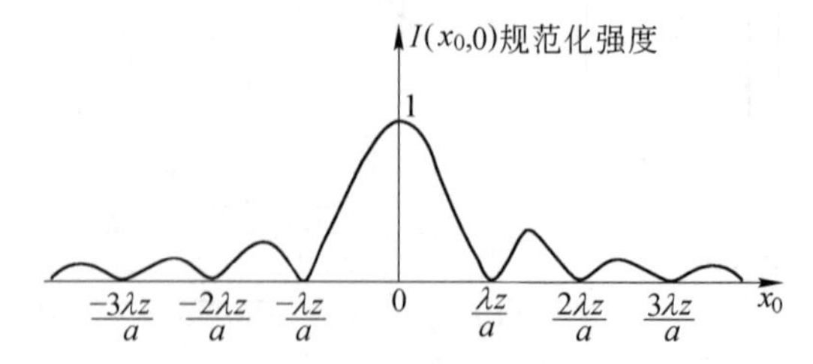

图 2.5.1 矩孔夫琅和费衍射沿 x_0 方向的强度分布

在 x_0 轴上第一个零点的位置由$\frac{ax_0}{\lambda z}=\pm1$ 确定，对应的 $x_0=\pm\frac{\lambda z}{a}$，故中央最大值在 x_0 轴上的宽度(称为主瓣宽度，Mainlobe Width)为

$$\Delta x_0=\frac{2\lambda z}{a}\tag{2.5.4}$$

在中央最大值两侧，衍射光强周期性地出现零值，沿 x_0 轴方向的空间周期为$\frac{\lambda z}{a}$。

同理,沿 y_0 轴方向的光强分布函数为

$$I(0,y_0)=\left(\frac{ab}{\lambda z}\right)^2\operatorname{sinc}^2\left(\frac{by_0}{\lambda z}\right) \tag{2.5.5}$$

中央最大值在 y_0 轴上的宽度为

$$\Delta y_0=\frac{2\lambda z}{b} \tag{2.5.6}$$

而在 y_0 轴中央两侧方向,出现零值的空间周期为$\frac{\lambda z}{b}$。

可以看到,矩孔在某方向上的线度与同一方向上相邻两条纹的间隔成反比。所以,矩孔在某方向的线度越小,则该方向上的条纹间隔就越大。综合沿 x_0、y_0 轴的衍射花样分布,得矩孔的衍射图样,如图 2.5.2 所示。

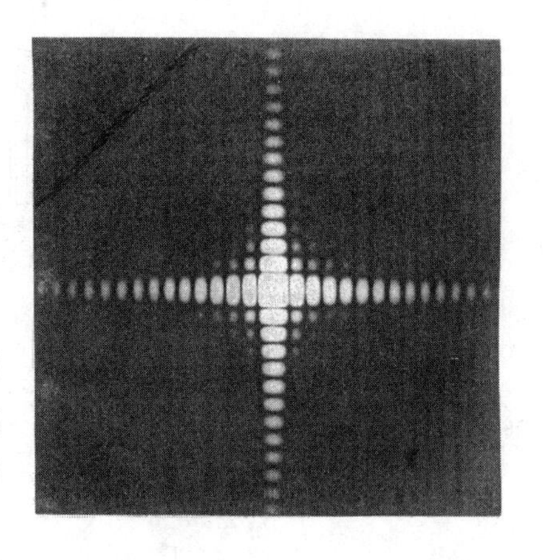

图 2.5.2　矩孔夫琅和费衍射花样

如果矩孔中的一边很长,另一边很短,例如$b\gg a$,则矩孔就变成了狭缝。所以,狭缝(或称单缝)可视为矩孔的特殊情形,其夫琅和费衍射图样可以直接从矩孔的夫琅和费衍射图样中导出。当 a 很小 b 很大时,在矩孔的衍射图样中,x_0 轴方向上的条纹间隔就变大,y_0 轴方向上的条纹间隔就变小。如果 $b\gg a$ 以致使 y_0 轴方向上的条纹间隔小到人眼无法分辨,则宏观上 y_0 轴方向就不存在分离的衍射条纹。这就是单缝的衍射图样。所以,对单缝孔径而言,其夫琅和费衍射图样是一组方向与单缝垂直的线状衍射条纹,如图 2.5.3 所示。其强度分布公式与式(2.5.3)一致。从这里我们看到,光束在衍射屏上什么方向受到限制,则观察屏上的衍射图样就沿该方向扩展。

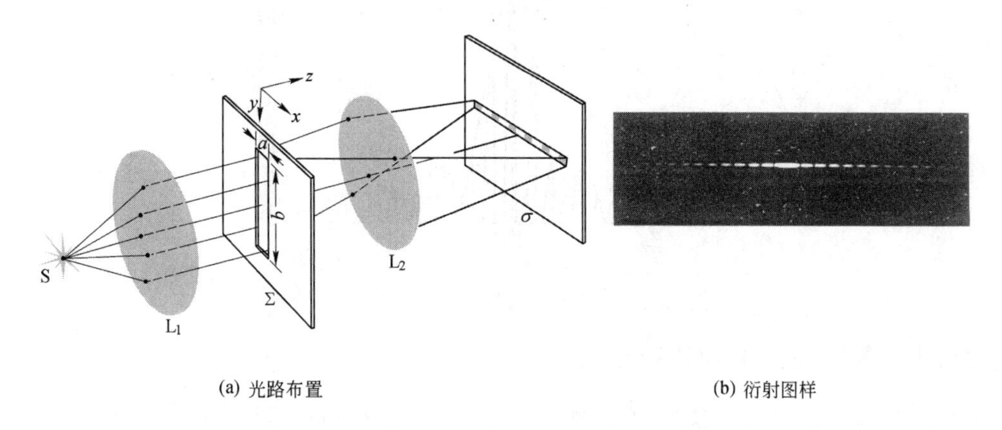

(a) 光路布置　　(b) 衍射图样

图 2.5.3　单缝夫琅和费衍射

2.5.2　双缝的夫琅和费衍射

其复振幅透射率可表示成

$$t(x_1)=\operatorname{rect}\left(\frac{x_1-\frac{d}{2}}{a}\right)+\operatorname{rect}\left(\frac{x_1+\frac{d}{2}}{a}\right) \tag{2.5.7}$$

式中,a 为缝宽,d 为两缝中心距离,如图 2.5.4 所示。

利用傅里叶变换有关的定理,有

$$\begin{aligned}T(f_x)&=\mathscr{F}\{t(x_1)\}=a\operatorname{sinc}(af_x)(\mathrm{e}^{-\mathrm{i}\pi df_x}+\mathrm{e}^{\mathrm{i}\pi df_x})\\&=2a\operatorname{sinc}(af_x)\cos(\pi df_x)\end{aligned} \tag{2.5.8}$$

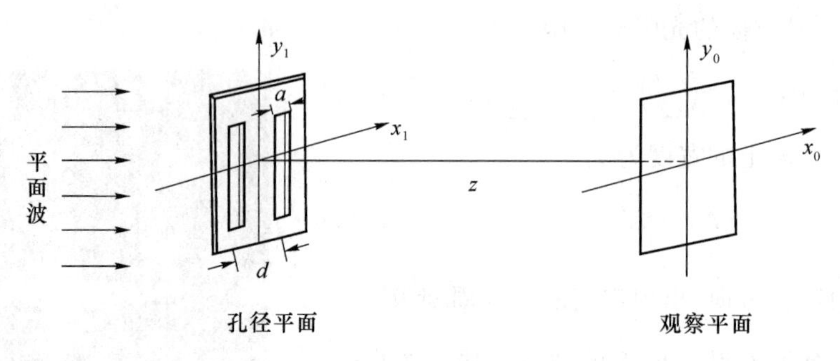

图 2.5.4 双缝衍射

故得

$$
\begin{aligned}
U_0(x_0) &= \frac{e^{ikz}}{i\lambda z} e^{i\frac{k}{2z}x_0^2} \mathscr{F}\{t(x_1)\}\Big|_{f_x=\frac{x_0}{\lambda z}} \\
&= \frac{2a}{i\lambda z} e^{ikz} e^{i\frac{k}{2z}x_0^2} \operatorname{sinc}\left(\frac{ax_0}{\lambda z}\right)\cos\left(\frac{\pi d x_0}{\lambda z}\right)
\end{aligned} \tag{2.5.9}
$$

强度分布为

$$
I(x_0) = \left(\frac{2a}{\lambda z}\right)^2 \operatorname{sinc}^2\left(\frac{ax_0}{\lambda z}\right)\cos^2\left(\frac{\pi d x_0}{\lambda z}\right) \tag{2.5.10}
$$

图 2.5.5 为双缝夫琅和费衍射的强度分布。显然,它是单缝衍射强度的分布与双光束干涉强度分布相互调制形成的。强度分布的包络是单缝衍射的分布曲线。

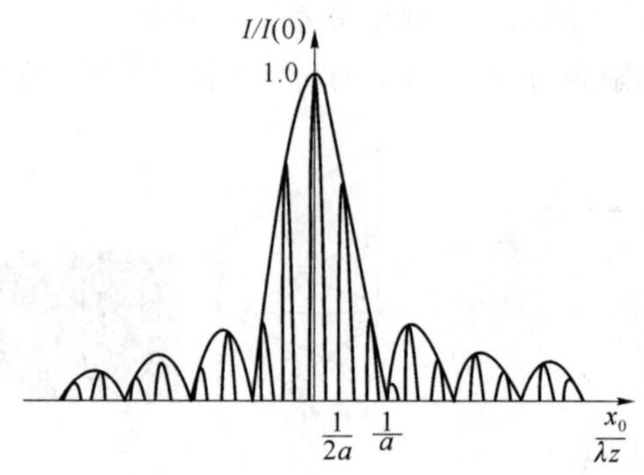

图 2.5.5 双缝夫琅和费衍射的强度分布

2.5.3 多缝的夫琅和费衍射

设此多缝由 N 个全同的狭缝构成,如图 2.5.6 所示,其透过率函数为

$$
\begin{aligned}
t(x_1) &= \operatorname{rect}\left(\frac{x_1}{a}\right) + \operatorname{rect}\left(\frac{x_1-d}{a}\right) + \operatorname{rect}\left(\frac{x_1-2d}{a}\right) + \cdots + \operatorname{rect}\left[\frac{x_1-(N-1)d}{a}\right] \\
&= \sum_{m=0}^{N-1} \operatorname{rect}\left(\frac{x_1-md}{a}\right)①
\end{aligned} \tag{2.5.11}
$$

式中,a 为缝的宽度,d 为各缝间的间距。当用单位振幅的单色平面波垂直照明时,其衍射光场分布为

$$
U_0(x_0,y_0) = \frac{1}{i\lambda z} e^{ikz} e^{i\frac{k}{2z}(x_0^2+y_0^2)} \mathscr{F}\{t(x_1)\}
$$

① 为简化计算,本题只讨论了图 2.5.6 中沿 x_1 轴正方向各缝的衍射,沿 x_1 轴负方向的衍射,也可类似计算。

$$= \frac{1}{\mathrm{i}\lambda z} \mathrm{e}^{\mathrm{i}kz} \mathrm{e}^{\mathrm{i}\frac{k}{2z}(x_0^2+y_0^2)} \sum_{m=0}^{N-1} a\,\mathrm{sinc}(af_x)\mathrm{e}^{-\mathrm{i}2\pi f_x md}$$

$$= \frac{a}{\mathrm{i}\lambda z} \mathrm{e}^{\mathrm{i}kz} \mathrm{e}^{\mathrm{i}\frac{k}{2z}(x_0^2+y_0^2)} \mathrm{sinc}(af_x) \sum_{m=0}^{N-1} \mathrm{e}^{-\mathrm{i}2\pi f_x md}$$

上式归结为求公比为 $\mathrm{e}^{-\mathrm{i}2\pi f_x d}$ 的等比级数的前 N 项和，其中

$$\sum_{m=0}^{N-1} \mathrm{e}^{-\mathrm{i}2\pi f_x md} = \frac{1-\mathrm{e}^{-\mathrm{i}2\pi f_x Nd}}{1-\mathrm{e}^{-\mathrm{i}2\pi f_x d}} = \mathrm{e}^{-\mathrm{i}(N-1)\pi f_x d} \frac{\sin(\pi N f_x d)}{\sin(\pi f_x d)}$$

故得

$$U_0(x_0, y_0) = \frac{a}{\mathrm{i}\lambda z} \mathrm{e}^{\mathrm{i}kz} \mathrm{e}^{\mathrm{i}\frac{k}{2z}(x_0^2+y_0^2)} \mathrm{e}^{-\mathrm{i}(N-1)\pi f_x d} \mathrm{sinc}(af_x) \frac{\sin(\pi N f_x d)}{\sin(\pi f_x d)} \tag{2.5.12}$$

衍射光强分布为

$$I(x_0, y_0) = U_0(x_0, y_0) U_0^*(x_0, y_0)$$

$$= \left(\frac{a}{\lambda z}\right)^2 \mathrm{sinc}^2(af_x) \cdot \frac{\sin^2(\pi N f_x d)}{\sin^2(\pi f_x d)} \Bigg|_{f_x = \frac{x_0}{\lambda z}} \tag{2.5.13}$$

与式(2.5.3)比较可知，上式中的因子 $\mathrm{sinc}^2(af_x)$ 对应于单缝的衍射，而 $\frac{\sin^2(\pi N f_x d)}{\sin^2(\pi f_x d)}$ 代表各缝间多光束的干涉。因此，多缝的夫琅和费衍射花样是多光束干涉经单缝衍射调制后的结果，如图 2.5.7 所示。

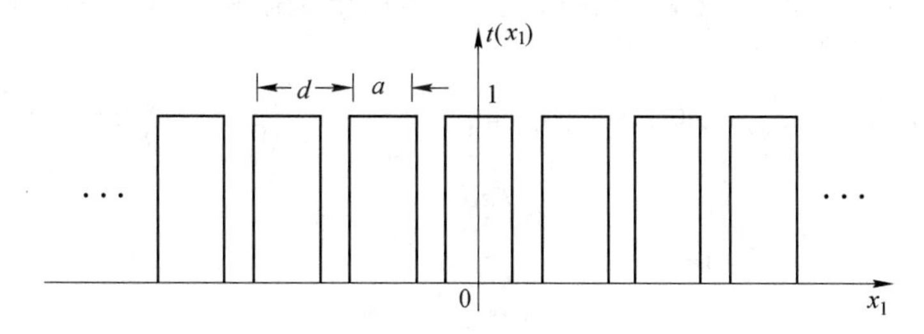

图 2.5.6　多缝的透过率

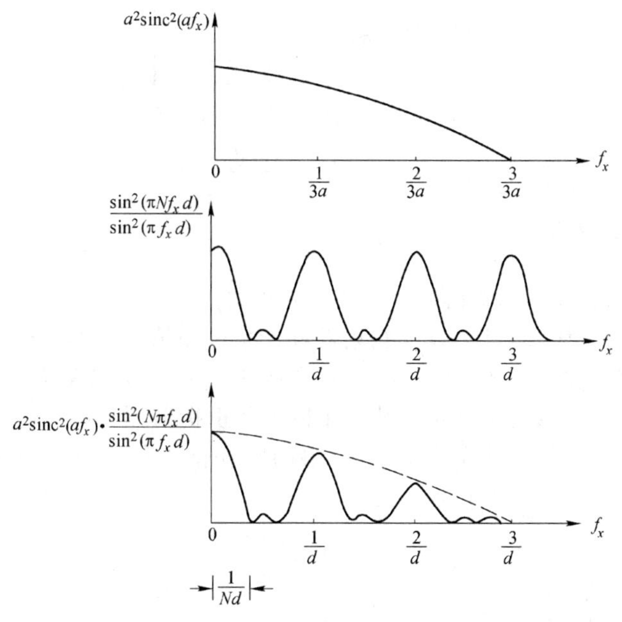

图 2.5.7　多缝的夫琅和费衍射强度分布($d=3a$)

当干涉因子中分母为零(即 $\pi f_x d = m\pi$)时,分子也变为零,按洛比达法则可求得这时干涉因子取极大值 N^2,由此可得

$$f_x = 0, \pm\frac{1}{d}, \pm\frac{2}{d}, \cdots$$

上式即是以空间频率 f_x 表示的衍射强度取极大值所在的位置,称为多缝(即线光栅)的傅里叶谱。$\frac{1}{d}$ 称为光栅沿 x_0 方向的空间频率,又称为傅里叶谱的基频。d 称为光栅沿 x_0 方向的空间周期,又称光栅常数(Grating Constant)。

当干涉因子中的分子为零、分母不为零时,便得到衍射光强度的极小值。某一主极大相邻的两极小值间的空间频率宽度 Δf_x 称为条纹主极大宽度,由 $\pi N f_x d = \pm\pi$ 求得 $\Delta f_x = \frac{2}{Nd}$。

2.5.4 圆孔的夫琅和费衍射

光学仪器大多使用圆形光阑,它的无像差成像可以用圆形孔径的夫琅和费衍射求出,故圆孔衍射的结果是很有用的。圆孔的透过率函数为

$$t(r_1) = \mathrm{circ}\left(\frac{r_1}{d/2}\right)$$

式中,d 代表圆孔的直径;r_1 是孔径平面上的径向坐标。对于圆对称函数,公式(2.4.13)中的傅里叶变换应改写成傅里叶-贝塞尔变换。于是,当用单位振幅的单色平面波垂直照明时,观察平面上的衍射光场可表示成

$$U_0(r_0) = \frac{1}{\mathrm{i}\lambda z} e^{\mathrm{i}kz} e^{\mathrm{i}\frac{k}{2z} r_0^2} \mathscr{B}\{t(r_1)\} = \frac{1}{\mathrm{i}\lambda z} e^{\mathrm{i}kz} e^{\mathrm{i}\frac{k}{2z} r_0^2} \cdot \left(\frac{d}{2}\right)^2 \frac{\mathrm{J}_1(\pi d\rho)}{d\rho/2}\Bigg|_{\rho=\frac{r_0}{\lambda z}}$$

$$= \left(\frac{kd^2}{\mathrm{i}8z}\right) e^{\mathrm{i}kz} e^{\mathrm{i}\frac{k}{2z} r_0^2} \left[2\frac{\mathrm{J}_1\left(\frac{kdr_0}{2z}\right)}{\frac{kdr_0}{2z}}\right] \tag{2.5.14}$$

衍射光强度分布为

$$I(r_0) = \left(\frac{kd^2}{8z}\right)^2 \left[2\frac{\mathrm{J}_1\left(\frac{kdr_0}{2z}\right)}{\frac{kdr_0}{2z}}\right]^2 \tag{2.5.15}$$

或简写成

$$I(r_0) = I_0\left[2\frac{\mathrm{J}_1(\psi)}{\psi}\right]^2 \tag{2.5.16}$$

式中,$I_0 = \left(\frac{kd^2}{8z}\right)^2$;$\psi = \frac{kdr_0}{2z} = \pi\xi$;$\xi = \frac{dr_0}{\lambda z}$。

图 2.5.8(a)是圆孔夫琅和费衍射花样强度分布的截面图,图 2.5.8(b)是在观察面上拍摄的夫琅和费衍射图样。表 2.5.1 列出了衍射花样能量分布情况及其在极大点和极小点处的数值。公式(2.5.15)表示的强度分布,一般以首先导出它的科学家艾里(S. G. B. Airy,1801—1892 年)命名,称为艾里函数,相应的衍射图样称为艾里衍射图样(Airy Diffraction Pattern)。在整个观察面上,艾里图样呈对称分布,是一组明暗相间的同心圆环,中央亮斑称为艾里斑(Airy Disc),其半径为

$$r_0 = 1.22\frac{\lambda z}{d} \tag{2.5.17}$$

或写成半角宽度为

$$\Delta\theta=\frac{r_0}{z}=1.22\,\frac{\lambda}{d} \tag{2.5.18}$$

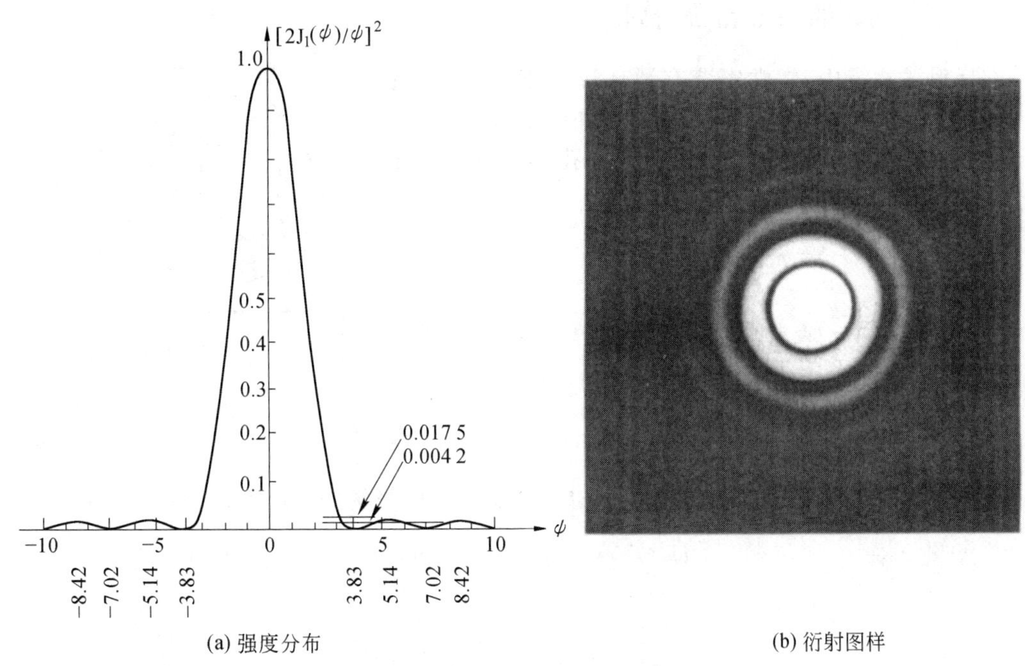

(a) 强度分布　　(b) 衍射图样

图 2.5.8　圆孔的夫琅和费衍射

【例 1】He-Ne 激光器沿管轴发射定向光束，其出射窗口的直径约为 1 mm，求激光束的衍射发散角。

【解】He-Ne 激光的波长 $\lambda=632.8$ nm，$d=1$ mm。由于光束受出射窗口限制，它必然会有一定的衍射发散角。由式(2.5.18)算得

$$\Delta\theta=1.22\,\frac{\lambda}{d}=7.7\times10^{-4}\,\text{rad}\approx2.7'$$

这个衍射发散角虽然很小，但是，如果我们在 10 km 以外接收此光束的话，则由式(2.5.17)算得这束定向光束的光斑半径可达 7.7 m！这个例子告诉我们，由于衍射效应，截面有限而又绝对平行的光束是不可能存在的。例如，在空间光通信和激光测距这类远程装置里，即使很小的发散角也会造成很大面积的光斑。在估算整机的接收灵敏度时，需要考虑到这一点。

表 2.5.1　圆孔的夫琅和费衍射花样能量分布

	ψ	$\left[\frac{2J_1(\psi)}{\psi}\right]^2$	能量分配
中央亮斑	0	1	83.78%
第一暗环	$1.220\pi=3.833$	0	0
第一亮环	$1.635\pi=5.136$	0.017 5	7.22%
第二暗环	$2.233\pi=7.016$	0	0
第二亮环	$2.679\pi=8.417$	0.004 2	2.77%
第三暗环	$3.238\pi=10.174$	0	0
第三亮环	$3.699\pi=11.620$	0.001 6	1.46%

计算还表明，圆孔衍射图样中央亮斑内的光能量集中了总入射光能的 84%，第二暗环以内的光能流已集中总光能流的 90%以上(参见习题 2.3)。但必须指出，在中央亮斑以外，总光能仍具有相当大的数值(约占 16%)，它会产生某种程度的像寄生光，这对形成有用像是没有

贡献的,因而在实验上要想办法缩减衍射环。

2.5.5 圆环的夫琅和费衍射

在反射式物镜中,常常安装有圆环形光阑,所以讨论环形光孔的夫琅和费衍射是有意义的。如图 2.5.9 所示,环形光孔可视为两个圆孔之差,这两个圆孔的透过率函数分别为

$$t_1(r_1)=\mathrm{circ}\left(\frac{r_1}{a}\right)$$

$$t_2(r_1)=\mathrm{circ}\left(\frac{r_1}{\varepsilon a}\right)\qquad(0<\varepsilon<1)$$

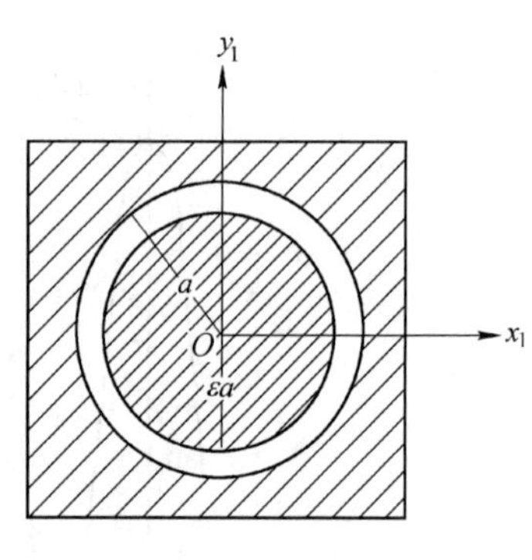

图 2.5.9 圆环形孔径

故圆环的透过率函数可写成

$$t(r_1)=\mathrm{circ}\left(\frac{r_1}{a}\right)-\mathrm{circ}\left(\frac{r_1}{\varepsilon a}\right)\tag{2.5.19}$$

当用单位振幅的单色平面波垂直照明圆环时,观察面上的光场分布可写成

$$U_0(r_0)=\frac{1}{\mathrm{i}\lambda z}\mathrm{e}^{\mathrm{i}kz}\,\mathrm{e}^{\mathrm{i}\frac{k}{2z}r_0^2}\mathscr{B}\{t(r_1)\}$$

其中

$$\begin{aligned}\mathscr{B}\{t(r_1)\}&=\mathscr{B}\left\{\mathrm{circ}\left(\frac{r_1}{a}\right)-\mathrm{circ}\left(\frac{r_1}{\varepsilon a}\right)\right\}\\&=\left\{a^2\,\frac{\mathrm{J}_1(2\pi a\rho)}{a\rho}-(\varepsilon a)^2\,\frac{\mathrm{J}_1(2\pi\varepsilon a\rho)}{\varepsilon a\rho}\right\}\Bigg|_{\rho=\frac{r_0}{\lambda z}}\\&=\pi a^2\left[\frac{2\mathrm{J}_1(kar_0/z)}{kar_0/z}-\varepsilon^2\,\frac{2\mathrm{J}_1(k\varepsilon ar_0/z)}{k\varepsilon ar_0/z}\right]\end{aligned}$$

因此

$$U_0(r_0)=C\pi a^2\left[\frac{2\mathrm{J}_1(kar_0/z)}{kar_0/z}-\varepsilon^2\,\frac{2\mathrm{J}_1(k\varepsilon ar_0/z)}{k\varepsilon ar_0/z}\right]\tag{2.5.20}$$

式中

$$C=\frac{1}{\mathrm{i}\lambda z}\mathrm{e}^{\mathrm{i}kz}\,\mathrm{e}^{\mathrm{i}\frac{k}{2z}r_0^2}$$

光强度分布为

$$I(r_0)=\left(\frac{\pi a^2}{\lambda z}\right)^2\cdot\left[\frac{2\mathrm{J}_1(kar_0/z)}{kar_0/z}-\varepsilon^2\,\frac{2\mathrm{J}_1(k\varepsilon ar_0/z)}{k\varepsilon ar_0/z}\right]^2\tag{2.5.21}$$

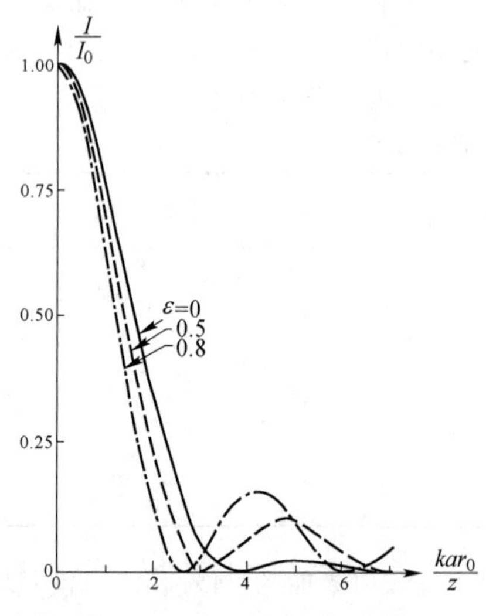

图 2.5.10 圆环夫琅和费衍射强度分布曲线

图 2.5.10 是圆环夫琅和费衍射花样强度分布的截面图。其衍射图样也类似于艾里图样,仍然是中心圆亮斑外面套着一系列圆环,ε 值越大,圆环越往内收缩,但该圆环的亮度增大。图 2.5.10 中画出了 3 条不同光强度分布的曲线:实线代表圆孔($\varepsilon=0$)的艾里斑曲线;中间虚线代表 $\varepsilon=0.5$ 的衍射图;最里面的点线代表圆环成细缝时($\varepsilon=0.8$)的衍射曲线。图中采用了圆环衍射斑中心的光强 I_0 作单位,其值为(参见习题2.4):

$$I_0=\left(\frac{\pi a^2}{\lambda z}\right)^2(1-\varepsilon^2)^2\tag{2.5.22}$$

由此可见，各种 ε 值的圆环所对应的衍射斑中心的光强度 I_0 是不相同的。

2.5.6　正弦型振幅光栅的夫琅和费衍射

前面讨论的夫琅和费衍射都是由无穷大不透明屏上的孔径产生的，其透过率函数都具有下列形式：

$$t(x_1,y_1)=\begin{cases}1 & \text{在孔径内}\\ 0 & \text{在孔径外}\end{cases}$$

但也可以在给定的孔径内引入一个预先给定的透过率函数。换言之，可以把孔径的概念推广到一般透明或半透明的平面型物体，其透过率函数一般是复函数，光波通过该物体时，其振幅和位相分布都要受到物体的调制，使透射光波携带物体信息向前传播。例如，在特殊情况下，物体可以是一张照相底片，用以引入空间的吸收图样，它只改变入射光波的振幅分布，而不改变其位相分布，称这类物体为振幅型物体。也可以通过厚度可变的透明物体引入空间的位相图样，它只改变入射光波的位相分布，而不改变其相对振幅分布，称这类物体为位相型物体。

作为上述衍射物的典型例子，下面分别讨论正弦型振幅光栅和正弦型位相光栅。

正弦型振幅光栅的透过率函数定义为

$$t(x_1,y_1)=\left[\frac{1}{2}+\frac{m}{2}\cos(2\pi f_0x_1)\right]\mathrm{rect}\left(\frac{x_1}{b},\frac{y_1}{b}\right)\tag{2.5.23}$$

式中，f_0 是光栅的空间频率；m 是小于 1 的正数；$\mathrm{rect}\left(\frac{x_1}{b},\frac{y_1}{b}\right)$ 表示边长为 b 的正方形孔，其孔外透过率处处等于零。方孔内沿 x_1 轴方向的透过率按正弦(或余弦)规律变化，其函数关系为 $\frac{1}{2}+\frac{m}{2}\cos(2\pi f_0x_1)$，如图 2.5.11 所示。对于同一 x_1 值，尽管 y_1 值不同，但透过率是相同的。当用单位振幅的单色平面波垂直照明此光栅时，观察平面上的夫琅和费衍射光场分布为

$$U_0(x_0,y_0)=\frac{1}{\mathrm{i}\lambda z}\mathrm{e}^{\mathrm{i}kz}\,\mathrm{e}^{\mathrm{i}\frac{k}{2z}(x_0^2+y_0^2)}\mathscr{F}\{t(x_1,y_1)\}\tag{2.5.24}$$

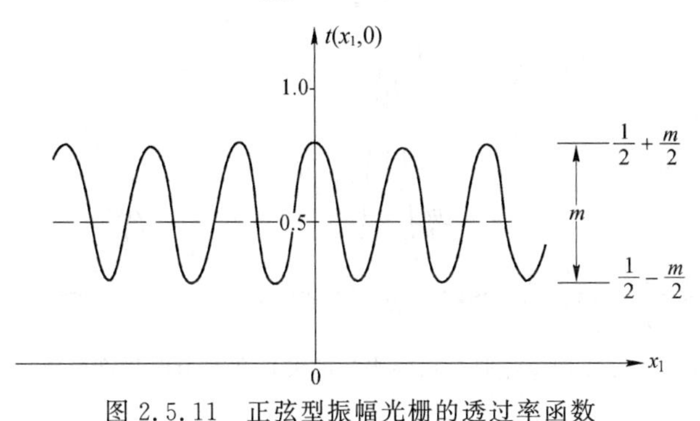

图 2.5.11　正弦型振幅光栅的透过率函数

其中

$$\begin{aligned}\mathscr{F}\{t(x_1,y_1)\}&=\mathscr{F}\left\{\frac{1}{2}+\frac{m}{2}\cos(2\pi f_0x_1)\right\}*\mathscr{F}\left\{\mathrm{rect}\left(\frac{x_1}{b},\frac{y_1}{b}\right)\right\}\\&=\left[\frac{1}{2}\delta(f_x,f_y)+\frac{m}{4}\delta(f_x-f_0,f_y)+\frac{m}{4}\delta(f_x+f_0,f_y)\right]*b^2\mathrm{sinc}(bf_x,bf_y)\\&=\frac{b^2}{2}\mathrm{sinc}(bf_y)\left\{\mathrm{sinc}(bf_x)+\frac{m}{2}\mathrm{sinc}[b(f_x-f_0)]+\frac{m}{2}\mathrm{sinc}[b(f_x+f_0)]\right\}\end{aligned}\tag{2.5.25}$$

将 $f_x=\dfrac{x_0}{\lambda z}, f_y=\dfrac{y_0}{\lambda z}$代入上式得

$$\mathscr{F}\{t(x_1,y_1)\}=\frac{b^2}{2}\mathrm{sinc}\left(\frac{by_0}{\lambda z}\right)\left\{\mathrm{sinc}\left(\frac{bx_0}{\lambda z}\right)+\frac{m}{2}\mathrm{sinc}\left[\frac{b}{\lambda z}(x_0-\lambda z f_0)\right]+\frac{m}{2}\mathrm{sinc}\left[\frac{b}{\lambda z}(x_0+\lambda z f_0)\right]\right\} \tag{2.5.26}$$

上式大括号{}内包含了3个sinc函数,中央最大值的宽度均为$\dfrac{2\lambda z}{b}$,第2个、第3个sinc函数由$\mathrm{sinc}\left(\dfrac{bx_0}{\lambda z}\right)$向$x_0$轴正、负方向分别移动$\lambda z f_0$得到。当$\lambda z f_0 \gg \dfrac{2\lambda z}{b}$时,这两个sinc函数最大值距原点的间距比sinc函数中央最大值的宽度大得多,从而这3个sinc函数之间的重叠可忽略不计,亦即任一sinc函数与其他两个sinc函数的交叉乘积均可以忽略。于是,将式(2.5.25)代入式(2.5.24)并求光强度分布,最后可得

$$I(x_0,y_0)=\left(\frac{b^2}{2\lambda z}\right)^2\mathrm{sinc}^2\left(\frac{by_0}{\lambda z}\right)\left\{\mathrm{sinc}^2\left(\frac{bx_0}{\lambda z}\right)+\frac{m^2}{4}\mathrm{sinc}^2\left[\frac{b}{\lambda z}(x_0-\lambda z f_0)\right]+\frac{m^2}{4}\mathrm{sinc}^2\left[\frac{b}{\lambda z}(x_0+\lambda z f_0)\right]\right\} \tag{2.5.27}$$

由于上式成立的条件是$\lambda z f_0 \gg \dfrac{2\lambda z}{b}$,即$\dfrac{1}{f_0} \ll \dfrac{b}{2}$,而$\dfrac{1}{f_0}$是正弦光栅的空间周期,即光栅常数,所以,要求光栅总宽度比光栅常数大得多。

图2.5.12是正弦型振幅光栅夫琅和费衍射花样沿x_0轴方向的规一化光强分布$\dfrac{I(x_0,0)}{I_0}$示意图。可以看到,正弦振幅光栅将中央衍射图样中的一部分能量转移到附加的两个边旁图样中去了。中央衍射图样称为夫琅和费衍射的零级分量,而两个边旁图样分别称为±1级分量。零级分量到±1级分量之间的空间距离为$\lambda z f_0$,而每个分量的中央主极大宽度为$\dfrac{2\lambda z}{b}$。

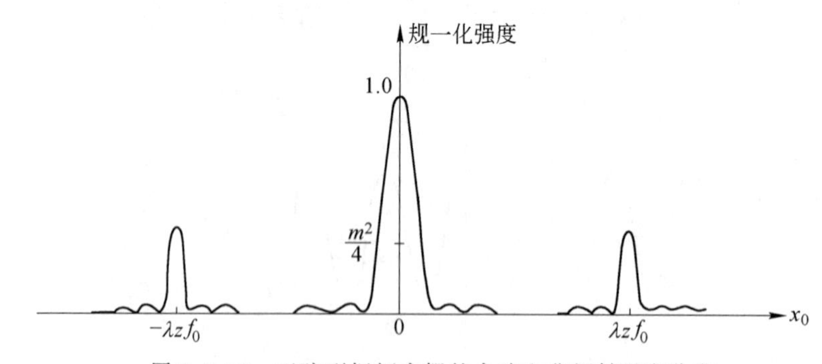

图2.5.12　正弦型振幅光栅的夫琅和费衍射强度分布

在光学信息处理技术中,光栅常用作编码元件对图像进行空间调制。例如,设有一图像,其复振幅透过率为$f(x_1,y_1)$,经光栅调制后的透射光场复振幅可以表示为

$$t_{fg}(x_1y_1)=f(x_1y_1)\left[\frac{1}{2}+\frac{m}{2}\cos(2\pi f_0x_1)\right]$$

$$=\frac{1}{2}f(x_1,y_1)+\frac{m}{4}f(x_1,y_1)\mathrm{e}^{\mathrm{i}2\pi f_0x_1}+\frac{m}{4}f(x_1,y_1)\mathrm{e}^{-\mathrm{i}2\pi f_0x_1}$$

上式表明:在某方向单色平面波照射下,透射光波将携带图像信息$f(x_1,y_1)$向3个不同方向传播;用光栅进行编码,对图像作空间调制的结果是对原图像施加了不同方向的空间载波,增

加了信息传递的通道。

在频率域中，透射光场的频谱为

$$\begin{aligned}T(f_x,f_y) &= \mathscr{F}\{t_{fg}(x_1,y_1)\}\\ &= F(f_x,f_y) * \left[\frac{1}{2}\delta(f_x,f_y)+\frac{m}{4}\delta(f_x-f_0,f_y)+\frac{m}{4}\delta(f_x+f_0,f_y)\right]\\ &= \frac{1}{2}F(f_x,f_y)+\frac{m}{4}F(f_x-f_0,f_y)+\frac{m}{4}F(f_x+f_0,f_y)\end{aligned}$$

由于光栅的调制使图像的频谱在频谱面上重复出现，除原点附近仍有图像频谱外，在$(\pm f_0,0)$附近亦出现频谱。在频谱面上对图像频谱进行加工改造和处理，便是空间滤波和光学信息处理的任务。

下面分析正弦型振幅光栅的色散和分辨本领。由上面的分析知道，正弦型振幅光栅的夫琅和费衍射只有零级和±1级分量。所有波长的零级分量的极大值都位于$x_0=0$处，所以零级分量的色散和分辨本领都是零，光栅用作分光元件时，零级分量是没有用处的，它只是损耗一部分能量，故下面只需分析±1级分量的线色散和分辨本领。

线色散表征光栅将不同波长的同级主极大在空间分开的程度。$+1$级极大值的位置由方程

$$x_0-\lambda z f_0=0$$

确定，故其线色散为

$$\frac{\mathrm{d}x_0}{\mathrm{d}\lambda}=zf_0 \tag{2.5.28}$$

故线色散与观察距离及光栅常数有关。

分辨本领是指分辨两个波长很靠近的谱线$(\lambda,\lambda+\Delta\lambda)$的能力，通常用$R=\dfrac{\lambda}{\Delta\lambda}$表示。设波长$\lambda$和$\lambda+\Delta\lambda$的$+1$级谱的峰值分别位于$\lambda z f_0$和$(\lambda+\Delta\lambda)zf_0$，则由瑞利判据，刚好能分辨的情况为一个波长的$+1$级谱的强度极大值位置与另一个波长的$+1$级谱的强度极小值位置重合，即

$$(\lambda+\Delta\lambda)zf_0-\lambda zf_0=\frac{\lambda z}{b}$$

整理后得光栅分辨本领为

$$R=\frac{\lambda}{\Delta\lambda}=f_0 b=N \tag{2.5.29}$$

式中，N为光栅条纹总数。可见正弦型振幅光栅的分辨本领由光栅的总条纹数决定，而与观察距离z无关。

2.5.7　正弦型位相光栅的夫琅和费衍射

正弦型位相光栅的透过率函数定义为

$$t(x_1,y_1)=\mathrm{e}^{\mathrm{i}\frac{m}{2}\sin(2\pi f_0 x_1)}\mathrm{rect}\left(\frac{x_1}{b},\frac{y_1}{b}\right) \tag{2.5.30}$$

式中，$\mathrm{rect}\left(\dfrac{x_1}{b},\dfrac{y_1}{b}\right)$的作用与正弦型振幅光栅的情况相同。前面的位相因子中的位相既可以取正值也可取负值，当然作为光学厚度来说，是不能取负值的。由于位相零点的选取有着很大的任意性，所以适当选取位相参考点后，就可以把光波通过位相光栅时的平均位相延迟(常位相因子)略去。参数m体现位相正弦变化的幅度。这种正弦型位相光栅是完全透明的，它只对

入射光波按式(2.5.30)引起位相延迟,对其振幅不产生衰减。

当用单位振幅的单色平面波垂直照明此光栅时,观察平面上的衍射光场分布为

$$U_0(x_0, y_0) = \frac{1}{\mathrm{i}\lambda z} \mathrm{e}^{\mathrm{i}kz} \mathrm{e}^{\mathrm{i}\frac{k}{2z}(x_0^2 + y_0^2)} \mathscr{F}\{t(x_1, y_1)\} \tag{2.5.31}$$

为了求得 $t(x_1, y_1)$的傅里叶变换,可利用贝塞尔恒等式,先对位相因子进行变换:

$$\mathrm{e}^{\mathrm{i}x\sin\varphi} = \sum_{q=-\infty}^{\infty} \mathrm{J}_q(x) \mathrm{e}^{\mathrm{i}q\varphi} \tag{2.5.32}$$

即

$$\exp\left[\mathrm{i}\frac{m}{2}\sin(2\pi f_0 x_1)\right] = \sum_{q=-\infty}^{\infty} \mathrm{J}_q\left(\frac{m}{2}\right) \mathrm{e}^{\mathrm{i}2\pi q f_0 x_1}$$

式中,$\mathrm{J}_q\left(\frac{m}{2}\right)$是 q 阶第一类贝塞尔函数,因其宗量不包含变量 x_1,故进行傅里叶变换时可以作为常数处理,于是有

$$\begin{aligned}
\mathscr{F}\{t(x_1, y_1)\} &= \mathscr{F}\{\mathrm{e}^{\mathrm{i}\frac{m}{2}\sin(2\pi f_0 x_1)}\} * \mathscr{F}\left\{\mathrm{rect}\left(\frac{x_1}{b}, \frac{y_1}{b}\right)\right\} \\
&= \sum_{q=-\infty}^{\infty} \mathrm{J}_q\left(\frac{m}{2}\right) \mathscr{F}\{\mathrm{e}^{\mathrm{i}2\pi q f_0 x_1}\} * b^2 \mathrm{sinc}(bf_x, bf_y) \\
&= \left[\sum_{q=-\infty}^{\infty} \mathrm{J}_q\left(\frac{m}{2}\right) \delta(f_x - qf_0, f_y)\right] * b^2 \mathrm{sinc}(bf_x, bf_y) \\
&= b^2 \mathrm{sinc}(bf_y) \sum_{q=-\infty}^{\infty} \mathrm{J}_q\left(\frac{m}{2}\right) \mathrm{sinc}[b(f_x - qf_0)]
\end{aligned}$$

将上式代入式(2.5.31),并令 $f_x = \frac{x_0}{\lambda z}, f_y = \frac{y_0}{\lambda z}$,得

$$U_0(x_0, y_0) = \frac{b^2}{\mathrm{i}\lambda z} \mathrm{e}^{\mathrm{i}kz} \mathrm{e}^{\mathrm{i}\frac{k}{2z}(x_0^2 + y_0^2)} \cdot \mathrm{sinc}\left(\frac{by_0}{\lambda z}\right) \sum_{q=-\infty}^{\infty} \mathrm{J}_q\left(\frac{m}{2}\right) \mathrm{sinc}\left[\frac{b}{\lambda z}(x_0 - \lambda z q f_0)\right] \tag{2.5.33}$$

式中,q 代表各衍射级次。可以看出,全部衍射级次都有可能出现。各级衍射极大值出现的位置由 $x_0 - \lambda z q f_0 = 0(q = 0, \pm 1, \pm 2, \cdots)$决定,从而有

$$x_0 = 0, \pm\lambda z f_0, \pm 2\lambda z f_0, \cdots$$

第 q 级衍射极大距条纹图样中心的距离为 $\lambda z q f_0$,相邻两级衍射分量极大值之间的距离为 $\lambda z f_0$,每个衍射级中央最大值的宽度为$\frac{2\lambda z}{b}$。因此,只要 $\lambda z f_0 \gg \frac{2\lambda z}{b}$,即 $f_0 \gg \frac{2}{b}$时,不同衍射级次之间交叉相乘的各项可以忽略,这样衍射强度分布可写成

$$I(x_0, y_0) = \left(\frac{b^2}{\lambda z}\right)^2 \mathrm{sinc}^2\left(\frac{by_0}{\lambda z}\right) \sum_{q=-\infty}^{\infty} \mathrm{J}_q^2\left(\frac{m}{2}\right) \mathrm{sinc}^2\left[\frac{b}{\lambda z}(x_0 - \lambda z q f_0)\right] \tag{2.5.34}$$

图 2.5.13 是正弦型位相光栅夫琅和费衍射花样沿 x_0 轴方向规一化强度分布$\frac{I(x_0, 0)}{I_0}$示意图,图中 $m = 8$。从图中看到,正弦型位相光栅的引入,可把能量从零阶分量转移到许多更高阶的分量上去。因此,零阶衍射分量的强度不一定最大,非零阶衍射分量的强度有可能比零阶衍射还大。只要$\frac{m}{2}$是零阶贝塞尔函数 J_0 的一个根,零阶条纹就完全消失! 同样,当选择$\frac{m}{2}$为某一阶贝塞尔函数的根时,其对应阶的衍射便消失了。对于已确定的 m 值,q 增大到一定程度后,

总有$J_q^2\left(\frac{m}{2}\right)$趋近于 0,所以会限制任意高阶衍射级的使用。图 2.5.14 画出了 3 个不同 q 值的$J_q^2\left(\frac{m}{2}\right)$对$\frac{m}{2}$的关系。

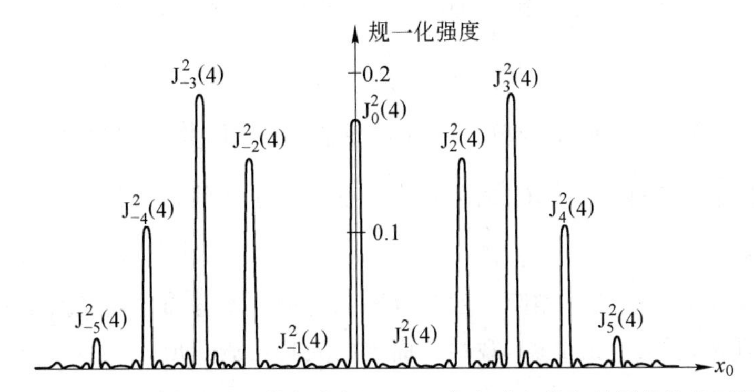

图 2.5.13　一个正弦型位相光栅(m=8)的夫琅和费衍射图样的截面图

由于零级衍射分量的色散和分辨本领为零,因此正弦型位相光栅这种能使零阶衍射能量向高阶次衍射分量转移的特点,正是它优于正弦型振幅光栅和矩形光栅之处。可以证明(参见习题 2.5)正弦型位相光栅的分辨本领为

$$R=\frac{\lambda}{\Delta\lambda}=qN \tag{2.5.35}$$

即该光栅的分辨本领与测量中所用的衍射阶次以及光栅上条纹的总数目成正比。

近年来,随着衍射光学元件的发展,人们对位相光栅的研究兴趣日益增大。亚波长量级的位相光栅也引起了人们的关注。

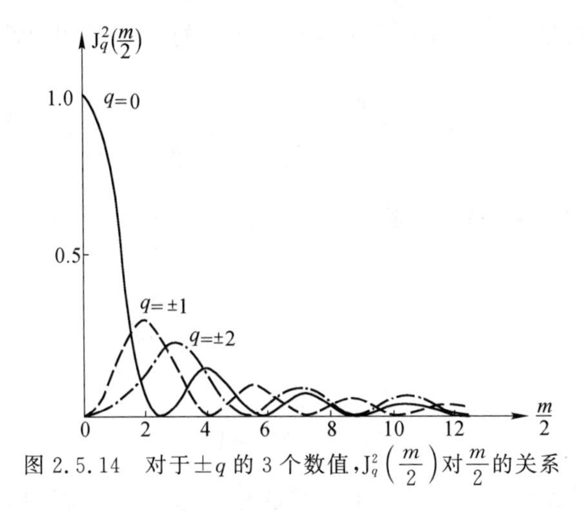

图 2.5.14　对于±q 的 3 个数值,$J_q^2\left(\frac{m}{2}\right)$对$\frac{m}{2}$的关系

2.6　菲涅耳衍射计算实例

2.6.1　傅里叶成像

当用单色平面光波照明一个具有周期性透过率函数的透明物体(例如透射光栅)时,将会在该物体后面某些特定距离上重现此周期结构物体的像。这种不用透镜而仅靠光的衍射就可

对周期性物体成像的方法,称为傅里叶成像(Fourier Imaging),又称自成像(Self-Imaging)。这一有趣的光学现象是由泰保于 1836 年发现的,故又称泰保效应(Talbot Effect),并已在光学和电子显微镜等方面获得实际应用。

为了简洁起见,下面只讨论一维周期性物体。设其透过率函数为

$$t(x_1) = \sum_{n=-\infty}^{\infty} C_n e^{i2\pi\frac{n}{d}x} \tag{2.6.1}$$

式中,d 为周期。当采用单位振幅的单色平面波垂直照明时,紧靠此物体后的光场分布即为 $t(x_1)$,它可看作频率取离散值 $\left(\frac{n}{d},0\right)$ 的无穷多平面波分量的线性叠加,C_n 表示各平面波分量的相对振幅和位相分布。

我们的任务是研究与该物体相距 z 的观察平面上的光场分布。这显然是一个菲涅耳衍射问题。按照菲涅耳衍射公式(2.4.9),观察平面上的光场可表达成

$$U_0(x_0,y_0)=\frac{1}{i\lambda z}e^{ikz}t(x_0) * e^{i\frac{k}{2z}x_0^2}$$

上式是卷积运算形式,将它转换成频域分析会更方便些。为此,对上式作傅里叶变换并运用卷积定理,得

$$\mathscr{F}\{U_0(x_0,y_0)\}=\frac{1}{i\lambda z}e^{ikz}\mathscr{F}\{t(x)\} \cdot \mathscr{F}\{e^{i\frac{k}{2z}x^2}\} \tag{2.6.2}$$

其中

$$\mathscr{F}\{t(x)\}= \sum_{n=-\infty}^{\infty} C_n\delta\left(f_x-\frac{n}{d}\right)$$

$$\mathscr{F}\{e^{i\frac{k}{2z}x^2}\}=\mathscr{F}\{e^{i\pi\left(\frac{x}{\sqrt{\lambda z}}\right)^2}\}=\sqrt{\lambda z}e^{i\frac{\pi}{4}}e^{-i\pi\lambda z f_x^2}$$

上式用到了编码脉冲信号 $e^{i\pi x^2}$ 的傅里叶变换式(1.8 节的例 7)及相似性定理。将上面二式代入式(2.6.2),得

$$\mathscr{F}\{U_0(x_0,y_0)\}=\frac{e^{i\frac{\pi}{4}}}{i\sqrt{\lambda z}}e^{ikz}e^{-i\pi\lambda z\left(\frac{n}{d}\right)^2}\sum_{n=-\infty}^{\infty} C_n\delta\left(f_x-\frac{n}{d}\right) \tag{2.6.3}$$

对于频率为 $\left(\frac{n}{d},0\right)$ 的平面波分量,在观察平面上仅引入相移 $\exp\left[-i\pi\lambda z\left(\frac{n}{d}\right)^2\right]e^{ikz}$。当距离 z 满足条件:

$$z=\frac{2md^2}{\lambda} \quad (m=1,2,3,\cdots) \tag{2.6.4}$$

时,则有

$$e^{-i\pi\lambda z\left(\frac{n}{d}\right)^2}=1$$

于是,不同频率 $\left(\frac{n}{d},0\right)$ 成分在观察平面上引起的相移除了一个常数因子外,都是 2π 的整数倍。在这一特殊情况下,

$$\mathscr{F}\{U_0(x_0,y_0)\}=\frac{e^{i\frac{\pi}{4}}}{i\sqrt{\lambda z}}e^{ikz}\sum_{n=-\infty}^{\infty} C_n\delta\left(f_x-\frac{n}{d}\right)$$

对上式作傅里叶逆变换,得到观察平面上的光场复振幅分布为

$$U_0(x_0,y_0)=\frac{e^{i\frac{\pi}{4}}}{i\sqrt{\lambda z}}e^{ikz}\sum_{n=-\infty}^{\infty} C_n e^{i2\pi\frac{n}{d}x_0}=\frac{e^{i\frac{\pi}{4}}}{i\sqrt{\lambda z}}e^{ikz}t(x) \tag{2.6.5}$$

强度分布为

$$I(x_0,y_0)=\frac{1}{\lambda z}|t(x)|^2 \tag{2.6.6}$$

若不计无关紧要的常数因子，则像强度分布与物强度分布相同。于是在 $z_T=\frac{2d^2}{\lambda}$ 的整数倍的距离上可以观察到物体的像。z_T 称为泰保距离（Talbot Distance），如图 2.6.1 所示。例如，物体是周期 $d=0.1$ mm 的光栅，照明光波长 $\lambda=5\times10^{-4}$ mm，可计算出 $z_T=40$ mm。于是在 $z=40$ mm，80 mm，120 mm，…位置上可观察到傅里叶成像效应。

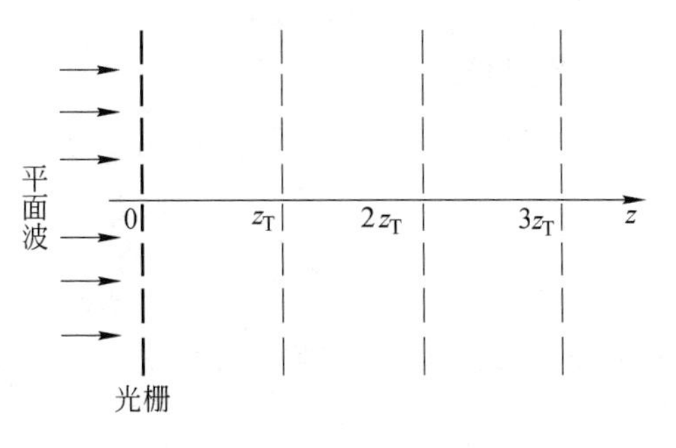

图 2.6.1　泰保效应示意图

如果在光栅所产生的泰保自成像后面放一块周期相同的检测光栅，则可以观察到清晰的干涉条纹，称为莫尔条纹（Moiré Fringe，详见第 9 章）。在上述两个光栅之间若存在位相物体，则由莫尔条纹的变化，可测量到物体的位相起伏。这就是泰保干涉仪的基本原理。

显然，凡具有周期结构的物体都有可能产生泰保效应。但由于泰保效应是衍射成像，这就要求各衍射分量之间应有正确的位相关系，即只有在相干光照明下才有可能实现。

2.6.2　衍射屏被会聚球面波照明时的衍射

如图 2.6.2 所示，设衍射屏被会聚球面波照明，其会聚中心位于观察屏上的 $P_0(x',y')$ 点。为求观察屏上的光场分布，首先要确定衍射屏上的光场复振幅分布。按照光路可逆性原理，照明光波在衍射屏前表面的复振幅分布，可以看成是由 $P_0(x',y')$ 点发出的球面波反向传播到该表面造成的。这个传播过程显然是菲涅耳衍射过程。利用菲涅耳近似，得

$$r=[z^2+(x_1-x')^2+(y_1-y')^2]^{1/2}\approx z+\frac{(x_1-x')^2}{2z}+\frac{(y_1-y')^2}{2z}$$

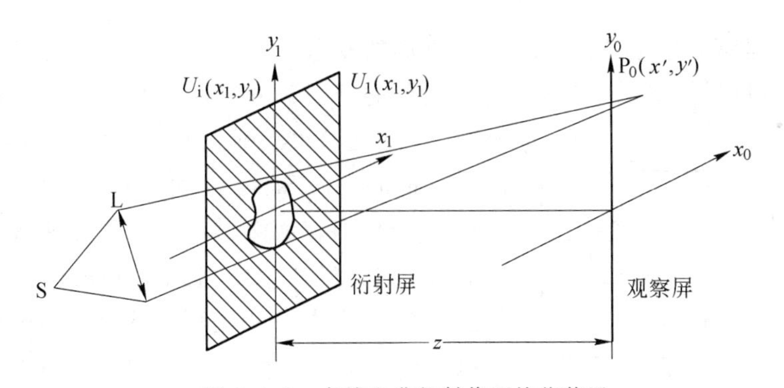

图 2.6.2　夫琅和费衍射像面接收装置

并考虑到由 $P_0(x',y')$ 点向衍射屏发出的是反向球面波，于是，衍射屏前表面上的光场复振幅分布为

$$U_i(x_1,y_1)=\frac{1}{r}A\,\mathrm{e}^{-ikr}\simeq\frac{A}{z}\mathrm{e}^{-ikz}\,\mathrm{e}^{-i\frac{k}{2z}[(x_1-x')^2+(y_1-y')^2]}$$

现设衍射屏的屏函数为 $t(x_1,y_1)$，则衍射屏后表面的光场复振幅分布为 $U_1(x_1,y_1)=U_i(x_1,y_1)\cdot t(x_1,y_1)$。这样，观察屏上的光场复振幅分布可按菲涅耳衍射公式(2.4.6)求解，即

$$
\begin{aligned}
U_0(x_0,y_0) &= \frac{1}{i\lambda z}e^{ikz}\iint_{-\infty}^{\infty}U_1(x_1,y_1)e^{i\frac{k}{2z}[(x_0-x_1)^2+(y_0-y_1)^2]}dx_1dy_1 \\
&= \frac{e^{ikz}}{i\lambda z}\iint_{-\infty}^{\infty}t(x_1,y_1)\cdot\frac{A}{z}e^{-ikz}e^{-i\frac{k}{2z}[(x_1-x')^2+(y_1-y')^2]}e^{i\frac{k}{2z}[(x_0-x_1)^2+(y_0-y_1)^2]}dx_1dy_1
\end{aligned}
$$

经整理后可得

$$
\begin{aligned}
U_0(x_0,y_0) &= \frac{A}{i\lambda z^2}e^{i\frac{k}{2z}(x_0^2+y_0^2)}e^{-i\frac{k}{2z}(x'^2+y'^2)}\iint_{-\infty}^{\infty}t(x_1,y_1)e^{-i2\pi\left(\frac{x_0-x'}{\lambda z}x_1+\frac{y_0-y'}{\lambda z}y_1\right)}dx_1dy_1 \\
&= \frac{A}{i\lambda z^2}e^{i\frac{k}{2z}(x_0^2+y_0^2)}e^{-i\frac{k}{2z}(x'^2+y'^2)}T(f_x,f_y)
\end{aligned}
\tag{2.6.7}
$$

式中，$f_x=\dfrac{x_0-x'}{\lambda z}$；$f_y=\dfrac{y_0-y'}{\lambda z}$；$T(f_x,f_y)=\mathscr{F}\{t(x_1,y_1)\}$。

强度分布为

$$
I_0(x_0,y_0)=\left(\frac{A}{\lambda z^2}\right)^2T^2(f_x,f_y) \tag{2.6.8}
$$

式(2.6.7)和式(2.6.8)表明，当用会聚球面波照明衍射屏时，会聚中心所在平面上的菲涅耳衍射花样与以平行光垂直照明该衍射屏时的夫琅和费衍射花样一样，只是花样的中心不在原点，而是在会聚波的中心(x',y')。由于衍射花样的中心也是屏函数的傅里叶空间频谱的中心，即 $f_x=0,f_y=0$ 的位置，故当用点光源照明衍射屏时，点光源的像平面就是系统的傅里叶变换平面，即频谱平面，在这个频谱面上可以进行空间滤波和光学信息处理(见第6章)。因此，这种光路系统具有重要的应用价值(见9.5节)。

2.7 衍射的巴俾涅原理

在介绍巴俾涅原理之前，先介绍一下互补屏的概念。

若有两个衍射屏Σ_1和Σ_2，其中一个衍射屏的开孔部分正好与另一个衍射屏的不透光部分对应，反之亦然，则这样一对衍射屏称为互补屏(Complementary Screen)，如图2.7.1所示。设$U_1(P_0)$和$U_2(P_0)$分别表示由Σ_1和Σ_2在观察平面上P_0点所产生的衍射光场，$U_0(P_0)$表示无衍射屏时P_0点的光场，则由菲涅耳-基尔霍夫衍射公式(2.2.20)知，$U_1(P_0)$和$U_2(P_0)$可表示成对衍射屏Σ_1和Σ_2开孔部分的积分，而两个屏的开孔部分加起来就不存在不透明的区域，因此有

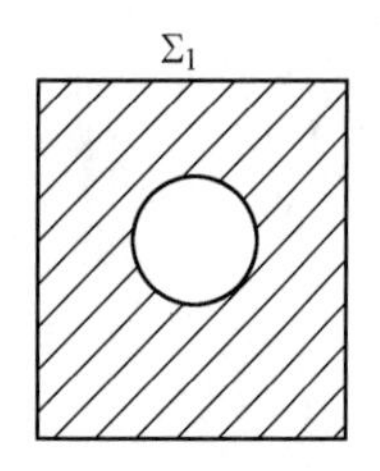

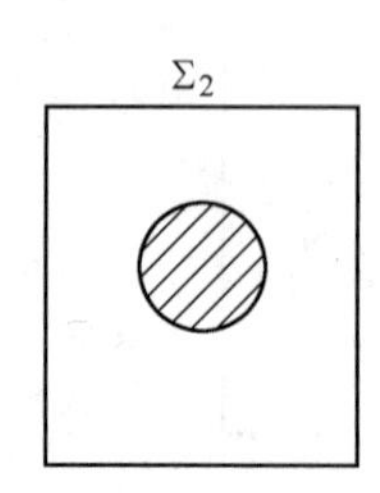

图2.7.1　互补屏

$$
U_1(P_0)+U_2(P_0)=U_0(P_0) \tag{2.7.1}
$$

上式表明，两个互补屏在观察点所产生的衍射光场，其复振幅之和等于光波自由传播时在该点

的复振幅。这一结论是由巴俾涅于 1837 年提出的，故称为巴俾涅原理（Babinet Principle）。由于光波自由传播时通常是满足几何光学定律的，波场的复振幅容易计算，所以利用巴俾涅原理可以较方便地由一种衍射屏的衍射场求出其互补屏的衍射场。

由式(2.7.1)可以得出两个有用的结论：

① 若 $U_1(P_0)=0$，则 $U_2(P_0)=U_0(P_0)$。因此，放上其中一个屏时，衍射光场（或强度）为零的那些点，在换上它的互补屏时，强度与没有屏时一样。

② 若 $U_0(P_0)=0$，则 $U_1(P_0)=-U_2(P_0)$。这就意味着在 $U_0(P_0)=0$ 处的那些点，$U_1(P_0)$ 和 $U_2(P_0)$ 的位相差为 π，而其强度 $I_1(P_0)=|U_1(P_0)|^2$ 和 $I_2(P_0)=|U_2(P_0)|^2$ 相等。换言之，当两个互补屏都不存在时，对光场中强度为零的那些点，互补屏将产生完全相同的光强分布。

巴俾涅原理对这样一类光学系统特别有意义，即衍射屏是采用点光源照明，其后装有光学成像系统，而在光源的几何像平面上接收衍射图样。这时，自由光波场的传播是服从几何光学规律的，它在像平面上除像点外处处为零。

巴俾涅原理为研究某些衍射问题提供了一个辅助方法，将它用于夫琅和费衍射最为方便。对于菲涅耳衍射，巴俾涅原理虽然也正确，但两个互补屏的衍射图样则不相同。

【例 1】假定用单位振幅的单色平面波垂直照明下列衍射屏：

① 直径为 d 的圆孔；

② 直径为 d 的不透明圆屏；

③ 宽度为 a 的单缝；

④ 直径为 a 的金属细丝。

试分别求出衍射屏后表面上光场复振幅的频谱。

【解】设衍射屏的透过率函数为 $t(x_1,y_1)$，入射到屏上的光场为 $U_i(x_1,y_1)$，透过屏的光场为 $U_t(x_1,y_1)$，其频谱各为 $T(f_x,f_y)$，$G_i(f_x,f_y)$ 和 $G_t(f_x,f_y)$。当用单位振幅的单色平面波垂直照明衍射屏时，$U_i(x_1,y_1)=1$，$U_t(x_1,y_1)=U_i(x_1,y_1)t(x_1,y_1)=t(x_1,y_1)$，从而有 $G_i(f_x,f_y)=\delta(f_x,f_y)$，$G_t(f_x,f_y)=G_i(f_x,f_y)*T(f_x,f_y)=\delta(f_x,f_y)*T(f_x,f_y)=T(f_x,f_y)$，遂得

① 对圆孔，有 $t(x_1,y_1)=\mathrm{circ}\left(\frac{r}{d/2}\right)\rightarrow T(f_x,f_y)=\mathscr{B}\left\{\mathrm{circ}\left(\frac{r}{d/2}\right)\right\}=d\,\frac{\mathrm{J}_1(\pi\rho d)}{2\rho}$，其中，$\rho=\sqrt{f_x^2+f_y^2}$，所以

$$G_t(f_x,f_y)=\delta(f_x,f_y)*\frac{d\mathrm{J}_1(\pi\rho d)}{2\rho}=\frac{d\mathrm{J}_1(\pi\rho d)}{2\rho}$$

② 对不透明圆屏，有 $t(x_1,y_1)=1-\mathrm{circ}\left(\frac{r}{d/2}\right)\rightarrow T(f_x,f_y)=\delta(f_x,f_y)-\frac{d\mathrm{J}_1(\pi\rho d)}{2\rho}$，所以

$$G_t(f_x,f_y)=\delta(f_x,f_y)*T(f_x,f_y)=\delta(f_x,f_y)-\frac{d\mathrm{J}_1(\pi\rho d)}{2\rho}$$

①、②显然是一对互补屏。比较①、②的结果可见，除中心点外，两种情况下的光强分布相同。②的结果还显示，在小圆屏衍射的情况下，衍射图样的中心总是一个亮点！

③ 对单缝，有 $t(x_1)=\mathrm{rect}\left(\frac{x_1}{a}\right)\rightarrow T(f_x)=a\mathrm{sinc}(af_x)$，而由 $U_t(x_1)=U_i(x_1)t(x_1)$，得

$$G_t(f_x)=\delta(f_x)*T(f_x)=a\,\text{sinc}(af_x)$$

④ 对金属细丝,有 $t(x_1)=1-\text{rect}\left(\dfrac{x_1}{a}\right)$,得

$$G_t(f_x)=\delta(f_x)*T(f_x)=T(f_x)=\delta(f_x)-a\,\text{sinc}(af_x)$$

③、④显然是一对互补屏。比较③、④结果可知,除中心点外,两种情况的光强分布相同。

本章重点

1. 空域与频域的基尔霍夫衍射公式。
2. 经简化后两类典型的衍射——菲涅耳衍射与夫琅和费衍射。
3. 一些典型孔径的夫琅和费衍射公式。
4. 泰保效应和采用会聚球面波照明孔径时发生的衍射。

思考题

2.1　当一束截面很大的平行光束遇到一个小小的墨点时,有人认为它无关大局,其影响可以忽略,后场基本上还是一束平行光。这个看法对吗?为什么?

2.2　关于两个互补屏在同一场点的衍射强度之间的关系,有人说一个强度是亮(暗)的,则另一个强度是暗(亮)的。这样理解衍射的巴俾涅原理,对吗?为什么?

2.3　在白光照明下夫琅和费衍射的零级斑中心是什么颜色?零级斑的外层呈什么颜色?

2.4　你认为能否获得理想的平行光束?为什么?

2.5　如何理解孔径对频谱的展宽效应?

2.6　简要说明夫琅和费衍射与菲涅耳衍射二者的联系与区别。

习　题

2.1　在基尔霍夫衍射公式(2.2.16)或(2.2.20)中,同时对光场及其法向导数施加了边界条件,从而导致了理论本身的不自洽性。为了消除这种不自洽性,索末菲选择换用格林函数的办法,使新的格林函数或其法向导数在表面 S_1 上为0,这时就不必同时对光场及其法向导数施加边界条件。例如,可以选择 G 同时由观察点 P_0 及其关于衍射屏的镜像对称点 $\widetilde{P}_0$ 各自发出的同位相的单位振幅的球面波给定(图X2.1),即

$$G_+=\frac{e^{ikr_{01}}}{r_{01}}+\frac{e^{ik\widetilde{r}_{01}}}{\widetilde{r}_{01}}$$

式中,$\widetilde{r}_{01}$ 是 $\widetilde{P}_0$ 点与 P_1 点间的距离。

(1) 试求:$G_+(P)$ 在衍射屏上的法向导数。

(2) 欲将观察点的复振幅用衍射孔径 Σ 上的光扰动来表示,需要什么样的边界条件?

(3) 利用(2)的结果,求出孔径被从 P_2 点发出的单色球面波照明时 $U(P_0)$ 的表达式。

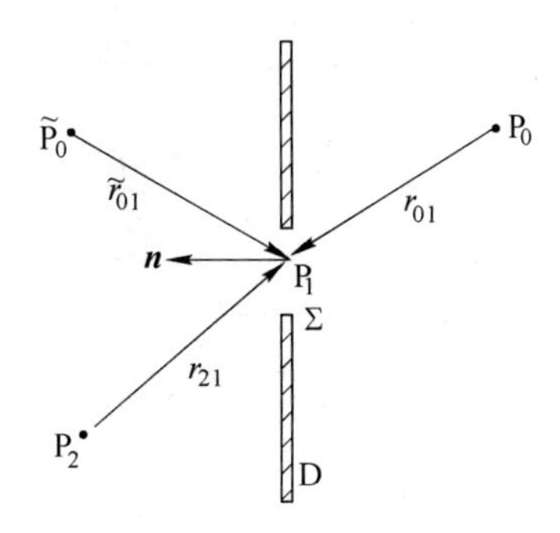

图 X2.1　习题 2.1 图示

2.2　如果选择格林函数为

$$G_{-}=\frac{e^{ikr_{01}}}{r_{01}}-\frac{e^{ik\widetilde{r}_{01}}}{\widetilde{r}_{01}}$$

其中,"—"号表示由 P_0 点和 $\widetilde{P}_0$ 点发出的球面波的位相正好相反。在此条件下,完成习题 2.1 中的(1)、(2)和(3)。

2.3　在圆孔的夫琅和费衍射花样中,设观察平面上的总光能流为 I,半径为 r_0 的圆面内所分布的光能流等于 $I_i(r_0)$,它占总光能流的百分比为 $F(r_0)$。试求出 $F(r_0)$的表达式,并与表 2.5.1 进行比较。

2.4　试证明关系式(2.5.22)。

2.5　试证明关系式(2.5.35)。

2.6　设用单位振幅的单色平面波垂直照明如图 X2.2 所示的双矩孔,求其夫琅和费衍射图样的强度分布,并画出衍射强度沿 x 轴和 y 轴的截面图。设$\frac{X}{\lambda z}=10\ \mathrm{m}^{-1}$,$\frac{Y}{\lambda z}=1\ \mathrm{m}^{-1}$,$\frac{\Delta}{\lambda z}=\frac{3}{2}\ \mathrm{m}^{-1}$,$z$ 是观察距离,λ 是照明光波长。

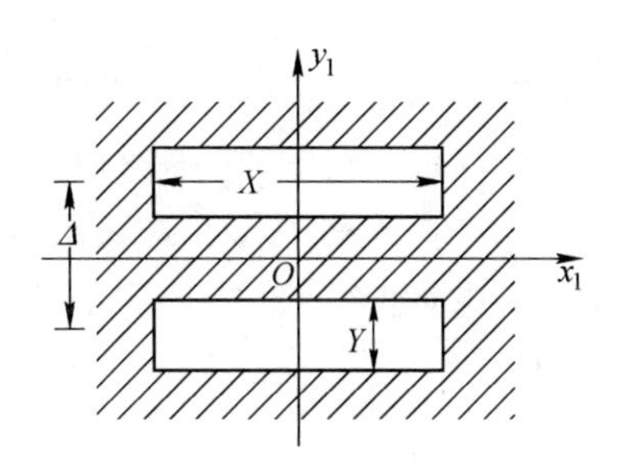

图 X2.2　双矩孔

2.7　若用一单位振幅的单色平面波垂直照明如图X2.3所示的方形环带,试导出该方形环带的夫琅和费衍射的表示式。

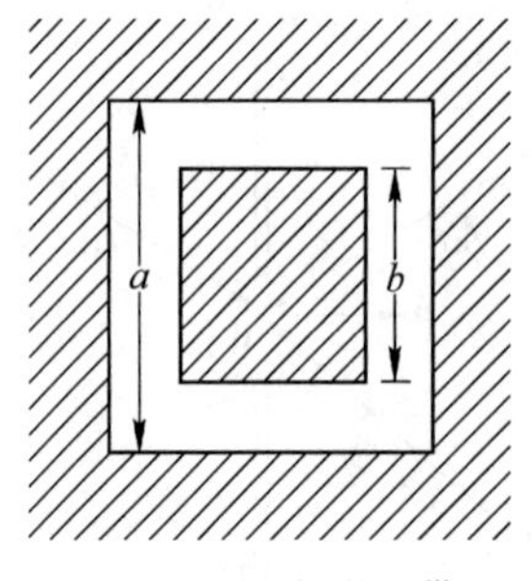

图 X2.3　方形环带

2.8　如图 X2.4 所示，在边长为 $2a$ 的正方形孔径内再放置一个边长为 a 的正方形掩模，其中心落在(ξ,η)点。采用单位振幅的单色平面波垂直照明，求出在与它相距为 z 的观察平面上夫琅和费衍射图样的光强度分布。

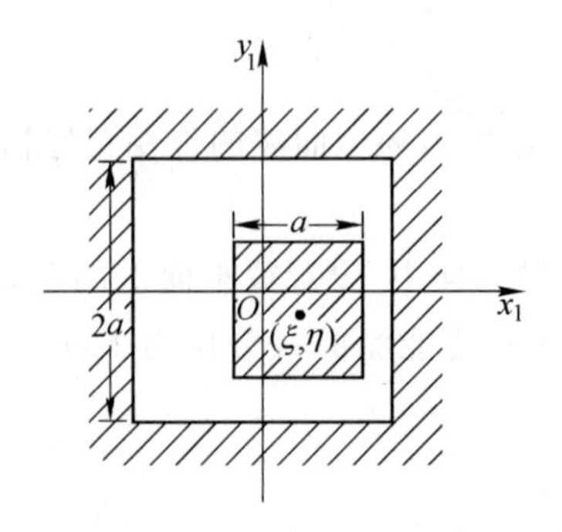

图 X2.4　习题 2.8 图示

2.9　波长为 λ 的单位振幅平面波垂直入射到一孔径平面上，在孔径平面上有一足够大的模板，其透过率函数为

$$t(x_1)=\frac{1}{2}\left(1+\cos\frac{2\pi}{3\lambda}x_1\right)$$

求透射场的角谱。

2.10　两个正弦振幅光栅 G_1 和 G_2 的透过率函数分别为

$$G_1:\quad t_1(x)=t_{10}+t'_{10}\cos(2\pi f_x x)$$

$$G_2:\quad t_2(y)=t_{20}+t'_{20}\cos(2\pi f_y y)$$

将它们按条纹方向正交密着叠放在一起(如图 X2.5 所示)。当用单位振幅的单色平面波垂直照明时，求夫琅和费衍射斑的方向角。

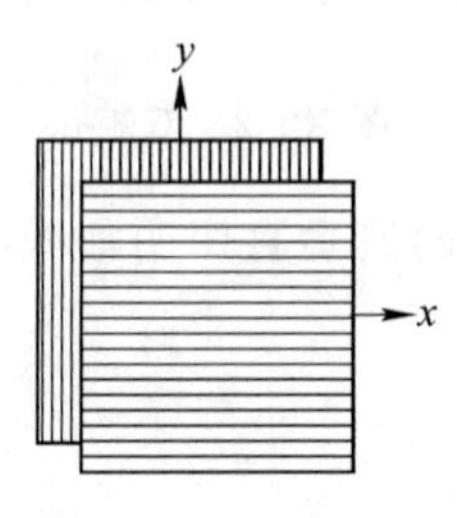

图 X2.5　两正弦光栅正交密着叠放

2.11　两个正弦光栅 G_1 和 G_2 的透过率函数分别为

$$G_1:\quad t_1(x)=t_{10}+t'_{10}\cos(2\pi f_1 x)$$

$$G_2:\quad t_2(x)=t_{20}+t'_{20}\cos(2\pi f_2 x)$$

将它们按条纹方向平行密着叠放在一起(如图 X2.6 所示)。当用单位振幅的单色平面波垂直照明时,求夫琅和费衍射斑的方向角。

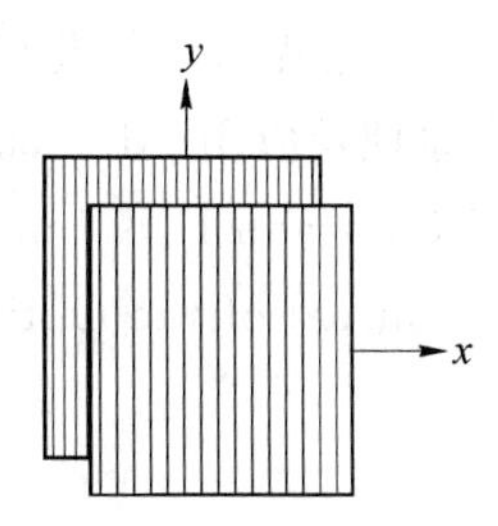

图 X2.6　两正弦光栅平行密着叠放

2.12　如图 X2.7 所示为两个正弦光栅之和,它们的空间频率分别为 f_1 和 f_2,当用单位振幅的单色平面波垂直照明时,求夫琅和费衍射斑的方向角。(本题所示的这种两个频率信息相加的组合方式,在实验上可以通过在同一底片上先后两次曝光,一次冲洗的办法实现,请参考 7.7.2 节。)

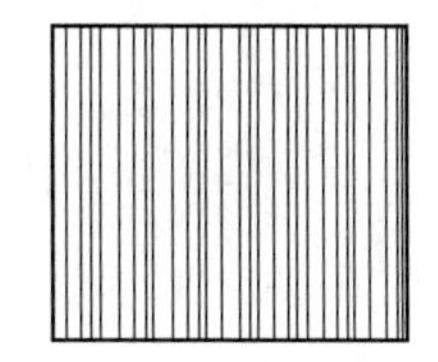

图 X2.7　两个正弦光栅之和

2.13　若衍射孔径的透过率函数分别为

(1) $t(x_1,y_1)=\mathrm{circ}\left(\sqrt{x_1^2+y_1^2}\right)$

(2) $t(x_1,y_1)=\begin{cases}1 & a\leqslant\sqrt{x_1^2+y_1^2}\leqslant 1,\ 0<a<1\\ 0 & \text{其他}\end{cases}$

今采用单位振幅的单色平面波垂直照明上述孔径,求菲涅耳衍射图样在孔径轴上的强度分布。

2.14　一衍射屏的透过率函数为

$$t(x_1,y_1)=\frac{1}{2}(1+m\cos 2\pi f_0 x_1)$$

今用单位振幅的单色平面波垂直照明该衍射屏,求观察平面上的菲涅耳衍射光场复振幅分布;并讨论观察屏与衍射屏之间的距离满足什么条件时,屏上光振动的位相不随空间位置而变,即在空间是纯调幅的?又当观察屏与衍射屏之间的距离满足什么条件时,才是近似空间调相的?

本章参考文献

[1] 王仕璠,朱自强. 现代光学原理[M]. 成都:电子科技大学出版社,1998:86-116.

[2] 伽塔克,谢伽拉扬. 近代光学[M]. 袁一方,译. 北京:高等教育出版社,1987:92-134.

[3] 顾德门. 傅里叶光学导论[M]. 3 版. 秦克诚,译. 北京:电子工业出版社,2006.

[4] 陈家璧, 苏显渝. 光学信息技术原理及应用[M]. 北京:高等教育出版社,2002:24-40.

[5] POMMENT D A, Moharam M G, Grann E B. Limits of Scalar Diffraction Theory for Diffractive Phase Elements[J]. Journal of the Optical Society of America A, 1994, 11: 1827-1834.

第 3 章　光学成像系统的频率特性

光学成像系统是用来传递物的结构、灰度和色彩等信息的，其传递能力的大小，可以用来评价成像质量的好坏，通常把这称为像质评价(Image Quality Evaluation)。光学成像系统也是光学中一种最基本的信息处理系统，采用频谱分析方法和线性系统理论，全面研究光学系统成像的过程，已成为现代光学中的一种重要手段，并且是光学信息处理技术的重要理论基础。

检验光学系统的成像质量，传统的方法通常是采用鉴别率板法和星点检验法。用鉴别率板法评价像质，简便易行，并能评价一个系统分辨景物细微结构的能力，但不能对在可分辨范围内的像质好坏作出全面评价，例如，往往有这样的情况，鉴别率相同的物镜，粗细线条像的明晰程度可能大不一样。此外，鉴别率的等级完全由检验者主观判定，人为因素较大。对于较高的像质评价要求，可以采用星点检验法。所谓星点检验，就是观察点光源通过成像系统时所得像斑的形状。这个像斑就是成像系统的脉冲响应。当成像系统没有像差(或像差很小)时，像斑呈艾里圆；当离焦或像差较大时，光强就往外分散或像斑不规则。星点检验法可以保证较高的成像质量，缺点是仍属于主观检验，并且没有数值说明，只能作抽象的比较。

以上两种方法都是在空域中检验像质。随着空间频谱分析方法和线性系统理论用于光学系统成像分析中获得成功，相应地产生了光学传递函数理论，从而使像质评价方法有了很大的改进。最初的推动力主要来自法国科学家 P. M. Duffieux(1891—1979 年)，他将傅里叶分析方法引入光学领域中，并成功地分析了成像过程。英国科学家 H. H. Hopkins 在使用传递函数方法来评价成像系统质量方面作出了榜样，他首先计算了有通常的各种像差出现时的多种传递函数。特别是随着微型计算机和高精度光电探测技术的发展，光学传递函数的计算和测量方法日趋完善，并已实用化，成为像质评价的依据。这是现代光学最重要的成就之一。

透镜是光学成像系统和光学信息处理系统中最基本的元件。透镜的傅里叶变换特性是光学信息处理的基础。正是由于透镜具有傅里叶变换特性，傅里叶分析方法才在信息光学中取得了有效的应用。而透镜之所以具有傅里叶变换性质，根本的原因是它能改变入射光波的位相。

本章就从讨论透镜的位相调制作用、傅里叶变换性质及成像性质开始，进一步研究傅里叶分析方法在相干成像和非相干成像系统中的应用，并导出与光学传递函数有关的概念和理论。

3.1 透镜的傅里叶变换性质

3.1.1 薄透镜的位相调制作用

所谓薄透镜,是指透镜的最大厚度(透镜两表面在其主轴上的间距)与透镜表面的曲率半径 R_1、R_2 相比可以忽略的透镜。在薄透镜近似下,若一条光线从透镜前表面上坐标为(x,y)的点射入,则在其后表面上也将从近似相同的坐标处射出,即忽略光线在透镜内的偏移,而只考虑入射光波受到的位相延迟。

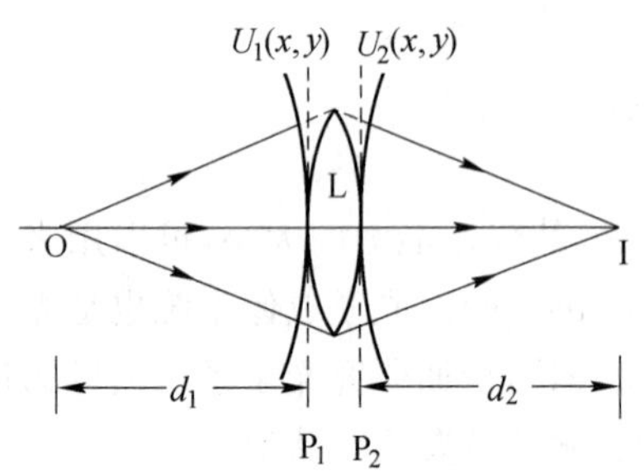

图 3.1.1 透镜对入射光波面的作用

在图 3.1.1 中,由点源 O 发出的发散球面波,经过透镜 L 后,会聚到 I 点处,成为点源 O 的像。设在透镜的两顶点处分别作两个垂直于主光轴的参考平面 P_1、P_2 与之相切,则由薄透镜定义知,光线在 P_1 平面上的入射点与在 P_2 平面上的出射点高度相等,可以用同一坐标(x,y)表示,且认为这两个平面上对应的光扰动的振幅值也是相等的。再根据菲涅耳近似知,由 O 点发出的球面波到达 P_1 平面上某点(x,y)处时,其复振幅可表示为

$$U_1(x,y)=\frac{A}{d_1}\mathrm{e}^{\mathrm{i}kd_1}\,\mathrm{e}^{\mathrm{i}\frac{k}{2d_1}(x^2+y^2)} \tag{3.1.1a}$$

式中,因子$\frac{A}{d_1}$对现在的讨论无关紧要,可以略去,故写成

$$U_1(x,y)=\mathrm{e}^{\mathrm{i}kd_1}\,\mathrm{e}^{\mathrm{i}\frac{k}{2d_1}(x^2+y^2)} \tag{3.1.1b}$$

上式称为球面波的二次曲面近似,$k\left(d_1+\frac{x^2+y^2}{2d_1}\right)$等于常数的平面称为广义等位相面(Generalized Isophase Surface)。

由于点物 O 成像在 I 点,则根据光路可逆性原理,该球面波在透镜后 P_2 平面上的光场也可看成是由 I 点向左发出的半径为 d_2 的球面波,其在 P_2 平面上的二次曲面近似可表示为

$$U_2(x,y)=\mathrm{e}^{-\mathrm{i}kd_2}\,\mathrm{e}^{-\mathrm{i}\frac{k}{2d_2}(x^2+y^2)} \tag{3.1.2}$$

于是,透镜的透过率函数 $P_L(x,y)$可定义为

$$P_L(x,y)=\frac{U_2(x,y)}{U_1(x,y)}=\mathrm{e}^{-\mathrm{i}k(d_1+d_2)}\,\mathrm{e}^{-\mathrm{i}\frac{k}{2}\left(\frac{1}{d_1}+\frac{1}{d_2}\right)(x^2+y^2)} \tag{3.1.3}$$

按照透镜成像的公式,有

$$\frac{1}{d_1}+\frac{1}{d_2}=\frac{1}{f}$$

f 是透镜的焦距,由下式计算:

$$\frac{1}{f}=(n-1)\left(\frac{1}{R_1}-\frac{1}{R_2}\right)$$

式中,n 为透镜材料折射率。

式(3.1.3)中再略去与 x、y 无关的常数因子 $\mathrm{e}^{-\mathrm{i}k(d_1+d_2)}$ 后,可以写成

$$P_L(x,y)=\mathrm{e}^{-\mathrm{i}\frac{k}{2f}(x^2+y^2)} \tag{3.1.4}$$

由于 $P_L(x,y)$的幅值为 1,所以透镜是一个位相物体,它仅改变入射光波的位相分布。对于一个沿透镜主光轴入射的平面波而言,通过透镜后的出射光波,其位相分布就是 $P_L(x,y)$,可以

把它看成是半径为 f 的球形波面的二次曲面近似。

式(3.1.4)是在假定透镜孔径为无限大的前提下推导出来的。如果考虑到透镜孔径的有限大小对光场分布的影响,则对式(3.1.4)还必须乘以透镜的孔径函数 $P(x,y)$ 或称光瞳函数(Pupil Function),其定义为

$$P(x,y)=\begin{cases}1 & x^2+y^2<r_0^2\\ 0 & x^2+y^2>r_0^2\end{cases} \tag{3.1.5}$$

式中,r_0 是透镜圆形孔径的半径。于是,透镜的透过率函数的更一般的表示式应写为

$$P'_{\mathrm{L}}(x,y)=P(x,y)\mathrm{e}^{-\mathrm{i}\frac{k}{2f}(x^2+y^2)} \tag{3.1.6}$$

式中,$P'_{\mathrm{L}}(x,y)$ 又称为透镜作用因子,$\phi(x,y)=\dfrac{k}{2f}(x^2+y^2)$ 称为位相变化函数。虽然这个位相变化函数在图3.1.1中是根据双凸透镜推导出来的,但只要按照几何光学中关于焦距正负号的规则,式(3.1.4)就同样适用于各种形式的透镜,例如,对于双凸透镜、平凸透镜、正弯月形透镜而言,其焦距 $f>0$,称为正透镜;对于双凹透镜、平凹透镜、负弯月形透镜而言,其焦距 $f<0$,称为负透镜(见图3.1.2)。另外,应当注意到,透镜对入射光的位相变换作用,是由透镜本身的性质决定的,而与入射光的复振幅无关。为了理解式(3.1.4)的物理意义,现以单位振幅的平面波垂直入射到透镜上,并就会聚透镜和发散透镜两种情况,分析透镜的位相调制作用。在此情况下,由于入射波的振幅为1,则透镜后表面的复振幅应为

$$P_{\mathrm{L}}(x,y)=\mathrm{e}^{-\mathrm{i}\frac{k}{2f}(x^2+y^2)}$$

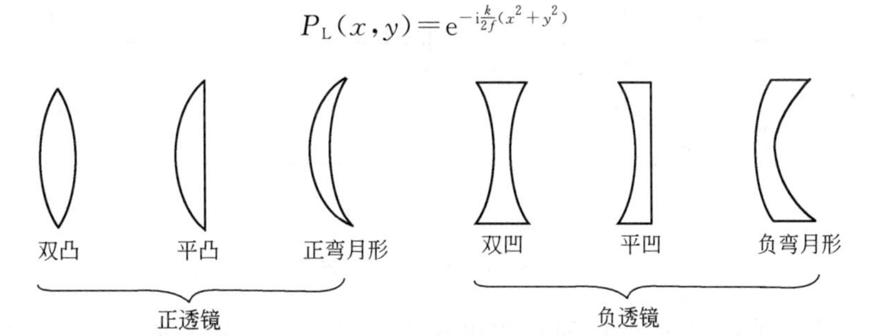

图3.1.2 各种类型的透镜

在近轴条件下,这是一个球面波的表达式。说明由于透镜的位相变换作用,使平面波变成了球面波。对于正透镜($f>0$),这是一个向透镜后方距离 f 处的焦点F′会聚的球面波〔见图3.1.3(a)〕;对于负透镜($f<0$),这是一个由透镜前方距离 $-f$ 处的虚焦点F′发出的发散的球面波〔见图3.1.3(b)〕。因此,焦距为正的透镜是会聚透镜,而焦距为负的透镜是发散透镜。

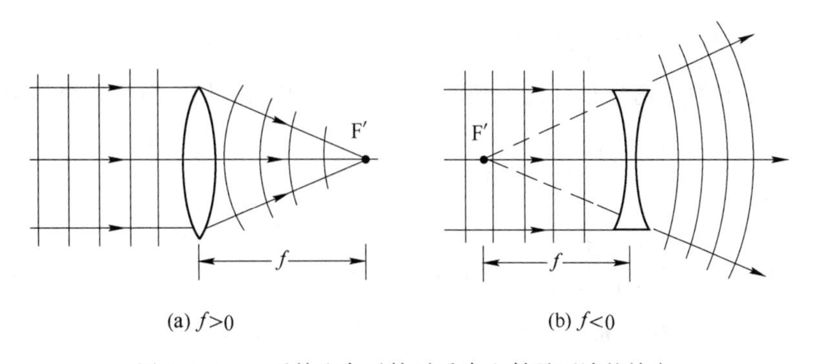

图3.1.3 正透镜和负透镜对垂直入射平面波的效应

最后指出,如果某种器件或者透明图片对光波的复振幅透过率可用式(3.1.4)来表示,则其作用就相当于焦距为 f 的透镜。

3.1.2 透镜的傅里叶变换性质

会聚透镜较突出和较有用的性质之一,是它具有进行二维傅里叶变换的本领。傅里叶变换运算一般要使用复杂而昂贵的电子学频谱分析仪才能完成,然而这种复杂的模拟运算却可采用一个简单的光学装置(可以是一个透镜)来实现,且运算速度非常快(理论上为光速)。为了理解透镜的傅里叶变换性质,可以先分析光波通过物和透镜后其光场分布最一般的表达式。

如图 3.1.4,将一个平面透明物置于距透镜 L 前方 d_1 处,令其透过率函数为 $f(x,y)$。现用一单位振幅的平面波垂直照明该物,则紧靠物后的光场分布为 $f(x,y)$。现考察在透镜后方相距为 d_2 处的 P_4 平面上的光场分布 $g(x,y)$。为此,先在透镜顶点处分别作两个垂直于主光轴的参考平面 P_2、P_3 与之相切,再按照光波传播的过程,依次求出由 P_1 平面传到 P_2 平面,再由 P_2 传到 P_3 平面,最后由 P_3 传到 P_4 平面时光场的分布情况。

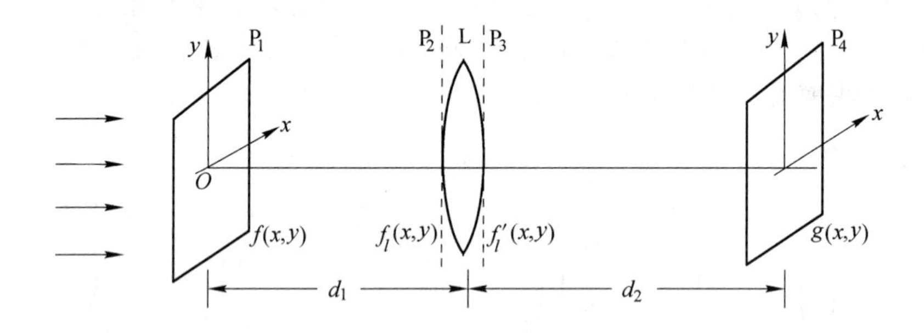

图 3.1.4 透镜的一般变换关系

光波由 P_1 平面到 P_2 平面的传播过程可视为物函数对入射光波的菲涅耳衍射,则由式(2.4.9)知,P_2 平面上的光场分布应为

$$f_l(x,y)=\frac{1}{\lambda d_1}f(x,y)*\mathrm{e}^{\mathrm{i}\frac{k}{2d_1}(x^2+y^2)} \tag{3.1.7}$$

式中略去了常数位相因子$\frac{\mathrm{e}^{\mathrm{i}kd_1}}{\mathrm{i}}$。

P_3 平面上的光场可由 P_2 面上的光场分布乘以透镜的透过率函数式(3.1.6)求得,即

$$f_l'(x,y)=\frac{1}{\lambda d_1}\left[f(x,y)*\mathrm{e}^{\mathrm{i}\frac{k}{2d_1}(x^2+y^2)}\right]P(x,y)\mathrm{e}^{-\mathrm{i}\frac{k}{2f}(x^2+y^2)} \tag{3.1.8}$$

最后,P_4 平面上的光场分布可视为光场 $f_l'(x,y)$ 由 P_3 面到 P_4 面的菲涅耳衍射结果,即

$$g(x,y)=\frac{1}{\lambda^2 d_1 d_2}\left\{\left[f(x,y)*\mathrm{e}^{\mathrm{i}\frac{k}{2d_1}(x^2+y^2)}\right]P(x,y)\mathrm{e}^{-\mathrm{i}\frac{k}{2f}(x^2+y^2)}\right\}*\mathrm{e}^{\mathrm{i}\frac{k}{2d_2}(x^2+y^2)} \tag{3.1.9}$$

上式的积分表达式为

$$g(x,y)=\frac{1}{\lambda^2 d_1 d_2}\iint_{-\infty}^{\infty}\iint_{-\infty}^{\infty}f(\xi,\eta)\mathrm{e}^{\mathrm{i}\frac{k}{2d_1}[(\xi'-\xi)^2+(\eta'-\eta)^2]}\cdot$$

$$P(\xi',\eta')\mathrm{e}^{-\mathrm{i}\frac{k}{2f}(\xi'^2+\eta'^2)}\mathrm{e}^{\mathrm{i}\frac{k}{2d_2}[(x-\xi')^2+(y-\eta')^2]}\mathrm{d}\xi\mathrm{d}\eta\mathrm{d}\xi'\mathrm{d}\eta' \tag{3.1.10}$$

式(3.1.9)和式(3.1.10)描述了物置于透镜前任一位置时,物光场与衍射光场之间的一般关系。其中 d_2 不一定是像距,也不一定是焦距。

下面暂不考虑透镜孔径对入射光场的影响〔即令 $P(x,y)=1$〕，并在透镜后焦面上来考察几种特定情况下的衍射光场分布。这时，先将式(3.1.10)展开，经整理和简化(见习题 3.2)，最后得透镜后焦面上的光场分布为

$$\begin{aligned}g(x,y) &= \frac{1}{\mathrm{i}\lambda f}\mathrm{e}^{\mathrm{i}\frac{k}{2f}\left(1-\frac{d_1}{f}\right)(x^2+y^2)}\iint_{-\infty}^{\infty} f(\xi,\eta)\mathrm{e}^{-\mathrm{i}2\pi\left(\frac{x}{\lambda f}\xi+\frac{y}{\lambda f}\eta\right)}\,\mathrm{d}\xi\mathrm{d}\eta \\ &= \frac{1}{\mathrm{i}\lambda f}\mathrm{e}^{\mathrm{i}\frac{k}{2f}\left(1-\frac{d_1}{f}\right)(x^2+y^2)}F(f_x,f_y)\bigg|_{\substack{f_x=x/(\lambda f)\\ f_y=y/(\lambda f)}}\end{aligned} \tag{3.1.11}$$

由此可见，若物置于透镜前方，当用单位振幅的平面波垂直照射时，则在透镜后焦面上得到物函数的傅里叶频谱。但由于在傅里叶变换式前面有一位相因子，因而后焦面上的光场一般将产生位相弯曲，只有在特殊情况下此位相弯曲才会消失。

(1) 物置于透镜前焦面时

这时 $d_1=f$，式(3.1.11)中的位相因子消失，遂得透镜后焦面上的光场分布为

$$g(x,y)=\frac{1}{\mathrm{i}\lambda f}F(f_x,f_y) \tag{3.1.12}$$

上式表明，当物函数置于透镜前焦面上时，在透镜的后焦面上将得到物函数的准确的傅里叶变换。因此，当用平面波垂直照明时，常把透镜的后焦面叫作傅里叶变换平面，或空间频谱平面。

(2) 物平面紧靠透镜前表面时

这时 $d_1=0$，由式(3.1.11)得后焦面上的光场分布为

$$g(x,y)=\frac{1}{\mathrm{i}\lambda f}\mathrm{e}^{\mathrm{i}\frac{k}{2f}(x^2+y^2)}F(f_x,f_y)=\frac{1}{\mathrm{i}\lambda f}\mathrm{e}^{\mathrm{i}\pi\lambda f(f_x^2+f_y^2)}F(f_x,f_y)\bigg|_{\substack{f_x=x/(\lambda f)\\ f_y=y/(\lambda f)}} \tag{3.1.13}$$

上式表明，后焦面上的光场分布仍然是物函数的傅里叶频谱，只是多了一个位相因子，但其光强分布可写为

$$I(x,y)=|g(x,y)|^2=\left(\frac{1}{\lambda f}\right)^2|F(f_x,f_y)|^2 \tag{3.1.14}$$

光强分布 $I(x,y)$ 是可测量的，而位相分布在这种测量中不起作用，故由测量结果可知物的功率谱。

(3) 物置于透镜后时

如图 3.1.5 所示，设物平面置于距透镜后焦面距离为 d 处，一振幅为 A 的平面光波入射到透镜 L 上。这时通过透镜的出射光波变为会聚球面波，其在物前表面的光场分布可视为由会聚球面波的中心 O 向左发出的发散球面波在物前表面上的波面二次曲面近似，其复振幅为

$$g_{\mathrm{i}}(x,y)=\frac{f}{d}A\,\mathrm{e}^{-\mathrm{i}\frac{k}{2d}(x^2+y^2)} \tag{3.1.15}$$

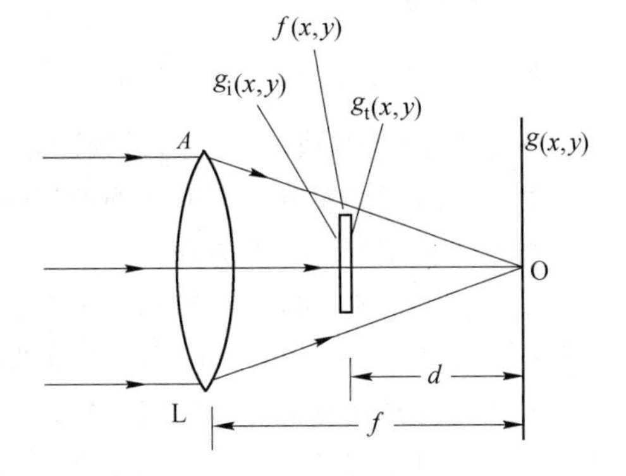

图 3.1.5　物置于透镜后的变换

于是，在物后表面上的光场分布为

$$g_{\mathrm{t}}(x,y)=\frac{f}{d}A\,\mathrm{e}^{-\mathrm{i}\frac{k}{2d}(x^2+y^2)}\cdot f(x,y)P\left(\frac{f}{d}x,\frac{f}{d}y\right) \tag{3.1.16}$$

式中，$P\left(\frac{f}{d}x,\frac{f}{d}y\right)$ 为物面被照明部分的孔径函数。可以这样来理解此孔径函数，即照明光斑的有限大小在数学上可以由透镜的光瞳函数沿着光束圆锥投影到物平面上的照明区域来表示，即

$$x^2+y^2=\left(\frac{D}{2}\frac{d}{f}\right)^2$$

如果仍以透镜的孔径尺寸 D 为标准,则有

$$\left(\frac{f}{d}x\right)^2+\left(\frac{f}{d}y\right)^2=\left(\frac{D}{2}\right)^2 \tag{3.1.17}$$

结果给出物平面上的一个有效光瞳函数 $P\left(\frac{f}{d}x,\frac{f}{d}y\right)$。

由于光场 $g_t(x,y)$ 从物后表面传播到透镜后焦面的过程可视为菲涅耳衍射过程,故由公式(2.4.9)知,后焦面上的光场分布可写为

$$g(x,y)=\left[\frac{fA}{\lambda d^2}P\left(\frac{f}{d}x,\frac{f}{d}y\right)e^{-i\frac{k}{2d}(x^2+y^2)}f(x,y)\right]*e^{i\frac{k}{2d}(x^2+y^2)} \tag{3.1.18}$$

其积分表达式为

$$g(x,y)=\frac{fA}{\lambda d^2}\iint_{-\infty}^{\infty}f(\xi,\eta)P\left(\frac{f}{d}\xi,\frac{f}{d}\eta\right)e^{-i\frac{k}{2d}(\xi^2+\eta^2)}e^{i\frac{k}{2d}[(x-\xi)^2+(y-\eta)^2]}d\xi d\eta \tag{3.1.19}$$

如果暂时假定物面尺寸比照明光束口径小,而令 $P\left(\frac{f}{d}x,\frac{f}{d}y\right)=1$,则式(3.1.19)可简化成

$$\begin{aligned}g(x,y)&=\frac{fA}{\lambda d^2}e^{i\frac{k}{2d}(x^2+y^2)}\iint_{-\infty}^{\infty}f(\xi,\eta)e^{-i2\pi\left(\frac{x}{\lambda d}\xi+\frac{y}{\lambda d}\eta\right)}d\xi d\eta\\&=\frac{fA}{\lambda d^2}e^{i\frac{k}{2d}(x^2+y^2)}\cdot F(f_x,f_y)\Big|_{\substack{f_x=x/(\lambda d)\\f_y=y/(\lambda d)}}\end{aligned} \tag{3.1.20}$$

上式表明当物置于透镜后时,在透镜后焦面上仍得到物的傅里叶频谱,仅多一个位相弯曲因子。但其强度分布仍然是物的功率谱,即

$$I(x,y)=\left(\frac{fA}{\lambda d^2}\right)^2|F(f_x,f_y)|^2 \tag{3.1.21}$$

当 $d=f$ 时,式(3.1.20)与式(3.1.13)的结果一致,说明物无论是紧贴于透镜前表面还是后表面放置,效果都是一样的。

顺便指出,由于 $f_x=\frac{x}{\lambda d}$,$f_y=\frac{y}{\lambda d}$,故对于给定的空间频率(f_x,f_y),随着 d 增大(或减小),x,y 的绝对值也增大(或减小),这时频谱分布将由中心向外扩展(或向中心收缩)。于是,可通过改变物的位置来调整其傅里叶变换的空间尺寸。这种灵活性,在实验上为相干光系统中空间滤波技术的应用带来很大方便。

总结前面的讨论,可以看到,用透镜来实现傅里叶变换,可以方便地采用两种途径:一种是采用平行光照明,在透镜的后焦面(无穷远照明光源的共轭面)上观察到物的频谱(除一个位相因子外);另一种是用点光源照明衍射屏,在点光源的像平面上将得到衍射屏函数的傅里叶变换谱(无论衍射屏置于透镜前还是透镜后),且频谱的零频位置就在点光源的像点处〔式(2.6.7)〕。这些结论在进行光学信息处理时,具有重要的应用价值。

3.1.3 透镜孔径的影响

以上讨论透镜的傅里叶变换性质时,尚未考虑透镜孔径的影响。然而在许多实际工作中,透镜孔径的有限大小往往不能忽视。透镜孔径除了限制入射光束从而影响出射光通量外,还要对形成傅里叶频谱产生影响,并最终影响成像质量。这里着重研究后一种影响。不失一般性,现仅就物置于透镜前,并用相干平行光照明这一特殊情况进行讨论。作为一种估算,可认

为物面与透镜之间的距离 d_1 相对于透镜孔径不是很大，这时光波在其间的传播可视为直线传播，并忽略透镜孔径的衍射，亦即采用几何光学近似。后焦面 P_4 上任一点 $P'(x',y')$ 的光场应是物上所有点所发出的方向余弦 $\cos\alpha\approx\frac{x'}{f}$，$\cos\beta\approx\frac{y'}{f}$ 的光线，经透镜会聚后叠加而成的。但由于透镜的孔径有限，物平面上只有在一个圆形区域内各点所发出的光线能够达到 $P'(x',y')$ 点，其余光线均受到透镜边框的阻挡。

在图 3.1.6 中，连接 P' 和 O 两点，并延长使其与物平面 P_1 相交于 $Q(x,y)$ 点。在几何光学近似条件下，只有透镜孔径沿 $\overline{OQ}$ 方向在物平面上的投影所确定的一个圆域内的上述光线，通过透镜后才能到达 P' 点，其余光线均被透镜的边框所限制〔见图 3.1.6(a)〕。当 P' 点逐渐远离光轴时，物面上圆域的中心点 Q 也逐渐远离光轴。故当透镜口径的大小有限时，只要 P' 点离光轴足够远，就会出现圆域不能完全包含物平面的情况。此时能会聚于 P' 点的光束的截面图是物平面与圆域的重叠区域〔见图 3.1.6(b)阴影部分〕。当 P' 点离光轴更远时，就会出现整个物平面都不能落在圆域内的情况，从几何光学近似来看，就相当于物平面上没有光线到达 P' 点〔见图3.1.6(c)〕。这时与沿 $\overline{OQ}$ 方向传播的平面波相对应的空间频率，在频谱面上便得不到任何反映。从角谱的观点来看，与图 3.1.6(c)中 θ 方向相对应的空间频率便为透镜 L 的截

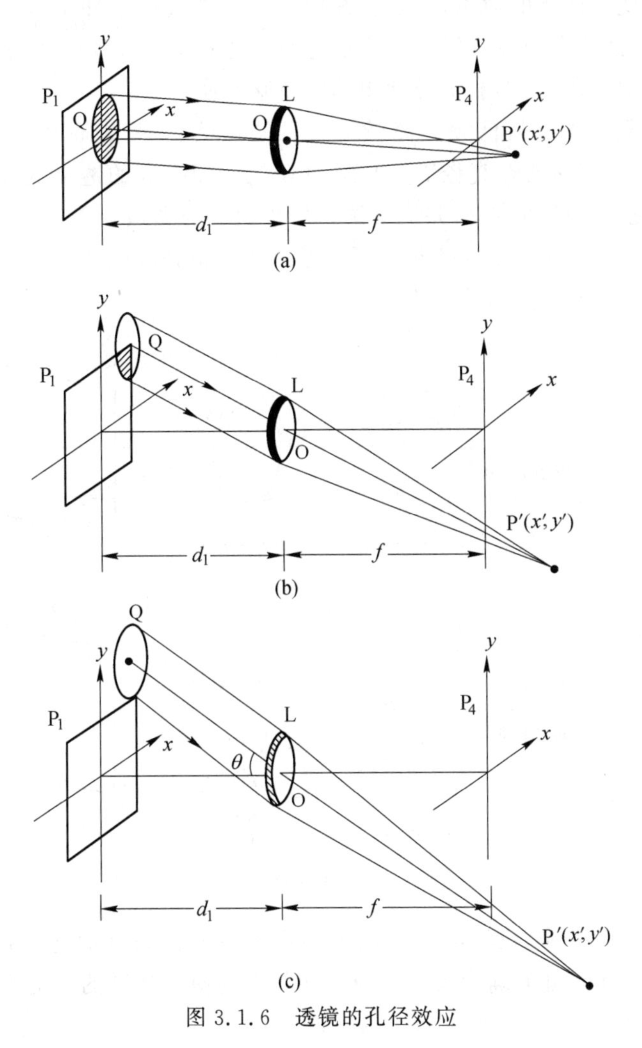

图 3.1.6 透镜的孔径效应

止频率,频谱面上不反映一切高于此截止频率的频谱。从这个意义上讲,透镜是一个低通滤波器:物的低频成分(靠近光轴的频谱值)可以通过;稍高的频率成分可以部分通过;更高的频率成分(远离光轴的频谱值)完全通不过。由此可见,由于透镜孔径的限制,后焦面上不能得到准确的物频谱,这给傅里叶变换带来误差。频率越高,误差就越大。这种现象称为渐晕效应(Vignetting Effects)。为了减小渐晕效应,透镜的孔径应尽可能大,或物体应尽可能靠近透镜。当物面紧贴透镜时($d_1=0$),透镜孔径产生的渐晕效应最小。这时,如果物体的尺寸小于透镜孔径,则频谱面上得到的是物透过率函数$t(x,y)$的傅里叶变换,由式(3.1.13)描述;如果物体的尺寸大于透镜孔径,则透镜边框限制了物面的大小,频谱面上得到的是物透过率函数$t(x,y)$与透镜孔径函数$P(x,y)$乘积的傅里叶变换,遂有

$$\begin{aligned}g(x,y)&=\frac{1}{\mathrm{i}\lambda f}\mathrm{e}^{\mathrm{i}\pi\lambda f(f_x^2+f_y^2)}\mathscr{F}\{t(x,y)\cdot P(x,y)\}\\&=\frac{1}{\mathrm{i}\lambda f}\mathrm{e}^{\mathrm{i}\pi\lambda f(f_x^2+f_y^2)}T(f_x,f_y)*\widetilde{P}(f_x,f_y)\end{aligned}\tag{3.1.22}$$

式中,$\widetilde{P}(f_x,f_y)$是孔径函数$P(x,y)$的频谱函数。卷积的结果使物的频谱图像细节模糊。透镜孔径越小,模糊越严重。

上述关于透镜变换性质的讨论,都是在几何光学近轴近似条件下进行的。对于非近轴情况下的傅里叶变换,必须专门设计傅里叶变换透镜才能获得比较理想的傅里叶频谱,即使是消除了像差的理想成像系统,仍不能实现理想的傅里叶变换。

【例1】设物函数中含有从低频到高频的各种结构信息,物被直径$d=2$ cm的圆孔所限制。如图3.1.7所示,将它放在直径$D=4$ cm、焦距$f=50$ cm的透镜的前焦面上。今用波长$\lambda=600$ nm的单色光垂直照射该物,并测量透镜后焦面上的光强分布。问:

(1) 物函数中什么频率范围内的频谱可以通过测量得到准确值?

(2) 什么频率范围内的信息被截止?

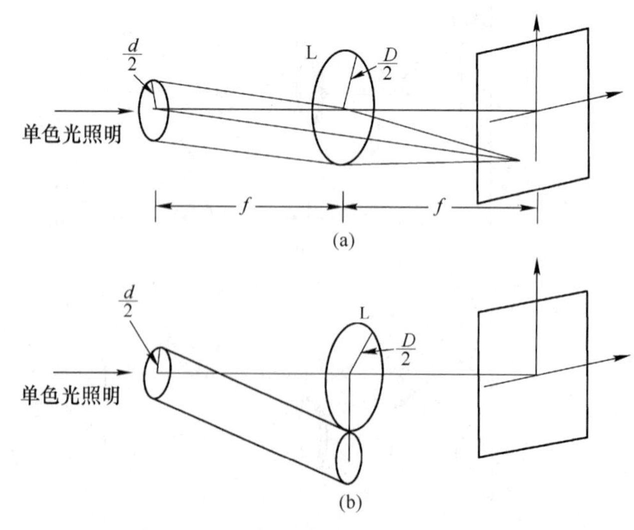

图3.1.7 渐晕效应图示

【解】(1) 由于渐晕效应,仅当某一方向上的平面波分量完全地通过透镜时,在后焦面上相应会聚点测得的强度才可准确代表物相应空间频率的傅里叶谱的模的平方。由图3.1.7(a)可知其相应空间频率为

$$f_{max}=\frac{\frac{D}{2}-\frac{d}{2}}{\lambda f}=33.3\text{ 周/毫米}$$

(2) 当某一方向传播的平面波分量完全被透镜边框阻挡时，在后焦面上没有该空间频率成分，测得其频谱为零。由图 3.1.7(b)可知，此时相应的截止空间频率为

$$f_0=\frac{\frac{D}{2}+\frac{d}{2}}{\lambda f}=100\text{ 周/毫米}$$

3.2　光学成像系统的一般分析

3.2.1　成像系统的普遍模型

单个凸透镜能够成像，是人们从基础光学中早已熟知的事实。但大多数光学成像系统都不只限于单个透镜，它可以是由若干个透镜(正透镜或负透镜)和其他光学元件(例如棱镜、光阑等)组合成的复合系统。因此，在考察光学系统对成像的影响时，必须在若干个可能对光束起限制作用的通光孔径中，找到对光束起实际限制作用的那个孔径，该孔径可能是某一透镜的边框，也可能是光路中某一个特定光阑，我们把它称为孔径光阑(Aperture Stop)或有效光阑(Effective Stop)。由基础光学知道，孔径光阑通过它前面的光学系统所成的像，称为系统的入射光瞳，简称入瞳(Entrance Pupil，记为 En. P.)，它决定着进入系统的光束的大小。孔径光阑通过它后面的光学系统所成的像，称为出射光瞳，简称出瞳(Exit Pupil，记为 Ex. P.)，它决定着从系统出射的光束的大小，并且，入射光瞳、孔径光阑和出射光瞳三者相互共轭。

根据基础光学的讨论，一个成像系统的外部性质可以由入射光瞳或出射光瞳来描述。因此，不管成像系统的详细结构如何，都可以将它归结为下列普遍模型。光波由物平面变换到像平面，可以分为 3 个过程，即光由物平面到入瞳面，再由入瞳面到出瞳面，最后由出瞳面到像平面，如图 3.2.1 所示。当光波通过成像系统时，波面要受到入瞳的限制，从而产生衍射效应。又因入瞳与出瞳彼此共轭，故物空间入瞳对入射波的限制，变换到像空间就成为出瞳对出射波的限制。这两种限制是等价的，是同一种限制在两个空间的反映。这一结论称为光束限制的共轭原理。在考虑光波通过光学系统的衍射效应时，只需考虑其中的任何一种限制(例如，在本书中，通常是考虑出瞳对光波的衍射作用)。至于光波从入瞳到出瞳的传播，由于在此过程中波面已不再受到别的限制，故此段传播可以用几何光学很好地描述。有了光瞳的概念，在研究光学成像系统的性质时，可以不去涉及系统的详细结构，而把整个系统的成像看成是一个“黑箱”的作用，只需知道黑箱边端(即入瞳和出瞳平面)的物理性质，就可以知道像平面上合乎实际的像场分布。

为此，需要首先知道这个“黑箱”对点光源发出的球面波的变换作用。对于实际光学系统，这一边端性质千差万别，但总的来说可以分成两类，即衍射受限系统和有像差系统。在图 3.2.1中，设 $P_0(x_0,y_0)$为物平面上任一点源，如果从该点发出的发散球面波通过成像系统后因受该系统的限制，转换成了新的理想球面波，并且在像平面上会聚成一个理想像点，则称该成像系统是衍射受限的(Diffraction-Limited)。因此，衍射受限系统的作用，就是将投射到入瞳上的发散球面波变换成出瞳上的会聚球面波。至于有像差的系统，其边端条件是：点光源

发出的发散球面波投射到入瞳上,在出瞳处的透射波场将明显偏离理想球面波,偏离程度由波像差决定。后续的章节将对此进行讨论。

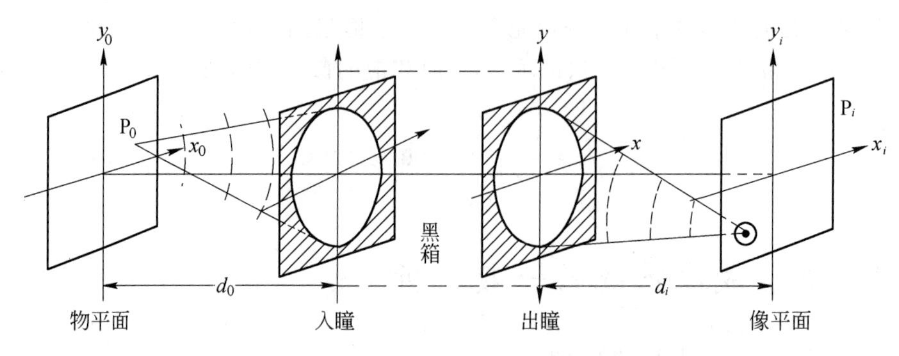

图 3.2.1 成像系统的普遍模型

3.2.2 衍射受限系统的点扩展函数

前面曾提到,当物面上任意一面元产生的光振动为单位脉冲(δ 函数)时,对应的像函数称为脉冲响应,亦称点扩展函数。点物的脉冲函数用 $\delta(x-x_0, y-y_0)$ 表示,相应的脉冲响应表示成

$$h(x_0, y_0; x_i, y_i)=\mathscr{S}\{\delta(x-x_0, y-y_0)\}$$

对于任意的物函数 $f(x_0, y_0)$,可以把它看成是由物平面上许多面元组成的,每个面元具有相应的脉冲响应,由于成像系统是线性系统,当用平面单色光照明时,其像平面上光场的复振幅分布 $g(x_i, y_i)$ 可以用叠加积分表示成

$$g(x_i, y_i)=\iint_{-\infty}^{\infty} f(x_0, y_0) h(x_0, y_0; x_i, y_i) \mathrm{d} x_0 \mathrm{d} y_0 \tag{3.2.1}$$

因此,只要能够确定成像系统的脉冲响应函数 $h(x_0, y_0; x_i, y_i)$,就能完备地描写该成像系统的性质。

现在将单透镜光学系统推广到复合成像系统。根据上节分析光波通过物和透镜后所得到的光场分布的一般表达式(3.1.10),用点脉冲 $\delta(\xi-x_0, \eta-y_0)$ 替代其中的物函数 $f(\xi, \eta)$,用 (x, y) 和 (x_i, y_i) 分别替换坐标 (ξ', η') 和 (x, y);将 $P(x, y)$ 视为出射光瞳函数(简称光瞳函数),在光瞳内其值为1,在光瞳外其值为0;d_i 代表出瞳至像平面的距离,则 h 就是点物经光学系统后所成的像,表示为

$$\begin{aligned} h(x_0, y_0; x_i, y_i)= & \frac{1}{\lambda^2 d_0 d_i} \iint_{-\infty}^{\infty}\left\{\left[\iint_{-\infty}^{\infty} \delta(\xi-x_0, \eta-y_0) \mathrm{e}^{\mathrm{i} \frac{k}{2 d_0}\left[(x-\xi)^2+(y-\eta)^2\right]} \mathrm{d} \xi \mathrm{d} \eta\right] \cdot\right. \\ & \left.P(x, y) \mathrm{e}^{-\mathrm{i} \frac{k}{2 f}\left(x^2+y^2\right)}\right\} \mathrm{e}^{\mathrm{i} \frac{k}{2 d_i}\left[(x_i-x)^2+(y_i-y)^2\right]} \mathrm{d} x \mathrm{d} y \\ = & \frac{1}{\lambda^2 d_0 d_i} \iint_{-\infty}^{\infty} \mathrm{e}^{\mathrm{i} \frac{k}{2 d_0}\left[(x-x_0)^2+(y-y_0)^2\right]} P(x, y) \cdot \mathrm{e}^{-\mathrm{i} \frac{k}{2 f}\left(x^2+y^2\right)} \mathrm{e}^{\mathrm{i} \frac{k}{2 d_i}\left[(x_i-x)^2+(y_i-y)^2\right]} \mathrm{d} x \mathrm{d} y \end{aligned} \tag{3.2.2}$$

将上式各指数因子中的平方项展开,经合并、整理,并应用物像公式 $\frac{1}{d_0}+\frac{1}{d_i}=\frac{1}{f}$,最后得

$$h(x_0, y_0; x_i, y_i)=\frac{1}{\lambda^2 d_0 d_i} \mathrm{e}^{\mathrm{i} \frac{k}{2 d_0}\left(x_0^2+y_0^2\right)} \mathrm{e}^{\mathrm{i} \frac{k}{2 d_i}\left(x_i^2+y_i^2\right)} \cdot \iint_{-\infty}^{\infty} P(x, y) \mathrm{e}^{-\mathrm{i} 2 \pi\left[\frac{(x_i-M x_0)}{\lambda d_i} x+\frac{(y_i-M y_0)}{\lambda d_i} y\right]} \mathrm{d} x \mathrm{d} y \tag{3.2.3}$$

式中，$M=-\dfrac{d_i}{d_0}$是近轴条件下系统的横向放大率，根据像的倒、正，它可以取负值或正值。上式积分号外面的两个位相因子 $e^{i\frac{k}{2d_0}(x_0^2+y_0^2)}$ 和 $e^{i\frac{k}{2d_i}(x_i^2+y_i^2)}$ 仅表示在物平面和像平面上的位相弯曲，舍弃它们对求解像强度分布没有任何影响，于是可将脉冲响应函数写成

$$h(x_0,y_0;x_i,y_i)=\frac{1}{\lambda^2 d_0 d_i}\iint_{-\infty}^{\infty}P(x,y)e^{-i2\pi\left[\frac{(x_i-Mx_0)}{\lambda d_i}x+\frac{(y_i-My_0)}{\lambda d_i}y\right]}dxdy \tag{3.2.4}$$

上式表明：单色光照明时，衍射受限系统的脉冲响应就是系统光瞳函数的傅里叶变换，其中心在几何光学理想像点 $x_i=Mx_0, y_i=My_0$。

现对物平面坐标(x_0,y_0)和光瞳面坐标(x,y)作坐标变换，令

$$\begin{cases}\tilde{x}_0=Mx_0 & \tilde{y}_0=My_0\\ \tilde{x}=\dfrac{x}{\lambda d_i} & \tilde{y}=\dfrac{y}{\lambda d_i}\end{cases} \tag{3.2.5}$$

则式(3.2.4)可以写成

$$\begin{aligned}h(\tilde{x}_0,\tilde{y}_0;x_i,y_i)&=M\iint_{-\infty}^{\infty}P(\lambda d_i\tilde{x},\lambda d_i\tilde{y})e^{-i2\pi[(x_i-\tilde{x}_0)\tilde{x}+(y_i-\tilde{y}_0)\tilde{y}]}d\tilde{x}d\tilde{y}\\&=h(x_i-\tilde{x}_0,y_i-\tilde{y}_0)\end{aligned} \tag{3.2.6}$$

上式表明成像系统是线性空间不变系统。

如果光瞳相对于 λd_i 足够大，则在 $\tilde{x},\tilde{y}$ 坐标的无限大区域内，都有 $P(\lambda d_i\tilde{x},\lambda d_i\tilde{y})=1$。这时，式(3.2.6)变为

$$h(x_i-\tilde{x}_0,y_i-\tilde{y}_0)=M\delta(x_i-\tilde{x}_0,y_i-\tilde{y}_0) \tag{3.2.7a}$$

或

$$h(x_0,y_0;x_i,y_i)=M\delta(x_i-Mx_0,y_i-My_0) \tag{3.2.7b}$$

因此，当不考虑光瞳的有限大小时，点脉冲通过成像系统后，其响应函数仍是点脉冲，其位置在 $x_i=Mx_0, y_i=My_0$。这便是几何光学中理想成像时点物-点像的对应情况。

将式(3.2.7)代入式(3.2.1)，在几何光学近似条件下，可得像函数为

$$\begin{aligned}g(x_i,y_i)&=M\iint_{-\infty}^{\infty}f(x_0,y_0)\delta(x_i-Mx_0,y_i-My_0)dx_0dy_0\\&=M\iint_{-\infty}^{\infty}f(x_0,y_0)\delta\left[M\left(\frac{x_i}{M}-x_0\right),M\left(\frac{y_i}{M}-y_0\right)\right]dx_0dy_0\\&=\frac{1}{M}f\left(\frac{x_i}{M},\frac{y_i}{M}\right)=f_g(x_i,y_i)\end{aligned} \tag{3.2.8}$$

显然，若不考虑出瞳的有限大小，则系统对物成理想像 $f_g(x_i,y_i)$，该像与原物准确相似。

若考虑到出瞳的有限大小，则由叠加积分式(3.2.1)和式(3.2.6)得像函数为

$$\begin{aligned}g(x_i,y_i)&=\iint_{-\infty}^{\infty}f(x_0,y_0)h(x_i-\tilde{x}_0,y_i-\tilde{y}_0)dx_0dy_0\\&=\iint_{-\infty}^{\infty}\frac{1}{M}f\left(\frac{\tilde{x}_0}{M},\frac{\tilde{y}_0}{M}\right)\frac{1}{M}h(x_i-\tilde{x}_0,y_i-\tilde{y}_0)d\tilde{x}_0d\tilde{y}_0\\&=f_g(x_i,y_i)*\tilde{h}(x_i,y_i)\end{aligned} \tag{3.2.9}$$

式中，$\tilde{h}(x_i,y_i)=\dfrac{1}{M}h(x_i,y_i)$。由上式可见，像面上光场的复振幅分布等于几何光学理想像 $f_g(x_i,y_i)$与系统脉冲响应函数 $\tilde{h}(x_i,y_i)$的卷积。这就再次表明衍射受限的成像系统可以看成是光场复振幅的线性空间不变系统。换言之，当考虑了衍射效应后，像就不再是物体的准确

复现了，而是物体的平滑变形。这种平滑作用能使物体中细微结构的空间频率信息受到强烈的衰减甚至损失，从而使所生成的像产生相应的失真。

3.2.3 准单色光照明时物像关系分析

实际的照明光源都不会是理想单色的，总具有一定的频带宽度，而成为非单色光。这时，由于不同频率的光波是独立地进行传播的，光扰动的振幅和位相随时间发生各自的变化，而且这种变化具有统计无关的性质，所以对非单色光照明情况的讨论要繁杂得多。为了简化讨论，这里只限于分析准单色光情形。若照明光波的时间频带宽度为 $\Delta\nu$，其中心频率为 ν_0，并且满足条件

$$\frac{\Delta\nu}{\nu_0} \ll 1 \tag{3.2.10}$$

则称该光波为准单色光(Quasi-Monochromatic Light)①。当用准单色光照明时，可设物平面上光扰动的分布函数为 $f(x_0,y_0;t)$。要得到 $f(x_0,y_0;t)$ 在像平面上的响应 $g(x_i,y_i;t)$，可先采用时间频域的傅里叶分析方法，把 $f(x_0,y_0;t)$ 分解成一系列单色波的线性组合，这样就可应用前段对单色光照明下获得的结果，求出系统对每一单色波的响应，最后再把各个单色波的这些响应叠加起来，得到总的响应 $g(x_i,y_i;t)$。整个过程示意如图 3.2.2 所示。下面具体分析准单色光照明时，光学成像系统的物像关系。

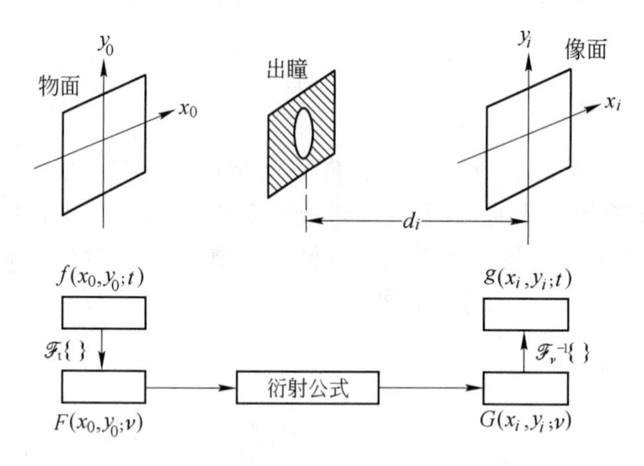

图 3.2.2 准单色光照明时物像关系框图

先对 $f(x_0,y_0;t)$ 求关于变量 t 的傅里叶变换，即

$$F(x_0,y_0;\nu) = \mathscr{F}\{f(x_0,y_0;t)\} = \int_{-\infty}^{\infty} f(x_0,y_0;t)\mathrm{e}^{-\mathrm{i}2\pi\nu t}\mathrm{d}t \tag{3.2.11}$$

$F(x_0,y_0;\nu)$ 是时间频率为 ν 的单色光波在物平面上的复振幅分布函数。按照前段对单色光情况的讨论，对于衍射受限成像系统，直接由叠加积分公式便可求得频率为 ν 的单色波在像平面上的响应：

$$G(x_i,y_i;\nu) = \iint_{-\infty}^{\infty} F(x_0,y_0;\nu)h(x_i-x_0,y_i-y_0;\nu)\mathrm{d}x_0\mathrm{d}y_0 \tag{3.2.12}$$

$G(x_i,y_i;\nu)$ 又可看成是实际输出像 $g(x_i,y_i;t)$ 的时间频谱函数，从而有

① 事实上，信号的频宽通常比信号的中心频率低得多。

$$g(x_i,y_i;t)=\mathscr{F}^{-1}\{G(x_i,y_i;\nu)\}=\int_{-\infty}^{\infty}G(x_i,y_i;\nu)\mathrm{e}^{\mathrm{i}2\pi\nu t}\mathrm{d}\nu$$

$$=\int_{-\infty}^{\infty}\left[\iint_{-\infty}^{\infty}F(x_0,y_0;\nu)h(x_i-x_0,y_i-y_0;\nu)\mathrm{d}x_0\mathrm{d}y_0\right]\mathrm{e}^{\mathrm{i}2\pi\nu t}\mathrm{d}\nu \qquad (3.2.13)$$

假设系统的性态不随时间改变，并用中心频率为 ν_0 的准单色光照明，此时，$F(x_0,y_0;\nu)$ 只有在 $\nu=\nu_0$ 的窄频带范围内不为零，在此范围外可视为零。故在计算积分式(3.2.13)时，可近似地将脉冲响应函数 h 中的 ν 用 ν_0 代替，于是，式(3.2.13)可写成

$$g(x_i,y_i;t)=\iint_{-\infty}^{\infty}\left[\int_{-\infty}^{\infty}F(x_0,y_0;\nu)\mathrm{e}^{\mathrm{i}2\pi\nu t}\mathrm{d}\nu\right]h(x_i-x_0,y_i-y_0;\nu_0)\mathrm{d}x_0\mathrm{d}y_0$$

$$=\iint_{-\infty}^{\infty}f(x_0,y_0;t)h(x_i-x_0,y_i-y_0;\nu_0)\mathrm{d}x_0\mathrm{d}y_0 \qquad (3.2.14)$$

这样，就把叠加积分公式(3.2.1)推广到了准单色光情形。

由于光接收器(如肉眼、照相胶片和光电探测器件等)都只能感知光的强度，且其响应频率远小于光波频率，故光接收器探测到的光强度实际是瞬时光强在许多周期内的时间平均值。于是，光探测器所感知到的像平面上的光强度为

$$I(x_i,y_i)=\langle g(x_i,y_i;t)g^*(x_i,y_i;t)\rangle \qquad (3.2.15)$$

式中，$\langle\cdot\rangle$ 表示对时间求平均值。将式(3.2.14)代入上式后得

$$I(x_i,y_i)=\left\langle\iint_{-\infty}^{\infty}f(x_0,y_0;t)h(x_i-x_0,y_i-y_0;\nu_0)\mathrm{d}x_0\mathrm{d}y_0\cdot\right.$$

$$\left.\iint_{-\infty}^{\infty}f^*(x,y;t)h^*(x_i-x,y_i-y;\nu_0)\mathrm{d}x\mathrm{d}y\right\rangle$$

$$=\iint_{-\infty}^{\infty}\iint_{-\infty}^{\infty}\langle f(x_0,y_0;t)f^*(x,y;t)\rangle h(x_i-x_0,y_i-y_0;\nu_0)\cdot$$

$$h^*(x_i-x,y_i-y;\nu_0)\mathrm{d}x_0\mathrm{d}y_0\mathrm{d}x\mathrm{d}y \qquad (3.2.16)$$

由于准单色光照明时，在物平面上的复振幅分布函数中，幅值随时间缓慢变化，而位相部分将因光波频率很高而随时间迅速变化。因此，物面上任意两点 (x_0,y_0) 和 (x,y) 处的光扰动可分别写成

$$\begin{cases}f(x_0,y_0;t)=f(x_0,y_0)\mathrm{e}^{\mathrm{i}\phi(x_0,y_0;t)}\\ f(x,y;t)=f(x,y)\mathrm{e}^{\mathrm{i}\phi(x,y;t)}\end{cases} \qquad (3.2.17)$$

将上式代入式(3.2.16)中，则有

$$\langle f(x_0,y_0;t)f^*(x,y;t)\rangle=f(x_0,y_0)f^*(x,y)\langle\mathrm{e}^{\mathrm{i}[\phi(x_0,y_0;t)-\phi(x,y;t)]}\rangle \qquad (3.2.18)$$

而且，随着照明方式的不同，由式(3.2.16)和(3.2.18)会得出不同意义的结果。下面只讨论两类典型的照明方式，即相干照明和非相干照明。

(1) 相干照明(Coherent Illumination)

在激光器发出的光波或普通光源通过针孔后(点光源)出射的光波等这类光源照明下，物平面上任意两点光扰动之间的位相差随时间的变化是恒定的，这种照明方式称为空间相干照明。此时，式(3.2.18)中的位相差的平均值等于常数。不失一般性，可令它等于1。于是由式(3.2.16)和(3.2.18)，得到像面上的光强分布为

$$I(x_i,y_i)=\iint_{-\infty}^{\infty}f(x_0,y_0)h(x_i-x_0,y_i-y_0;\nu_0)\mathrm{d}x_0\mathrm{d}y_0\cdot$$

$$\left[\iint_{-\infty}^{\infty}f(x,y)h(x_i-x,y_i-y;\nu_0)\mathrm{d}x\mathrm{d}y\right]^*$$

$$=|f(x_i,y_i)*h(x_i,y_i)|^2=|g(x_i,y_i)|^2 \qquad (3.2.19)$$

上式表明，在相干照明方式下，衍射受限光学成像系统对光场复振幅变换而言是线性空间不变

系统;对于光强度的变换,则不是线性系统。

(2) 非相干照明(Incoherent Illumination)

如在漫射光源、扩展光源(气体放电管和太阳等)这类光源照明下,物平面上各点的光扰动随时间的变化都是统计无关的,其位相取值在 $0\sim2\pi$ 之间,完全是随机的,每秒变化次数在 10^8 量级。这时,式(3.2.16)中的 $\langle f(x_0,y_0;t)f^*(x,y;t)\rangle$ 除了在点 (x_0,y_0) 足够小的邻域内不为零外,在其余区域的值全为零。于是,对于物平面上靠得很近的两点的光扰动,式(3.2.18)可写成

$$\langle f(x_0,y_0;t)f^*(x,y;t)\rangle=\begin{cases}f(x_0,y_0)f^*(x,y) & (x-x_0)^2+(y-y_0)^2\leqslant\varepsilon^2\\ 0 & \text{其他}\end{cases} \tag{3.2.20}$$

式中,ε 为任意小的正数,或写成

$$\langle f(x_0,y_0;t)f^*(x,y;t)\rangle=f(x_0,y_0)f^*(x,y)\delta(x-x_0,y-y_0) \tag{3.2.21}$$

将上式代入式(3.2.16)中,得到非相干照明时像面上的光强分布为

$$\begin{aligned}I(x_i,y_i)&=\iint_{-\infty}^{\infty}\iint_{-\infty}^{\infty}f(x_0,y_0)h(x_i-x_0,y_i-y_0;\nu_0)f^*(x,y)\cdot\\&\quad h^*(x_i-x,y_i-y;\nu_0)\delta(x-x_0,y-y_0)\mathrm{d}x_0\mathrm{d}y_0\mathrm{d}x\mathrm{d}y\\&=\iint_{-\infty}^{\infty}|f(x_0,y_0)|^2|h(x_i-x_0,y_i-y_0;\nu_0)|^2\mathrm{d}x_0\mathrm{d}y_0\\&=I_0(x_i,y_i)*h_{\mathrm{I}}(x_i,y_i)\end{aligned} \tag{3.2.22}$$

式中,$I_0(x_0,y_0)=|f(x_0,y_0)|^2$ 是物平面上的强度分布;$h_{\mathrm{I}}(x_i,y_i)=|h(x_i,y_i)|^2$ 称为系统的强度点扩展函数。上式表明,在非相干照明方式下,衍射受限光学成像系统对光强度的变换是线性空间不变的,而对复振幅的变换则不是线性的。

3.3 衍射受限相干成像系统的传递函数

3.3.1 相干传递函数的定义

由上节式(3.2.19)知,相干成像系统是光场复振幅变换的线性空间不变系统,即像场复振幅分布是物场复振幅分布与系统脉冲响应函数的二维卷积。按照式(3.2.9),在考虑到光瞳的作用时,这种卷积形式可表示成

$$\begin{aligned}g(x_i,y_i)&=\iint_{-\infty}^{\infty}f(x_0,y_0)h(x_i-Mx_0,y_i-My_0)\mathrm{d}x_0\mathrm{d}y_0\\&=\iint_{-\infty}^{\infty}\frac{1}{M}f\left(\frac{\tilde{x}_0}{M},\frac{\tilde{y}_0}{M}\right)\frac{1}{M}h(x_i-\tilde{x}_0,y_i-\tilde{y}_0)\mathrm{d}\tilde{x}_0\mathrm{d}\tilde{y}_0\\&=f_{\mathrm{g}}(x_i,y_i)*\tilde{h}(x_i,y_i)\end{aligned}$$

由于空间不变系统的变换特性在频域中描述起来将更为方便,为此,对上式作傅里叶变换,并利用卷积定理,可以得到实际输出像的频谱函数 $G_{\mathrm{i}}(f_x,f_y)$ 与理想像的频谱函数 $G_{\mathrm{g}}(f_x,f_y)$(即物频谱)之间的关系为

$$H_{\mathrm{C}}(f_x,f_y)=\frac{G_{\mathrm{i}}(f_x,f_y)}{G_{\mathrm{g}}(f_x,f_y)} \tag{3.3.1}$$

式中

$$H_C(f_x, f_y) = \mathscr{F}\{\tilde{h}(x_i, y_i)\} \tag{3.3.2}$$

称为衍射受限相干成像系统的相干传递函数(Coherent Transfer Function，CTF)。

3.3.2　相干传递函数与系统物理性质的联系

由式(3.3.2)和(3.2.6)，并应用迭次变换定理，当$\tilde{x}_0=0$，$\tilde{y}_0=0$时，有

$$\begin{aligned} H_C(f_x, f_y) &= \mathscr{F}\{\tilde{h}(x_i, y_i)\} = \mathscr{F}\mathscr{F}\{P(\lambda d_i\tilde{x}, \lambda d_i\tilde{y})\} \\ &= P(-\lambda d_i f_x, -\lambda d_i f_y) \end{aligned} \tag{3.3.3}$$

若将光瞳面上的坐标取反演形式，则上式中 P 所含的负号可略去。实际上，光瞳函数大多是关于光轴呈中心对称的，故舍去其中的负号不会产生实质性的影响。遂可将 $H_C(fx, fy)$直接表示成

$$H_C(f_x, f_y) = P(\lambda d_i f_x, \lambda d_i f_y) \tag{3.3.4}$$

上式表明相干传递函数在数值上等于系统的光瞳函数。这样就把相干传递函数与表示系统物理属性的光瞳函数联系了起来。

根据上节对光瞳函数的定义，可以写成

$$P(\lambda d_i f_x, \lambda d_i f_y) = \begin{cases} 1 & \text{在出瞳内} \\ 0 & \text{在出瞳外} \end{cases} \tag{3.3.5}$$

式中，频域坐标(f_x, f_y)与其空域坐标(x, y)之间的关系为

$$x = \lambda d_i f_x \qquad y = \lambda d_i f_y \tag{3.3.6}$$

由于出瞳的孔径沿 x 轴和 y 轴方向的线度是有限的，因此沿 x 轴和 y 轴方向的空间频率的取值也是有限的，其极大值定义为系统的截止频率(Cut-off Frequency)，记为 f_{Cx}，f_{Cy}，则有

$$f_{Cx} = \frac{x_{max}}{\lambda d_i} \qquad f_{Cy} = \frac{y_{max}}{\lambda d_i} \tag{3.3.7}$$

式中，x_{max}，y_{max}分别是出瞳沿 x 轴和 y 轴方向的线度。由于出瞳的取值不是 1 就是 0，故由式(3.3.4)，对相干传递函数也有

$$H_C(f_x, f_y) = \begin{cases} 1 & \text{在出瞳内} \\ 0 & \text{在出瞳外} \end{cases} \tag{3.3.8}$$

其取值也是 1 或 0。将上式代入式(3.3.1)，得到光学系统输出像的频谱为

$$G_i(f_x, f_y) = \begin{cases} G_g(f_x, f_y) & \text{在出瞳内} \\ 0 & \text{在出瞳外} \end{cases} \tag{3.3.9}$$

对于物分布中的某一空间频率分量(f_x, f_y)，系统能否将它传递到像面上，取决于式(3.3.6)所确定的空域坐标值(x, y)是否在光瞳孔径之内。若在光瞳内，则此频率成分的平面波分量将毫无衰减(包括振幅和位相)地通过系统到达像面；若在光瞳外，则系统将完全不让这种频率成分的平面波分量通过，在像平面上完全没有这种频率成分，即系统对这种频率不予传递，是截止的，如图 3.3.1 所示。这就意味着，对衍射受限相干成像系统，存在一个有限通频带，在此通频带内，系统允许每一频率分量无畸变地通过；在通频带外，频率响应突然变为零，即通带以外的所有频率分量统统都被衰减掉。因此，衍射受限相干成像系统对输入的各种频率成分的作用，相当于一个低通滤波器。由此可见，截止频率(f_{Cx}, f_{Cy})是检验光学成像系统质量优劣的重要参数之一。

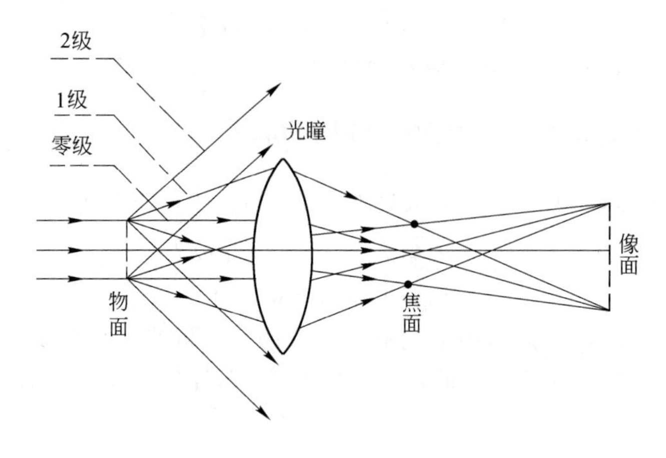

图 3.3.1 光瞳对高级衍射分量的限制

3.3.3 像差对系统传递函数的影响

前面的讨论未涉及系统的像差对成像质量的影响(衍射受限系统)。所谓像差,就是出射光瞳上的波面对理想球面波的各种偏离。因此,如果系统有像差,则入射的球面波经系统传输后,由出瞳射出时已不再是球面波,而是一个发生了畸变的波面。这样,实际光波在出瞳上产生的光扰动位相分布,与理想球面波的位相分布就不相同。这个实际的波面与理想球面的偏差称为波面像差或波像差(Wave Aberration)。可以设想,照射出瞳的仍是一个理想的球面波,但出瞳内有一块虚拟的移相板,它使离开出瞳的波面变形。假设在出瞳上(x,y)点的位相偏差为$kW(x,y)$,其中$k=\frac{2\pi}{\lambda}$,W表示由波面变形引起的有效光程差,则按上述观点,光瞳函数重新定义为

$$P'(x,y)=P(x,y)\mathrm{e}^{\mathrm{i}kW(x,y)}=\begin{cases}\mathrm{e}^{\mathrm{i}kW(x,y)} & \text{在出瞳内}\\ 0 & \text{在出瞳外}\end{cases} \tag{3.3.10}$$

$P'(x,y)$称为广义光瞳函数(Generalized Pupil Function)。脉冲响应函数仍由式(3.2.6)给出,只是其中的光瞳函数现在由式(3.3.10)给定。因此,虽然系统存在像差,但在一定的孔径和视场范围内,对光场的复振幅变换仍具有空间不变性质。按照与式(3.3.3)相同的推理,可得到有像差时系统的相干传递函数为

$$H_{\mathrm{C}}(f_x,f_y)=P'(\lambda d_i f_x,\lambda d_i f_y)=\begin{cases}\mathrm{e}^{\mathrm{i}kW(\lambda d_i f_x,\lambda d_i f_y)} & \text{在出瞳内}\\ 0 & \text{在出瞳外}\end{cases} \tag{3.3.11}$$

系统输出像的频谱函数也可写成

$$\begin{aligned}G_{\mathrm{i}}(f_x,f_y)&=G_{\mathrm{g}}(f_x,f_y)H_{\mathrm{C}}(f_x,f_y)\\&=\begin{cases}G_{\mathrm{g}}(f_x,f_y)\mathrm{e}^{\mathrm{i}kW(\lambda d_i f_x,\lambda d_i f_y)} & \text{在出瞳内}\\ 0 & \text{在出瞳外}\end{cases}\end{aligned} \tag{3.3.12}$$

由此可见,像差的存在并不影响相干传递函数的通频带宽度,仅在通频带内引入了位相畸变,这种位相畸变对成像系统的保真度可能产生严重影响。

3.3.4 相干传递函数计算举例

由上面的讨论可知,为了求出相干传递函数$H_{\mathrm{C}}(f_x,f_y)$,只需先求出光瞳函数$P(x,y)$,

再把其中的(x,y)用$(\lambda d_i f_x,\lambda d_i f_y)$替换。对于衍射受限系统，相干传递函数直接由光瞳函数的形状、大小和位置确定。所以光瞳的选择，对成像过程有重大影响，也是计算$H_C(f_x,f_y)$的关键。下面仅以系统具有规则形状光瞳的情形为例，计算其相干传递函数。

【例 1】有一出射光瞳为正方形的衍射受限系统，正方形的边长为 l，试计算该系统的相干传递函数。

【解】该系统出瞳的透过率函数 $P(x,y)$可以用一个二维矩形函数来描述，如图3.3.2(a)所示。

$$P(x,y)=\text{rect}\left(\frac{x}{l},\frac{y}{l}\right)=\begin{cases}1 & \frac{|x|}{l},\frac{|y|}{l}\leqslant\frac{1}{2}\\0 & \text{其他}\end{cases}\tag{3.3.13}$$

系统的相干传递函数为

$$\begin{aligned}H_C(f_x,f_y)&=P(\lambda d_i f_x,\lambda d_i f_y)\\&=\text{rect}\left(\frac{\lambda d_i f_x}{l},\frac{\lambda d_i f_y}{l}\right)=\begin{cases}1 & |f_x|,|f_y|\leqslant\frac{l}{2\lambda d_i}\\0 & \text{其他}\end{cases}\end{aligned}\tag{3.3.14}$$

其函数图形如图 3.3.2(b)所示。显然，沿 x 轴和 y 轴方向的空间截止频率分别为

$$f_{Cx}=\frac{l}{2\lambda d_i},\quad f_{Cy}=\frac{l}{2\lambda d_i}\tag{3.3.15}$$

系统的最大截止频率在与 x 轴成 45°角方向上，即 $f_{C\max}=\frac{\sqrt{2}l}{2\lambda d_i}$。

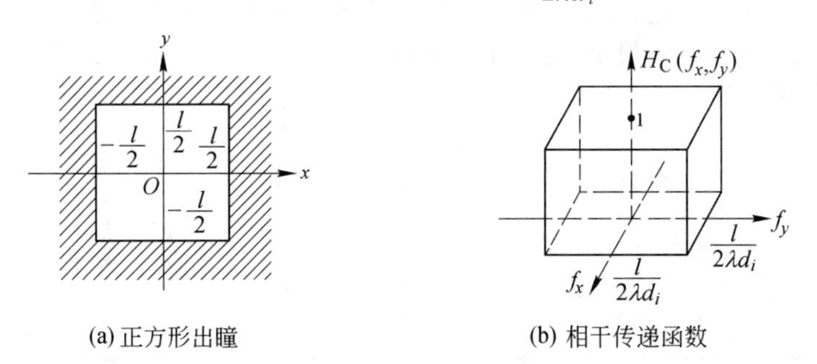

图 3.3.2　出瞳为正方形时系统的 CTF

【例 2】设衍射受限系统的出射光瞳为一圆，其直径为 $D(=2r)$，试计算该系统的相干传递函数。

【解】圆形孔径的光瞳函数为

$$P(x,y)=\text{circ}\left(\frac{\sqrt{x^2+y^2}}{\frac{D}{2}}\right)=\begin{cases}1 & x^2+y^2\leqslant r^2=\left(\frac{D}{2}\right)^2\\0 & \text{其他}\end{cases}\tag{3.3.16}$$

相应的相干传递函数为

$$H_C(f_x,f_y)=P(\lambda d_i f_x,\lambda d_i f_y)=\text{circ}\left(\frac{\lambda d_i\ \sqrt{f_x^2+f_y^2}}{\frac{D}{2}}\right)$$

$$=\text{circ}\left(\frac{\sqrt{f_x^2+f_y^2}}{\frac{D}{2\lambda d_i}}\right)=\begin{cases}1 & \sqrt{f_x^2+f_y^2}\leqslant\frac{D}{2\lambda d_i}\\0 & \text{其他}\end{cases}\tag{3.3.17}$$

其函数图形如图 3.3.3 所示。显然，根据出瞳的圆对称性，该系统在一切方向的截止频率均为

$$\rho_C=\sqrt{f_x^2+f_y^2}=\frac{D}{2\lambda d_i} \tag{3.3.18}$$

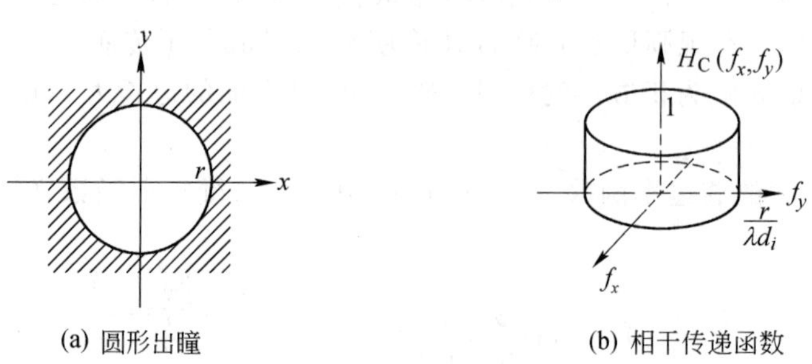

图 3.3.3　出瞳为圆形时系统的 CTF

例如，当 $D=1$ cm，$d_i=10$ cm，$\lambda=632.8$ nm 时，截止空间频率 $\rho_C=70$ 线对/毫米。

【例 3】图 3.3.4 表示两个相干成像系统，各透镜的焦距都为 f。图 3.3.4(a)单透镜系统中光阑直径为 D。为使图 3.3.4(b)双透镜系统获得与图 3.3.4(a)相同的截止频率，孔径光阑直径 a 应等于多大?

【解】由图 3.3.4 可知，这两个系统的横向放大率都等于 1。

对于图 3.3.4(a)单透镜系统，其截止频率为

$$f_C=\frac{D}{2\lambda d_i}=\frac{D}{4\lambda f}$$

对于图 3.3.4(b)双透镜系统，因其孔径光阑置于频谱面上，故入瞳和出瞳分别在物方和像方无限远处。又由于入瞳、孔径光阑与出瞳三者互为共轭，故对于这种放大率为 1 的系统，能通过孔径光阑的最高空间频率，也必定能通过入瞳和出瞳。换言之，系统的截止频率可通过孔径光阑的尺寸来计算。

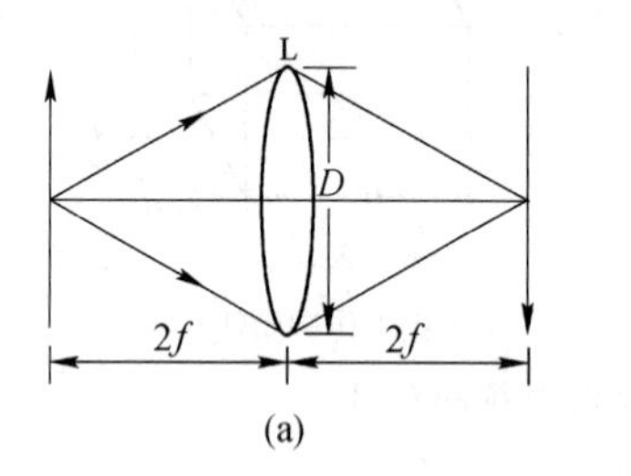

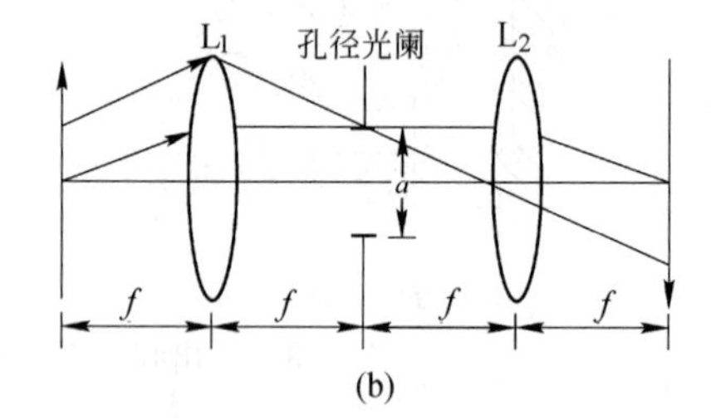

图 3.3.4　两个相干成像系统

为保证图 3.3.4(b)物面上每一面元发出的低于某一空间频率的平面波，都毫无阻挡地通过此成像系统，则要求相应的截止频率为

$$f'_C=\frac{\frac{a}{2}}{\lambda f}=\frac{a}{2\lambda f}$$

按题意要求 $f'_C=f_C$，遂得

$$a=\frac{D}{2}$$

3.4　衍射受限非相干成像系统的传递函数

当光学系统用非相干光照明时将会看到，系统的传递函数仍由出瞳确定，但二者之间的关

系较为间接，不像相干传递函数那样简单，并直接由光瞳函数表示。非相干光照明的情形要更复杂一些，并且更有趣。因此，非相干成像理论相较于相干成像理论而言，内容更为丰富。

3.4.1　衍射受限系统的光学传递函数

由式(3.2.22)知，衍射受限非相干成像系统遵从光强度的卷积积分：

$$I_{\mathrm{i}}(x_i,y_i)=I_{\mathrm{g}}(x_i,y_i)*\tilde{h}_{\mathrm{I}}(x_i,y_i)$$

亦即对光强度的变换是线性空间不变的。因此，这样的成像系统应当作为光强度分布的线性变换而进行频谱分析。为此，对上式两端作傅里叶变换，并应用卷积定理，有

$$G_{\mathrm{I_i}}(f_x,f_y)=G_{\mathrm{I_g}}(f_x,f_y)\cdot H_{\mathrm{I}}(f_x,f_y) \tag{3.4.1}$$

式中，$G_{\mathrm{I_i}}(f_x,f_y)$、$G_{\mathrm{I_g}}(f_x,f_y)$和 $H_{\mathrm{I}}(f_x,f_y)$分别表示像强度、物强度和强度脉冲响应函数的频谱函数。由于光强度总是非负的实函数，故其傅里叶变换是厄米特函数，即有

$$G_{\mathrm{I_i}}(f_x,f_y)=G_{\mathrm{I_i}}^{*}(-f_x,-f_y) \tag{3.4.2}$$

令

$$G_{\mathrm{I_i}}(f_x,f_y)=A(f_x,f_y)\mathrm{e}^{\mathrm{i}\phi(f_x,f_y)} \tag{3.4.3a}$$

则由式(3.4.2)有

$$A(f_x,f_y)\mathrm{e}^{\mathrm{i}\phi(f_x,f_y)}=A(-f_x,-f_y)\mathrm{e}^{-\mathrm{i}\phi(-f_x,-f_y)} \tag{3.4.3b}$$

由此得到

$$\begin{cases}A(f_x,f_y)=A(-f_x,-f_y)\\ \phi(f_x,f_y)=-\phi(-f_x,-f_y)\end{cases} \tag{3.4.4}$$

即 $G_{\mathrm{I_i}}(f_x,f_y)$的模是偶函数，幅角是奇函数。将式(3.4.3a)取傅里叶逆变换，得

$$\begin{aligned}I_{\mathrm{i}}(x_i,y_i)&=\mathscr{F}^{-1}\{A(f_x,f_y)\mathrm{e}^{\mathrm{i}\phi(f_x,f_y)}\}\\&=\iint_{-\infty}^{\infty}A(f_x,f_y)\mathrm{e}^{\mathrm{i}\phi(f_x,f_y)}\mathrm{e}^{+\mathrm{i}2\pi(f_xx+f_yy)}\mathrm{d}f_x\mathrm{d}f_y\end{aligned} \tag{3.4.5}$$

并取其中对应的正频率项与负频率项相加，按照欧拉公式可得到一个频率的余弦分量，即

$$\begin{aligned}&A(f_x,f_y)\mathrm{e}^{\mathrm{i}\phi(f_x,f_y)}\mathrm{e}^{\mathrm{i}2\pi(f_xx_i+f_yy_i)}+A(-f_x,-f_y)\mathrm{e}^{\mathrm{i}\phi(-f_x,-f_y)}\mathrm{e}^{\mathrm{i}2\pi[(-f_x)x_i+(-f_y)y_i]}\\&=A(f_x,f_y)[\mathrm{e}^{\mathrm{i}\phi(f_x,f_y)}\mathrm{e}^{\mathrm{i}2\pi(f_xx_i+f_yy_i)}+\mathrm{e}^{-\mathrm{i}\phi(f_x,f_y)}\mathrm{e}^{-\mathrm{i}2\pi(f_xx_i+f_yy_i)}]\\&=A(f_x,f_y)\cdot 2\cos[2\pi(f_xx_i+f_yy_i)+\phi(f_x,f_y)]\end{aligned} \tag{3.4.6}$$

像面上整个光强分布可视为各空间频率的余弦函数分布的光强分量的叠加求和。各余弦分量的模和幅角可以是互不相同的。最后得到

$$I_{\mathrm{i}}(x_i,y_i)=\iint_{0}^{\infty}A(f_x,f_y)\cdot 2\cos[2\pi(f_xx_i+f_yy_i)+\phi(f_x,f_y)]\mathrm{d}f_x\mathrm{d}f_y \tag{3.4.7}$$

由于光强度不可能是负的，余弦分量的负值必然截止在零频率分量 $A(0,0)$上，故总和仍然是正值。将 $f_x=f_y=0$ 代入式(3.4.3a)，得零频分量：

$$A(0,0)\mathrm{e}^{\mathrm{i}\phi(0,0)}=A(0,0)\mathrm{e}^{-\mathrm{i}\phi(0,0)}$$

即

$$\begin{cases}\phi(0,0)=0 & \text{表示零频无位相因子}\\ A(0,0) & \text{是一个正值实数}\end{cases}$$

现在再返回到式(3.4.1)。由于光强度总是非负的实函数，故其光强分布中通常总会有零频分量(非零的直流衬底强度)，且其幅值大于任何非零频分量的幅值，即

$$\begin{cases} |G_{I_i}(0,0)| \geqslant |G_{I_i}(f_x,f_y)| \\ |G_{I_g}(0,0)| \geqslant |G_{I_g}(f_x,f_y)| \\ |H_I(0,0)| \geqslant |H_I(f_x,f_y)| \end{cases} \tag{3.4.8}$$

实践表明,人眼或光电探测器对图像的视觉效果在很大程度上取决于像所携带的信息与直流背景的相对比值,这就启示我们用零频分量对 $G_{I_i}(f_x,f_y)$、$G_{I_g}(f_x,f_y)$ 和 $H_I(f_x,f_y)$ 进行归一化,得到归一化的频谱函数为

$$G'_{I_i}(f_x,f_y) = \frac{G_{I_i}(f_x,f_y)}{G_{I_i}(0,0)} = \frac{\iint_{-\infty}^{\infty} I_i(x,y)\mathrm{e}^{-\mathrm{i}2\pi(f_x x+f_y y)}\mathrm{d}x\mathrm{d}y}{\iint_{-\infty}^{\infty} I_i(x,y)\mathrm{d}x\mathrm{d}y} \tag{3.4.9}$$

$$G'_{I_g}(f_x,f_y) = \frac{G_{I_g}(f_x,f_y)}{G_{I_g}(0,0)} = \frac{\iint_{-\infty}^{\infty} I_g(x,y)\mathrm{e}^{-\mathrm{i}2\pi(f_x x+f_y y)}\mathrm{d}x\mathrm{d}y}{\iint_{-\infty}^{\infty} I_g(x,y)\mathrm{d}x\mathrm{d}y} \tag{3.4.10}$$

$$H_O(f_x,f_y) = \frac{H_I(f_x,f_y)}{H_I(0,0)} = \frac{\iint_{-\infty}^{\infty} \widetilde{h}_I(x,y)\mathrm{e}^{-\mathrm{i}2\pi(f_x x+f_y y)}\mathrm{d}x\mathrm{d}y}{\iint_{-\infty}^{\infty} \widetilde{h}_I(x,y)\mathrm{d}x\mathrm{d}y} \tag{3.4.11}$$

由式(3.4.1)和上述 3 式还可以得到

$$H_O(f_x,f_y) = \frac{G'_{I_i}(f_x,f_y)}{G'_{I_g}(f_x,f_y)} \tag{3.4.12}$$

式中,$H_O(f_x,f_y)$ 称为非相干成像系统的光学传递函数(Optical Transfer Function,OTF)。它的模 $|H_O(f_x,f_y)|$ 称为调制传递函数(Modulation Transfer Function,MTF),而其幅角称为位相传递函数(Phase Transfer Function,PTF)。通常可以将 OTF 表示成

$$H_O(f_x,f_y) = |H_O(f_x,f_y)|\mathrm{e}^{\mathrm{i}\phi(f_x,f_y)} \tag{3.4.13}$$

OTF 反映了非相干成像系统传递信息的频率特性。

3.4.2 OTF 与 CTF 的关系

由于相干传递函数和光学传递函数的定义式中都包含有脉冲响应函数 $\tilde{h}(x,y)$,故可预料它们二者之间必然有某种联系。根据定义式(3.3.2)和式(3.4.11)有

$$H_C(f_x,f_y) = \mathscr{F}\{\tilde{h}(x,y)\}$$

$$H_O(f_x,f_y) = \frac{\mathscr{F}\{|\tilde{h}(x,y)|^2\}}{\mathscr{F}\{|\tilde{h}(x,y)|^2\}\Big|_{\substack{f_x=0\\f_y=0}}}$$

而根据自相关定理,有

$$\begin{aligned}\mathscr{F}\{|\tilde{h}(x,y)|^2\} &= H_C(f_x,f_y) \otimes H_C(f_x,f_y) \\ &= \iint_{-\infty}^{\infty} H_C^*(\xi,\eta)H_C(\xi+f_x,\eta+f_y)\mathrm{d}\xi\mathrm{d}\eta\end{aligned}$$

再由帕色渥定理,又有

$$\mathscr{F}\{|\tilde{h}(x,y)|^2\}\Big|_{\substack{f_x=0\\f_y=0}} = \iint_{-\infty}^{\infty} |\tilde{h}(x,y)|^2\mathrm{d}x\mathrm{d}y = \iint_{-\infty}^{\infty} |H_C(\xi,\eta)|^2\mathrm{d}\xi\mathrm{d}\eta$$

故得

$$H_O(f_x,f_y)=\frac{\iint_{-\infty}^{\infty} H_C^*(\xi,\eta)H_C(\xi+f_x,\eta+f_y)\mathrm{d}\xi\mathrm{d}\eta}{\iint_{-\infty}^{\infty} |H_C(\xi,\eta)|^2\mathrm{d}\xi\mathrm{d}\eta} \tag{3.4.14}$$

即光学传递函数等于相干传递函数的归一化自相关。这一结论是在 $\tilde{h}_I(x,y)=|\tilde{h}(x,y)|^2$ 的基础上导出的,故它对有像差和没有像差的系统都完全成立。

3.4.3　光学传递函数的一般性质和意义

OTF 描述非相干照明下系统的成像性质,它反映系统本身的属性,而与输入物函数的具体形式无关。以下是 OTF 的几个重要性质。

(1) $H_O(0,0)=1$ (3.4.15)

上式可由定义式(3.4.11)令其分子中 $f_x=f_y=0$ 而直接得证。它表示光学系统对零频信息总是百分之百地传递。

(2) $H_O(f_x,f_y)=H_O^*(-f_x,-f_y)$ (3.4.16)

这是因为$\tilde{h}_I(x,y)=|\tilde{h}(x,y)|^2$ 是实函数,故其傅里叶变换谱必然具有厄米特函数特性。

(3) 令 $H_O(f_x,f_y)=T(f_x,f_y)\mathrm{e}^{\mathrm{i}\phi(f_x,f_y)}$,其中 $T(f_x,f_y)$即 MTF,$\phi(f_x,f_y)$即 PTF,则有

$$\begin{cases}T(f_x,f_y)=T(-f_x,-f_y)\\ \phi(f_x,f_y)=-\phi(-f_x,-f_y)\end{cases} \tag{3.4.17}$$

即 MTF 是偶函数,PTF 是奇函数。上式可由性质(2)直接证明。

(4) $|H_O(f_x,f_y)|\leqslant H_O(0,0)=1$ (3.4.18)

上式的物理意义是:任意空间频率的 MTF 必低于零频下的值 1。故非相干光学成像系统也可以看作是一个低通空间频率滤波器。

为了证明式(3.4.18),要用到 Schwarz 不等式:

$$\left|\iint_{-\infty}^{\infty} XY\mathrm{d}\xi\mathrm{d}\eta\right|^2\leqslant\iint_{-\infty}^{\infty} |X|^2\mathrm{d}\xi\mathrm{d}\eta\cdot\iint_{-\infty}^{\infty} |Y|^2\mathrm{d}\xi\mathrm{d}\eta \tag{3.4.19}$$

其中,$X(\xi,\eta)$,$Y(\xi,\eta)$是 ξ,η 的任意两个复函数,等号只有当 $Y=KX^*$ 时才成立,K 是复常数。

由于 X,Y 是任意的复值函数,故可令

$$\begin{cases}X(\xi,\eta)=H_C^*(\xi,\eta)\\ Y(\xi,\eta)=H_C(\xi+f_x,\eta+f_y)\end{cases}$$

将此关系式代入式(3.4.19),得

$$\begin{aligned}&\left|\iint_{-\infty}^{\infty} H_C^*(\xi,\eta)H_C(\xi+f_x,\eta+f_y)\mathrm{d}\xi\mathrm{d}\eta\right|^2\\ \leqslant&\iint_{-\infty}^{\infty} |H_C^*(\xi,\eta)|^2\mathrm{d}\xi\mathrm{d}\eta\cdot\iint_{-\infty}^{\infty} |H_C(\xi+f_x,\eta+f_y)|^2\mathrm{d}(\xi+f_x)\mathrm{d}(\eta+f_y)\\ =&\left[\iint_{-\infty}^{\infty} |H_C(\xi,\eta)|^2\mathrm{d}\xi\mathrm{d}\eta\right]^2\end{aligned}$$

上式两端先开方,再除以 $\iint_{-\infty}^{\infty} |H_C(\xi,\eta)|^2\mathrm{d}\xi\mathrm{d}\eta$(归一化)即得证。$|Ho(f_x,f_y)|$永远不大于 1。

顺便指出,虽然 OTF 在零频下其值恒为 1,但这并不意味着像的本底绝对强度水平与物的本底的绝对强度水平相同。OTF 定义中所用的归一化已经消除了关于绝对强度水平的一切信息。

下面再讨论 OTF 的一般意义。

在式(3.4.1)中,令

$$G_{I_i}(f_x,f_y)=|G_{I_i}(f_x,f_y)|e^{i\phi_i(f_x,f_y)}$$
$$G_{I_g}(f_x,f_y)=|G_{I_g}(f_x,f_y)|e^{i\phi_g(f_x,f_y)}$$

并取 $f_x=f_y=0$,则由该式得

$$G_{I_i}(0,0)=G_{I_g}(0,0)H_I(0,0)$$

又由式(3.4.12)知

$$\frac{H_I(f_x,f_y)}{H_I(0,0)}=\frac{G_{I_i}(f_x,f_y)/G_{I_i}(0,0)}{G_{I_g}(f_x,f_y)/G_{I_g}(0,0)}$$

在归一化 $H_I(0,0)=\iint_{-\infty}^{\infty}|\tilde{h}(x,y)|^2\mathrm{d}x\mathrm{d}y=1$ 条件下,必有

$$G_{I_i}(0,0)=G_{I_g}(0,0)=G_0$$

从而有

$$\begin{aligned}H_O(f_x,f_y)&=\frac{|G_{I_i}(f_x,f_y)|/G_0}{|G_{I_g}(f_x,f_y)|/G_0}e^{i[\phi_i(f_x,f_y)-\phi_g(f_x,f_y)]}\\&=\frac{\dfrac{(G_0+|G_{I_i}|)-(G_0-|G_{I_i}|)}{(G_0+|G_{I_i}|)+(G_0-|G_{I_i}|)}}{\dfrac{(G_0+|G_{I_g}|)-(G_0-|G_{I_g}|)}{(G_0+|G_{I_g}|)+(G_0-|G_{I_g}|)}}e^{i[\phi_i(f_x,f_y)-\phi_g(f_x,f_y)]}\\&=\frac{V_i(f_x,f_y)}{V_g(f_x,f_y)}e^{i[\phi_i(f_x,f_y)-\phi_g(f_x,f_y)]}\end{aligned}\tag{3.4.20}$$

式中,$V_i(f_x,f_y)$和 $V_g(f_x,f_y)$分别表示系统的输出像和输入物(理想像)各频率分量的对比度。由上式显然有

$$T(f_x,f_y)=|H_O(f_x,f_y)|=\frac{V_i(f_x,f_y)}{V_g(f_x,f_y)}\tag{3.4.21}$$

即 MTF 描述系统对各种频率分量对比度的传递能力,而 PTF 则描述系统对各频率分量施加的相移,它体现了实际的像强度分布 $I_i(x_i,y_i)$的位置相对于其对应的物强度分布$I_O(x_0,y_0)$〔或理想像强度分布 $I_g(\tilde{x}_0,\tilde{y}_0)$〕移动了多少。

对于衍射受限非相干成像系统,其 $H_O(f_x,f_y)$为正实数,因此,它只改变各频率分量的对比度,而不产生相移,即只需要计算 MTF。另外,由 OTF 的性质(1)和(4),有

$$V_i(f_x,f_y)\leqslant V_g(f_x,f_y)\tag{3.4.22}$$

上式表明,对于光学成像系统而言,其像的对比度不可能大于物的对比度。此外,由式(3.4.21)可以看出,当 $H_O(f_x,f_y)=0$ 时,必然有 $T(f_x,f_y)=0$。这就意味着,只要空间频率(f_x,f_y)大于系统的截止频率,不论物的对比度有多大,像的对比度总是为零。这时,任何光能量接收器(包括肉眼和探测仪器)再也不能感知到像的结构。因此,任何光能量接收器都有一个对比度阈值 V_C,仅当像的对比度 $V_i>V_C$ 时,像的结构才能被分辨。与对比度阈值 V_C 相对应的空间频率,就是成像系统的分辨极限。

式(3.4.20)和式(3.4.21)还表明,可以通过分别测量调制传递函数和位相传递函数来确定光学传递函数。为此,先制作一定空间频率的余弦模板置于物方,而在像方用狭缝扫描,实行相关运算,以测定像方强度分布的对比度和平移量,从而决定一定空间频率下的$|H_O(f_x,f_y)|$值和 $\phi(f_x,f_y)$值(参考习题 1.9)。此法的关键是制作具有良好性能的各种空间频率的余弦模板,并对不同空间频率的余弦模板重复上述测量过程,以获得完整的 MTF 函数曲线。目前已有专门的仪器测量光学成像系统的 MTF。

3.4.4　衍射受限系统 OTF 的计算

由于衍射受限成像系统的相干传递函数 $H_C(f_x,f_y)$ 与光瞳函数 $P(x,y)$ 之间有下列关系：

$$H_C(f_x,f_y)=P(\lambda d_i f_x,\lambda d_i f_y)$$

而且光瞳函数只取两个实数值，即 0 和 1，故有

$$H_C(f_x,f_y)=H_C^*(f_x,f_y)$$

$$|H_C(f_x,f_y)|^2=H_C(f_x,f_y)$$

将上列各式代入式(3.4.14)中，有

$$H_O(f_x,f_y)=\frac{\iint_{-\infty}^{\infty}P^*(\lambda d_i\xi,\lambda d_i\eta)P[\lambda d_i(\xi+f_x),\lambda d_i(\eta+f_y)]\mathrm{d}\xi\mathrm{d}\eta}{\iint_{-\infty}^{\infty}P(\lambda d_i\xi,\lambda d_i\eta)\mathrm{d}\xi\mathrm{d}\eta} \tag{3.4.23a}$$

令 $x=\lambda d_i\xi$，$y=\lambda d_i\eta$，则上式可改写成

$$H_O(f_x,f_y)=\frac{\iint_{-\infty}^{\infty}P^*(x,y)P(x+\lambda d_i f_x,y+\lambda d_i f_y)\mathrm{d}x\mathrm{d}y}{\iint_{-\infty}^{\infty}P(x,y)\mathrm{d}x\mathrm{d}y} \tag{3.4.23b}$$

显然，光学传递函数也是光瞳函数的归一化自相关。上式还给 OTF 一个重要的几何解释，由此便可导出 OTF 的计算公式。由于 $P(x,y)$ 只取 0 和 1 两个实数值，故式(3.4.23b)中的分母代表光瞳的总面积 σ_0；而分子中的 $P(x+\lambda d_i f_x,y+\lambda d_i f_y)$ 只是将光瞳函数 $P(x,y)$ 分别沿 x 轴方向和 y 轴方向移动 $-\lambda d_i f_x$ 和 $-\lambda d_i f_y$，光瞳并未改变，并且只有在它们都不为 0 的区域内，被积函数才不为 0 且取值为 1，故分子表示两个错开的光瞳相互重叠区的面积 $\sigma(f_x,f_y)$，如图3.4.1中的阴影部分所示。因此，可以对 OTF 做出这样的几何解释：

$$H_O(f_x,f_y)=\frac{\text{出瞳重叠面积}}{\text{出瞳总面积}}=\frac{\sigma(f_x,f_y)}{\sigma_0} \tag{3.4.24}$$

上述几何解释又再次表明，衍射受限非相干成像系统的 OTF 恒为非负的实数，因此它只改变各频谱分量的对比度，而不产生相移。

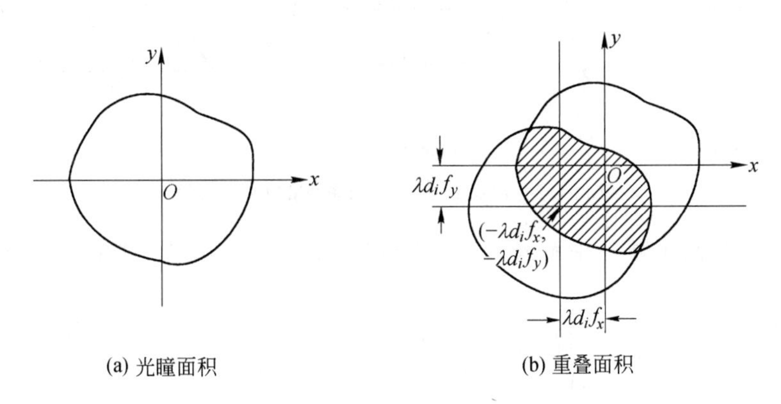

图 3.4.1　衍射受限系统的 OTF 计算

根据公式(3.4.24)，可以将计算衍射受限非相干成像系统的 OTF 的步骤归纳如下：

(1) 确定系统出瞳的形状和大小，计算出瞳总面积 σ_0。

(2) 计算出瞳面至像平面之间的距离 d_i。

(3) 任意给定一组(f_x, f_y)值，算出($\lambda d_i f_x$, $\lambda d_i f_y$)值；将出瞳平移，使其中心落在($-\lambda d_i f_x$, $-\lambda d_i f_y$)处，计算移动前后两出瞳的重叠面积。

(4) 相继再给定一组(f_x, f_y)值，算出重叠面积。依此类推，就可算出$\sigma(f_x, f_y)$。

(5) 按照公式(3.4.24)计算$\sigma(f_x, f_y)/\sigma_0$，最终得到$H_O(f_x, f_y)$。

当出瞳的几何形状比较简单、规则时，可以求出$H_O(f_x, f_y)$的完整表达式。对于形状复杂的出瞳，可以用计算机或面积仪求出$H_O(f_x, f_y)$在一系列分立频率上的值。

根据上述计算步骤并结合图3.4.1，还可以确定衍射受限非相干成像系统的截止频率(f_{0x}, f_{0y})。下面结合两个计算实例予以说明。为了与相干照明的情况相比较，仍分析方孔和圆孔光瞳。

【例1】 设衍射受限非相干成像系统的出瞳是边长为l的正方形，求其OTF。

【解】 如图3.4.2所示，出瞳总面积$\sigma_0 = l^2$。重叠面积由图3.4.2(b)中的阴影部分可以求得

$$\sigma(f_x, f_y) = (l - \lambda d_i |f_x|)(l - \lambda d_i |f_y|) \tag{3.4.25}$$

所以

$$H_O(f_x, f_y) = \frac{\sigma(f_x, f_y)}{\sigma_0} = \left(1 - \frac{\lambda d_i |f_x|}{l}\right)\left(1 - \frac{\lambda d_i |f_y|}{l}\right) \tag{3.4.26}$$

显然，只有当$\lambda d_i |f_x| < l$且$\lambda d_i |f_y| < l$时，$H_O(f_x, f_y)$才有不为零的值，由此求得该系统的截止频率为

$$f_{0x} = \frac{l}{\lambda d_i}, \quad f_{0y} = \frac{l}{\lambda d_i} \tag{3.4.27}$$

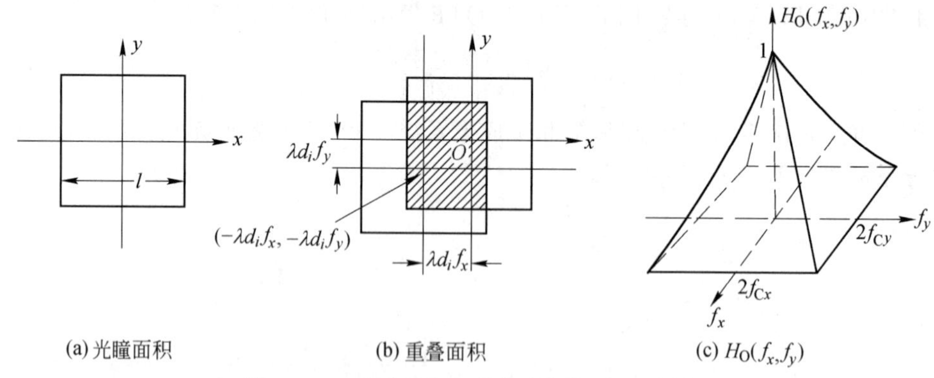

图3.4.2 出瞳为正方形的系统的OTF计算

将相干系统的截止频率关系式(3.3.15)代入式(3.4.26)中，并由三角形函数定义式(1.1.10)，得

$$H_O(f_x, f_y) = \begin{cases} \left(1 - \dfrac{|f_x|}{2f_{Cx}}\right)\left(1 - \dfrac{|f_y|}{2f_{Cy}}\right) & |f_x|, |f_y| < \dfrac{l}{\lambda d_i} \\ 0 & \text{其他} \end{cases}$$

$$= \Lambda\left(\frac{f_x}{2f_{Cx}}, \frac{f_y}{2f_{Cy}}\right) \tag{3.4.28}$$

其图像如图3.4.2(c)所示。

【例2】 衍射受限非相干成像系统的出瞳是直径为$D(=2r)$的圆，求该系统的OTF。

【解】在此情况下，OTF 显然是圆对称的，故只需沿 f_x 轴正向计算 $H_O(f_x,f_y)$ 就足够了。如图 3.4.3(b)所示，重叠面积(图中阴影部分)被 $\overline{AB}$ 分成面积相等的两个弓形。由几何学公式可知

$$弓形 ABC 的面积=\frac{1}{2}r^2(2\theta)-\frac{1}{2}\overline{AB}\sqrt{r^2-\left(\frac{\overline{AB}}{2}\right)^2}$$

于是容易求得光瞳重叠面积为

$$\sigma(f_x,0)=r^2(2\theta-2\sin\theta\cos\theta)$$

而出瞳总面积为 $\sigma_0=\pi r^2$。最后可求得

$$H_O(f_x,f_y)=\frac{\sigma(f_x,0)}{\sigma_0}=\frac{2}{\pi}(\theta-\sin\theta\cos\theta) \tag{3.4.29}$$

或写成

$$H_O(f_x,f_y)=\frac{2}{\pi}\left[\arccos\left(\frac{\lambda d_i f_x}{D}\right)-\frac{\lambda d_i f_x}{D}\sqrt{1-\left(\frac{\lambda d_i f_x}{D}\right)^2}\right] \tag{3.4.30}$$

由圆对称性可得系统的截止频率在一切方向均为

$$\rho_0=f_{0x}=f_{0y}=\frac{D}{\lambda d_i} \tag{3.4.31}$$

该传递函数的图像如图 3.4.3(c)所示。

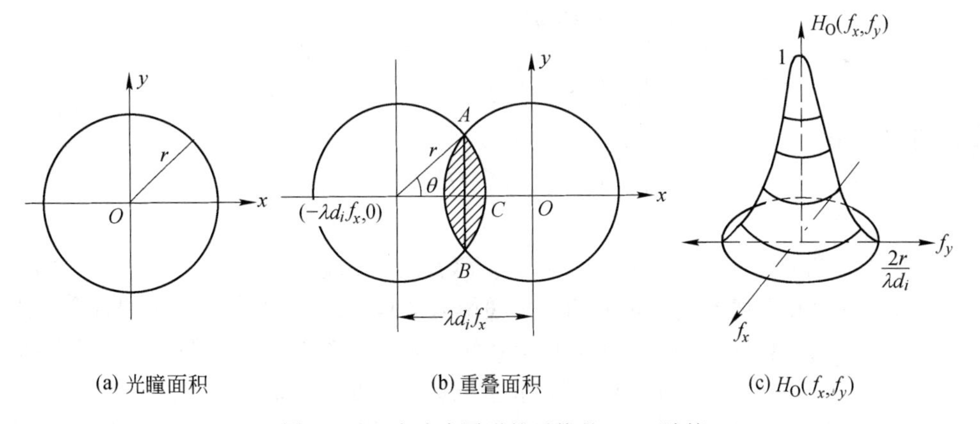

图 3.4.3　出瞳为圆形的系统的 OTF 计算

将式(3.4.27)、(3.4.31)与式(3.3.15)、(3.3.18)比较可以看出：非相干成像系统的截止频率是相干成像系统的两倍。但从它们各自的图像上看到，在截止频率以内，OTF 的值不像 CTF 那样恒为 1，而是随空间频率的增大逐渐减小。

3.4.5　像差对 OTF 的影响

对于有像差的光学系统，不论造成像差的原因是什么，总可以归结为波面对于理想球面波的偏离。因此，仿效前节对公式(3.3.10)的讨论，可用广义光瞳函数替代光瞳函数，写成

$$P'(x,y)=P(x,y)e^{ikW(x,y)}=\begin{cases}e^{ikW(x,y)} & 在光瞳内\\ 0 & 在光瞳外\end{cases} \tag{3.4.32}$$

将上式代入式(3.4.23b)中，便得

$$H_O(f_x,f_y)=\frac{\iint_{\sigma(f_x,f_y)}e^{-ikW(x,y)}e^{ikW(x+\lambda d_if_x,y+\lambda d_if_y)}\mathrm{d}x\mathrm{d}y}{\iint_{\sigma_0}\mathrm{d}x\mathrm{d}y} \tag{3.4.33}$$

上式把波面的偏差(即像差)与 OTF 直接联系了起来。

利用 Schwarz 不等式可以证明,像差的存在不会增大 MTF 的值。为此,在式(3.4.19)中,令

$$X=\exp[-ikW(\xi,\eta)]$$
$$Y=\exp[ikW(\xi+\lambda d_if_x,\eta+\lambda d_if_y)]$$

将式(3.4.33)两端取模的平方,再应用 Schwarz 不等式(3.4.19),同时注意到$|X|^2=|Y|^2=1$,便得到

$$|H_O(f_x,f_y)|^2_{有像差}=\frac{\left|\iint_{\sigma(f_x,f_y)}e^{-ikW(\xi,\eta)}e^{ikW(\xi+\lambda d_if_x,\eta+\lambda d_if_y)}\mathrm{d}\xi\mathrm{d}\eta\right|^2}{\left|\iint_{\sigma_0}\mathrm{d}\xi\mathrm{d}\eta\right|^2}$$
$$\leqslant\frac{\iint_{\sigma(f_x,f_y)}|e^{-ikW(\xi,\eta)}|^2\mathrm{d}\xi\mathrm{d}\eta\cdot\iint_{\sigma(f_x,f_y)}|e^{ikW(\xi+\lambda d_if_x,\eta+\lambda d_if_y)}|^2\mathrm{d}\xi\mathrm{d}\eta}{\left|\iint_{\sigma_0}\mathrm{d}\xi\mathrm{d}\eta\right|^2}$$
$$=\left|\frac{\iint_{\sigma(f_x,f_y)}\mathrm{d}\xi\mathrm{d}\eta}{\iint_{\sigma_0}\mathrm{d}\xi\mathrm{d}\eta}\right|^2=|H_O(f_x,f_y)|^2_{无像差}$$

将两端开平方后有

$$|H_O(f_x,f_y)|_{有像差}\leqslant|H_O(f_x,f_y)|_{无像差}$$

即

$$T(f_x,f_y)_{有像差}\leqslant T(f_x,f_y)_{无像差} \tag{3.4.34}$$

由此可见,像差的存在会使光学系统的调制传递函数下降,使像面光强度分布的各个空间频率分量的对比度降低。但可以证明,对于有像差系统和无像差系统,只要是同样大小和形状的出射光瞳,其截止空间频率都是相同的。

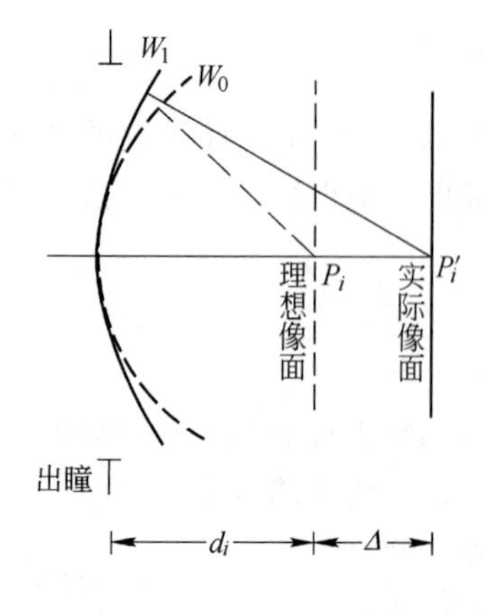

图 3.4.4　光学系统的聚焦误差

【例 1】计算存在聚焦误差时的 OTF。为简单起见,设系统的出瞳是正方形,边长为 l。像差仅仅是由像面位置没有与理想像面重合而引起的。(严格地说,离焦实际上不是像差,而是调焦不准确。)

【解】根据公式(3.4.33),为求此时系统的光学传递函数 $H_O(f_x,f_y)$,应先确定波像差 $e^{ikW(x,y)}$。为此可参看图 3.4.4。实际像面位于理想像面右方 Δ 处;实际波面 W_1 对应的像点为 P_i'。P_i' 像点所要求的理想球面波面为 W_0,因而在过 P_i' 点的面上产生离焦像。像差可以看成是广义光瞳函数 $e^{ikW(x,y)}$ 的作用。而 $e^{ikW(x,y)}$ 应等于两个球面波的位相偏差:

$$e^{ikW(x,y)}=\exp\left\{-i\frac{k}{2d_i}(x^2+y^2)-\left[-i\frac{k}{2(d_i+\Delta)}(x^2+y^2)\right]\right\}$$

$$=\exp\left[\mathrm{i}\,\frac{k\varepsilon}{2}(x^2+y^2)\right] \tag{3.4.35}$$

式中，ε 表征离焦的程度，即

$$\varepsilon=\frac{1}{d_i+\Delta}-\frac{1}{d_i}\approx-\frac{\Delta}{d_i^2} \tag{3.4.36}$$

对于边长为 l 的正方形光瞳，沿 x 轴和 y 轴方向，孔径边缘上$\left(x=\pm\frac{l}{2},y=\pm\frac{l}{2}\right)$的最大光程差 W_{M} 为

$$W_{\mathrm{M}}=\frac{\varepsilon}{2}\left(\frac{l}{2}\right)^2=\frac{\varepsilon l^2}{8} \tag{3.4.37}$$

广义光瞳函数可写为

$$\begin{aligned}P'(x,y)&=P(x,y)\exp\left[\mathrm{i}\,\frac{k\varepsilon}{2}(x^2+y^2)\right]\\&=\begin{cases}\exp\left[\mathrm{i}\,\frac{k\varepsilon}{2}(x^2+y^2)\right] & \text{在出瞳内}\\0 & \text{在出瞳外}\end{cases}\end{aligned} \tag{3.4.38}$$

系统的相干截止频率 $f_{\mathrm{C}}=\frac{l}{2\lambda d_i}$（或 $l=2\lambda d_i f_{\mathrm{C}}$），而 $W(x,y)=\frac{\varepsilon}{2}(x^2+y^2)=\frac{8W_{\mathrm{M}}}{2l^2}(x^2+y^2)=\frac{W_{\mathrm{M}}(x^2+y^2)}{(\lambda d_i f_{\mathrm{C}})^2}$。把它们代入式(3.4.23b)中，并认为两个错开$(\lambda d_i f_x,\lambda d_i f_y)$的光瞳是各自朝相反方向移动$\frac{1}{2}\lambda d_i f_x$ 和$\frac{1}{2}\lambda d_i f_y$ 后形成的，遂有

$$\begin{aligned}H_{\mathrm{O}}(f_x,f_y)=\ &\frac{1}{l^2}\iint_{-\infty}^{\infty}P^*\left(x-\frac{1}{2}\lambda d_i f_x,y-\frac{1}{2}\lambda d_i f_y\right)P\left(x+\frac{1}{2}\lambda d_i f_x,y+\frac{1}{2}\lambda d_i f_y\right)\cdot\\&\exp\left\{\mathrm{i}k\,\frac{W_{\mathrm{M}}}{(\lambda d_i f_{\mathrm{C}})^2}\left[\left(x+\frac{1}{2}\lambda d_i f_x\right)^2+\left(y+\frac{1}{2}\lambda d_i f_y\right)^2-\right.\right.\\&\left.\left.\left(x-\frac{1}{2}\lambda d_i f_x\right)^2-\left(y-\frac{1}{2}\lambda d_i f_y\right)^2\right]\right\}\mathrm{d}x\mathrm{d}y\end{aligned}$$

上式积分号中指数因子经整理可化为

$$\exp\left\{-\mathrm{i}2\pi\left[\left(\frac{-2f_x W_{\mathrm{M}}}{\lambda^2 d_i f_{\mathrm{C}}^2}\right)x+\left(\frac{-2f_y W_{\mathrm{M}}}{\lambda^2 d_i f_{\mathrm{C}}^2}\right)y\right]\right\}$$

而两个错开光瞳的重叠面积为

$$\sigma(f_x,f_y)=(l-\lambda d_i|f_x|)(l-\lambda d_i|f_y|)$$

所以

$$\begin{aligned}H_{\mathrm{O}}(f_x,f_y)=\ &\frac{1}{l^2}\iint_{-\infty}^{\infty}\mathrm{rect}\left(\frac{x}{l-\lambda d_i|f_x|},\frac{y}{l-\lambda d_i|f_y|}\right)\cdot\\&\exp\left\{-\mathrm{i}2\pi\left[\left(\frac{-2f_x W_{\mathrm{M}}}{\lambda^2 d_i f_{\mathrm{C}}^2}\right)x+\left(\frac{-2f_y W_{\mathrm{M}}}{\lambda^2 d_i f_{\mathrm{C}}^2}\right)y\right]\right\}\mathrm{d}x\mathrm{d}y\end{aligned}$$

遂由傅里叶变换相似性定理，得到

$$\begin{aligned}H_{\mathrm{O}}(f_x,f_y)=&\frac{1}{l^2}(l-\lambda d_i|f_x|)(l-\lambda d_i|f_y|)\,\mathrm{sinc}\left[(l-\lambda d_i|f_x|)\left(\frac{-2f_x W_{\mathrm{M}}}{\lambda^2 d_i f_{\mathrm{C}}^2}\right)\right]\cdot\\&\mathrm{sinc}\left[(l-\lambda d_i|f_y|)\left(\frac{-2f_y W_{\mathrm{M}}}{\lambda^2 d_i f_{\mathrm{C}}^2}\right)\right]\end{aligned}$$

将 $f_C=\frac{l}{2\lambda d_i}$ 代入上式,并考虑到 sinc 函数是偶函数,经整理化简后得

$$H_O(f_x,f_y)=\Lambda\left(\frac{f_x}{2f_C},\frac{f_y}{2f_C}\right)\mathrm{sinc}\left[\frac{8W_M}{\lambda}\left(\frac{f_x}{2f_C}\right)\left(1-\frac{|f_x|}{2f_C}\right)\right]\cdot$$
$$\mathrm{sinc}\left[\frac{8W_M}{\lambda}\left(\frac{f_y}{2f_C}\right)\left(1-\frac{|f_y|}{2f_C}\right)\right] \tag{3.4.39}$$

上式就是因调焦不准确对 OTF 产生影响的表达式。在图 3.4.5(a)中画出了 $W_M=0,\frac{\lambda}{4},\frac{\lambda}{2},\frac{3}{4}\lambda$ 和 λ 时的 $H_O(f_x,0)$ 曲线。由图中看到,当 $W_M=0$ 时,得到衍射受限成像系统的 OTF 曲线。当 $W_M\leqslant\frac{\lambda}{4}$ 时,OTF 曲线接近上述理想情况,这说明离焦的光程偏差不超过 $\frac{\lambda}{4}$ 时,其对成像质量影响不大,从而可以把 $W_M=\frac{\lambda}{4}$ 作为离焦的容限。当 $W_M>\frac{\lambda}{2}$ 时,OTF 在某些区域出现负值,对应频率成分产生 π 的相移,这表示该区域的对比度发生了翻转,即强度峰值变为强度零点,反之亦然〔见图 3.4.5(b)〕。这种现象通常称为伪分辨(False Resolution)。

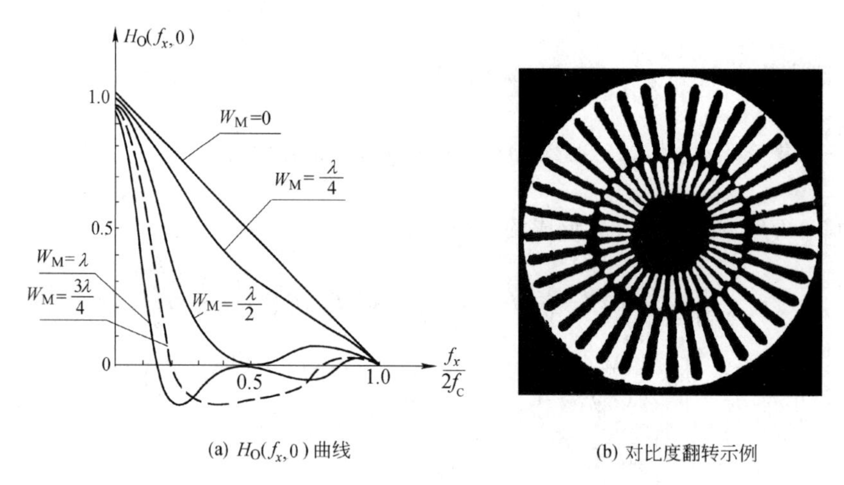

(a) $H_O(f_x,0)$ 曲线　　(b) 对比度翻转示例

图 3.4.5　正方形光瞳系统有离焦像差时的 OTF

3.5　相干成像与非相干成像系统的比较

本节将对相干成像和非相干成像两种系统做一些比较,并作为本章的小结。通过这种比较,虽然并不能简单地得出哪一种照明方式更优越,但有助于读者更加深入地理解这两种系统之间的联系及其某些差异,从而可根据一些具体情况判断选择哪一种照明方式会更加适合。

1. 截止频率

由前两节的讨论看到,非相干衍射受限系统 OTF 的截止频率扩展到相干系统 CTF 的截止频率的两倍处。因此似乎可以得出结论:对于同一个光学成像系统,使用非相干照明一定会比采用相干照明得到更好的像。可是从下面的讨论将看到,这个结论一般是不正确的。其主要原因在于,相干系统截止频率是确定像的复振幅的最高频率分量,而非相干系统截止频率是对像的强度的最高频率分量而言的。虽然在这两种情形中,最后的可观察量都是像的强度分布,但由于两种截止频率所描述的物理量不同,所以不能直接对它们进行比较,而简单地得出结论。

2. 两个点物间的分辨

分辨率是评价光学系统成像质量的一个重要指标。对于衍射受限的圆形光瞳，在非相干照明方式下，根据瑞利分辨判据，若两个强度相等的非相干点源，一个点源产生的艾里斑中心恰好落在另一个点源所产生的艾里斑的第一个极小上，则称它们是非相干衍射受限系统“刚刚能够分辨”的两个点源。由 2.5 节中圆孔的夫琅和费衍射花样公式(2.5.16)知，像斑的归一化强度可表示为

$$I(r_0)=\left[\frac{2\mathrm{J}_1\left(\dfrac{kdr_0}{2z}\right)}{\dfrac{kdr_0}{2z}}\right]^2=\left[\frac{2\mathrm{J}_1(\pi x)}{\pi x}\right]^2$$

式中，$x=\dfrac{dr_0}{\lambda z}$。又由表 2.5.1 可知，第一个暗环的角半径为 $x=1.22$，所以，如果把两个点源像的中心沿 x 轴方向分别放在 $x=\pm 0.61$ 处，则它们正好满足瑞利分辨判据的条件，且其光强分布可表示为

$$I(x)=\left\{\frac{2\mathrm{J}_1[\pi(x-0.61)]}{\pi(x-0.61)}\right\}^2+\left\{\frac{2\mathrm{J}_1[\pi(x+0.61)]}{\pi(x+0.61)}\right\}^2 \tag{3.5.1}$$

图 3.5.1(a)画出了此强度分布的剖面图，此时，两个点源的艾里斑图样在其中心处约下降 26.5%，对应的鞍峰比为 73.5%（如果是两条狭缝产生的衍射，则对应的鞍峰比为 81.1%）。

对于相干照明方式，两个点源产生的艾里斑则必须先按复振幅叠加，再求其合强度。此强度记为

$$I(x)=\left|\frac{2\mathrm{J}_1[\pi(x-0.61)]}{\pi(x-0.61)}+\frac{2\mathrm{J}_1[\pi(x+0.61)]}{\pi(x+0.61)}\mathrm{e}^{\mathrm{i}\phi}\right|^2 \tag{3.5.2}$$

式中，ϕ 是两物点之间的位相差。显然，$I(x)$的值与 ϕ 有关。在图 3.5.1(b)中画出了 $\phi=0°$，90°和 180°时的光强分布。根据图 3.5.1 中的曲线，可以对系统在相干照明和非相干照明条件下的分辨能力进行比较后，得出如下结论：

(1) $\phi=0°$，即两点源同位相时，$I(x)$不出现中心凹陷，因而两物点完全不能分辨，其分辨能力不如非相干照明的情形好。

(2) $\phi=90°$时，相干照明的强度分布 $I(x)$与非相干照明所得结果完全相同，从而在两种照明方式下，系统的分辨能力一样。

(3) $\phi=180°$，即两点源位相相反时，相干照明的强度分布 $I(x)$的中心凹陷取极小值，远远低于 26.5%，故这两点比非相干照明方式下分辨得更清楚。

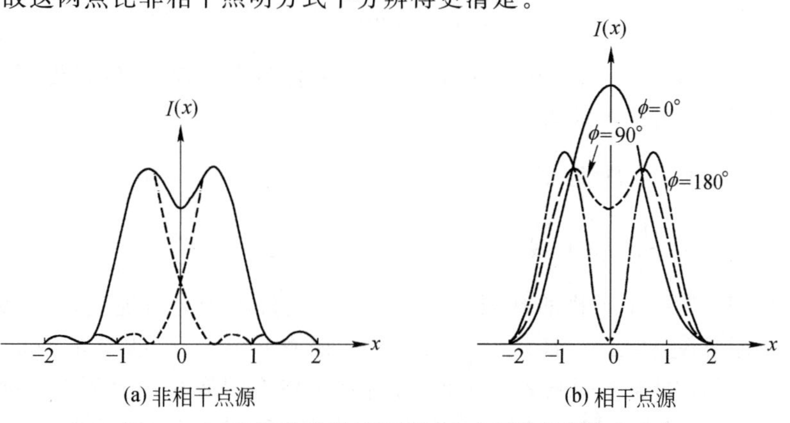

(a) 非相干点源　　(b) 相干点源

图 3.5.1　相距为瑞利极限的两个点源像的强度分布

由此可见，到底哪种照明方式对提高两点源间的分辨率更为有利，我们不可能得出一个普遍适用的结论。故瑞利判据仅适用于非相干成像系统，而对于相干成像系统，能否分辨两个点源，则要考虑它们的位相关系。

3. 像强度的频谱

在相干照明和非相干照明下，像强度可分别由式(3.2.19)、式(3.2.22)表示为

$$I_C(x_i,y_i)=|f_g(x_i,y_i)*\tilde{h}(x_i,y_i)|^2$$

$$I_O(x_i,y_i)=I_g(x_i,y_i)*h_I(x_i,y_i)=|f_g(x_i,y_i)|^2*|\tilde{h}(x_i,y_i)|^2$$

对以上两式进行傅里叶变换，并利用卷积定理和相关定理，得到相干照明和非相干照明方式下像强度的频谱分别为式(3.5.3)、式(3.5.4)，即

$$G_C(f_x,f_y)=[F_g(f_x,f_y)H_C(f_x,f_y)]\otimes[F_g(f_x,f_y)H_C(f_x,f_y)] \tag{3.5.3}$$

$$G_O(f_x,f_y)=[F_g(f_x,f_y)\otimes F_g(f_x,f_y)][H_C(f_x,f_y)\otimes H_C(f_x,f_y)] \tag{3.5.4}$$

式中，$G_C(f_x,f_y)$和$G_O(f_x,f_y)$分别是相干和非相干系统中像强度的频谱。就频谱内容而言，从上列两式不能简单地得出结论来说明一种照明方式比另一种照明方式更好。但上列两式表明，两种照明方式下的频谱内容可以很不相同。因为成像结果不仅与照明方式有关，也与系统的结构和物的空间结构有关。这一点可从下面的两个例题中得到进一步的理解。

4. 对锐边的响应迥然不同

由相干成像系统的传递函数公式(3.3.4)：

$$H_C(f_x,f_y)=P(\lambda d_i f_x,\lambda d_i f_y)=\begin{cases}1 & \text{在出瞳内}\\ 0 & \text{在出瞳外}\end{cases}$$

可知，该函数具有陡峭的不连续性，且在截止频率确定的通频带内不衰减，因而具有较小的误差。

而非相干成像系统的传递函数为式(3.4.14)：

$$H_O(f_x,f_y)=\frac{H_C(f_x,f_y)\otimes H_C(f_x,f_y)}{\iint_{-\infty}^{\infty}H_C(\xi,\eta)\mathrm{d}\xi\mathrm{d}\eta}$$

它在截止频率所确定的通频带内，不像$H_C(f_x,f_y)$那样恒等于1，而是随空间频率的增大逐渐减小，其结果是降低了像的对比度。

【例1】有一单透镜成像系统，其圆形边框的直径为7.2 cm，焦距为10 cm，且物和像等大。设物的透过率函数为

$$t(x)=\left|\sin\frac{2\pi x}{b}\right|$$

式中，$b=0.5\times10^{-3}$cm。今用$\lambda=600$ nm的单色光垂直照明该物，试解析说明在相干光和非相干光照明的情况下，像面上能否出现强度起伏？

【解】按题设条件，物周期$T_1=\frac{b}{2}$，其频率$f_1=\frac{1}{T_1}=\frac{2}{b}=400$线/毫米；而$d_0=d_i=2f=200$ mm，故$f_C=\frac{D}{2\lambda d_i}=300$线/毫米，$f_0=\frac{D}{\lambda d_i}=600$线/毫米。显然，在相干照明条件下，$f_C<f_1$，系统的截止频率小于物的基频，此时，系统只允许零频分量通过，其他频谱分量均被挡住，所以物不能成像，像面呈均匀分布。在非相干照明下，$f_1<f_0$，系统的截止频率大于物的基频，故零频和基频均能通过系统参与成像，在像面上将有图像存在。基于这种分析，非相干成像方式要比相干成像方式好。但在别的物结构下，情况将发生变化(见例2)。

【例 2】在例 1 中，如果物的透过率函数换为

$$t(x)=\sin\frac{2\pi x}{b}$$

结论又如何？

【解】这时，物周期 $T_1=b$，其频率 $f_1=\dfrac{1}{b}=200$ 线/毫米。根据例 1 的数据，显然 $f_1<f_C<f_0$，即在相干照明下，这个呈正弦分布的物函数复振幅能够不受衰减地通过此系统成像。而对于非相干照明方式，物函数的基频也小于其截止频率，故此物函数也能通过该系统成像，但其幅度会随空间频率的增加产生逐渐增大的衰减，即对比度降低。由此可见，在这种物结构下，相干照明方式要比非相干照明方式好。

此外，相干照明具有严重的散斑效应（详见第 9 章），且光学缺陷易在相干照明下观察到，并容易产生一些木纹状的附加干涉花纹，对成像的清晰度带来干扰。

本章重点

1. 薄透镜的位相调制作用、傅里叶变换性质和成像特性。
2. $H_C(f_x,f_y)$ 和 $H_O(f_x,f_y)$ 的计算。
3. 光学系统的截止频率。
4. 像强度分布的计算。

思考题

3.1　光学传递函数在 $f_x=f_y=0$ 处都等于 1，这是为什么？光学传递函数的值可能大于 1 吗？如果光学系统真的实现了点物成点像，这时的光学传递函数怎样？

3.2　非相干成像系统的出瞳是由大量随机分布的小圆孔组成的。小圆孔的直径都是 D，出瞳到像面的距离为 d_i，光波长为 λ，这种系统可用来实现非相干低通滤波。问系统的截止频率近似为多少？

3.3　试写出平移模糊系统、大气扰动系统相应的传递函数。

3.4　试证明图 3.1.2 中所有正透镜的焦距总是正的，而所有负透镜的焦距总是负的。

3.5　试设计一种实验测试光学传递函数 $H_O(f_x,f_y)$ 的方案。

习　题

3.1　一个衍射屏具有下述圆对称的振幅透过率函数：

$$t(r)=\frac{1}{2}(1+\cos\alpha r^2)\,\mathrm{circ}\left(\frac{r}{l}\right)$$

式中，$r=\sqrt{x^2+y^2}$；l 为圆形衍射屏的半径。问：

（1）这个屏的作用在什么方面像一个透镜？

（2）给出此屏的焦距的表达式。

（3）若用它做成像元件，有什么缺点？

3.2　试由式(3.1.10)直接导出式(3.1.11)。

3.3　用一束单位振幅的平面波垂直入射照明一个透镜。透镜的直径为 5 cm，焦距为

20 cm,在透镜后面 10 cm 的地方,以透镜轴为中心放着一个物体,其振幅透过率为

$$t(x,y)=\frac{1}{2}(1+\cos 2\pi f_0 x)\operatorname{rect}\left(\frac{x}{L},\frac{y}{L}\right)$$

假定 $L=1$ cm,$f_0=100$ 线/厘米,大致画出焦平面上沿 x 轴的强度分布,标出各个衍射分量之间的距离和各个分量的宽度(第一个零点之间的距离)。

3.4　将面积为 10 mm×10 mm 的透射物体置于一傅里叶变换透镜的前焦面上作频谱分析。用波长 $\lambda=0.5$ μm 的单色平面波垂直照明,要求在频谱面上测得的强度在频率 140 线/毫米以下能准确代表物体的功率谱,并要求频率为 140 线/毫米与 20 线/毫米在频谱面上的间隔为 30 mm,问该透镜的焦距和口径各为多少?

3.5　一菲涅耳波带片的复振幅透过率为

$$t(r)=\frac{1}{2}[1+\operatorname{sgn}(\cos \alpha r^2)]\operatorname{circ}\left(\frac{r}{l}\right)$$

如图 X3.1 所示。证明它的作用相当于一个有多重焦距的透镜,并确定这些焦距的大小。

3.6　一物体的振幅透过率为一方波,如图 X3.2 所示,通过一光瞳为圆形的透镜成像。透镜的焦距为 10 cm,方波的基频是 1 000 线/厘米,物距为 20 cm,波长为10^{-4} cm。问在以下两种情况下:(1) 物体用相干光照明时;(2) 物体用非相干光照明时,透镜的直径最小应为多少才会使像平面上出现强度的任何变化?

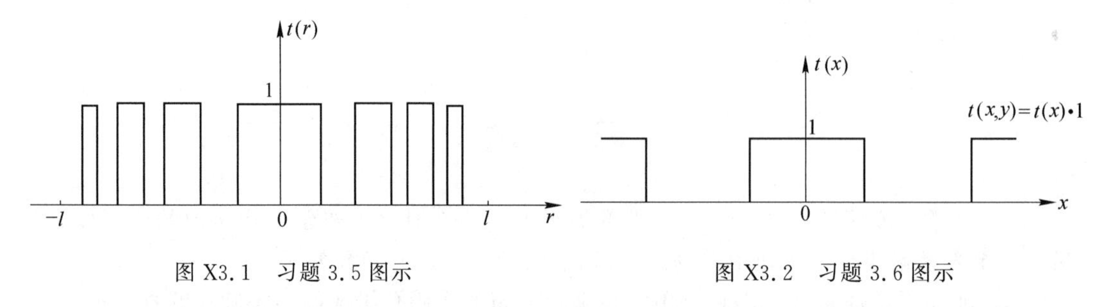

图 X3.1　习题 3.5 图示　　　　图 X3.2　习题 3.6 图示

3.7　一个衍射受限成像系统,其出射光瞳是边长为 l 的正方形,若在光瞳中心嵌入一个边长为$\frac{l}{2}$的正方形不透明屏,试画出 $H_O(f_x,0)$的函数图像。

3.8　一个衍射受限成像系统,其出射光瞳是直径为 l 的圆,在出瞳面上用不透明的半圆屏嵌入光瞳,求此系统 $H_O(f_x,0)$和 $H_O(0,f_y)$的表达式。

3.9　改变一维理想透镜的光瞳函数,使它的振幅透过率从中心到边缘线性地从 1 减小到 0,求这种透镜的光学传递函数。

3.10　一个正弦物体的振幅透过率为

$$t(x)=\frac{1}{2}(1+\cos 2\pi f_0 x)$$

用相干成像系统对它成像。设物的空间频率 f_0 小于系统的截止频率,并且忽略放大和系统的总体衰减。

(1) 若系统无像差,求像平面上的强度分布;

(2) 证明同样的强度分布也出现在无穷多个未聚焦的像平面上。

3.11　一个余弦型振幅光栅的振幅透过率为

$$t(x_0)=\frac{1}{2}(1+\cos 2\pi f_0 x_0)$$

将其放在一个直径为 l 的圆形会聚透镜(焦距为 f)之前,并且用平面单色光波倾斜照明。平

面波的传播方向在 x_0Oz 平面内，与 z 轴夹角为 θ，如图 X3.3 所示。

(1) 求通过物透射的光的振幅分布的频谱。

(2) 假定 $d_0=d_i=2f$，问像平面上会出现强度变化的 θ 角的最大值是多少？

(3) 假定用的倾斜角 θ 就是这个最大值，求像平面上的强度分布。它与 $\theta=0$ 时相应的强度分布比较，情况如何？

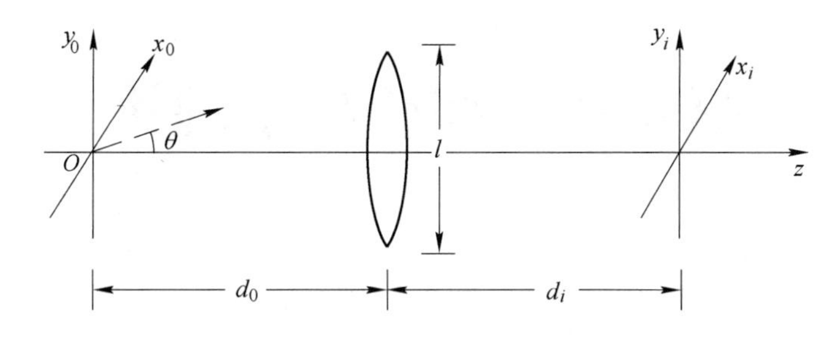

图 X3.3　习题 3.11 图示

3.12　如图 X3.4 所示，衍射受限非相干成像系统，光阑缝宽为 l，透镜的焦距和成像倍率分别为 f 和 M，其中 $M=1$，照明光波长为 λ，如果物体是振幅透过率为 $t(x_0)=\sum_{n=-\infty}^{\infty}\delta(x_0-nd)$ 的理想光栅，试求：

(1) 像的强度分布；

(2) 设光栅常数 $d=0.01$ mm，$\lambda=10^{-4}$ cm，$l=2$ cm，$f=5$ cm，试定性画出像强度分布图。

3.13　一个非相干成像系统，其光瞳函数为图 X3.5 所示的孔径，画出它的光学传递函数沿 f_x 轴和 f_y 轴的截面图(图上要求标明各个截止频率值)。

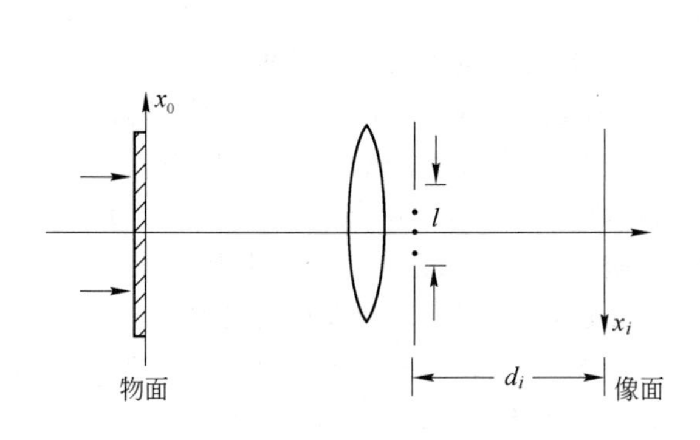

图 X3.4　习题 3.12 图示

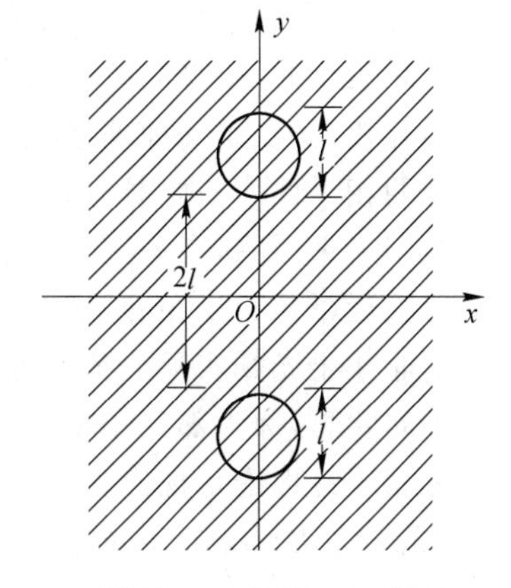

图 X3.5　习题 3.13 图示

本章参考文献

[1]　DUFFIEUX P M. L'Integrale de Fourier et ses Applications à l'Optique[M]. Rennes: Societé Anonyme des Emprimeries Oberthur, 1946.

[2]　HOPKINS H H. Wave Theory of Aberration[M]. Oxfold: Oxfold University Press, 1950.

[3]　王仕璠，朱自强. 现代光学原理[M]. 成都：电子科技大学出版社，1998：117-153.

[4]　苏显渝，李继陶，曹益平，等. 信息光学[M]. 2 版. 北京：科学出版社，2011：58-82.

[5]　陈家璧，苏显渝. 光学信息技术原理及应用[M]. 北京：高等教育出版社，2002：49-83.

[6]　吕乃光，周哲海. 傅里叶光学(概念、题解)[M]. 北京：机械工业出版社，2009：99-141.

第4章　部分相干理论

通过前面的讨论，可以看到，照明光源的相干性对于光学系统成像具有重大影响。所谓相干性(Coherence)，是指两列同频率单色光波叠加时，因彼此相关而能够观察到清晰的干涉现象(强度起伏)，它包含了相干的时间效应和空间效应。这两种效应分别产生于光源的单色性程度和光源的有限尺寸。相干性的好坏常用其干涉条纹的对比度来描述。在讨论过程中，为了简单起见，做了两种理想化的假设：一种情况是把光源假设为一个理想的点光源，并且具有严格的单色性，这样的光扰动具有完全的相干性，其干涉条纹的对比度可以达到1；另一种情况，则假设光源是完全不相干的，用完全不相干的光源照明时得不到干涉条纹，干涉图的对比度等于零。

但是，点光源和单色光的概念都只是一种在数学上的理想化的抽象。严格的单色光在时间上是无限延续的，传播的波列也是无限长的，这在实际中自然是不存在的。同样，任何点光源也是不存在的，也是一种理想模型。任何光源都包含有一定的波长范围和尺寸，这些都会影响到光源的相干性。与此对应，完全不相干的光源也是一种理想化，即使采用通常认为完全不相干的太阳光来照明，在一定条件下也能产生干涉效应。例如，在杨氏干涉装置中，只要两个小孔靠得很近(约0.02 mm)，用太阳光来照明双孔，也能看到干涉条纹。由于严格的相干光场和严格的非相干光场实际上都不可能得到，因此，应该研究实际存在于完全相干与完全不相干之间的中间状态，称为部分相干性(Partial Coherence)，这就是本章所要讨论的内容。

部分相干性理论是现代光学中较为活跃的一个领域，它既是处理光场统计性质的一种理论(统计光学方法)，又涉及光场的量子力学描述(量子光学)。从20世纪60年代起，部分相干性理论在许多学科领域变得重要起来，例如射电天文学、激光理论、光通信技术、光学干涉计量和光谱学等。进入20世纪80年代，部分相干性理论已经相当完备，其应用领域甚至扩展到一些交叉学科，如生物物理学、心理学等。本章仅限于介绍部分相干光理论的基本概念和基本规律，只采用对光场的统计描述，而不涉及量子光学处理方法。

4.1　光场相干性的一般概念

4.1.1　光源的空间相干性与光源线度

研究光场的相干性就是要研究光场中任意两点的光扰动相叠加时的表现，并根据这种表现来确定光场的相干性。为了讨论光场中任意两点光扰动的叠加，就要把这两点的光扰动引出来并使之相遇。最简单的办法就是利用杨氏双孔（或双缝）干涉装置，观察由双孔干涉产生的条纹图样。

图 4.1.1 表示一简单的杨氏双孔实验装置。首先考虑光源 S 是单色点光源的情况，该点光源位于图中 x_S 处，略高于对称轴一个微小距离 x_S，并设其在 P_1、P_2 处形成的光场基本相同，它们经小孔 P_1、P_2 衍射后在观察屏上形成干涉条纹。干涉场的强度分布由下式决定：

$$I(p)=I_1+I_2+2\sqrt{I_1I_2}\cos\delta$$
$$=2I_{01}(1+\cos\delta)=4I_{01}\cos^2\frac{\delta}{2} \tag{4.1.1}$$

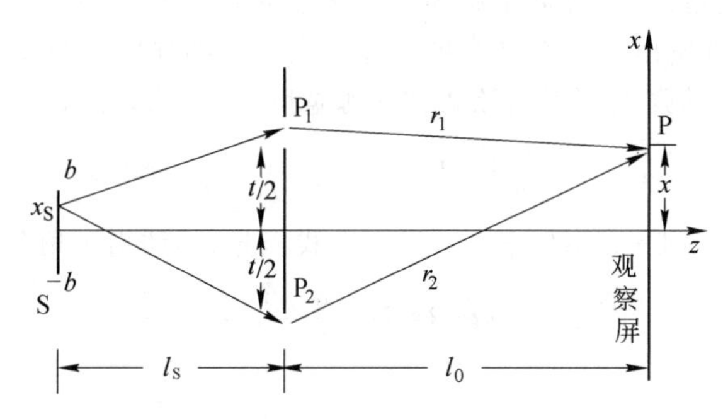

图 4.1.1　单色点光源的杨氏双孔干涉

式中，$\delta=k(r_2-r_1)=k\Delta r$，$r_1$、$r_2$ 各代表由点源 x_S 经小孔 P_1、P_2 到达观察点 P 的光程，并设 $I_1=I_2=I_{01}$。由图 4.1.1 求得

$$\Delta r=\{[l_S^2+(t/2+x_S)^2]^{1/2}+[l_0^2+(t/2+x)^2]^{1/2}\}-\{[l_S^2+(t/2-x_S)^2]^{1/2}+[l_0^2+(t/2-x)^2]^{1/2}\}$$

将上式整理后得

$$\Delta r=l_S\left\{\left[1+\frac{(t/2+x_S)^2}{l_S^2}\right]^{1/2}-\left[1+\frac{(t/2-x_S)^2}{l_S^2}\right]^{1/2}\right\}+l_0\left\{\left[1+\frac{(t/2+x)^2}{l_0^2}\right]^{1/2}-\left[1+\frac{(t/2-x)^2}{l_0^2}\right]^{1/2}\right\} \tag{4.1.2}$$

由于 x_S、x 和 t 比 l_0 及 l_S 小得多，故可用关系式 $(1\pm\varepsilon^2)^{1/2}\approx1\pm\frac{1}{2}\varepsilon^2$，得到式(4.1.2)的近似式：

$$\Delta r=\frac{tx_S}{l_S}+\frac{tx}{l_0} \tag{4.1.3}$$

故强度分布公式(4.1.1)最后可写成

$$I=I_0\cos^2\left[\frac{kt}{2}\left(\frac{x_S}{l_S}+\frac{x}{l_0}\right)\right] \tag{4.1.4}$$

式中，I_0 为观察屏上的最大光强。由式(4.1.4)知，在 x 取定值处，观察屏上的光强度相同；x 取不同值处，光强度则不同，从而出现直线条纹。其条纹间隔 Δx 由下式决定：

$$\frac{kt}{2}\frac{\Delta x}{l_0}=\pi$$

由此求得

$$\Delta x=\frac{2l_0\pi}{kt}=\frac{\lambda l_0}{t} \tag{4.1.5}$$

因此,观察屏上为一系列间隔为$\frac{\lambda l_0}{t}$的平行条纹。但在实际情况下,观察屏上能否看到干涉条纹,在多大范围内能看到干涉条纹,这与光源本身的性质和光路布置有关。了解这些情况就可以有效地使用光源和合理地安排光路,以满足对光源相干性的要求。

以上讨论尚未涉及光源尺寸的影响。现在假设图4.1.1中的S不是点光源,而是线光源,则由于光源S有一定线度,其中每一个点都独立发光。虽然所有点发出的光波的波长都是相同的,但在此光源上点与点之间的位相变化都是随机的。因而来自光源上一个点的光与来自其他点的光都是非相干的,这样每一个点发出的光通过小孔P_1、P_2后都在观察屏上单独形成一组杨氏干涉条纹,每组条纹也是等距平行的,但沿垂直于条纹方向相互错开了一段距离,从而使各自的明暗条纹交错重叠,降低了整体条纹图样的对比度。

由光源上一点x_S处发出的光在观察屏上任一点x处的强度由公式(4.1.4)给出。而整个光源在观察屏上x处的总强度则可由该式在光源宽度$2b$上积分得到,即

$$I(x)=\frac{1}{2b}\int_{-b}^{b} I_0\cos^2\left[\frac{kt}{2}\left(\frac{x_S}{l_S}+\frac{x}{l_0}\right)\right]\mathrm{d}x_S$$

应用三角公式$\cos^2(x)=[1+\cos(2x)]/2$,代入上式积分,再利用三角公式:

$$\sin\alpha-\sin\beta=2\sin\frac{\alpha-\beta}{2}\cos\frac{\alpha+\beta}{2}$$

经过变换,最后得到

$$I(x)=\frac{1}{2}I_0\left[1+\frac{\sin\left(\frac{2b\pi t}{\lambda l_S}\right)}{\frac{2b\pi t}{\lambda l_S}}\cos\left(\frac{2\pi t x}{\lambda l_0}\right)\right] \tag{4.1.6}$$

这些条纹的对比度为

$$V=\left|\frac{\sin\left(\frac{2b\pi t}{\lambda l_S}\right)}{\frac{2b\pi t}{\lambda l_S}}\right|=\left|\mathrm{sinc}\left(\frac{2bt}{\lambda l_S}\right)\right| \tag{4.1.7}$$

此函数图形如图4.1.2所示。显然,只有当光源尺寸趋于零(即$b\approx 0$)时,条纹对比度才最好($V=1$),随着光源尺寸的增加,条纹对比度降低,相干性变差。当光源尺寸满足:

$$\frac{2bt}{\lambda l_S}=1$$

即

$$\frac{bt}{l_S}=\frac{\lambda}{2} \tag{4.1.8}$$

时,条纹消失,故得光源的极限尺寸(或称光源的临界宽度)为

$$2b_C=\frac{\lambda l_S}{t}=\frac{\lambda}{\alpha} \tag{4.1.9a}$$

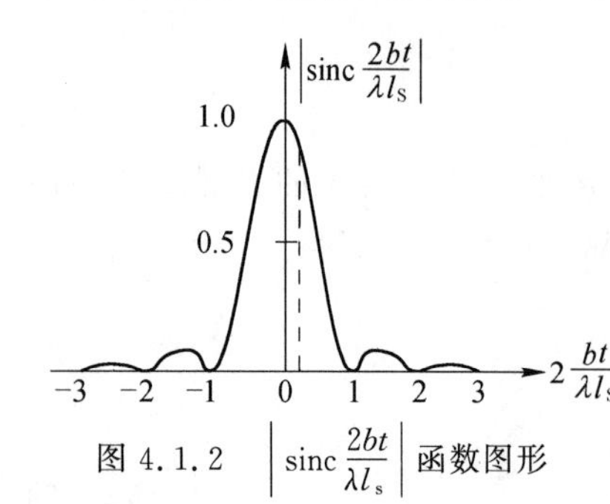

图4.1.2 $\left|\mathrm{sinc}\frac{2bt}{\lambda l_s}\right|$函数图形

式中,$\alpha=\frac{t}{l_S}$是图4.1.1中两小孔P_1和P_2点对光源中心的张角,称为干涉孔径角(Interference Aperture Angle)。所以,只有光源尺寸小于$2b_C$时,点P_1、P_2间的光振动才存在相关,观察屏上才会出现干涉条纹。

从图4.1.2的曲线还可以看出,当光源宽度不超过其临界宽度的$\frac{1}{4}$时,条纹对比度$V>0.9$,干涉条纹仍清晰可

见。因此，欲使干涉条纹有较好的清晰度，光源的尺寸应进一步减小到

$$2b \leqslant \frac{1}{4}\frac{\lambda l_S}{t} \tag{4.1.9b}$$

由上式所决定的光源宽度称为光源的许可宽度，可用来计算干涉装置中光源线度的允许值。

从另一角度来说，对于选定的光源尺寸 $2b$，两个小孔的距离 t 越小，干涉条纹就越清晰，而随着 t 增大，干涉条纹对比度下降，直至条纹最后消失。两小孔间最大允许间隔应为

$$t_C = \frac{\lambda l_S}{2b} = \frac{\lambda}{\beta} \tag{4.1.10a}$$

式中，$\beta=\dfrac{2b}{l_S}$是扩展光源对小孔连线$\overline{P_1P_2}$中点的张角。t_C 也称为横向相干宽度（Breadth of Transverse Coherence）。当 β 确定以后，距离超过 t_C 的空间两点（孔），它们的光振动不存在相关。同样，欲使干涉条纹有较好的清晰度，两小孔的间距也应进一步减小到

$$t \leqslant \frac{1}{4}\frac{\lambda l_S}{2b} \tag{4.1.10b}$$

公式(4.1.9)表示光源极限尺寸与干涉孔径角成反比；公式(4.1.10)表示横向相干宽度与光源张角成反比。这两个公式是等效的，统称为空间相干性的反比公式。

通过上述讨论，说明所谓空间相干性（Spatial Coherence），是指在波面上固定两点的位相差与时间无关，它描述在同一时刻波面上两点之间光场的相干性。激光器的空间相干性与谐振腔的横模结构有关。大多数连续波激光器都容易实现单横模（TEM_{00}模）输出，在此种工作模式下，波面上的各点实际上是同位相的，因此它们具有特别好的空间相干性。

4.1.2 光源的时间相干性与光波频谱

光源的时间相干性（Temporal Coherence）是指在同一空间点处，在任意相等的时间区间 Δt 内测得该点的位相差都不随时间而变。光源的时间相干性取决于光源的频谱宽度 $\Delta\nu$。我们知道，实际的光源都是以不连续的许多有限长的波列形式（称为“波串”，Wave Train）来发射光波的（如图 4.1.3 所示）。而任何有限长的波列必然包含着不同波长的光波，只有纯单色光才是无限长的波列。在图 4.1.3 中画出了辐射场随时间变化的一种情况，图中 τ_0 代表各个波列的平均持续时间。不同波列之间没有确定的位相关系。因此，如果时间间隔 $\Delta t \ll \tau_0$，则在 t 与 $(t+\Delta t)$ 时刻的两个光场具有确定的位相关系；而对于 $\Delta t \gg \tau_0$ 的两个光场，即使是由同一光源发出的光波，它们之间也几乎没有任何位相关系。在 Δt 大致等于 τ_0 的时间间隔内，即可说这两个光场仍然是相干的。τ_0 称为辐射的相干时间（Coherent Time），相应地波列的长度称为相干长度 L_C（Coherent Length），且

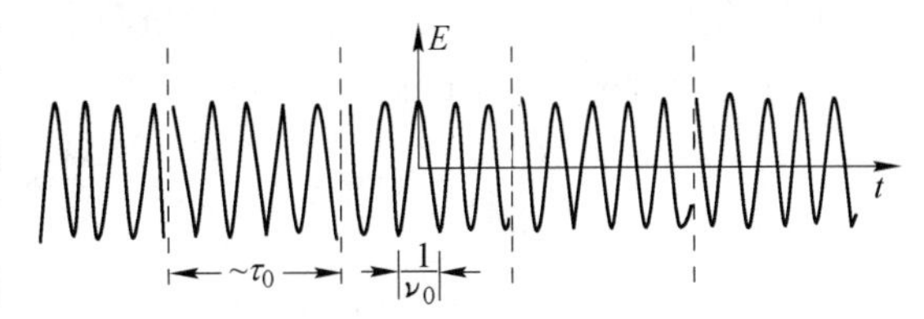

图 4.1.3 辐射场随时间的变化举例

$$L_C = c\tau_0 \tag{4.1.11}$$

式中，c 为真空中的光速。通常就用相干长度和相干时间来衡量时间相干性的好坏。

为了进一步领会辐射的时间相干性，再来看一下迈克尔逊干涉仪。如图 4.1.4 所示，它由两个彼此垂直的平面镜 M_1、M_2 和一个分光镜 BS 组成，分光镜等分两平面镜之间的夹角，并且让入射平面波一半透过、一半反射，形成两个平面波，它们经各自的传播路径后在干涉仪输

出端重新会合,形成干涉条纹。仔细调整干涉仪,当两列光波传播的距离相等时,所得条纹的对比度特别好,$V=1$,暗条纹完全是黑的,如图 4.1.4(a)所示。现在假定将反射镜 M_1 缓慢地向后平行移动而使干涉仪的一个臂延伸一段距离$\frac{\Delta l_1}{2}$,以增加光程差,则此时所得到的条纹图样将具有稍差一些的对比度,例如使 $V=0.5$,如图 4.1.4(b)所示;如果反射镜 M_1 进一步移动,则条纹对比度将进一步降低,直到条纹消失,$V=0$,如图 4.1.4(c)所示。

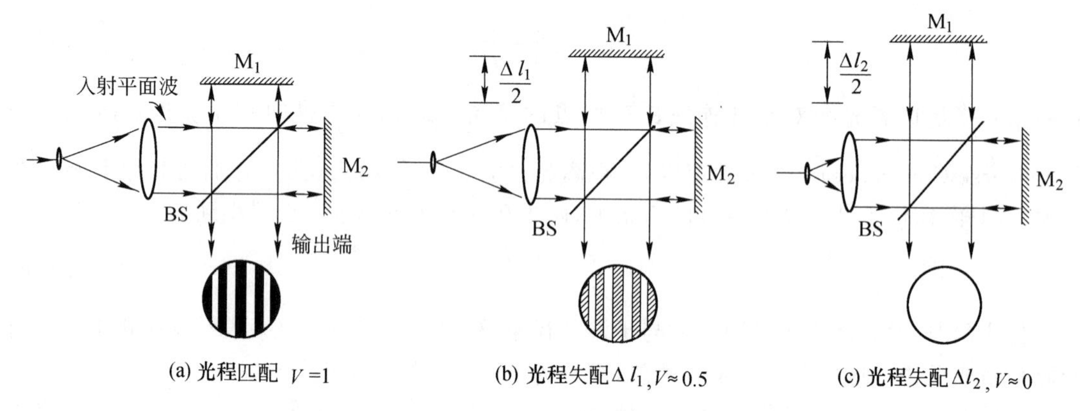

图 4.1.4　用迈克尔逊干涉仪演示时间相干效应

条纹消失的原因是,当 M_1 移动距离$\frac{\Delta l}{2}$后,在两臂中引进了 Δl 的光程差,从而使 M_1 反射来的光波较之从 M_2 反射来的光波推迟了$\frac{\Delta l}{c}$秒,如果$\frac{\Delta l}{c}\gg\tau_0$,则分别从 M_1、M_2 反射来的两列光波之间无任何位相联系,故不能形成干涉条纹。反之,如果$\frac{\Delta l}{c}\ll\tau_0$,则两列光波之间有确定的位相关系,故能满足相干条件且干涉条纹有较好的对比度。迈克尔逊干涉仪中这种随着光程差的增加而使条纹对比度降低的现象,也是光源时间相干性的一种度量。

实际的光源所发出的光不可能是严格单色的,总有一定的频谱宽度 $\Delta\nu$(或 $\Delta\lambda$)。现在先考虑准单色光情况,即满足条件:

$$\frac{\Delta\lambda}{\bar{\lambda}}\ll 1 \tag{4.1.12}$$

式中,$\Delta\lambda=\lambda_2-\lambda_1$,$\bar{\lambda}=\frac{\lambda_1+\lambda_2}{2}$;$\lambda_1$、$\lambda_2$ 各代表谱线宽度两端的波长。观察屏上的干涉图样实际上是光源所包含的不同波长成分的干涉条纹的叠加。现假设只考虑两个极端的波长 λ_1 和 λ_2 所产生的两组干涉条纹,且设每一种波长的光波贡献一半的光强度。而在条纹图样中的任一点,一种波长和另一种波长之间的位相差为

$$\Delta\varphi=\frac{2\pi\Delta l}{\lambda_1}-\frac{2\pi\Delta l}{\lambda_2}=2\pi\Delta l\,\frac{\lambda_2-\lambda_1}{\lambda_1\lambda_2}\approx 2\pi\Delta l\,\frac{\Delta\lambda}{\bar{\lambda}^2} \tag{4.1.13}$$

注意:$\frac{\Delta l}{2}$代表干涉仪两个臂长之差,Δl 则为两臂之间引进的光程差。

当两臂间引进的光程差达到某一极限值从而使其位相差 $\Delta\varphi=2\pi$ 时,则波长为 $\lambda_1=\bar{\lambda}-\frac{\Delta\lambda}{2}$ 的第 $m+1$ 级明条纹和 $\lambda_2=\bar{\lambda}+\frac{\Delta\lambda}{2}$的第 m 级明条纹正好重合在一起,这时在观察屏上每一点

从 $\bar{\lambda}-\dfrac{\Delta\lambda}{2}$成分的第 m 级到第 $m+1$ 级极大之间，相继分布着由 $\bar{\lambda}-\dfrac{\Delta\lambda}{2}$到 $\bar{\lambda}+\dfrac{\Delta\lambda}{2}$各成分的第 m 级极大。换言之，观察屏上每一点都落有某一光谱成分的极大值和另一光谱成分的极小值，因而各点条纹强度趋于一个平均值，即条纹消失，如图 4.1.5 所示。图中实线表示$\bar{\lambda}-\dfrac{\Delta\lambda}{2}$的 m 到$m+1$级的条纹强度分布，A、B、C、D……是对应于光谱各成分的第 m 级极大值。这时对应的光程差即称为相干长度 L_C，其值可由式(4.1.13)得到

$$L_C=\frac{\bar{\lambda}^2}{\Delta\lambda} \tag{4.1.14}$$

图 4.1.5　准单色光从 $\bar{\lambda}-\dfrac{\Delta\lambda}{2}$到 $\bar{\lambda}+\dfrac{\Delta\lambda}{2}$的各个干涉极大在 $\Delta l\sim\dfrac{\bar{\lambda}^2}{\Delta\lambda}$上的分布

如果要求条纹对比度保持大于 0.9 的值，则 $\Delta\varphi$ 必小于$\dfrac{\pi}{2}$，于是光程差应控制在一个规范值内，即

$$\Delta l_C\leqslant\frac{1}{4}\left(\frac{\bar{\lambda}^2}{\Delta\lambda}\right) \tag{4.1.15}$$

下面再来考察用函数 $f(t)$所代表的有限时宽 τ_0 的单列波所包含的频谱。$f(t)$随时间的变化关系由下式给出：

$$f(t)=\begin{cases}e^{i2\pi\nu_0 t} & |t|\leqslant\dfrac{\tau_0}{2}\\[2mm] 0 & |t|>\dfrac{\tau_0}{2}\end{cases}$$

$$=e^{i2\pi\nu_0 t}\mathrm{rect}\left(\frac{t}{\tau_0}\right) \tag{4.1.16}$$

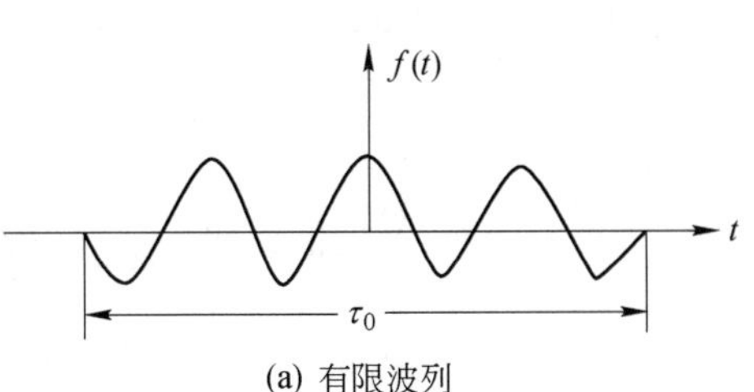

(a) 有限波列

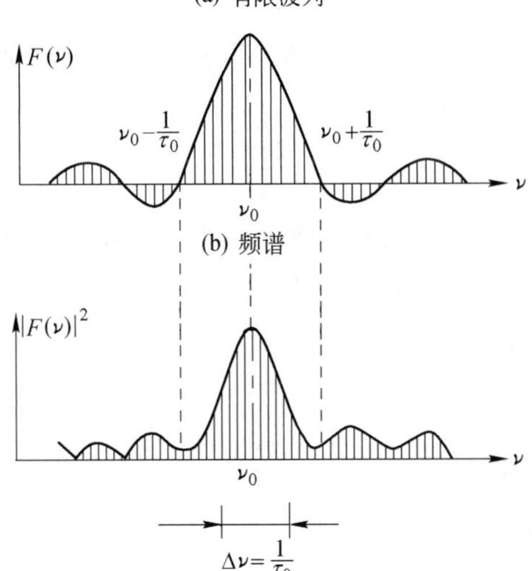

(b) 频谱

(c) 功率谱

图 4.1.6　有限波列 $f(t)$的频谱与功率谱

按照傅里叶变换理论，任一有限可积函数都可用无限个正弦分量之和来表示，因而可把这单一波列的振动 $f(t)$看成是不同频率 ν 的单色振动的叠加，即

$$f(t)=\int_{-\infty}^{\infty}F(\nu)e^{i2\pi\nu t}d\nu$$

式中，$F(\nu)$表示 $f(t)$的单色分量的振幅分布。按照傅里叶变换的对应关系，$f(t)$的频谱为

$$F(\nu)=\int_{-\infty}^{\infty}f(t)e^{-i2\pi\nu t}dt$$

将式(4.1.16)代入上式，算得

$$F(\nu)=\tau_0\,\mathrm{sinc}[\tau_0(\nu-\nu_0)] \tag{4.1.17}$$

各频谱成分的归一化功率谱分布为

$$|F(\nu)|^2=\mathrm{sinc}^2[\tau_0(\nu-\nu_0)] \tag{4.1.18}$$

上述各函数关系图形如图 4.1.6 所示。从图 4.1.6(b)看出，当 $\nu=\nu_0$ 时频谱值为最大，而在 $\nu=\nu_0\pm\dfrac{1}{\tau_0}$时降为零。大部分能量集中在 ν_0 两侧的两个第一级极小之间的区域(即$\dfrac{2}{\tau_0}$区域)内。通常取 $\Delta\nu=\nu-\nu_0$ 为半谱线强度的宽度，遂

在 $\nu_0-\frac{\Delta\nu}{2}\leqslant\nu\leqslant\nu_0+\frac{\Delta\nu}{2}$内的频率成分具有较大的干涉强度。因此,可视频谱分布的宽度 $\Delta\nu$ 为

$$\Delta\nu=\frac{1}{\tau_0}$$

从而

$$\Delta\nu\cdot\tau_0=1 \tag{4.1.19}$$

由此可见,辐射为有限长波列的光波实际是由中心位于 $\nu=\nu_0$、宽度为 $\Delta\nu$ 的各种频率的正弦波叠加而成的。上式称为时间相干性的反比公式,它表示了谱线越窄,相干时间越长,时间相干性越好。将式(4.1.19)代入式(4.1.11),并由$\nu=\frac{c}{\lambda}$得

$$L_C=c\tau_0=\frac{c}{\Delta\nu}=\frac{\bar{\lambda}^2}{\Delta\lambda} \tag{4.1.20}$$

这与式(4.1.14)的结果一致。

必须指出,由于实际光源都是具有有限频带宽度的扩展光源,故其辐射光场的相干性应同时包含时间相干性和空间相干性的双重影响。只是对于光谱线很窄的扩展光源,应主要考虑空间相干性;对于有限频宽尺寸很小的光源,则主要考虑时间相干性。

激光器是同时具有优良的空间相干性和时间相干性的光源,一般对全息照相和全息干涉计量而言,总希望所用的激光光源具有更长的相干长度,因为它决定了光路布置中物光和参考光束之间所允许的最大光程差。在激光器问世以前,大多数干涉仪采用滤光水银灯作光源,其相干长度约在 0.03～0.2 mm 量级,而现在普通 1 m 长的连续波 He-Ne 激光器却具有 20 cm 量级的相干长度,而且以损耗一些功率为代价,可以将它改进成单纵模输出,因而可将其相干长度增加到数米甚至更长。国内现已有长相干 He-Ne 激光器产品问世,其相干长度可达十余米,而输出功率在 50 mW 左右。

【例 1】试分析由非单色光源照明的杨氏双缝干涉实验。

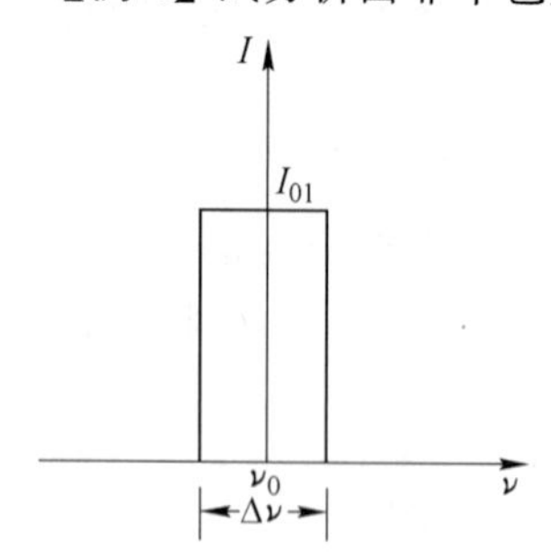

图 4.1.7　光谱分布为平顶型

【解】设光源的频谱范围是 $\nu_0-\frac{\Delta\nu}{2}\sim\nu_0+\frac{\Delta\nu}{2}$(或 $\bar{\lambda}-\frac{\Delta\lambda}{2}\sim\bar{\lambda}+\frac{\Delta\lambda}{2}$),并设各频率成分具有同等的强度,如图 4.1.7 所示。现参照图4.1.1及公式(4.1.1)、(4.1.3),并令 $x_S=0$,则得到单色光的干涉条纹强度分布为

$$I(x)=2I_{01}\left[1+\cos\left(\frac{ktx}{l_0}\right)\right]$$

式中,I_{01}为单孔(或缝)在观察点 P(x)处的光强度。而中心频率为 ν_0、频带宽度为 $\mathrm{d}\nu$ 的光波的强度为 $I_{01}\,\mathrm{d}\nu$,在 P(x)点处产生的干涉条纹强度为

$$\Delta I(x)=2I_{01}\,\mathrm{d}\nu\left[1+\cos\left(\frac{ktx}{l_0}\right)\right]$$

则在 P(x)点处由各频谱成分产生的总光强分布为其积分:

$$I(x)=\int_{\nu_0-\frac{\Delta\nu}{2}}^{\nu_0+\frac{\Delta\nu}{2}}2I_{01}\left[1+\cos\left(\frac{ktx}{l_0}\right)\right]\mathrm{d}\nu \tag{4.1.21}$$

完成积分,将 $k=\frac{2\pi}{\lambda}=\frac{2\pi\nu}{c}$代入并应用三角公式 $\sin\alpha-\sin\beta=2\sin\left(\frac{\alpha-\beta}{2}\right)\cos\left(\frac{\alpha+\beta}{2}\right)$,最后得

$$I(x)=2I_{01}\Delta\nu\left(1+\frac{\sin\left(\pi\Delta\nu\frac{tx}{l_0c}\right)}{\pi\Delta\nu\frac{tx}{l_0c}}\cos(2\pi\nu_0\frac{tx}{l_0c})\right) \tag{4.1.22}$$

其中

$$V(x)=\frac{\sin(\pi\Delta\nu\frac{tx}{l_0c})}{\pi\Delta\nu\frac{tx}{l_0c}}=\mathrm{sinc}\left(\Delta\nu\frac{tx}{l_0c}\right) \tag{4.1.23}$$

即条纹对比度。

在观察屏中心 $x=0$ 处，$V(x)=1$，条纹最清晰；而当 $\Delta\nu\frac{tx}{l_0c}=n$（$n$ 为整数）时，$V(x)=0$，干涉条纹消失。条纹第一次消失时为 $n=1$，此时有

$$\frac{tx}{l_0}=\frac{c}{\Delta\nu}=L_C$$

干涉条纹的位置由 $\cos\left(2\pi\nu_0\frac{tx}{l_0c}\right)$ 决定。其条纹强度分布如图 4.1.8 所示。

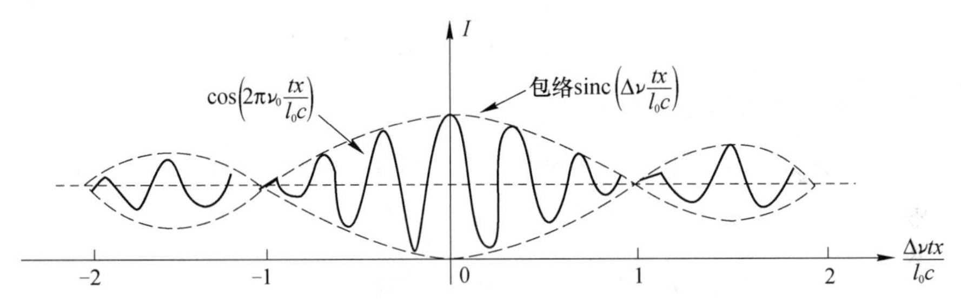

图 4.1.8　光源单色性对干涉条纹清晰度的影响

附带指出，在上面的分析中，将光谱分布假定为平顶型过于简单。事实上，光谱分布有多种类型（典型的还有高斯型谱线、洛仑兹型谱线等），进一步的分析可参考本章参考文献[1]。

4.2　互相干函数

4.2.1　解析信号——实多色场的复值表示

为了研究光场的相干性，需要一个矢量函数来全面地描述辐射场。但假如只考虑小角度发射的辐射，并且不考虑辐射场的偏振效应，则用一个标量函数来描述辐射场，对于研究经典相干理论的大部分概念，还是令人满意的。

假设空间某点 $\boldsymbol{r}$ 在时刻 t 的光场可以用一个实标量函数 $u^r(\boldsymbol{r},t)$ 来描述。为了简化书写，下面略去空间变量 $\boldsymbol{r}$，记为 $u^r(t)$。对于线性系统，常常把 $u^r(t)$ 表示成与之相关联的一个复函数：

$$u(t)=u^r(t)+\mathrm{i}u^i(t) \tag{4.2.1}$$

更便于运算，式中 $u^r(t)$、$u^i(t)$ 分别表示 $u(t)$ 的实部和虚部。$u(t)$ 称为 $u^r(t)$ 的解析信号（Analytic Signal）。

对 $u^r(t)$ 作傅里叶分解，得到

$$u^r(t)=\int_{-\infty}^{\infty}\widetilde{u^r}(\nu)\mathrm{e}^{\mathrm{i}2\pi\nu t}\mathrm{d}\nu \tag{4.2.2}$$

式中,$\widetilde{u^r}(\nu)$是$u^r(t)$的傅里叶谱。由于$u^r(t)$是实函数,故$\widetilde{u^r}(\nu)$应是厄米特函数:

$$\widetilde{u^r}(\nu)=\widetilde{u^r}^*(-\nu) \tag{4.2.3}$$

上式表明$\widetilde{u^r}(\nu)$的负频率分量与正频率分量载有同样的信息,亦即仅正频率分量(或负频率分量)就携带了实函数的全部信息。因此,只用正频率分量并不会丢失光场的任何信息。令

$$\widetilde{u^r}(\nu)=A(\nu)\mathrm{e}^{+\mathrm{i}\phi(\nu)} \tag{4.2.4}$$

则由式(4.2.3)显然有

$$A(\nu)=A(-\nu),\quad \phi(\nu)=-\phi(-\nu) \tag{4.2.5}$$

即$A(\nu)$是偶函数,$\phi(\nu)$是奇函数。将式(4.2.4)代入式(4.2.2),并取其中对应的正频率和负频率项相加,利用欧拉公式可将式(4.2.2)最后表示成

$$u^r(t)=2\int_0^{\infty}A(\nu)\cos[2\pi\nu t+\phi(\nu)]\mathrm{d}\nu \tag{4.2.6}$$

上式包含所有正频率分量的积分。若把这些频率分量都相移$\frac{\pi}{2}$,则可定义函数$u^i(t)$为

$$u^i(t)=2\int_0^{\infty}A(\nu)\sin[2\pi\nu t+\phi(\nu)]\mathrm{d}\nu \tag{4.2.7}$$

因而与$u^r(t)$相关联的解析信号可写成

$$u(t)=u^r(t)+\mathrm{i}u^i(t)=2\int_0^{\infty}A(\nu)\mathrm{e}^{\mathrm{i}[2\pi\nu t+\phi(\nu)]}\mathrm{d}\nu=2\int_0^{\infty}\widetilde{u^r}(\nu)\mathrm{e}^{\mathrm{i}2\pi\nu t}\mathrm{d}\nu=\int_0^{\infty}\tilde{u}(\nu)\mathrm{e}^{\mathrm{i}2\pi\nu t}\mathrm{d}\nu \tag{4.2.8}$$

式中,$\tilde{u}(\nu)$是函数$u(t)$的频谱,$\tilde{u}(\nu)$与$\widetilde{u^r}(\nu)$的关系可以表示成

$$\tilde{u}(\nu)=[1+\mathrm{sgn}(\nu)]\widetilde{u^r}(\nu)=\begin{cases}2\widetilde{u^r}(\nu) & \nu\geqslant 0\\ 0 & \nu<0\end{cases} \tag{4.2.9}$$

式(4.2.8)表明,去掉实函数$u^r(t)$的所有负频率分量,并把正频率分量的幅值加倍后叠加起来,就得到了解析信号$u(t)$。反之,实函数$u^r(t)$可由它的解析信号$u(t)$唯一确定:

$$u^r(t)=\mathrm{Re}[u(t)] \tag{4.2.10}$$

式中,Re表示取实部。同样,函数$u^i(t)$也可以由函数$u^r(t)$唯一确定,因为从$u^r(t)$中把每一个傅里叶分量的位相变化$\frac{\pi}{2}$后,就可得到$u^i(t)$。因此,积分式(4.2.6)和(4.2.7)称为同源的傅里叶积分,亦称为相缔合的函数(Associated Function)。

4.2.2 互相干函数与复相干度

光场的相干性可以用相干度(Degree of Coherence)来度量。为此,首先定义互相干函数(Cross-coherence Function)。现回到图4.1.1,这时需要假设光源S具有一定大小,并发出多色光,同时假定由此多色扩展光源S发出的、在小孔P_1和P_2处的光场解析信号分别为$u(P_1,t)$和$u(P_2,t)$,则两个小孔P_1、P_2实际是把从光源S来的光衍射到观察屏上,它们形成了两个新光场,按照前面的讨论,这两个光场在观察屏上P点处叠加在一起后的合成光场和光强可表示为

$$\begin{aligned}u(\mathrm{P},t)&=u_1(\mathrm{P},t)+u_2(\mathrm{P},t)\\ I(\mathrm{P})&=\langle u(\mathrm{P},t)u^*(\mathrm{P},t)\rangle\end{aligned} \tag{4.2.11}$$

$$=\langle u_1(\mathrm{P},t)u_1^*(\mathrm{P},t)\rangle+\langle u_2(\mathrm{P},t)u_2^*(\mathrm{P},t)\rangle+$$
$$\langle u_1(\mathrm{P},t)u_2^*(\mathrm{P},t)\rangle+\langle u_1^*(\mathrm{P},t)u_2(\mathrm{P},t)\rangle \tag{4.2.12}$$

上式中 P 点光强定义为无限长时间的平均值。现定义光场中 P_1、P_2 两点之间的互相干函数（或互强度，Mutual Intensity）为

$$\Gamma_{12}(\tau)=\Gamma(\mathrm{P}_1,\mathrm{P}_2,\tau)=\langle u(\mathrm{P}_1,t+\tau)u^*(\mathrm{P}_2,t)\rangle \tag{4.2.13a}$$

式中，$\tau=\frac{r_2-r_1}{c}$，c 是真空中的光速。τ 反映光场中 P_1、P_2 两点的光扰动有时间延迟。若令点 P_1 和 P_2 重合，即考察同一点 P_1 在不同时刻的相干程度，则上式化为

$$\Gamma_{11}(\tau)=\langle u(\mathrm{P}_1,t+\tau)u^*(\mathrm{P}_1,t)\rangle \tag{4.2.13b}$$

$\Gamma_{11}(\tau)$ 称为自相干函数，它表征光场的时间相干性。当 $\tau=0$ 时，$\Gamma_{11}(0)=I(\mathrm{P}_1)$，即简化成了通常的光强。若 P_1、P_2 不重合，但 $t_1=t_2=t$ 时，即考察光场中两点在同一时刻的相干程度，则式(4.2.13a)化为

$$\Gamma_{12}(0)=\langle u(\mathrm{P}_1,t)u^*(\mathrm{P}_2,t)\rangle \tag{4.2.13c}$$

上式表征光场的空间相干性。

为了讨论方便，将互相干函数写成归一化形式：

$$\gamma_{12}(\tau)=\frac{\Gamma_{12}(\tau)}{[\Gamma_{11}(0)]^{1/2}\cdot[\Gamma_{22}(0)]^{1/2}}=\frac{\langle u(\mathrm{P}_1,t+\tau)u^*(\mathrm{P}_2,t)\rangle}{[I(\mathrm{P}_1)I(\mathrm{P}_2)]^{1/2}}$$
$$=\frac{\langle u(\mathrm{P}_1,t+\tau)u^*(\mathrm{P}_2,t)\rangle}{[\langle|u(\mathrm{P}_1,t)|^2\rangle\langle|u(\mathrm{P}_2,t)|^2\rangle]^{1/2}} \tag{4.2.14}$$

$\gamma_{12}(\tau)$ 称为光场 $u(\mathrm{P}_1,t+\tau)$ 和 $u(\mathrm{P}_2,t)$ 的复相干度（Complex Degree of Coherence）或相关度（Correlativity）。利用施瓦茨不等式：

$$\left|\iint_{-\infty}^{\infty}f(\xi,\eta)g(\xi,\eta)\mathrm{d}\xi\mathrm{d}\eta\right|^2\leqslant\int_{-\infty}^{\infty}|f(\xi,\eta)|^2\mathrm{d}\xi\mathrm{d}\eta\cdot\int_{-\infty}^{\infty}|g(\xi,\eta)|^2\mathrm{d}\xi\mathrm{d}\eta$$

令 $f(\xi,\eta)=u(\mathrm{P}_1,t+\tau)$，$g(\xi,\eta)=u(\mathrm{P}_2,t)$，可以证明：

$$|\Gamma_{12}(\tau)|^2\leqslant\Gamma_{11}(0)\Gamma_{22}(0)=I_1I_2 \tag{4.2.15}$$

所以

$$|\gamma_{12}(\tau)|\leqslant 1$$

通常写成

$$0\leqslant|\gamma_{12}(\tau)|\leqslant 1 \tag{4.2.16}$$

引入了互相干函数和复相干度后，光强度可表示为

$$I(\mathrm{P})=I_1(\mathrm{P})+I_2(\mathrm{P})+\Gamma_{12}(\tau)+\Gamma_{12}^*(\tau)$$
$$=I_1(\mathrm{P})+I_2(\mathrm{P})+2[I_1(\mathrm{P})I_2(\mathrm{P})]^{1/2}\mathrm{Re}[\gamma_{12}\mathrm{e}^{\mathrm{i}\delta}] \tag{4.2.17}$$

式中，δ 是由 (r_2-r_1) 引起的位相差。由于复相干度可以用模和幅角写成

$$\gamma_{12}(\tau)=|\gamma_{12}(\tau)|\mathrm{e}^{\mathrm{i}\beta} \tag{4.2.18}$$

故式(4.2.17)变为

$$I(\mathrm{P})=I_1(\mathrm{P})+I_2(\mathrm{P})+2[I_1(\mathrm{P})I_2(\mathrm{P})]^{1/2}|\gamma_{12}|\cos(\delta+\beta) \tag{4.2.19}$$

当 $|\gamma_{12}(\tau)|=1$ 时，P 点的光强度与两个同频率的单色光波在该点叠加后所产生的干涉现象相同，干涉项的值在 $\pm 2\sqrt{I_1I_2}$ 之间，这样的两点光扰动称为完全相干的。另一极端情形，当 $|\gamma_{12}(\tau)|=0$ 时，得 $I(\mathrm{P})=I_1(\mathrm{P})+I_2(\mathrm{P})$，P 点的光强就变为两束光在该点产生的光强的简单相加，即这时两光场是完全不相干的。但是应该指出，严格的相干场和严格的非相干场都是不可能的，那仅仅是理想化的情况。所以一般情况是 $0<|\gamma_{12}|<1$，这种情况我们称光场是部分

相干的(Partial Coherence),$|\gamma_{12}|$则表示它们的相干度。

当 $I_1=I_2=I_{01}$ 时,式(4.2.19)简化成

$$I(\mathrm{P})=2I_{01}[1+|\gamma_{12}|\cos(\delta+\beta)] \tag{4.2.20}$$

上式中的 I_{01}、$|\gamma_{12}|$ 和 β 在这种特殊情况下都是常数。

按照条纹对比度的定义式,由式(4.2.19)有

$$V=\frac{I_{\max}-I_{\min}}{I_{\max}+I_{\min}}=\frac{2[I_1(\mathrm{P})I_2(\mathrm{P})]^{\frac{1}{2}}}{I_1(\mathrm{P})+I_2(\mathrm{P})}|\gamma_{12}|$$

并结合式(4.2.20)可得

$$V=|\gamma_{12}| \tag{4.2.21}$$

因此,在两列相干光波强度相同的条件下,条纹对比度是这两列光波之间复相干度的量度。

归纳起来,互相干函数和复相干度是两个十分重要的物理量,它们表示光场中两个不同点的光扰动的关联程度。P_1 和 P_2 点光扰动的振幅和位相都随时间发生涨落,若彼此的涨落完全独立无关,则其乘积的平均值 $\langle u_1(\mathrm{P},t+\tau)u_2^*(\mathrm{P},t)\rangle$ 为零,因而 $\Gamma_{12}(\tau)$ 和 $\gamma_{12}(\tau)$ 等于零,这两个不同点的光扰动是非相干的。如果它们各自随时间发生涨落时,相对位相保持某种联系,则其光场乘积的时间平均值就不会为零,P_1 和 P_2 点的光振动就会是相干的或部分相干的。那么来自这两点的光波场叠加后,才会产生干涉效应。相关程度越高,干涉效应越明显。

4.2.3 互相干函数的谱表示

下面导出互相干函数的傅里叶变换,定义互光谱密度,得到互相干函数的光谱表达式。

先引入截断函数(Truncated Function)$u_{1T}^r(\mathrm{P}_1,t)$的定义:

$$u_{1T}^r(\mathrm{P}_1,t)=\begin{cases}u_1^r(\mathrm{P}_1,t) & |t|<T\\ 0 & |t|>T\end{cases} \tag{4.2.22}$$

即先讨论限于 $-T<t<T$ 区间的 $u_1^r(t)$,并用

$$u_{1T}(\mathrm{P}_1,t)=\begin{cases}u_1(\mathrm{P}_1,t) & |t|<T\\ 0 & |t|>T\end{cases} \tag{4.2.23}$$

作为 $u_{1T}^r(\mathrm{P}_1,t)$的解析信号。由式(4.2.8)表述的傅里叶变换关系,有

$$u_{1T}(\mathrm{P}_1,t)=\int_0^\infty \tilde{u}_{1T}(\mathrm{P}_1,\nu)\mathrm{e}^{\mathrm{i}2\pi\nu t}\mathrm{d}\nu \tag{4.2.24}$$

式中,$\tilde{u}_{1T}(\mathrm{P}_1,\nu)=2\tilde{u}_{1T}^r(\mathrm{P}_1,\nu)$。当 $T\to\infty$ 时,有

$$u_{1T}^r(\mathrm{P}_1,t)\to u_1^r(\mathrm{P}_1,t),\quad u_{1T}(\mathrm{P}_1,t)\to u_1(\mathrm{P}_1,t),\quad \tilde{u}_{1T}(\mathrm{P}_1,\nu)\to\tilde{u}_1(\mathrm{P}_1,\nu)$$

类似地,有

$$u_{2T}(\mathrm{P}_2,t)=\int_0^\infty \tilde{u}_{2T}(\mathrm{P}_2,\nu)\mathrm{e}^{\mathrm{i}2\pi\nu t}\mathrm{d}\nu \tag{4.2.25}$$

于是互相干函数可以写成

$$\begin{aligned}\Gamma_{12}(\tau)&=\langle u_{1T}(\mathrm{P}_1,t+\tau)\cdot u_{2T}^*(\mathrm{P}_2,t)\rangle\\ &=\lim_{T\to\infty}\frac{1}{2T}\int_{-\infty}^{\infty}\mathrm{d}t\int_0^\infty\int_0^\infty \tilde{u}_{1T}(\mathrm{P}_1,\nu)\tilde{u}_{2T}^*(\mathrm{P}_2,\nu')\cdot\\ &\quad\exp[\mathrm{i}2\pi(\nu-\nu')t]\cdot\exp(\mathrm{i}2\pi\nu\tau)\mathrm{d}\nu\mathrm{d}\nu'\end{aligned} \tag{4.2.26}$$

由于

$$\int_{-\infty}^{\infty}\mathrm{e}^{\mathrm{i}2\pi(\nu-\nu')t}\mathrm{d}t=\delta(\nu-\nu')$$

利用 δ 函数的筛选特性,得

$$\Gamma_{12}(\tau)=\int_0^{\infty}\widetilde{\Gamma}_{12}(\nu)\mathrm{e}^{\mathrm{i}2\pi\nu\tau}\mathrm{d}\nu \tag{4.2.27}$$

式中，$\widetilde{\Gamma}_{12}(\nu)$称为互光谱密度(Mutual Spectrum-density)。由式(4.2.26)得

$$\widetilde{\Gamma}_{12}(\nu)=\lim_{T\to\infty}\left[\frac{\widetilde{u}_{1T}(\mathrm{P}_1,\nu)\widetilde{u}_{2T}^*(\mathrm{P}_2,\nu)}{2T}\right] \tag{4.2.28}$$

对于自相干函数，类似有

$$\Gamma_{11}(\tau)=\int_0^{\infty}\widetilde{\Gamma}_{11}(\nu)\mathrm{e}^{\mathrm{i}2\pi\nu\tau}\mathrm{d}\nu \tag{4.2.29}$$

$$\widetilde{\Gamma}_{11}(\nu)=\lim_{T\to\infty}\left[\frac{\widetilde{u}_{1T}(\mathrm{P}_1,\nu)\widetilde{u}_{1T}^*(\mathrm{P}_1,\nu)}{2T}\right]=\lim_{T\to\infty}\left[\frac{|\widetilde{u}_{1T}(\mathrm{P}_1,\nu)|^2}{2T}\right] \tag{4.2.30}$$

$\widetilde{\Gamma}_{11}(\nu)$称为光场的功率谱密度函数。如果把点 P_1 随时间变化的光扰动看作是频率不同的许多单色扰动的线性组合，则频率为 ν 的单色扰动对强度的贡献正比于$\widetilde{\Gamma}_{11}(\nu)$。因而$\widetilde{\Gamma}_{11}(\nu)$可以看作是光源的光谱分布。式(4.2.29)所表示的自相关函数与功率谱密度之间的关系，正是我们所熟知的自相关定理。

4.2.4　互相干函数与复相干度的测量

前面已指出，互相干函数与复相干度是两个重要的物理量，用以表示光场中两个不同空间点的光扰动的相关程度。它们是两个可测量的物理量。测量的方法很多，基本通过实验由观测干涉条纹的清晰程度来确定。由公式(4.2.17)可以看出，为了对图 4.1.1 中任一给定点 P，由小孔 P_1、P_2 以及给定的任何一个 τ 值(按 $r_2-r_1=c\tau$)求出 $\mathrm{Re}[\gamma_{12}(\tau)]$的值，只要测定 P 点的总光强 $I(\mathrm{P})$以及来自每一个小孔的光强 $I_1(\mathrm{P})$和 $I_2(\mathrm{P})$即可，利用这 3 个测量值，再由下式计算：

$$\mathrm{Re}[\gamma_{12}(\tau)]=\frac{I(\mathrm{P})-I_1(\mathrm{P})-I_2(\mathrm{P})}{2[I_1(\mathrm{P})I_2(\mathrm{P})]^{1/2}} \tag{4.2.31}$$

为了进一步确定 $\mathrm{Re}[\Gamma_{12}(\tau)]$，由式(4.2.14)知，还必须测量每一个小孔处的光强 $I_1(\mathrm{P}_1)$和 $I_1(\mathrm{P}_2)$，即$\Gamma_{11}(0)$和 $\Gamma_{22}(0)$，再将式(4.2.31)代入，由下式：

$$\begin{aligned}\mathrm{Re}[\Gamma_{12}(\tau)]&=[I_1(\mathrm{P}_1)I_2(\mathrm{P}_2)]^{1/2}\mathrm{Re}[\gamma_{12}(\tau)]\\&=\frac{1}{2}\sqrt{\frac{I_1(\mathrm{P}_1)I_2(\mathrm{P}_2)}{I_1(\mathrm{P})I_2(\mathrm{P})}}[I(\mathrm{P})-I_1(\mathrm{P})-I_2(\mathrm{P})]\end{aligned} \tag{4.2.32}$$

进行计算。上述方法测量的是互相干函数和复相干度的实部，要测量它们的幅值$|\gamma_{12}(\tau)|$和位相偏离 $\beta(\tau)$，需要利用观察平面上的干涉条纹分布。根据式(4.2.19)，在干涉条纹出现极值的地方，可由其几何尺寸和用上述方法测量出的观测值计算振幅$|\gamma_{12}(\tau)|$、参数 τ 和$\beta(\tau)$。其他位置，即参数 τ 不对应极值时的复相干度可由适当的插值方法计算。此外，也可通过测量干涉条纹对比度来计算复相干度。例如，由式(4.2.21)知，当两束光波在 P 点的强度相等时，复相干度的模就等于干涉条纹的对比度。

最后指出，互相干函数和复相干度的测量不仅仅是空间相干性的测量。在杨氏实验装置中，采用有限谱宽的扩展光源照明两个小孔，观察屏上干涉条纹的对比度从中心向两侧逐渐减小。这一物理现象包含了空间相干性效应，也包含了时间相干性效应。只有在零光程差或者 $\tau=0$ 附近，干涉条纹的对比度才反映同一时刻点 P_1 和点 P_2 光振动的互相关性质，即单纯的空间相干性效应。

4.3 准单色光的干涉

4.3.1 准单色场的互强度和复相干度

在实际用来传输、存储和处理信息的光学系统中，最常用的是准单色光波场，这种光波的频率成分只限于一个在中心频率 ν_0 附近的窄带 $\Delta\nu$ 范围内，且满足条件 $\Delta\nu \ll \nu_0$，其他频率成分都为零。此外，从相干性考虑，还应确保光路中从光源到干涉区域所涉及的最大光程差远小于光的相干长度 L_C，或

$$\tau=\frac{r_2-r_1}{c}\ll\tau_0 \tag{4.3.1}$$

光束的干涉实验是揭示光场互相关联程度的最简易而又最直接的方法。因而下面的讨论仍然以图4.1.1所示的杨氏干涉装置为基础。

根据公式(4.2.27)，互相干函数可以表示为

$$\Gamma_{12}(\tau)=\int_0^{\infty}\widetilde{\Gamma}_{12}(\nu)\mathrm{e}^{\mathrm{i}2\pi\nu\tau}\mathrm{d}\nu=\mathrm{e}^{\mathrm{i}2\pi\nu_0\tau}\int_0^{\infty}\widetilde{\Gamma}_{12}(\nu)\mathrm{e}^{\mathrm{i}2\pi(\nu-\nu_0)\tau}\mathrm{d}\nu \tag{4.3.2}$$

考虑到准单色光条件，只有在 $|\nu-\nu_0|\leqslant\frac{\Delta\nu}{2}$ 的频率上，$\widetilde{\Gamma}_{12}(\nu)$ 才有明显不为零的值，亦即上式中对积分主要的贡献来自 $|\nu-\nu_0|\leqslant\frac{\Delta\nu}{2}$ 的很窄的频带内 $\left(\Delta\nu=\frac{1}{\tau_0}\right)$。此外，式(4.3.1)意味着 $\tau\ll\tau_0=\frac{1}{\Delta\nu}$。其结果是确保在感兴趣的观察区域内，条纹对比度为常数。在上述条件下，式(4.3.2)积分中的复指数可近似等于1，因而式(4.3.2)可改写成

$$\Gamma_{12}(\tau)\approx\mathrm{e}^{\mathrm{i}2\pi\nu_0\tau}\int_0^{\infty}\widetilde{\Gamma}_{12}(\nu)\mathrm{d}\nu \tag{4.3.3}$$

而由式(4.2.27)可知

$$\Gamma_{12}(0)=\int_0^{\infty}\widetilde{\Gamma}_{12}(\nu)\mathrm{d}\nu \tag{4.3.4}$$

于是有

$$\Gamma_{12}(\tau)\approx\Gamma_{12}(0)\mathrm{e}^{\mathrm{i}2\pi\nu_0\tau} \tag{4.3.5}$$

现定义互强度 $J(\mathrm{P}_1,\mathrm{P}_2)$ 或 J_{12} 表示 P_1、P_2 两点在 t 时刻(相对时延 $\tau=0$)光振动的互相关：

$$J_{12}=\Gamma_{12}(0)=\langle u(\mathrm{P}_1,t)u^*(\mathrm{P}_2,t)\rangle \tag{4.3.6}$$

则式(4.3.5)可改写成

$$\Gamma_{12}(\tau)\approx J_{12}\mathrm{e}^{\mathrm{i}2\pi\nu_0\tau} \tag{4.3.7}$$

用类似方法可得

$$\gamma_{12}(\tau)\approx\gamma_{12}(0)\mathrm{e}^{\mathrm{i}2\pi\nu_0\tau} \tag{4.3.8}$$

再定义 $\mu(\mathrm{P}_1,\mathrm{P}_2)$ 或 μ_{12} 表示复空间相干度 $\gamma_{12}(0)$：

$$\mu_{12}=\gamma_{12}(0)=\frac{\Gamma_{12}(0)}{[\Gamma_{11}(0)\Gamma_{22}(0)]^{1/2}}=\frac{J_{12}}{(J_{11}\cdot J_{22})^{1/2}} \tag{4.3.9}$$

则式(4.3.8)可以写成

$$\gamma_{12}(\tau)\approx\mu_{12}\mathrm{e}^{\mathrm{i}2\pi\nu_0\tau} \tag{4.3.10}$$

若令

$$\mu_{12}=|\mu_{12}|\mathrm{e}^{\mathrm{i}\alpha_{12}(0)} \tag{4.3.11}$$

则在准单色光近似下，P 点辐射场的干涉规律式(4.2.19)变为

$$I(\mathrm{P})=I_1(\mathrm{P})+I_2(\mathrm{P})+2[I_1(\mathrm{P})I_2(\mathrm{P})]^{1/2}|\mu_{12}|\cos[\alpha_{12}(0)+2\pi\nu_0\tau] \tag{4.3.12}$$

由以上讨论可知，$|\mu_{12}|$与 $\alpha_{12}(0)$都是与 τ 无关的量。如果 $I_1(\mathrm{P})$和 $I_2(\mathrm{P})$在观察区域内近似不变，则在该区域干涉图样具有几乎恒定的对比度和位相。条纹对比度为

$$V(\mathrm{P})=\frac{2[I_1(\mathrm{P})I_2(\mathrm{P})]^{1/2}}{I_1(\mathrm{P})+I_2(\mathrm{P})}|\mu_{12}| \tag{4.3.13}$$

若两束光的强度相等，即 $I_1(\mathrm{P})=I_2(\mathrm{P})$，则

$$V(\mathrm{P})=|\mu_{12}| \tag{4.3.14}$$

即在两列光波强度相同的条件下，条纹对比度由其复空间相干度的模决定。因此，只要测量出干涉条纹的对比度，便可以确定复空间相干度的模$|\mu_{12}|$。干涉条纹的最大值出现在：

$$\alpha_{12}(0)+2\pi\nu_0\tau=\alpha_{12}(0)+\frac{2\pi}{\lambda}(r_2-r_1)=2m\pi \quad (m=0,\pm1,\pm2,\cdots)$$

测量出干涉极大值的位置就可以确定复空间相干度的位相 $\alpha_{12}(0)$。

将式(4.3.12)与式(4.2.19)相比较可以看出，准单色光场类似于频率为 ν_0 的严格单色光场。区别在于准单色光的干涉条纹的对比度和位置分别取决于复空间相干度的模和位相。当$|\mu_{12}|=0$ 时，干涉条纹消失，两束准单色光呈非相干叠加；当$|\mu_{12}|=1$ 时，条纹最清晰，对比度最大，呈现相干情况。当 $0<|\mu_{12}|<1$ 时，两个光波是部分相干的。图 4.3.1 给出 3 种典型情况下的强度分布。

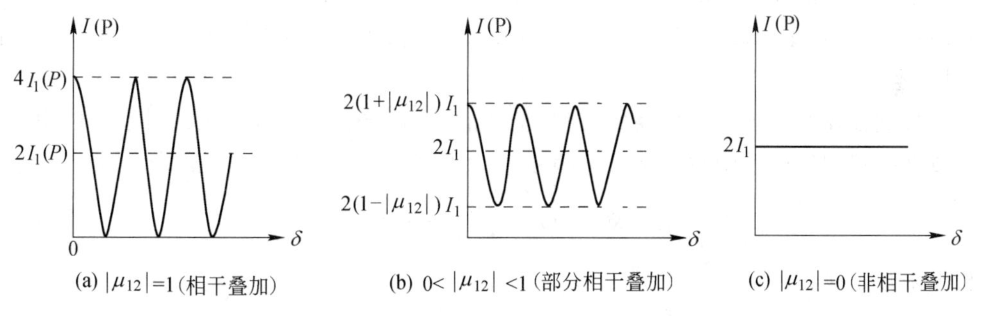

图 4.3.1　具有相同强度的两准单色光波的叠加($\delta=2\pi\nu_0\tau$)

在用于描述光场相干性的物理量 $\Gamma_{12}(\tau)$和 $\gamma_{12}(\tau)$中，既包含时间效应也包含空间效应。只有在准单色光场情况下才有可能把空间相干性效应分离出来。在许多光学问题中，常常可以满足窄谱线和小光程差的准单色假定。这时可以用更简单的 J_{12}和 μ_{12}作为相干性的量度，将会方便得多。

表 4.3.1 列出了描述光场相干性的各种参数。

表 4.3.1　光场的相干性参数

符　号	定　义	名　称	用　途	示　意　图
$\Gamma_{11}(\tau)$	$=\langle u(\mathrm{P}_1,t+\tau)u^*(\mathrm{P}_1,t)\rangle$	自相干函数	时间相干性，当 $I_1=I_2$ 时，条纹对比度：$V=\|\gamma_{11}(\tau)\|$	t+τ, P, P1, t
$\gamma_{11}(\tau)$	$=\Gamma_{11}(\tau)/\Gamma_{11}(0)$ $=\Gamma_{11}(\tau)/I(\mathrm{P}_1)$	复自相干度		
τ_0	$=\int_{-\infty}^{\infty}\|\gamma_{11}(\tau)\|^2\mathrm{d}\tau\approx\frac{1}{\Delta\nu}$	相干时间		
L_C	$=c\cdot\tau_0\approx\frac{c}{\Delta\nu}=\frac{\bar{\lambda}^2}{\Delta\lambda}$	相干长度		

续表

符 号	定 义	名 称	用 途	示 意 图
J_{12} μ_{12}	$=\langle u(P_1,t)u^*(P_2,t)\rangle$ $=\Gamma_{12}(0)$ $=\dfrac{J_{12}}{(J_{11}J_{22})^{1/2}}=\gamma_{12}(0)$	互强度 复相干度	准单色光条件下的空间相干性，当 $I_1(P)=I_2(P)$ 时，条纹对比度：$V=\lvert\mu_{12}\rvert$	P_1, $t+\tau$, P, P_2, t $\Delta\nu \ll \nu_0, \tau \ll \tau_0$
$\Gamma_{12}(\tau)$ $\gamma_{12}(\tau)$	$=\langle u(P_1,t+\tau)u^*(P_2,t)\rangle$ $=\dfrac{\Gamma_{12}(\tau)}{[\Gamma_{11}(0)\Gamma_{22}(0)]^{1/2}}$	互相干函数 复(互)相干度	时间相干性与空间相干性	P_1, $t+\tau$, P, P_2, t

4.3.2 准单色光的传播

前面曾经指出，在单色波场中，由于频率恒定，对时间的函数关系已预先知道，故光场的分布可由其复振幅分布完备地描述，它是空间任意点坐标的函数。而在非单色波场中，空间任一点的光扰动随时间做无规则变化，这时需要关注的是光场的统计性质。应在时间-空间坐标系中考察两个不同点的光扰动的关联程度。因而互相干函数是描述光场性质的基本参量。光场中的不同位置，互相干函数是不同的。从这个意义上讲，光波在传播过程中，光场的相干性亦随之传播。

为了找到描述互相干函数传播的方程，按照前节的讨论，首先假定光辐射场可以用一个满足标量波动方程的复标量函数 $u(\boldsymbol{r},t)$ 来表示。为了书写方便，略去空间变量，写成

$$\nabla^2 u(t)-\frac{1}{c^2}\frac{\partial^2 u(t)}{\partial t^2}=0 \tag{4.3.15}$$

由互相干函数定义：

$$\Gamma_{12}(\tau)=\langle u(P_1,t+\tau)u^*(P_2,t)\rangle \tag{4.3.16}$$

在上式两端对 P_1 点坐标取拉普拉斯算符，则

$$\nabla_1^2\Gamma_{12}(\tau)=\nabla_1^2\langle u(P_1,t+\tau)u^*(P_2,t)\rangle \tag{4.3.17}$$

由式(4.3.15)可得

$$\nabla_1^2 u(P_1,t+\tau)-\frac{1}{c^2}\frac{\partial^2 u(P_1,t+\tau)}{\partial(t+\tau)^2}=0 \tag{4.3.18}$$

假设所考虑的光场是平稳、各向同性的，则可认为式(4.3.18)中对时间 $t+\tau$ 的微分可用对 τ 的微分代替：

$$\frac{\partial^2 u(P_1,t+\tau)}{\partial(t+\tau)^2}=\frac{\partial^2 u(P_1,t+\tau)}{\partial\tau^2}$$

故式(4.3.18)可写为

$$\nabla_1^2\Gamma_{12}(\tau)-\left\langle\frac{\partial^2 u(P_1,t+\tau)}{c^2\partial\tau^2}u^*(P_2,t)\right\rangle=0 \tag{4.3.19}$$

光辐射场 $u(P_2,t)$ 与 τ 无关，因此可以对上式中时间平均函数整体取二阶偏导数，得

$$\nabla_1^2\Gamma_{12}(\tau)-\frac{1}{c^2}\frac{\partial^2}{\partial\tau^2}\left\langle u(P_1,t+\tau)u^*(P_2,t)\right\rangle=0$$

即

$$\nabla_1^2\Gamma_{12}(\tau)-\frac{1}{c^2}\frac{\partial^2\Gamma_{12}(\tau)}{\partial\tau^2}=0 \tag{4.3.20}$$

上式可以看成是描述互相干函数传播的基本方程。

同样，在式(4.3.16)两端对 P_2 点的坐标取拉普拉斯算符，可得

$$\nabla_2^2\Gamma_{12}(\tau)-\frac{1}{c^2}\frac{\partial^2\Gamma_{12}(\tau)}{\partial\tau^2}=0 \tag{4.3.21}$$

公式(4.3.20)、(4.3.21)中的每一个方程描写其中一点(P_1 或 P_2)固定，而另一点和参量 τ 改变时互相干函数的变化。因此，正如前面指出的，光场的相干性包括时间相干性和空间相干性。互相干函数 $\Gamma_{12}(\tau)$满足的波动方程把时间效应和空间效应联系在一起。一般情况下，不可能把时间相干性和空间相干性分离开来。但对准单色光波场，问题却变得简单了，可以单独研究空间相干性的传播。

在准单色条件下，由式(4.3.7)有

$$\Gamma_{12}(\tau)\approx J_{12}e^{i2\pi\nu_0\tau}$$

J_{12}与变量 τ 无关，故利用式(4.3.7)和式(4.3.20)、(4.3.21)，可得到互强度传播所满足的两个亥姆霍兹方程：

$$\begin{cases}\nabla_1^2 J_{12}+\dfrac{4\pi^2\nu_0^2}{c^2}J_{12}=0\\[2ex]\nabla_2^2 J_{12}+\dfrac{4\pi^2\nu_0^2}{c^2}J_{12}=0\end{cases} \tag{4.3.22}$$

它们是准单色光场中用来描述空间相干性传播的基本规律。

如图 4.3.2 所示，假定在准单色光波传播的路径中曲面Σ_1 上所有各对点的互强度$\Gamma(P_1,P_2;\tau)$为已知，要确定在经过传播后光波照明的任一曲面Σ_2 上的所有各对点的互强度$\Gamma(Q_1,Q_2;\tau)$。对方程(4.3.22)求解，将给出所需的关系式。但是以惠更斯-菲涅耳原理为基础进行推导是一种更简单的方法。

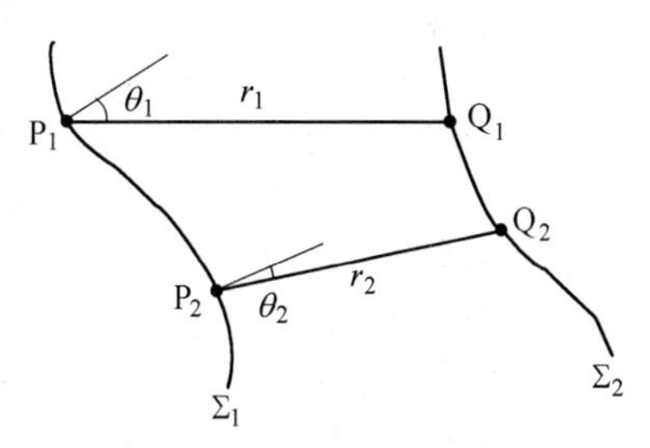

图 4.3.2　互强度的传播

因非单色场可看作单色扰动的线性组合，而对每一频率为 ν 的单色光，可表示为 $u(P,t,\nu)=u(P,\nu)e^{-i2\pi\nu t}$。它从$\Sigma_1$ 面传播到Σ_2 面的规律满足惠更斯-菲涅耳原理，即

$$\begin{cases}u(Q_1,\nu)=\dfrac{1}{i\lambda}\displaystyle\iint_{\Sigma_1}u(P_1,\nu)\,\dfrac{e^{ikr_1}}{r_1}K(\theta_1)dS_1\\[2ex]u(Q_2,\nu)=\dfrac{1}{i\lambda}\displaystyle\iint_{\Sigma_1}u(P_2,\nu)\,\dfrac{e^{ikr_2}}{r_2}K(\theta_2)dS_2\end{cases} \tag{4.3.23}$$

式中，$K(\theta)$是倾斜因子。故对多色光场，$u(Q_1,t)$不妨写成

$$u(Q_1,t)=\int_0^\infty u(Q_1,\nu)e^{-i2\pi\nu t}d\nu=\iint_{\Sigma_1}\frac{K(\theta_1)}{icr_1}\int_0^\infty \nu u(P_1,\nu)e^{-i2\pi\nu\left(t-\frac{r_1}{c}\right)}d\nu dS_1 \tag{4.3.24}$$

在准单色光条件下有 $\Delta\nu\ll\nu_0$，式(4.3.24)可近似表示为

$$\begin{aligned}u(Q_1,t)&=\iint_{\Sigma_1}\frac{\nu_0}{icr_1}\left\{\int_0^\infty u(P_1,\nu)e^{-i2\pi\nu\left(t-\frac{r_1}{c}\right)}d\nu\right\}K(\theta_1)dS_1\\&=\frac{1}{i\lambda}\iint_{\Sigma_1}u\left(P_1,t-\frac{r_1}{c}\right)\frac{K(\theta_1)}{r_1}dS_1\end{aligned} \tag{4.3.25}$$

同样的,有

$$u(Q_2,t)=\frac{1}{i\bar{\lambda}}\iint_{\Sigma_1}u\left(P_2,t-\frac{r_2}{c}\right)\frac{K(\theta_2)}{r_2}dS_2 \tag{4.3.26}$$

在Σ_2面上的互相干函数为

$$\Gamma(Q_1,Q_2;\tau)=\langle u(Q_1,t+\tau)u^*(Q_2,t)\rangle \tag{4.3.27}$$

将式(4.3.25)、式(4.3.26)代入式(4.3.27),有

$$\begin{aligned}\Gamma(Q_1,Q_2;\tau)&=\iint_{\Sigma_1}\iint_{\Sigma_1}\left\langle u\left(P_1,t+\tau-\frac{r_1}{c}\right)u^*\left(P_2,t-\frac{r_2}{c}\right)\right\rangle\frac{K(\theta_1)K(\theta_2)}{\bar{\lambda}^2r_1r_2}dS_1dS_2\\&=\iint_{\Sigma_1}\iint_{\Sigma_1}\Gamma\left(P_1,P_2;\tau+\frac{r_2-r_1}{c}\right)\frac{K(\theta_1)}{\bar{\lambda}r_1}\frac{K(\theta_2)}{\bar{\lambda}r_2}dS_1dS_2\end{aligned} \tag{4.3.28}$$

在准单色光条件下,互相干函数可以用互强度表示。由式(4.3.7)有

$$\Gamma\left(P_1,P_2;\frac{r_2-r_1}{c}\right)=J(P_1,P_2)e^{i\frac{2\pi}{\bar{\lambda}}(r_2-r_1)}$$

代入式(4.3.28)可得

$$J(Q_1,Q_2)=\iint_{\Sigma_1}\iint_{\Sigma_1}J(P_1,P_2)e^{i\frac{2\pi}{\bar{\lambda}}(r_2-r_1)}\frac{K(\theta_1)}{\bar{\lambda}r_1}\frac{K(\theta_2)}{\bar{\lambda}r_2}dS_1dS_2 \tag{4.3.29}$$

上式就是在自由空间准单色场中互强度的传播公式。若令

$$h(Q_1,P_1,\nu_0)=\frac{e^{ik_0r}}{i\bar{\lambda}r}K(\theta) \tag{4.3.30}$$

式中,$k_0=\frac{2\pi}{\bar{\lambda}}$是平均波数,则

$$h(Q_1,P_1,\nu_0)h^*(Q_2,P_2,\nu_0)=\frac{e^{ik_0(r_1-r_2)}}{\bar{\lambda}^2r_1r_2}K(\theta_1)K(\theta_2) \tag{4.3.31}$$

$$J(Q_1,Q_2)=\iint_{\Sigma_1}\iint_{\Sigma_1}J(P_1,P_2)h(Q_1,P_1,\nu_0)h^*(Q_2,P_2,\nu_0)dS_1dS_2 \tag{4.3.32}$$

公式(4.3.29)和式(4.3.32)表明,传播现象可以看作一个线性系统,满足叠加原理的物理量是互强度,每一对点互强度的响应函数是$h(Q_1,P_1,\nu_0)h^*(Q_2,P_2,\nu_0)$,由式(4.3.31)给出。以$J(P_1,P_2)$为权重因子的所有响应函数线性叠加就可以得到$\Sigma_2$面上的互强度。因此,不必要了解光源的具体性质,只要知道输入面上光扰动的相干性,就可以确定输出面上的相干性。换言之,只要知道了点P_1和点P_2处产生的干涉条纹的对比度,就能确定点Q_1和点Q_2处产生的干涉条纹的对比度。

当点Q_1和点Q_2重合为一点Q时,可得到Σ_2面上的光强分布为

$$I(Q)=\iint_{\Sigma_1}\iint_{\Sigma_1}J(P_1,P_2)\frac{e^{ik_0(r_1-r_2)}}{\bar{\lambda}^2r_1r_2}K(\theta_1)K(\theta_2)dS_1dS_2 \tag{4.3.33}$$

令$I(P_1)$和$I(P_2)$分别表示P_1点和P_2点的光强度,即

$$I(P_1)=\Gamma_{11}(0)=\langle u(P_1,t)u^*(P_1,t)\rangle$$

$$I(P_2)=\Gamma_{22}(0)=\langle u(P_2,t)u^*(P_2,t)\rangle$$

则$J(P_1,P_2)$可表示成

$$J(P_1,P_2)=[I(P_1)I(P_2)]^{1/2}\mu(P_1,P_2)$$

式中,$\mu(P_1,P_2)$表示复空间相干度。式(4.3.33)遂可改写成

$$I(Q)=\iint_{\Sigma_1}\iint_{\Sigma_1}[I(P_1)I(P_2)]^{1/2}\mu(P_1,P_2)\frac{e^{ik_0(r_1-r_2)}}{(\bar{\lambda})^2r_1r_2}K(\theta_1)K(\theta_2)dS_1dS_2 \tag{4.3.34}$$

上式，表示 Q 点的光强等于Σ_1 面上每一对点所作的贡献之和（如图 4.3.3 所示）。每一对点产生的响应为$\frac{e^{ik_0(r_1-r_2)}}{(\bar{\lambda})^2 r_1 r_2}\cdot K(\theta_1)K(\theta_2)$，每一对点的贡献依赖于这两点的光强以及相应的复空间相干度$\mu(P_1,P_2)$。式(4.3.34)可以看作是部分相干场中强度传播的惠更斯-菲涅耳原理。它与用于描述单色光波场传播的较初等的惠更斯-菲涅耳公式是极为相似的，其原因是互强度的传播也遵循亥姆霍兹方程。

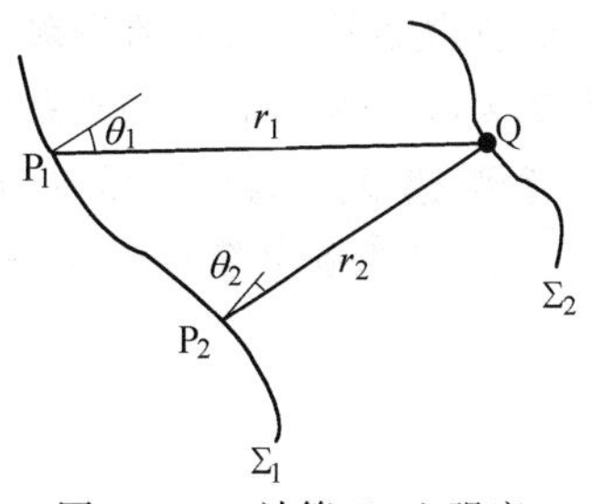

图 4.3.3　计算 Σ_2 上强度 $I(Q)$时的图示

讨论自由空间中准单色场互相干性传播的另一个重要结论是，当对于所有的 $P_1 \neq P_2$ 和所有的 τ 都有 $\Gamma(P_1,P_2;\tau)=0$ 时，式(4.3.28)的积分为零。这就意味着，按照这样的方式定义的非相干场是不能传播的。也就是说，完全不相干的波面是不能辐射的。可以证明，对于一个传播的波，其相干性至少在一个波长的线度上存在。但是对于一般的光学系统，波长相对于波面的尺度可以看作是无穷小量。因此，非相干场的互强度通常近似表示为

$$J(P_1,P_2)=\rho I(P_1)\delta(x_1-x_2,y_1-y_2) \tag{4.3.35}$$

式中，(x_1,y_1)和(x_2,y_2)分别是 P_1、P_2 点的坐标；ρ 为一个适当的常系数。

下面举几个计算示例。

【例 1】讨论中心频率为 ν_1 和 ν_2 的两个准单色光束间的干涉。计算每个光源的最大容许半宽度值，以及为了探测光拍频的频率差。

【解】设 $u_1(t)$和 $u_2(t)$是 t 时刻两个光束在同一点上的场，即

$$\begin{cases} u_1(t)=u_{01}e^{i(2\pi\nu_1 t+\varphi_1)} \\ u_2(t)=u_{02}e^{i(2\pi\nu_2 t+\varphi_2)} \end{cases} \tag{4.3.36}$$

因为假设光场是准单色的，所以 u_{01}、u_{02}、φ_1 和 φ_2 是时间的缓变函数。在任何时刻 t 的总振幅可以写成

$$u(t)=u_{01}e^{i(2\pi\nu_1 t+\varphi_1)}+u_{02}e^{i(2\pi\nu_2 t+\varphi_2)} \tag{4.3.37}$$

令 T_0 表示探测器的积分时间，则观察到的平均强度为

$$\begin{aligned} I &= \frac{1}{T_0}\int_{t-T_0/2}^{t+T_0/2}\left[\frac{1}{2}u(t)u^*(t)\right]dt \\ &= \frac{1}{T_0}\int_{t-T_0/2}^{t+T_0/2}\left\{\frac{1}{2}u_{01}^2+\frac{1}{2}u_{02}^2+u_{01}u_{02}\cos[2\pi(\nu_1-\nu_2)t+\varphi_1-\varphi_2]\right\}dt \\ &= I_1+I_2+2(I_1I_2)^{1/2}\cdot\frac{1}{T_0}\int_{t-T_0/2}^{t+T_0/2}\cos[2\pi(\nu_1-\nu_2)t+\varphi_1-\varphi_2]dt \end{aligned} \tag{4.3.38}$$

式中，$I_1=\frac{1}{2}u_{01}^2$和$I_2=\frac{1}{2}u_{02}^2$是任一光束在另一光束不存在时的光强度。

当 T_0 远大于任一光束的相干时间时，$\varphi_1-\varphi_2$ 在这段时间内的变化是随机的，因此式(4.3.38)中的积分将为零。在此情况下，$I=I_1+I_2$，即两光束非相干地相加。

当 T_0 远小于两光束的相干时间(即 $T_0\ll\frac{1}{\Delta\nu_1},\frac{1}{\Delta\nu_2}$)，且$(\nu_1-\nu_2)T_0\ll 1$(即两光束的频率差远小于探测器积分时间的倒数)时，在探测时间内，被积函数中的余弦因子可以假设为常数，遂得

$$I(t)=I_1+I_2+2(I_1I_2)^{1/2}\cos[2\pi(\nu_1-\nu_2)t+\varphi_1-\varphi_2] \tag{4.3.39}$$

因而,探测器将记录下光拍频。使用两个独立的激光束确实可以观察到这种光拍频。另一方面,如果$(\nu_1-\nu_2)T_0\gg1$,则探测器将再次记录下两束光的强度之和。

【例 2】根据自相干函数的定义式(4.2.29),完成以下证明和讨论。

(1) 证明场中某点在两个不同时刻的复相干度为

$$\gamma_{11}(\tau)=\frac{\int_0^{\infty}\widetilde{\Gamma}_{11}(\nu)\mathrm{e}^{\mathrm{i}2\pi\nu\tau}\mathrm{d}\nu}{\int_0^{\infty}\widetilde{\Gamma}_{11}(\nu)\mathrm{d}\nu} \tag{4.3.40}$$

(2) 讨论一个振荡于两个相邻频率上的激光光源,这两个相邻频率的频差约为10^8 Hz。假设这两个频率中的每一个频带都无限窄,计算$|\gamma_{11}(\tau)|$。

【解】(1) 根据定义式(4.2.14),有

$$\gamma_{11}(\tau)=\frac{\Gamma_{11}(\tau)}{\Gamma_{11}(0)} \tag{4.3.41}$$

再利用式(4.2.29),便得到式(4.3.40)。

(2) 由于已假定每个振荡频率的频带是无限窄的,故在辐射场中它们都为δ函数分布,从而其光谱密度$\widetilde{\Gamma}_{11}(\nu)$可写成(参阅例3)如下形式:

$$\widetilde{\Gamma}_{11}(\nu)=I_1\delta(\nu-\nu_1)+I_2\delta(\nu-\nu_2) \tag{4.3.42}$$

式中,I_1、I_2分别代表两个频率的辐射强度。将上式代入式(4.3.41),并进行积分,得到

$$\gamma_{11}(\tau)=\mathrm{e}^{\mathrm{i}2\pi\nu_1\tau}[1+\gamma\mathrm{e}^{\mathrm{i}2\pi\Delta\nu\tau}]/(1+\gamma) \tag{4.3.43}$$

式中,$\gamma=\dfrac{I_1}{I_2}$,$\Delta\nu=\nu_1-\nu_2$。因此

$$|\gamma_{11}(\tau)|=\frac{1}{1+\gamma}[1+\gamma^2+2\gamma\cos(2\pi\Delta\nu\tau)]^{1/2} \tag{4.3.44}$$

因而,$|\gamma_{11}(\tau)|$不仅与$\Delta\nu$有关,也与γ有关。例如,当$\gamma=1$即$I_1=I_2$时,有

$$\gamma_{11}(\tau)=|\cos(\pi\Delta\nu\tau)| \tag{4.3.45}$$

因而$|\gamma_{11}(\tau)|$随τ周期地变化,而当$\tau=\dfrac{1}{2\Delta\nu}$时,复相干度等于零。如果允许相干度为$\dfrac{1}{\sqrt{2}}$,则$\tau$将限制在$\dfrac{1}{4\Delta\nu}$以内。因此,对于光谱轮廓近似为高斯型和半宽度约为$10^4$ Hz的单频激光器,由式(4.1.20)知,其相干长度约为30 km;而当$\Delta\nu\approx10^8$ Hz时,相干长度减小到大约300 cm。

【例 3】对于频率为ν_0的完全单色光源发出的辐射场,可以写成

$$u(t)=u_0\mathrm{e}^{\mathrm{i}2\pi\nu_0 t}$$

试证明:$\widetilde{\Gamma}_{11}(\nu)=u_0^2\delta(\nu-\nu_0)$,因而$\widetilde{\Gamma}_{11}(\nu)$将是光源的光谱分布的度量。

【解】根据定义,有

$$\Gamma_{11}(\tau)=\lim_{T\to\infty}\frac{1}{2T}\int_{-T}^{T}u(t+\tau)u^*(t)\mathrm{d}t=u_0^2\mathrm{e}^{\mathrm{i}2\pi\nu_0\tau}$$

而$\widetilde{\Gamma}_{11}(\nu)$是$\Gamma_{11}(\tau)$的傅里叶变换,故得

$$\widetilde{\Gamma}_{11}(\nu)=\int_{-\infty}^{\infty}\Gamma_{11}(\tau)\mathrm{e}^{-\mathrm{i}2\pi\nu\tau}\mathrm{d}\tau=\int_{-\infty}^{\infty}u_0^2\mathrm{e}^{-\mathrm{i}2\pi(\nu-\nu_0)\tau}\mathrm{d}\tau=u_0^2\delta(\nu-\nu_0)$$

证毕。

本章重点

1. 光源的空间相干性和时间相干性。
2. 互相干函数和复相干度。
3. 准单色光的传播。

思考题

4.1　如何理解光源的空间相干性和时间相干性？它们各与哪些因素有关？激光光源为什么同时具有空间相干性和时间相干性？

4.2　为什么说理论上的两束单色光应该是相干的？它们之间有干涉图样吗？如果有，怎样去观察？

4.3　太阳可看作是一个均匀的圆形面光源。如果直接用太阳光做杨氏双缝实验，要能观察到干涉条纹，则双缝之间距离应小于多少？（太阳直径为 1.392×10^{6} km，太阳距地面的平均距离为 1.50×10^{8} km，取太阳光波长 $\bar{\lambda}=550$ nm。）

习　题

4.1　若光源所辐射的频率宽度为 $\Delta\nu$，波长宽度为 $\Delta\lambda$，试证明：

$$\left|\frac{\Delta\nu}{\nu}\right|=\left|\frac{\Delta\lambda}{\lambda}\right|$$

设光波波长为 $\bar{\lambda}=632.8$ nm，$\Delta\lambda=2\times10^{-8}$ nm，试计算它的频宽 $\Delta\nu$；若把光谱分布看成是图 4.1.7的矩形线型，则相干长度 L_C 等于多少？

4.2　设迈克尔逊干涉仪所用的光源为 $\lambda_1=589.0$ nm 和 $\lambda_2=589.6$ nm 的钠双线，每一谱线的宽度设为 0.01 nm。试求：

(1) 光场复相干度的模。

(2) 当移动干涉仪的一臂时，可见到的条纹总数大约为多少？

(3) 条纹对比度有多少个变化周期？每个周期有多少条纹？

4.3　假设某气体激光器以 N 个等强度的纵模振荡，其归一化功率谱密度可表示为

$$\tilde{\Gamma}_{11}(\nu)=\frac{1}{N}\sum_{n=-(N-1)/2}^{(N-1)/2}\delta(\nu-\nu_0+n\Delta\nu)$$

其中，$\Delta\nu$ 是纵模间隔，ν_0 为中心频率；为简洁起见，假定 N 为奇数。

(1) 证明复相干度的模为

$$|\gamma(\tau)|=\left|\frac{\sin(N\pi\Delta\nu\tau)}{N\sin(\pi\Delta\nu\tau)}\right|$$

(2) 若 $N=3$，且 $0\leqslant\tau\leqslant\dfrac{1}{\Delta\nu}$，画出 $|\gamma(\tau)|$ 与 $\Delta\nu\tau$ 的关系曲线。

4.4　在图 X4.1 所示的杨氏双缝干涉实验中，采用缝宽为 a 的准单色扩展缝光源，并假设此缝光源具有均匀的辐射强度 I_0，中心波长为 $\bar{\lambda}=600$ nm。

(1) 写出 Q_1 和 Q_2 点的复空间相干度。

(2) 若 $a=0.1$ mm,$z=1$ m,$d=3$ mm,求观察屏上杨氏干涉条纹的对比度。

(3) 若 z 和 d 仍取上述值,要求观察屏上的条纹对比度为 0.41,问缝光源的宽度 a 应为多少?

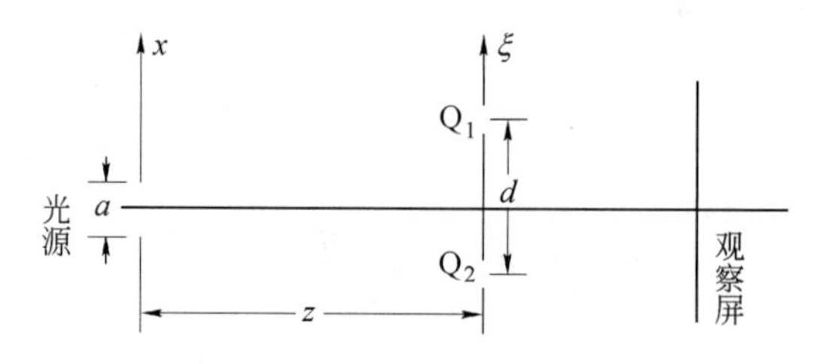

图 X4.1 习题 4.4 杨氏双缝图示

4.5 在习题 4.4 的图示装置中,如果用一个很大的均匀发光光源与一个空间频率为 ξ_0 的正弦光栅相叠加来代替缝光源,且正弦光栅的强度透过率为

$$t(x)=\frac{1}{2}(1+\cos 2\pi\xi_0 x)$$

则为了获得高的条纹对比度,ξ_0 与两缝间距 d 应满足什么条件?

4.6 在衍射实验中采用一个均匀强度的非相干光源,其波长 $\bar{\lambda}=550$ nm,紧靠光源之前放置一个直径为 1 mm 的小圆孔,若希望对远处直径为 1 mm 的圆孔产生近似相干的照明,求衍射孔径到光源的最小距离。

4.7 用准单色点光源照明与其相距为 z 的平面上任意两点 P_1 和 P_2,试求在近轴近似条件下这两点之间的复空间相干度的模 $|\mu(P_1,P_2)|$。

本章参考文献

[1] 苏显渝,李继陶,曹益平,等.信息光学[M].2 版.北京:科学出版社,2011:83-111.

[2] 谢建平,明海.近代光学基础[M].合肥:中国科学技术大学出版社,1990:1-84.

[3] 顾德门.统计光学[M].秦克诚,刘培森,陈家璧,等译.北京:科学出版社,1992:189.

[4] LIPSETT M S,MANDEL L. Coherent Time Measurements of Light From Ruby Optical Masers[J]. Nature,1963(199):553.

[5] 陈家璧,苏显渝.光学信息技术原理及应用[M].北京:高等教育出版社,2002:85-117.

[6] 吕乃光.傅里叶光学[M].2 版.北京:机械工业出版社,2008:182-204.

[7] 羊国光,宋菲君.高等物理光学[M].合肥:中国科学技术大学出版社,1991:215-269.

[8] BERAN M J,PARRENT G B. Theory of Partial Coherence[M]. Upper Saddle River: Prentice-Hall,1964.

第5章　光学全息照相

早在1948年，英籍匈牙利物理学家D. 盖伯(Dennis Gabor，1900—1979年)就根据光的干涉和衍射原理，提出了重现波前的全息照相理论，12年后激光器问世，接着在1962年，利思(E. N. Leith 1927—2006年)和厄帕特尼克斯(J. Upatnieks)等人利用激光拍摄成了完善的全息照片，在一张平面全息图底片的后面重现出十分逼真的原物三维形象，令人赞叹不已。50多年来，全息照相已成为信息光学中最活跃的领域之一。各种类型的全息图、全息元件和设备、全息检测方法和显示技术都得到了发展；各种全息记录材料和全息产品获得了应用；越来越多的科技、教育工作者和工艺美术师们建立起了全息实验室和全息博物馆，并开展了大量的学术研究和应用探索。尤其是近30年来，模压全息技术的发展使全息产品走向产业化，并开始深入人们的日常生活领域。正如美国商务通信公司(BCC)于1985年预测的，"全息照相术正以最活跃、最新和增长最快的高级技术工业之一的姿态出现于世界"。

本章简要介绍全息照相的基本原理、实验方法及其应用。

5.1　全息照相的基本原理

5.1.1　全息图的记录和重现

普通照相是把物体通过几何光学成像的方法记录在底片上，每个物点转换成相应的一个像点，得到的仅仅是物的亮度(或强度)分布。全息照相也是一种照相过程，但在概念上则与普通照相根本不同。全息照相不仅要记录物体的强度分布，还要记录下传播到记录平面上的完整的物光波场，这就意味着既要记录振幅又要记录位相。振幅(或强度)是容易记录的，问题在于记录位相。所有的照相底片或探测仪器都只对光强起反应，而对光波场各部分之间的位相差则是完全不灵敏的。D. 盖伯应用物理光学中的干涉原理，在物波场中引入一个参考光波，使其与物光波在记录平面上发生干涉，从而将物光波的位相分布转换成了记录在照相底片上的光强分布。这样，就把完整的物光波场都记录了下来。由此获得的照片称为全息照片或全息图(Hologram)。盖伯证明了，用这样一张记录下来的全息图最后可以得到原物体的像。

记录全息图的一种光路布置如图5.1.1所示。由激光器发出的高度相干的单色光经过分束镜BS时被分成两束：一束光经反射镜M_1反射，并经扩束镜L_1扩束后，用来照明待记录的物体,称为物光束;另一束光经反射镜 M_2 反射和扩束镜 L_2 扩束后,直接照射全息底片 H(又称为全息干板)。后一束光提供一个参考光束,当其与来自物体表面的散射光均照射到全息干板上时,物体散射光与参考光进行相干叠加,其结果会产生极精细的干涉条纹(干涉条纹间距在5×10^{-4}cm量级),并被记录在全息干板上,从而形成一张全息图底片。

上述全息图底片经过显影、定影处理后,当用原参考光照明时,光通过全息图后的衍射和衍射光之间的干涉,形成与物体光波完全相同的光波,从而得到原物的清晰图像。这个过程称为全息图的重现(Holographic Reconstruction),如图5.1.2所示。即使把原来的物体已经取走,重现时仍可形成原来物体的像。如果重现波前被观察者的眼睛截取,则其效果就和观察原始物体的真实三维像一样。当观察者改变其观察方位时,景象的配置便发生变化,视差效应是非常明显的。同时,当观察点由景象中的较近处改变到较远处时,观察者的眼睛必须重新调焦。如果全息图的记录和重现都是用同一单色光源来完成的,那么,不存在任何视觉标准能够用以区别真实的物体和重现的像。

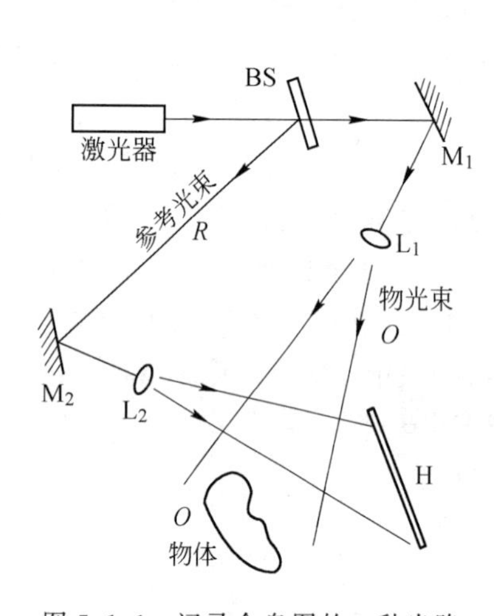

图5.1.1 记录全息图的一种光路

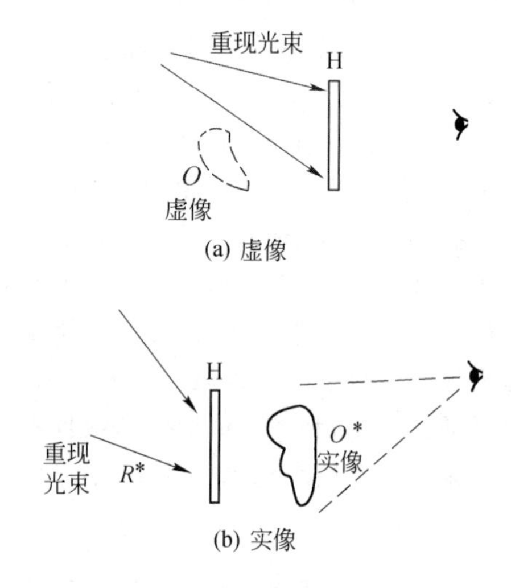

图5.1.2 全息图的重现

5.1.2 基本理论

假设在全息干板平面上,由物体散射的物光波的复振幅可表示成

$$O(\boldsymbol{r},t)=A_O(\boldsymbol{r})e^{i[\varphi_O(\boldsymbol{r})-\omega t]} \tag{5.1.1}$$

式中,$A_O(\boldsymbol{r})$、$\varphi_O(\boldsymbol{r})$代表物光波与空间位置 $\boldsymbol{r}$ 相应的振幅和位相;ωt 代表波面的瞬时位相。

类似的,设参考光波具有下列形式:

$$R(\boldsymbol{r},t)=A_R(\boldsymbol{r})e^{i[\varphi_R(\boldsymbol{r})-\omega t]} \tag{5.1.2}$$

当上述两列光波在干板平面上相干叠加时,产生的合振动为

$$A(\boldsymbol{r},t)=O(\boldsymbol{r},t)+R(\boldsymbol{r},t)=A_O(\boldsymbol{r})e^{i[\varphi_O(\boldsymbol{r})-\omega t]}+A_R(\boldsymbol{r})e^{i[\varphi_R(\boldsymbol{r})-\omega t]} \tag{5.1.3}$$

其强度分布为

$$\begin{aligned} I(\boldsymbol{r})&=\langle A(\boldsymbol{r},t)A^*(\boldsymbol{r},t)\rangle \\ &=|O|^2+|R|^2+R^*O+RO^* \\ &=|O|^2+|R|^2+2|O||R|\cos[\varphi_R(\boldsymbol{r})-\varphi_O(\boldsymbol{r})] \end{aligned} \tag{5.1.4}$$

式中,〈 • 〉表示对时间求平均,* 表示复共轭。由式(5.1.4)看到,在强度分布中与时间相关的因素都自动消失了,所有保留下来的项都是与空间有关的。其中前两项分别代表物光波与参考光波被记录的强度;第 3 项则代表两个波之间的干涉效应,它是被余弦因子调制的,其条纹对比度或调制度为

$$V=\frac{2|O||R|}{|O|^2+|R|^2} \tag{5.1.5}$$

条纹形状由位相差 $\varphi_R-\varphi_O$ 决定。因此,全息图底片经曝光、显影和定影处理后,不仅记录了关于两光波的强度信息,也记录了它们的振幅和位相信息。可以想象,$\varphi_R-\varphi_O$ 的空间变化不一定是线性的,也不一定是单调的,因而干涉条纹的疏密、取向、强弱和对比度都在随处变化。但其变化绝不是随机的,而是以 φ_R 随空间较为规则的变化为标准,把物光波的位相分布 φ_O 以光强变化的形式按公式(5.1.4)反映出来,而振幅则以条纹的调制深度被记录下来。

假设全息底片工作于其线性区(详见 5.3 节),它把曝光记录时的入射光强分布线性地变换为显影后负片的振幅透射率分布,则经显影、定影等处理后的全息图,其振幅透射率 τ 与曝光强度成正比,即

$$\tau(x,y)=\tau_0+\beta I(x,y) \tag{5.1.6}$$

式中,τ_0 和 β 为常数,对负片 $\beta<0$,β 与底片曝光及显影过程有关,τ_0 与底片灰雾有关。

当用原参考光照明重现全息图时,通过全息图面后的光场分布为

$$\begin{aligned}A_{\text{rec}}(\boldsymbol{r},t)&=R(\boldsymbol{r},t)\tau(\boldsymbol{r})\\&=R[\tau_0+\beta(|O|^2+|R|^2)]+\beta RR^*O+\beta RRO^*\\&=E_1+E_2+E_3\end{aligned} \tag{5.1.7}$$

式中,$E_1=R[\tau_0+\beta(|O|^2+|R|^2)]$,代表与重现光波相同的透射光场(通常称为零级衍射);$E_2=\beta|R|^2O=C_1O$,与原始物光波相同,因为是由物面散射形成的,故观察到的这个像 O 称为虚像(Virtual Image)(又称为+1 级衍射);$E_3=\beta R^2O^*$ 为共轭物光波(称为−1 级衍射)。E_3 的结果是一个空间倒置的(幻视的)原来物体的像,又叫赝视像(Pseudoscopic Image),此像的位置究竟是在全息图的前面还是在它的后面,取决于光路布置(详见 5.2 节),但此共轭像因受到重现光波的位相调制,故将产生位相畸变。

当用原参考光的共轭光波(保持波面相同、反方向传播)照明重现全息图时,通过全息图面后的光场分布为

$$\begin{aligned}A_{\text{rec}}(\boldsymbol{r},t)&=R^*(\boldsymbol{r},t)\tau(\boldsymbol{r})\\&=R^*[\tau_0+\beta(|O|^2+|R|^2)]+\beta R^*R^*O+\beta R^*RO^*\\&=E'_1+E'_2+E'_3\end{aligned} \tag{5.1.8}$$

式中,$E'_3=\beta|R|^2O^*$ 为重现的共轭物波,这是一个无畸变的实像(Real Image)。

这里要说明一下全息重现过程的线性性质。式(5.1.7)和式(5.1.8)表现出曝光时的入射光场和显影后的透射光场之间的一个高度非线性的变换关系,似乎线性系统对全息照相术理论不能起作用。但从物光场 $O(x,y)$ 到透射光场分量 $E_3=\beta|R|^2O$ 或 $E'_3=\beta|R|^2O^*$ 的变换却是完全线性的。因此,若把物光场 $O(x,y)$ 看作输入,而把上述单项透射场分量看作输出,那么这样定义的系统就是一个线性系统,只要曝光量的变化范围保持在底片的线性工作区内。采用线性系统的概念将有助于简化对全息成像过程的分析。

5.1.3 全息照相的基本特点

1. 全息照相最突出的特点是由它所形成的三维形象

一张全息图看上去很像是一扇窗子,当通过它观看时,物体的三维形象就在眼前,让人感觉到形象就要“破窗而出”。当观察者的头部上下、左右移动时,可看到物体的不同侧面。所看到的整个景象是那样地逼真,完全没有普通照片给人的“隔膜感”。

2. 全息图具有弥漫性

一张用激光重现的透射式全息图,即使被打碎成若干小碎片,用其中任何一块小碎片仍可重现出所拍摄物体的完整形象。不过当碎片太小时,重现景象的亮度和分辨率会随之降低。这就好比通过一个小窗口观看物体时所出现的情况。为了证明这一点,读者不妨拿一张已拍摄好的全息图来做下列实验:用一张带有小孔的黑纸板遮住该全息图,然后通过小孔来观察它的重现像。不断移动小孔的位置使其遮住全息图的不同部位,所观察到的重现像都是相同的。改变小孔的尺寸,只是使观察到的重现像的亮度和分辨率有所变化罢了。为什么全息照片会具有上述特征呢?这是因为,全息底片上每一点都受到被拍摄物体各部位发出的光的作用,所以其上每一点都记录了整个物体的全部信息。

3. 全息照相可进行多重记录

对于一张全息照片,记录时的物光和参考光以及重现时的重现光,这三者应该是一一对应的。这里包含两层意思:一是指记录时用什么物,则重现时也就得到它的像;二是指重现光与原参考光应相同。如果重现光与原参考光有区别(例如波长、波面或入射角不同),就得不到与原物体完全相同的像。当入射角不同时,则像的亮度和清晰度会大大降低;当入射角改变稍大时,则像完全消失。利用这一特点,就可在同一张全息底片上对不同的物体记录多个全息图像,只需每记录一次后改变一下参考光相对于全息底片的入射角即可。如果使重现光与原参考光的波长不同,则重现像的尺寸就会改变,得到放大或缩小的像;如果重现光波面形状相对于原参考光发生了变化,则有可能获得畸变的像,就像公园的哈哈镜里看到的像那样。

4. 全息图可同时得到虚像和实像

实像能投射到屏幕上被观察到,而虚像则不能。这与基础光学中关于实像与虚像的概念是一致的。但细致观察,还可看到全息图更多的像。

总之,全息照片是一种全新的照片。全息照相术(Holography)从根本上改进了传统的照相术,已经成为当代一些科学家、艺术家获得完整自然信息的一种重要手段,并显示出巨大的应用潜力。

5.1.4 全息图的类型

我们可以从不同的观点来对全息图的类型进行分类。现根据其主要特征加以说明。

1. 按参考光波与物光波主光线是否同轴,可分为同轴全息图与离轴全息图

在记录同轴全息图时,物体中心和参考光源位于通过全息底片中心的同一条直线上,常用于粒子场全息测试中。它只用一束光照射粒子场,被粒子衍射的光作为物光,其余未被衍射的透过光作为参考光(例见5.9节)。同轴全息术(Coaxial Holography)的优点是光路简单,对激光器模式要求较低,从而激光的输出能量可得到增强。缺点是在重现时,原始像和共轭像在同一光轴上不能分离,两个像互相重叠,产生所谓“孪生像”(Twin Images)。这一缺点限制了它的使用范围。

离轴全息术（Off-axis Holography）是经常采用的方法。例如，图5.1.1所示的光路就是离轴全息照相光路。

2. 按全息图的结构与观察方式，可分为透射全息图与反射全息图

透射全息图（Transmission Hologram）是指拍摄时物光与参考光从全息图的同一侧射来（如图5.1.1所示）；而反射全息图（Reflection Hologram）是指在拍摄时物光与参考光分别从全息图两侧射来（见5.7节）。重现时，对透射全息图，观察者与照明光源分别在全息图的两侧；而对反射全息图，观察者与照明光源则在同一侧。按图5.1.1记录的透射全息图，其优点是影像三维效果好、景深大、幅面宽，形象极其逼真，因而这种全息图可用于工程现场拍摄大型结构，在科教方面，可制作三维挂图等。

3. 按全息图的复振幅透过率，可分为振幅型全息图和位相型全息图

振幅型全息图（Amplitude Hologram）是指乳胶介质经感光处理后，其吸收率（Absorbance）被干涉光场所调制，干涉条纹以浓淡相间的黑白条纹被记录在全息干板上；重现时，黑色部分吸收光而造成损失，未被吸收的部分衍射成像，故这种全息图又称为吸收型全息图（Absorption Hologram）。位相型全息图（Phase Hologram）又分为折射率型和表面浮雕型两种：前者是以乳胶折射率被调制的形式记录下干涉图形的，重现时，光经过折射率变化的乳胶层而产生位相差；后者则是使记录介质的厚度随曝光量改变，形成浮雕型全息图（Relief Hologram），折射率不变。照明光波通过位相全息图时，仅其位相被调制，无显著吸收，故一般得到的重现像较为明亮。

4. 按全息底片与物的远近关系，可分为菲涅耳全息图、像面全息图和傅里叶变换全息图

菲涅耳全息图（Fresnel Hologram）是指物体与全息底片的距离较近（菲涅耳衍射区内）时所拍摄的全息图；像面全息图（Image Plane Hologram）是指用透镜将物的像呈现在全息底片上所拍摄的全息图；傅里叶变换全息图（Fourier Transform Hologram，FTH）是指把物体进行傅里叶变换后，在其频谱面上拍摄其空间频谱的全息图。

5. 按所用重现光源，可分为激光重现与白光重现两类

早期的透射式全息图需要用激光重现，而许多新型的全息图都可以用白光重现，例如反射全息图、像面全息图、彩虹全息图、真彩色全息图以及合成全息图等。

6. 按记录介质乳胶的厚度，可分为平面全息图和体积全息图（Volume Hologram）两类

所谓平面全息图（Planar Hologram）是指二维全息图，只需考虑 xOy 平面上的振幅透过率分布，而无须考虑乳胶的厚度。

以上6类实际上又是相互穿插、相互渗透的。详细讨论各类全息图的记录方法及有关特性，不是本书的任务，读者可参阅文献[6]。

5.2　菲涅耳全息图

菲涅耳全息图的特点是记录平面位于物光场的菲涅耳衍射区内。为了简洁起见，本节着重讨论菲涅耳点源全息图。由于物体可以看成点源的线性组合，所以，了解点源全息图的结构和特性对于深入理解一般全息图的记录和重现是十分有益的。故可把菲涅耳点源全息图看作是一种基元全息图（Elementary Hologram）。

5.2.1 基元全息图的几何模型

前节已指出,全息图记录到的是一些形状复杂的干涉条纹,为了研究这些干涉条纹的分布特性和规律,先介绍几种基元全息图的条纹结构,其他复杂的条纹结构则可看成这些简单结构的组合。

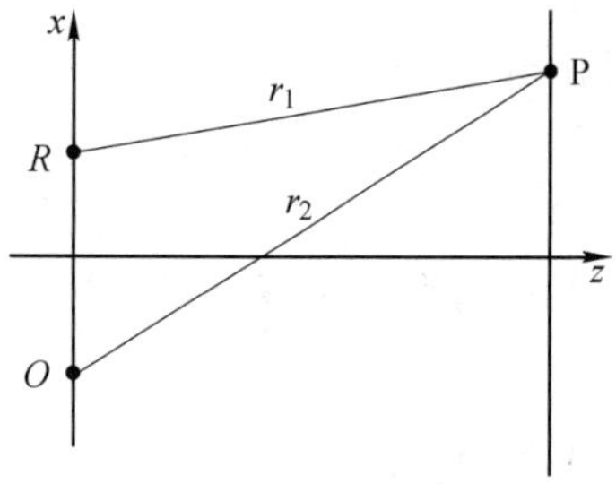

图 5.2.1 两点源的干涉

首先撇开实际的全息记录系统,设想物光 O 和参考光 R 均为点源发出的球面波,观察其在干涉场中任一点 P 的干涉,如图 5.2.1 所示。在该点两光波的光程差和位相差分别为

$$\Delta=r_2-r_1,\quad \delta=k\Delta=k(r_2-r_1)=\frac{2\pi}{\lambda}(r_2-r_1)$$

由解析几何学知道,干涉场的峰值强度面是一簇旋转双曲面,旋转轴是两个点源的连线,如图 5.2.2(a)所示,R 和 O 则为双曲面的焦点。若 O 为发散球面波,R 为会聚球面波,则可将 r_1 看作负值,即 $\Delta=r_2+r_1$,这时峰值强度面演化为一簇以 R 和 O 为焦点、以$\overline{RO}$连线为轴的旋转椭球面,如图 5.2.2(b)所示。当物光为点源 O 发射的球面波、参考光为平面波时,干涉场的峰值强度面则是以 O 为焦点、以参考光的波面为准线的一簇旋转抛物面,如图 5.2.2(c)所示。当物光与参考光均为平面波(点光源位于无穷远)时,干涉场的峰值强度面是平行等距的平面簇,平面的方向平行于两束平面光波波面所夹钝角的平分线,如图 5.2.2(d)所示。

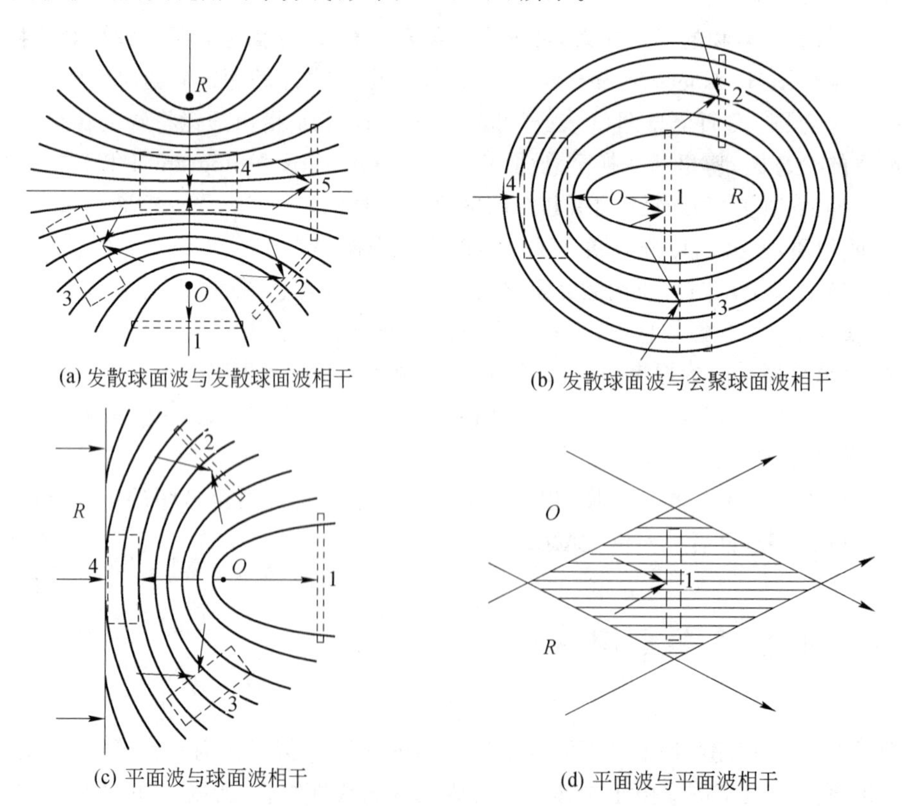

(a) 发散球面波与发散球面波相干　(b) 发散球面波与会聚球面波相干

(c) 平面波与球面波相干　(d) 平面波与平面波相干

图 5.2.2 基元全息图的示意图

至于所记录的全息图的具体干涉条纹结构,则与全息干板所放的位置有关。在图 5.2.2 中用虚线表示了记录干板的位置。例如,在图 5.2.2(d)中位置 1 是傅里叶变换全息图的结

构，而在图 5.2.2(a)～(c)中，位置 1 则是同轴全息图，条纹基本形状是内疏外密的同心圆环，位置 2、3 是离轴全息图，位置 4 是反射全息图，位置 5 是傅里叶变换全息图。

以上只说明了一下概貌，下面将做进一步的数学分析。

5.2.2　点源全息图的记录和重现

假设物光波与参考光波分别是从点源 $O(x_O, y_O, z_O)$ 和点源 $R(x_R, y_R, z_R)$ 发出的球面波，波长为 λ_1，全息干板 H 位于 $z=0$ 的平面上，与两个点源的距离满足菲涅耳近似条件〔式(2.4.5)〕。据此即可用球面波的二次曲面近似来描述上述球面波。记录光路如图 5.2.3(a)所示，在底片上所产生的光场复振幅为

$$\begin{aligned}A(x,y)&=O(x_O,y_O,z_O)+R(x_R,y_R,z_R)\\&=A_O\exp\left\{\mathrm{i}\frac{k_1}{2z_O}[(x-x_O)^2+(y-y_O)^2]\right\}+A_R\exp\left\{\mathrm{i}\frac{k_1}{2z_R}[(x-x_R)^2+(y-y_R)^2]\right\}\end{aligned}\tag{5.2.1}$$

式中，$k_1=\dfrac{2\pi}{\lambda_1}$；$A_O$ 和 A_R 可近似视为复常数，代表两个球面波的相对振幅和位相。底片上相应的强度分布为

$$\begin{aligned}I(x,y)=&|O|^2+|R|^2+(|R^*||O|)\exp\left\{\mathrm{i}\frac{k_1}{2z_O}[(x-x_O)^2+(y-y_O)^2]-\right.\\&\left.\mathrm{i}\frac{k_1}{2z_R}[(x-x_R)^2+(y-y_R)^2]\right\}+|R||O^*|\exp\left\{\mathrm{i}\frac{k_1}{2z_R}[(x-x_R)^2+(y-y_R)^2]-\right.\\&\left.\mathrm{i}\frac{k_1}{2z_O}[(x-x_O)^2+(y-y_O)^2]\right\}\end{aligned}\tag{5.2.2}$$

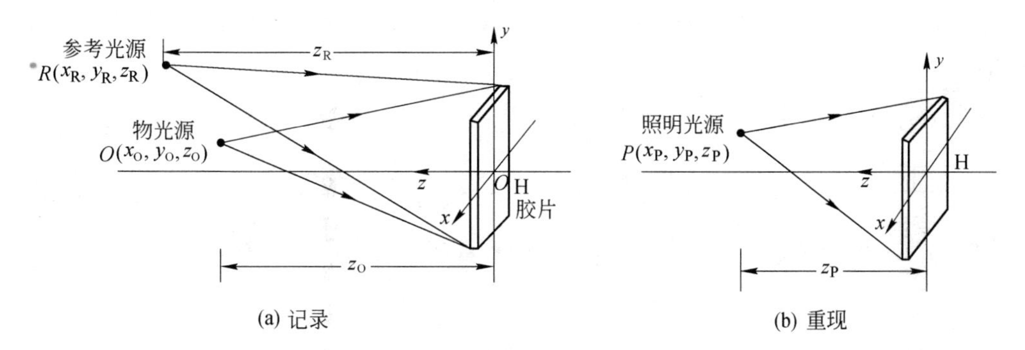

图 5.2.3　点源全息图的记录和重现

在线性记录条件下，显影后底片的振幅透过率正比于曝光强度。其中最重要的两项是

$$\tau_3(x,y)=\beta|R^*||O|\exp\left\{\mathrm{i}\frac{k_1}{2z_O}[(x-x_O)^2+(y-y_O)^2]-\mathrm{i}\frac{k_1}{2z_R}[(x-x_R)^2+(y-y_R)^2]\right\}\tag{5.2.3}$$

$$\tau_4(x,y)=\beta|R||O^*|\exp\left\{\mathrm{i}\frac{k_1}{2z_R}[(x-x_R)^2+(y-y_R)^2]-\mathrm{i}\frac{k_1}{2z_O}[(x-x_O)^2+(y-y_O)^2]\right\}\tag{5.2.4}$$

重现时，重现照明光波采用由 $P(x_P, y_P, z_P)$ 发出的球面波，如图 5.2.3(b)所示，波长为 λ_2，其二次曲面近似表示式为

$$A_P(x,y)=C\exp\left\{\mathrm{i}\frac{k_2}{2z_P}[(x-x_P)^2+(y-y_P)^2]\right\} \tag{5.2.5}$$

式中,$k_2=\dfrac{2\pi}{\lambda_2}$。全息图透射项中与 $\tau_3(x,y)$、$\tau_4(x,y)$ 相应的两项是我们感兴趣的。

$$\begin{aligned}A_3(x,y)&=A_P(x,y)\tau_3(x,y)\\&=\beta|R^*||O|C\exp\left\{\mathrm{i}\frac{k_1}{2z_O}[(x-x_O)^2+(y-y_O)^2]-\right.\\&\left.\mathrm{i}\frac{k_1}{2z_R}[(x-x_R)^2+(y-y_R)^2]+\mathrm{i}\frac{k_2}{2z_P}[(x-x_P)^2+(y-y_P)^2]\right\}\end{aligned}$$

上式的位相因子中,有些是与底片平面坐标 (x,y) 无关的常数位相因子,可将它们合并记为 $\exp(\mathrm{i}\phi)$;将含 x 和 y 的一次项及二次项分别整理,上式可重新改写为

$$\begin{aligned}A_3(x,y)=&\beta|R^*||O|C\exp(\mathrm{i}\phi)\exp\left[\mathrm{i}\pi\left(\frac{1}{\lambda_1 z_O}-\frac{1}{\lambda_1 z_R}+\frac{1}{\lambda_2 z_P}\right)(x^2+y^2)\right]\cdot\\&\exp\left\{-\mathrm{i}2\pi\left[\left(\frac{x_O}{\lambda_1 z_O}-\frac{x_R}{\lambda_1 z_R}+\frac{x_P}{\lambda_2 z_P}\right)x+\left(\frac{y_O}{\lambda_1 z_O}-\frac{y_R}{\lambda_1 z_R}+\frac{y_P}{\lambda_2 z_P}\right)y\right]\right\}\end{aligned} \tag{5.2.6}$$

同理可得

$$\begin{aligned}A_4(x,y)=&\beta|R||O^*|C\exp(\mathrm{i}\phi')\exp\left[\mathrm{i}\pi\left(-\frac{1}{\lambda_1 z_O}+\frac{1}{\lambda_1 z_R}+\frac{1}{\lambda_2 z_P}\right)(x^2+y^2)\right]\cdot\\&\exp\left\{-\mathrm{i}2\pi\left[\left(-\frac{x_O}{\lambda_1 z_O}+\frac{x_R}{\lambda_1 z_R}+\frac{x_P}{\lambda_2 z_P}\right)x+\left(-\frac{y_O}{\lambda_1 z_O}+\frac{y_R}{\lambda_1 z_R}+\frac{y_P}{\lambda_2 z_P}\right)y\right]\right\}\end{aligned} \tag{5.2.7}$$

上列两式中,x、y 的二次位相因子说明 A_3、A_4 具有球面波的性质。这个球面波不一定会聚到(或发散自)z 轴上某点,而是向着某个特定方向,此方向由 x、y 的线性位相因子(代表倾斜传播的平面波的位相因子)决定。按照上节的讨论,A_3 和 A_4 将产生虚的或实的像点。

而一个由像点 (x_i,y_i,z_i) 发散的球面波,它在 xOy 平面上的光场在近轴条件下具有下列标准形式:

$$\begin{aligned}A_i(x,y)&=O_i\exp\left\{\mathrm{i}\frac{k_2}{2z_i}[(x-x_i)^2+(y-y_i)^2]\right\}\\&=O_i\exp(\mathrm{i}\phi_i)\exp\left[\mathrm{i}\frac{\pi}{\lambda_2 z_i}(x^2+y^2)\right]\cdot\exp\left[-\mathrm{i}\frac{2\pi}{\lambda_2 z_i}(xx_i+yy_i)\right]\end{aligned} \tag{5.2.8}$$

将式(5.2.6)、(5.2.7)分别与上式比较,采用比较系数法即可求出物像关系:

$$\begin{cases}\dfrac{1}{z_i}=\dfrac{1}{z_P}\pm\mu\left(\dfrac{1}{z_O}-\dfrac{1}{z_R}\right) & (5.2.9\mathrm{a})\\[2ex]\dfrac{x_i}{z_i}=\dfrac{x_P}{z_P}\pm\mu\left(\dfrac{x_O}{z_O}-\dfrac{x_R}{z_R}\right) & (5.2.9\mathrm{b})\\[2ex]\dfrac{y_i}{z_i}=\dfrac{y_P}{z_P}\pm\mu\left(\dfrac{y_O}{z_O}-\dfrac{y_R}{z_R}\right) & (5.2.9\mathrm{c})\end{cases}$$

式中,$\mu=\dfrac{\lambda_2}{\lambda_1}$。由此,可确定像点坐标如下:

$$\begin{cases}z_i=\left[\dfrac{1}{z_P}\pm\mu\left(\dfrac{1}{z_O}-\dfrac{1}{z_R}\right)\right]^{-1} & (5.2.10\mathrm{a})\\[2ex]x_i=\dfrac{z_i}{z_P}x_P\pm\mu\left(\dfrac{z_i}{z_O}x_O-\dfrac{z_i}{z_R}x_R\right) & (5.2.10\mathrm{b})\\[2ex]y_i=\dfrac{z_i}{z_P}y_P\pm\mu\left(\dfrac{z_i}{z_O}y_O-\dfrac{z_i}{z_R}y_R\right) & (5.2.10\mathrm{c})\end{cases}$$

式(5.2.9)、式(5.2.10)中上面一组符号适用于分量波 A_3，下面一组符号适用于分量波 A_4。当 z_i 为正时，重现像是虚像，位于全息图左侧；当 z_i 为负时，重现像是实像，位于全息图的右侧。

像的横向放大率为

$$M=\left|\frac{\mathrm{d}x_i}{\mathrm{d}x_O}\right|=\left|\frac{\mathrm{d}y_i}{\mathrm{d}y_O}\right|=\mu\left|\frac{z_i}{z_O}\right|=\left|1-\frac{z_O}{z_R}\pm\frac{z_O}{\mu z_P}\right|^{-1} \tag{5.2.11}$$

像的纵向放大率为

$$\alpha=\left|\frac{\mathrm{d}z_i}{\mathrm{d}z_O}\right|=\frac{M^2}{\mu} \tag{5.2.12}$$

α 描述物面与像面之间深度反转性质：对原始像，$\alpha>0$，重现像与物体形状相同，凹凸一致，深度不反转；对共轭像，$\alpha<0$，重现像与物体凹凸互易，深度发生反转。

另外，由式(5.2.9a)与普通透镜的物像关系相比较，有

$$\pm\mu\left(\frac{1}{z_O}-\frac{1}{z_R}\right)=\frac{1}{f'}$$

式中，$f'=\pm\dfrac{z_R z_O}{\mu(z_R-z_O)}$是全息图的像方焦距，正、负号分别对应原始像和共轭像。由此可见，菲涅耳全息图除记录了物体的信息外，还兼有正、负透镜成像的作用，故重现过程无须加透镜即能自行成像。

5.2.3　几种特殊情况

(1) 重现光波与参考光波完全一样，即 $x_P=x_R$，$y_P=y_R$，$z_P=z_R$，$\lambda_1=\lambda_2$。这时，由式(5.2.10)得

$$\begin{cases}z_{i1}=z_O\\ x_{i1}=x_O\\ y_{i1}=y_O\\ M=1\end{cases}\qquad\begin{cases}z_{i2}=\dfrac{z_R z_O}{2z_O-z_R}\\ x_{i2}=\dfrac{2z_O x_R-z_R x_O}{2z_O-z_R}\\ y_{i2}=\dfrac{2z_O y_R-z_R y_O}{2z_O-z_R}\\ M=\left|1-\dfrac{2z_O}{z_R}\right|^{-1}\end{cases} \tag{5.2.13}$$

上式表明，分量波 A_3 产生物点的一个虚像，像点的位置与物点重合，横向放大率为 1，它是原物点准确的重现。分量波 A_4 可产生物点的实像或虚像，取决于 z_{i2}的正负。当 $z_R<2z_O$ 时，$z_{i2}>0$，它产生虚像；当 $z_R>2z_O$ 时，$z_{i2}<0$，它产生实像。在通常情况下，此像的横向放大率不等于 1。

(2) 重现光波与参考光波共轭，即 $x_P=x_R$，$y_P=y_R$，$z_P=-z_R$，$\lambda_1=\lambda_2$。这时由式(5.2.10)得

$$\begin{cases}z_{i1}=\dfrac{z_R z_O}{z_R-2z_O}\\ x_{i1}=\dfrac{z_R x_O-2z_O x_R}{z_R-2z_O}\\ y_{i1}=\dfrac{z_R y_O-2z_O y_R}{z_R-2z_O}\end{cases}\qquad\begin{cases}z_{i2}=-z_O\\ x_{i2}=x_O\\ y_{i2}=y_O\end{cases} \tag{5.2.14}$$

上式表明，分量波 A_4 产生点物的一个实像，且点像与点物的空间位置相对于全息图呈镜面对称。因此，观察者看到的是一个与原物形状相同，但凹凸互易的赝视像。分量波 A_3 可以产生点物的虚像或实像，这取决于 z_{i1} 的正负。

(3) 参考光波与重现光波都是沿 z 轴传播的完全一样的平面波，即 $x_P=x_R=0$，$y_P=$

$y_R=0, z_P=z_R=\infty, \lambda_1=\lambda_2$,则有

$$z_i=\pm z_O, x_i=x_O, y_i=y_O, M=1 \tag{5.2.15}$$

由此可见,此时得到的两个像点位于全息图片两侧的对称位置,一个是虚像,一个是实像。

(4) 物点与参考点源都位于 z 轴上,即 $x_O=x_R=0, y_O=y_R=0$。这时,在线性记录条件下,与式(5.2.3)、(5.2.4)相对应的两个透射率分量是

$$\begin{cases}\tau_3(x,y)=\beta|R^*||O|\exp\left\{\mathrm{i}\dfrac{\pi}{\lambda_1 z_O}(x^2+y^2)-\mathrm{i}\dfrac{\pi}{\lambda_1 z_R}(x^2+y^2)\right\}\\ \tau_4(x,y)=\beta|R||O^*|\exp\left\{\mathrm{i}\dfrac{\pi}{\lambda_1 z_R}(x^2+y^2)-\mathrm{i}\dfrac{\pi}{\lambda_1 z_O}(x^2+y^2)\right\}\end{cases} \tag{5.2.16}$$

这时干涉条纹是一簇同心圆,圆心位于原点,称为同轴全息图。同轴全息图的重现可以分为两种情况。

① 用轴上照明光源重现,$x_P=y_P=0$。这时像点的坐标是

$$z_i=\left[\frac{1}{z_P}\pm\mu\left(\frac{1}{z_O}-\frac{1}{z_R}\right)\right]^{-1},\ x_i=0,\ y_i=0 \tag{5.2.17}$$

这表明两个重现像均位于 z 轴上。当照明光源与参考光源完全相同时,$z_P=z_R, \lambda_1=\lambda_2$,则

$$z_{i1}=z_O,\qquad z_{i2}=\frac{z_R z_O}{2z_O-z_R} \tag{5.2.18}$$

这表明分量波 A_3 产生的虚像,与轴上原始物点完全重合。另一个像点的虚实由 z_{i2} 的符号决定。当照明光源与参考光源共轭时,有

$$z_{i1}=\frac{z_R z_O}{z_R-2z_O},\qquad z_{i2}=-z_O \tag{5.2.19}$$

这表明分量波 A_4 产生一个与原始物点位置对称的实像。另一个像点的虚实仍由 z_{i1} 的符号决定。

② 用轴外照明光源重现。这时,像点坐标是

$$\begin{cases}z_i=\left[\dfrac{1}{z_P}\pm\mu\left(\dfrac{1}{z_O}-\dfrac{1}{z_R}\right)\right]^{-1}\\ x_i=\dfrac{z_i}{z_P}x_P\\ y_i=\dfrac{z_i}{z_P}y_P\end{cases} \tag{5.2.20}$$

由于 $\dfrac{x_i}{y_i}=\dfrac{x_P}{y_P}$,故重现的两个像点位于通过全息图片原点的倾斜直线上。这表明:即使用轴外照明光源重现,同轴全息图产生的两个像仍然沿同一方位,观察时互相干扰,如图5.2.4所示。

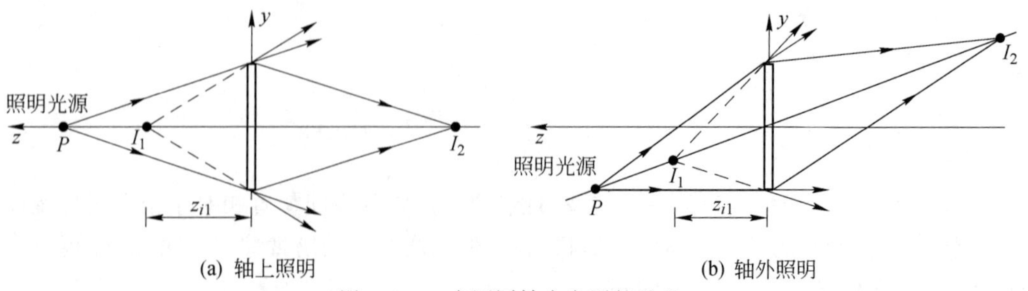

图5.2.4 点源同轴全息图的重现

5.3　全息记录介质

5.3.1　基本术语

为了描述记录介质的特性，先引入一些术语定义。

1. 曝光量 (Exposure)

曝光量 $E(x,y)$ 表示曝光过程中在记录介质表面上单位面积所接收的光能的多少。曝光量常用下式表示：

$$E(x,y)=I(x,y)t \tag{5.3.1}$$

式中，$I(x,y)$ 为底片上 (x,y) 点处的光强度；t 为曝光时间。由于光强度为单位时间内通过单位面积的光能量，故曝光量的单位通常采用 $\mathrm{mJ/cm^2}$ 表示。

2. 强度透射率 (Intensity Transmissivity)

显影、定影后底片的强度透射率 $\tau_{\mathrm{I}}(x,y)$ 定义为在 (x,y) 点透过的光强度与在该点的入射光强度之比的局部平均。强度透射率与底片的吸收系数 α 及记录介质厚度 h 有关，其关系式为

$$\tau_{\mathrm{I}}(x,y)=\mathrm{e}^{-2\alpha h} \tag{5.3.2}$$

显然，底片吸收越厉害、厚度越大，透射率就越低。

3. 光密度 (Optical Density)

光密度 $D(x,y)$ 表示显影、定影后底片上 (x,y) 点处单位面积的含银量，也称为照片密度或黑度 (Blackness)。E. Hurter 和 V. C. Driffield 证明了 $D(x,y)$ 与强度透射率的倒数的对数成正比。因此，定义光密度为

$$D(x,y)=\lg\left[\frac{1}{\tau_{\mathrm{I}}(x,y)}\right]=2\alpha h\lg \mathrm{e}\approx 0.869\alpha h \tag{5.3.3}$$

5.3.2　全息记录介质的特性

1. 灵敏度 (Sensitivity)

灵敏度是指记录介质在接受光的作用后发生反应的灵敏程度，通常用曝光量的倒数 $\frac{1}{E(x,y)}$ 来标志记录介质的灵敏度。底片感光过程是一种光化学作用，光子的能量与波长有关，波长越长，光子的能量越小。因此，每一种记录介质都有一个波长的红限，波长大于红限的光对该记录介质不能起光化学作用。另外，每一种记录介质都有它自己的吸收带，只有在吸收带内的波长方能起光化学作用。这就是各种记录介质对光谱灵敏度不同的原因。

2. 衍射效率 (Diffraction Efficiency)

衍射效率 η 定义为全息图衍射成像的光通量与重现用照明光的总光通量之比。衍射效率不仅与记录介质性质有关，还与全息图的类型及条纹的对比度(或调制度)有关。条纹对比度则与物、参光束比有关。由式(4.2.19)知，若令 $I_1=I_{\mathrm{O}}, I_2=I_{\mathrm{R}}$，则条纹对比度可写成

$$V=\frac{2\sqrt{I_{\mathrm{O}}I_{\mathrm{R}}}\,|\gamma_{12}(\tau_0)|}{I_{\mathrm{O}}+I_{\mathrm{R}}} \tag{5.3.4}$$

由激光器工作原理知道，$|\gamma_{12}(\tau_0)|$ 是物、参光束光程差 $(L=c\tau_0)$ 的周期函数，当 $L=0$ 时，

$|\gamma_{12}(0)|=1$,此后每当 L 为激光器腔长的偶数倍时,$|\gamma_{12}(\tau_0)|$ 都有一个逐渐减小且小于1的极大值,随着 L 的增加,最后当 $|\gamma_{12}(\tau_0)|=0.707$ 时,对应的 L 称为激光束的相干长度。

由式(5.3.4)看出,当 $I_O=I_R$ 时 V 最大,这时 $V_{max}=|\gamma_{12}(\tau_0)|$,如果此时物光与参考光的光程相等,则 $|\gamma_{12}|=1$,从而有最大的条纹对比度。但在进行全息照相时,由于种种因素的限制,是不可能做到这一点的。此外,虽然在 $I_O=I_R$ 时 V 最大,这时的衍射效率也可达到最大,但因物光常伴有散斑噪声(空间位相噪声)和调制噪声,后者是由每对物点的发光在记录底片上所形成的有害的干涉条纹。故常采用降低物光与参考光光强之比的办法来提高信噪比,这里是以牺牲衍射效率为代价的。一般来说,位相型记录介质的衍射效率比振幅型记录介质的衍射效率高。

表示衍射效率的公式分为两类:一类是平面(薄)全息图,另一类是体积(厚)全息图。下面仅讨论平面全息图的衍射效率,它又分为振幅型和位相型两种。

(1) 振幅型全息图的衍射效率

正弦振幅型全息图的透射率可表示成

$$\begin{aligned}\tau(x)&=\tau_0+\tau_1\cos(2\pi f_x x)\\&=\tau_0+\frac{\tau_1}{2}(e^{i2\pi f_x x}+e^{-i2\pi f_x x})\end{aligned}\tag{5.3.5}$$

式中,τ_0 是平均透射率;τ_1 是调制幅度,与记录全息图时物、参光束比以及记录介质的调制传递函数有关。在理想的最佳条件下,应有 $\tau_0=\frac{1}{2}$,$\tau_1=\frac{1}{2}$。

假设重现时用振幅为 A 的平面光波照明,则重现的 ±1 级衍射光的振幅为 $A\cdot\left(\frac{\tau_1}{2}\right)=\frac{A}{4}$,故得最佳衍射效率为

$$\eta=\frac{\left(\frac{A}{4}\right)^2\Sigma}{A^2\Sigma}=\frac{1}{16}=6.25\%\tag{5.3.6}$$

式中,Σ 为全息图的面积。

对于非正弦型振幅全息图(设为周期光栅结构),其透射率可表示成

$$\tau(x)=\tau_0+\frac{1}{2}\sum_{m=1}^{\infty}\tau_m\left[e^{i2\pi(f_x)_m x}+e^{-i2\pi(f_x)_m x}\right]\tag{5.3.7}$$

在最佳情况下可设其为罗奇光栅(见图5.3.1),其透射率函数可表示成

$$\tau(x)=\begin{cases}1 & 0<x\leqslant\frac{d}{2}\\0 & -\frac{d}{2}<x\leqslant0\end{cases}\tag{5.3.8}$$

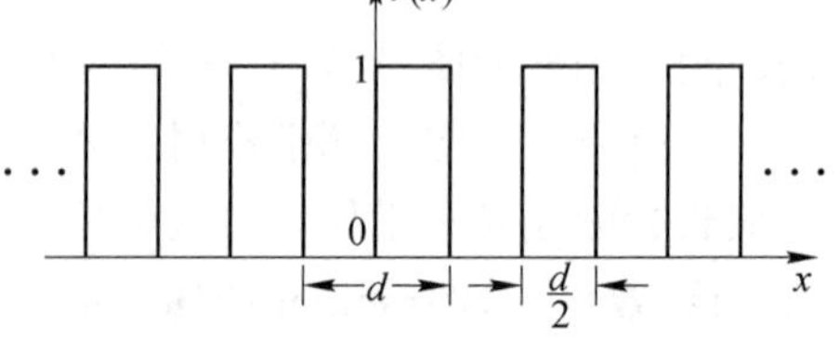

图5.3.1 罗奇光栅示意图

式中,d 为罗奇光栅周期。上式可展成傅里叶级数:

$$\tau(x)=\frac{a_0}{2}+\sum_{m=1}^{\infty}\left[a_m\cos(2\pi mf_0x)+b_m\sin(2\pi mf_0x)\right]\tag{5.3.9}$$

式中,$f_0=\frac{1}{d}$;各傅里叶系数由下列公式给出

$$a_0 = \frac{2}{d}\int_0^{\frac{d}{2}} \tau(x)\mathrm{d}x = 1$$

$$a_m = \frac{2}{d}\int_0^{\frac{d}{2}} \tau(x)\cos(2\pi m f_0 x)\mathrm{d}x = \frac{1}{m\pi}\sin m\pi = 0$$

$$b_m = \frac{2}{d}\int_0^{\frac{d}{2}} \tau(x)\sin(2\pi m f_0 x)\mathrm{d}x = -\frac{1}{m\pi}(\cos m\pi - 1) = \frac{1}{m\pi}[1-(-1)^m]$$

将上列结果代入式(5.3.9)，最后得

$$\begin{aligned}\tau(x) &= \frac{1}{2}+\frac{2}{\pi}\left\{\sin(2\pi f_0 x)+\frac{1}{3}\sin[2\pi(3f_0)x]+\frac{1}{5}\sin[2\pi(5f_0)x]+\cdots\right\} \\ &= \frac{1}{2}+\frac{2}{\pi}\frac{1}{2\mathrm{i}}\left[(\mathrm{e}^{\mathrm{i}2\pi f_0 x}-\mathrm{e}^{-\mathrm{i}2\pi f_0 x})+\frac{1}{3}(\mathrm{e}^{\mathrm{i}2\pi(3f_0)x}-\mathrm{e}^{-\mathrm{i}2\pi(3f_0)x})+\cdots\right]\end{aligned} \tag{5.3.10}$$

将上式与式(5.3.7)对照可知有 $\tau_0=\frac{1}{2}$，$\tau_1=\frac{2}{\pi}$，此时 ±1 级衍射光的振幅为 $A\cdot\left(\frac{\tau_1}{2}\right)=\frac{A}{\pi}$，故最佳衍射效率为

$$\eta=\frac{\left(\frac{A}{\pi}\right)^2\Sigma}{A^2\Sigma}=\frac{1}{\pi^2}=10.13\% \tag{5.3.11}$$

由此可见，改变透射函数(即透射波的波形)可适当提高衍射效率。

(2) 位相型全息图的衍射效率

正弦型位相全息图的透射率可表示成

$$\tau(x)=\mathrm{e}^{\mathrm{i}\phi(x)}=\mathrm{e}^{\mathrm{i}\phi_1\cos(2\pi f_x x)} \tag{5.3.12}$$

其中，ϕ_1 为调制幅度。利用贝塞尔函数恒等式

$$\mathrm{e}^{\mathrm{i}x\cos\varphi} = \sum_{n=-\infty}^{\infty}\mathrm{i}^n\mathrm{J}_n(x)\mathrm{e}^{-\mathrm{i}n\varphi} \tag{5.3.13}$$

$\tau(x)$ 可以写成

$$\tau(x) = \sum_{n=-\infty}^{\infty}\mathrm{i}^n\mathrm{J}_n(\phi_1)\mathrm{e}^{-\mathrm{i}2\pi n f_x x} \tag{5.3.14}$$

则第 n 级的衍射效率为

$$\eta=\frac{A^2|\mathrm{J}_n(\phi_1)|^2\Sigma}{A^2\Sigma}=|\mathrm{J}_n(\phi_1)|^2 \tag{5.3.15}$$

我们感兴趣的是 ±1 级衍射。注意到 $\phi_1=1.85$ 时，$\mathrm{J}_1(\phi_1)$ 有最大值(见图 5.3.2)。此时 $\mathrm{J}_1(1.85)=0.582$，故得 $\eta=\eta_{\max}=(0.582)^2=33.9\%$。这时零级和其他各衍射级的衍射效率都小于 ±1 级。由此可见，位相型全息图的衍射效率比振幅型全息图的高得多。

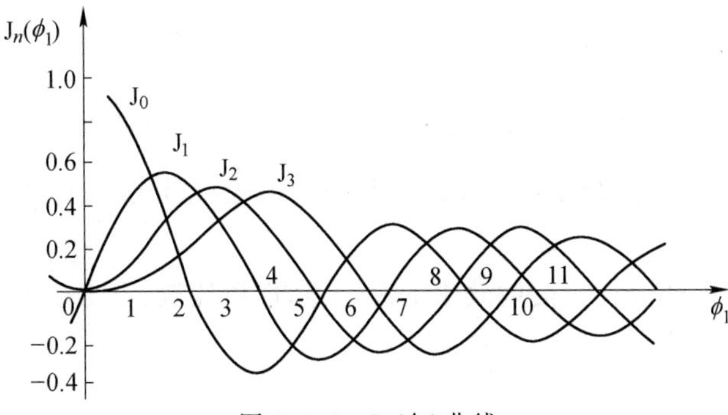

图 5.3.2　$\mathrm{J}_n(\phi_1)$ 曲线

对于非正弦型位相全息图,在最佳情况下可设其为矩形波位相全息图。此时式(5.3.12)中的$\phi(x)$可以写成〔见图5.3.3(a)〕:

$$\phi(x)=\begin{cases}0 & 0<x\leqslant\dfrac{d}{2}\\ \pi & -\dfrac{d}{2}<x\leqslant 0\end{cases}\tag{5.3.16}$$

式中,d为全息图光栅间距。上式等效于透射率为

$$\tau(x)=\begin{cases}1 & 0<x\leqslant\dfrac{d}{2}\\ -1 & -\dfrac{d}{2}<x\leqslant 0\end{cases}\tag{5.3.17}$$

的周期性结构的振幅型全息图〔见图5.3.3(b)〕。将上式展成傅里叶级数式(5.3.9),容易求得各相应的傅里叶系数为

$$a_0=0,\ a_m=0,\ b_m=\frac{2}{m\pi}[1-(-1)^m]$$

故得

$$\begin{aligned}\tau(x)&=\frac{4}{\pi}\left\{\frac{\sin(2\pi f_0x)}{1}+\frac{\sin[2\pi(3f_0)x]}{3}+\frac{\sin[2\pi(5f_0)x]}{5}+\cdots\right\}\\&=\frac{2}{i\pi}\left\{(e^{i2\pi f_0x}-e^{-i2\pi f_0x})+\frac{1}{3}[e^{i2\pi(3f_0)x}-e^{-i2\pi(3f_0)x}]+\cdots\right\}\end{aligned}\tag{5.3.18}$$

因此,±1级的最大衍射效率为

$$\eta=\left(\frac{2}{\pi}\right)^2=40.4\%\tag{5.3.19}$$

还要指出,从傅里叶系数表达式可以看出:这种矩形波位相全息图没有零级和偶数级衍射,且其±1级衍射光包含了80%以上的入射光能。

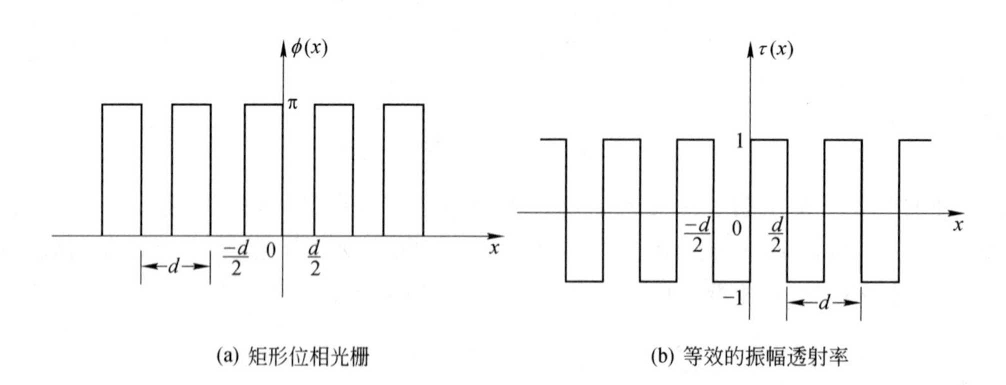

(a) 矩形位相光栅　　(b) 等效的振幅透射率

图5.3.3　矩形位相光栅及其等效的振幅透射率曲线

总之,无论是振幅型全息图还是位相型全息图,矩形函数形式的衍射效率都比正弦型的衍射效率高。

表5.3.1列出了各种全息图衍射效率的理论值,以供比较、参考。其中关于体积全息图的衍射效率,可参考文献[6]。

表 5.3.1　各种全息图衍射效率的理论值

全息图类型	平面透射型				体积透射型		体积反射型	
调制方式	余弦振幅	矩形振幅	余弦位相	矩形位相	余弦振幅	余弦位相	余弦振幅	余弦位相
衍射效率/%	6.3	10.1	33.9	40.4	3.7	100	7.2	100

3. 分辨率 (Resolution)

记录介质的分辨率是指它在曝光时所能记录的最高空间频率，其单位是线/毫米。记录介质的颗粒越细，则其分辨率越高，衍射效率也越高，噪声越小，但其灵敏度变低。普通照相底片的分辨率大约为 200 线/毫米；对于全息底片而言，因为记录的是物光波与参考光波的干涉条纹，故对分辨率要求较高。卤化银超细微颗粒全息底片的分辨率高达 3 000 线/毫米，甚至更高。例如，美国依尔福(Ilford) 公司生产的一种超微粒卤化银乳胶全息底片，其分辨率高达 7 000 线/毫米(见表 5.3.3)。

记录全息图时对底片分辨率的要求与物、参光束间的夹角有关。这可由全息图所形成的条纹光栅满足的关系式(5.7.10)导出

$$2d\sin\frac{\theta}{2}=\lambda$$

式中，θ 为物、参光束间的夹角。表 5.3.2 给出用对称光路记录透射全息图时，物、参光束间最大夹角对记录介质分辨率的要求。

表 5.3.2　透射全息图对记录介质分辨率的要求

(a)

物、参光束最大夹角		30°	60°	90°	120°	150°	180°
分辨率线/毫米	λ=632.8 nm	>818	>1 580	>2 235	>2 740	>3 053	>3 160
	λ=514.5 nm	>1 006	>1 944	>2 749	>3 366	>3 755	>3 887

(b)

物、参光束最大夹角		25°	30°	36°	40°	45°	50°
分辨率线/毫米	λ=457.9 nm	>945	>1 130	>1 350	>1 494	>1 670	>1 846
	λ=441.6 nm	>980	>1 172	>1 400	>1 550	>1 733	>1 914

4. 特性曲线 (Characteristic Curve)

人们常用两条曲线来表明全息底片的特性，一条是 D-lg E 曲线(或称 H-D 曲线)，表示光密度与曝光量对数之间的关系，如图 5.3.4 所示。其中 AB 段称为线性曝光区，是通常应用的工作区；BC 称为灰雾区段，表示曝光量不足；AD 段是过度曝光区段。线性曝光区的斜率 γ 称为底片的反差系数(Contrast Coefficient)，即 $\gamma=\tan\alpha=\frac{\Delta D}{\Delta\lg E}$，$\Delta\lg E$ 表示线性工作区范围，称为宽容度(Tolerance)。γ 值大，表示当曝光量有较小改变时，就可以引起光密度较大的改变，这种底片称为高反差底片(High-Contrast Film，通常 $\gamma=2\sim3$)；γ 值小则表示与上述情况相反，相应的底片称为低反差底片(Low-Contrast Film，通常 $\gamma\leqslant1$)。值得注意的是，底片的特性曲线是要在显影、定影等化学处理后才能最后形成的，所以，一张经曝光、显影和定影处理的底片，其实际的 γ 值不仅与乳胶类型有关，还与显影液的配方和显影时间有关。对全息照相来讲，希望底片的宽容度要大，γ 值也要大，灰雾值要小。当然还得考虑具体情况。

另一条用来描述全息底片特性的曲线是τ-E曲线,如图5.3.5所示,其中横轴代表曝光量,纵轴代表振幅透过率,曲线中央部分代表底片的线性工作区。从图中看出,底片的反差越高,曲线越陡。

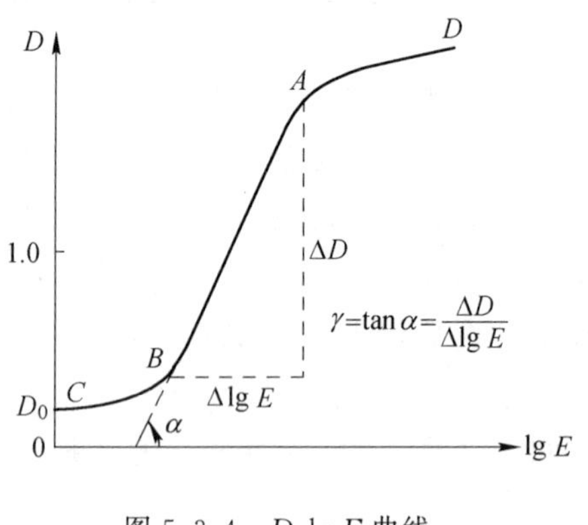

图5.3.4 D-lg E曲线

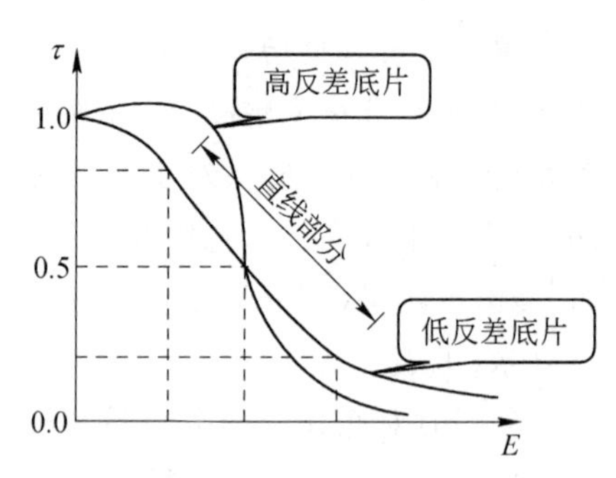

图5.3.5 底片的τ-E曲线

5.3.3 几种常用的全息记录介质

1. 卤化银乳胶(Silver Halide Emulsion)

超微粒卤化银乳胶是较早使用的一种记录材料。它是将微粒度小到0.03～0.08 μm的卤化银(例如溴化银)混合在明胶中,再加上适量的补加剂(包括坚膜剂、增感剂和稳定剂等),均匀涂布在平面度很好的玻璃(或醋酸盐胶片)片基上而成。它既可用于制作振幅型全息图,又可通过漂白成为位相型全息图,且保存期长。表5.3.3列出了几种市售卤化银乳胶全息底片,供读者参考。

表5.3.3 几种市售卤化银乳胶全息底片

型　　号	底片种类	乳胶厚度/μm	颗粒直径/nm	分辨率/(线·毫米$^{-1}$)	灵敏波长/nm	适用波长/nm	曝光量/(μJ·cm^{-2})
天津Ⅰ型	玻璃/胶片	7～8	60	3 000	633	530～700	30
天津Ⅱ型	玻璃/胶片	7～8	60	2 800	694	520～760	38/80
天津Ⅲ型	玻璃/胶片	7～8	60	3 000	514	400～560	20～30/7
Agfa 8E75HD	干板/胶片	7	30～37	5 000	633/694	600～750	20～40/10～20
Agfa 8E56HD	干板/胶片	7	30～37	5 000	400/550	<570	30～60/20～40
Ilford FT340T	干板	6		7 000		<700	200
Ilford Hotec R	胶片	7		7 000		<700	20

国产卤化银乳胶的处理过程一般如下:

曝光→显影→定影→漂白→烘干

底片曝光时,卤化银晶粒吸收光能量,发生光化学作用而变成银斑,称为显影中心(或显影斑)。已曝光的乳胶中显影斑的集合称为潜像(Latent Image)。

显影就是将已曝光的底片浸入显影液中进行化学处理,在处理过程中,单个细小的显影中心的存在,会促使整个卤化银晶粒变成金属银沉积下来。而不含显影中心的晶粒则不发生这样的变化。显影过程是处理的重点,从技术上讲,应该根据不同的显影液配方和稀释程度,在一定的温度下控制一个适当的显影时间，以求达到理想的特性曲线。这通常靠经验来进行。

定影也是一种化学处理过程，将已显影的底片浸入定影液中，其目的是清洗掉剩余的卤化银晶粒而留下金属银，防止未感光的晶粒以后再变质成为金属银。金属银粒在可见光频段是不透明的，因此，经显影、定影后干板的不透明度，将取决于其上各区域中银粒的统计分布密度（即光密度）。这样得到的全息图即是振幅型全息图。

漂白(Bleaching)是用氧化剂（例如氯化汞 $HgCl_2$、重铬酸铵 $(NH_4)_2Cr_2O_7$、溴化铜 $CuBr_2$ 等)，将金属银还原为透明的银盐（卤化银晶体），其结果是使银粒原来的位置留下乳胶的厚度变化（鞣化漂白，Tanning Bleaching），形成浮雕像，或使全息图片上曝光部分的明胶折射率不同（非鞣化漂白，Nontanning Bleaching），从而使上述振幅型全息图变成位相型全息图。

表 5.3.4 列出最常用的显影液、定影液和漂白液配方，供读者做全息照相实验时参考。

表 5.3.4　显影液、定影液、漂白液配方

① D19 显影液配方		② F5 定影液配方	
蒸馏水（45 ℃）	600 mL	蒸馏水(45 ℃)	600 mL
米吐尔	2 g	硫代硫酸钠	240 g
无水亚硫酸钠	90 g	无水亚硫酸钠	15 g
对苯二酚	8 g	冰醋酸	13.5 mL
无水碳酸钠	48 g	硼　酸(结晶)	7.5 g
溴化钾	5 g	钾　矾	15 g
加水至	1 000 mL	加水至	1 000 mL
③ 漂白液配方			
A 液：蒸馏水	1 000 mL	B 液：蒸馏水	1 000 mL
A 液：重铬酸铵	3 g	B 液：溴化钾	92 g
A 液：浓硫酸	5 mL		
A、B 液按 1∶1 混合。			

在上述各种溶液的配制和使用过程中应注意：

① 药品按配方的顺序称量并放入烧杯中，必须一种药品溶解后再放入第二种药品；

② 显影液和定影液都要一次性配制好，不能在中途停顿数小时后再继续配制；

③ 底片从显影液或定影液或漂白液中取出后，都必须用清水经过充分的漂洗，最后烘干才能使用。

2. 重铬酸盐明胶（Dichromated Gelatin，DCG）

重铬酸盐明胶是一种很好的位相记录介质，它具有衍射效率高、分辨率高和噪声低的优点；其缺点是怕潮湿、容易消像，需要密封。

明胶有未硬化和硬化两种：未硬化的明胶可以用于制作浮雕型全息图；硬化的明胶适用于制作折射率型的位相全息图，用它制作的体积全息图，其衍射效率可高达 90%。

重铬酸盐明胶是通过在明胶溶液中加入适量的重铬酸铵溶液而制成的。曝光过程中的光化学过程较复杂，一般认为，溶解在明胶中的重铬酸盐是感光敏化剂，它以铬离子 Cr^{6+} 与明胶相结合。当曝光时，由于吸收光，6 价的铬离子 Cr^{6+} 变成了 3 价的铬离子 Cr^{3+}，低价铬离子可以在明胶分子间形成铰链，从而使明胶硬化。整个反应发生在明胶内部，并渗透到任何起反应的地方，于是明胶中曝光和未曝光的部分产生了不同的硬度，这时全息图就初步形成了。在水洗显影时，未曝光部分的明胶不像软明胶那样能被洗掉,只是把多余的重铬酸盐洗去,同时明胶因吸收水分而膨胀,吸收水分的多少与曝光量成反比。这一过程虽有折射率的变化,但变化不大。如果再将明胶全息图放在异丙醇中浸泡脱水并快速干燥,就可以增加折射率的差异,使曝光部分的折射率发生明显的变化($\Delta n \geqslant 0.03$),成为衍射效率很高的位相型全息图。由于它具有衍射效率高和噪声低的特点,因此适合于制作全息光学元件(如全息光栅、全息透镜)和反射全息图。

重铬酸盐明胶的分辨率可以达到5 000线/毫米,灵敏波长的长波一端大约是540 nm,因此曝光时常用Ar^+激光器的514.5 nm和488.0 nm波长或He-Cd激光器的441.6 nm波长。

3. 光致抗蚀剂(Photoresist)

光致抗蚀剂是一种很适合于记录薄浮雕位相全息图的记录介质。它是光敏有机材料,在光照射下,经显影后能产生浮雕像。光致抗蚀剂分为负性和正性两种类型。正性的是曝光部分产生有机酸,在碱性显影液(例如1%的NaOH溶液)中被溶解;负性的是曝光部分吸收光后产生铰链,不溶于显影液,未曝光部分被溶解。在全息照相术中使用正性光致抗蚀剂。

光致抗蚀剂的分辨率约1 500线/毫米,厚度小于1.0 μm。其灵敏波段是340~450 nm,用He-Cd激光器的441.6 nm或Ar^+激光器的457.9 nm波长来曝光较适合。对441.6 nm波长所需的曝光量约在50~80 mJ/cm^2,而对457.9 nm波长所需的曝光量则在600 mJ/cm^2左右。正性光致抗蚀剂已广泛用在模压全息产业中,其浮雕全息图用于制作模压全息图的原版。

4. 光折变晶体(Photorefractive Crystal)

光折变晶体是指在光辐射作用下,其折射率随光强非均匀分布而发生局部变化的晶体。这种现象称为光折变效应(Photorefractive Effect)。它是发生在电光材料内部的一种复杂的光电过程,其成像机制至今还不完全清楚。一般认为,电光晶体中存在杂质(Impurity)、缺陷(Defect)、空穴(Hole),它们在晶体禁带隙中形成中间能级(Intermediate Level),即构成施主能级(Donor Site)和受主能级(Acceptor Site),成为光激发电荷的主要来源。在适当波长的光的照射下,晶体内的施主通过接收光子被电离,产生电子(受主一般不直接参与光折变效应),同时电子从中间能级受激跃迁至导带(Conduction Band)。光生载流子在导带中或因浓度梯度引起扩散(Diffusion),或在电场(外电场或晶体内极化电场)作用下产生漂移(Drift),或因光生伏打效应(Photovoltaic Effect,均匀铁电体材料在均匀光照下产生沿自发极化方向的光生伏打电流)而运动。由上述3种迁移机制单独作用或综合作用,完成光折变晶体内部载流子的迁移过程。迁移的载流子可以重新被俘获,经过再激发、再迁移、再俘获,最终形成与光场强度相对应的空间电荷分布,从而产生相应的空间电荷场。如果晶体不存在对称中心,则此空间电荷场将通过线性电光效应(Linear Electro-Optic Effect)在晶体内形成折射率在空间的非均匀分布,即产生折射率调制的位相光栅(Phase Grating)。这就是光折变材料的成像过程。

光折变晶体是一种可重复使用的实时记录材料,也可以采用固定(定影)技术,使固定后的光栅有较长的存储寿命并对读出光不敏感。光折变晶体现已广泛应用于光学信息处理、空间光调制器、信息存储(体全息存储)和位相共轭器件(Phase Conjugate Device)。

目前应用的光折变晶体可以分为两大类:一类是电光晶体(Electro-Optic Crystal);另一类是化合物半导体(Compound Semiconductor)。铌酸锂($LiNbO_3$)、钛酸钡($BaTiO_3$)和铌酸锶钡($SrBaNb_2O_6$,SBN)是3种在较低光强照射下就能显示光折变效应的最有效的电光晶体。另外,由于掺铁铌酸锂($Fe:LiNbO_3$)的光生伏打效应,故具有很好的折射率调制,并可获得相对大的晶体尺寸。例如,已有记录了 5 000 个全息图的尺寸为 2 cm×1.5 cm×1 cm 的铌酸锂晶体的报道。钛酸钡则得不到较大的晶体尺寸,5 mm×5 mm×5 mm 的样品就已经算大。而且,为了实现最大的折射率调制,样品的切割方向必须与晶轴 C 成一定角度,这又进一步减小了样品的尺寸。此外,该材料在 13 ℃附近存在位相跃迁,因此该晶体必须总是保持在这个温度之上。SBN 有较大的电光系数,且不需要特殊的晶体切割就能实现,位相跃迁(可由掺杂调节)远离室温,并可由电学方法或温度调节来定影。但与前两种晶体比较,SBN 迄今所获得的光学质量仍是比较差的。

若干种化合物半导体,例如砷化镓(GaAs)、磷化铟(InP)、碲化镉(CdTe)等,都显示出光折变效应,并已被应用于光学信息处理系统,其显著的优点是对光场的响应快,典型的如 GaAs 在中等激光功率强度 100 MW/cm^2 下,能实现亚毫秒级响应时间,这比 $BaTiO_3$ 在同等条件下要快 1～2 个数量级。

电光晶体类材料的光谱响应区处于可见光的中段,而化合物半导体材料的光谱响应区则处于 0.9～1.35 μm 的近红外波段或 0.6～0.7 μm 的橙红波段。

除了前面介绍的 4 类全息记录介质外,还有其他一些类型,例如光导热塑料(Photothermoplastic)、光致聚合物(Photopolymer)和液晶(Liquid Crystal)等,有关全息记录介质的进一步知识,请参阅文献[8]。

5.4　全息照相装置及实验注意事项

一张品质优良的全息图应该具有衍射效率高、景深长、幅面广、视角大、重现像清晰、物理和化学性能稳定等特点。为此,要求:

(1) 激光器具有优良的时间相干性和空间相干性;

(2) 在曝光期间,光学系统稳定到光波波长的十分之一以内;

(3) 记录介质具有较高的分辨率,且应与物、参光束间夹角选择相适应;

(4) 光路布置和物、参光束强度比适当。

在满足这些要求的前提下,全息工作者可以充分发挥自己的创造力,发展和改善各种全息记录方法,拍摄出多种优美的全息图。

为了便于读者了解和掌握全息照相实验技术,下面对其中有关问题做简要介绍。

5.4.1　全息照相所需的设备和元件

用于全息记录光路的实验系统,一般应包括下列必要的设备和光学元件:

① 光学实验台(Optical Table);

② 激光器(Laser);

③ 自动曝光定时器或快门(Automatic Exposure Control);

④ 分束器(Beam Splitter);

⑤ 反射镜(Mirror);

⑥ 空间滤波器(Spatial Filter);

⑦ 可变光阑(Variable Stop);

⑧ 准直镜 (Collimation Lens);
⑨ 傅里叶变换透镜 (Fourier Transform Lens);
⑩ 干板架 (Plate Holder);
⑪ 可调衰减器 (Variable Attenuator);
⑫ 照度计 (Light Meter);
⑬ 散射器或散射屏 (Scatterer)。
下面择要加以说明。

1. 全息照相用光学实验台

为了拍摄出优良的全息图,必须采用特别的光学实验台。由于全息图是参考光波与物光波两者干涉条纹的记录,如果在曝光期间两光波的光程差有变化,就会影响到条纹的调制度V。通常要求该光程差的变化小于激光波长的十分之一。为此,在曝光过程中必须尽力避免实验台的振动。实验台的振动主要来自地基震动的影响,例如,实验室周围有汽车经过、机器开动、人员走动、抽风机运作等都会引起地基的震动,这时如果实验台系统部件的机构有松动,就会把这种震动放大。所以全息照相实验台都要求有减震措施。外部的震动源具有很宽的频率范围,实验中会带来影响的主要是其中以实验台的固有振动频率振动的振幅峰值。因此,人们希望将实验台的固有振动频率降低到曝光时间的倒数值以下,以使全息记录中不包含上述峰值。

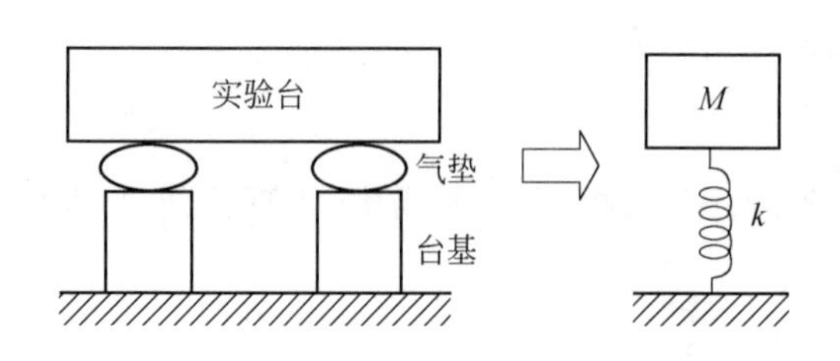

图 5.4.1 光学实验台及其等效图

图 5.4.1 表示光学实验台及其等效图。设其质量为M,气垫的柔量 (Compliance) 为k,则实验台和气垫组合系统的固有频率f_0可用下式表示:

$$f_0=\frac{1}{2\pi\sqrt{Mk}} \tag{5.4.1}$$

显然,M和k的乘积越大,f_0就越小。这就要求重而惯性大的全息实验台。可以采用厚重的钢板或砂箱加钢板做成实验台。由于软的气垫(例如,汽车和飞机轮子的内胎)具有很好的减震作用,即使地基有震动,台基向上碰击,实验台也不会发生振动。

为了检查防震台是否满足全息照相的要求,可布置一个简单的迈克尔逊干涉仪光路加以测试,观察在预定曝光时间内观察屏上干涉条纹的漂移情况,如图 5.4.2 所示。应注意将两臂的光束调准,使其在进入扩束镜 L 之前能完全重合并使干涉仪的两臂长相等($d_1=d_2$)。此时在观察屏 P 上就会形成干涉条纹,其变动情况可反映防震台的隔振效果:条纹变动快表示未能有效地隔振;条纹变动缓慢则表示可以用来进行全息照相实验。

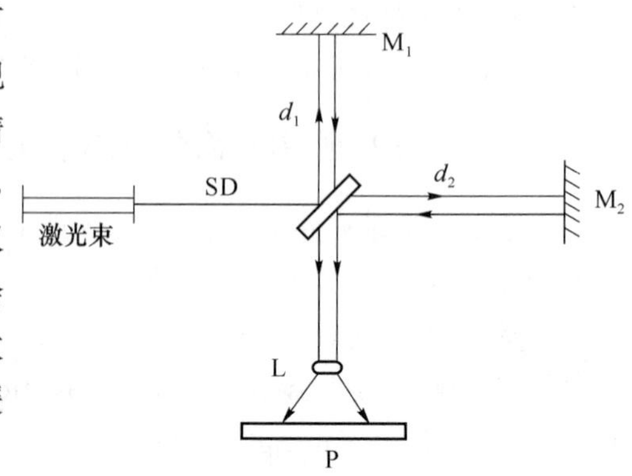

图 5.4.2 迈克尔逊干涉仪检测光路

2. 激光器

根据各种记录介质对不同光波长的适用范围,

通常可采用多种可见光范围的激光器。例如，用银盐干板记录全息图时，采用 He-Ne 激光器；拍摄大景深的物体时，可以用长相干的He-Ne激光器；记录介质为光致抗蚀剂时，可采用 He-Cd 激光器；等等。表 5.4.1 列出几种全息照相术常用的激光器可供参考。

表 5.4.1　全息照相术常用的激光器

名　　称	输出波长/nm	输出功率	输出方式	激光管长度/m
He-Ne 激光器	632.8	10～100 mW	连续	1.0～2.0
He-Cd 激光器	441.6,325.0	10～150 mW	连续	1.0～2.0
Ar^+ 激光器	457.9,488.0,514.5	1～10 W	连续	0.5～2.0
Kr^+ 激光器	476.2,568.1,647.1	1～5 W	连续	0.5～2.0

3. 分束器

分束器是用于将一束光分成两束光（如物光和参考光）的半透半反射玻璃片，通过在玻璃片上镀多层介质膜和金属膜而成。分光后两路光强之比称为分束比。分束器的分束比可以是连续可调的，也可以是阶跃变化（分级可调）的，以使物光和参考光的光强比控制在适当的范围内。由于一张全息图能重现物点亮度从弱到强的全部变化，物光动态范围较大，为了产生预定的偏置曝光量，通常使参考光强度大于物光强度。特别是在拍摄三维物体时，如果物光过强，就容易使记录底片上每对物点之间产生有害的干涉条纹，称为调制噪声（Modulation Noise）。为了减小调制噪声，在记录全息图时，要求参考光比物体上任意点的光强都强，对于透射式全息图，记录介质表面物、参光光强比保持在 1∶6～1∶2范围内为宜。在使用时，最好用未镀膜的那个玻璃表面分光。

4. 照度计

照度计用于测量曝光时所用的物光与参考光的光强，使二者的光强比满足实验者的要求。目前，有市售的激光专用照度计（或称光功率计）。

5. 空间滤波器

空间滤波器用于消除由激光中的散射和反射所引起的杂光波，由针孔和显微物镜组成（见图 6.2.2）。通常为了将光束扩展以供全息照相之用，可让细激光束先通过一个焦距短、放大倍数高的显微物镜（例如 $f=5$ mm，$M=\times40$）聚焦再扩束。由于光束扩得很大，故一些小的尘埃或光学元件缺陷将以同心干涉环的形式在扩展光束的不同位置产生大大小小的衍射图样。这种光学噪声是极其讨厌的，它可能使我们对全息图重现像或全息干涉图条纹的观察和分析变得困难。为了消除这种噪声，可在激光束的聚焦点处安置一个针孔，只让我们所希望的基本上在零空间频率附近的光波频谱通过，而挡掉高频率的衍射光。针孔的尺寸可以按下面的方法来估算。由于针孔是放在扩束镜后焦点处的，其孔径应等于后焦面上衍射中心的艾里斑直径，根据夫琅和费圆孔衍射公式，其艾里斑的半径为

$$r_0=\frac{1.22\lambda f}{d} \tag{5.4.2}$$

式中，d 为激光束的实际通光孔径，f 为扩束器的焦距。例如，设 $d=1$ mm，$f=5$ mm，$\lambda=0.6328$ μm，则 $r_0=3.86$ μm，即针孔的直径约为 8 μm。为了不使光能损失太多，通常采用孔径为 15～45 μm 的针孔滤波器。由于针孔的直径非常小，故必须应用能进行精密调节的、

机械上稳定的夹具,将它准确地安置在扩束器的焦平面上。

5.4.2 全息照相光路的布置

布置光路时应注意下列问题:

(1) 从分束器到记录平面,参与干涉的物光和参考光两者的光程(相对于记录物体的中心部位)应保持相等。

(2) 物光与参考光两者的夹角应与记录介质的分辨率相适应,如表5.3.2所示。

(3) 要使干板架尽可能放在光学实验台的边缘部位,便于在暗室中安放或取下全息干板。

(4) 要使激光束与实验台面平行,高度适中,并保证所有光学元件的光轴都在同一水平线上。

(5) 安置扩束器(不加针孔)时,应使其射出的光斑中心与激光束的中心重合;使用准直透镜时,应在激光束未扩束前把透镜中心的位置与激光束中心重合,办法是观察透镜两表面反射的一系列光点是否位于同一条线上。

(6) 各光学元件的机械性能要稳定,并用磁性表座将它与实验台面固紧。

(7) 由于激光的功率密度大、亮度高,在调整光路和实验过程中,要特别注意激光对人眼存在的潜在危险。绝对不可用眼睛正对激光束,也不要使激光束指向任何人的眼部附近,还要注意避免二次光(包括反射光、折射光和漫反射光)对人眼的伤害。因此,在操作前应认真检查实验台上所有光学元件的位置,一切不必要的镜面物体应远离光路。调节反射镜时,不要让激光束四处反射,以免伤害他人。

5.5 傅里叶变换全息图

5.5.1 傅里叶变换全息图的记录和重现

傅里叶变换全息图不是记录物光波本身,而是记录物光波的傅里叶频谱。利用3.1节介绍的透镜的傅里叶变换性质,将物置于透镜的前焦面上,而在透镜的后焦面上就得到物光波的频谱,再引入一参考光与之相干涉,便可记录下物光波的傅里叶变换全息图。

记录这种全息图可以采用平行光照明和点光源照明两种方式。图5.5.1是用平行光照明方式记录和重现傅里叶变换全息图的光路布置。

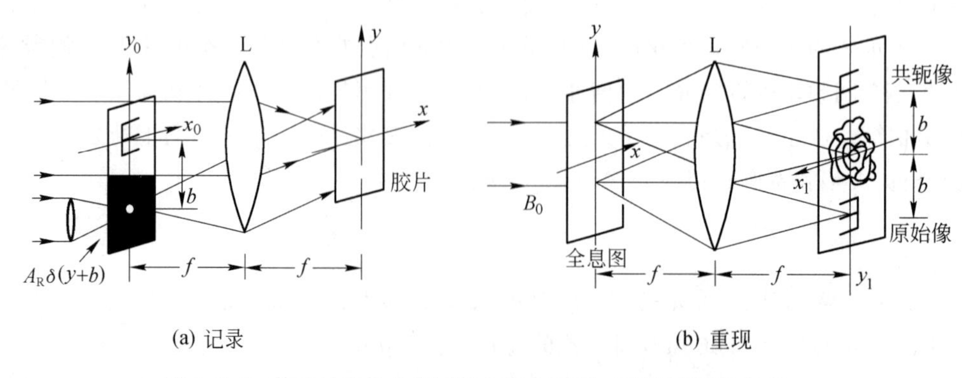

(a) 记录　　(b) 重现

图5.5.1 傅里叶变换全息图的记录与重现(平面波照明方式)

设物光波分布为 $g(x_0,y_0)$，则其频谱分布为

$$G(f_x,f_y)=\iint_{-\infty}^{\infty}g(x_0,y_0)\exp[-\mathrm{i}2\pi(f_xx_0+f_yy_0)]\mathrm{d}x_0\mathrm{d}y_0 \tag{5.5.1}$$

式中，$f_x=\dfrac{x}{\lambda f}$，$f_y=\dfrac{y}{\lambda f}$，f_x、f_y 是空间频率，f 是透镜的焦距，x、y 是后焦面上的位置坐标。参考光是由位于物平面上点 $(0,-b)$ 处的点源 $\delta(y+b)$ 产生，通过透镜后形成倾斜的平行光。因此，在后焦面上记录的合光场及其光强分别为

$$A(f_x,f_y)=G(f_x,f_y)+A_{\mathrm{R}}\mathrm{e}^{\mathrm{i}2\pi f_yb} \tag{5.5.2}$$

$$I(f_x,f_y)=|G|^2+A_{\mathrm{R}}^2+A_{\mathrm{R}}G\mathrm{e}^{-\mathrm{i}2\pi f_yb}+A_{\mathrm{R}}G^*\mathrm{e}^{\mathrm{i}2\pi f_yb} \tag{5.5.3}$$

在线性记录条件下，全息图的振幅透过率为

$$\tau=\tau_0+\beta(|G|^2+A_{\mathrm{R}}^2)+\beta A_{\mathrm{R}}G\mathrm{e}^{-\mathrm{i}2\pi f_yb}+\beta A_{\mathrm{R}}G^*\mathrm{e}^{\mathrm{i}2\pi f_yb} \tag{5.5.4}$$

重现时，假定用振幅为 B_0 的平面波垂直照明此全息图〔见图 5.5.1(b)〕，则透射光波的复振幅为

$$A'(f_x,f_y)=\tau_0B_0+\beta B_0(|G|^2+A_{\mathrm{R}}^2)+\beta B_0A_{\mathrm{R}}G\mathrm{e}^{-\mathrm{i}2\pi f_yb}+\beta B_0A_{\mathrm{R}}G^*\mathrm{e}^{\mathrm{i}2\pi f_yb} \tag{5.5.5}$$

式中，第 3 项包含原始物的空间频谱，第 4 项包含其共轭频谱，这两个频谱分布在相反的方向各有一个位相倾斜，倾斜角为 $\alpha=\pm\arcsin\left(\dfrac{b}{f}\right)$。为了得到物的重现像，必须对全息图的透射光场作一次傅里叶逆变换。为此，可将全息图置于一透镜的前焦面上，在透镜的后焦面上即可得到物体的重现像。后焦面上的光场分布为

$$\begin{aligned}A(x_1,y_1)&=\iint_{-\infty}^{\infty}A'(f_x,f_y)\mathrm{e}^{\mathrm{i}2\pi(f_xx_1+f_yy_1)}\mathrm{d}f_x\mathrm{d}f_y\\&=\tau_0B_0\delta(x_1,y_1)+\beta B_0g(x_1,y_1)\otimes g(x_1,y_1)+\beta B_0A_{\mathrm{R}}^2\delta(x_1,y_1)+\\&\quad\beta B_0A_{\mathrm{R}}g(x_1,y_1-b)+\beta B_0A_{\mathrm{R}}g^*[-x_1,-(y_1+b)]\end{aligned} \tag{5.5.6}$$

式中，第 1、3 项是 δ 函数，表示直接透射光经透镜会聚在像面中心产生的亮点；第 2 项是物光分布的自相关函数，形成焦点附近的一种晕轮光；第 4 项是原始像的复振幅，中心位于反射坐标系的 $(0,b)$ 点；第 5 项是共轭像的复振幅，中心位于反射坐标系的 $(0,-b)$ 点，两者都是实像。设物体在 y 方向的宽度为 W_y，则其自相关函数的宽度为 $2W_y$，因此，欲使重现像不受晕轮光的影响，由图 5.5.1(b)可见，必须使 $b\geqslant\dfrac{3}{2}W_y$，在安排记录光路时应保证满足这一条件。

记录傅里叶变换全息图还可以采用球面波照明的方式，使物体置于透镜的前焦面，在点源的共轭像面上得到物光分布的傅里叶变换频谱。用倾斜入射的平面波作为参考光〔如图 5.5.2(a)所示〕。重现时也可用球面波照明全息图，利用透镜进行傅里叶逆变换，在点源的共轭像面上获得重现像〔见图 5.5.2(b)〕。

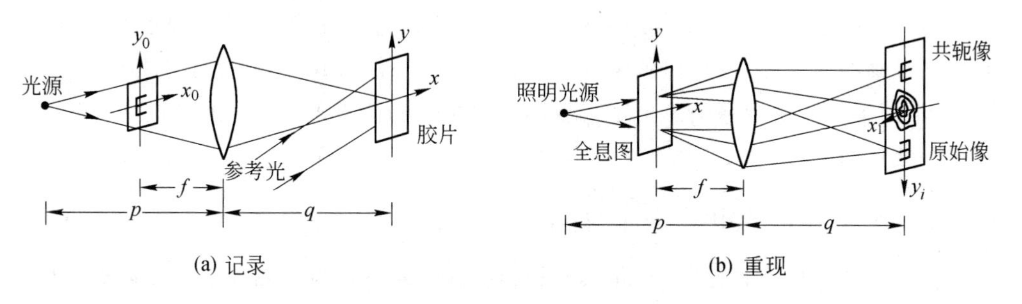

图 5.5.2 傅里叶变换全息图的记录与重现（球面波照明方式）

需要特别说明的是,上述两种记录和重现的方式是完全独立的,既可用平面波入射做记录,用球面波照明重现,也可用球面波入射做记录,用平面波照明重现。此外,由于傅里叶变换全息图记录的是物频谱,而不是物本身,对于大部分低频物来说,其频谱都非常集中,直径仅1 mm左右,记录时若用细光束作参考光,可使全息图的面积小于2 mm^2,所以这种全息图特别适用于高密度全息存储(见5.9节)。

5.5.2 准傅里叶变换全息图

凡是采用带有二次位相因子的傅里叶变换系统记录的全息图,都叫作准傅里叶变换全息图(Quasi-Fourier Transform Hologram)。其记录光路有多种。例如,由3.1节讨论可知,下列情况都可记录准傅里叶变换全息图:物位于透镜前方 d 处(d 可以大于或小于 f);物紧靠透镜放置;物位于透镜后方 d 处($d<f$)。而物的照明光可以是平面波,也可以是球面波。以图5.5.3所示光路为例,平面光波垂直照明物,物紧靠透镜放置,参考点源与物位于同一平面上,在透镜的后焦面上放置记录介质。

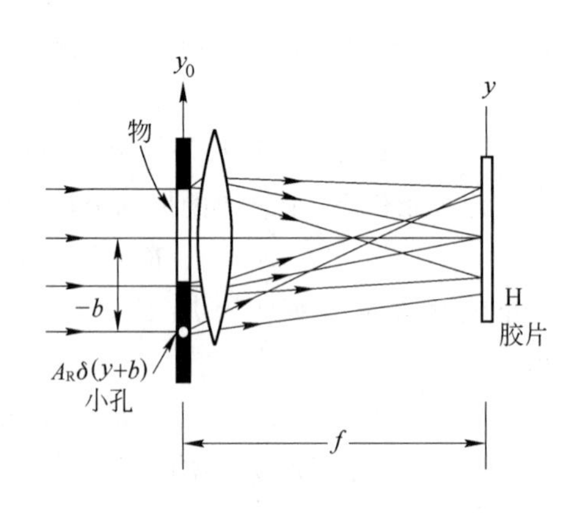

图5.5.3 准傅里叶变换全息图的记录

设物光波分布仍为 $g(x_0,y_0)$,则由式(3.1.13),在记录平面上的物光波分布为

$$G'(x,y)=C'\exp\left(\mathrm{i}k\frac{x^2+y^2}{2f}\right)G(f_x,f_y) \tag{5.5.7}$$

式中,$G(f_x,f_y)$是物函数 $g(x_0,y_0)$的傅里叶变换频谱,而 $f_x=\frac{x}{\lambda f}$,$f_y=\frac{y}{\lambda f}$。由于在式(5.5.7)中出现二次位相因子,使物体的频谱产生了位相弯曲,因而记录平面上的光场分布并不是物函数准确的傅里叶变换。

设参考光位于物平面上点$(0,-b)$处,则在记录平面上参考光分布为

$$R(x,y)=A_{\mathrm{R}}\exp\left[\mathrm{i}\frac{k}{2f}(x^2+y^2+2by)\right] \tag{5.5.8}$$

物光与参考光在记录平面上相干叠加,其合光场与总光强分别表示成

$$A=G'(x,y)+R(x,y) \tag{5.5.9}$$

$$I(x,y)=|G|^2+A_{\mathrm{R}}^2+A_{\mathrm{R}}G\mathrm{e}^{-\mathrm{i}2\pi f_y b}+A_{\mathrm{R}}G^*\mathrm{e}^{\mathrm{i}2\pi f_y b} \tag{5.5.10}$$

于是,在线性记录条件下,全息图的复振幅透过率为

$$\tau=\tau_0+\beta(|G|^2+A_{\mathrm{R}}^2)+\beta A_{\mathrm{R}}G\mathrm{e}^{-\mathrm{i}2\pi f_y b}+\beta A_{\mathrm{R}}G^*\mathrm{e}^{\mathrm{i}2\pi f_y b} \tag{5.5.11}$$

上式与式(5.5.4)所表示的傅里叶变换全息图的复振幅透过率完全相同。这是由于球面参考波的二次位相因子抵消了物函数频谱的位相弯曲所致。因此,尽管到达全息底片平面的光场不是物光场准确的傅里叶变换,但由于参考光波的位相补偿,仍能得到物体的傅里叶变换全息图,故称为准傅里叶变换全息图。由于它与傅里叶变换全息图具有相同的透过率函数,故其重现方式也完全相同。

5.5.3 无透镜傅里叶变换全息图

无透镜傅里叶变换全息图(Lensless FTH)应用了菲涅耳衍射与傅里叶变换之间的关系,

记录光路如图 5.5.4 所示。用平行光照明物体，物体与参考点源位于同一平面内，在距离 z 处放置记录介质。根据菲涅耳衍射的傅里叶变换表达式(2.4.11)，在全息底片平面上的物光分布可以写成

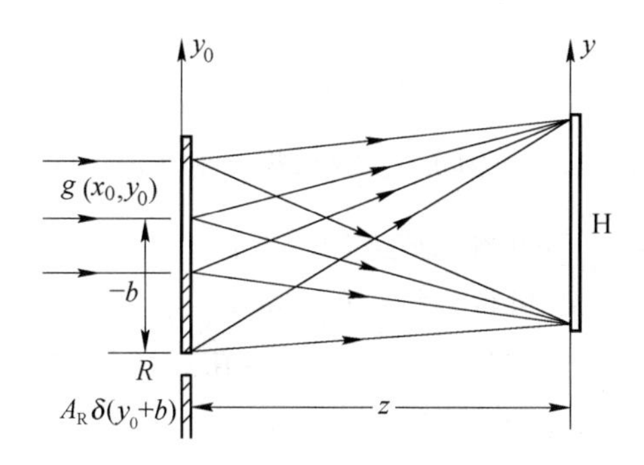

图 5.5.4　无透镜傅里叶变换全息图记录光路

$$\begin{aligned}u_0(x,y) &= \frac{e^{ikz}}{i\lambda z}e^{i\frac{k}{2z}(x^2+y^2)}\iint_{-\infty}^{\infty}g(x_0,y_0)e^{i\frac{k}{2z}(x_0^2+y_0^2)}e^{-i2\pi\cdot(f_x x_0+f_y y_0)}dx_0dy_0\\ &= Ce^{i\frac{k}{2z}(x^2+y^2)}G(f_x,f_y)\end{aligned} \tag{5.5.12}$$

式中

$$G(f_x,f_y)=\mathscr{F}\{g(x_0,y_0)e^{i\frac{k}{2z}(x_0^2+y_0^2)}\},f_x=\frac{x}{\lambda z},\quad f_y=\frac{y}{\lambda z}$$

参考光在全息底片平面上的光场可写成

$$R(x,y)=A_R\exp\left\{i\frac{k}{2z}[x^2+(y+b)^2]\right\}$$

忽略其中的常位相因子，可写成

$$\begin{aligned}R(x,y)&=A_R\exp\left[i\frac{k}{2z}(x^2+y^2+2yb)\right]\\ &=A_R\exp\left[i\frac{k}{2z}(x^2+y^2)\right]\exp(i2\pi f_y b)\end{aligned} \tag{5.5.13}$$

从而在记录平面上，物光与参考光叠加后所产生的曝光强度为

$$\begin{aligned}I(x,y)&=|u_0(x,y)+R(x,y)|^2\\ &=|u_0|^2+A_R^2+CA_RG(f_x,f_y)e^{-i2\pi f_y b}+CA_RG^*(f_x,f_y)e^{i2\pi f_y b}\end{aligned} \tag{5.5.14}$$

由于物光与参考光中的二次位相因子在曝光强度表达式中相互抵消，故在上式中已不再有与 x、y 有关的二次位相因子。这就是可以省去透镜记录傅里叶变换全息图的原因。

无透镜傅里叶变换全息图可以用发散球面波重现，也可以用会聚球面波重现。当用发散球面波照明重现时，设光源与全息图的距离为 z_P，则由式(5.5.12)和式(5.5.14)知，代表原始像的项为

$$\begin{aligned}I_0 &=CA_Re^{i\frac{k}{2z_P}(x^2+y^2)}e^{-i2\pi f_y b}G(f_x,f_y)\\ &=CA_R\exp\left[i\frac{k}{2z}(x^2+y^2)\right]G(f_x,f_y)e^{-i2\pi f_y b}\cdot\exp\left[i\frac{k}{2}\left(\frac{1}{z_P}-\frac{1}{z}\right)(x^2+y^2)\right]\end{aligned} \tag{5.5.15}$$

上式与式(5.5.12)相比较，除少一个位相倾斜因子外，还多一个位相因子$\exp\left[\mathrm{i}\frac{k}{2}\left(\frac{1}{z_P}-\frac{1}{z}\right)(x^2+y^2)\right]$，把它与薄透镜的透过率公式(3.1.4)相比较，可以看出这后一位相因子的作用相当于一个焦距为 f 的透镜，并满足关系式：

$$\frac{1}{f}=\frac{1}{z}-\frac{1}{z_P} \tag{5.5.16}$$

其放大率为 $M=\frac{z_P}{z}$。因为 z 和 z_P 均为负值，故根据 z 和 z_P 的关系可决定重现像的大小如下：

① 当 $z>z_P$ 时，$M>1$，$f<0$，可得到放大的虚像；

② 当 $z<z_P$ 时，$M<1$，$f>0$，可得到缩小的虚像；

③ 当 $z=z_P$ 时，$M=1$，$f=\infty$，像与物大小相同，在点$(0,b)$处得到一个原始像，是正立虚像。如图5.5.5所示。

与共轭像有关的第4项为

$$\begin{aligned}I_C&=CA_R\exp\left[\mathrm{i}\frac{k}{2z_P}(x^2+y^2)\right]\mathrm{e}^{\mathrm{i}2\pi f_y b}G^*(f_x,f_y)\\&=CA_R\exp\left[\mathrm{i}\frac{k}{2z}(x^2+y^2)\right]G^*(f_x,f_y)\mathrm{e}^{\mathrm{i}2\pi f_y b}\cdot\exp\left[\mathrm{i}\frac{k}{2}\left(\frac{1}{z_P}-\frac{1}{z}\right)(x^2+y^2)\right]\end{aligned} \tag{5.5.17}$$

类似于对式(5.5.15)的分析可知，在与原始像对称的点$(0,-b)$处可得一共轭像，是倒立虚像。其放大率 M 与分析原始像的规律相同，取决于 z_P 与 z 的关系。

当用会聚球面波重现时，如图5.5.6所示，全息图置于透镜后方，用平行光照明，透镜的作用是对衍射光进行一次傅里叶变换，使在透镜的后焦面上产生两个实像，对称地位于透镜焦点两侧。

傅里叶变换全息图在信息的高密度存储、空间频率滤波以及各种光学信息处理系统中有着重要的应用。

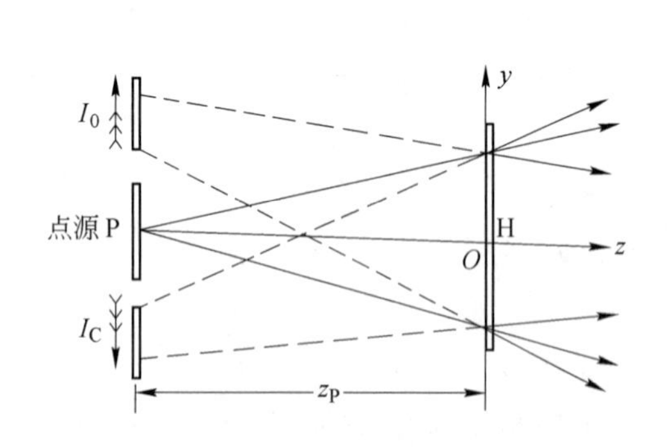

图5.5.5 无透镜傅里叶变换全息图重现光路之一

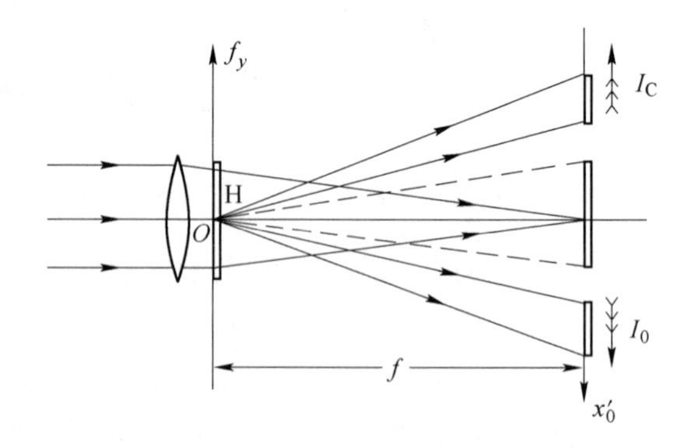

图5.5.6 无透镜傅里叶变换全息图重现光路之二

5.6 像全息图　彩虹全息图

5.6.1 像全息图

将物体靠近记录介质，或利用成像透镜使物体成像在记录介质附近，或使一个全息图重现的实像靠近记录介质，都可以得到像全息图(Image Hologram)。当物体的像正好成于记录介质面上时，可得到像面全息图 (Image Plane Hologram)。它是像全息图的一种特例。

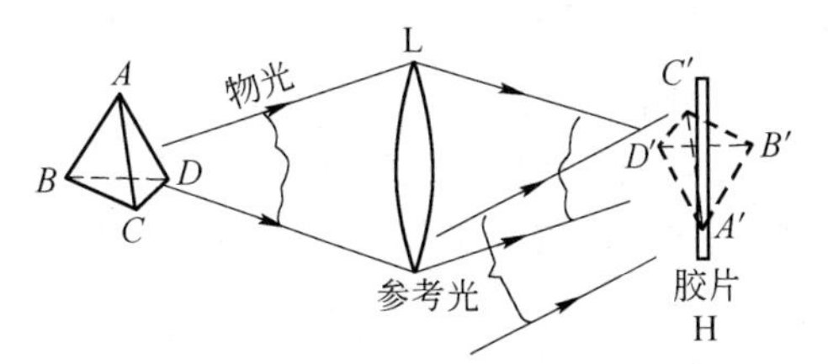

图 5.6.1　像全息图的记录方式之一——光学系统成像产生像光波

在记录像全息图时，如果物体靠近记录介质，则不便于引入参考光，故通常采用两种成像方式产生像光波：一种方式是采用透镜成像，如图 5.6.1所示；另一种方式则是利用全息图的重现实像作为像光波，这时需要先对物体记录一张菲涅耳全息图 H_1，然后用原参考光波的共轭光波照明全息图 H_1，重现物体的实像，当此实像的光波与记录像全息图时的参考光波 R_2 叠加时，便得到像全息图 H_2。因此，该方法包括二次全息记录与一次全息重现的过程，如图 5.6.2 所示。

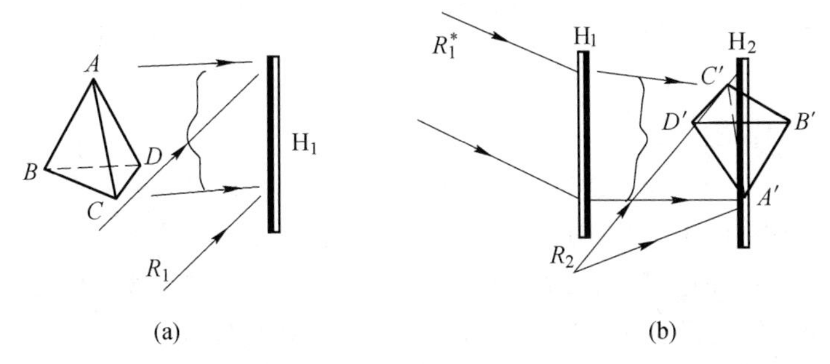

图 5.6.2　像全息图的记录方式之二——全息重现实像作为像光波

除了上述透射型像全息图 (参考光入射方向与物光处于全息干板同侧)外，也可使参考光入射方向与物光处于相对方向而制成反射型像全息图，其记录光路如图 5.6.3 所示。

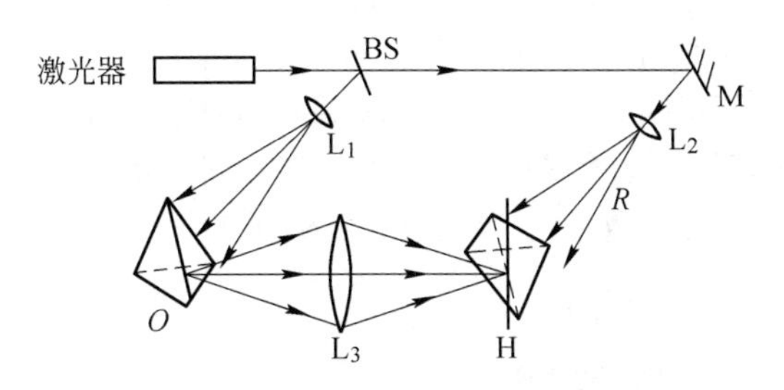

图 5.6.3　反射型像面全息图记录光路

由于像全息图把成像光束作为物光波束记录，相当于“物”与全息干板重合，物距为零，因此当用复合光波重现时，重现像的像距也相应为零，各波长所对应的重现像都位于全息图上，不出现像模糊与色模糊，因此，像全息图可以用扩展的白光光源照明重现，观察到清晰的像。像全息图的这一重要特性已使它被广泛用于图像的全息显示。

5.6.2　彩虹全息图

彩虹全息 (Rainbow Hologram)是像全息与狭缝技术相结合的产物，其又分为一步彩虹全息图 (One-Step Rainbow Hologram) 和二步彩虹全息图或本顿全息图。

本顿 (S. Benton，1941—2003 年) 于 1969 年首先用二步法制成了彩虹全息图，1978 年美籍华裔学者陈选和杨正寰提出了一步彩虹全息术，使彩虹全息图制作程序大大简化，且降低了噪声,但视场和景深较小。此后,又有不少学者做了改进,提出了多种彩虹全息技术,并使彩虹全息图获得日益广泛的应用。这里仅对一步法和二步法彩虹全息的基本原理做简要介绍。

1. 一步法彩虹全息

记录光路之一如图5.6.4所示,物体A和一个宽度适当的狭缝S被置于透镜焦点之外,它们在透镜的另一侧成实像分别为A′、S′,将全息干板放在两个实像之间。对于干板而言,A′为实物,S′为虚物,经曝光记录和显影、定影、漂白等处理后,用原参考光重现,得到物的原始像是虚像,狭缝的像是实像。当观察者把眼睛放在狭缝像开口处时,便可看到物的整个虚像,其颜色与重现光颜色相同;当观察者的眼睛离开狭缝像开口位置时,由于狭缝的像"挡住"了物的重现光,因而看不到物的像或者只能看见一部分像。

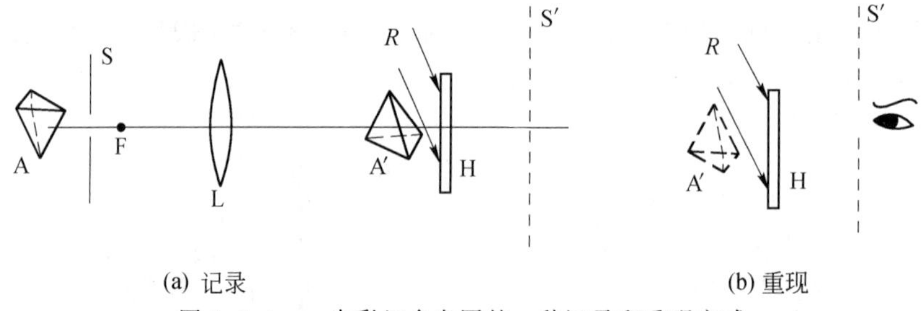

图5.6.4　一步彩虹全息图的一种记录和重现方式

当用白光重现此全息图时,为简明起见,选取红、绿、蓝3个颜色来说明问题。由于3种颜色的波长不等,故用它们来照明全息图将得到3个相应颜色的像,其位置随波长变化,使它们稍有错开。但由于记录时物离全息干板非常近,所以3个波长的重现像的位错并不十分明显,而狭缝像的位错却比较大,如图5.6.5所示。当眼睛处于某一波长狭缝像的开口位置时,便能看到同波长的像。当眼睛从上向下移动时,可看到像的颜色依次由红变绿,再变蓝。当观察者向后移动到图中所示位置时,可同时透过3个缝像看到像的3个不同部分,它们从上至下分别为红、绿、蓝色。当用白光照明时,则从上至下呈彩虹色,故称为彩虹全息图。由上面的讨论可见,狭缝是彩虹全息图的一个关键元件,其目的是为了能在白光照明下重现准单色像。普通全息图片若用白光照明重现,不同波长的光同时进入人眼时,将观察到不同颜色相互错位的重现像,造成重现像的模糊(即色模糊);在彩虹全息照相中,狭缝起了分色作用,重现时不同波长的光对应不同的水平狭缝位置,通过某一狭缝位置只能看到某一准单色的像,从而避免了色模糊。总之,狭缝在观察者的眼前起到了一个单色滤光镜的作用,它使重现像的色彩更加鲜艳。

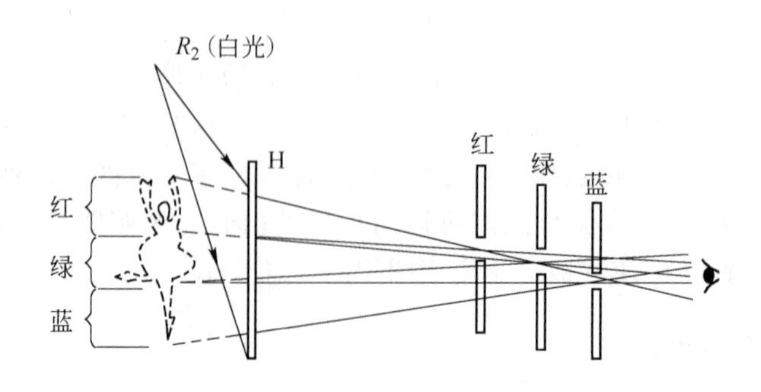

图5.6.5　用白光重现彩虹全息图

图5.6.6是一步彩虹全息图的另一种记录光路。狭缝S置于透镜焦点以内,在透镜同侧得到其放大的正立虚像S′;将物体A置于焦点以外,则其像成于透镜另一侧。重现时,用参考

光的共轭光 R^* 照明，形成狭缝的实像和物体的虚像，眼睛位于狭缝像处可以观察到重现的物体虚像 A′，它是一个赝视像。当用白光来照明此全息图时，则每一种波长的光都形成一个狭缝的实像和一个物体的虚像，它们的位置随波长变化。

一步彩虹术的优点是制作过程简单，噪声小；缺点是视场受透镜孔径限制较大。

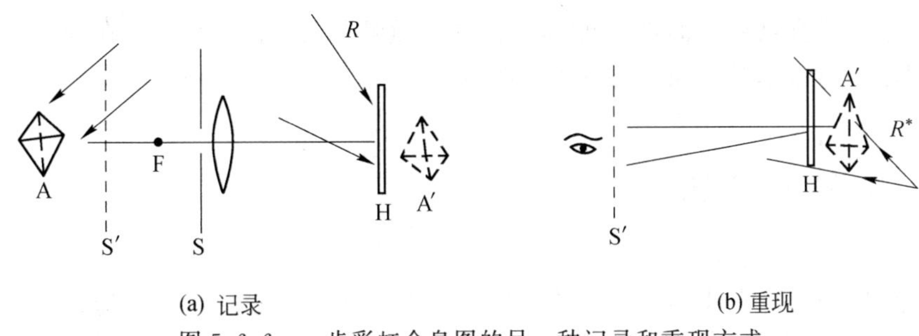

图 5.6.6　一步彩虹全息图的另一种记录和重现方式

2. 二步法彩虹全息

二步彩虹包括两次全息记录，如图 5.6.7 所示。首先对物体记录一张菲涅耳离轴全息图 H_1，称为主全息图（Master Hologram），如图 5.6.7(a)所示；然后将该全息图 H_1 作为母片，用共轭参考光 R_1^* 照明产生物体的赝视像，将干板 H_2 置于实像前，并在 H_1 的后面放置一狭缝。这样，干板 H_2 上得到的物光仅是从狭缝 S 透过的光波，如图 5.6.7(b)所示；用会聚的参考光 R_2 记录 H_2〔这是为了便于重现，见图 5.6.7(c)〕，便得到一张二步彩虹全息图。重现时，用 R_2 的共轭光照明 H_2，则产生第二次赝视像，由于 H_2 记录的是原物的赝视像，故重现的第二次赝视像对于原物来说就是一个正常的像。与原物的重现像一起出现的是狭缝的重现像，它起一个光阑的作用，与图 5.6.4 中的狭缝类似。

如果希望重现像能够呈现出更丰富的色彩，可以利用上述彩虹全息像的假彩色混合方法，用不同波长的激光对被拍摄物体进行多次曝光，这样获得的彩虹全息图其重现像呈现出新的混合色彩，称为彩色彩虹全息图。实际上也可采用多缝技术（将单个缝变为多个缝）。

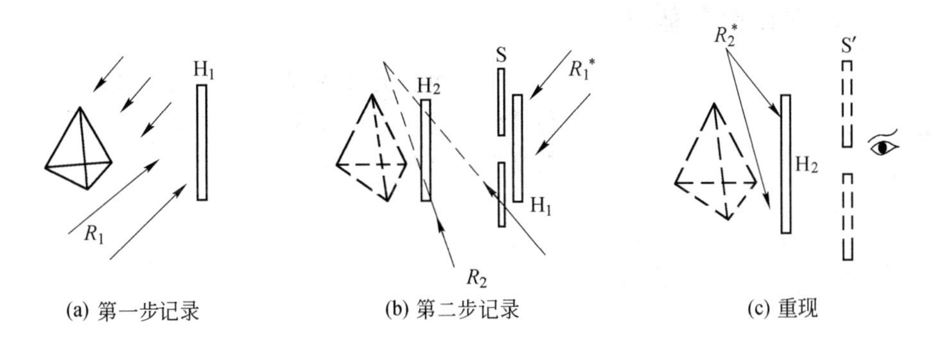

图 5.6.7　二步彩虹全息图的记录与重现

二步彩虹全息术的优点是视场大、立体感强；缺点是二步记录工艺较为复杂，且由于经过了两次记录过程而带进较大的散斑噪声。

最后还必须指出几点：

(1) 由于记录彩虹全息时用了一个狭缝，光能损失很大，因而狭缝的宽度应选择适当，缝太宽，重现时会产生“混频”现象，色彩不鲜艳；缝太窄，则通光量过小，影响效率。经验表明狭缝的宽度以 5～8 mm 为宜。

(2) 在记录彩虹全息图时,由于成像光束受到了狭缝的限制,物体确定点的信息只记录在全息图沿缝方向上很狭小的区域内,故彩虹全息图在垂直于缝的方向上失去了立体感,其碎片已无法重现完整的物体像。

(3) 从记录光路所示的情况看,当物竖直放置、狭缝水平放置时,参考光必须从斜上方自上而下入射,这给实际的光路调节造成困难。因此在记录时要将物体水平横卧,将狭缝竖直放置,使参考光平行于全息台台面斜入射即可。观察重现像时,全息图片要在面内旋转 90°,以便双眼上下移动观察,选择不同颜色的准单色像。

5.7 体积全息图

在记录全息图时,物光波和参考光波因发生干涉而在全息底片附近的空间形成干涉条纹图样。在前面的讨论中,没有考虑记录介质厚度的影响,而把全息图的记录完全作为一种二维图像来处理。这种类型的全息图称为平面全息图或薄全息图。但当记录材料的厚度是条纹间距的若干倍时,则在记录材料体积内将记录下干涉条纹的空间三维分布,形成等间距的三维空间曲面簇,称为体全息光栅(Volume Holographic Grating)。这种类型的全息图称为体积全息图(Volume Hologram)或厚全息图。通常把乳胶厚度 h 满足关系式:

$$h \geqslant 10\,\frac{nd^2}{2\pi\lambda} \tag{5.7.1}$$

的全息图都归为体积全息图,其中 d 是干涉条纹间距,n 代表记录材料的折射率,λ 是记录用光波波长。当重现光照射到体积全息图上时,干涉曲面簇一方面起衍射作用,另一方面又起反射作用。

按物光与参考光入射方向和重现方式的不同,体积全息图可分为两种:一种是当物光与参考光从记录材料的同一侧入射时,得到透射体积全息图,重现时由照明光透射成像;另一种是当物光与参考光从记录材料的两侧入射时,得到反射体积全息图,重现时由照明光反射成像。下面分别进行讨论。

5.7.1 透射体积全息图

为简单起见,设物光波与参考光波均为平面波,其传播矢量均位于 xOz 平面内,如图5.7.1所示。合光场的复振幅分布为

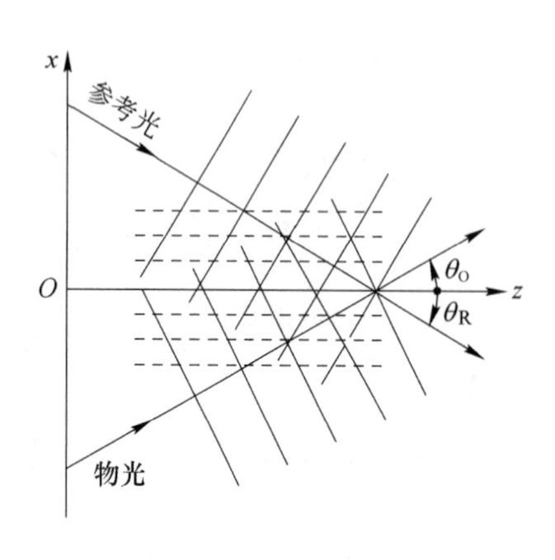

图 5.7.1 透射体积全息图的记录

$$A(x,z)=A_O e^{i2\pi(x\xi_O+z\eta_O)}+A_R e^{i2\pi(x\xi_R+z\eta_R)} \tag{5.7.2}$$

式中

$$\xi_O=\frac{\sin\theta_O}{\lambda}\qquad \eta_O=\frac{\cos\theta_O}{\lambda}$$

$$\xi_R=\frac{\sin\theta_R}{\lambda}\qquad \eta_R=\frac{\cos\theta_R}{\lambda}$$

θ_O 和 θ_R 分别为物光与参考光在记录介质内的传播矢量与 z 轴的夹角,λ 为在记录介质内光波的波长。合光场强度的空间分布为

$$\begin{aligned}I(x,z)&=A_O^2+A_R^2+A_OA_R e^{i2\pi[x(\xi_O-\xi_R)+z(\eta_O-\eta_R)]}+A_OA_R e^{-i2\pi[x(\xi_O-\xi_R)+z(\eta_O-\eta_R)]}\\&=A_O^2+A_R^2+2A_OA_R\cos\{2\pi[x(\xi_O-\xi_R)+z(\eta_O-\eta_R)]\}\end{aligned} \tag{5.7.3}$$

在线性记录条件下,记录介质内振幅透过率的空间分布为

$$\tau(x,y,z)=\tau_0+2\beta A_O A_R\cos\{2\pi[x(\xi_O-\xi_R)+z(\eta_O-\eta_R)]\} \tag{5.7.4}$$

注意到$\beta<0$，则$\tau(x,y,z)$取极小值与极大值的条件分别为

$$x(\xi_O-\xi_R)+z(\eta_O-\eta_R)=m \tag{5.7.5}$$

$$x(\xi_O-\xi_R)+z(\eta_O-\eta_R)=m+\frac{1}{2} \tag{5.7.6}$$

式中，$m=0,\pm1,\pm2,\cdots$。上述两个方程各自确定一组与xOz平面垂直（与y轴平行）的彼此平行的等距平面，即形成体光栅。对于$\tau(x,y,z)$取极大值的平面，显影时乳胶析出的银原子数目也最少。这些平面相对于z轴的倾角ϕ为

$$\tan\phi=\frac{\mathrm{d}x}{\mathrm{d}z}=-\frac{\eta_O-\eta_R}{\xi_O-\xi_R}=-\frac{\cos\theta_O-\cos\theta_R}{\sin\theta_O-\sin\theta_R}$$

再应用三角公式：

$$\sin\alpha-\sin\beta=2\cos\left(\frac{\alpha+\beta}{2}\right)\sin\left(\frac{\alpha-\beta}{2}\right)$$

$$\cos\alpha-\cos\beta=-2\sin\left(\frac{\alpha+\beta}{2}\right)\sin\left(\frac{\alpha-\beta}{2}\right)$$

最后得到

$$\tan\phi=\tan\left(\frac{\theta_O+\theta_R}{2}\right) \tag{5.7.7}$$

于是，在乳胶层内，$\tau(x,y,z)$相等的平面平分物光波与参考光波传播方向所构成的夹角，形成一组垂直于xOz平面的体积光栅。当物光束与参考光束相对于z轴对称时，$\theta_R=-\theta_O$，从而$\xi_R=-\xi_O$，$\eta_R=\eta_O$，光栅平面方程变为

$$\tau(x,y,z)_{\min}:\qquad 2\xi_O x=m \tag{5.7.8}$$

$$\tau(x,y,z)_{\max}:\qquad 2\xi_O x=m+\frac{1}{2} \tag{5.7.9}$$

且光栅平面垂直于x轴，光栅间距d为

$$d=\frac{1}{2\xi_O}=\frac{\lambda}{2\sin\theta_O} \tag{5.7.10}$$

重现时用平行光波照明全息图片，将体积光栅中的每个银层看作是一面具有一定反射能力的平面反射镜，它按反射定律把一部分入射的光能量反射回银层同一侧，如图5.7.2所示。

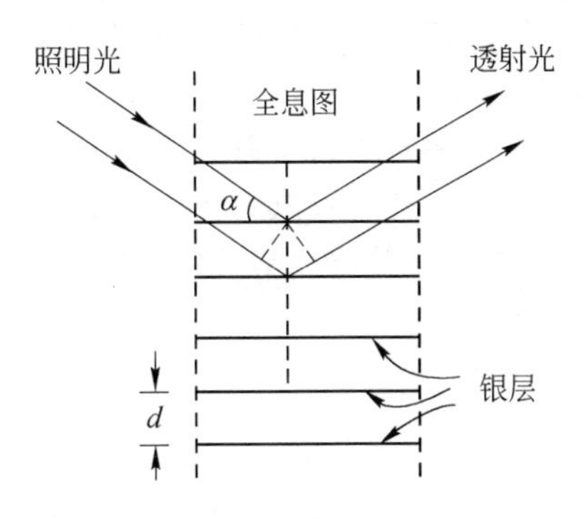

图5.7.2 透射体积全息图的重现

体积全息图对光的衍射作用与布拉格对晶体的X射线衍射现象所做的解释十分相似。设照明光波的传播方向与银层平面的夹角为α，则相邻银层平面反射的光波之间的光程差为$\Delta L=2d\sin\alpha$，显然，只有ΔL为重现光波长的整数倍时，各层面反射的光波才能同位相地相干叠加，从而产生一个明亮的重现像，可见其条件是

$$2d\sin\alpha=\pm\lambda \tag{5.7.11}$$

公式(5.7.11)称为布拉格条件（Bragg Condition）。与式(5.7.10)对比可知，只有在

$$\alpha=\pm\theta_O\ 或\ \alpha=\pm(\pi-\theta_O) \tag{5.7.12}$$

时才能得到明亮的重现像。上式表明：当用原参考光或与原参考光反向的共轭光照明体积全

息图时，将分别重现出原始物波和它的共轭光波，前者给出物体的虚像，后者给出物体的实像。顺便指出，常用的全息干板，其乳胶层厚度约在 10 μm(见表 5.3.3)，全息图中形成的条纹根据物、参光波之间夹角的不同，其宽度只有几个光波波长，有时小到半个波长，因而全息图将至少包含一些展现出厚光栅性质的条纹，即在大多数情况下都必须考虑布拉格衍射效应。当用白光照明重现时，改变照明光入射角度，只能在某一小角度范围内观察到重现像。透射体积全息图这种对角度敏感的特性使其可用于全息多重记录和高密度信息存储，此时只需每记录一次后适当改变参考光的方向即可。

5.7.2 反射体积全息图

反射体积全息图是由苏联学者 Y. Denisyuk(1927—2006 年) 于 1962 年首先提出的。普通反射体积全息图的记录光路如图 5.7.3 所示，采用单光束照明方式，用厚乳胶记录。物体反射一束光到全息底片上作为物光，另一束光作为参考光从相反方向照射到干板上，二者叠加产生干涉，形成驻波，经显影、定影形成全息图。当用白光照明重现时，沿着参考光的反射方向可观察到重现的单色像。

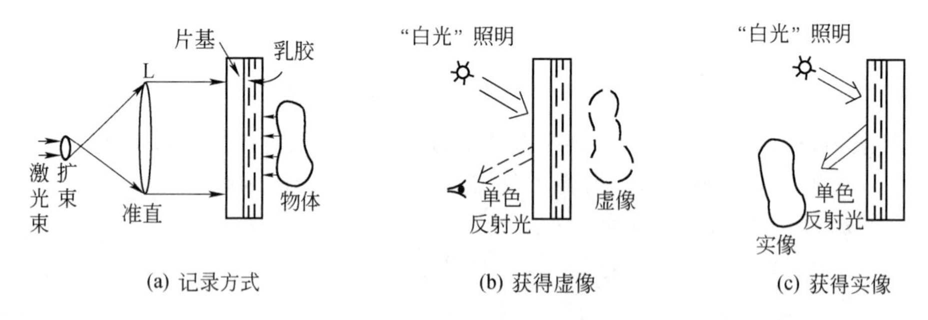

图 5.7.3 反射体积全息图的记录和重现

反射体积全息图之所以可用白光重现，是因为由它形成的体积光栅具有波长选择性(Wavelength Selectivity)。特别是当光栅线与光传播方向垂直时，波长敏感性达到最高，而角度敏感性相对不高。参看图 5.7.4 和图 5.7.5 可以获得进一步的理解。在图 5.7.4 中，用虚线表示物波和参考波的波面。由物波与参考波在乳胶层形成的干涉平面银层周期地重复出现，且平行于玻璃片基，银层的间距 Λ 满足：

$$2\Lambda\sin\frac{\theta}{2}=\lambda \tag{5.7.13}$$

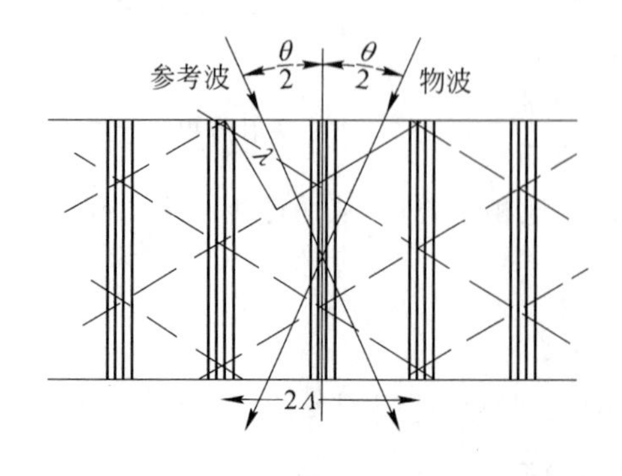

图 5.7.4 由厚乳胶记录的基元全息图

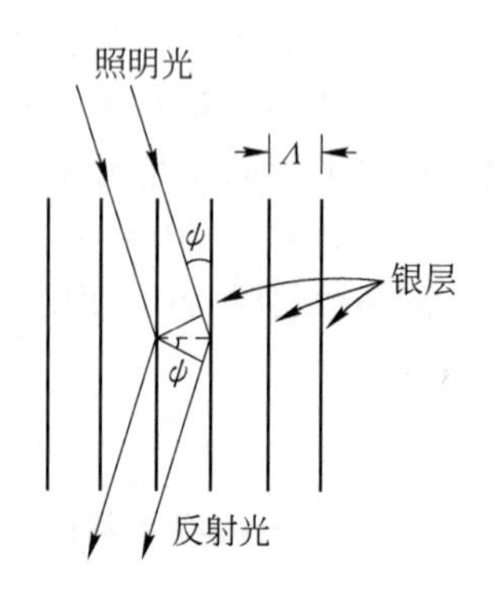

图 5.7.5 布拉格条件

重现时，为了获得明亮的重现像，要求照明光经各银层反射能同位相叠加，即相邻银层反射的波所经历的光程须刚好差一个光波波长（布拉格条件），由图 5.7.5 知应有

$$2\Lambda\sin\psi=\pm\lambda \tag{5.7.14}$$

式中，$\psi=\frac{\theta}{2}$得虚像，$\psi=-\left(\pi-\frac{\theta}{2}\right)$得实像。因此，重现时只有满足条件式（5.7.14）的某种波长的光波能被反射回来形成像，其他波长的光波则被透射过去，不会由于各种波长的像的混叠产生色模糊。从式(5.7.13)中还可看出，当$\frac{\theta}{2}=90°$时，Λ 达到最小，亦即所形成的光栅的周期最小，在此情况下，即使波长 λ 发生小量变化，对 Λ 引起的相对变化都很大。因此，反射光栅对波长的变化敏感，而透射光栅则对波长的变化较宽容。在实际显影、定影过程中，乳胶会发生收缩，银层平面之间的距离会减小，会使重现像的色彩向短波长方向移动。为了避免这种情况的发生，需在记录介质后处理中增加防缩处理步骤。由于反射体积全息图对角度的敏感性不如透射体积全息图，因而它是制作白光重现全息图的一种好方法；而它对波长的敏感性却被用于在光纤通信中制成布拉格光纤光栅，具有广泛的用途（见第 10 章）。

上述普通反射体积全息图有一个特点，即其重现像永远呈现在全息干板后面。这是因为在记录时，被摄物体总是放在参考光束另一侧的缘故。反射体积全息图的重现像是否也能呈现在干板的前方或其上呢？这就需要记录像面反射全息图。这种全息图的特点是：物光波不是由实际的物体直接给出的，而是由事先制作的一个透射母版全息图 H_1 的重现实像给出。如果把记录底片 H_2 放在透射母版全息图的实像前方或实像像面上（如图 5.7.6 所示），那么，得到的像面反射全息图的重现像就会呈现在干板前方或干板上，且具有很强的立体感。在图 5.7.6 所示的记录光路中，干板 H_2 挡住了 H_1 的实像光束，这一光束就是 H_2 的物光束，它与参考光 R_2 的方向相反。

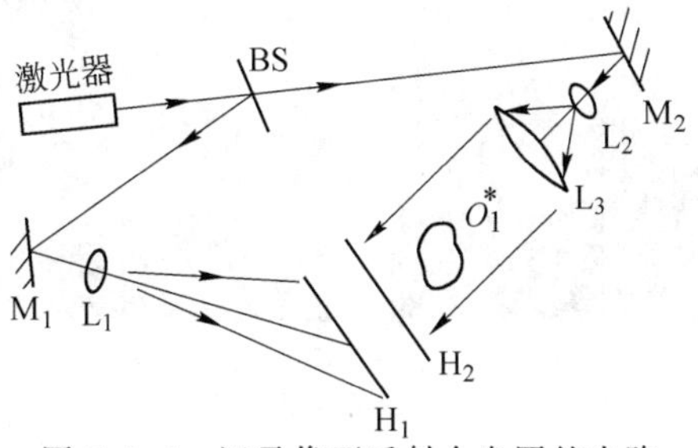

图 5.7.6　记录像面反射全息图的光路

利用这种全息图制作精美的全息展品，使实像形成于干板 H_2 与观察者之间的空间区域，犹如悬浮在空中一样，这将大大增强艺术效果。

5.8　模压全息图

5.8.1　全息图的模压复制

所谓模压全息图（Embossed Hologram），是将记录在浮雕位相型介质（如光刻胶）上的、可用白光显示的全息图（通常是彩虹全息图），利用电化学的工艺，将它复制在一块金属镍压模上，然后用类似于凸版印刷的方法，将压模上的浮雕状干涉条纹压印在镀铝聚酯膜片（厚度小于0.1 mm）上而成。它是适于在白光下显示的反射型全息图。其制作工艺流程如图 5.8.1

所示。其中第 1 步是实物模型加工或图案设计,对于图案制作,可采用计算机系统来完成,然后在暗室中加工成底片。第 2、3 步是记录母版彩虹全息图,采用常规的二步彩虹全息图记录光路,之后,光刻胶板经显影,将曝光时所记录的干涉条纹的光强分布转变为光刻胶表面沟槽深度和位置的分布,形成浮雕状图形(故称为浮雕全息图)。第 4 步是电铸镀膜,在这一步骤中,首先对光刻胶做敏化处理,将其表面离子化,快速完成化学膜反应,然后进行非电解镀膜和电解镀膜,目的是把原生全息图上的浮雕图形真实地复制到金属镍模上,再经过剥离和清洗,得到需要的镍压模。第 5 步是热压印,用镍模将其浮雕状干涉条纹压印到加温后的镀铝聚酯膜上。薄的铝镀层像一面镜子,使通过干涉条纹衍射的光波产生反射的像。图 5.8.2 是一种全息模压机的照片。最后两步是将已压印好的模压全息图涂上压敏胶,再把它黏合在硅油纸上,并模切成形,以便应用于各种场合。

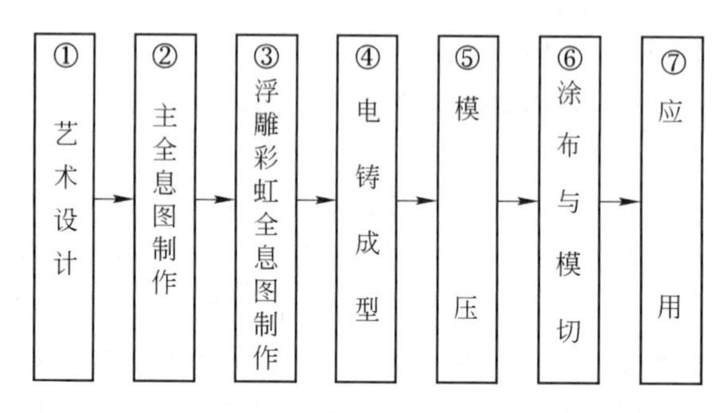

图 5.8.1 模压全息工艺流程

图 5.8.2 一种全息模压机的照片

这是大量印制全息图的一种有效技术。由于镍的硬度高,耐磨损性能和耐腐蚀性能好,因此,镍压模的寿命很长,一个高质量的镍压模可以压印数十万次,从而大大降低全息照片单位面积的造价。正是模压技术解决了全息图大批量复制的技术问题,形成了一种产业化的全息产品供应市场,才使全息照片大量地进入人们的生活中,成为一种工艺品。

全息图的模压复制技术始于 1979 年,是由美国无线电公司(RCA)提出的。其后在美、欧、日获得了迅速发展。我国的模压全息从 1984 年底开始起步,30 余年来已有很大的发展,并取得了广泛的应用。

5.8.2 全息烫印箔

除了模压全息图外,近年来国际上又发展了一种全息热烫印箔(Hot Stamping Foil)产品,它由模压全息技术与常规的电化铝技术相结合而成。全息烫印箔仍保留全息照相独有的三维成像特性,与模压全息的主要区别是:它把信息压入涂覆于聚酯膜载体薄膜上的特殊树脂层中，并利用叠层结构中的黏合层，通过烫印机直接熔接于各衬底（不需要重新粘贴），因而几乎感觉不到实际存在的膜层厚度。全息烫印箔较之普通模压全息图更能提高生产效率，并且具有更加华丽的外观和更可靠的防伪功能。

全息烫印箔的断面结构示意如图 5.8.3 所示。

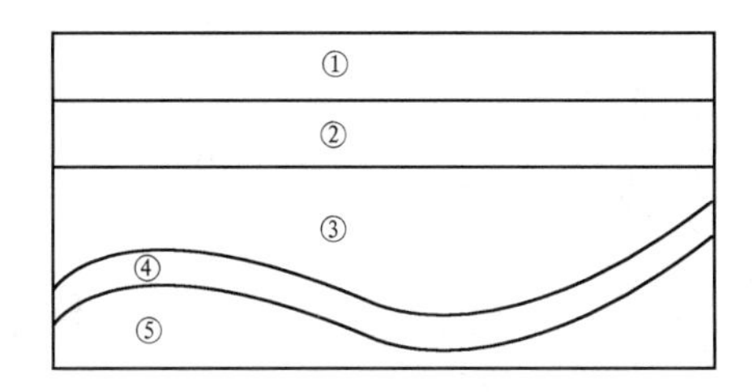

图 5.8.3　全息烫印箔断面结构

①是载体薄膜，常采用聚酯膜，其厚度在 15 μm 左右。

②是剥离层，这是为了使载体薄膜脱离叠层结构，并使叠层结构熔接于被烫件而设置的，其厚度约为 0.5 μm。

③是压印层，它是一层树脂层，是全息烫印箔技术的关键。在烫印过程中，它能产生一定形变，从而完成金属浮雕向树脂层的转移，但它又要能经受一定温度和压力的侵扰，以完成叠层结构向衬底的熔接。这一层的厚度为 1～2 μm。

④是反射层，一般是通过真空镀膜而形成的铝薄层，其厚度为 40～50 nm。

⑤是黏合层，其主要作用是使叠层结构与被烫印件相熔接，这一层的厚度约为 5 μm。

5.8.3　动态点阵全息图

近年来随着计算机的快速发展，计算机与全息技术的结合越来越紧密，一些新型的、具有鲜明动感的全息图在这一形势下应运而生。这类全息图最初称为动态衍射图或衍射光学可变图像（Diffractive Optically Variable Image Devices，DOVIDs），近年来逐步发展成一类动态点阵全息图，人们称它们为动态全息图（Kineform、Kinegram、Movigram）、像素全息图（Pixegram、Exelgram）和点阵全息图(Dot Matrix Hologram)等。这种全息图是由大量不同的微小衍射单元，即光栅点组成。这些光栅的条纹密度、取向和排列按一定规律分布，由计算机设计和控制，应用激光进行制作。其制作方法如图5.8.4所示。全息干板放置在由步进电机控制的二维可移动平台上，两束相干细激光束在全息干板处会聚形成干涉条纹。两束光的夹角可变，并且两束光组成的平面（入射面）可绕平台的法线转动，也就是干涉条纹的间距和条纹与平台移动方向的夹角（条纹倾角）可变。干涉条纹被记录和处理后即形成光栅，此小面积光栅称为全息像素（Holographic Pixel），其线度约 0.025～0.1 mm，每个像素的条纹间距和条纹倾角按一定规律分布，控制步进电机移动二维平台，逐点曝光记录，完成整幅像素全息图。当白光入射至每一小区域光栅时，衍射光发生色散，色散特性由条纹间距和倾角决定；当像素的条纹间距和条纹倾角按一定规律分布时，像素的衍射光就组成了有序的图案，这些图案富有极强的动感，极具观赏性。

图 5.8.5 所示为形成干涉条纹的一种实用的光路结构。采用光栅作为分束器，透镜 L 将光栅的正一级和负一级衍射光会聚相干形成条纹，光栅转动即引起条纹倾角发生变化，若光栅不同区域的空间频率不同，则平移光栅就能改变条纹的空间频率。

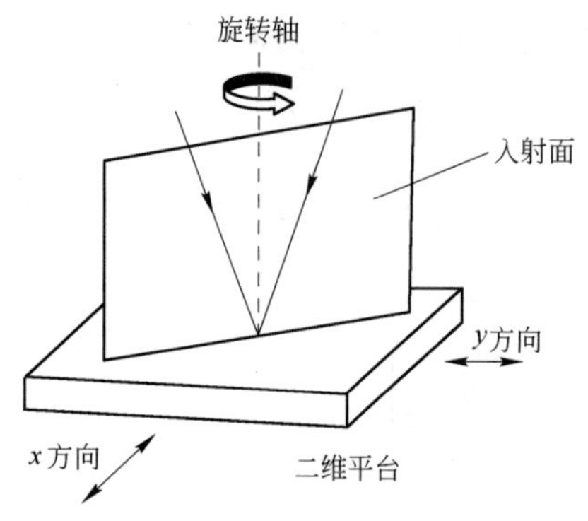

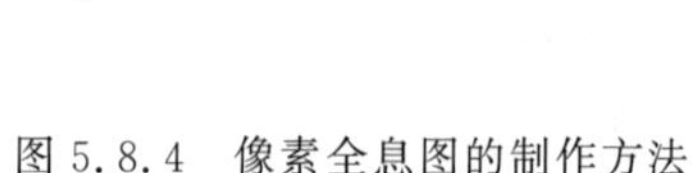

图 5.8.4 像素全息图的制作方法

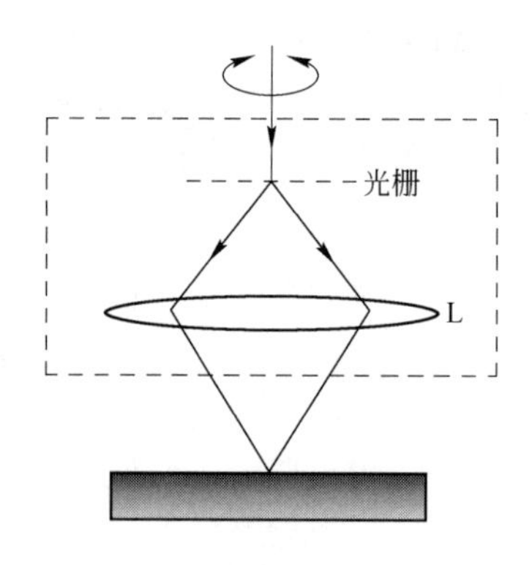

图 5.8.5 用光栅作为分束器形成条纹

动态衍射图像具有一系列突出的优点：

(1) 醒目的动感,给使用者以深刻的印象。它的动感由计算机设计,制作前可在计算机屏幕上预览动感效果。

(2) 高衍射效率。传统的彩虹全息模压制品形成3D全息图（或2D/3D全息图）的物光为复杂光波,它和参考光波形成的光栅具有复杂的振幅分布,而由两束接近于平行光的细光束形成的动态衍射图有比较规则的振幅分布,在光刻胶版上形成的浮雕型光栅比3D全息图的沟槽要深且规则,因此它的衍射效率比3D全息图的要高,并且对于电铸、模压等工序而言,它的沟槽转移比较容易,失真较小,最终的模压全息重现像能保持高的衍射效率。

(3) 高亮度。像的亮度除了与全息图或光栅的衍射效率有关外,很重要的是一级衍射光波（重现像）的扩散程度。对于3D全息图,为了能在一定范围内便于观察重现像,在明视距离附近衍射光波要形成长180～300 mm,宽4～10 mm的实狭缝像。人眼只有位于该狭缝像的位置才能观察到重现像。但人眼的瞳孔一般只有2～4 mm,故接收到的光能仅仅为一级衍射光波中很少的部分。而动态衍射图均由不同的微小单元光栅组成,它们的一级衍射波的发散程度很小。人眼同样位于明视距离,在衍射效率相同的情况下,对动态衍射图而言,人眼收到的光能量远大于对3D全息图接收的光能量。因此,人眼感觉动态衍射图像特别明亮。

(4) 观察时对照明光的要求较低,即对照明光源的面积、照明光的方向性和亮度等均无特殊要求。在宽光源或弱的散射光下也能看到较为明亮、清晰的图像。

(5) 很难用通常的全息照相方法仿制,因此这类全息图特别适用于制作防伪标识。现在,对高安全产品,均应采用热烫印DOVIDs模压全息图。

5.9 全息照相的应用

全息照相发展到今天,已在许多领域获得了广泛的应用,并已成为信息光学中的一个新兴学科——全息学（Holography）,进入到高新科技领域。概括起来,全息照相的应用可归结为下列几个方面：

① 全息显示（Holographic Display）；

② 全息干涉度量学（Holographic Interferometry）；

③ 全息光学元件（Holographic Optical Element，HOE）；

④ 全息信息存储（Holographic Information Storage）；

⑤ 全息信息处理（Holographic Information Processing）；

⑥ 全息显微术（Holographic Microscopy）。

此外，全息技术市场亦已显示出旺盛的势头。下面仅就全息显示、全息光学元件和全息信息存储3个方面举例说明其应用。

5.9.1 全息显示

1. 新图示艺术

全息显示主要利用全息照相能重现物体三维图像的特性，是极有发展前景的应用之一。由于全息图能给出和原物大小一样、细节精美、形态逼真的三维形象，因而成为原物最好的替代物，因此，全息显示在图示艺术上的应用极富魅力。这种图示艺术包括：

① 艺术全息照相，用于广告宣传、商品展览、文物显示以及制作全息艺术饰品；

② 全息肖像摄影，采用脉冲激光器作光源；

③ 全息防伪标识、有价证券和信用卡制作；

④ 全息纪念卡、邮折、图书插图及卡通图片；

⑤ 二维图片的三维全息显示；等等。

供显示用的全息照相术有透射全息、反射全息、像面全息、彩虹全息、真彩色全息、合成全息与动态点阵全息等，其中除有的透射全息图需要用激光重现外，其余均可采用白光照明重现，从而可在白昼自然环境中观察其三维景象，这就使得寻常百姓家里也可拥有或保存全息照片，并可随时欣赏。尤其是模压全息把浮雕艺术和照相艺术相结合，用多层次展现三维空间，极具欣赏价值。它除了作为艺术品外，已广泛用于防伪标识（货币、身份证、护照、信用卡等），国内外已形成一种巨大的产业，全世界全息产业的销售额在2002年已达到20亿美元。现在已超过100亿美元。

尤其值得一提的是，3D全息成像技术近年获得了新的突破。据2010年11月4日出版的英国《自然》杂志（*Nature*）报道：美国亚利桑那大学光学专家纳赛尔·贝汉姆巴瑞（Nasser Peyghambarian）领导的研究小组已发明出近乎实时传送水平的3D全息成像技术，即“全息网真”（Holographic Telepresence）。这种技术可在一个地点记录下3D图像，然后通过以太网传送并实时地显示在地球上任何位置。样机采用一种由光致折变的（Photorefractive）新材料制成的10英寸（1英寸=2.54 cm）的屏幕作为记录材料，然后做成一种全息显示器，该显示器能每两秒刷新一次全息图，而“负责”记录的是普通相机组成的阵列，其中每一部相机都担负了不同角度的拍摄任务。信息编码成“干涉图样”后再写入光致折变材料。

3D全息成像技术的突破，可使电视电影、计算机游戏、街头3D广告甚至远程医疗发生彻底的革命。

2. 超景深记录

全息照相能将远距离到近距离的物体同时记录在一张底片上，然后从其重现像中逐次按不同距离分层观测，不受普通照相景深的限制，故全息照相常用于观测微粒子场（Particle Field），以获取粒子的形状、大小、空间分布、运动状态以及粒子数密度等参数。

用于观测粒子场P的全息记录光路如图5.9.1所示，采用同轴全息术平行光记录方式，被粒子衍射的光作为物光，未被衍射的直接透射光作为参考光。图5.9.1(a)为直接记录，图中

D是滤光片,用以阻挡激光束以外的杂散光的干扰;图5.9.1(b)为加转换透镜记录,把粒子场P成像在P′处。后一种光路布置对于某些场合是需要的,例如,由于仪器结构的空间限制或试验环境污染,全息干板无法与粒子场靠得太近的场合。

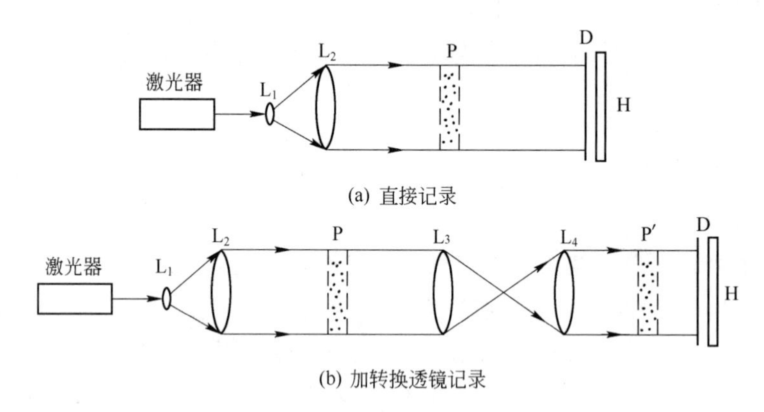

图5.9.1 粒子场的平行光同轴全息记录方式

重现光路如图5.9.2所示,仍用平行光照明全息图,其左右两侧各重现出原始物的一个虚像和共轭实像。由于粒子尺寸通常仅在数微米至数百微米之间,而此“孪生像”彼此分离的距离一般不小于数十厘米,比粒子尺寸大好几个数量级,故当观察重现的虚像时,其共轭像在观察面上变成一个均匀的背景,和虚像可以分离开来。采用电视摄像系统可将重现像放大后显示在屏幕上观察,只要将全息图前后移动就可观测不同景深的粒子。

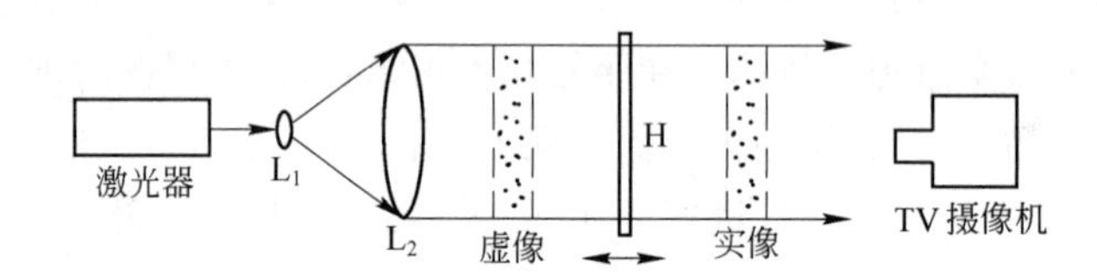

图5.9.2 粒子场重现光路

5.9.2 全息光学元件

所谓全息光学元件(HOE)是指用全息照相方法(包括计算全息法)制作的,可以完成准直、聚焦、分束、成像、光束偏转和光束扫描等功能的元件。在完成上述功能时,它不基于光的反射和折射规律(几何光学),而基于光的干涉和衍射原理(物理光学)。因此,也把它称为衍射光学元件。最常用的全息光学元件是全息光栅和全息透镜。

1. 全息光栅(Holographic Grating)

传统的刻痕光栅是在一块经过精加工的光学玻璃平板上,通过刻划机的刻刀一道一道刻出许多等宽、等间距的平行刻痕而成。先制成母光栅,再进行复制。在每条刻痕处,入射光向各个方向散射,而不易透过;两刻痕之间的光滑部分可以透光,与缝相当。这种光栅属于振幅型透射光栅。由于光栅的刻痕密度很高,每毫米内刻痕数通常在数十条至数千条之间,而在刻划母光栅时,其刻划动作又十分缓慢(每分钟仅刻6条线),因此,即使刻一块长宽都为5 cm的光栅,以每毫米刻1 200条计,并且令刻划机昼夜不停工作,也需要运行一周。这对刻划机的工作条件(环境温度变化不得超过0.1℃)和机械结构(刻划分度的均匀性)都提出了极苛刻的要求。例如,当推动光栅坯子的螺纹有周期性误差(机械本身精度的限制)时,将引起刻痕光栅条纹的不均匀性，从而在光栅光谱线的主极大两旁对称地产生两条弱线，称为罗兰鬼线(Rowland Ghost)，它直接影响了光谱分析。上述原因导致传统刻痕光栅价格较昂贵，且刻划面积不可能很大。

全息光栅克服了刻痕光栅的上述缺点。其记录光路如图 5.9.3 所示，采用两束平行光记录。根据 5.7 节的讨论，并结合图 5.9.3，可将式(5.7.10)改写成

$$2d\sin\theta=\lambda \tag{5.9.1}$$

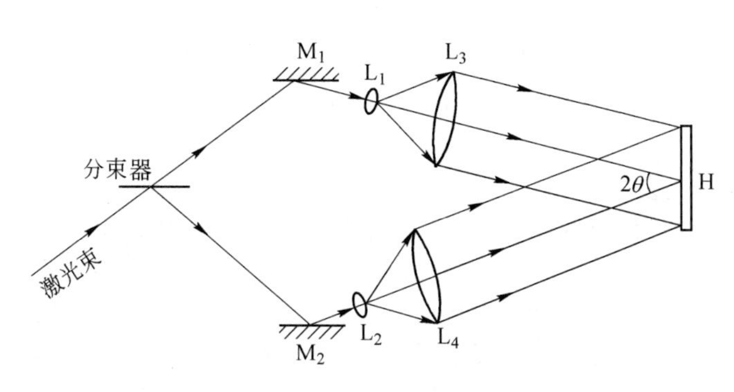

图 5.9.3　全息光栅记录光路

式中，θ 为两平行光束夹角之半。上式称为光栅方程。由该式可知，改变两束光之间夹角 2θ 的值便可控制光栅条纹密度（即 d 的大小）。全息光栅与刻痕光栅相比，具有下列优点：光谱中无鬼线、分辨率高、有效孔径大、生产效率高、价格便宜等。缺点是衍射效率较低，应继续设法加以提高。为此，近年来又采用反应离子束刻蚀技术研制了全息闪耀光栅，其一级衍射效率可达 60%以上。

2. 全息透镜（Holographic Lens）

（1）点源全息透镜

最早的衍射成像元件是 1871 年由瑞利制成的菲涅耳波带片（Fresnel's Zone Plates）。当时因其衍射效率低和多级像的存在，而没有得到实际应用。但自 20 世纪 60 年代激光器和全息术发展起来以后，人们意识到可以用点源全息图来制作波带片。这就促使其发展成另一类光学成像元件——全息透镜。

点源全息透镜的一种制作光路如图 5.9.4 所示，采用一发散球面波与一固定的会聚球面波相干涉。根据记录介质表面中心的法线与 R、O 两点源的连线是否重合，可分为同轴全息透镜与离轴全息透镜；根据 R、O 两点源处于全息干板的两侧或同侧，又分为反射式全息透镜与透射式全息透镜。图 5.9.5 是离轴全息透镜的两种记录方式。按照需要并选择适当的光波波面，可制成准直透镜、成像和转像透镜、傅里叶变换透镜以及多功能透镜（可代替组合透镜）等。由 5.2 节的讨论及式(5.2.9a)知，在图 5.8.4 所用符号下有

$$\frac{1}{d_{\mathrm{I}}}=\frac{1}{d_{\mathrm{P}}}+\mu\left(\frac{1}{d_{\mathrm{O}}}-\frac{1}{d_{\mathrm{R}}}\right)$$

或

$$\frac{1}{d_{\mathrm{I}}}-\frac{1}{d_{\mathrm{P}}}=\mu\left(\frac{1}{d_{\mathrm{O}}}-\frac{1}{d_{\mathrm{R}}}\right)=\frac{1}{f'} \tag{5.9.2}$$

上式就是全息透镜近轴像点的高斯公式，f' 是透镜的焦距。

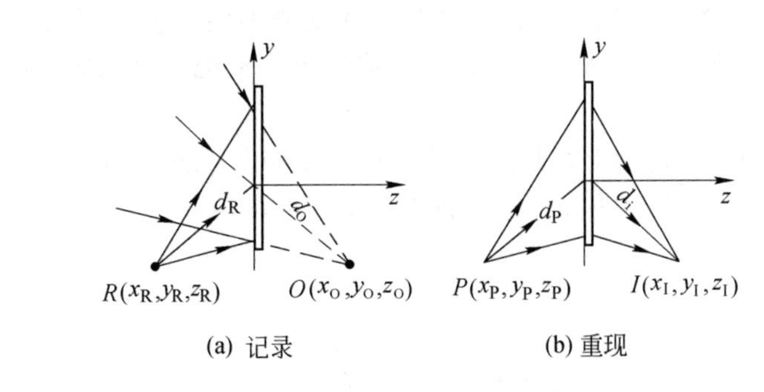

图 5.9.4 点源全息透镜

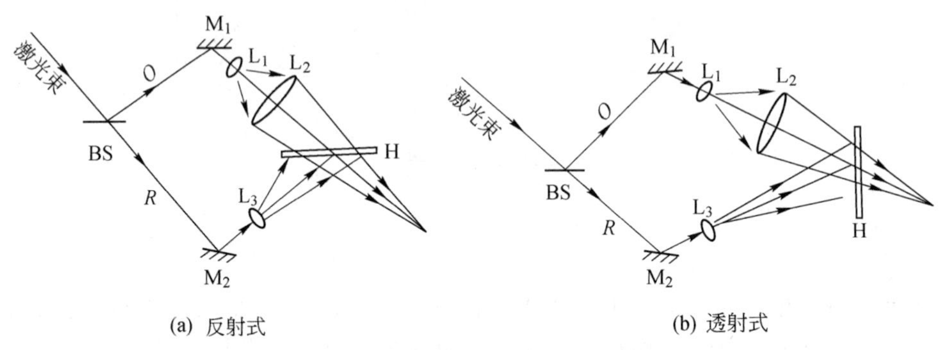

图 5.9.5 离轴全息透镜记录光路

理论分析表明，在近轴条件下，全息透镜与普通透镜的几何光学分析具有惊人的一致性。它可以按照与折射透镜类似的方法来定义光轴、主轴、物平面、像平面、焦距、孔径光阑和相对孔径等概念，并满足普通透镜的物像公式。进一步的研究表明，全息透镜可以用一个折射率趋于无限大的等效折射透镜来精确模拟。采用等效透镜的概念后，全息光学系统也可以应用普通光学系统的计算机程序来进行优化设计。

和普通透镜相比较，全息透镜具有重量轻、造价低、相对孔径大，易于制作和批量复制等优点，并能做成透射式、反射式和折叠式光路，在同一张全息片上可具有多功能（如聚焦、分束、滤波和多重记录），它已在许多领域获得了应用。全息透镜的缺点是像差较普通透镜大，尤其是色差。这是因为全息透镜是一种衍射元件，其成像特性与光波波长有关，故色差更为严重。单片的全息透镜只能在单色光条件下工作，将两片以上分离的全息透镜组合起来便可校正色差，也可使其在宽带光源照明条件下工作。

全息透镜的单色像差不能像普通透镜那样，通过选择不同性能的玻璃材料、改变透镜表面曲率半径或形状、调整透镜间距或光阑位置来校正，但可通过计算，把像面上的像差转移到记录波面上去（计算全息），亦即可用带有适当像差的变形波面与理想球面波干涉，以综合出一个无像差的全息透镜。图 5.9.6 给出了一个这样的记录光路，精心设计的计算机原生全息图（Computer Generated Hologram，CGH）产生需要的像差波面 A，然后平面波 B 与变形波面 A 干涉，综合出一个无像差的全息透镜。这种方法已经在全息透镜的设计制造中得到了广泛的应用。

(2) 全息透镜阵列

在实际工作中，常常需要把若干个全息透镜记录在同一张干板上，并按一定顺序排列，形成全息透镜阵列（Holographic Lens Array）。这种全息透镜阵列在光互连、光学神经网络和光计算中都有很高的应用价值。图 5.9.7 是制作同轴透射式全息透镜阵列的光路，采用两个

相同的物镜 L_1、L_2 产生两个孔径相同的会聚球面波，适当安排 L_1、L_2 的位置，使光通过分光镜 BS_2 后产生一前一后两个焦点。在两个焦点的中间位置安放全息干板即可记录同轴全息透镜。把干板放置在可沿 x、y 方向移动的干板架上，则经每次移动，分次曝光，即可得到同轴全息透镜阵列。

假设 L_1、L_2 的相对孔径为$\dfrac{D}{f}$，全息透镜的相对孔径为$\dfrac{D_H}{f_H}$，前后两焦点之间的距离为 l_f，则由图 5.9.7 的几何结构很容易推知$\dfrac{D}{f}=\dfrac{D_H}{l_f/2}$，而 $l_f=4f_H$（在一前一后两焦点之间满足物像关系），故有

$$\frac{D_H}{f_H}=2\frac{D}{f} \tag{5.9.3}$$

由此可见，只要适当调节 L_1、L_2 的相对位置，就可以得到口径非常小的同轴全息透镜，而且不管其口径多小，同轴全息透镜的相对孔径总是所用物镜相对孔径的两倍 。

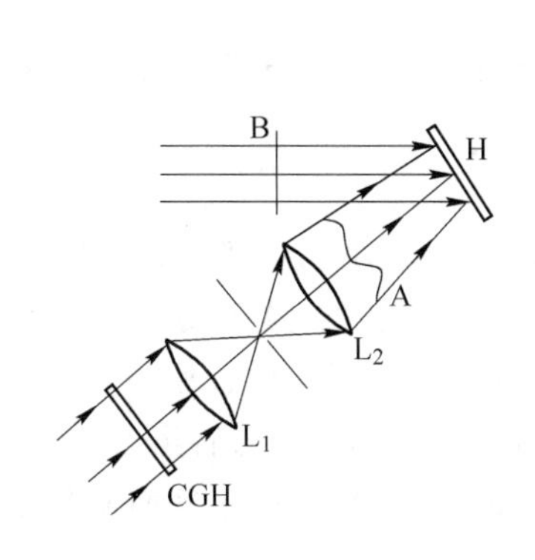

图 5.9.6　无像差全息透镜的记录光路

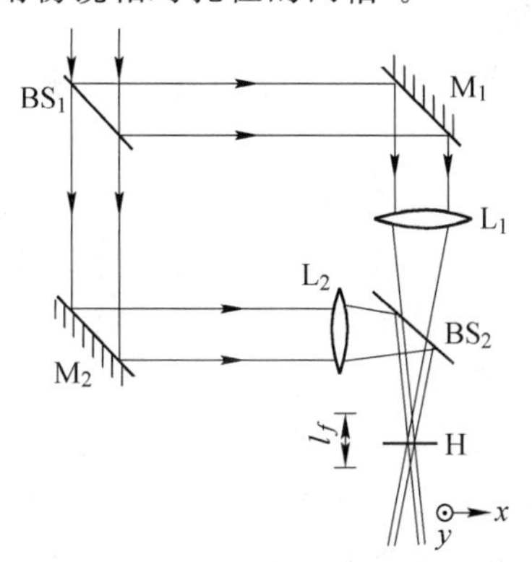

图 5.9.7　小孔径同轴全息透镜记录光路

5.9.3　全息信息存储

1. 全息存储器的特点

常用的存储器有磁芯、磁鼓、磁盘、磁带等磁性存储元件和光盘、缩微胶卷等光存储器。光盘存储与磁盘存储技术相比，最主要的优点是其存储容量大，一张只读光盘（CD-ROM）可存储的信息容量是相同尺寸软盘容量的 500～1 000 倍，其存储密度可达 2×10^6 bit/mm²。例如，日本索尼公司的 ϕ120 mm 蓝光盘 DVD，其最大容量达 27 Gbit，存储密度则为 2.39×10^6 bit/mm²。但光盘技术这种按位存储和读出的“串行”方式和常规磁盘存储相似，要求读写头相对于记录介质做机械运动，因而光盘的记录密度被限制在机械调节的精度以内，数据传输速率也受到低速机械运动的限制。当前光盘技术的前沿研究已使光盘存储的容量接近光学极限，数据速率已达到每秒几兆字节，这虽然满足当前多媒体技术的需要，但计算机技术正在向高速、并行性和智能化方向发展，对于并行的操作方式，特别是对于以模式识别见长的光计算技术来说，按位存取的磁盘和光盘显然不能满足需要，要寻求一种既能并行写/读，提高数据速率，又能增大存储容量的海量存储技术。激光全息存储则是一种最佳的选择。

全息存储器就是用全息照相方法进行图像、文字等资料的存储，需要时采用重现光束读出（采用原参考光寻址）。全息存储器具有下列独特优点：

（1）全息图本身具有成像作用，因此，即使不用透镜也能写入和读出信息。

(2) 与按位存储的磁盘及光盘不同,全息图以分布式的方式存储信息,每一信息位都存储在全息图的整个表面(平面全息)或整个体积中(体全息),因此,冗余度大,全息图片上的尘埃和划痕等局部缺陷对存储的影响小,也不会引起信息的丢失。

(3) 既能在二维平面上记录信息,又能在三维空间内进行立体存储,还能够使很多信息多重叠加。因此,全息存储器可以作为大容量高密度存储器。

(4) 有可能被用作有联想记忆功能的存储器,即全息联想存储器(Holographic Associative Memory)。

(5) 能与计算机联机实现图文原件的自动检索,数据读取速率高且可并行读取。全息图采用整页存储和整页读取的方式,一页中的所有信息位都被并行地记录和读出。此外,全息数据库可以用无惯性的光束偏转(例如声光偏转器)来寻址,不一定要采用磁盘和光盘存储中必需的机电式读写头,因而数据传输速率和存取速率可以很高。

(6) 用于记录全息图的材料不仅具有抗干扰能力强和保存时间久等优点,还能够大量生产,价格比较便宜。

光全息存储技术被认为是最有潜力、能与传统的磁性存储技术以及光盘存储技术相竞争的技术。

2. 高密度全息存储器

全息照相对信息的大容量、高密度存储是通过记录图像或文字信息的傅里叶变换全息图来实现的。其原理光路如图5.9.8所示。图文信息(透明片)置于变换透镜 L_3 的前焦面上,全息底片置于后焦面上,把欲存储的信息通过变换透镜 L_3 制作成直径约为1 mm的点全息图,排成阵列形式。具体记录时,要将全息底片H微微移离透镜 L_3 的后焦点,造成一定的离焦量(大约是焦距长的1%),其目的在于使光束在H上的光强分布均匀,从而避免底片工作于非线性区。重现时可采用细激光束照明。

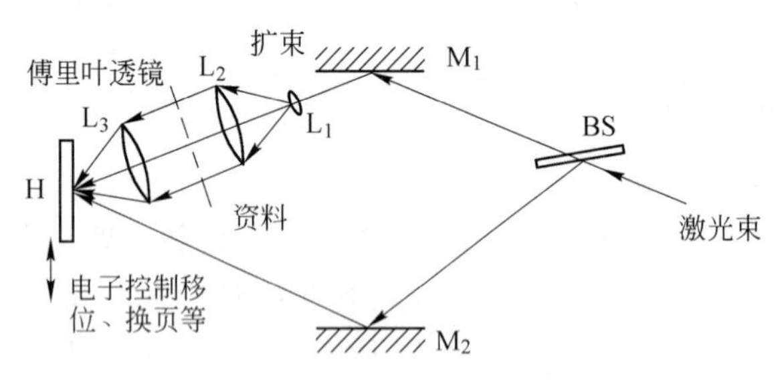

图5.9.8 高密度全息存储光路

全息图的存储密度由光学系统的最小分辨距离 δ_c 决定,而 δ_c 又由系统的截止频率 ρ_c 决定:$\delta_c=\dfrac{1}{\rho_c}$。对相干照明 $\rho_c=\dfrac{D}{2\lambda f}$,$D$ 为系统光瞳直径,故 $\delta_c=\dfrac{2\lambda f}{D}$。选择相对孔径大的透镜,会使 δ_c 更小,从而增大信息存储容量。

计算表明,光学全息存储的信息容量要比磁盘存储的信息容量高几个数量级,而体全息图的信息存储容量又比平面全息图的信息存储容量大得多。例如,用平面全息图存储信息时,与DVD盘片同样大小(ϕ120 mm)的全息光盘可存储高达1 Tbit的数据,是DVD光盘容量的近40倍,其存储密度达到 88.4×10^6 bit/mm^2,而体全息图的存储密度却可高达 10^{13} bit/cm^3。

在这种全息存储器中,既要考虑高的存储密度,又要使重现像可以分离开,互不干扰,因此常常采用以下两种记录方式:

（1）空间叠加多重记录

在全息图的同一面积或体积内，一边改变参考光相对于全息图的入射角，一边顺次将许多信息重叠曝光，进行多重记录。重现时只需采用细光束逐点照明此全息图，在其后适当距离处的屏幕上观察，通过改变重现光的入射角就能读取所需要的信息。

（2）空间分离多重记录

把待存储的图文信息单独地记录在一个一个微小面积元上（即点全息图），然后空间不相重叠地移动全息图片，于是又记录下了另一个点全息图。如此继续不断地移位，便实现了信息的多重记录。信息的读取是通过变化重现光入射点的位置来实现的。

全息存储技术在光计算领域，如光学神经网络、光互连，以及在模式识别和自动控制等领域中有广阔的应用前景。美国奥斯汀微电子学计算机技术公司（MCC）的 G. Willenbring 指出，正在出现的并行高性能计算机需要更高的输入/输出速度，这种速度可利用全息存储技术得到满足。已知磁盘的存取时间约为 10 ms 量级，而全息存储器的存取时间比磁盘快 3～4 个数量级。全息存储器有望存储几千亿字节数的数据（目前光盘是 6.4 亿字节数据），并以大于或等于 10^9 bit/s 的速度传送数据，可在 100 μs 或更短的时间内随机选择一个数据页面①。因此，在存储密度、存储容量和存取时间 3 个指标上，其他任何一种存储技术都不及体全息存储。1992 年，美国的 Northrop 公司在 1 cm^3 掺铁铌酸锂晶体中成功地存储了 1 000 页的数字数据，并无任何错误地复制到数字计算机的存储器。1994 年，美国加州理工学院在 1 cm^3 掺铁铌酸锂晶体中记录了 10 000 幅全息图；同年，斯坦福大学的一个研究小组把经压缩的数字化图像视频数据存储在一个全息存储器中，并重现了这些数据，而图像质量无显著下降。这些事实说明，体全息存储器已接近实用化阶段。1995 年，由美国政府高级研究项目局（ARPA）、IBM 公司的 Almaden 研究中心、斯坦福大学等联合成立了协作组织并在美国国家存储工业联合会（NSIC）主持下，投资约 7 000 万美元，实施光折变信息存储材料（PRISM）和全息数据存储系统（HDSS）项目，预期在 5 年内开发出容量为 1 万亿位数据、存储速率为 1 000 Mbit/s的一次写入或可重复写入的全息数据存储系统。现在这个目标已经实现。因此，全息存储技术被《福布斯》杂志评为 2005 年世界十大最酷科技之一。

3. 全息加密存储

全息加密存储包括编码（Encoding）和解码（Decoding）两个过程，其原理光路如图 5.9.9 所示。作全息存储记录时，用位相介质 D 制作一个编码板，将其放在物体和全息底片之间，物波通过编码板后发生波面变形，参考光波不通过编码板。这样，全息图片上记录了变形后的物光波面。重现时用共轭参考光 R^* 照明全息图。这时由式(5.1.8)中第 3 项知，重现出的光波是与原变形物光共轭的光波，因而形成一个模糊的物体实像。若光路中仍旧加入编码板 D，则

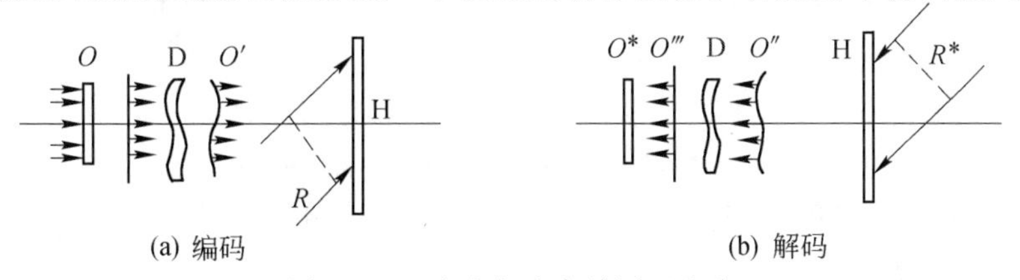

(a) 编码　　(b) 解码

图 5.9.9　全息加密存储原理光路

① 例如，据 Wolfstaetter 公司介绍，美国斯坦福大学科学家已开发出一种全自动数字全息数据存储系统，其数据存储容量为 163 000 bit，在 1 cm^3 媒体上存储容量高达 1 000 千兆字节(1 000 Gbit)的全息照相系统。

变形的共轭物光波通过编码板后,复原为原来的物光波,形成与原始物体相同的实像。这一过程称为解码。

上述过程可以用分析式表述如下:

设 $\tau=e^{i\phi_D}$ 是描述位相物体 D 的透过率函数,则在记录时经位相板 D 后射到全息干板上的物光波 O' 可表示为

$$O'=Oe^{i\phi_D} \tag{5.9.4}$$

而当用共轭参考光 R^* 重现此全息图时,式(5.1.8)中的第3项变为

$$E'_3=\beta|R|^2(O')^*=\beta|R|^2O^*e^{-i\phi_D} \tag{5.9.5}$$

此时观察到的是经过位相板 D 调制后的实像波面,位相板已使原物实像波面发生了畸变,这实际上就是对全息图像进行了编码。

当使畸变波 E'_3 再次通过位相板 D 时,E'_3 将变成

$$E''_3=E'_3e^{i\phi_D}=(\beta|R|^2O^*e^{-i\phi_D})e^{i\phi_D}=\beta|R|^2O^* \tag{5.9.6}$$

图 5.9.10 余弦剖面位相编码器

所得到的波面就是原物光波准确的实像。这样就实现了全息图的解码。

因此在这里,位相物体 D 既是编码器,又是解码器。当然,解码时必须将编码器精确复位才能获得良好的效果。

由上述讨论可知,适当选择编码器的形状可使物光波严重畸变,面目全非,从而实现加密的目的。图 5.9.10 是一种用有机玻璃制作的带余弦剖面的位相编码器。图 5.9.11 是采用此编码器获得的编码、解码效果。编、解码效果都比较令人满意。

(a) 原物体

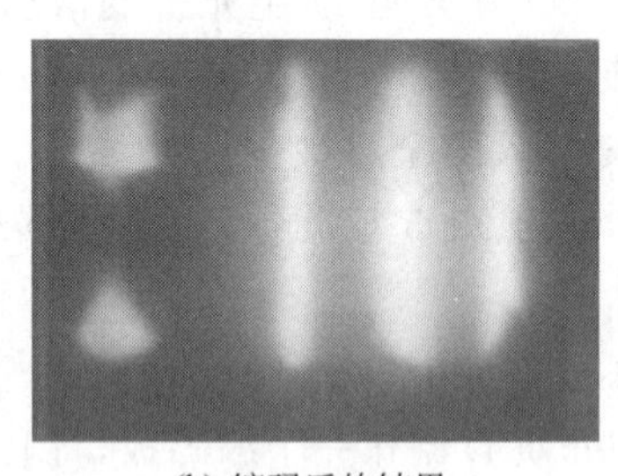

(b) 编码后的结果

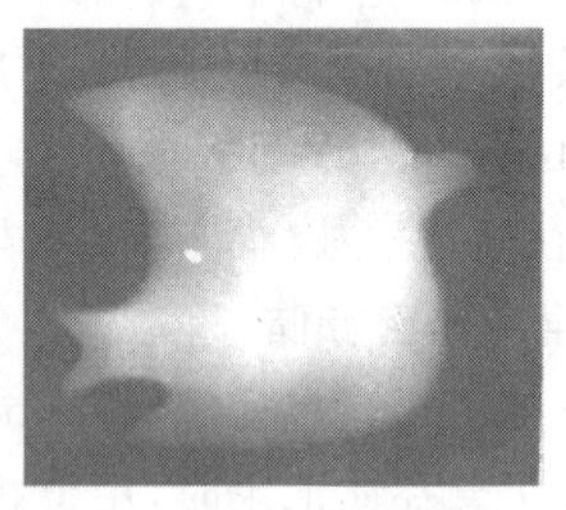

(c) 解码后的结果

图 5.9.11 采用余弦剖面位相编码器得到的结果

图像加密的方法很多。例如,可以采用周期性位相掩模,也可采用非周期性位相掩模(例如1.8节中所提到的编码脉冲信号),还可以使编码位相板紧贴全息干板,使被记录的物光和参考光同时受到位相调制。甚至也可以保持原有图案而将另一图案(密码或标记)记录于其上,达到加密的目的。通常是采用傅里叶变换方法,把一幅用作密码标记的图案的傅里叶频谱巧妙地记录在待加密图案的适当位置。这在防伪领域是十分有用的。

4. 全息相关存储器

图像与字符识别是全息存储器在光学信息处理中应用得最广泛的一个领域。图像与字符识别的目的是要确定待识别的图像或字符特征是否在输入图像中存在。这种存储器可用于检验信用卡、支票、证件的真伪,以及鉴别罪犯的指纹等。将待识别的图像或字符用全息照相方

法记录在全息图中，构成特征识别存储器(又称为空间匹配滤波器)，然后用它与输入图像进行相关识别。与其他光全息存储器不同，使用这种存储器时，不是重现某种图像，而是读出相关信号。相关信号可以是一个亮的光点，也可以是一个光电脉冲。例如，要在许多指纹图案中识别是否有罪犯的指纹，可将罪犯留下的指纹制成特征识别全息存储器，然后将它放入特征识别相关运算系统中与输入的众多指纹进行相关识别。若在相关平面上出现了光强峰值，便得到了罪犯的作案证据。

关于这种相关存储器的详细讨论，以及全息照相在光学信息处理中的应用，请参考第 7 章。

本章重点

1. 菲涅耳点源全息图原理。
2. 全息记录介质的特性。
3. 几类典型的全息图(原理、记录光路)。
4. 光栅方程。
5. 全息照相的应用。

思考题

5.1　与普通照相比较，全息照相具有哪些特点？将全息图片挡去一部分后，为什么重现像仍然是完整的？全息图碎片和整体的重现像有何不同？

5.2　为什么在同一张全息底片上可重叠记录多个全息图？如何使它们的重现像互不干扰？

5.3　为什么全息照相对光源的相干性有很高的要求？在布置全息照相记录光路时，为什么要求物光与参考光的光程大致相等？又为什么要求在全息照相过程中保持全息台面的稳定？

5.4　为什么像面全息图可以用白光扩展光源重现？像面全息图与物体的普通照片有何区别？

5.5　在彩虹全息图的记录光路中，狭缝的作用是什么？其宽度对记录和重现有何影响？

5.6　根据布拉格条件式(5.7.11)，试解释为什么当体全息图乳胶收缩时，重现像波长会发生“蓝移”现象？而当乳胶膨胀时又会发生“红移”现象？

5.7　当用两平行激光束来记录全息光栅干涉条纹时，只要是曝光正确、显影得当，所得到的光栅就为正弦型，即其振幅透过率按余弦分布。为什么？

5.8　全息照相中重现的一对孪生波均为发散波(两个虚像)或均为会聚波(两个实像)是可能的吗？试设计出现此种情况的照明条件。

5.9　采用光刻胶干板能否记录反射体积全息图？为什么？

习　题

5.1　制作一张全息图，记录时用 Ar^+ 激光器产生的波长为 488.0 nm 的光，而重现时则用 He-Ne 激光器产生的波长为 632.8 nm 的光。

(1) 设 $z_R=\infty, z_P=\infty, z_O=10$ cm，问像距 z_I 是多少？

(2) 设 $z_R=2z_0, z_P=\infty, z_O=10$ cm，问像距 z_I 是多少？放大率 M 是多少？

5.2　设全息干板的分辨率为1 500线/毫米，并采用波长$\lambda=441.6$ nm的激光记录透射全息图，问此时参考光束与物光束间的极限夹角应控制在多少度的范围内？

5.3　两束夹角为45°的平面光波在记录平面上产生干涉，已知光波长为632.8 nm，求在对称情况下（两平面波的入射角相等）该平面上记录的全息光栅的空间频率。

5.4　如图X5.1(a)所示，将点源置于透镜前焦点，参考光R采用平行光，由此拍摄的全息图可以记录透镜的像差。试证明：当用共轭参考光R^*照明时〔见图X5.1(b)〕，可以补偿透镜像差，而在原点源处产生一个理想的衍射斑。

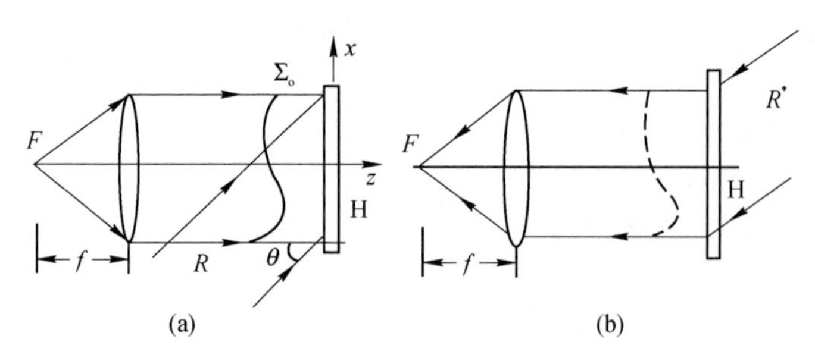

图X5.1　习题5.4图示

5.5　用图X5.2所示的光路记录和重现傅里叶变换全息图。透镜L_1和L_2的焦距分别是f_1和f_2，参考光角度为θ，求重现像的位置和全息成像的放大倍数。

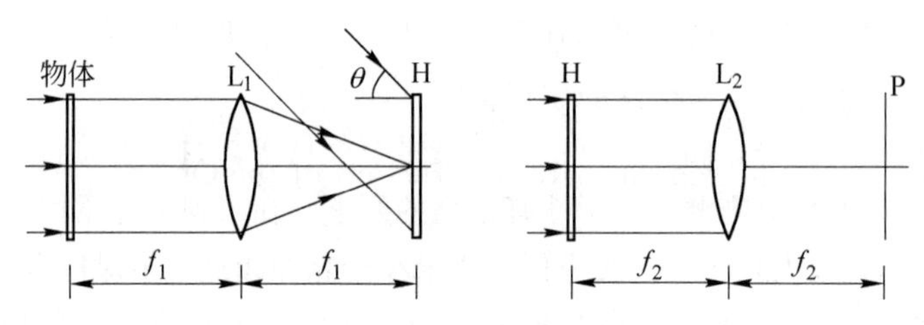

图X5.2　习题5.5图示

5.6　曾有人提出用波长为0.1 nm的辐射来记录一张X射线全息图，然后用波长为600.0 nm的可见光来重现，选择如图X5.3(a)所示的无透镜傅里叶变换记录光路。物体的宽度为0.1 mm，物体与参考点源之间的最小距离选为0.1 mm，以确保孪生像和“同轴”干涉分离开。物体与底片间的距离$z=2$ cm，则

(1) 投射到底片上的强度图案中的最大空间频率是多少？

(2) 设底片分辨率足以记录所有的入射强度变化，有人提议用图X5.3(b)所示的通常方法来重现成像，这个实验是否会成功？为什么？

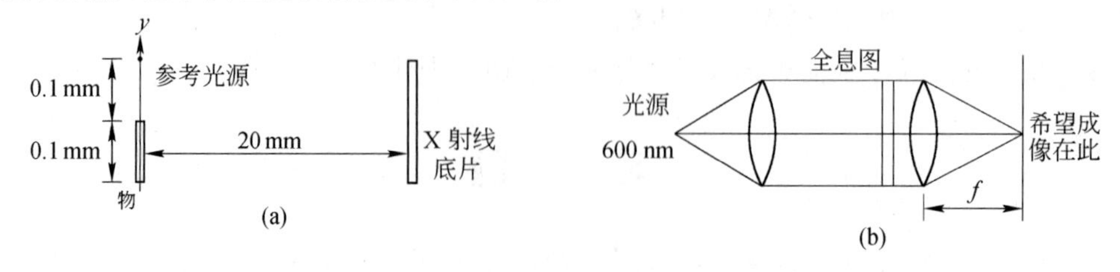

图X5.3　习题5.6图示

本章参考文献

[1] GABOR D A. New Microscope Principle[J]. Nature,1948,161:777-778.

[2] LEITH E N, UPATNIEKS J. Reconstructed Wavefronts and Communication Theory [J]. Journal of the Optical Society of America,1962,52:1123-1130.

[3] MARKETS H. Expected to Surge[J]. Laser Focus/Electro-optics Technique,1986,5(1):80.

[4] 刘艺,王仕璠. 全息图再现像研究[J]. 光电工程,1996,23(6):60-65.

[5] 刘艺,王仕璠. 全息图的旋转成像[J]. 激光杂志,1997,18(5):38,40,48.

[6] 于美文. 光全息学及其应用[M]. 北京:北京理工大学出版社,1996.

[7] 王仕璠,刘艺,余学才. 现代光学实验教程[M]. 北京:北京邮电大学出版社,2004:30.

[8] 于美文,张存林,杨永源. 全息记录材料及其应用[M]. 北京:高等教育出版社,1997.

[9] MOK F H. Angle-multiplexed Storage of 5000 Holograms in Lithium Niobate[J]. Optics Letters,1993(18):915-917.

[10] BENTON S A. Hologram Reconstructions with Extended Light Sources[J]. Journal of the Optical Society of America,1969(59):1545.

[11] CHEN H,YU F T S. One-Step Rainbow Hologram[J]. Optics Letters,1978,(2):85.

[12] 科利尔. 光全息学[M]. 盛尔镇,孙明经,译,北京:机械工业出版社,1983:249.

[13] KLEIN W R. Theoretical Efficiency of Bragg Devices[J]. Proceeding of the Institute of Electrical and Electronics Engineers,1996,54(5),803.

[14] DENISYUK Y N. Photographic Reconstruction of the Optical Properties of an Object in its Own Scattered Radiation Field[J]. Soviet Physics,1962(7):543.

[15] 刘艺,王仕璠. 一种简单高效的高亮度二步彩虹主全息图制作方法[J]. 中国激光,1996,23(4):359-362.

[16] 刘艺,王仕璠. 大视角的二维/三维彩虹全息标识记录[J]. 中国激光,1998,25(6):546-550.

[17] 刘艺,王仕璠. 物像互遮掩的彩虹全息记录[J]. 中国激光,1998,25(4):343-346.

[18] 王仕璠,刘艺. 散射狭缝光场大范围均匀性研究[J]. 中国激光,1998,25(9):822-824.

[19] 刘艺,王仕璠. 叠合高斯光场研究[J]. 光学学报,1999,19(7):915-919.

[20] 刘艺,王仕璠. 单波长激光实现三维真彩色彩虹全息图的记录[J]. 电子科技大学学报,1998,27(6):635-637.

[21] GONG Y H,WANG S F,LI L X. Coded Hologram for Anticounterfeiting[J]. Opto-Electronic Engineering,1992,19(5):38-42.

[22] 韩振海,刘艺,王仕璠. 周期性相位掩模用于图像加密的研究[J]. 激光杂志,2003,24(5):31,32.

[23] 韩振海,刘秋武,刘艺,等. 基于联合变换的旋转不变光学图像加密[J]. 电子科技大学学报,2004,33(1):43-45.

[24] 刘艺,王仕璠. 位相板紧贴全息图的加密记录[J]. 激光杂志,2000,21(2):34-35.

[25] 王仕璠,徐传锋. 彩虹全息图防伪标识的两种加密设计[J]. 激光杂志,1993,14(4):176-178.

第6章 空间滤波

从本章开始直到第8章，将介绍空间滤波与光学信息处理的相关内容。

所谓空间滤波(Spatial Filtering)，是指在光学系统的傅里叶频谱面上放置适当的滤波器，以改变光波的频谱结构，使其像按照人们的要求得到预期的改善。在此基础上，发展了光学信息处理技术(Optical Information Processing Technique)。后者是一个更为宽广的领域，它主要是指用光学方法对输入信息实施某种运算或变换，以达到对感兴趣的信息进行提取(Extraction)、编码(Encoding)、存储(Storage)、增强(Enhance)、识别(Recognition)和恢复(Restoration)等目的。这种处理方法具有二维、并行和实时处理的优越性，从而激起了人们对光学信息处理的浓厚兴趣。

1873年由德国学者阿贝(E. Abbe，1840—1905年)提出的二次成像理论(Secondary Imaging Theory)及其相应的实验，是空间滤波与光学信息处理的先导。1935年，荷兰物理学家泽尼克(F. Zernike，1888—1966年)发明相衬显微术(Phase-Contrast Microscopy)，将物光的位相分布转化为强度分布，成功地直接观察到微小的位相物体——细菌，并用光学方法实现了图像处理，解决了在传统的显微观察中由于采用染色技术而导致细菌死亡的问题。泽尼克为光学信息处理的发展做出了突出的贡献，荣获了1953年度的诺贝尔物理学奖。1946年，法国科学家杜费(P. M. Duffieux，1891—1979年)把光学成像系统看成线性滤波器，采用傅里叶方法成功地分析了成像过程，发表了他的名著《傅里叶变换及其在光学中的应用》。稍后，艾里斯等人的经典论文“光学与通信理论”“光学过程的傅里叶处理方法”以及奥尼尔的论文“光学中的空间滤波”相继发表，为光学信息处理提供了有力的数学工具，并为光学与通信科学的结合奠定了基础。1963年，范德·拉格特(A. Vander Lugt)提出了复数空间滤波的概念，并用全息照相方法制作出复数空间滤波器，但制作难度大；1965年罗曼(A. W. Lohmann)和布莱恩(B. R. Brown)使用计算机及其控制的绘图仪制作出复数空间滤波器，克服了制作复数空间滤波器的重大障碍，使光学信息处理进入了一个广泛应用的新阶段。此后，随着激光器、光电技术和全息照相术的迅速发展，促使其理论系统和实用技术日臻成熟，成为一门十分活跃的新兴学科，并渗透各种应用领域。

到20世纪末期，随着高新技术的迅速发展，人类进入信息时代，要求对超大容量信息进行快速处理。光以其传递速度快、抗干扰能力强、可大量并行处理等特点，显示独特的优越性。光计算及其相关技术应运而生，又为光信息技术的发展开辟了新的方向。

6.1　空间滤波的基本原理

6.1.1　阿贝成像理论

1873 年阿贝首次提出了与几何光学的传统成像理论完全不同的观点，他认为在相干光照明下，透镜的成像过程可分为两步：第一步，物光波经透镜后，在其后焦面上产生夫琅和费衍射，形成频谱，该频谱称为第一次衍射像（这一步衍射起“分频”作用）；第二步，这些频谱成为新的次波源，由它们发出的次波在像平面上干涉而形成物的像，该像称为第二次衍射像（这一步干涉起“合成”作用）。上述成像过程因而也称为阿贝二次衍射成像（Abbe Secondary Diffraction Imaging）。

图 6.1.1 是上述成像过程的示意图。其中 x_0Oy_0 面代表物平面，用准直的相干光照明；x_fOy_f 面代表物的频谱面；x_iOy_i 面代表像面。由频谱面到像面，实际完成了一次夫琅和费衍射，等于又经过了一次傅里叶变换。当像面取反射坐标时，后一次变换可视为傅里叶逆变换。经过上述两次变换，像面上形成的是物体的像。

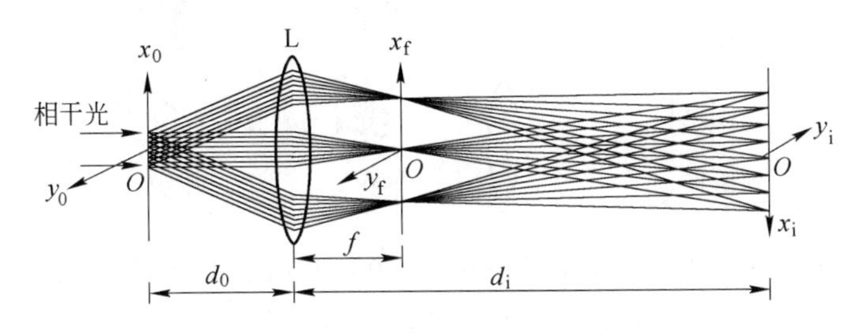

图 6.1.1　阿贝二次成像理论示意图

阿贝二次衍射成像理论的真正价值在于它提供了一种新的频谱语言来描述信息，启发人们用改变频谱的手段来改造信息。为了验证阿贝的二次成像理论，阿贝与波特分别于 1873 年和 1906 年成功地做了实验，这就是著名的阿贝-波特实验。其实验装置如图 6.1.2(a)所示。用相干平面波垂直照明一正交的细丝网格，则在透镜 L 的后焦面上呈现出网格的频谱，这些频谱分量再综合，在像平面上便得到网格的像。当将适当的滤波器（如狭缝、小圆孔、细丝和小圆屏等）放在频谱平面上时，就能以各种方式改变物的频谱成分，并得到所期望的像。图 6.1.2(b)表明，当在频谱面上放置一水平狭缝滤波器时，在像平面上只呈现出网格的垂直结构，说明频谱面上的横向分布是物的纵向结构的信息。图 6.1.2(c)表明，在频谱面上放置一竖直狭缝滤波器时，在像平面上只呈现出网格的水平结构，说明频谱面上的纵向分布是物的横向结构的信息。若在频谱面上放置一可变光阑，使其孔径由小逐渐变大，就可观察到各频谱分量一步步地综合出网格像的过程。图 6.1.2(d)表明，当在频谱面中心处放置一小圆孔滤波器，仅让物的零频分量通过时，在像平面上将得到一均匀光场，说明零频分量是一个直流分量，它只代表像的本底。图 6.1.2(e)表明，如果仅采用一个小圆屏挡住零频分量，就可观察到网格像的对比度反转。图 6.1.2(f)表明，采用选择型滤波器，有望完全改变像的性质。

上述实验直观明确地演示了阿贝成像原理和空间滤波的作用，并为光学信息处理打下了基础。

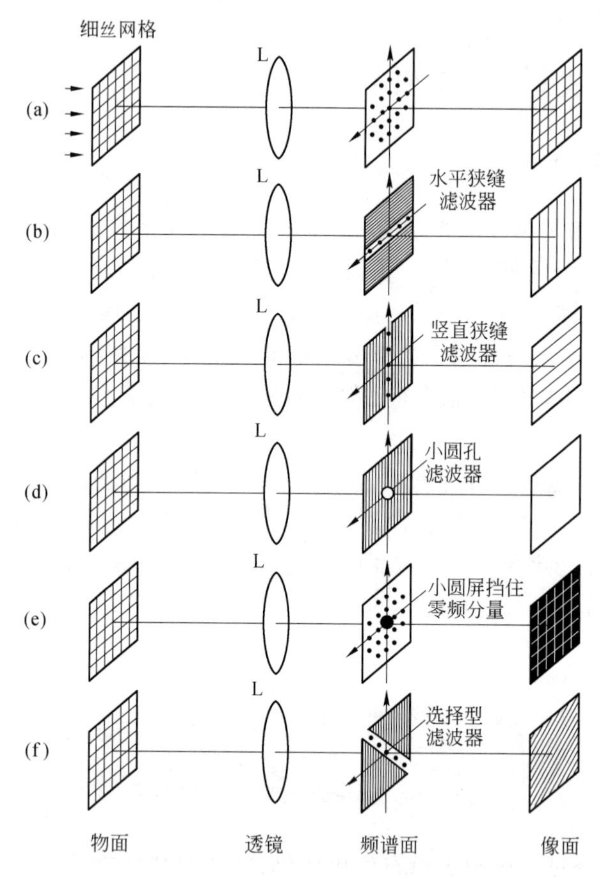

图 6.1.2 阿贝-波特实验原理图示

6.1.2 空间频谱分析系统

为了加深对空间滤波的理解,在介绍空间频率滤波系统之前,有必要先讨论一下空间频谱分析系统。前面已指出,物光场中包含有结构信息,这种结构信息由其空间频谱的分布来决定,故通过对物图像的频谱分析,可知道其结构特征。最简单的空间频谱分析系统如图 6.1.3 所示。物体置于透镜 L 的前焦面上,当用相干平行光垂直照明时,在透镜的后焦面上能得到其准确的傅里叶频谱。此外,在 2.6 节曾指出,当用点光源照明物图像时,在点源的像平面上也将获得物图像的频谱,其频谱中心(零频位置)即在点源的像点处。但为了分析方便,仍以图 6.1.3 光路为代表进行讨论。图中 P_1 平面代表物平面,令其光场分布为 $f(x_1,y_1)$,P_2 平面代表物图像 $f(x_1,y_1)$ 的频谱面,其频谱和功率谱分别为

$$\begin{cases} F(f_x,f_y)=\mathscr{F}\{f(x_1,y_1)\} \\ I(f_x,f_y)=|F(f_x,f_y)|^2 \end{cases} \tag{6.1.1}$$

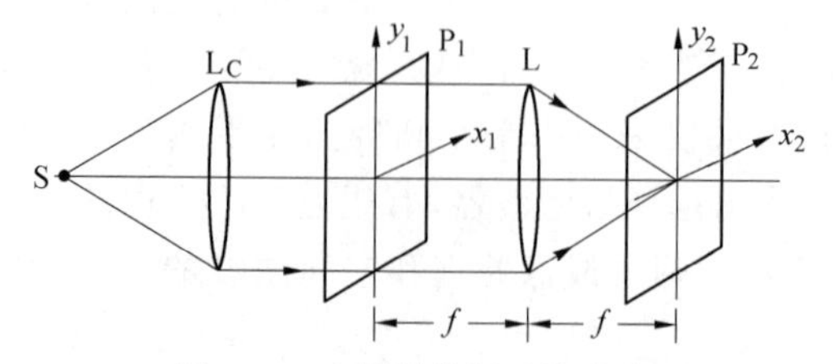

图 6.1.3 频谱分析系统光路图

式中，f_x，f_y 代表物结构信息的空间频率值，它与 P_2 平面上的空间坐标具有下列关系：

$$f_x=\frac{x_2}{\lambda f},\quad f_y=\frac{y_2}{\lambda f} \tag{6.1.2}$$

在 P_2 平面上的功率谱分布具有下列特征：

(1) 频率特性：由式(6.1.2)知，中心的空间频率为零，由中心点向外其空间频率值越来越高，P_2 面上任一点的空间频率值与该点到中心点的距离成正比，其方向由中心点通过该点的矢径给出。若沿给定方向上出现高的空间频率值，则表明在物图像中，相应于此方向上存在某个较小尺寸的结构；若沿给定方向上出现低的空间频率值，则表明在物图像中，相应于此方向上存在一个较大尺寸的结构。

(2) 方向特性：若物图像中存在线状构造〔如图 6.1.4(a)所示〕，则其功率谱是沿着与此线状构造正交的直线方向 ρ 分布〔如图 6.1.4(b)所示〕的，且物图像中的线状构造越密集，在 P_2 面上沿 ρ 方向的空间频谱分布就延伸越远；反之亦然。

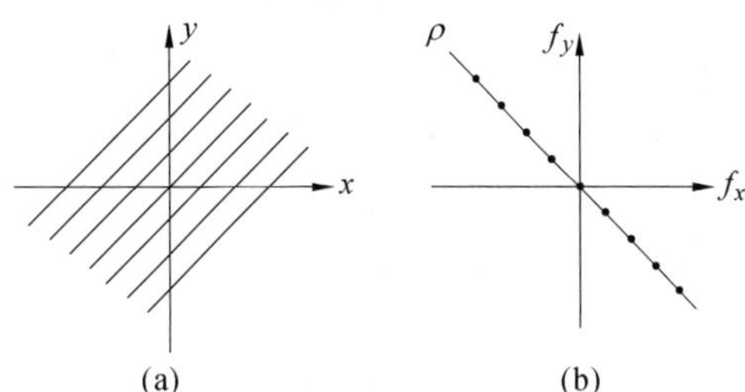

图 6.1.4　线性构造(a)和频谱的方向特征(b)

(3) 对称特性：由于光学图像通常是用实函数表示的，其频谱函数具有厄米特特性，即 $F(f_x,f_y)=F^*(-f_x,-f_y)$，故有

$$|F(f_x,f_y)|^2=|F(-f_x,-f_y)|^2 \tag{6.1.3}$$

即在频谱面 P_2 上的功率谱呈中心对称分布，亦即同一频率值必然在 P_2 平面上相对于中心对称地分布着性质相同的两个亮点。这样，只需要在通过中心的半个平面上探测功率谱的分布规律，就可以知道物图像中结构特征的全貌。

【例 1】 若物图像的透过率函数中没有位相变化，试证明其功率谱函数图样中必有一个对称中心。

【解】 设物图像的透过率函数为 $f(x_1,y_1)$，因其没有位相变化，故必为实函数，遂有

$$F(f_x,f_y)=F^*(-f_x,-f_y)\quad \text{(共轭变换定理)}$$

故得

$$\begin{aligned}I(f_x,f_y)&=F(f_x,f_y)F^*(f_x,f_y)\\&=F^*(-f_x,-f_y)F(-f_x,-f_y)\\&=I(-f_x,-f_y)\end{aligned}$$

可见，在这种情况下，无论物图像的形状如何，上式均成立，得证。

根据上面介绍的原理，人们研制了一种频谱分析器，又称为衍射图像采样器。它是通过分析物图像的空间频谱成分来对物图像进行检测、控制的一种工具，由频谱分析器和微型计算机组成。频谱分析器置于图 6.1.3 所示系统的频谱面上，接收功率谱的光强分布。实际上它是一种固体光电探测器件，其结构是由半圆中 32 个直径不同的环状 PN 结硅光二极管元件和另一半圆中呈辐射状分布的 32 个楔形 PN 结硅光二极管元件组成，故又称为楔-环探测器(Wedge-Ring Detector)，如图 6.1.5 所示。据此可测出整个频谱面上各处的光强分布并输入到计算机中，其中的高速型分析器在每个元件后分别放大，每秒可以取 50 个信号，故可做运动物体的分析。

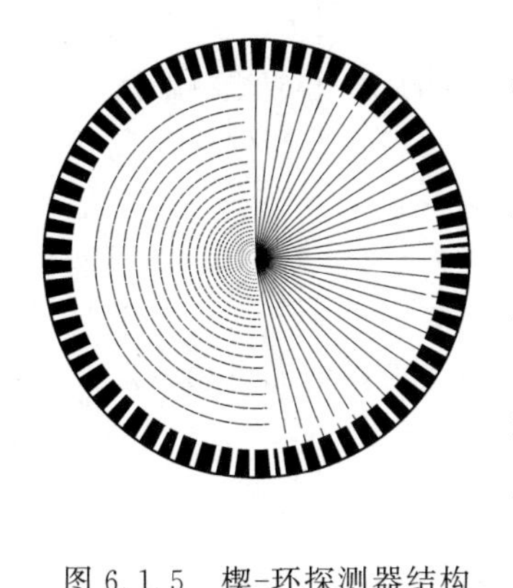
图 6.1.5　楔-环探测器结构

自从出现楔-环探测器后,频谱分析技术获得了很大发展。最初用于云层覆盖图片和X光片分析,后来发展到表面光洁度的检测和粒子、细胞的识别。特别是用来对悬浮微粒、粉尘等细小物体做尺寸分析。由于粒子尺寸越小时,其频谱扩展得越宽,衍射图样的几何尺寸越大,测量频谱就容易多了;再加上傅里叶变换具有平移不变特性(功率谱与输入信号的位移无关),故粒子在测量过程中移动时,不会影响衍射图样的位置和强度分布,这为探测提供了很大方便。这表明频谱分析已从纯透明平面物体发展到三维物体的检测,并已开始应用于工业中,例如,针尖缺陷检查、掩模线宽测量、织物疵病以及纸张印刷质量的检查等。

6.1.3 空间频率滤波系统

空间频率滤波系统是相干光学信息处理中一种最简单的处理方式,它利用了透镜的傅里叶变换特性,把透镜作为一个频谱分析仪,并在其频谱面上通过插入适当的滤波器,借以改变物的频谱,从而使物图像得到改善。

空间频率滤波系统有多种光路结构,下面介绍最常用的几种类型。

1. 4*f* 系统

4*f* 系统是最典型的一种相干光学信息处理系统,其光路结构如图6.1.6所示。由相干点源S发出的单色球面波经透镜 L_C 准直为平面波,垂直入射到输入平面(物面) P_1 上。P_2 为频谱平面(即滤波面),P_3 为输出平面(即像面)。L_1、L_2 为一对傅里叶透镜,用来在由 P_1 面至 P_3 面之间进行两次傅里叶变换。P_1、L_1、P_2、L_2、P_3 之间的距离依次均取为透镜的焦距 f,故此光路系统常简称为 4*f* 系统。

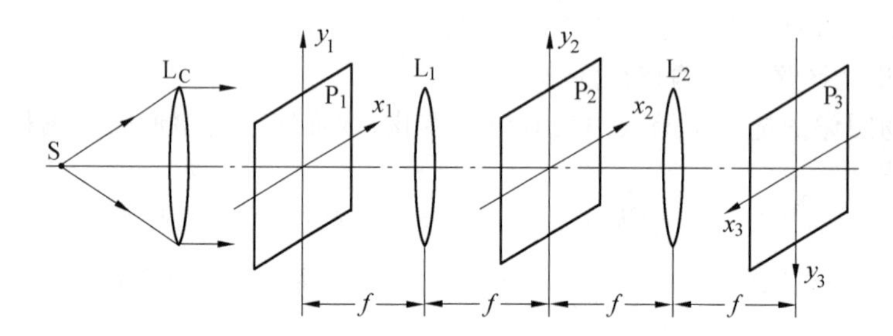

图6.1.6 常用的相干光学处理系统(4*f* 系统)

设输入物的复振幅透过率为 $g(x_1,y_1)$,则它在频谱面上的频谱函数为

$$G(f_x,f_y)=\mathscr{F}\{g(x_1,y_1)\}$$

如果在频谱面上插入一个滤波器,其复振幅透过率(或称滤波函数)为

$$H(f_x,f_y)=H\left(\frac{x_2}{\lambda f},\frac{y_2}{\lambda f}\right)=\mathscr{F}\{h(x_1,y_1)\} \tag{6.1.4}$$

式中,$h(x_1,y_1)$ 称为滤波器的脉冲响应函数,则透过滤波器的光场复振幅分布为 $G(f_x,f_y)H(f_x,f_y)$,再经过透镜 L_2 作第二次傅里叶变换,在输出平面 P_3 上产生光场复振幅分布 $g(x_3,y_3)$。在反射坐标中可表示为

$$\begin{aligned}g(x_3,y_3)&=\mathscr{F}^{-1}\{G(f_x,f_y)H(f_x,f_y)\}\\&=g(x_3,y_3)*h(x_3,y_3)\end{aligned} \tag{6.1.5}$$

于是在此情况下,4*f* 系统执行的是函数 g 与函数 h 的卷积运算。其输出光强度分布可表示为

$$I(x_3,y_3)=|g(x_3,y_3)*h(x_3,y_3)|^2 \tag{6.1.6}$$

如果在频谱面上插入滤波器,其复振幅透过率为

$$H^*(f_x,f_y)=H^*\left(\frac{x_2}{\lambda f},\frac{y_2}{\lambda f}\right)=\mathscr{F}\{h^*(-x_1,-y_1)\} \tag{6.1.7}$$

则在输出平面上得到的复振幅分布为

$$g(x_3,y_3)=\mathscr{F}^{-1}\{G(f_x,f_y)H^*(f_x,f_y)\}$$
$$=g(x_3,y_3)\otimes h(x_3,y_3) \tag{6.1.8}$$

这时，$4f$ 系统执行的是函数 g 与函数 h 的相关运算。其输出光强度分布为

$$I(x_3,y_3)=|g(x_3,y_3)\otimes h(x_3,y_3)|^2 \tag{6.1.9}$$

由上述讨论知：从频域来看，改变滤波器的透过率函数（滤波函数），该系统就能改变物图像的空间频谱结构，这就是空间滤波或频域综合的含义；从空域来看，系统实现了输入信息与滤波器脉冲响应的卷积或相关，完成了所期望的一种变换。

2. 其他典型的滤波系统

如图6.1.7所示为另外3种典型的滤波系统。其中图6.1.7(a)是一种双透镜系统，L_1 是准直透镜，L_2 同时起傅里叶变换和成像作用，频谱面在 L_2 的后焦面上，输出平面 P_3 位于 P_1 面的共轭像面处。图6.1.7(b)是另一种双透镜系统，L_1 既是照明透镜又是傅里叶变换透镜，照明光源S与频谱面是物像共轭面，L_2 则起第二次傅里叶变换和成像作用。图6.1.7(c)是单透镜系统，L具有傅里叶变换和成像双重功能，照明光源S与频谱面共轭，物面与像面形成另一对共轭面。

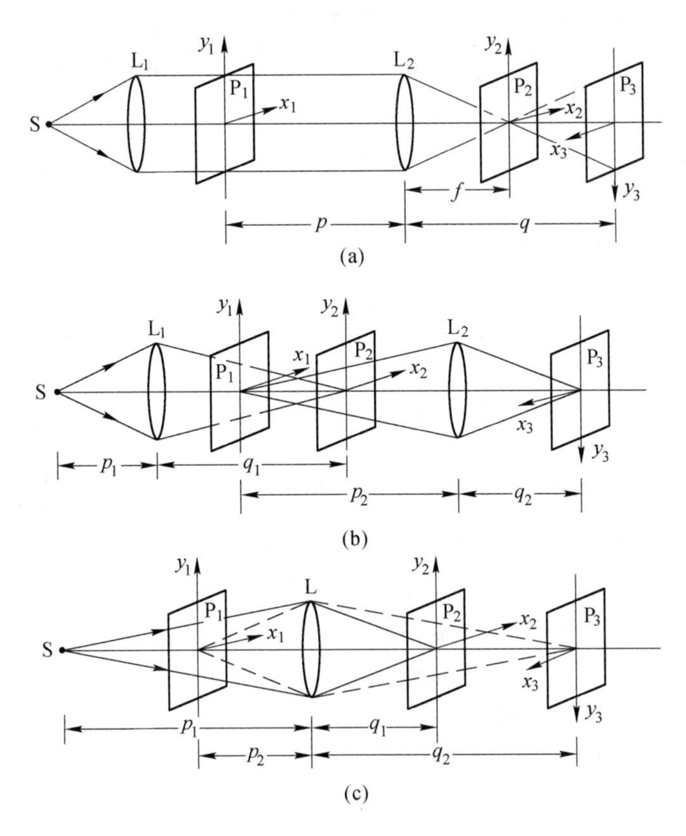

图6.1.7　其他3种典型的滤波系统

在图6.1.7(b)、(c)两种滤波系统中，前后移动物面 P_1 的位置，可以改变输入频谱的比例大小，这种灵活性给滤波操作带来了方便。这3种滤波系统结构简单，但是这3种系统在 P_2 面上给出的物频谱都不是物函数准确的傅里叶变换，而附带有球面位相因子，这在某些运用中将对滤波操作带来影响。此外，由透镜孔径（如 L_2）所产生的渐晕效应较大，也是需要注意的。对于 $4f$ 系统，由于变换透镜的前后焦面上存在准确的傅里叶变换关系，分析起来十分方便，

故在一般的光学信息处理系统中(如匹配滤波、图像消模糊等)都采用 $4f$ 系统,只有在光学成像系统中才用到图 6.1.7 的光路。

6.1.4 空间滤波的傅里叶分析

为了进一步理解改变系统透射频谱对像结构的影响,下面以一维光栅为例,采用傅里叶分析方法来分析空间滤波过程。

根据 1.3 节和 2.5 节中的讨论,一维光栅的透过率函数可表示为

$$f(x_1)=\left[\mathrm{rect}\left(\frac{x_1}{a}\right)*\frac{1}{d}\mathrm{comb}\left(\frac{x_1}{d}\right)\right]\mathrm{rect}\left(\frac{x_1}{b}\right)$$
$$=\left[\sum_{m=-\infty}^{\infty}\mathrm{rect}\left(\frac{x_1-md}{a}\right)\right]\mathrm{rect}\left(\frac{x_1}{b}\right) \tag{6.1.10}$$

其函数图像如图 6.1.8(a)所示。其中 a 为缝宽,d 为光栅常数,b 为沿缝宽方向光栅的总宽度。将此光栅置于图 6.1.6 所示的 $4f$ 系统的输入平面 P_1 上,则在频谱平面 P_2 上将得到其频谱函数如下:

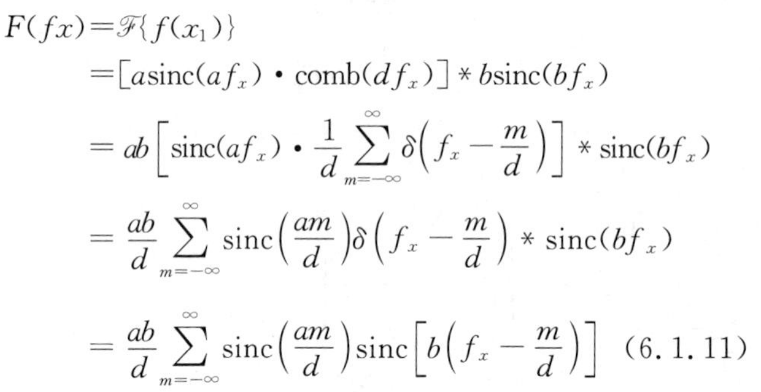

$$F(fx)=\mathscr{F}\{f(x_1)\}$$
$$=[a\mathrm{sinc}(af_x)\cdot\mathrm{comb}(df_x)]*b\mathrm{sinc}(bf_x)$$
$$=ab\left[\mathrm{sinc}(af_x)\cdot\frac{1}{d}\sum_{m=-\infty}^{\infty}\delta\left(f_x-\frac{m}{d}\right)\right]*\mathrm{sinc}(bf_x)$$
$$=\frac{ab}{d}\sum_{m=-\infty}^{\infty}\mathrm{sinc}\left(\frac{am}{d}\right)\delta\left(f_x-\frac{m}{d}\right)*\mathrm{sinc}(bf_x)$$
$$=\frac{ab}{d}\sum_{m=-\infty}^{\infty}\mathrm{sinc}\left(\frac{am}{d}\right)\mathrm{sinc}\left[b\left(f_x-\frac{m}{d}\right)\right] \tag{6.1.11}$$

式中,$f_x=\dfrac{x_2}{\lambda f}$,$x_2$ 是频谱面 P_2 上的位置坐标。其频谱函数曲线如图 6.1.8(b)所示。为了避免各级频谱重叠,以便实现准确滤波,假定 $b\gg d$。下面讨论在频谱面 P_2 上放置不同的滤波器时,在 $4f$ 系统的输出面 P_3 上像场的变化情况。

1. 狭缝滤波器只让零级谱通过

狭缝滤波器的透过率函数如图 6.1.8(c)所示,它只让式(6.1.11)中 $m=0$ 的项通过,因而滤波后的频谱函数为

$$F(f_x)H(f_x)=\frac{ab}{d}\mathrm{sinc}(bf_x) \tag{6.1.12}$$

其函数图像如图 6.1.8(d)所示。于是,在输出平面上的像场分布〔见图 6.1.8(e)〕为

$$g(x_3)=\mathscr{F}^{-1}\{F(f_x)H(f_x)\}=\frac{a}{d}\mathrm{rect}\left(\frac{x_3}{b}\right) \tag{6.1.13}$$

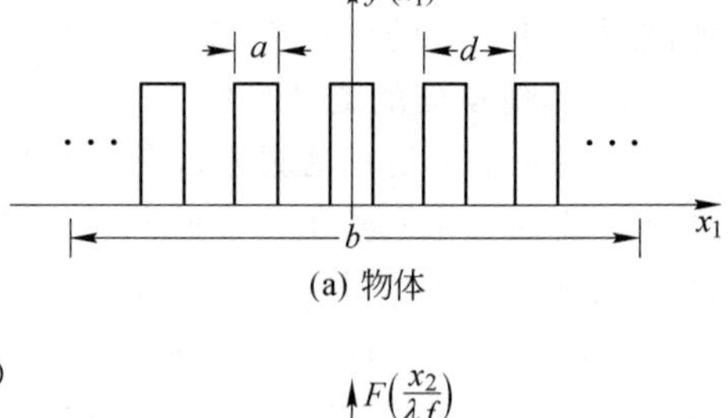

(a) 物体

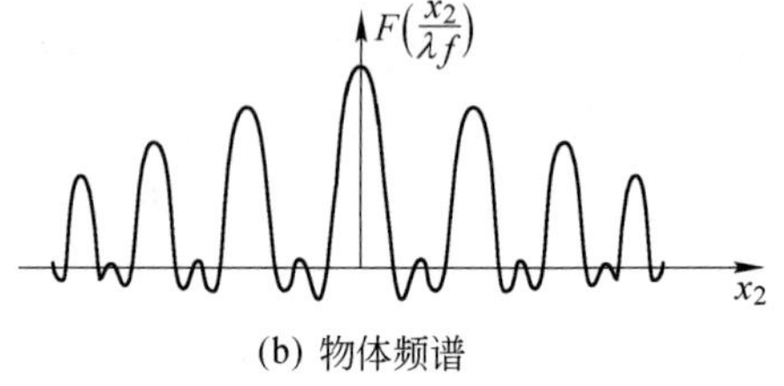

(b) 物体频谱

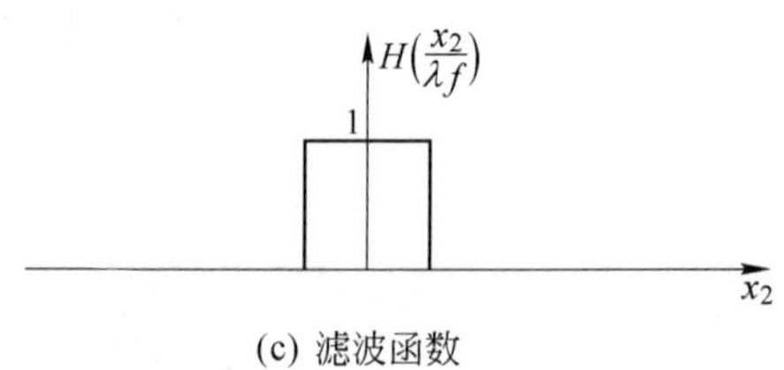

(c) 滤波函数

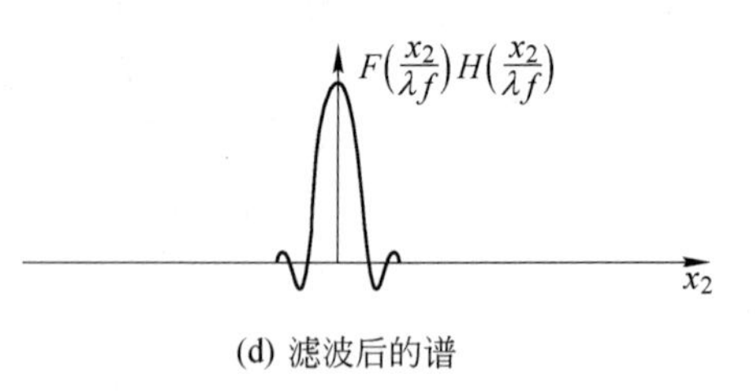

(d) 滤波后的谱

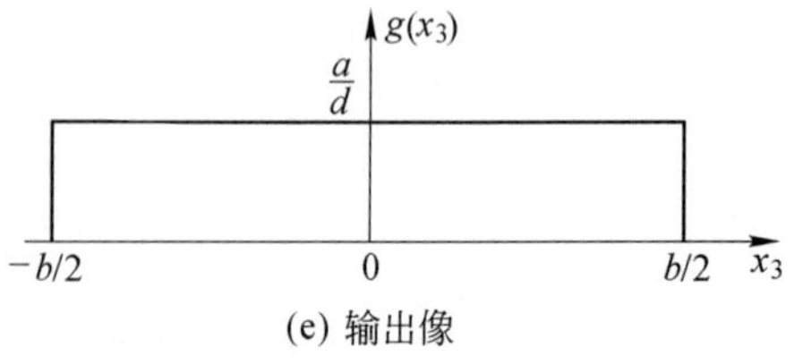

(e) 输出像

图 6.1.8 一维光栅经滤波的像(透过零级)

在像平面上呈现出均匀一片亮，没有强度起伏，也没有周期条纹结构。

2. 狭缝增宽到能允许零级和正、负一级通过

整个滤波过程如图 6.1.9 所示。滤波后的频谱函数为式(6.1.11)中取 $m=0,\pm1$ 的前 3 项，即

$$F(f_x)H(f_x)=\frac{ab}{d}\left\{\text{sinc}(bf_x)+\text{sinc}\left(\frac{a}{d}\right)\text{sinc}\left[b\left(f_x-\frac{1}{d}\right)\right]+\text{sinc}\left(\frac{a}{d}\right)\text{sinc}\left[b\left(f_x+\frac{1}{d}\right)\right]\right\} \tag{6.1.14}$$

于是，在输出平面上的像场分布为

$$\begin{aligned}g(x_3)&=\mathscr{F}^{-1}\{F(f_x)H(f_x)\}\\&=\frac{a}{d}\text{rect}\left(\frac{x_3}{b}\right)+\frac{a}{d}\text{sinc}\left(\frac{a}{d}\right)\text{rect}\left(\frac{x_3}{b}\right)\left(e^{i2\pi\frac{x_3}{d}}+e^{-i2\pi\frac{x_3}{d}}\right)\\&=\frac{a}{d}\text{rect}\left(\frac{x_3}{b}\right)\left[1+2\text{sinc}\left(\frac{a}{d}\right)\cos\left(\frac{2\pi x_3}{d}\right)\right]\end{aligned} \tag{6.1.15}$$

此时，像出现周期性结构，且和物的周期同为 d。由于损失了高频信息，像变成了对比度较低的余弦振幅光栅。

3. 双缝滤波器仅允许正、负二级频谱通过

双缝滤波器的滤波过程如图 6.1.10 所示。滤波后的频谱函数为式(6.1.11)中取 $m=\pm2$ 的对应项，即

$$F(f_x)H(f_x)=\frac{ab}{d}\text{sinc}\left(\frac{2a}{d}\right)\left\{\text{sinc}\left[b\left(f_x-\frac{2}{d}\right)\right]+\text{sinc}\left[b\left(f_x+\frac{2}{d}\right)\right]\right\} \tag{6.1.16}$$

在输出平面上的像场分布为

$$g(x_3)=\mathscr{F}^{-1}\{F(f_x)H(f_x)\}=\frac{2a}{d}\text{sinc}\left(\frac{2a}{d}\right)\text{rect}\left(\frac{x_3}{b}\right)\cos\left(\frac{2\pi x_3}{d/2}\right) \tag{6.1.17}$$

在这种情况下，像的结构是余弦振幅光栅，但其周期为物周期的一半。

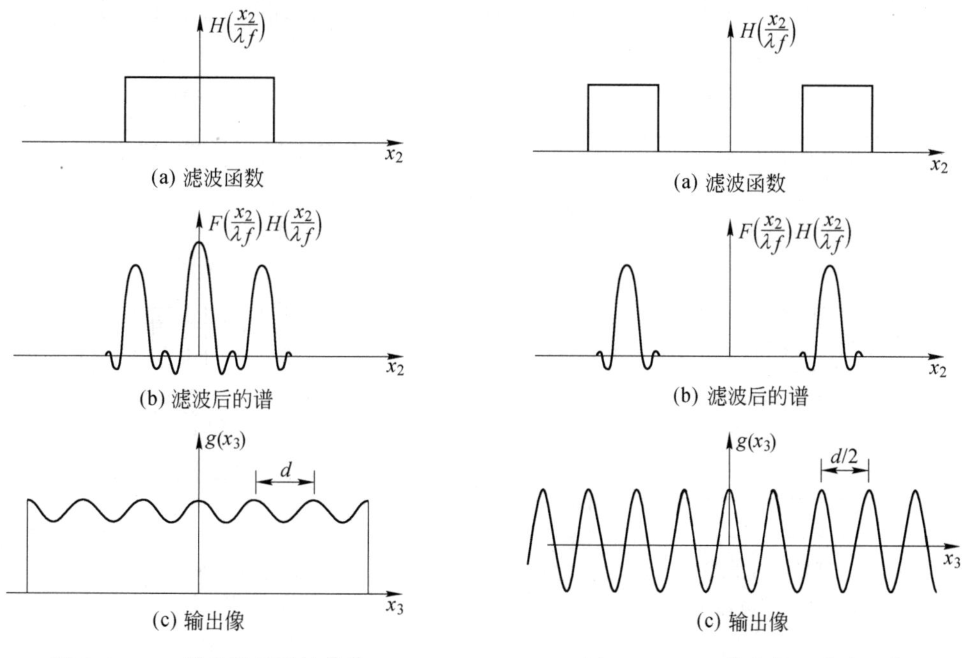

图 6.1.9 一维光栅经滤波的像（透过零级和正、负一级频谱）

图 6.1.10 一维光栅经滤波的像（透过正、负二级频谱）

4. 小圆屏滤波器仅阻挡零级频谱而允许其余频谱全部通过

其滤波过程如图6.1.11和图6.1.12所示。滤波后的频谱函数为

$$F(f_x)H(f_x)=F(f_x)-\frac{ab}{d}\mathrm{sinc}(bf_x) \tag{6.1.18}$$

输出平面上的光场分布为

$$\begin{aligned} g(x_3)&=\mathscr{F}^{-1}\{F(f_x)\}-\mathscr{F}^{-1}\left\{\frac{ab}{d}\mathrm{sinc}(bf_x)\right\} \\ &=f(x_3)-\frac{a}{d}\mathrm{rect}\left(\frac{x_3}{b}\right) \\ &=\mathrm{rect}\left(\frac{x_3}{b}\right)\sum_{m=-\infty}^{\infty}\mathrm{rect}\left(\frac{x_3-md}{a}\right)-\frac{a}{d}\mathrm{rect}\left(\frac{x_3}{b}\right) \end{aligned} \tag{6.1.19}$$

由上述结果可引出两个重要的实验现象:

(1) $\frac{a}{d}=\frac{1}{2}$,即狭缝宽度等于两相邻狭缝间不透光部分的宽度。此时,直流分量为$\frac{1}{2}$,输出面上像场的复振幅仍为光栅结构,且与物周期相同,但强度分布是均匀的,没有起伏,如图6.1.11所示。

(2) $a>\frac{d}{2}$,即缝宽大于缝间不透光部分的宽度。此时,由于直流分量大于$\frac{1}{2}$,故输出面上像场的复振幅分布如图6.1.12(c)所示,从而使像的强度分布呈现对比度反转〔如图6.1.12(d)所示〕,原来的亮区变成了暗区,原来的暗区变成了亮区。

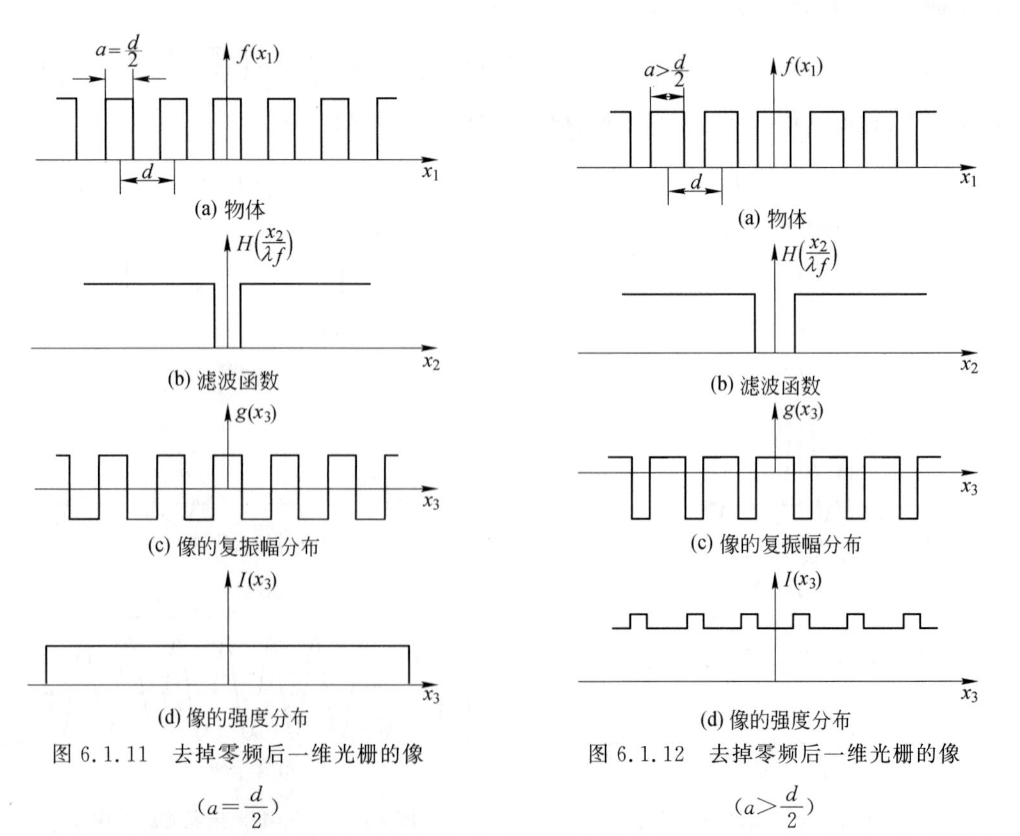

图6.1.11 去掉零频后一维光栅的像 ($a=\frac{d}{2}$)

图6.1.12 去掉零频后一维光栅的像 ($a>\frac{d}{2}$)

以上对滤波过程所做的傅里叶分析与实验结果完全相符,证明了利用空间滤波技术可以

成功地改变像的结构。

6.2　空间滤波器的结构类型和应用举例

6.2.1　空间滤波器结构类型

一般地说，可以在频谱面上插入具有下列形式滤波函数的空间频率滤波器：

$$H(f_x,f_y)=A(f_x,f_y)e^{i\phi(f_x,f_y)} \tag{6.2.1}$$

依据滤波函数的性质及其对空间频谱的不同作用，空间滤波器具有多种类型，常用的有下列几种。

1. 二元滤波器

二元滤波器的滤波函数取 0 或 1。根据其作用的频率区间，又可细分为低通滤波器、高通滤波器、带通滤波器、方向滤波器。

(1) 低通滤波器

低通滤波器实际是一个带针孔的不透明模板。选择适当的针孔直径便可使图像中的高频噪声和周期性结构被阻挡，而只允许位于频谱中心及其邻近的低频分量通过〔如图 6.2.1(a)所示〕。这种滤波器即 5.4 节中提到的空间滤波器，由针孔和一个显微物镜组合成(如图 6.2.2 所示)。针孔安放在显微物镜的焦点处，经过该显微物镜所射出的光被聚焦在针孔上，若所选针孔的直径等于显微物镜衍射光的主瓣宽度，则针孔只能通过平行于光轴入射的光，从而消除了不平行于光轴的光，而获得没有衍射环的纯球面波。

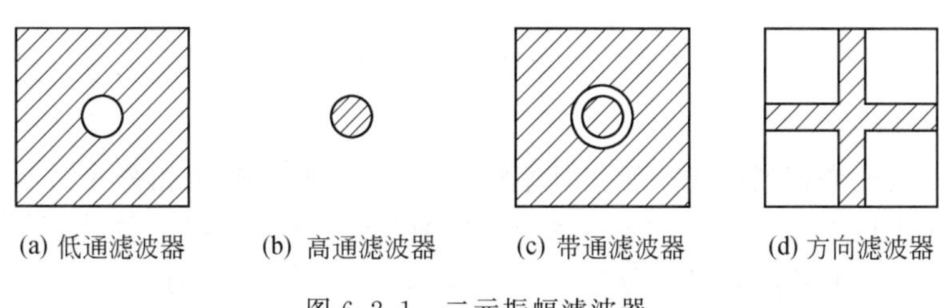

图 6.2.1　二元振幅滤波器

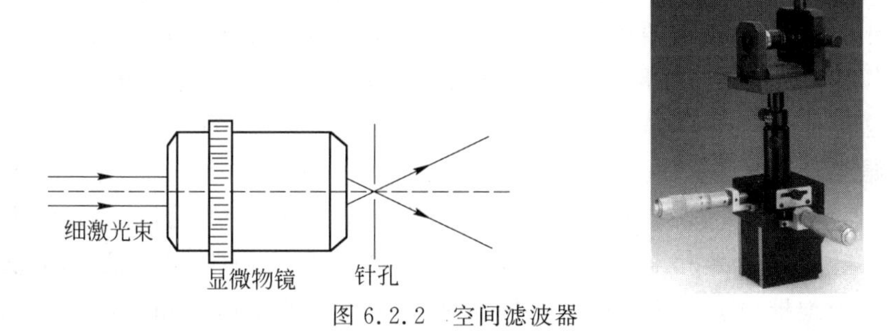

图 6.2.2　空间滤波器

(2) 高通滤波器

如图 6.2.1(b)所示，高通滤波器实际是一个中心带不透明小圆屏的透明模片，其功能在于滤去频谱中的低频成分，以增强像的边缘，提高对模糊图像的识别能力，或实现对比度反转。由于能量损失较大，故输出图像一般较暗。

(3) 带通滤波器

如图 6.2.1(c)所示,带通滤波器的功能在于只允许特定区间的频谱成分通过(信号能量集中在这一频带内),以提高输出的信噪比。这特别适用于抑制周期性信号中的噪声。例如,蛋白质结晶的高倍率电子显微镜照片中的噪声是随机分布的,其频谱也是随机分布的;而结晶本身却有着严格的周期性,其频谱是有规律的点阵列。采用适当的针孔阵列作为滤波器,允许信号的频谱全部通过,而噪声的频谱被挡住,从而有效地改善照片的信噪比。

(4) 方向滤波器

方向滤波器也是一种带通滤波器,只是具有较强的方向性。如图 6.2.1(d)所示,它实际上是在一定方向上允许通过(或阻挡)频谱分量的光阑,用以突出图像中的方向性特征。方向滤波已用于检查集成电路板的疵病。由于集成电路图形都是由一些规则、正交的矩形线段组成的,其频谱分布在轴线附近,而疵点的形状往往是不规则的,线度也较小,故其频谱必定较宽,在离轴有一定距离处都有分布。采用十字形阻挡光屏就可将轴线附近的信息全部阻挡,提取出疵点的信息,从而突出噪声的谱,显示疵点所在的位置(在 $4f$ 系统的像面上呈亮点处),如图 6.2.3 所示。

(a) 有疵点的掩模板　(b) 方向滤波器结构　(c) 提取出的疵点

图 6.2.3　集成电路中掩模疵点的检查

2. 振幅滤波器

振幅滤波器仅改变各频谱成分的相对振幅分布,而不改变其位相分布。通常是使感光胶片的透过率变化正比于 $A(f_x, f_y)$,从而使透射光场的振幅得到改变。为此,制作时,应按照一定的函数分布来控制底片的曝光量分布,或者在玻璃片基上控制蒸镀的金属膜。

3. 位相滤波器

位相滤波器只改变各空间频谱的位相,而不改变其振幅分布。它通常通过在真空镀膜时控制介质膜层的厚度、漂白照相底片或腐蚀透明介质等方法来制作。由于对入射光能量不产生衰减作用,故位相滤波器具有很高的光学效率。但由于工艺上的限制,要得到复杂的位相变化是很困难的。

4. 复数滤波器

复数滤波器可同时改变各频谱成分的振幅和位相,滤波函数是复函数。它应用广泛,但制作困难。1963 年范德·拉格特(A. Vander Lugt)提出用全息照相方法制作复数滤波器(见 7.2 节),有力地推动了光学信息处理的发展。1965 年罗曼(Lohman)和布朗恩(Brown)用计算全息方法也制作成了复数滤波器,从而克服了制作空间滤波器的重大障碍。

6.2.2　空间滤波器应用举例

1. 泽尼克相衬显微术(Phase-contrast Microscopy)

在显微术中所观察的许多物体(例如,未染色的细菌、生物切片、透明介质等),其透明度很高，几乎不可见。它们通常用折射率的变化来表征。当光通过这样的物体时，即使其各部分存在着厚度的差别，也只能改变入射光的位相，从而产生一个随空间变化的相移，而不改变入射光的振幅。我们把这类物体称为位相物体(Phase Object)。通过普通的显微镜和只对光的强度有响应的感受器是无法直接观察这类物体的。为了观察位相物体，须将其上面的位相变化转换为振幅(强度)变化，这种变换称为相幅变换。下面先介绍由 F. Zernike 于 1935 年提出的位相反衬法(简称相衬法)。

设位相物体的复振幅透过率为

$$\tau(x_1,y_1)=\mathrm{e}^{\mathrm{i}\phi(x_1,y_1)} \tag{6.2.2}$$

式中，$\phi(x_1,y_1)$是光通过位相物体时所引起的位相变化，并设此物体在成像系统中用相干光照明。为了数学分析上更简单，令成像系统的放大率为 1，且忽略其出射光瞳和入射光瞳的有限大小。如果位相变化很小，即$|\phi(x_1,y_1)|\ll 1$ rad，则可将式(6.2.2)展成泰勒级数，而只保留前两项：

$$\tau(x_1,y_1)\approx 1+\mathrm{i}\phi(x_1,y_1) \tag{6.2.3}$$

其中第 1 项将带来一个通过物体而不发生变化的强的分量波，第 2 项则产生较弱的偏离系统光轴的衍射光。当用单位振幅的单色平面光波照明此位相物体时，透过的光场振幅分布为$\tau(x_1,y_1)=1+\mathrm{i}\phi(x_1,y_1)$，故一个普通显微镜对上述物体所成的像，其强度可以写成

$$I=|1+\mathrm{i}\phi|^2=1+\phi^2\approx 1 \tag{6.2.4}$$

Zernike 指出，衍射光之所以观察不到是由于它与很强的本底之间存在$\frac{\pi}{2}$的位相差，如果能够改变直射光与弱衍射光之间的这种位相正交关系，那么两项就会更直接地叠加并发生干涉，产生可观察的强度变化。为此，他提出在频谱面上放置一块变相板(Phase-Changing Plate)，以改变被聚焦的本底光和衍射光之间的位相关系，同时使本底光的强度适当衰减。这个变相板通常是通过在优质光学玻璃平板的中心淀积一层透明材料而成，它实际是一个位相滤波器，其滤波函数为

$$H(f_x,f_y)=\begin{cases}\pm\mathrm{i}t & f_x=f_y=0\\ 1 & \text{其他频谱}\end{cases} \tag{6.2.5}$$

式中，t 为本底光(零级频谱)的透过率，且有 $0<t<1$。于是，滤波后的频谱为

$$\mathscr{F}\{\tau(x_1,y_1)\}H(f_x,f_y)=\pm\mathrm{i}t\delta(f_x,f_y)+\mathrm{i}\Phi(f_x,f_y)$$

像面上的复振幅分布为

$$g(x_3,y_3)=\pm\mathrm{i}t+\mathrm{i}\phi(x_3,y_3)=\mathrm{i}[\pm t+\phi(x_3,y_3)]$$

像面上的强度分布为

$$I(x_3,y_3)=t^2\pm 2t\phi(x_3,y_3) \tag{6.2.6}$$

于是得到了像面光强分布与物体位相分布之间的线性关系，并使物体位相的变化转换为像强度的变化，从而使位相物体在显微镜下变成可见的。当本底光位相被延迟$\frac{\pi}{2}$时，方程(6.2.6)中取正号，则物体位相值大的地方像强度也大，这一结果称为正相衬或亮相衬；当本底光位相被延迟$\frac{3\pi}{2}$(或$-\frac{\pi}{2}$)时，方程(6.2.6)中取负号，则物体位相值大的地方像强度较弱，这一结果称为负相衬或暗相衬。

相衬法是一种将空间位相调制转换成空间强度调制的方法。相衬显微术可用于任何一类$\phi(x_1,y_1)\ll 1$的位相物体。当ϕ变大时,这一技术仍将使位相物体变成可见的,但强度变化不再正比于其位相的变化。目前,相衬显微镜已有定型产品。当然,相衬法不限于显微系统,它适用于任何相干成像系统。

图6.2.4是根据相衬法制成的相衬显微镜的典型光路。L_1和L_2为聚光镜,在L_2前焦面上放置一个环形光阑D_1,光源S经L_1成像在D_1上。D_1可看作二级环形光源,它发出的光经L_2成平行光倾斜照明位相物体t。在显微物镜L_3的后焦面安置移相板D_2,其上镀有环形金属膜层,以产生$\frac{\pi}{2}$相移和吸收,其位置恰好在直接透射光会聚处,物体产生的衍射光主要从未镀膜处透射,可在像面上观察到弱位相物体产生的光强变化。

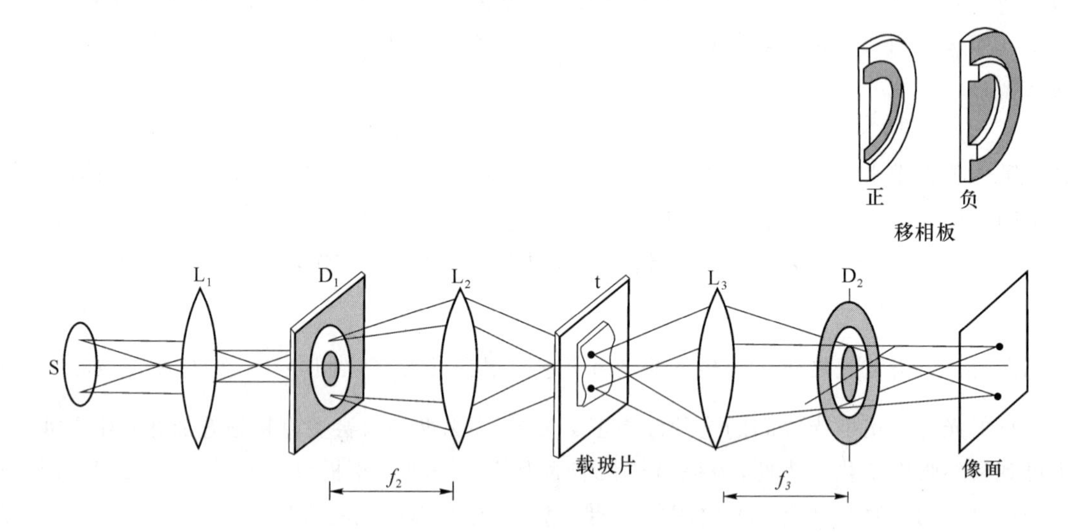

图6.2.4 相衬显微镜的光路(只画出零级光)

泽尼克的成功给了我们重要的启示。光波携带物体信息传播时,信息承载的方式可能是空间的振幅和位相调制、空间强度调制或空间的波长调制,这取决于照明光波的性质以及物体本身的形状、亮暗和色彩等因素。我们不仅可以通过滤波或其他方法就每一种调制方式本身做出各种变化,还可以在信息的不同调制方式之间实现变换,也就是改变编码方法。泽尼克利用位相滤波改变不同频率成分之间的位相关系,使空间位相调制的信息变换为空间强度调制的信息,以便于观测,这就是一个成功的例子。

2. 补偿滤波器

提高光学系统的成像质量始终是光学工作者所追求的目标。20世纪50年代初期,在巴黎大学工作的法国科学家马尔查(A. Maréchal)认为,照片中的缺陷是由于产生照片的非相干成像系统的光学传递函数中存在相应缺陷而引起的。他进而推论如果把照相底片放在一个相干光学系统内,并在其频谱平面上放置适当的补偿滤波器,使用该滤波器的传递函数来补偿原系统传递函数的缺陷,则两者的乘积便能产生一个较为满意的频率响应,从而使照片的质量得到部分改善。例如,假定成像缺陷是由成像系统严重离焦引起的,则在几何光学近似下,离焦系统的脉冲响应是一个均匀的圆形光斑,其点扩展函数为

$$h(r)=\mathrm{circ}\left(\frac{r}{d/2}\right) \tag{6.2.7}$$

式中，d 为圆形光斑的直径。相应的传递函数为

$$H(\rho)=\frac{2J_1(\pi d\rho)}{\pi d\rho} \tag{6.2.8}$$

式中，$\rho=\sqrt{f_x{}^2+f_y{}^2}$是极坐标下的空间频率变量。

如图 6.2.5(a)所示是补偿滤波器的结构示意，由一块吸收板和一块退相板组合而成，把它安放在 $4f$ 系统的频谱面上，$H(\rho)$的函数曲线如图 6.2.5(b)所示。从图中明显看出，在未补偿前传递函数的高频损失严重，而且在某一中间频率区间，传递函数的符号发生了反转。补偿滤波器的吸收板使 $H(\rho)$的很强的低频峰发生衰减，以便提高像的对比度，突出细节；而退相板使中间频率区域反转的传递函数相移 π。补偿后的传递函数（图中实线）比较均匀，因而明显地改善了成像质量。

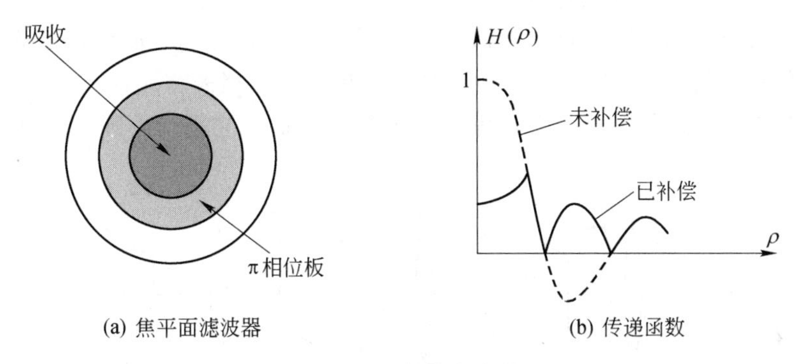

图 6.2.5　补偿滤波器

马尔查和他的同事们还研究了衰减物频谱的低频分量，从而找到突出像中微小细节的方法，并用简单的滤波器消除半色调图片上的周期性结构。他们的成就为后来人们对光学信息的处理提供了强有力的推动。

3. 抑制或提取周期信息

由于制版和印刷的需要，报纸上的照片是由大量周期排列的黑点组成的。照片的黑白层次由黑点的大小控制（点染制版法）。类似地，电视图像由一系列水平排列的线条（行扫描线）组成。我们把这些不属于图像本身的周期结构叫作“周期性噪声”，应用空间滤波方法很容易把这些噪声去掉。由于这些噪声的周期比较小，对应的空间频率较高，而在频谱面上图像本身的频谱集中在以零频为中心的低频范围，于是，在滤波系统的频谱面上插入一低通滤波器，选择合适的圆孔直径使噪声的频率分量不能通过，便可在像面上得到一幅没有周期性噪声的图像（图 6.2.6）。

4. 暗场法

暗场法的光路如图 6.2.7 所示，频谱面上的空间滤波器是玻璃基片上的一个小圆屏（如墨点），调节小圆屏位置使其与透镜 L_1 的后焦点对准，这时经位相物体直接透射的零级谱被全部吸收。零频分量被吸收后，像面上相干叠加场中的复振幅分布随即发生变化，出现了位相物体信息对像面强度的调制。

仿前节中相衬法的讨论，设被观察位相物体的复振幅透过率表示为

$$\tau(x_1,y_1)=e^{i\phi(x_1,y_1)}\approx 1+i\phi(x_1,y_1) \tag{6.2.9}$$

其中$|\phi(x_1,y_1)|\ll 1$ rad。当用单位振幅的单色平面光波垂直照明时，透过该位相物体的光场

(a) 滤波前

(b) 滤波后

图 6.2.6 抑制或提取周期信息

分布为

$$U(x_1,y_1)=1\cdot\tau(x_1,y_1)=1+\mathrm{i}\phi(x_1,y_1) \tag{6.2.10}$$

其中第1项是直接透射光,它平行于光轴,会聚于透镜 L_1 的后焦点,形成物谱的零频分量,当把一个小圆屏滤波器置于后焦点处时,便会把此直接透射光挡去。式(6.2.10)中的第2项是衍射光,经透镜 L_1 会聚后,主要分布在焦点以外的后焦面上,它不受小圆屏的阻挡。

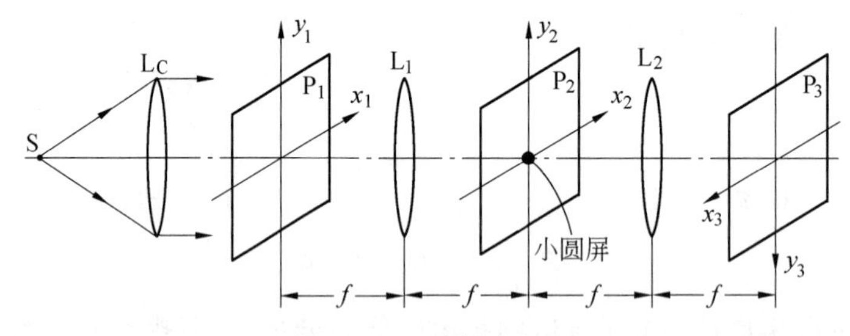

图 6.2.7 暗场法光路

挡掉零频分量后,像的强度分布变为

$$I(x_3,y_3)=\frac{1}{M^2}\left|1+\mathrm{i}\phi\left(-\frac{x_3}{M},-\frac{y_3}{M}\right)-1\right|^2=\frac{1}{M^2}\phi^2\left(-\frac{x_3}{M},-\frac{y_3}{M}\right) \tag{6.2.11}$$

式中,M 是光学系统放大倍数,x_3 和 y_3 前面的负号表示成倒像。由式(6.2.11)可见,采用中心暗场法所得到的像的强度变化与位相变化不成线性关系。而一般说来,位相变化是与介质厚度成线性关系的,故用暗场法不能根据强度分布直接测出介质厚度的变化。

另外,在像面上除位相信息之外的其他区域,是物平面上入射光通过的等厚度的透明区域,其主要成分是零频及其附近的低频,几乎全部被滤波器所吸收,形成一片暗场,故称为暗场法。

本章重点

1. 空间频谱分析系统。
2. 几种典型的空间频率滤波系统。
3. 空间滤波的傅里叶分析。
4. 空间滤波器结构类型和应用举例。
5. Zernike 相衬显微术。

思考题

6.1 经空间滤波器改造了的频谱是否为像函数的空间频谱？试论证你的结论。

6.2 （1）在相衬法中 $\phi(x_1,y_1)\ll 1$ rad 这个条件有什么好处？

（2）为了保证 $\phi(x_1,y_1)$ 小，是否要求样品厚度 d 必须很小？在什么条件下样品可以比较厚，同时又能做到 $\phi(x_1,y_1)\ll 1$ rad？

（3）设有一厚度均匀而折射率不均匀的位相物体，$n(x_1,y_1)=n_0+\Delta n(x_1,y_1)$，最大相对起伏 $\dfrac{\Delta n}{n_0}=0.01$。为使 $\phi(x_1,y_1)\ll 1$ rad 满足，允许该样品的厚度有多大？

6.3 如图 X6.1 所示，一张图上画有一只小鸟关在牢笼中，用怎样的光学滤波器能够去掉栅网，把它"释放"出来？

图 X6.1 思考题 6.3 图示

6.4 在相衬法中，当变相板中心淀积层的光学厚度分别为 $\dfrac{\lambda}{4}$ 和 $\dfrac{3}{4}\lambda$ 时，像的图样有何不同？若考虑淀积层对光的吸收，设其振幅透过率 $t<1$，像面上的强度分布有何变化？对比度有何变化？

习 题

6.1 利用阿贝成像原理导出相干照明条件下显微镜的最小分辨距离公式，并同非相干照明下的最小分辨距离公式比较。

6.2 在 $4f$ 系统输入平面处放置 40 线/毫米的光栅，入射光波长为 632.8 nm，为了使频谱面上至少能够获得 ±5 级衍射斑，并且，相邻衍射斑间距不少于 2 mm，求透镜的焦距和直径。

6.3 在 $4f$ 相干处理系统中，以正弦振幅光栅为物，用单位振幅的单色平面波照明，设此正弦光栅的透过率为

$$t(x_1)=t_0+t_1\cos(2\pi f_0 x_1)$$

其中 $f_0=400$ 线/毫米，透镜焦距 $f=20$ cm，照明光波长 $\lambda=0.633\ \mu\text{m}$，$t_0=t_1=\dfrac{1}{2}$。

（1）求频谱面上各衍射斑的位置；

（2）若使用的滤波器仅挡掉 −1 级谱斑，求输出面上的复振幅分布和强度分布；

（3）求输出面上光强的对比度。

6.4 利用 $4f$ 系统做阿贝-波特实验，设物函数 $\tau(x_1,y_1)$ 为一正交光栅：

$$\tau(x_1, y_1) = \left[\text{rect}\left(\frac{x_1}{a_1}\right) * \frac{1}{b_1}\text{comb}\left(\frac{x_1}{b_1}\right)\right] \cdot \left[\text{rect}\left(\frac{y_1}{a_2}\right) * \frac{1}{b_2}\text{comb}\left(\frac{y_1}{b_2}\right)\right]$$

其中,a_1、a_2 分别为 x、y 方向上缝的宽度,b_1、b_2 则是相应的缝间隔。频谱面上得到如图 X6.2(a)所示的频谱。分别用图 X6.2(b)、(c)、(d)所示的3种滤波器进行滤波,求输出面上的光强分布。

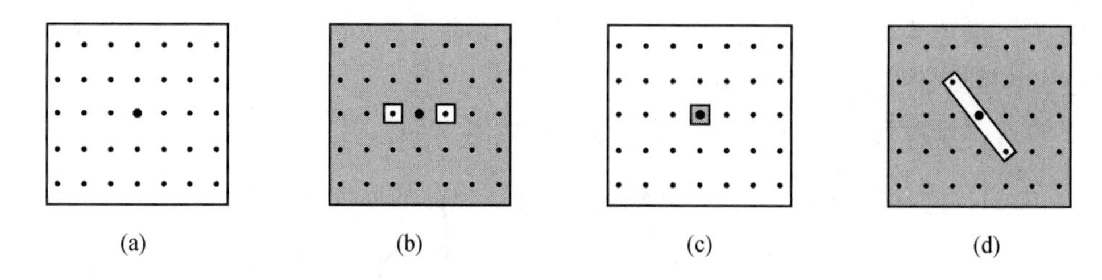

图 X6.2 习题 6.4 图示

6.5 用相衬法观测一位相物体,若人眼可分辨的最小对比度 $V=0.03$,所用光波波长 $\lambda=600$ nm,试问:

(1) 当位相板上零级谱的振幅透过率 $\tau=1$ 时,可观察到的最小位相变化是多少?

(2) 当 $\tau=0.01$ 时,可观察到的最小位相变化又是多少?

6.6 用相衬法来检测一块透明玻璃的不平度,用 $\lambda=632.8$ nm 的光照明,设人眼能分辨的最小对比度 $V=0.03$,玻璃的折射率 $n_G=1.52$,求在下面两种情况下玻璃的不平度:

(1) 使用完全透明的位相板;

(2) 使用光强透过率为 $\frac{1}{25}$ 的位相板。

6.7 当泽尼克相衬显微镜的相移点还有部分吸收,其强度透过率等于 $\alpha(0<\alpha<1)$ 时,求观察到的像强度表示式。

6.8 用 CRT 记录一帧图像透明片,设扫描点之间的间隔为 0.2 mm,图像最高空间频率为 10 线/毫米。如欲完全去掉离散扫描点,得到一帧连续灰阶图像,那么空间滤波器的形状和尺寸应当如何设计?输出图像的分辨率如何?设傅里叶变换物镜的焦距 $f'=1\ 000$ mm,$\lambda=632.8$ nm。

6.9 某一相干处理系统的输入孔径为边长等于 30 mm 的方孔,第一个变换透镜的焦距为 100 mm,波长是 632.8 nm。假定频率平面模片结构的精细程度可与输入频谱相比较,问此模片在焦平面上的定位必须精确到何种程度?

6.10 在 $4f$ 系统中,输入物是一个无限大的矩形光栅,设光栅常数 $d=4$,线宽 $a=1$,最大透过率为 1,不考虑透镜有限尺寸的影响。

(1) 写出傅里叶平面 P_2 上的频谱分布表达式;

(2) 写出输出面上的复振幅和光强分布表达式;

(3) 在频谱面上放置一高通滤波器,挡住零频分量,写出输出面上的复振幅和光强分布表达式;

(4) 若将一个 π 位相滤波器:

$$H(x_2, y_2) = \begin{cases} e^{i\pi} & x_2, y_2 \leqslant x_0, y_0 \\ 0 & \text{其他} \end{cases}$$

放在 P_2 平面的原点上,写出输出面上复振幅和光强的表达式(x_0,y_0 表示一很小的定值)。

6.11 如图 X6.3 所示,欲将字母 F、H、L 中的线条除去,应采用怎样的滤波器?试分别算出相应的结果(设透镜焦距 $f=1$ m,入射光波长 $\lambda=632.8$ nm)。

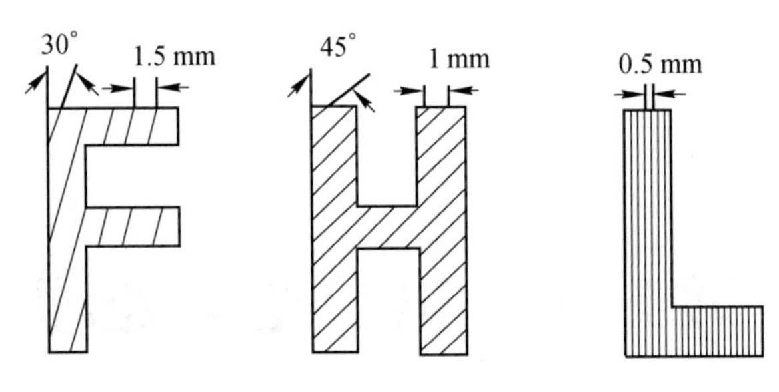

图 X6.3　习题 6.11 图示

本章参考文献

[1] ZERNIKE F. Phase Contrast,A New Method for the Microscopic Observation of Transparent Objects[J]. Physica,1942,9:688-698,974-986.

[2] DUFFIEUX P M. The Fourier Transform and its Applications to Optics[M]. 2nd ed. New York:John Wiley & Sons,1983.

[3] ELIAS P. Optics and Communication Theory[J]. Journal of the Optical Society of America, 1953,43:229-232.

[4] ELIAS P, GREY D S, ROBINSON D Z. Fourier Treatment of Optical Processes[J]. Journal of the Optical Society of America,1952,42:127-134.

[5] O'Neil E L. Spatial Filtering in Optics[J]. Ire Transations on Information Theory, IT-2, 1956:56-65.

[6] VANDER Lu A. Signal Detection by Complex Spatial Filtering[J]. IEEE Transations on,1964,10(2):139-145.

[7] BROWN B R,LOHMANN A W. Computer-generated Binary Holograms[J]. IBM Journal of Research & Development,1969,13(2):160-168.

[8] MARÉCHAL A, CROCE P. Un Filtre de Frequences Spatiales pour l'amelioration du Contraste des Images Optiques[J]. Paris:Comptes Rendus de l'Académie des science, 1953,237:607-609.

[9] 苏显渝,李继陶,曹益平,等. 信息光学[M]. 2 版. 北京:科学出版社,2011:197-213.

[10] 吕迺光,陈家璧,毛信强. 傅里叶光学(基本概念和习题)[M]. 北京:科学出版社,1985:190-247.

[11] 陈家璧,苏显渝. 光学信息技术原理及应用[M]. 北京:高等教育出版社,2002:240-251.

[12] 朱自强,王仕璠,苏显渝. 现代光学教程[M]. 成都:四川大学出版社,1990:159-168.

第7章 相干光学处理

光学信息处理(Optical Information Processing)主要研究光学成像和光学变换的理论和技术。用光学方法实现对信息的处理,实质上是以光波为信息的载体,用光学系统实现对输入信息的运算和变换。这些输入信息可以是光信息,如记录在感光胶片上的图像,采用相干光或非相干光照明这些透明片,输入信息表现为光的复振幅或强度的空间调制,也可以是电信号或声信号,如雷达或声呐信号,但需要用电光或声光转换器件,将其变为光信号,再把它输入光学系统进行处理。在对信息进行处理的过程中,为了传递时方便或可靠,常常需要把输入信息由一种形式变换为另一种形式,即所谓“编码”(Encoding),最终为了便于观察,应把信息还原为原有的形式,也就是“解码”(Decoding)。

光学信息处理通常有各种分类方法,例如,根据物像关系或输入与输出的关系,可分为线性处理与非线性处理、空间不变与空间变处理;根据所使用光源的相干性,可分为相干光学处理、非相干光学处理和白光光学信息处理等。本章按第2种分类方法进行讨论,介绍若干典型的相干光学处理方法,其中最基本的操作是用光学方法实现对图像信息的傅里叶变换,并采用频谱的语言来描述信息,用改变其频谱的手段来改造信息。

7.1 图像相减

图像相减(Subtraction of Image)是求两张相近照片的差异,从中提取差异信息的运算。通过在不同时期拍摄的两张相片相减,在医学上可以用来发现病灶的变化;在军事上可以用来发现地面军事设施的增减;在农业上可以用来预测农作物的长势;在工业上可以用来检查集成电路掩膜的疵病;等等。它还可用于地球资源探测、气象变化以及城市发展研究等各个领域,例如,对卫星照片的图像进行相减处理,监测海洋面积的改变、陆地板块移动的速度、地壳运动的变迁等。图像相减在通信中也可作为带宽压缩的一种方法,例如,可能只需要传输相继各帧图像之间的差异,而不是每一帧的整个图像。图像相减是相干光学处理中的一种基本的光学-数学运算,是图像识别的一种主要手段。

实现图像相减的方法很多,本节仅介绍正弦光栅法和全息照相法两种方法。

7.1.1　正弦光栅法

此方法的特点是利用正弦振幅光栅作为空间滤波器。设此正弦光栅的空间频率为 f_0，将其置于 $4f$ 系统的滤波平面 P_2 上，如图 7.1.1 所示，光栅的复振幅透过率为

$$H(f_x,f_y)=\frac{1}{2}[1+\cos(2\pi f_0 x_2+\phi_0)]=\frac{1}{2}+\frac{1}{4}e^{i(2\pi f_0 x_2+\phi_0)}+\frac{1}{4}e^{-i(2\pi f_0 x_2+\phi_0)} \quad (7.1.1)$$

式中，$f_x=\dfrac{x_2}{\lambda f}$，$f_y=\dfrac{y_2}{\lambda f}$；$f$ 为傅里叶变换透镜的焦距；ϕ_0 表示光栅条纹的初位相，它决定了光栅相对于坐标原点的位置。

将图像 A 和图像 B 置于输入平面 P_1 上，且沿 x_1 方向相对于坐标原点对称放置，图像中心与光轴的距离均为 b。选择光栅的频率为 f_0，使得 $b=\lambda f f_0$，以保证滤波后在输出平面上两图像中 A 的 +1 级像和 B 的 −1 级像能恰好在光轴处重合。由于正弦振幅光栅的频谱包括 3 项（0 级、±1 级），因此对于一个中心在 $x_1=b$ 的图像，经光栅在频域调制后，可在输出面上得到 3 个像（0 级像位于 $x_3=-b$ 处，±1 级像对称分布于两侧）；由于 f_0 受 $\dfrac{b}{\lambda f}$ 的限制，因而必有 +1 级像处于输出面的原点处（光轴上），而 −1 级像的中心在 $x_3=-2b$ 处。同理，对于 $x_1=-b$ 的图像，其在输出面也有 3 个像（0 级像位于 $x_3=b$ 处，而 ±1 级像则分别位于 $x_3=+2b$ 和 0 处），因此，A 的 +1 级像与 B 的 −1 级像在像面原点重合（但需注意：图 7.1.1 输出面中取的反演坐标系）。于是，输入场分布可写成

$$f(x_1,y_1)=f_A(x_1-b,y_1)+f_B(x_1+b,y_1) \quad (7.1.2)$$

在其频谱面 P_2 上的频谱为

$$F(f_x,f_y)=F_A(f_x,f_y)e^{-i2\pi f_x b}+F_B(f_x,f_y)e^{i2\pi f_x b} \quad (7.1.3)$$

由于 $b=\lambda f f_0$ 及 $x_2=\lambda f f_x$，故有 $f_x b=f_0 x_2$。式(7.1.3)遂可写成

$$F(f_x,f_y)=F_A(f_x,f_y)e^{-i2\pi f_0 x_2}+F_B(f_x,f_y)e^{i2\pi f_0 x_2} \quad (7.1.4)$$

经光栅滤波后的频谱为

$$\begin{aligned}F(f_x,f_y)H(f_x,f_y)=&\frac{1}{4}[F_A(f_x,f_y)e^{i\phi_0}+F_B(f_x,f_y)e^{-i\phi_0}]+\\&\frac{1}{2}[F_A(f_x,f_y)e^{-i2\pi f_0 x_2}+F_B(f_x,f_y)e^{i2\pi f_0 x_2}]+\\&\frac{1}{4}[F_A(f_x,f_y)e^{-i(4\pi f_0 x_2+\phi_0)}+F_B(f_x,f_y)e^{+i(4\pi f_0 x_2+\phi_0)}]\end{aligned} \quad (7.1.5)$$

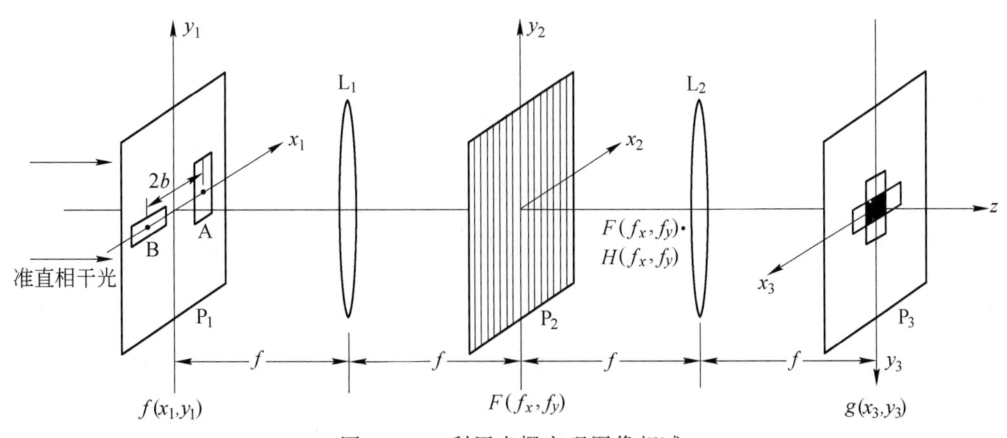

图 7.1.1　利用光栅实现图像相减

通过透镜 L_2 进行傅里叶逆变换(取反演坐标系统),在输出平面 P_3 上的光场为

$$g(x_3,y_3)=\frac{1}{4}e^{i\phi_0}\left[f_A(x_3,y_3)+f_B(x_3,y_3)e^{-i2\phi_0}\right]+\frac{1}{2}\left[f_A(x_3-b,y_3)+f_B(x_3+b,y_3)\right]+$$
$$\frac{1}{4}\left[f_A(x_3-2b,y_3)e^{-i\phi_0}+f_B(x_3+2b,y_3)e^{i\phi_0}\right] \tag{7.1.6}$$

当光栅条纹的初位相 $\phi_0=\frac{\pi}{2}$,即光栅条纹偏离纵轴线$\frac{1}{4}$周期时,式中第1行中的因子 $e^{-i2\phi_0}=-1$,于是式(7.1.6)变为

$$g(x_3,y_3)=\frac{i}{4}\left[f_A(x_3,y_3)-f_B(x_3,y_3)\right]+\text{其余 4 项} \tag{7.1.7}$$

结果表明,在输出平面 P_3 上系统的光轴附近,实现了图像相减。

当光栅条纹的初位相 $\phi_0=0$,即光栅条纹与纵轴线重合时,式(7.1.6)第1行中的指数因子均等于1,结果在输出平面 P_3 上系统的光轴附近实现了图像相加。

从两图像的相加状态转变到相减状态,光栅的横向位移量 Δ 应等于$\frac{1}{4}$周期,即满足:

$$\Delta=\frac{1}{4f_0}=\frac{\lambda f}{4b} \tag{7.1.8}$$

因此,小心缓慢地横向水平移动光栅时,将在输出面 P_3 中心轴线处观察到A、B两图像交替地出现相加和相减的效果。

7.1.2 全息照相法

该方法的特点是采用了一个 π 相移板,并应用二次曝光法来记录两幅全息图像 。其光路如图7.1.2所示。在输入平面 P_1 上放置第1个图像A,在干板架H上放置全息干板,先记录图像A的全息图,然后拿掉A,将图像B置入,并加入一个 π 移相板使物光位相延迟 π,再记录图像B的全息图。这样记录的二次曝光全息图,经显影、定影和反皱缩处理后放回干板架上,当用原参考光照明时,在重现光场中同时包括图像A和B,由于在记录过程中使A和B物光的位相差为 π,故重现时二者的相同部分便干涉相消,只留下了差异部分。

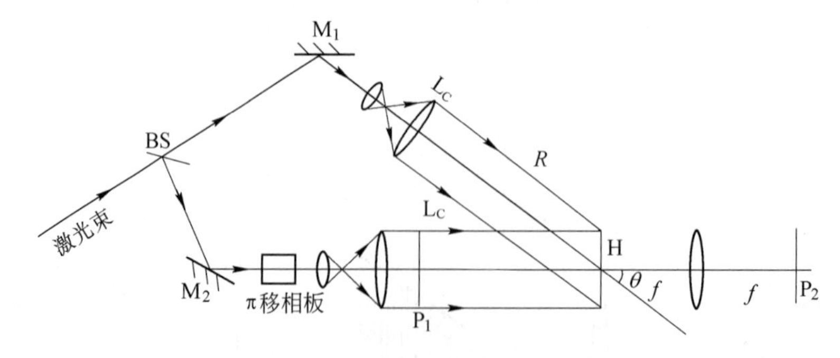

图7.1.2 全息法图像相减光路

为了进一步理解用全息法进行图像相减的原理,下面对上述记录过程再进行较详细的分析。设参考光为平面波 $R(x,y)=e^{-i2\pi\xi x}$,其中,$\xi=\frac{\sin\theta}{\lambda}$,$(x,y)$为H面上的位置坐标。又设图像A和B在H上的光场分布分别为 $A(x,y)$ 和 $B(x,y)$,则记录A的全息图面上的光强分布为

$$I_A=|A+R|^2=|A|^2+|R|^2+R^*A+RA^* \tag{7.1.9}$$

记录 B 时物光引入了位相差 π，变为 $Be^{i\pi}=-B$，故记录面上的光强分布为

$$I_B=|R-B|^2=|B|^2+|R|^2-R^*B-RB^* \tag{7.1.10}$$

两次曝光后的总光强分布为

$$I=I_A+I_B=|A|^2+|B|^2+2|R|^2+R^*(A-B)+R(A^*-B^*) \tag{7.1.11}$$

假设全息底片工作在线性区内，则显影、定影后的全息图的透射率为 $\tau=\tau_0+\beta I$，式中 τ_0、β 为常数。再现时对全息图进行傅里叶变换，有

$$\begin{aligned}\tilde{\tau}&=\mathscr{F}\{\tau\}=\mathscr{F}\{\tau_0+\beta I\}\\&=\mathscr{F}\{\tau_0+\beta[|A|^2+|B|^2+2|R|^2+R^*(A-B)+R(A^*-B^*)]\}\end{aligned} \tag{7.1.12}$$

其中有一项为

$$\begin{aligned}\mathscr{F}\{\beta[R^*(A-B)]\}&=\mathscr{F}\{\beta(A-B)e^{i2\pi\xi x}\}\\&=\beta[\tau_A(x'-x)-\tau_B(x'-x)]\end{aligned} \tag{7.1.13}$$

式中，τ_A、τ_B 分别相应于图像 A 和 B 的振幅透过率。式(7.1.13)显然实现了图像 A 和 B 的相减，可以在频谱面 P_2 上的确定位置找到相减图像的频谱。

7.2　匹配滤波与光学图像识别

匹配滤波与光学图像识别是相干光学处理中一种典型的信息处理方法。它可以从某一图像中提取出有用的信息或检测某一信息是否存在(若存在，还包括存在的位置)。因此，这种信息处理方法又称特征识别(Characteristic Recognition)。特征识别在指纹鉴别、信息锁对“钥匙”的识别、空间飞行物探测(如对机型、机种的快速识别)、字符识别以及从病理照片中识别癌变细胞等诸多方面获得广泛应用，是相干光学处理的一个重要课题。

特征识别的方法已有很多种，本节先介绍最基本的一种，即傅里叶变换法，其关键技术是制作空间匹配滤波器。

7.2.1　空间匹配滤波器的意义

设有一幅透明图片，其振幅透过率为 $h(x_1,y_1)$，令其傅里叶变换频谱为 $H(f_x,f_y)$；若有一空间滤波器，其振幅透过率(或称滤波函数)为 $H^*(f_x,f_y)$，其中 $*$ 表示复共轭，则称该滤波器为上述透明图片 $h(x_1,y_1)$ 的匹配滤波器(Matched Filter)。

7.2.2　匹配滤波器的制作

匹配滤波器是复数滤波器，可以用光学全息方法制作，也可采用计算全息术制作，其本质是制作一张待识别图像的傅里叶变换全息图。如图 7.2.1 所示为光学全息制作方法，令输入图像 $f(x_1,y_1)$ 中的特征信号 $h(x_1,y_1)$ 在频谱平面 P_2 上的频谱为 $H(f_x,f_y)$，准直参考光倾斜入射到 P_2 平面，其复振幅 $\mathscr{F}\{R\delta(x_1-a)\}=Re^{-i2\pi f_x a}$，其中 $f_x=\dfrac{\sin\theta}{\lambda}$，则在 P_2 平面上的复振幅分布为

$$G(f_x,f_y)=H(f_x,f_y)+Re^{-i2\pi f_x a} \tag{7.2.1}$$

强度分布为

$$\begin{aligned}I(f_x,f_y)&=|H(f_x,f_y)+Re^{-i2\pi f_x a}|^2\\&=|H(f_x,f_y)|^2+R^2+RH^*(f_x,f_y)e^{-i2\pi f_x a}+RH(f_x,f_y)e^{i2\pi f_x a}\end{aligned} \tag{7.2.2}$$

式中第3项包含有特征信号 $h(x_1,y_1)$ 的匹配滤波函数 $H^*(f_x,f_y)$,这正是实验所需要的匹配滤波器。实际制作时,按图7.2.1调好光路之后,在 P_2 平面上放置全息干板,进行曝光,在原地显影、定影和清洗,并用冷风吹干,这样就制得了该输入图像的匹配滤波器。

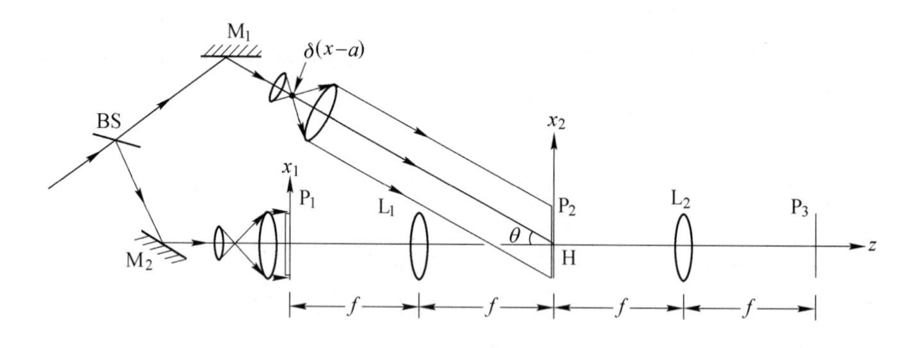

图7.2.1 全息匹配滤波器制作光路

7.2.3 利用匹配滤波器进行图像识别

特征识别的方法是将待检测的物函数 $f(x_1,y_1)$ 放在相干光学处理系统(典型的如4f系统,见图6.1.6)的输入平面 P_1 上,而将含有特征信号 $h(x_1,y_1)$ 共轭谱 $H^*(f_x,f_y)$ 的全息匹配滤波器置于频谱面 P_2 上〔$H^*(f_x,f_y)$ 实际为原地制作的〕。这时挡去参考光,只让物光通过匹配滤波器。设物函数的频谱函数为 $F(f_x,f_y)$,则在 P_2 后表面的复振幅分布为 $F(f_x,f_y)\tau$,其中 τ 为全息匹配滤波器的复振幅透过率,在线性记录条件下,该全息匹配滤波器的复振幅透过率与曝光强度 I 成正比。由此得 P_2 后表面的复振幅分布为

$$\begin{aligned}F(f_x,f_y)\tau &\propto F(f_x,f_y)I(f_x,f_y)\\ &=FHH^*+FR^2+FRH^*\mathrm{e}^{-\mathrm{i}2\pi f_x a}+FRH\mathrm{e}^{\mathrm{i}2\pi f_x a}\end{aligned}\tag{7.2.3}$$

而(在反演坐标下)在 P_3 平面上的复振幅分布 $g(x_3,y_3)$ 为

$$\begin{aligned}g(x_3,y_3)=&\mathscr{F}^{-1}\{F(f_x,f_y)I(f_x,f_y)\}\\ =&f(x_3,y_3)*h(x_3,y_3)\otimes h(x_3,y_3)+R^2f(x_3,y_3)+\\ &Rf(x_3,y_3)\otimes h(x_3,y_3)*\delta(x_3-a,y_3)+\\ &Rf(x_3,y_3)*h(x_3,y_3)*\delta(x_3+a,y_3)\end{aligned}\tag{7.2.4}$$

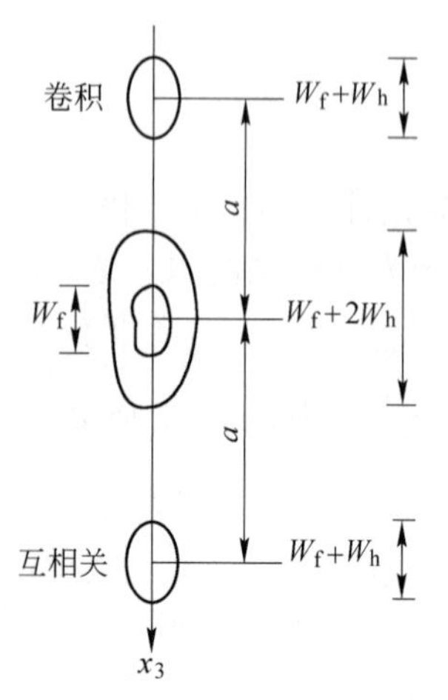

图7.2.2 在 P_3 平面上各输出项的位置

式中重要的是第3、4项,它们分别是输入的物函数与特征信号的互相关和卷积,其中心在($\pm a$,0)处,如图7.2.2所示。在特征识别中,我们关心的是相关。

若待检测的物函数图像中包含特征信号和相加性噪声,则

$$f(x_1,y_1)=h(x_1,y_1)+n(x_1,y_1)\tag{7.2.5}$$

其频谱函数为

$$F(f_x,f_y)=H(f_x,f_y)+N(f_x,f_y)\tag{7.2.6}$$

经 $H^*(f_x,f_y)$ 滤波后的频谱为

$$\begin{aligned}&F(f_x,f_y)H^*(f_x,f_y)\\ &=H(f_x,f_y)H^*(f_x,f_y)+N(f_x,f_y)H^*(f_x,f_y)\end{aligned}\tag{7.2.7}$$

再经透镜 L_2 作傅里叶逆变换后,在输出平面 P_3 上的复振幅

分布为

$$g(x_3,y_3)=h(x_3,y_3)\otimes h(x_3,y_3)+n(x_3,y_3)\otimes h(x_3,y_3) \tag{7.2.8}$$

式中最后一项能量比较弥散，只有特征信号的自相关在相应位置处存在鲜明亮点。至于式(7.2.4)中的第4项，由于卷积的结果获得一个模糊的图像，远不如相关亮点鲜明。因此，利用匹配滤波相关检测方法就可以从带有噪声的信息中提取出有用信息，达到特征识别的目的。

为了使相关项(包括卷积项)与中心项不相互重叠，以避免对识别的干扰，应适当选择参考光倾角的大小。设待检测物函数 $f(x_1,y_1)$ 和特征信号 $h(x_1,y_1)$ 沿 x_3 轴方向的宽度分别为 W_f 和 W_h，而由式(7.2.4)知，其中前2项的宽度分别为 W_f+2W_h 和 W_f，相关项和卷积项的宽度均为 W_f+W_h，由图7.2.2可见，欲使各项完全分离，应该满足下列条件：

$$a>\frac{3}{2}W_h+W_f \tag{7.2.9}$$

而

$$a=\lambda f f_x=\lambda f\frac{\sin\theta}{\lambda}\approx f\theta$$

故

$$\theta>\frac{3}{2}\frac{W_h}{f}+\frac{W_f}{f} \tag{7.2.10}$$

应该指出的是，用傅里叶变换匹配滤波手段进行图像的特征识别处理有其局限性。这是因为匹配滤波器对被识别图像的尺寸缩放和方位旋转都极其敏感(其敏感程度取决于它所匹配的图样的结构，一般要求小于10%的尺寸变化和小于5°的转角)，因而当输入的待识别图像的尺寸和角度取向稍有偏差或滤波器自身的空间位置稍有偏移时，都会使正确匹配的滤波器产生的响应急剧降低，甚至被噪声所湮没，使识别发生错误。目前，已被采用的一种解决方法是制作一组匹配滤波器，其中每一个滤波器与具有不同转角或尺寸的待检测的图样匹配。若这些匹配滤波器中的任何一个有大输出，就说明待测图样已出现在输入上。

为了更好地解决这一困难，多年来经研究人员的努力，又发明了多种实现特征识别的方法，例如，利用梅林变换解决物体空间尺寸改变的问题；利用圆谐变换(Circular Harmonic Transform)解决物体的转动问题；利用哈夫变换(Hough Transform)实现坐标变换；等等。再结合傅里叶变换匹配滤波操作，使其更完善、更实用。近年来随着空间光调制器的研究进展，各种实时器件开始进入应用阶段，用这些器件代替特征识别系统中的全息匹配滤波器，可实现图像的实时输入、滤波和输出。另一方面是将光学与电子计算机结合，实现数字化和智能化。

7.3　用梅林变换作光学相关

上节提到，复空间滤波器用于相关检测时，虽然具有位移不变(Shift Invariant)的特点，但对输入信号的旋转和尺寸变化是十分敏感的。换言之，由复空间滤波器所形成的输入信号的尺寸必须是精确匹配的，否则就会使相关峰大幅度下降。尺寸失调或放大率失调(Miscaling)的问题可以通过梅林变换(Mellin Transform)予以减轻。

梅林变换是卡沙森特(Casasent)和波沙弟斯(Psaltis)提出的。较早曾被成功地用于时变电路(Time-Varying Circuit)理论和空间变图像恢复(Space-variant Image Restoration)中。

函数 $f(\xi,\eta)$ 沿虚轴的二维梅林变换定义为

$$M(\mathrm{i}p,\mathrm{i}q)=M\{f(\xi,\eta)\}=\iint_0^{\infty}f(\xi,\eta)\xi^{-(\mathrm{i}p+1)}\eta^{-(\mathrm{i}q+1)}\mathrm{d}\xi\mathrm{d}\eta \tag{7.3.1}$$

式中,p、q代表频域坐标系,ξ、η代表空域坐标系。如果将$\xi=\mathrm{e}^x$和$\eta=\mathrm{e}^y$代入式(7.3.1),则对函数$f(\xi,\eta)$的梅林变换即为对函数$f(\mathrm{e}^x,\mathrm{e}^y)$的傅里叶变换:

$$M(p,q)=M\{f(\xi,\eta)\}=\iint_{-\infty}^{\infty}f(\mathrm{e}^x,\mathrm{e}^y)\mathrm{e}^{-\mathrm{i}(px+qy)}\mathrm{d}x\mathrm{d}y \tag{7.3.2}$$

式中,为简化符号已令$M(\mathrm{i}p,\mathrm{i}q)=M(p,q)$。由此可知,可以用光学傅里叶变换系统实现梅林变换,只要把输入送到一个"缩放"坐标系,在其中对自然的空间变量做对数式的缩放($x=\ln\xi$,$y=\ln\eta$)即可。例如,可以通过用一个对数放大器驱动阴极射线管的偏转电压,并将得到的缩放信号写入空间光调制器来实现这种缩放。从式(7.3.2)可看出,用光学方法实现梅林变换的主要障碍是对输入信号的非线性变换。

也可以定义逆梅林变换(Inverse Mellin Transform)如下:

$$M^{-1}\{M(p,q)\}=f(\xi,\eta)=\frac{1}{2\pi}\iint_{-\infty}^{\infty}M(p,q)\xi^{\mathrm{i}p}\eta^{\mathrm{i}q}\mathrm{d}p\mathrm{d}q \tag{7.3.3}$$

式中,M^{-1}表示逆梅林变换。可以证明,式(7.3.3)相当于以$\xi=\mathrm{e}^x$和$\eta=\mathrm{e}^y$为变量的傅里叶逆变换,二者是等价的。

在相干光学处理中,应用梅林变换的主要优点是其尺度不变特性(Scale-Invariant Property),即其模值与输入的标度大小变化无关。换言之,对于两个具有不同尺寸而其他方面完全相同的空间函数$f(\xi,\eta)$和$f(a\xi,a\eta)$,其梅林变换是尺度不变的,即

$$|M\{f(\xi,\eta)\}|=|M\{f(a\xi,a\eta)\}| \tag{7.3.4}$$

其中,a是任意尺度因子。

事实上,若令$a\xi=\alpha$,$a\eta=\beta$,则由式(7.3.1)有

$$\begin{aligned}M\{f(a\xi,a\eta)\}&=\iint_0^{\infty}f(\alpha,\beta)\left(\frac{\alpha}{a}\right)^{-(\mathrm{i}p+1)}\left(\frac{\beta}{a}\right)^{-(\mathrm{i}q+1)}\frac{\mathrm{d}\alpha}{a}\frac{\mathrm{d}\beta}{a}\\&=a^{\mathrm{i}(p+q)}\iint_0^{\infty}f(\alpha,\beta)\alpha^{-(\mathrm{i}p+1)}\beta^{-(\mathrm{i}q+1)}\mathrm{d}\alpha\mathrm{d}\beta\\&=\mathrm{e}^{\mathrm{i}(p+q)}M\{f(\xi,\eta)\}\end{aligned} \tag{7.3.5}$$

上式两端取模值,并注意到$|\mathrm{e}^{\mathrm{i}(p+q)}|=1$,由此不难看出式(7.3.4)成立,即$|M\{f(a\xi,a\eta)\}|$与标度大小$a$无关。

与傅里叶变换不同,梅林变换的模不是位移不变的,即

$$|M\{f(x,y)\}|\neq|M\{f(x-x_0,y-y_0)\}| \tag{7.3.6}$$

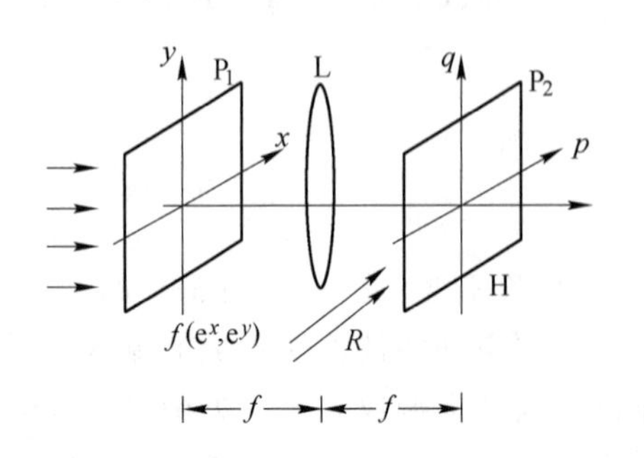

图7.3.1 梅林变换匹配滤波器的光学制作方法

在相关检测中,用于梅林变换光路的频域匹配滤波器可采用全息方法来制作,也可采用计算机原生全息图(Computer Generated Hologram, CGH)来制作。采用光学全息方法制作的光路如图7.3.1所示。根据全息照相原理,底片在线性区工作条件下,按此方法记录的滤波器,其滤波函数可以写成

$$H(p,q)=K_1+K_2|M(p,q)|^2+2K_1K_2|M(p,q)|\cos[\alpha_0 p+\phi(p,q)] \tag{7.3.7}$$

式中

$$M(p,q)=|M(p,q)|e^{i\phi(p,q)}$$

现在把这个空间滤波器置于 $4f$ 系统(见图 6.1.6)的滤波平面 P_2 上,把一透明物 $f(e^x,e^y)$ 置于 $4f$ 系统的输入平面 P_1,则类似于式(7.2.4),在输出平面 P_3 上的光场复振幅分布为

$$\begin{aligned}g(\alpha,\beta)=&K_1f(e^x,e^y)+K_2f(e^x,e^y)*f(e^x,e^y)*f^*(e^{-x},e^{-y})+\\&K_1K_2f(e^x,e^y)*f^*(e^{-x-\alpha_0},e^{-y})+\\&K_1K_2f(e^x,e^y)*f(e^{x-\alpha_0},e^y)\end{aligned}\tag{7.3.8}$$

式中,第 1、2 项代表零级衍射,呈现在输出平面的原点;第 3、4 项各代表相关项和卷积项,分别呈现在 $x=-\alpha_0$ 和 $x=+\alpha_0$ 处,与图 7.2.2 所示类似。这样就明白了在尺度或大小上差别很大的两个物函数,通过梅林变换后,有可能发生光学相关。

由此可见,在常规的光学信息处理系统中,实施梅林变换要求对输入物函数做非线性坐标变换(如图 7.3.2 所示)。它既可以用电子学方法实现,也可以借助于光学坐标变换器,用光学方法实现。在相关检测的应用中,梅林变换技术的重要性在于它在相干光学图像识别系统中的作用。卡沙森特和波沙弟斯已经报道了用光学和电子学寻址器件实现实时梅林变换的方法,有兴趣的读者可以参考相应文献。

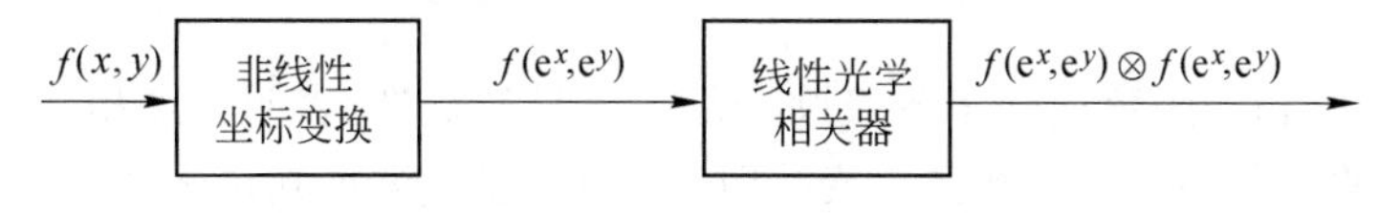

图 7.3.2　梅林变换框图

7.4　用圆谐变换实现光学相关

除了上节提到的尺度变化问题外,光学处理系统也对物体的旋转敏感。为了解决这一困难,下面讨论圆谐函数变换。已知一个二维函数 $f(r,\theta)$ 在 $(0,2\pi)$ 区域连续并可积,则可将它展成傅里叶级数:

$$f(r,\theta)=\sum_{m=-\infty}^{\infty}F_m(r)e^{im\theta}\tag{7.4.1}$$

式中

$$F_m(r)=\frac{1}{2\pi}\int_0^{2\pi}f(r,\theta)e^{-im\theta}d\theta\tag{7.4.2}$$

是傅里叶系数,它是向径的函数;$F_m(r,\theta)=F_m(r)e^{im\theta}$ 称为 m 阶圆谐函数(Circular Harmonic)。

若物体旋转一角度 α,则其目标函数可以写成

$$f(r,\theta+\alpha)=\sum_{m=-\infty}^{\infty}F_m(r)e^{im(\alpha+\theta)}\tag{7.4.3}$$

于是 m 阶圆谐函数发生一个 $m\alpha$ 弧度的位相变化。假定用 $f(x,y)$ 和 $f_\alpha(x,y)$ 分别代表物函数 $f(r,\theta)$ 和 $f(r,\theta+\alpha)$,当把该旋转物函数 $f(r,\theta+\alpha)$ 作用于 $4f$ 系统的输入端时,输出端光场分布中的相关项将按下式进行运算:

$$g_\alpha(x,y)=\int_{-\infty}^{\infty}\int_{-\infty}^{\infty}f_\alpha(\xi,\eta)f^*(\xi-x,\eta-y)d\xi d\eta\tag{7.4.4}$$

显然,若 $\alpha=0$,则自相关峰出现在坐标原点 $x=0,y=0$。将上述积分变换成极坐标系,则在原点(0,0)相关的极坐标表达式为

$$C(\alpha)=\int_0^\infty r\mathrm{d}r\int_0^{2\pi}f(r,\theta+\alpha)f^*(r,\theta)\mathrm{d}\theta \tag{7.4.5}$$

将式(7.4.1)、(7.4.3)代入式(7.4.5),得

$$\begin{aligned}C(\alpha)&=\sum_{m=-\infty}^{\infty}\sum_{m=-\infty}^{\infty}\left[\mathrm{e}^{\mathrm{i}m\alpha}\int_0^\infty F_m(r)F_{m'}^*(r)r\mathrm{d}r\int_0^{2\pi}\mathrm{e}^{\mathrm{i}(m-m')\theta}\mathrm{d}\theta\right]\\&=2\pi\sum_{m=-\infty}^{\infty}\mathrm{e}^{\mathrm{i}m\alpha}\int_0^\infty|F_m(r)|^2r\mathrm{d}r\end{aligned} \tag{7.4.6}$$

在推导中,应用了极坐标系下 δ 函数的表达式:

$$\frac{1}{2\pi}\int_0^{2\pi}\mathrm{e}^{\mathrm{i}(m-m')\theta}\mathrm{d}\theta=\delta_{m\,m'} \tag{7.4.7}$$

根据圆谐函数的定义,式(7.4.6)也可改写成以下形式:

$$C(\alpha)=\sum_{m=-\alpha}^{\alpha}A_m\mathrm{e}^{\mathrm{i}m\alpha} \tag{7.4.8}$$

式中

$$A_m=2\pi\int_0^\infty|F_m(r)|^2r\mathrm{d}r \tag{7.4.9}$$

式(7.4.6)所表示的相关函数包含了各级圆谐函数分量的贡献,表明交叉相关的每个圆谐波分量都有一个不同的相移 $m\alpha$,当旋转角 α 变化时,$C(\alpha)$ 显然不满足旋转不变的条件。但是,当仅利用某一个(某一级)圆谐函数分量作为参考函数时,就可实现旋转不变。例如,设

$$f_{\mathrm{ref}}(r,\theta)=F_m(r)\mathrm{e}^{\mathrm{i}m\theta} \tag{7.4.10}$$

则目标函数 $f(r,\theta+\alpha)$ 与参考函数 $f_{\mathrm{ref}}(r,\theta)$ 在原点(0,0)的相关值,即式(7.4.6)可写成

$$C_m(\alpha)=2\pi\cdot\mathrm{e}^{\mathrm{i}m\alpha}\int_0^\infty r|F_m(r)|^2\mathrm{d}r \tag{7.4.11}$$

或简写成

$$C(\alpha)=A_m\mathrm{e}^{\mathrm{i}m\alpha}$$

这时相关函数的强度是

$$|C(\alpha)|^2=A_m^2=\left|2\pi\int_0^\infty r|F_m(r)|^2\mathrm{d}r\right|^2 \tag{7.4.12}$$

它与目标图形的旋转角 α 无关,因而是旋转不变的。

这一旋转不变的相关识别过程,显然强烈地依赖于极坐标系原点的选择及圆谐函数分量的级次 m 的选择。一般的原则是把原点选在图形的对称中心或大致的中心附近,并选择较低级次的圆谐函数分量作为参考信号。

圆谐函数的匹配滤波器通常是采用计算机原生全息图来制作。

以上3节所介绍的相关检测方法都属于范德·拉格特匹配滤波相关器类型,简称范德·拉格特相关器(Vander Lugt Correlator,VLC),其共同特点是在进行目标识别时,都要先制作待识别目标的复数匹配滤波器(可分为透射型和反射型两种),当匹配滤波器制成后,输入中物体的个数对VLC的性能不产生影响,即抗干扰性强。但要对另外的目标进行识别时,还要重新制作该目标的匹配滤波器,这样操作很不方便,从而不容易进行实时识别,而且自适应能力较差。

VLC能实现对输入图像的比例不变和旋转不变识别,并已实现了小型化,其外观尺寸已做到31 cm×23 cm×15 cm,采用半导体激光器作为光源,用微型透镜部分准直,内置傅里叶变换透镜和匹配滤波器,以实现待识别物体的相关检测。

7.5 半色调网屏技术

半色调网屏是印刷术中用于图像复制过程的一种常用元件。这种网屏技术最初是由泰保于 1852 年提出来的。当时他用类似纱布的网屏,成功地将图像分割为大小不同而密度均匀的许多网点,网点的大小代表图像光密度的强弱。由于早先的网屏其平均透过率约为$\frac{1}{2}$,故称其为半色调网屏(Half-Tone Screen),现在仍沿用这个习惯叫法。这种网屏在光学信息处理中最主要的用途是对图像做非线性处理,如进行图像的等调分层、假彩色编码等。在使用网屏时,有时要与感光胶片保持一定距离,有时要与感光胶片紧密接触(称为密接网屏)。用于光学信息处理的半色调网屏就属于密接网屏。

7.5.1 半色调图片的制作

如图 7.5.1 所示为半色调图片的制作过程,图中 A 代表灰度缓慢变化的物图像,B 代表半色调网屏,C 是高反差负片。三者密接曝光后,经过适当处理,得到一幅由点阵构成的二元半色调图片。适当控制半色调网屏的分布和胶片的阈值,各个网点的大小将与物图像呈非线性关系。图 7.5.2 以 A、B、C 的强度透过率来解释曝光的结果。为了论述方便,下面仅考虑一维情况。图 7.5.2(a)是连续分布的输入物图像的透过率曲线;图 7.5.2(b)是半色调网屏的透过率曲线;图7.5.2(c)是两者的乘积,它与高反差负片的曝光量成正比,在一定的处理条件下,曝光量超过阈值能量的那部分就不透明,低于阈值能量的那部分则透明,从而得到一张由半色调屏编码的二元图片,其透过率曲线如图 7.5.2(d)所示;图 7.5.2(e)是记录在负片上的半色调图像(二元点阵)。曝光阈值可以用人为方法加以控制。

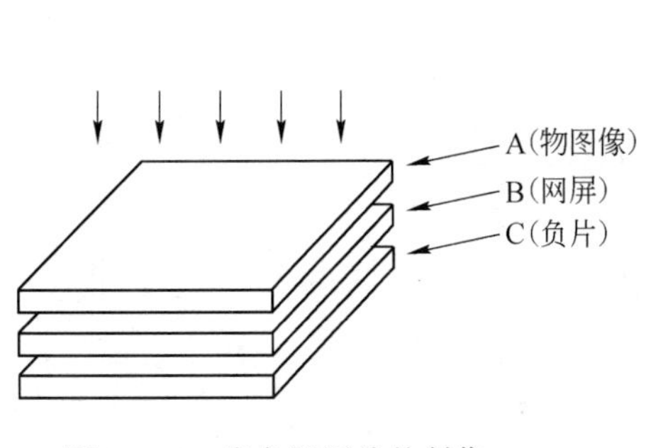

图 7.5.1 半色调图片的制作

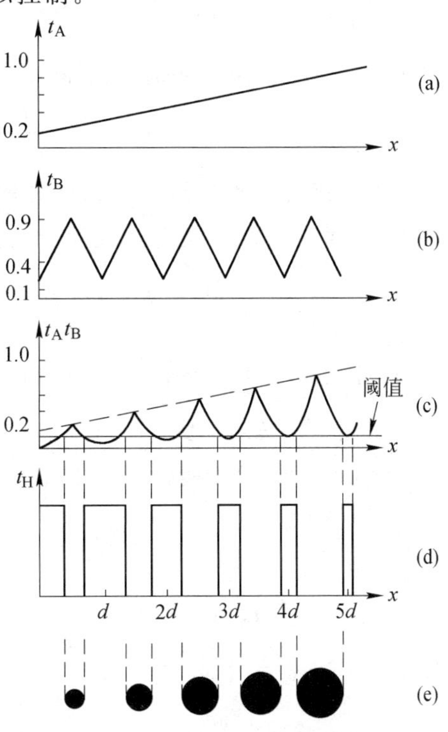

图 7.5.2 半色调图像的形成

7.5.2　半色调网屏对图像的非线性处理

为了理解半色调网屏对图像的非线性处理作用,可以把半色调图像看成是由许多局部区域所组成的,在每个局部区域内近似认为物图像透过率 $t_A(x)$ 无变化。这样,每一个局部区域都可看成是一块光栅,其周期为 d,栅条不透明间隔为 b,透过率曲线如图7.5.3所示,其数学表达式为

$$t_H(x_1) = \text{rect}\left(\frac{x_1}{d-b}\right) * \frac{1}{d}\text{comb}\left(\frac{x_1}{d}\right) = \text{rect}\left(\frac{x_1}{d-b}\right) * \sum_{m=-\infty}^{\infty}\delta(x_1 - md) \qquad (7.5.1)$$

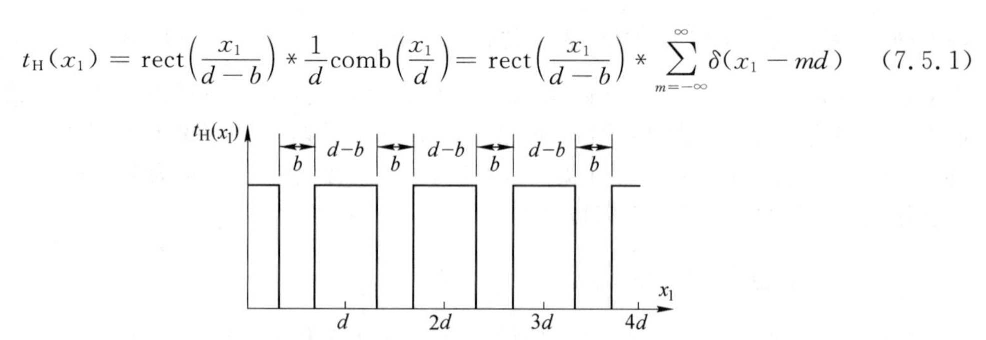

图7.5.3　半色调图片透过率

将半色调图片置于图6.1.6所示 $4f$ 系统的输入面 P_1 上,则在频谱面 P_2 上的复振幅分布是式(7.5.1)的傅里叶变换,即

$$\begin{aligned} T(f_x) = \mathscr{F}\{t_H(x_1)\} &= (d-b)\text{sinc}[(d-b)f_x]\cdot\text{comb}(df_x) \\ &= \frac{d-b}{d}\sum_{m=-\infty}^{\infty}\text{sinc}\left[(d-b)\frac{m}{d}\right]\delta\left(f_x - \frac{m}{d}\right) \end{aligned} \qquad (7.5.2)$$

式中,$f_x=\dfrac{x_2}{\lambda f}$,$x_2$ 是频谱面上的位置坐标,说明半色调图片上所具有的信息经透镜 L_1 后,在 P_2 面上形成一系列分立的频谱,它们的中心位置分别是

$$x_2 = 0, \pm\frac{\lambda f}{d}, \pm\frac{2\lambda f}{d}, \cdots, \pm\frac{m\lambda f}{d}, \cdots \qquad (7.5.3)$$

式中,m 是衍射级次。如果所有的衍射级次都能通过 $4f$ 系统,则在输出面 P_3 上将得到半色调图片的重现象。也可在 P_2 面上放置二元滤波器,选择通过某一级衍射。其中,零级和第 m 级项分别是

$$T_0(f_x) = \delta(f_x)\left(1-\frac{b}{d}\right) \qquad (7.5.4)$$

$$T_m(f_x) = \delta\left(f_x - \frac{m}{d}\right)\left(1-\frac{b}{d}\right)\text{sinc}\left(\frac{d-b}{d}m\right) = \delta\left(f_x - \frac{m}{d}\right)\frac{1}{\pi m}\sin\left(\pi m\frac{d-b}{d}\right) \qquad (7.5.5)$$

式中应用了 sinc 函数的定义式(1.1.3)。

经透镜 L_2 傅里叶逆变换后,像面 P_3 上的复振幅分布为

$$t_0(x_3) = \mathscr{F}^{-1}\{T_0(f_x)\} = 1-\frac{b}{d} \qquad (7.5.6)$$

$$t_m(x_3) = \mathscr{F}^{-1}\{T_m(f_x)\} = \frac{1}{\pi m}e^{i2\pi x_3\frac{m}{d}}\sin\left[\pi m\left(1-\frac{b}{d}\right)\right] \qquad (7.5.7)$$

强度分布为

$$I_0(x_3) = \left(1-\frac{b}{d}\right)^2 \qquad (7.5.8)$$

$$I_m(x_3)=\left(\frac{1}{m\pi}\right)^2\sin^2\left[m\pi\left(1-\frac{b}{d}\right)\right] \tag{7.5.9}$$

在上面的公式中，各级衍射项所成的像都与 b 值有关，而宽度 b 却随原始图像透过率的增加而减小，从而对于零级衍射，其输出强度与原始图像透过率呈单调非线性变化；而对于高级次衍射，则呈现出非线性非单调变化，如图 7.5.4 所示。由于 b 的大小与网屏的设计及原始图像的光场分布有关，因此，利用这些特点，可以实现多种非线性处理。

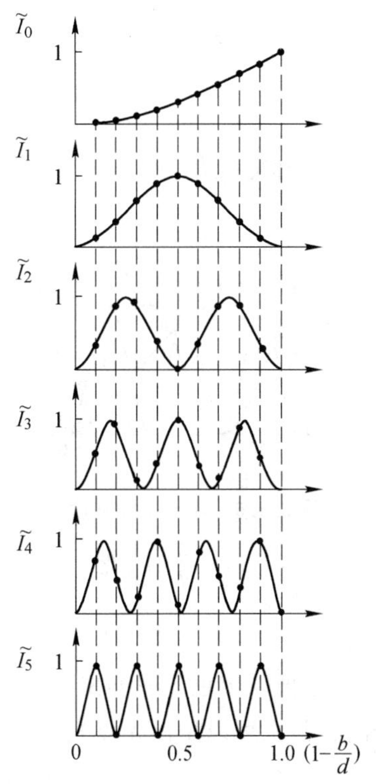

图 7.5.4　0～5 级衍射项归一化输出强度变化规律

7.5.3　几种图像处理实例

1. 图像等调分层

假定输入图像强度为单位强度，则式(7.5.9)可改写为归一化强度，即

$$\tilde{I}_m=\sin^2\left[m\pi\left(1-\frac{b}{d}\right)\right] \tag{7.5.10}$$

图 7.5.4 表示了第 0～5 级衍射项输出强度随 b 的变化规律，$\left(1-\frac{b}{d}\right)$从 0～1 分为 10 个等级，对应的强度值由图中黑圆点代表。可以看出零级衍射项输出强度呈单调非线性变化，其余1～5级衍射项输出强度呈周期性变化，衍射级次越高，交替变化的次数越多，所以采用高衍射级次输出可以对原始图像进行等调分层(或称等密度分切)。例如，在图 7.5.4 中，1 级衍射的 $\tilde{I}_1$ 有 6 种不同等级的强度，即 6 种不同的等密度(等调)分布；5 级衍射的 $\tilde{I}_5$ 在$\left(1-\frac{b}{d}\right)$分别为 0.1，0.3，0.5，0.7，0.9 时给出等密度亮线(密度低)，而在$\left(1-\frac{b}{d}\right)$分别为 0.2，0.4，0.6，0.8，1.0 时给出等密度暗线(密度高)，即同一密度(反映出同一亮度)在图像上呈现出来，并且对于 $\tilde{I}_5$，只有 0 和 1 两种等密度强度，差别很大，又是交替变化，故用第 5 级衍射做等密度分切更为有利。

2. 假彩色编码

一张黑白图像有相应的灰度分布。人眼对灰度的识别能力是不高的，最多有 15～20 层次。但人眼对色度(色彩)的识别能力却是很高的，可以分辨数十种乃至上百种彩色。若能将图像的灰度分布转化为彩色分布，势必大大提高人们分辨图像的能力。这项技术称之为光密度的假彩色编码(Pseudo-color Encoding)或假彩色化。现行假彩色编码的方法已有若干种，这里先介绍采用半色调网屏进行假彩色编码的方法。

假定处理半色调图片的 $4f$ 系统采用 3 种波长的光源，例如，He-Ne 激光器的红光 $\lambda_R=632.8$ nm，Ar^+ 激光器的绿光 $\lambda_G=514.5$ nm 和蓝光 $\lambda_B=488.0$ nm。利用空间滤波器对上述 3 种波长的光分别选择 n、m、l 衍射级次在输出面上成像，由式(7.5.10)知其归一化强度分别为

$$\tilde{I}_{Rn}=\sin^2\left[n\pi\left(1-\frac{b}{d}\right)\right] \tag{7.5.11}$$

$$\tilde{I}_{Gm}=\sin^2\left[m\pi\left(1-\frac{b}{d}\right)\right] \tag{7.5.12}$$

$$\tilde{I}_{Bl}=\sin^2\left[l\pi\left(1-\frac{b}{d}\right)\right] \tag{7.5.13}$$

总的输出光强为

$$\tilde{I}=\tilde{I}_{Rn}+\tilde{I}_{Gm}+\tilde{I}_{Bl} \tag{7.5.14}$$

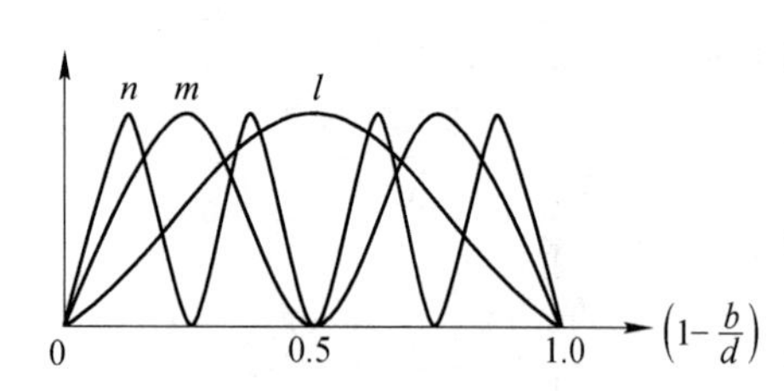

图 7.5.5 输出平面强度三原色对$\frac{b}{d}$的变化

输出光的色彩可以根据对应的3种色光的输出强度由色度图(Chromaticity Diagram)决定。例如,在图7.5.5中取$n=4,m=2,l=1$的特定情况,从图中可看到,对不同的$\frac{b}{d}$值,3种颜色的含量比例不同,在$1-\frac{b}{d}=0.5$处只有蓝光,在$1-\frac{b}{d}=0.25$和$1-\frac{b}{d}=0.75$处只有蓝光和绿光。这样,再加上对照明光强度的调节,就可以对黑白图像假彩色化。

这种以半色调网屏技术为基础的假彩色编码方法,机动性很强。此法不但可以用相干光源实现,也可以用白光点光源配合各衍射级次上的单色滤波来进行。

7.6 其他相干光学处理

7.6.1 用逆滤波器消模糊

在成像过程中,一张照片可能由于种种原因变模糊,如成像系统的像差、目标和底片的相对运动、大气扰动等。但不论属于哪种原因,像模糊都可以归结为系统传递函数的缺陷。如果在相干光学滤波系统(如图6.1.6的$4f$系统)中,在其频谱面上对系统传递函数做适当的补偿,则有可能在输出平面上获得清晰的像。这一相干光学处理过程称为图像消模糊(Image Deblurring)。

1. 基本原理

设物的光场分布为$f(x,y)$,造成模糊像的系统的点扩展函数为$h(x,y)$,由于像函数$g(x,y)$是物函数与点扩展函数的卷积:

$$g(x,y)=f(x,y)*h(x,y) \tag{7.6.1}$$

该卷积的结果就使得图像的细节变得模糊。因此,图像消模糊的问题就变成了去卷积(Deconvolution)的过程。前已指出,在空域中实现卷积运算较为困难,但做频域处理却非常简便。其办法是将模糊图像置于$4f$系统的输入平面上,这时在频谱面上的复振幅分布为

$$G(f_x,f_y)=F(f_x,f_y)H(f_x,f_y)$$

式中,$G(f_x,f_y)$、$F(f_x,f_y)$和$H(f_x,f_y)$各为函数$g(x,y)$、$f(x,y)$和$h(x,y)$的频谱。若选择滤波函数满足下列条件:

$$H'(f_x,f_y)=\frac{1}{H(f_x,f_y)}=\frac{H^*(f_x,f_y)}{|H(f_x,f_y)|^2} \tag{7.6.2}$$

则滤波后的频谱变为

$$G(f_x,f_y)H'(f_x,f_y)=F(f_x,f_y)H(f_x,f_y)\cdot\frac{1}{H(f_x,f_y)}=F(f_x,f_y)\cdot 1 \quad (7.6.3)$$

这时传递函数等于1，像频谱与物频谱完全一样，亦即恢复了原来物函数的频谱。再经一次傅里叶逆变换，在$4f$系统的输出面上便得到$f(x,y)$的清晰像。滤波函数满足式(7.6.2)的滤波器便称为逆滤波器(Inverse Filter)。

2. 逆滤波器的制作方法

由式(7.6.2)看出，逆滤波器由两部分组成，即$H^*(f_x,f_y)$和$\frac{1}{|H(f_x,f_y)|^2}$。因此，仿照7.2节，可以用制作傅里叶变换全息图的方法，先利用点扩展函数$h(x,y)$制作一个全息滤波器，使其滤波函数为$H^*(f_x,f_y)$，然后用普通照相方法在$h(x,y)$的频谱面上用干板进行拍摄，记录它的频谱像，制作一个振幅滤波器，使其滤波函数为$\frac{1}{|H(f_x,f_y)|^2}$。只要记录$h(x,y)$的功率谱，并小心处理使照相胶片的$\gamma=2$，则其振幅透过率就与$\frac{1}{|H(f_x,f_y)|^2}$成比例。使用时将两者对正紧密叠合在一起，便得到了逆滤波器。

应当注意：制作逆滤波器需要预先知道产生像模糊的点扩展函数$h(x,y)$，而这一点往往难以做到，再加之胶片动态范围的限制，使得只能得到近似的逆滤波函数。此外，逆滤波过程与成像过程一样，也受到系统空间带宽积的限制，因此，期望用逆滤波器的办法实现图像超越衍射极限的复原是不现实的。

【例1】摄影时由于不小心，横向抖动了$2a$，形成两个像的重影，试设计一个改良此照片的逆滤波器。

【解】在此情况下引起成像缺陷的点扩展函数为

$$h(x,y)=\delta(x+a)+\delta(x-a) \quad (7.6.4)$$

其傅里叶变换传递函数为

$$H(f_x,f_y)=\mathscr{F}\{h(x,y)\}=e^{i2\pi f_x a}+e^{-i2\pi f_x a}=2\cos(2\pi f_x a) \quad (7.6.5)$$

遂得逆滤波器的滤波函数为

$$H'(f_x,f_y)=\frac{1}{H(f_x,f_y)}=\frac{1}{2\cos(2\pi f_x a)} \quad (7.6.6)$$

7.6.2　光学微分

在6.1节中已指出，利用高通滤波器可以使图像边缘增强，但由于使用高通滤波器时光能量损失很大，因而像的能见度大大降低，减弱了信号。但利用光学微分方法可以得到较满意的结果。

1. 光学微分光路系统及其基本原理

光学微分光路系统仍采用$4f$系统，将待微分的图像置于输入面的原点位置，将微分滤波器置于频谱面上，当位置调整适当时可在输出面上得到微分图形。

设输入图像为$t(x,y)$，其傅里叶变换谱为$T(f_x,f_y)$，由式(1.6.19)知

$$\mathscr{F}\left\{\frac{\partial t(x,y)}{\partial x}\right\}=i2\pi f_x T(f_x,f_y) \quad (7.6.7)$$

显然,如置于频谱面上的滤波器的滤波函数为

$$H(f_x, f_y) = \mathrm{i}2\pi f_x = \mathrm{i}2\pi\left(\frac{x_2}{\lambda f}\right) \tag{7.6.8}$$

则可实现对图像的光学微分。实际上,微分滤波器的振幅透过率只需要满足正比于 x_2,即可达到光学微分的目的(见习题 7.4)。

2. 微分滤波器的制作方法

微分滤波器可用多种方法制作,例如,用光学全息方法或计算全息方法制作。这里仅介绍前一种方法。这种全息微分滤波器实际上是一个复合光栅,它由两套空间取向完全相同、空间频率差为 Δf_0 的一维余弦振幅光栅叠合而成,拍摄光路仍如图 5.8.3 所示,采用两次曝光法,并将干板架置于一个能在水平面内转动的平台上,两次曝光之间使平台旋转一微小角度 $\Delta\theta$,设第一次曝光得到光栅的频率为 f_0,第二次曝光得到光栅的频率为 f'_0,胶片经显影、定影等处理后,便做成了光学微分滤波器。显然,此复合光栅包含了两种频率,为书写简洁起见,设其初始位置时的透过率函数为

$$H\left(\frac{x_2}{\lambda f}, \frac{y_2}{\lambda f}\right) = t_0 + t_1\cos(2\pi f_0 x_2) + t_2\cos(2\pi f'_0 x_2) \tag{7.6.9}$$

把它放到 $4f$ 系统的频谱面上,这样,置于输入面原点的物的频谱受到两个一维余弦光栅的调制,当其受第一次记录的光栅调制后,在输出面上可得到 3 个衍射像,其中零级像在原点,正、负一级像对称分布于两侧,距原点的距离 $l = \pm\lambda f f_0$,f 为透镜焦距。受第二次记录的光栅调制后,在输出面上得到另一组衍射像,其中除零级像与前一个零级像重合外,正、负一级衍射像也对称分布于两侧,与原点的距离 $l' = \pm\lambda f f'_0$。由于 $\Delta f_0 = f'_0 - f_0$ 很小,故 l 与 l' 的差 $\Delta l = \lambda f \Delta f_0$ 也很小。从而使两个对应的 ± 1 级衍射像几乎重叠,使沿 x 方向只错开很小的距离 Δl(见图 7.6.1)。当复合光栅沿 x_2 轴移动 $\frac{1}{4}$ 周期(即 $\frac{1}{4f_0}$)时,将引起光栅条纹的初位相变化 $\frac{\pi}{2}$,而当其移动 Δx_2 时,则其初位相变化由下式确定:

$$\Delta\varphi : \Delta x_2 = \frac{\pi}{2} : \frac{1}{4f_0}$$

由此引起两个同级衍射像的相移量为

$$\Delta\varphi_1 = 2\pi f_0 \Delta x_2, \quad \Delta\varphi_2 = 2\pi f'_0 \Delta x_2 \tag{7.6.10}$$

从而导致两者之间有一附加位相差:

$$\Delta\varphi = \Delta\varphi_2 - \Delta\varphi_1 = 2\pi\Delta f_0 \Delta x_2 \tag{7.6.11}$$

与通常的位相差关系式 $\Delta\varphi = \frac{2\pi}{\lambda}\Delta x$ 相比较,式(7.6.10)引入了一个“等效波长”(Equivalent Wavelength)的概念。令 $\Delta\varphi = \pi$,得

$$\Delta x_2 = \frac{1}{2\Delta f_0} \tag{7.6.12}$$

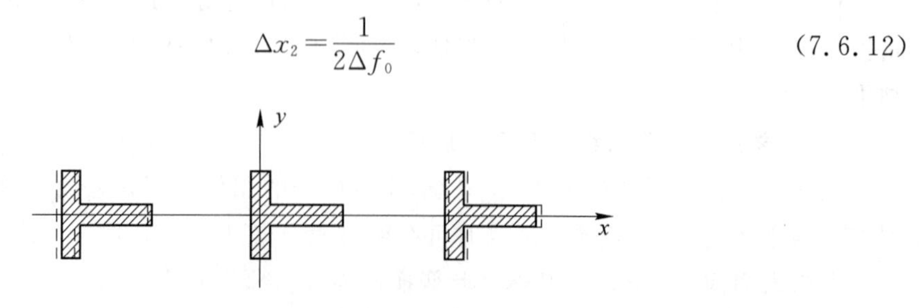

图 7.6.1　在输出平面上得到的图像微分运算结果示意图

这时两个同级衍射像正好相差 π 位相，这样相干叠加时两者的重叠部分（如图 7.6.1 中阴影部分）相消，只剩下错开的图像边缘部分，从而实现了边缘增强。转换成强度时形成亮线，构成了光学微分图形，如图 7.6.2 所示。若将复合光栅条纹在面内旋转 90°，便可得到对 y 方向的微分。

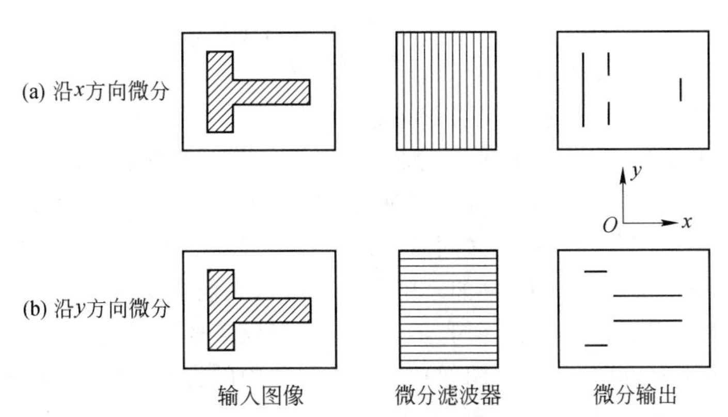

图 7.6.2　光学微分处理过程示意图

上述方法只能进行一维微分运算，即得到 $\frac{\partial t(x,y)}{\partial x}$ 或 $\frac{\partial t(x,y)}{\partial y}$。要想进行二维微分，还必须利用更复杂的微分滤波器。

光学微分的原理并不复杂，这里仍以一维情况为例做一简要说明。由式（7.6.7）可知，只要在 $4f$ 系统的频谱面上放置一滤波器，使其滤波函数 $H(f_x,f_y)$ 正比于 $f_x\left(=\frac{x_2}{\lambda f}\right)$，亦即正比于 x_2，当输入图像的频谱 $T(f_x,f_y)$ 投射其上时，就可得到式（7.6.7）右边的乘积，再经过透镜 L_2 进行一次傅里叶逆变换，便可在输出平面上得到原函数的微商 $\frac{\partial t}{\partial x}$。本系统所利用的复合光栅，其透过率函数在 Δf_0 很小时可认为正比于 x_2，因此用它执行微分滤波器的功能是合适的。

3. 光学微分的应用

人的视觉对于物的轮廓十分敏感，轮廓也是物体的重要特征之一。只要能看到轮廓线，便可大体分辨出是何种物体。因此，如果将模糊图片（如透过云层的卫星照片、雾中摄影片等）进行光学微分，勾画出物体的轮廓来，便能加以识别。这在军事侦察上十分有应用价值。

微分滤波器还可用于对位相物体进行光学微分，以勾画出位相物体的边缘。据此可检测透明光学元件的内部缺陷或折射率不均匀的问题，也可用于检测位相型光学元件的加工是否符合设计要求。

7.7　空间光调制器

7.7.1　空间光调制器的意义和类型

从前面的讨论我们看到，光学信息处理具有大容量、高速度和并行处理的特点。相干光学处理系统可以方便地实现傅里叶变换，并可方便地在频谱面上实现空间滤波，进行频域综合，从而大大增加了处理的灵活性。系统对复振幅的处理能力很强。因此，常用的光学信息处理系统都是相干处理系统。

但是,相干光处理系统在输入和输出上都存在一定困难。由于信息是以光场复振幅分布的形式在该系统中传递和处理的,这就要求把输入图像制成透明片,然后用激光照明。这样就排除了直接使用阴极射线管(CRT)和发光二极管(LED)阵列等作为输入信号的可能性,在许多实际应用中的信号都是以这种方式提供的,它们属于非相干图像。事实上,大量待处理的光学信号都是非相干的,例如,日常生活中的图像、光学系统探测到的目标图像等。这些由非相干光所荷载的信息无法直接耦合到相干光学处理系统中去。虽然可以用照相胶片作为输入透明片,但为了消除乳胶和片基厚度变化引入的附加位相起伏,应采用专门的装置——液门(Liquid Gate,由两块光学平板组成,在两块平板之间插入胶片并注入折射率匹配液,如图7.7.1所示)。这时胶片的振幅透射率可表示为强度透射率的平方根。但是,照片胶片有一个显著的缺点,那就是化学处理所需要的很长的时间滞后。当要处理的数据原本就是照相形式时,可能问题不大,但若信息是在快速收集中(例如采用电子手段),人们希望在电子信息和数据处理系统之间有一个更直接的界面,以实现实时光学处理。这时就需要一个器件,它首先接收非相干光图像(例如CRT或LED阵列显示的图像),通过该器件中的特殊效应,把光学图像所表征的光强分布转换成其他物理量(例如折射率、电压、电荷密度等)的二维分布,再通过器件的另一效应来调制处理系统中相干光的某一参数(例如位相、振幅、偏振态等),从而完成信息从信号源向处理系统的转移,以及信息由非相干光荷载向相干光荷载的转换。这种实现非相干光-相干光转换的器件就是空间光调制器(Spatial Light Modulator,SLM)。

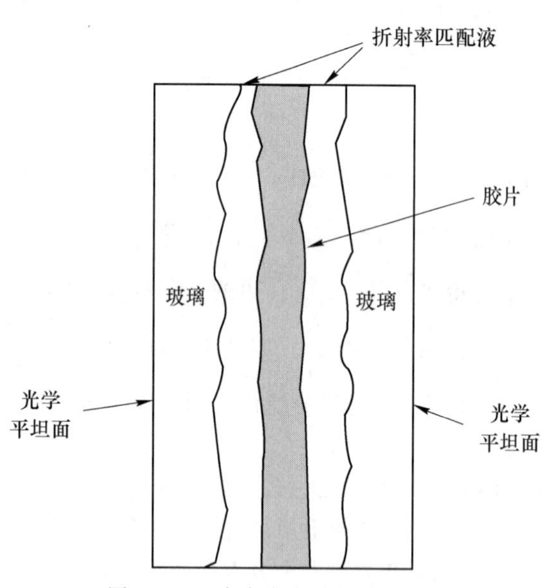

图7.7.1 消除胶片厚度变化的液门
(厚度变化被大大地夸大了)

另一类常用的信号是电信号,如各种电路产生的电信号、雷达信号、太阳辐射的射电信号,以及通过各类传感器转化成的电信号。例如,空中目标经光学系统成像后,常用CCD探测器转变成电信号,日常生活中大量的图像、声音等,也往往通过计算机多媒体转换成视频信号。这些电信号必须通过特殊设计的接口器件把电压、电流的时间变化转化为光学参量的空间变化,方式是控制其吸收或相移的空间分布。该接口器件也是空间光调制器。

概括起来,空间光调制器指的是这样的器件,在信源信号的控制下,它能对光波的某个参量进行调制,例如,通过吸收调制振幅,通过折射率调制位相,通过偏振面的旋转调制偏振态,等等,从而将信源信号所荷载的信息写进入射光波之中。信源信号既可能是光学信号,也可能是电学信号,因此又把空间光调制器分成光寻址和电寻址的两大类。所谓寻址(Adressing),就是写入信号把信息传递到空间光调制器上的相应位置,以改变SLM透过率分布的过程。当信源信号是光学信号时,我们称之为“写入光”(Write Light);照射SLM并从写入光获取所荷载信息的光波称为“读出光”(Readout Light);经SLM输出的光波则称为“输出光”(Output Light),它已包含了被写入的信息。

下面举例介绍光寻址的空间光调制器。

7.7.2　液晶光阀

1. 液晶结构

液晶是某些有机物质(例如芳香族、脂肪族、硬脂酸等)在一定条件下呈现的一种特殊的物质状态,其结构介于液体与固体之间,称为中间态或中间相,又叫液晶相(Liquid Crystal Phase)。液晶也存在于生物结构中,目前已发现或经人工合成的液晶有上千种之多。这类物质在温度升高时其相变过程是由固相变成液晶相,再到液相。换言之,存在一个相当宽的温度范围,使其处于固-液相之间的过渡状态(即液晶相)。这种在一定温度范围内呈现液晶相的物质称为热致液晶(Thermotropic Liquid Crystal)。还有一种液晶物质,将其溶解于水或有机溶剂中形成浓的溶液而进入液晶相,称为溶致液晶(Lyotropic Liquid Crystal)。溶致液晶与生物组织有关,研究其与活细胞的关系是当今生物物理学的热门课题。不过在空间光调制器应用中,大多使用热致液晶。

液晶分子具有细长的棒状结构,长度在几纳米量级,直径在零点几纳米量级,它们的分子排列介于完全规则的晶体和各向同性的液体之间,每个液晶分子的中心在液晶空间的分布是随机的,但分子的取向具有有序性,亦即长棒状分子的长轴方向在一定的温度范围内倾向于彼此平行,该方向 $\boldsymbol{n}$ 称为液晶分子的指向矢(Directed Vector)方向。按分子排列的有序性来区分液晶,大致可将其分为 3 类:层状(近晶型)液晶(Smectic Liquid Crystal);丝状(向列型)液晶(Nematic Liquid Crystal);螺旋状(胆甾型)液晶(Cholesteric Liquid Crystal)。这 3 种典型的液晶结构如图 7.7.2 所示。

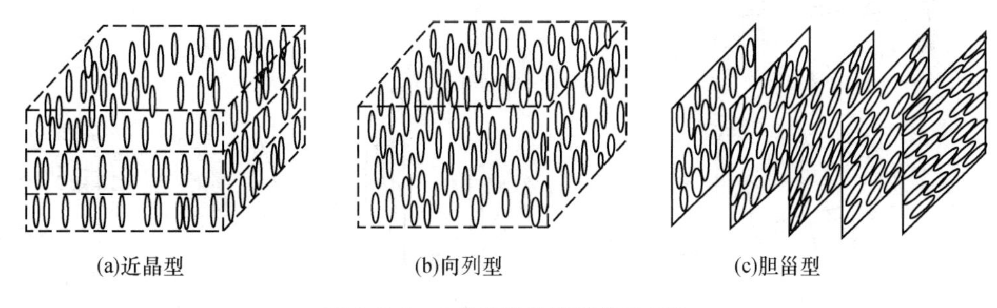

图 7.7.2　3 种典型的液晶分子结构

其中近晶型液晶分子的排列,其指向矢 $\boldsymbol{n}$ 在较大范围内有很好的规律性,使其大体上呈层状排列,每层内的指向矢 $\boldsymbol{n}$ 相互平行,但分子中心在各层内是随机分布的,如图 7.7.2(a)所示。向列型液晶分子的中心在整个体积内是随机分布的,不再分层,但所有分子指向矢的方向大体一致,如图 7.7.2(b)所示。目前在 SLM 中应用最多的液晶正是向列型液晶,其指向矢的方向可以用外界条件来控制。胆甾型液晶分子也呈分层排列,每层内的分子指向矢大体一致,并平行于层面,但相邻层中分子指向矢的方向依次转过一个角度,它是近晶型液晶的一种扭曲形式,总体呈现螺旋状结构,如图 7.7.2(c)所示。

综上所述,液晶具有双重性质,既具有液体的流动性、黏度和形变,又具有晶体所特有的各向异性。分子结构的各向异性必然导致电、磁、光、力学性质的各向异性。由于液晶分子之间的相互作用力远低于固体分子之间的相互作用力,所以液晶的各向异性在外场下会发生显著变化,这种变化远比各向异性晶体强烈。这一特性使我们可以把液晶作为调制介质,构成低耗能、低电压的空间光调制器。光寻址的液晶光阀就属于这类 SLM。

2.液晶盒对分子指向矢的作用

在实际应用中,一般是把一薄层液晶注入两片玻璃片基中,构成液晶盒(Liquid Crystal Cell)。若用纤维性物质定向擦磨基片,即在玻璃片上以表面摩擦的形式施加应力,可使液晶分子的指向矢 $\boldsymbol{n}$ 顺着擦磨方向平行于基片排列。若此时相对的两基片上 $\boldsymbol{n}$ 的排列取向相互平行,称为沿面排列液晶盒;若在基片的表面涂一层特殊材料(如卵酸酯),可使 $\boldsymbol{n}$ 垂直于基片表面排列,这时称为垂面排列液晶盒。

如果在外部条件下液晶中各处的指向矢 $\boldsymbol{n}$ 偏离了它们在平衡状态下的方向,则称液晶发生了形变。液晶的形变包括3种类型:展曲、弯曲和扭曲。当把液晶盒的两个基片做成尖劈形时,沿面排列的液晶产生的展曲形变如图7.7.3(a)所示,而垂面排列的液晶产生的弯曲形变如图7.7.3(b)所示。如果把沿面排列的液晶盒的一个玻璃基片绕垂直于它表面的轴转过一个角度 $\phi_0(0<\phi_0<\pi)$,例如,使两块玻璃基片的擦磨方向正交,则贴近两块玻璃片的液晶分子的排列方向仍与该玻璃片上的擦磨方向一致,而中间的一些液晶分子的取向则会逐步地从平行于一块玻璃片的擦磨方向偏转到平行于另一块玻璃片的擦磨方向,于是出现如图7.7.4所示的扭曲形变。ϕ_0 称为扭曲角。这种扭曲形变是在玻璃基片对液晶长棒分子施加的扭力矩和长棒分子之间产生的回复力矩两者的共同作用下发生的,它使液晶盒中不同位置的分子取向转过不同的角度,这样的液晶盒称为扭曲排列向列液晶盒。

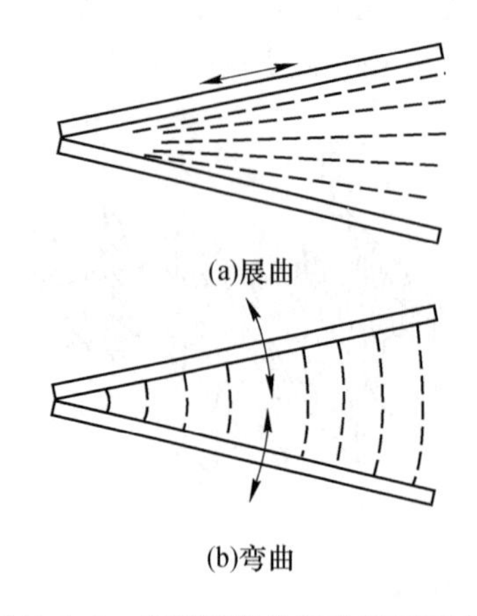

图7.7.3　向列液晶的两种形变示意图

图7.7.4　向列液晶扭曲形变(90°扭曲液晶盒)示意图

3.液晶的双折射

液晶具有双折射性质,其介电常量和折射率表现出各向异性。常用 $\varepsilon_{/\!/}$ 和 $\varepsilon_{\perp}$ 分别表示沿液晶分子长轴方向和垂直于液晶分子长轴方向上的介电常量,$\varepsilon_{/\!/}>\varepsilon_{\perp}$ 的液晶称为正性液晶或P型液晶;而 $\varepsilon_{/\!/}<\varepsilon_{\perp}$ 的液晶则称为负性液晶或N型液晶。多数液晶只有一个光轴,光波在液晶中沿光轴方向传播时不发生双折射。向列型液晶的分子长轴方向就是其光轴方向。实验表明:向列型液晶在光频范围内相当于一个正单轴晶体,其在平行于晶体长轴的偏振方向折射率较大(非常光折射率 n_e),而在所有垂直于长轴的偏振方向有较小的均匀折射率(寻常光折射率 n_o),且其 $\Delta n=n_e-n_o$ 在0.1~0.3之间,随材料和温度不同而异。由此可见,液晶的双折射效应十分显著。近晶型液晶具有类似于负单轴晶体的光学特性($n_e<n_o$)。胆甾型液晶的光轴垂直于层面而平行于螺旋轴,也具有负单轴晶体的光学特性。

4. 光寻址液晶光阀

光寻址液晶光阀(Liquid Crystal Light Valve,LCLV)是一种利用液晶对偏振光的作用而制成的空间光调制器,是常用的非相干光-相干光图像转换器,其结构如图 7.7.5 所示。它是一个由多层薄膜材料组成的夹层结构,在两片玻璃衬底的里面是两层由铟-锡氧化物制成的透明电极,电极里面是硫化镉(CdS)光电导层(厚度为5～10 μm)、碲化镉(CdTe)光阻挡层、介质反射膜和液晶盒。向列液晶层作为光调制层,其厚度一般取 $d<10$ μm,很多情况下仅为 2 μm。硫化镉(光电导层)为光敏材料,在无外界光写入时,其电阻率很高,而当外界光写入时,由于光电效应其电阻率急剧下降。光阻挡层的作用是阻挡左侧的写入光与右侧的读出光相互串扰。介质反射膜反射率达 90%,用于反射读出光,使其两次通过液晶层形成出射光,同时还用作俩透明电极之间的绝缘体,以防止外加电源直流电流流过液晶层。两基片(又叫定向层)的取向互成 45°夹角,液晶盒内表面的定向层使液晶分子在前后玻璃基片表面都沿面平行排列,因此没有外加电压时液晶分子有 45°的扭曲①。在器件的两个电极上加了音频交流电压(其频率值在 1～10 kHz,电压在 5～10 V)。器件的面积可达 50×50 mm²。这种器件要外接一个起偏器和检偏器,并让起偏器的透振方向与前表面的液晶分子排列方向平行,检偏器的透振方向则与起偏器的透振方向正交。

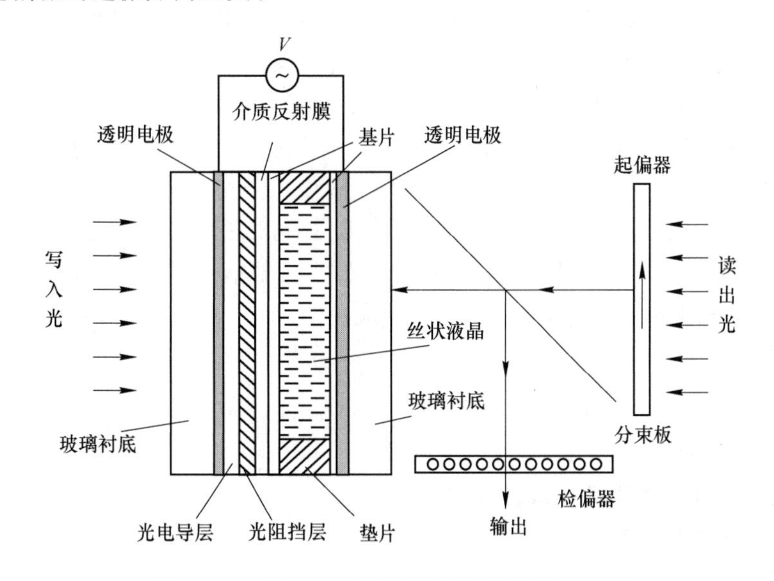

图 7.7.5　硫化镉液晶光阀(LCLV)结构示意图

工作时将待处理的非相干图像从左侧成像在光电导层上,把它作为写入光。读出光束采用相干激光,经扩束准直后从右侧入射,经起偏器使其偏振方向与液晶右侧(前表面)分子指向矢方向一致。因此当其通过液晶层时,偏振方向跟随着液晶分子的扭曲方向转动,到达电介质反射镜时偏振方向转过了 45°,反射之后光第二次通过液晶往回走,其偏振方向又一次跟随分子的排列方向,回到其原始状态。由于检偏器的透振方向垂直于起偏器的透振方向,故在没有写入光时产生一个均匀的暗场输入图像。如果有写入光加到此器件上,则在液晶层两侧会建立起一个空间变化的交流电场,不紧靠定向层的液晶分子的长轴开始沿场的方向排列,指向垂直于玻璃基片的方向,部分地倾斜越出横断面,从而产生双折射效应,其倾斜量与写入光强度

① 之所以选择 45°扭曲,在于此时双折射效应引起的位相差最大。

成正比。双折射效应使非常光和寻常光通过液晶后产生位相差,从而使得线偏振的输入光转换成输出的椭圆偏振光,其椭圆度取决于外场(写入光)的强度。椭圆偏振光场有一个平行于输出检偏器方向的分量,因此有一些反射光通过检偏器。

加在两透明电极上的外电压,作用在液晶层、反射膜、光阻挡层和光电导层上。由于光阻挡层和反射膜都很薄,交流阻抗很小,外电压主要降落在光电导层和液晶层上。在无光写入(或对于写入图像的暗区)时,光电导层的电阻率很高,光阀上所加的电压几乎全部降在光电导层上,液晶层上的电场很小,不足以产生明显的双折射效应,也不能使液晶分子离开原来的扭曲状态,仍保持45°扭曲排列结构,则读出光在相应的暗区像素上基本没有受到调制作用,输出光几乎为0。反之,当有外界光写入(或对于写入图像的亮区)时,由于光电效应使光电导层的电阻率急剧下降,外加电压将穿过光电导层直接加到液晶层上,使液晶的光轴在外电压的作用下发生偏转(电光效应),从而产生双折射,使在液晶出射端的输出光变成椭圆偏振光。通过偏振分束板(常采用偏振分光棱镜),获得在检偏器上的透射分量,从而可观察到读出光的亮暗变化,实现光调制。由于液晶层和光电导层的电阻率相对较高,横向相邻点间的亮暗变化引起的电位变化不会相互影响,因此当写入光为一幅图像时,液晶层的读出光也会输出一幅图像,在写入图像亮度不同的区域,输出光强也不同。于是输出光的光强空间分布就按照写入光图像的空间分布来调制。通常写入光可以是非相干光(用非相干光写入可以避免相干噪声,获得较高的分辨率),而读出光则为相干光。于是它显然实现了非相干光-相干光图像转换功能。从检偏器输出的光信号直接进入相干光学处理系统做下一步处理。

液晶光阀的响应时间在数十毫秒左右,其分辨率可达30～100线对/毫米。它是一种光并行寻址器,不仅可以将非相干光图像转换成相干光图像,还可以提供图像增强功能,亦即可以将写入的非相干弱光图像用一个强的相干光源读出,还可以提供波长转换功能,例如,一幅红外的非相干光图像可以用来控制一个可见光波段器件的振幅透过率。因此,LCLV在光学信息处理、光计算和图像显示等领域获得了广泛的应用。

本章重点

1. 图像相减和匹配滤波识别。
2. 半色调网屏对图像的非线性处理。
3. 光学微分处理过程。
4. 空间光调制器。

思考题

7.1 如何从实验上制作一个复合光栅?试设计出一种全息记录光路。

7.2 在7.6节中“利用复合光栅实现光学图像微分”和7.1节中“用正弦光栅实现光学图像相减”,二者都涉及图像相减。试问在原理上有何异同点?

7.3 把图X7.1所示振幅滤波器与位相滤波器叠合在一起,构成复合滤波器,它可在相干光学处理系统中用来实现光学微分。试说明其理由。

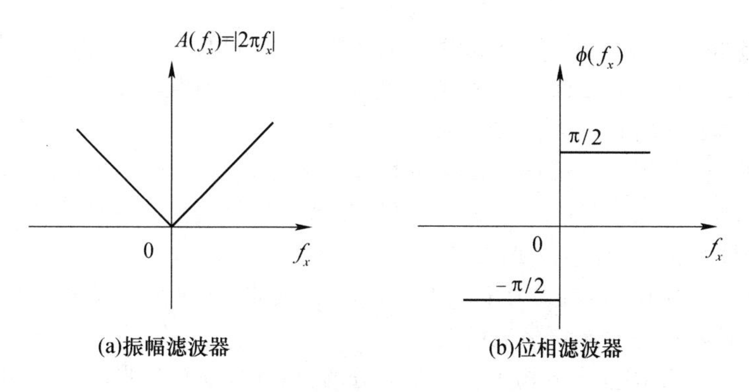

图 X7.1　实现光学微分的一种方法

7.4　半色调网屏是如何对图像进行非线性处理的?

7.5　为什么液晶光阀可以把非相干光图像变为相干光图像?其中的高反射膜是否可以用金属膜?

习　　题

7.1　用 Vander Lugt 方法综合一个频率平面滤波器,如图 X7.2(a)所示,一个振幅透过率为 $s(x,y)$的"信号"底片紧贴着放在一个会聚透镜的前面,用照相底片记录后焦面上的强度,并使显影后底片的振幅透过率正比于曝光量。把这样制得的透明片放在图 X7.2(b)的系统中,假定在下述每种情况下考查输出平面的适当部位,问输入平面和第一个透镜之间的距离 d 应为多少,才能综合出脉冲响应为 $s(x,y)$的滤波器,以及脉冲响应为$s^*(-x,-y)$的"匹配"滤波器?

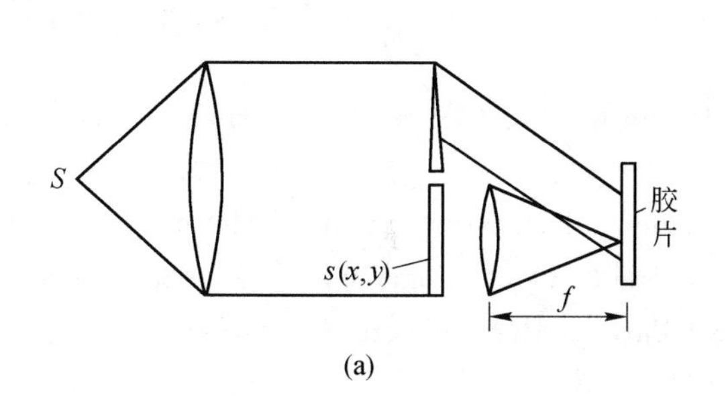

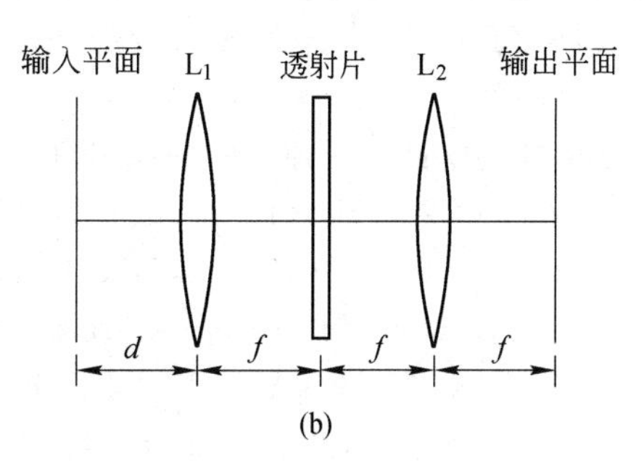

图 X7.2　习题 7.1 图示

7.2　振幅透过率为 $h(x,y)$和 $g(x,y)$的两张输入透明片放在一个会聚透镜之前,其中心位于坐标$\left(x=0,y=\dfrac{Y}{2}\right)$和$\left(x=0,y=-\dfrac{Y}{2}\right)$上,如图 X7.3 所示,把透镜后焦面上的强度分布

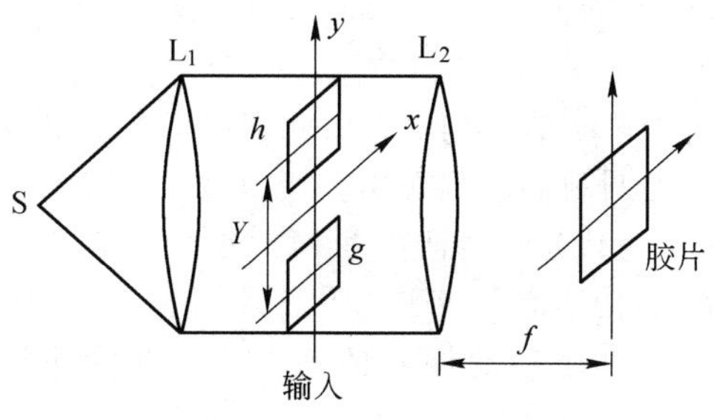

图 X7.3　习题 7.2 图示

记录下来,由此制得一张 $\gamma=2$ 的正透明片。把显影、定影后的正透明片放在同一透镜之前,再次进行变换。试证明透镜后焦面上的光场振幅含有 h 和 g 的互相关,并说明在什么条件下,互相关项可以从其他输出分量中分离出来。

7.3 在照相时,若相片的模糊只是由于物体在曝光过程中的匀速直线运动造成的,运动的结果使像点在底片上的位移为0.5 mm。试写出造成模糊的点扩展函数 $h(x,y)$。如果要对该相片进行消模糊处理,试写出逆滤波器的透过率函数。

7.4 设某滤波器的滤波函数为 $H(f_x)=af_x$,将其放在 $4f$ 系统的频谱面上。试证明:这时在像平面上将得到物平面上物函数的微分。

7.5 在7.6节讨论用复合光栅进行光学微分的实验中,设光波波长 $\lambda=0.6328\ \mu m$,透镜焦距 $f=20$ cm,两次曝光所得光栅的频率各为 $f_0=50$ 线/毫米,$f'_0=52$ 线/毫米,试求其±1级衍射像彼此错开的距离。为了使两个同级衍射像正好相差 π 位相,复合光栅位移量应等于多少?

7.6 摄影时由于人的轻微移动或大气的扰动,会导致所摄图像模糊。试设计一个改良此照片的逆滤波器。

本章参考文献

[1] CASASENT D,PSALTIS D. Scale Invariant Optical Correlation using Mellin Transforms[J]. Optics Communications,1976(17):59.

[2] BRACEWELL R. The Fourier Transform and Its Application[M]. New York:McGraw-Hill,1963.

[3] SAWCHUK A A . Space-Variant Image Restoration by Coordinate Transformation[J]. Journal of the Optical Society of America,1974,64:138.

[4] CASASENT D,PSALTIS D. Scale Invariant Optical Transform[J]. Optical Engineering,1976,15:258-261.

[5] BRYNGDAHL O. Geometrical Transformations in Optics[J]. Journal of the Optical Society of America,1974,64:1092-1099.

[6] SAITO Y,KOMATSU S,OHZU H. Scale and Rotation Invariant Real Time Optical Correlator Using Computer Generated Hologram[J]. Optics Communications,1983,47:8-11.

[7] HSU Y N,ARSENAULT H H. Optical Pattern Recognition Using Circular Harmonic Expansion[J]. Applied Optics,1982,21:4016-4019.

[8] YU F T S,JUTAMULIA S. Introduction to Information Optics[M]. New York:Academic press,2002:104-107.

[9] DUTHIE J G,UPATNIEKS J. Compact Real-time Coherent Optical Correlator[J]. Optics Engineering,1984,23:7-11.

[10] WEAVER C S,GOODMAN J W. A Technique for Optically Convolving Two Functions[J]. Applied Optics, 1996,5:1248-1249.

[11] 赵达尊,张怀玉.空间光调制器[M].北京:北京理工大学出版社,1992.

[12] 李育林,傅晓理.空间光调制器及其应用[M].北京:国防工业出版社,1996.

[13] 宋菲君,JUTAMILIA S.近代光学信息处理[M].北京:北京大学出版社,1998:174-223.

[14] 段作梁,刘艺,王仕璠.双功率谱干涉实现图像识别[J].中国激光,2002,29(4):356-358.

[15] 钟黔川,刘艺,王仕璠.基于逆滤波器的旋转不变匹配滤波相关识别[J].中国激光,2002,29(10):941-944.

第8章 非相干光学处理

8.1 相干与非相干光学处理的比较

利用非相干光照明的信息处理系统称为非相干光学处理系统，这种系统传递和处理的基本物理量是光场的强度分布。早在20世纪20年代就有人提出这类系统，但由于在非相干光照明情况下，输入函数和脉冲响应都只能是强度分布，亦即只能是非负的实函数，这样就严重限制了系统的处理对象，例如，对大量双极性质的输入和脉冲响应，处理起来就比较困难。尤其是到20世纪60年代出现了相干性优良的激光器后，由于相干光学系统可以方便地实现傅里叶变换，系统对复振幅的处理能力很强，可以方便地在空间频率域中实现空间滤波，进行频域综合，从而大大增加了处理的灵活性。这样人们把注意力逐渐集中到了相干光学处理系统的研究上。又由于当时全息照相技术的发展，相干光学处理技术的研究极为活跃，一度曾使非相干光学处理技术相形见绌。

多年来的实践表明，相干光学处理中存在一些突出问题。首先是相干噪声比较严重，对系统装置的定位要求较高，因而对相干光学系统中的光学元件也提出了较高的要求，因为任何表面损伤(划痕、缺陷等)和尘埃都会引起衍射现象，从而在输出面上叠加上许多衍射斑，以致增大图像上的噪声。其次，正如在7.7节中指出的，相干光学系统在输入和输出上也存在问题，由于信息是以光场复振幅分布的形式在系统中传递和处理的，这就要求把输入图像制成透明片，然后用激光照明。这样就排除了直接使用阴极射线管(CRT)和发光二极管(LED)阵列作为输入信号的可能性，而在许多实际应用中的信号是以这种方式提供的。虽然可以用照相胶片作为输入透明片，但为了消除乳胶和片基厚度变化引入的附加位相起伏，应采用专门的装置——液门。所以，如果采用空间光调制器来实现非相干光-相干光转换，则对其光学质量和动态范围的要求十分苛刻。此外，在探测相干系统的输出时，只能做强度记录，丢失了输出的位相信息。这一损失有时也会限制相干系统的应用。

非相干光学系统最大的优点是没有相干噪声，同时对尘埃和元件表面的划痕、缺陷也不那么敏感，采用扩展光源还可获得更多的信息传输通道，大大削弱了尘埃、划痕等对信息传递的影响，同时也不需要液门装置。所以，只要设法解决它不能直接处理复函数和负值函数的问题,非相干光学系统也可以和相干光学系统一样,成为光学信息处理领域中一个重要的组成部分。

非相干光学系统虽然不像相干光学系统那样具有物理上的频谱面,但其光瞳函数与系统的光学传递函数之间存在着自相关函数关系,因而可以根据要求的输入-输出关系,提出系统所需的光学传递函数,设计光瞳函数,实现信息处理。典型的非相干光学处理系统可分为两大类,一类是在空域中作运算(投影法、成像法);另一类是在频域中作运算。前者利用几何光学成像原理,进行相关运算;后者基于衍射的非相干空间滤波-OTF综合。此外,还有一类非相干光学处理系统是离焦(或散焦)系统。

近年来,白光信息处理技术发展迅速且备受人们的关注。由于白光信息处理技术在一定程度上吸收了相干光学处理和非相干光学处理的优点,因而在应用上取得了明显的效果。

8.2 基于几何光学的非相干处理系统

8.2.1 图像乘积的积分运算

实现两个函数的卷积和相关是光学信息处理中最基本的运算。在相干光学处理系统中,这些运算是通过两次傅里叶变换和频域乘积运算来完成的。非相干处理系统由于没有物理上的频谱面,故不能按照相干系统的方法处理。但是从空域来看,卷积和相关运算都包括位移、乘积和积分3个步骤,故非相干光学系统也可完成这些运算。下面首先介绍乘积的积分运算。

把一张强度透射率为 $f(x,y)$ 的透明片,在强度透射率为 $h(x,y)$ 的另一张透明片上成像。当成像放大率 $M=1$ 时,则在第二张透明片后表面每点的光强都是两者的乘积 $f(x,y)\cdot h(x,y)$。当用光电探测器测量透过这两块透明片的总强度时,给出的光电流为

$$I=\iint_{-\infty}^{\infty} f(x,y)h(x,y)\,\mathrm{d}x\mathrm{d}y \tag{8.2.1}$$

如图8.2.1所示是实现乘积的积分运算的一种光路系统。S是均匀非相干光源,透镜 L_1 将它的一个放大像成像于 P_1 平面,用它来照明 P_1 面上强度透射率为 $f(x,y)$ 的透明片。透镜 L_2 将 $f(x,y)$ 成像在 $h(x,y)$ 上。而透镜 L_3 将透过 $h(x,y)$ 的一个缩小像投射到探测器D上。积分式(8.2.1)便体现了透镜 L_3 的会聚作用,故 L_3 又称为积分透镜①。

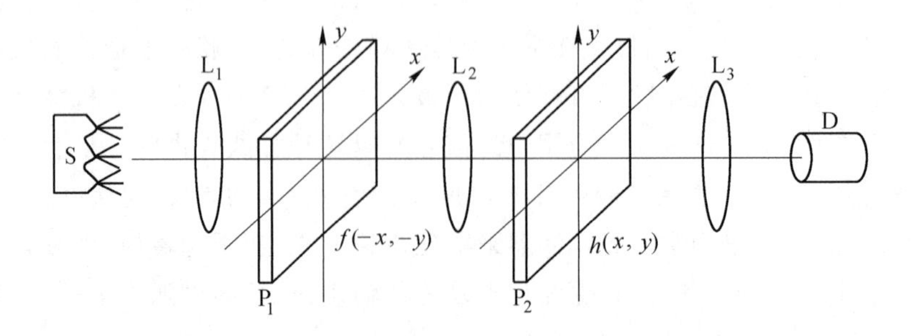

图8.2.1 实现一个乘积的积分的系统(成像法)

① 注意:置于 P_1 平面的透明片应该倒置,形成 $f(-x,-y)$,原因是经 L_2 成像后将使之坐标反转。

8.2.2 图像的相关和卷积

现在，若使图 8.2.1 中一张透明片做匀速运动，并把测量的光电流响应作为时间的函数，就可实现 $f(x,y)$ 和 $h(x,y)$ 的一维卷积。例如，让透明片 $h(x,y)$ 按反射的几何位置放入，使得式(8.2.1)变成

$$I=\iint_{-\infty}^{\infty} f(x,y)h(-x,-y)\mathrm{d}x\mathrm{d}y$$

若令 h 沿正 x 方向以速度 v 运动，则探测器测得的便是随时间变化的 $I(t)$ 值：

$$I(t)=\iint_{-\infty}^{\infty} f(x,y)h(vt-x,-y)\mathrm{d}x\mathrm{d}y$$

显然，光电探测器测得的 $I(t)$ 值是函数 f 和 h 在 $(x=vt,y)$ 点的一维卷积。随着时间 t 的变化(亦即 x 发生的变化)，光电探测器对卷积函数扫描。若把 $h(x,y)$ 放在能做二维运动的装置上，便可实现对二维卷积函数的扫描，在 x 方向上的每一次扫描，沿 y 的正方向都有不同的位移 y_m，那么光电探测器的响应为

$$I_m(t)=\iint_{-\infty}^{\infty} f(x,y)h(vt-x,y_m-y)\mathrm{d}x\mathrm{d}y \tag{8.2.2}$$

这样，便得到了完整的二维卷积(虽然在 y 方向是采样的)。

由于非相干光学系统处理的是非负的实函数，因此在这里，相关运算不需要取复共轭，它与卷积运算的区别仅在于，两个函数之一没有“折叠”的步骤，所以只要使 h 透明片按正向几何位置放入就可实现两者的相关运算。若使 $h(x,y)$ 沿 x 轴和 y 轴的负方向分别移动 x_0 和 y_0，则 $h(x,y)$ 变成 $h(x+x_0,y+y_0)$，于是光电探测器的响应为

$$\begin{aligned}I(x_0,y_0)&=\iint_{-\infty}^{\infty} f(x,y)\cdot h(x+x_0,y+y_0)\mathrm{d}x\mathrm{d}y\\&=f(x_0,y_0)\otimes h(x_0,y_0)\end{aligned} \tag{8.2.3}$$

这就是 f 和 h 在 (x_0,y_0) 点的相关值。

利用这种系统可以使模糊图像复原，这时 $f(x,y)$ 是模糊图像，$h(x,y)$ 是用来补偿模糊图像函数的脉冲响应，也可以用于特征识别，这时 $h(x,y)$ 将设计成识别特定目标的掩模板，即以上述系统为基础，加上产生多重像的透镜阵列，便可形成多通道相关器，如图 8.2.2 所示。掩模板由子掩模 $h_{mn}(x,y)$ 的二维阵列组成，A 是由许多小透镜组成的“蝇眼”透镜组(Fly's-eye Lens Array)，输入函数 $f(x,y)$ 经透镜 L_1 和蝇眼透镜组 A，在每个子掩模上产生一个 $f(x,y)$ 的像，故在 (m,n) 那个探测器 D_{mn} 处得到的光强输出为

$$I_{mn}=\iint_{-\infty}^{\infty} f(x,y)h_{mn}(x,y)\mathrm{d}x\mathrm{d}y \tag{8.2.4}$$

式中，$m=1,2,\cdots,M;n=1,2,\cdots,N$。

这种相关器由于能使不同掩模同时与输入函数 $f(x,y)$ 相关，因此大大增加了相关器的处理能力。若用作识别装置，它能识别各种不同类型的目标，故得到了广泛的应用。

除了采用运动法实现图像的相关与卷积外，也可采用无运动元件的方式来实现。这种方法避免了机械扫描的麻烦，其光路如图 8.2.3 所示，采用单透镜非相干处理系统。强度透射率各为 $f(x,y)$ 和 $h(x,y)$ 的两张透明片置于扩展光源 S 和透镜 L 之间，彼此相距为 d，透镜焦距

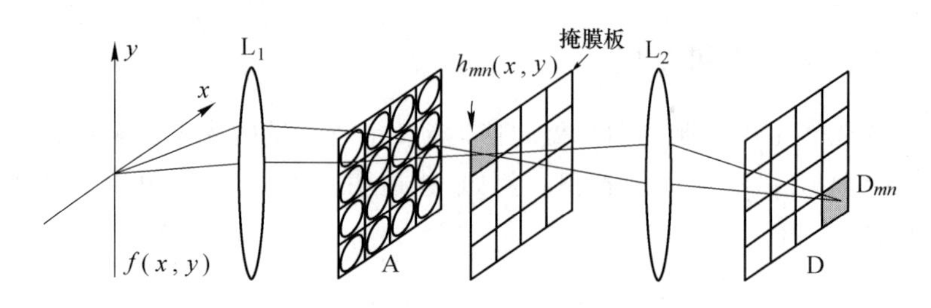

图 8.2.2　多通道相关器

为 f。假定单位强度、方向余弦为(α,β)的光线自(x,y)点通过 $f(x,y)$，此光线必在$(x+\alpha d,y+\beta d)$点通过 $h(x,y)$，则在 $h(x,y)$后表面的光强度为 $f(x,y)h(x+\alpha d,y+\beta d)$。透镜 L 把方向余弦为$(\alpha,\beta)$的一束光线会聚于其后焦面上一点$(\alpha f,\beta f)$，故此点的光强度为

$$I(\alpha,\beta)=\iint_{-\infty}^{\infty}f(x,y)h(x+\alpha d,y+\beta d)\mathrm{d}x\mathrm{d}y \tag{8.2.5}$$

实际上，积分面积是 $f(x,y)$和 $h(x,y)$的透光部分。上述积分就是 f 和 h 的互相关。若 $f(x,y)=h(x,y)$，则 $I(\alpha,\beta)$就是 f 的自相关函数。图 8.2.3 中的透镜 L 也是一个积分透镜。

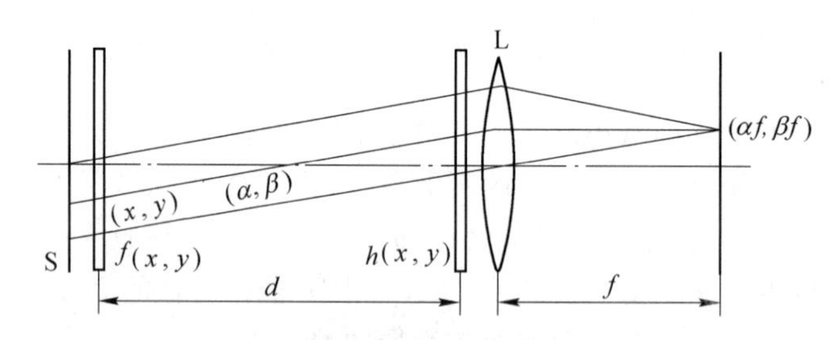

图 8.2.3　单透镜非相干处理系统(投影法)

如果在透镜 L 的后焦面上安放一光电探测器阵列 D，则在阵列 D 的不同位置将同时接收到相应的相关值。因此，可以用此系统来实现特征识别。

当把输入透明片 $f(x,y)$和 $h(x,y)$中的一个倒置，如令 $h(x,y)$倒置，则式(8.2.5)变为

$$I(\alpha,\beta)=\iint_{-\infty}^{\infty}f(x,y)h(\alpha d-x,\beta d-y)\mathrm{d}x\mathrm{d}y \tag{8.2.6}$$

这样就得到了二者的卷积。事实上，对于实函数，卷积运算和相关运算是十分相似的，因为有

$$f(x,y)\otimes h(x,y)=f(-x,-y)*h(x,y)$$

所以只要在实现相关运算的非相干系统中，将这两个函数之一按反演坐标方向放置，相关运算就变成了卷积运算。

上述非相干系统的优点是简单易行，缺点是两个函数的运算是依靠几何光学的成像和投影，在空域中实现的，完全忽略了结构的衍射效应。而事实上存在的衍射效应必然会给系统的性能带来影响，例如，当输入图像 $f(x,y)$的空间结构越精细时，通过它的光被衍射得越多，而投射到 $h(x,y)$上参与相关的光就越少，相关值相应地大为减小，得到的相关值误差就越大，以致失去相应的价值。所以用这种系统处理的图像，其分辨率将受到限制。就衍射影响来看，投影法较成像法更为严重。

8.2.3　双极性信号的处理技术

所谓双极性信号，是指正值和负值都有可能出现的信号。由于非相干处理系统是对光强

度进行运算的，而光强度总是非负的，所以它不能直接对双极性信号进行处理，这就要求采取适当措施解决负值问题。最简单的办法是在两个图像函数中都加入适当大的正数(即加入一个足够强的均匀光强)，使它们变成单极性函数。这种方法称为直流偏置技术。令偏置量的大小分别为 b_1、b_2，则透镜 L 后焦面上的光强分布为

$$\iint_{-\infty}^{\infty}[f(x,y)+b_1]\cdot[h(x+\alpha d,y+\beta d)+b_2]\mathrm{d}x\mathrm{d}y$$
$$=b_1b_2\iint_{-\infty}^{\infty}\mathrm{d}x\mathrm{d}y+b_2\iint_{-\infty}^{\infty}f(x,y)\mathrm{d}x\mathrm{d}y+b_1\iint_{-\infty}^{\infty}h(x+\alpha d,y+\beta d)\mathrm{d}x\mathrm{d}y+$$
$$\iint_{-\infty}^{\infty}f(x,y)h(x+\alpha d,y+\beta d)\mathrm{d}x\mathrm{d}y \tag{8.2.7}$$

式中最后一项即所需要的相关函数。但由于其他 3 项的存在，对比度将显著下降。

8.2.4　利用散焦系统的非相干叠加积分

利用如图 8.2.4 所示的散焦系统，可以直接综合一个想要的非负的脉冲响应。图中，均匀散射光源 S 经透镜 L_1 在输入透明片 $f(x,y)$ 上成像，$f(x,y)$ 经透镜 L_2 在平面 P′上成 1∶1 的像。具有非负脉冲响应形式的透明片 $h(x,y)$ 紧贴 L_2 的后表面。透明片的强度透过率与所要求的脉冲响应形式相同，在距像平面 Δ 处的离焦平面 $P(x_d,y_d)$ 上接收该系统的输出。

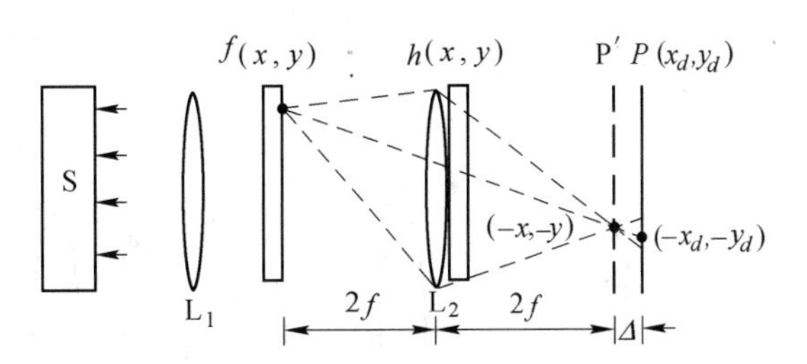

图 8.2.4　用散焦系统得到脉冲响应的综合

为了解释该系统的工作原理，现考虑 $f(x,y)$ 上一个单位强度的点光源在 P 平面上的脉冲响应。在几何光学近似条件下，穿过 $h(x,y)$ 的光线会聚于平面 P′上的一点，然后发散开，在平面 P 上形成 h 的一个缩小的投影，$h(x,y)$ 尺度缩小的比率是 $\frac{\Delta}{2f}$，投影中心的坐标为

$$x_d=-\left(1+\frac{\Delta}{2f}\right)x,\quad y_d=-\left(1+\frac{\Delta}{2f}\right)y$$

投影的孔径由下式决定：

$$x'^2+y'^2=\left(\frac{\Delta}{2f}r\right)^2$$

式中，r 是透镜 L_2 的半径。于是，对上述点光源的脉冲响应可写为

$$h\left\{-\frac{2f}{\Delta}\left[x_d+\left(1+\frac{\Delta}{2f}\right)x\right],-\frac{2f}{\Delta}\left[y_d+\left(1+\frac{\Delta}{2f}\right)y\right]\right\}$$

又考虑到在投影时 h 的方向将发生几何反射，因此，输出点$(-x_d,-y_d)$的强度可以写成卷积积分：

$$I(-x_d,-y_d)=\iint_{-\infty}^{\infty}f(x,y)h\left\{\frac{2f}{\Delta}\left[x_d-\left(1+\frac{\Delta}{2f}\right)x\right],\frac{2f}{\Delta}\left[y_d-\left(1+\frac{\Delta}{2f}\right)y\right]\right\}\mathrm{d}x\mathrm{d}y \tag{8.2.8}$$

上式就是散焦系统的非相干叠加积分，也就是说，利用散焦系统仍可得到脉冲响应的综合。

8.3 基于衍射的非相干处理——非相干频域综合

前面已指出,非相干光学系统虽然不像相干光学系统那样具有物理上的频谱面,但其光瞳函数与系统的光学传递函数之间存在着自相关函数关系,因而当使用非相干光照明时,频域综合仍然是可能的。

如图 8.3.1 所示描述了典型的非相干空间滤波系统,类似于相干光学成像系统,输入与输出强度分布之间的关系可以表示为

$$I_i(x,y)=I_g(x,y)*h_I(x,y) \tag{8.3.1}$$

式中,h_I 为系统的强度点扩展函数(PSF),上式的归一化傅里叶变换为

$$G_i(\xi,\eta)=G_g(\xi,\eta)H_0(\xi,\eta) \tag{8.3.2}$$

式中,$G_g(\xi,\eta)$、$G_i(\xi,\eta)$分别是输入和输出强度的归一化频谱;$H_0(\xi,\eta)$是系统的光学传递函数(OTF):

$$H_0(\xi,\eta)=\frac{P(\lambda d_i\xi,\lambda d_i\eta)\otimes P(\lambda d_i\xi,\lambda d_i\eta)}{\iint_{-\infty}^{\infty}|P(\xi,\eta)|^2\mathrm{d}\xi\mathrm{d}\eta}$$

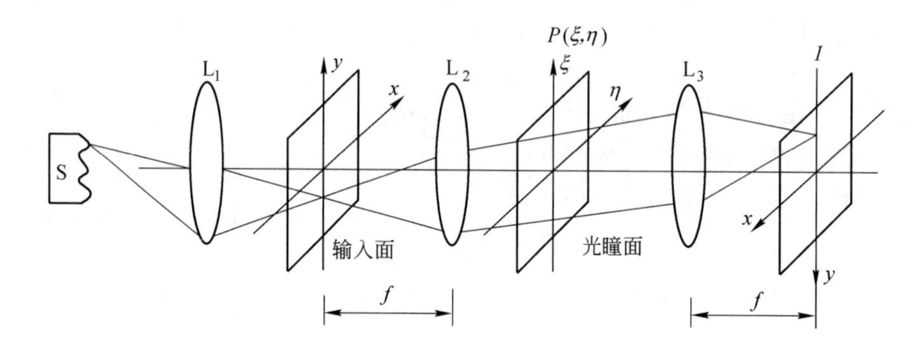

图 8.3.1 非相干空间滤波系统

因此,可根据要求的输入-输出关系,提出系统所需的 $H_0(\xi,\eta)$设计光瞳函数,完成非相干频域综合。但是,由所需的 $H_0(\xi,\eta)$确定的光瞳函数的解不是唯一的。

下面给出非相干频域综合的两个实例。

8.3.1 切趾术

我们知道,凡在点源的像面上接收的衍射场都是夫琅和费衍射,其强度分布是该系统的点扩展函数,而具有圆形光瞳的非相干成像系统,其点扩展函数是艾里斑图样,中央是一个亮斑,并围绕以亮暗相间的圆环。艾里斑的中央亮斑占有绝大部分能量(见表 2.5.1),次级亮环的峰值仅是中央亮斑峰值的 0.017 5,一般情况下可以忽略它的影响。根据瑞利判据,系统的分辨率完全由中央亮斑的半径决定。但是这个分辨率判据仅适合于分辨两个等强度光点的情况,当两个光点强度差别很大,像面上亮物点产生的艾里图样的次级亮环相当于暗物点产生的艾里斑的峰值时,它不再是可以忽略的。这时次级亮环的存在将干扰人们判断较弱光点的存在。例如,当观测天狼星附近很微弱的伴星,在其光谱测量中观察弱的附属谱线时,艾里斑周

围的暗线就可能干扰伴星的观察。切趾术(Apodisation)就是为去掉中央亮斑周围的次级亮环而采取的一种非相干频域的综合技术。

由于光瞳边界透过率呈阶跃变化,导致高级次衍射环的产生。为消除次级亮环,应使光瞳的透过率函数呈缓慢变化。高斯函数就可以作为这样的函数。由于它是一个由中心到边缘单调下降的函数,且高斯函数的傅里叶变换仍是高斯函数,因此,如果在光瞳处安放一个高斯型透过率分布的掩模板,其点扩展函数就能消除次级环的影响。图8.3.2所示为进行切趾术的一种光路系统,其中孔径光阑P紧贴物镜L放置,被观察的远方物体在其后焦面上产生的像是孔径函数的夫琅和费衍射图样,高斯型掩模板Q置于P和L之间,在其上镀以非均匀的吸收膜层,使它的振幅透过率从中心到边缘逐渐减小,呈高斯分布曲线变化,这样孔径上光场的分布就从原来的均匀分布变成了高斯分布。图8.3.3给出了切趾前后的光瞳函数、点扩展函数和调制传递函数曲线的比较。从图8.3.3(b)中看到,中央亮斑的宽度在切趾后虽然略有变宽,但它的边缘次极大已被消除。从OTF的观点看,这是增大低频调制传递函数数值、削弱高频传递能力的结果。切趾术相当于在一个成像系统的出瞳中引进一块衰减掩膜来软化孔径的边缘。要注意的是:经切趾术后的系统若用来观察等强度的两个物点,由于点扩展函数中央亮斑增宽,根据瑞利判据规定的分辨率实际上降低。

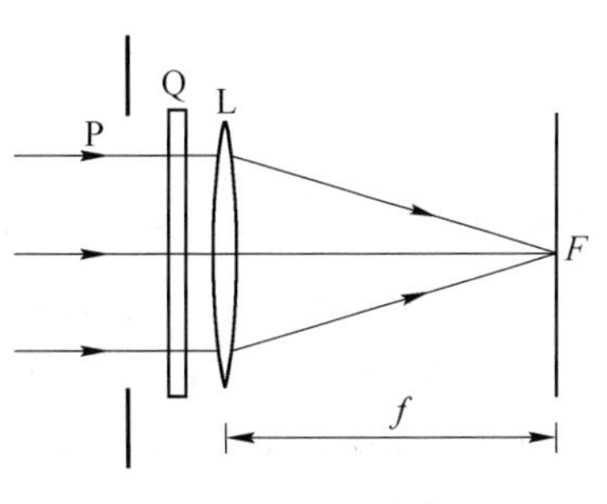

图8.3.2　做切趾术的系统

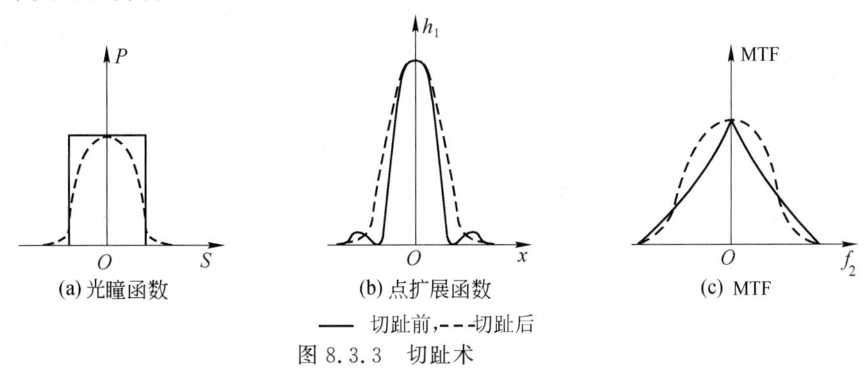

(a) 光瞳函数　(b) 点扩展函数　(c) MTF

—— 切趾前,- - -切趾后

图8.3.3　切趾术

8.3.2　沃耳特(Wolter)最小强度检出滤波器

这是一个在光瞳面上建立适当的位相分布,从而改变系统成像性质的例子。它是将矩形光瞳分成两半,其中一半蒸镀了产生π位相差的透明薄膜。于是,光学系统的光瞳函数如图8.3.4(a)所示,可表示成

$$P(x,y)=\begin{cases}1 & 0<x<\xi_0\\ -1 & -\xi_0<x<0\end{cases}\tag{8.3.3}$$

脉冲响应函数为

$$\begin{aligned}h(x')&=\int_{-\infty}^{\infty}P(x,y)\mathrm{e}^{-\mathrm{i}2\pi f_x x}\,\mathrm{d}x\\&=\int_{-\xi_0}^{0}(-1)\mathrm{e}^{-\mathrm{i}2\pi f_x x}\,\mathrm{d}x+\int_{0}^{\xi_0}1\cdot\mathrm{e}^{-\mathrm{i}2\pi f_x x}\,\mathrm{d}x\end{aligned}$$

$$=\frac{1}{\mathrm{i}\pi f_x}[1-\cos(2\pi f_x\xi_0)]=\frac{2\sin^2(\pi f_x\xi_0)}{\mathrm{i}\pi f_x}=c\,\frac{\sin^2(\pi f_x\xi_0)}{\pi f_x\xi_0}$$

(8.3.4)

而强度点扩展函数为

$$h_{\mathrm{I}}(x')=|h|^2=c^2\left|\frac{\sin^2(\pi f_x\xi_0)}{\pi f_x\xi_0}\right|^2 \tag{8.3.5}$$

式中,c 是常数,而 $f_x=\frac{x'}{\lambda f}$。

图 8.3.4(b)画出了式(8.3.5)所表示的函数图形,显然 h_{I} 在 $x'=0$ 处产生极锐的暗线。图 8.3.4(c)是由式(8.3.5)算出的系统的 OTF 的函数图形,其特点是它的值在中心最大,中间部分下降,而位相反转的高频区域却保持理想值。如果用这样的光学系统产生接近于点光源或线光源的物体的像,则在像的中心将出现很窄的暗线,用它测定物体的位置特别有利。这种方法用于摄谱仪,可以求出光谱线的正确位置;用于测量显微镜,可以测定狭缝和小孔的位置。

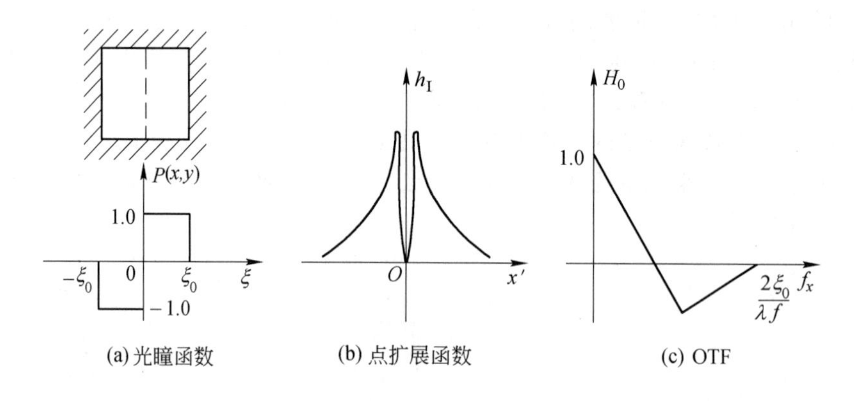

图 8.3.4　沃耳特最小强度检出滤波器

8.4　白光信息处理

白光信息处理技术是近年来发展很快而且备受人们关注的光学技术。由于白光信息处理系统采用宽光谱带连续白光光源,其一方面由于采用了微小的光源尺寸来提高空间相干性;另一方面在输入平面上引入光栅,利用其色散特性使各波长产生的信号频谱分离,以便对各波长的谱独立滤波,从而提高时间相干性。因此,系统的性质实际上接近于相干光学处理系统,并且能进行复数信号的处理。此外,白光信息处理技术也吸取了非相干处理的优点,例如,无相干噪声、系统造价大大低于用激光照明的情况等,因而在应用上取得了明显的效果。它特别适合于多色信号及彩色图像的处理。

8.4.1　白光信息处理原理

如图 8.4.1 所示是常用的白光信息处理系统,类似于图 6.1.6 所示的 $4f$ 系统。图中,W_S 为白光点光源,它是在白光光源经会聚透镜所成的像上加小孔构成的;L_C 为准直透镜;G_r 为一正弦光栅;L_1、L_2 为消色差傅里叶变换透镜;P_1、P_2 和 P_3 分别代表系统的输入平面、滤波平

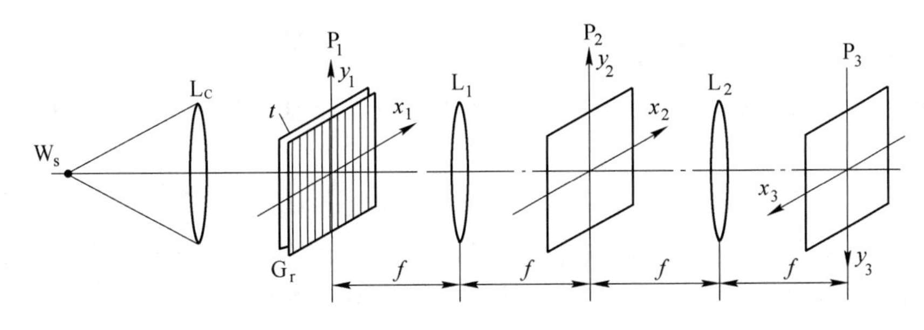

图 8.4.1　白光处理系统

面和输出平面。信号(透明胶片)$t(x_1,y_1)$置于输入平面 P_1 上,在其后紧贴一正弦光栅 G_r,后者的振幅透射率为

$$t_G(x_1)=\frac{1}{2}+\frac{1}{2}\cos(2\pi f_0 x_1) \tag{8.4.1}$$

式中,f_0 是光栅频率。在单位振幅的准直白光照射下,光栅后表面上的复振幅分布为

$$\begin{aligned}f(x_1,y_1)&=t(x_1,y_1)\left[\frac{1}{2}+\frac{1}{2}\cos(2\pi f_0 x_1)\right]\\&=\frac{1}{2}t(x_1,y_1)\left[1+\frac{1}{2}e^{i2\pi f_0 x_1}+\frac{1}{2}e^{-i2\pi f_0 x_1}\right]\end{aligned} \tag{8.4.2}$$

在频谱面 P_2 上的空间频谱分布为

$$\begin{aligned}F(f_x,f_y)&=\frac{1}{2}T(f_x,f_y)*\left[\delta(f_x,f_y)+\frac{1}{2}\delta(f_x-f_0,f_y)+\frac{1}{2}\delta(f_x+f_0,f_y)\right]\\&=\frac{1}{2}T(f_x,f_y)+\frac{1}{4}T(f_x-f_0,f_y)+\frac{1}{4}T(f_x+f_0,f_y)\end{aligned} \tag{8.4.3}$$

将 $f_x=\frac{x_2}{\lambda f}$,$f_y=\frac{y_2}{\lambda f}$代入,得

$$F\left(\frac{x_2}{\lambda f},\frac{y_2}{\lambda f}\right)=\frac{1}{2}T\left(\frac{x_2}{\lambda f},\frac{y_2}{\lambda f}\right)+\frac{1}{4}T\left(\frac{x_2}{\lambda f}-f_0,\frac{y_2}{\lambda f}\right)+\frac{1}{4}T\left(\frac{x_2}{\lambda f}+f_0,\frac{y_2}{\lambda f}\right) \tag{8.4.4}$$

式中,第 1 项代表物的零级频谱,第 2、3 项分别是物的±1 级谱带,每一个谱带中心位于 $x_2=\pm\lambda f_0 f$ 处,色散呈彩虹状。各个波长的零级物谱中心位置都是相同的。而对于间隔为 $\Delta\lambda$ 的两种色光 λ_1 和 λ_2,其±1 级谱的中心在 x_2 轴上的偏移量为 $\Delta x_2=\Delta\lambda f_0 f$。设物的空间频带宽度为 W_t,则其在 x_2 轴上的空间宽度 $\Delta x_t=W_t\bar{\lambda}f$;而不同波长物频谱能够分离的条件是 $\Delta x_2\gg\Delta x_t$,由此求得

$$\frac{\Delta\lambda}{\bar{\lambda}}\gg\frac{W_t}{f_0} \tag{8.4.5}$$

式中,$\bar{\lambda}$ 为平均波长。显然,只要光栅频率 f_0 远大于物谱的带宽 W_t,就可以忽略各波长频谱间的重叠,从而可在频谱面 P_2 上对一系列取离散值的波长,像相干处理系统那样进行滤波操作。对于波长为 λ_n 的物频谱,若设滤波函数为 $H_n\left(\frac{x_2}{\lambda_n f}-f_0,\frac{y_2}{\lambda_n f}\right)$,则经过滤波和透镜 L_2 的傅里叶逆变换后,在输出平面 P_3 上,波长为 λ_n 的像场复振幅为

$$g_n(x_3,y_3;\lambda_n)=\mathscr{F}^{-1}\left\{T\left(\frac{x_2}{\lambda_n f}-f_0,\frac{y_2}{\lambda_n f}\right)H_n\left(\frac{x_2}{\lambda_n f}-f_0,\frac{y_2}{\lambda_n f}\right)\right\} \tag{8.4.6}$$

式中若忽略与强度分布无关的相移因子,则在输出面上,波长为 λ_n 的像场的相对强度分布为

$$I(x_3,y_3;\lambda_n)=|t(x_3,y_3)*h_n(x_3,y_3;\lambda_n)|^2 \tag{8.4.7}$$

式中,$h_n(x_3,y_3;\lambda_n)=\mathscr{F}^{-1}\left\{H_n\left(\frac{x_2}{\lambda_n f},\frac{y_2}{\lambda_n f}\right)\right\}$。实际上,通过滤波器 H_n 的是包含 λ_n 的某一窄波段 $\Delta\lambda_n$ 的光波,由于 $\Delta\lambda_n$ 比 λ_n 小得多,故可作为准单色光处理。于是,通过 H_n 滤波后的像强度分布可写为

$$\Delta I_n \approx \Delta\lambda_n \left| t(x_3,y_3) * h_n(x_3,y_3;\lambda_n) \right|^2 \tag{8.4.8}$$

式中,$h_n(x_3,y_3;\lambda_n)$是第 n 个滤波器的脉冲响应。当有 N 个离散滤波器同时作用于频谱面时,由于不同波长的光波是不相干的,因而在输出平面上得到的是不同波长输出的非相干叠加,即

$$I(x_3,y_3) = \sum_{n=1}^{N} \Delta\lambda_n \left| t(x_3,y_3) * h_n(x_3,y_3;\lambda_n) \right|^2 \tag{8.4.9}$$

由以上分析可以看出,白光信息处理技术的确能够处理复振幅信号,并且由于输出强度是互不相干的窄带光强度之和,因而又能抑制令人讨厌的相干噪声。

如果把正弦光栅改为矩形光栅,则在频谱面上将得到 $0,\pm1,\pm2,\cdots$各级频谱,使 N 个滤波器有更多的位置可供选择(不一定放在同一级频谱位置上),相当于进一步增加了可供频域操作的通道数。这样,在离轴项处放置适当的滤波器,就可以实现各种复数滤波,如对比度反转、图像消模糊、图像的加减运算以及黑白图像的假彩色化等。下面仅以黑白图像的假彩色化为例加以介绍。

8.4.2 实时假彩色编码技术

7.5 节中曾提到,如果能把一幅黑白图像的灰度分布转化为彩色分布,则可大大提高人眼对图像的分辨能力,从而获得更多的信息,这就是光学图像的假彩色编码。这种技术目前已广泛用于对卫星遥感图片、航测图片及医疗用图等的处理。

光学图像假彩色编码方法已有若干种,目前还不断有新方法出现。迄今为止,所发表的光学图像假彩色方法按其性质可分为等空间频率假彩色编码和等密度假彩色编码两类;按其处理方法则可分为相干光处理和白光处理两类。等空间频率假彩色编码是对图像的不同空间频率赋予不同的颜色,从而使图像按空间频率的不同显示不同的色彩;等密度假彩色编码是对图像的不同灰度赋予不同的颜色。前者用以突出图像的结构差异;后者用以突出图像的灰度差异,以提高对黑白图像的目视判读能力。而白光处理技术在操作前不需要对物图像做任何预处理,也不需要任何滤色片,颜色直接来自白光光源,可得到自然的假彩色,从而具有实时处理的特点。

(1) 等空间频率假彩色编码

将振幅透射率为 $t(x_1,y_1)$的黑白透明片与正交光栅 $t_G(x_1,y_1)$一起放在图 8.4.1 所示的白光信息处理系统的输入平面 P_1 处。令正交光栅的振幅透射率为

$$\begin{aligned} t_G(x_1,y_1) &= \left[\frac{1}{2}+\frac{1}{2}\cos(2\pi f_a x_1)\right]+\left[\frac{1}{2}+\frac{1}{2}\cos(2\pi f_b y_1)\right] \\ &= 1+\frac{1}{4}\left[e^{i2\pi f_a x_1}+e^{-i2\pi f_a x_1}+e^{i2\pi f_b y_1}+e^{-i2\pi f_b y_1}\right] \end{aligned} \tag{8.4.10}$$

式中,f_a,f_b 分别是光栅沿 x_1 轴和 y_1 轴方向上的空间频率。对某一种波长,光栅后表面上的复振幅分布为

$$f(x_1,y_1)=t(x_1,y_1)t_G(x_1,y_1) \tag{8.4.11}$$

在频谱面 P_2 上，相应于波长 λ 的复振幅分布为

$$F\left(\frac{x_2}{\lambda f},\frac{y_2}{\lambda f};\lambda\right)=T\left(\frac{x_2}{\lambda f},\frac{y_2}{\lambda f}\right)+\frac{1}{4}\left[T\left(\frac{x_2}{\lambda f}-f_a,\frac{y_2}{\lambda f}\right)+T\left(\frac{x_2}{\lambda f}+f_a,\frac{y_2}{\lambda f}\right)+T\left(\frac{x_2}{\lambda f},\frac{y_2}{\lambda f}-f_b\right)+T\left(\frac{x_2}{\lambda f},\frac{y_2}{\lambda f}+f_b\right)\right] \tag{8.4.12}$$

式中，$T(f_x,f_y)=T\left(\frac{x_2}{\lambda f},\frac{y_2}{\lambda f}\right)$是 $t(x_1,y_1)$的傅里叶频谱。由式(8.4.12)可见，沿 x_2 和 y_2 轴共有 4 个彩虹色信号的一级衍射谱。由于空间滤波只有在沿着垂直于颜色弥散的方向上才有效，所以可以用一维空间滤波器对图像进行假彩色化。滤波器安置如图 8.4.2 所示，使某一颜色的低频成分和另一种颜色的高频成分通过。于是，经滤波后的频谱函数可写为

$$F^{\mathrm{M}}\left(\frac{x_2}{\lambda f},\frac{y_2}{\lambda f};\lambda\right)=T_{\mathrm{B}}\left(\frac{x_2}{\lambda f}-f_a,\frac{y_2}{\lambda f}\right)H_1\left(\frac{y_2}{\lambda f}\right)+T_{\mathrm{B}}\left(\frac{x_2}{\lambda f},\frac{y_2}{\lambda f}+f_b\right)H_1\left(\frac{x_2}{\lambda f}\right)+T_{\mathrm{R}}\left(\frac{x_2}{\lambda f},\frac{y_2}{\lambda f}-f_b\right)H_2\left(\frac{x_2}{\lambda f}\right)+T_{\mathrm{R}}\left(\frac{x_2}{\lambda f}+f_a,\frac{y_2}{\lambda f}\right)H_2\left(\frac{y_2}{\lambda f}\right) \tag{8.4.13}$$

式中，T_{B} 和 T_{R} 分别是所选择的蓝色和红色信号谱；H_1 和 H_2 分别是一维低通滤波器和一维高通滤波器的滤波函数，例如，$H_1\left(\frac{y_2}{\lambda f}\right)$位于 x_2 轴上蓝色谱带处，只让 y_2 方向的低频通过，$H_2\left(\frac{x_2}{\lambda f}\right)$位于 y_2 轴上红色谱带处，只让 x_2 方向的高频通过。

在输出面 P_3 上相应的复振幅分布为

$$\begin{aligned}g(x_3,y_3;\lambda)&=\mathscr{F}^{-1}\left\{F^{\mathrm{M}}\left(\frac{x_2}{\lambda f},\frac{y_2}{\lambda f};\lambda\right)\right\}\\&=\mathrm{e}^{\mathrm{i}2\pi f_a x_3}t_{\mathrm{B}}(x_3,y_3)*h_1(y_3)+\mathrm{e}^{-\mathrm{i}2\pi f_b y_3}t_{\mathrm{B}}(x_3,y_3)*h_1(x_3)+\\&\quad\mathrm{e}^{\mathrm{i}2\pi f_b y_3}t_{\mathrm{R}}(x_3,y_3)*h_2(x_3)+\mathrm{e}^{-\mathrm{i}2\pi f_a x_3}t_{\mathrm{R}}(x_3,y_3)*h_2(y_3)\end{aligned} \tag{8.4.14}$$

如果光栅的频率 f_a 和 f_b 足够高，即可忽略各波长频谱间的重叠，则输出像的强度分布可近似地表示为

$$\begin{aligned}I(x_3,y_3)\approx&\Delta\lambda_{\mathrm{B}}\left|\mathrm{e}^{\mathrm{i}2\pi f_a x_3}t_{\mathrm{B}}(x_3,y_3)*h_1(y_3)+\mathrm{e}^{-\mathrm{i}2\pi f_b y_3}t_{\mathrm{B}}(x_3,y_3)*h_1(x_3)\right|^2+\\&\Delta\lambda_{\mathrm{R}}\left|\mathrm{e}^{\mathrm{i}2\pi f_b y_3}t_{\mathrm{R}}(x_3,y_3)*h_2(x_3)+\mathrm{e}^{-\mathrm{i}2\pi f_a x_3}t_{\mathrm{R}}(x_3,y_3)*h_2(y_3)\right|^2\end{aligned} \tag{8.4.15}$$

式中，$\Delta\lambda_{\mathrm{B}}$ 和 $\Delta\lambda_{\mathrm{R}}$ 分别是信号蓝色和红色谱带的光谱宽度；h_1 和 h_2 分别是 H_1 和 H_2 的点扩展函数。式(8.4.15)表明，两个非相干像在输出面上合成了彩色编码像。在图 8.4.2 所示的滤波操作中，像的低频结构呈蓝色，高频结构呈红色。由于相同的空间频率结构呈现同一种颜色，故称为等空间频率假彩色编码。

(2) 等密度假彩色编码

将黑白透明片和正交光栅仍放在白光处理系统(见图 8.4.1)的输入平面 P_1 上，在频谱面 P_2 上呈彩虹颜色的一级谱位置安放两个滤波器：一个是简单的红色滤色片；另一个由绿色滤色片和绿色谱带中心放置的条形 π 位相滤波器组成(见图 8.4.3)。这样，红色波长 λ_{R} 和绿色波长 λ_{G} 相应的频谱能通过系统，并在输出面 P_3 上形成红色正像和绿色负像(或反转像)。叠加结果使得原黑白图像不同密度的区域呈现不同的颜色，因而这种编码方法称为等密度假彩色编码。

上述结果的具体分析如下。

对绿色谱带而言,其滤波函数为

$$\begin{cases} H\left(\dfrac{x_2}{\lambda f}\right)=\begin{cases}-1 & \dfrac{x_2}{\lambda f}\approx 0 \\ 1 & \text{其他}\end{cases} \\ H\left(\dfrac{y_2}{\lambda f}\right)=\begin{cases}-1 & \dfrac{y_2}{\lambda f}\approx 0 \\ 1 & \text{其他}\end{cases}\end{cases} \tag{8.4.16}$$

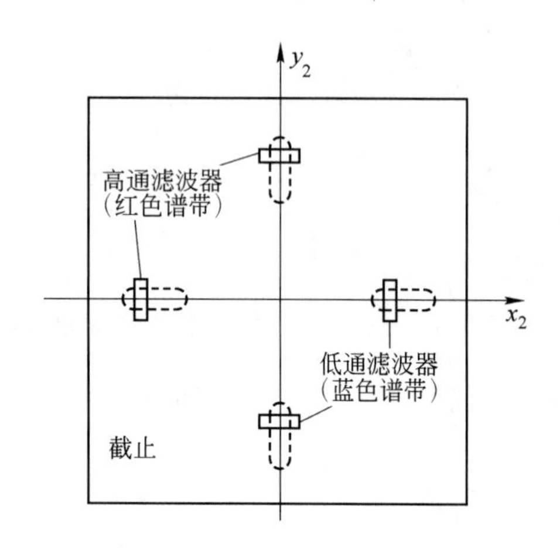

图 8.4.2 等空间频率假彩色编码的滤波器

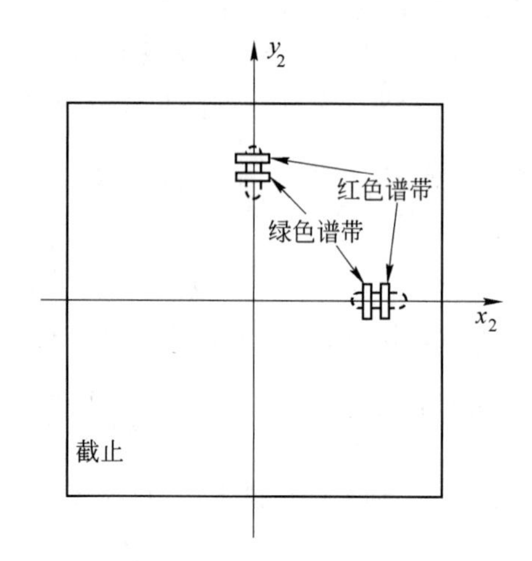

图 8.4.3 等密度假彩色编码的滤波器

考虑到红色滤色片为全通滤色片,于是,滤波后的频谱函数为

$$F^{\mathrm{M}}\left(\frac{x_2}{\lambda f},\frac{y_2}{\lambda f};\lambda\right)=T_{\mathrm{R}}\left(\frac{x_2}{\lambda f}-f_a,\frac{y_2}{\lambda f}\right)+T_{\mathrm{R}}\left(\frac{x_2}{\lambda f},\frac{y_2}{\lambda f}-f_b\right)+$$

$$T_{\mathrm{G}}\left(\frac{x_2}{\lambda f}-f_a,\frac{y_2}{\lambda f}\right)H\left(\frac{y_2}{\lambda f}\right)+T_{\mathrm{G}}\left(\frac{x_2}{\lambda f},\frac{y_2}{\lambda f}-f_b\right)H\left(\frac{x_2}{\lambda f}\right) \tag{8.4.17}$$

在白光处理系统的输出平面 P_3 上的复振幅分布为

$$g(x_3,y_3;\lambda)=\mathscr{F}^{-1}\left\{T_{\mathrm{R}}\left(\frac{x_2}{\lambda f}-f_a,\frac{y_2}{\lambda f}\right)+T_{\mathrm{R}}\left(\frac{x_2}{\lambda f},\frac{y_2}{\lambda f}-f_b\right)\right\}+$$

$$\mathscr{F}^{-1}\left\{T_{\mathrm{G}}\left(\frac{x_2}{\lambda f}-f_a,\frac{y_2}{\lambda f}\right)H\left(\frac{y_2}{\lambda f}\right)+T_{\mathrm{G}}\left(\frac{x_2}{\lambda f},\frac{y_2}{\lambda f}-f_b\right)H\left(\frac{x_2}{\lambda f}\right)\right\}$$

如果光栅的频率足够高,可忽略各波长间频谱的重叠,则上式可近似表示成

$$g(x_3,y_3;\lambda)=(\mathrm{e}^{\mathrm{i}2\pi f_a x_3}+\mathrm{e}^{\mathrm{i}2\pi f_b y_3})t_{\mathrm{R}}(x_3,y_3)+(\mathrm{e}^{\mathrm{i}2\pi f_a x_3}+\mathrm{e}^{\mathrm{i}2\pi f_b y_3})t_{\mathrm{G}}^{N}(x_3,y_3) \tag{8.4.18}$$

式中,$t_{\mathrm{G}}^{N}(x_3,y_3)$是绿色的对比度反转像,即

$$t_{\mathrm{G}}^{N}(x_3,y_3)=t_{\mathrm{G}}(x_3,y_3)-2\langle t_{\mathrm{G}}(x_3,y_3)\rangle \tag{8.4.19}$$

式中,$\langle t_{\mathrm{G}}(x_3,y_3)\rangle$表示 $t_{\mathrm{G}}(x_3,y_3)$的系统平均。由于像 t_{R} 和 t_{G}^{N} 分别来自光源中不同颜色的光谱带,故它们之间是非相干的,所以输出平面的强度分布为

$$I(x_3,y_3)=\int|g(x_3,y_3;\lambda)|^2\,\mathrm{d}\lambda=\Delta\lambda_{\mathrm{R}}I_{\mathrm{R}}(x_3,y_3)+\Delta\lambda_{\mathrm{G}}I_{\mathrm{G}}^{N}(x_3,y_3) \tag{8.4.20}$$

$I_{\mathrm{R}}(x_3,y_3)$是红色正像,$I_{\mathrm{G}}^{N}(x_3,y_3)$是绿色负像,$\Delta\lambda_{\mathrm{R}}$ 和 $\Delta\lambda_{\mathrm{G}}$ 分别是红色和绿色的光谱宽度。当这两个像重合在一起时,就得到了密度假彩色编码的像。原图像中密度最小处呈红色,密度最

大处呈绿色,中间部分分别对应粉红、黄、黄绿等颜色;密度相同处出现相同的颜色。

8.4.3　θ 调制技术

对于图像的不同区域分别用取向不同(θ 角不同)的光栅预先进行调制,经多次曝光和显影、定影等处理后制成透明胶片,并将其放入信息处理系统(如 $4f$ 系统)中的输入面,用白光照明,则在其频谱面上,不同方位的频谱均呈彩虹颜色。如果在频谱面上开一些小孔,则在不同的方位角上,小孔可选取不同颜色的谱,最后在处理系统的输出面上便得到所需要的彩色图像。由于这种方法是利用不同方位的光栅(彼此转动了 θ 角)对图像进行调制,因此称其为 θ 调制技术。又因为它将图像中不同方位的空间物体编上不同的颜色,故也称为空间假彩色编码。具体过程如下。

(1) 被调制物的制备

物的样品如图 8.4.4(a)所示,若要使其中花、叶和背景 3 个区域呈现 3 种不同的颜色,可在一张胶片上做 3 次曝光,每次只曝光其中一个区域(其他区域被挡住),并在其上覆盖某取向的朗奇光栅,3 次曝光分别取 3 个不同的取向,如图 8.4.4(a)中线条所示。将这样获得的调制片经显影、定影处理后,置于 $4f$ 系统输入平面 P_1,用白光平行光照明。

(2) 空间滤波

由于物被不同取向的光栅所调制,所以在频谱面 P_2 上得到的将是取向不同的带状谱(均与其光栅栅线垂直),物的 3 个不同区域的信息分布在 3 个不同的方向上,互不干扰,这就为空间滤波创造了方便条件;又由于采用白光照明,所以各级频谱呈现出色散的彩带,由中心向外按波长从短到长的顺序排列,这就使赋予图像以特定的不同色彩成为可能。选用一个带通滤波器,实际上是一个被穿了孔的光屏,如图 8.4.4(b)所示(图中只画出了 ±1 级谱)。如果带孔的光屏挡去水平方向的频谱点,则背景的图像消失。同样,如果挡去某一方向的频谱点,则对应的那部分图像就会消失。因此,在代表花、叶和背景信息的右斜、左斜和水平方向的频谱带上分别在红色、绿色和黄色位置打孔,使这 3 种颜色的谱通过,其余颜色的谱均被挡住,则在系统的输出面上就会得到红花、绿叶和黄色背景效果的彩色图像。有时为增强光通量,往往在二级、三级谱的位置上也打孔。为避免因色区形状与孔的形状不匹配而引起频谱混叠的现象,可在孔上放置相应的滤色片,以提高色纯度。若改变滤波小孔的位置,可变换出各种不同颜色的搭配。

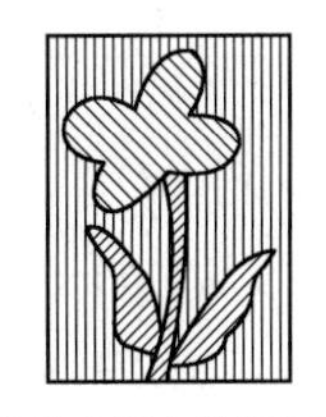

(a) 输入面上的调制物

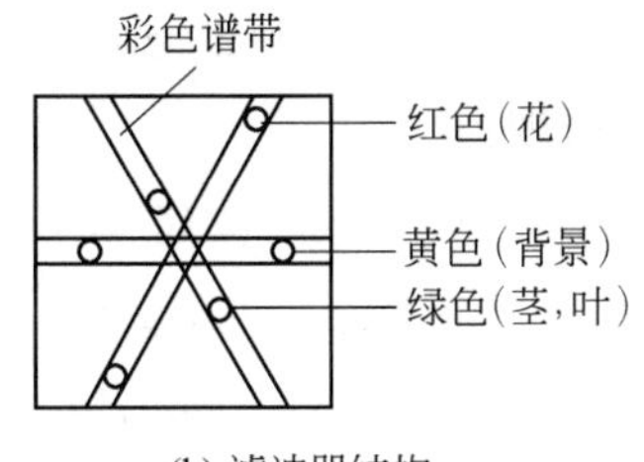

(b) 滤波器结构

图 8.4.4　θ 调制示意图

可见,θ 调制技术用于假彩色编码,是通过 θ 调制处理手段将白光中所包含的色彩"提取"出来,再"赋予"图像而实现的。有时还可利用空间频率的选取使图像得到彩色镶边。例如,将一正交光栅调制的图像置于系统输入面,用白光平行光照明,在频谱面上放置选择型滤波器,如果允许绿色部分的低频和红色部分的高频通过,则可使绿色图像镶上红色的边。如果选择别的色彩,也可得到其他的颜色搭配。

8.5 位相调制假彩色编码

将黑白图像假彩色化,并使彩色图像特征鲜明易于识别,一直是图像处理中的一个重要课题。在已研究的实现图像假彩色化的许多方法中,位相调制假彩色编码方法由于其光强利用率高、色饱和度好、噪声低、操作简便,已获得较广泛的应用。位相调制假彩色编码方法经过对信息的调制与解调,实现了空间强度调制信息与空间波长调制信息的转换。该方法分 3 个步骤进行:光栅调制、漂白处理和滤波解调。它实际上是另一种等密度假彩色编码方法。

8.5.1 光栅调制

将作为输入的黑白图像透明片与周期为 d、缝宽为 a 的罗奇光栅密接,在一张感光底片上均匀曝光。罗奇光栅的透射率为

$$t_S(x_1,y_1)=\mathrm{rect}\left(\frac{x_1}{a}\right)*\frac{1}{d}\mathrm{comb}\left(\frac{x_1}{d}\right) \tag{8.5.1}$$

设输入图像的光密度为 $D_i(x_1,y_1)$,入射的曝光量为 $E_i(x_1,y_1)$,则原片(黑白图像)的强度透过率 $t_i(x_1,y_1)$ 与 $D_i(x_1,y_1)$ 的关系为

$$D_i(x_1,y_1)=\lg\frac{1}{t_i(x_1,y_1)}=-\lg t_i(x_1,y_1) \tag{8.5.2}$$

底片的光密度 $D(x_1,y_1)$ 与曝光量 $E(x_1,y_1)$ 的关系由图 5.3.4 所示的曲线决定,在线性工作区内有

$$D(x_1,y_1)=\gamma\lg E(x_1,y_1)+D_0 \tag{8.5.3}$$

式中,D_0 是底片的灰雾密度;γ 是底片的反差系数。输入光强经原片衰减和光栅取样后,到达感光底片的曝光量为

$$E(x_1,y_1)=\begin{cases}0 & t_S=0\\ E_i(x_1,y_1)t_i(x_1,y_1) & t_S=1\end{cases} \tag{8.5.4}$$

故底片经处理后的光密度为

$$\begin{aligned}D(x_1,y_1)&=\gamma\lg[E_i(x_1,y_1)t_i(x_1,y_1)]+D_0\\&=\gamma(\lg E_i(x_1,y_1)+\lg t_i(x_1,y_1))+D_0\\&=\gamma\lg E_i(x_1,y_1)-\gamma D_i(x_1,y_1)+D_0\end{aligned} \tag{8.5.5}$$

令 $D_{10}=\gamma\lg E_i(x_1,y_1)$。此项可通过改变曝光条件来控制,遂得

$$D(x_1,y_1)=[D_{10}-\gamma D_i(x_1,y_1)]\mathrm{rect}\left(\frac{x_1}{a}\right)*\frac{1}{d}\mathrm{comb}\left(\frac{x_1}{d}\right)+D_0 \tag{8.5.6}$$

从而制成一张矩形光栅,其底片光密度为

$$D(x_1,y_1)=\begin{cases}D_0 & t_S=0\\ D_{10}-\gamma D_i(x_1,y_1) & t_S=1\end{cases} \tag{8.5.7}$$

8.5.2　漂白处理

将上述负片进行漂白处理，只要适当控制漂白工艺，就可以使底片上的光程 $L(x_1,y_1)$ 近似正比于底片的光密度，即

$$L(x_1,y_1)=\begin{cases}L_0=CD_0 & t_S=0\\ L_1=C[D_{10}-\gamma D_i(x_1,y_1)] & t_S=1\end{cases}\tag{8.5.8}$$

其相应的位相分布为

$$\phi(x_1,y_1)=\begin{cases}\phi_0=\dfrac{2\pi}{\lambda}L_0 & t_S=0\\ \phi_1=\dfrac{2\pi}{\lambda}L_1 & t_S=1\end{cases}\tag{8.5.9}$$

复振幅透过率为

$$e^{i\phi(x_1,y_1)}=\begin{cases}e^{i\phi_0}=e^{i\frac{2\pi}{\lambda}CD_0} & t_S=0\\ e^{i\phi_1}=e^{i\frac{2\pi}{\lambda}C[D_{10}-\gamma D_i(x_1,y_1)]} & t_S=1\end{cases}\tag{8.5.10}$$

这样，图像的密度信息就转化成位相信息。由于密度变化速率远低于调制光栅频率，故可认为在某一局部，位相延迟 $\Delta\phi$ 相对恒定，遂可近似将上述结果按矩形位相光栅来处理。最后得到编码的矩形位相光栅的振幅透过率为

$$t(x_1,y_1)=(t_1-t_0)\mathrm{rect}\left(\frac{x_1}{a}\right)*\frac{1}{d}\mathrm{comb}\left(\frac{x_1}{d}\right)+t_0\tag{8.5.11}$$

式中，$t_0=e^{i\phi_0}$，$t_1=e^{i\phi_1}$，$\Delta\phi=\phi_1-\phi_0=\dfrac{2\pi}{\lambda}(L_1-L_0)$。

8.5.3　滤波解调

将编码位相光栅放在白光信息处理系统（如图 8.4.1）的输入平面 P_1 上，设入射光强度为 $I(\lambda)$，则频谱面上的复振幅为式(8.5.11)的傅里叶变换：

$$F\left(\frac{x_2}{\lambda f},\frac{y_2}{\lambda f};\lambda\right)=\sqrt{I(\lambda)}\left[\frac{a}{d}(t_1-t_0)\sum_m \mathrm{sinc}\left(\frac{ma}{d}\right)\delta\left(\frac{x_2}{\lambda f}-\frac{m}{d},\frac{y_2}{\lambda f}\right)+t_0\delta\left(\frac{x_2}{\lambda f},\frac{y_2}{\lambda f}\right)\right]\tag{8.5.12}$$

其中，对零级谱($m=0$)，有

$$F_0\left(\frac{x_2}{\lambda f},\frac{y_2}{\lambda f};\lambda\right)=\sqrt{I(\lambda)}\left[\frac{a}{d}(t_1-t_0)+t_0\right]\delta\left(\frac{x_2}{\lambda f},\frac{y_2}{\lambda f}\right)\tag{8.5.13}$$

对于第 m 级谱，有

$$F_m\left(\frac{x_2}{\lambda f},\frac{y_2}{\lambda f};\lambda\right)=\sqrt{I(\lambda)}\left[\frac{a}{d}(t_1-t_0)\mathrm{sinc}\left(\frac{ma}{d}\right)\delta\left(\frac{x_2}{\lambda f}-\frac{m}{d},\frac{y_2}{\lambda f}\right)+t_0\delta\left(\frac{x_2}{\lambda f},\frac{y_2}{\lambda f}\right)\right]\tag{8.5.14}$$

若在 P_2 平面上放置一个小圆孔作为滤波器，分别让零级谱和第 m 级谱通过，则在输出平面 P_3 上的复振幅分布分别为

$$\begin{cases}g_0(x_3,y_3;\lambda)=\sqrt{I(\lambda)}\left[\dfrac{a}{d}(t_1-t_0)+t_0\right]\\ g_m(x_3,y_3;\lambda)=\sqrt{I(\lambda)}\left[\dfrac{a}{d}(t_1-t_0)\mathrm{sinc}\left(\dfrac{ma}{d}\right)e^{i2\pi\frac{m}{d}x_3}+t_0\right]\end{cases}\tag{8.5.15}$$

其对应的强度只与位相差 $\Delta\phi$ 和 λ 有关。将 $d=2a$，$t_0=e^{i\phi_0}$，$t_1=e^{i\phi_1}$，$\Delta\phi=\phi_1-\phi_0$ 代入

式(8.5.15),最后求得

$$\begin{cases} I_0(x_3,y_3;\lambda)=|g_0(x_3,y_3;\lambda)|^2=\dfrac{I(\lambda)}{2}(1+\cos\Delta\phi) \\ I_m(x_3,y_3;\lambda)=|g_m(x_3,y_3;\lambda)|^2=\dfrac{2I(\lambda)}{(m\pi)^2}(1-\cos\Delta\phi) \end{cases} \tag{8.5.16}$$

若用 ΔL 表示与位相差 $\Delta\phi$ 相对应的光程差,则可改写成

$$\begin{cases} I_0(\Delta L,\lambda)=\dfrac{I(\lambda)}{2}\left(1+\cos\dfrac{2\pi}{\lambda}\Delta L\right) \\ I_m(\Delta L,\lambda)=\dfrac{2I(\lambda)}{(m\pi)^2}\left(1-\cos\dfrac{2\pi}{\lambda}\Delta L\right) \end{cases} \tag{8.5.17}$$

上述结果表明,对于每一个衍射级次,输出图像的强度随波长和光程差的变化而变化。图8.5.1(a)、(b)分别给出了零级和一级衍射的输出强度随光程差 ΔL 变化的曲线,其中取 $I(\lambda)=1$,λ 作为参变量。

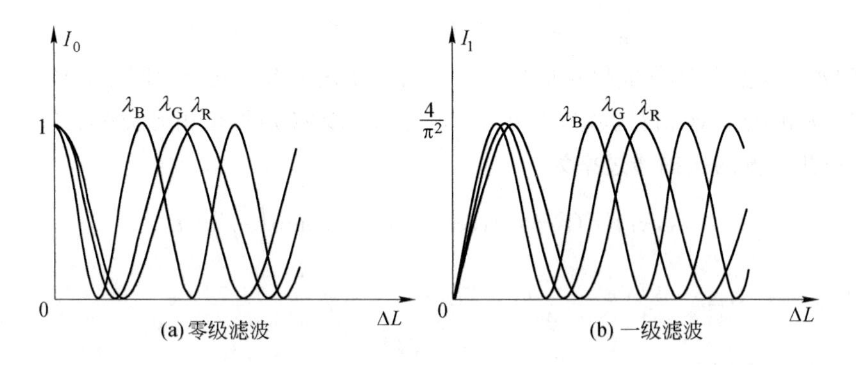

图8.5.1 输出强度随光程差 ΔL 变化的曲线

若光源中仅有红、绿、蓝3种色光 λ_R、λ_G、λ_B,则强度输出是3种色光输出的非相干叠加:

$$I(\Delta L)=I(\Delta L,\lambda_R)+I(\Delta L,\lambda_G)+I(\Delta L,\lambda_B) \tag{8.5.18}$$

由此便得到随 ΔL 变化的彩色输出。当采用白光光源时,各种色光的非相干叠加变成用积分表示:

$$I(\Delta L)=\int I(\Delta L,\lambda)\mathrm{d}\lambda$$

仍然是随 ΔL 变化的彩色输出。

由于在编码和漂白处理过程中,已使光程差随输入图像的密度而改变,因此实现了按输入图像密度变化的假彩色编码。用这种编码方法得到的彩色化图像,具有色度丰富、色饱和度好等特点,并且在低衍射级(即使是零级)输出情况下,也能得到彩色化效果极佳的输出图像,因而光强度利用率高、图像亮度好,已在遥感、生物医学、气象等图像处理中得到较为广泛的应用。

本章重点

1. 基于几何光学和基于衍射的非相干光学处理方法。
2. 白光信息处理原理。
3. 等空间频率和等密度假彩色编码。

思考题

8.1　试讨论相干光学处理、非相干光学处理和白光光学处理的特点和局限性。

8.2　为什么白光信息处理系统的性质接近于相干光学处理系统？

8.3　光栅在位相调制假彩色编码中的作用是什么？

习　　题

8.1　图 X8.1 为一投影式非相干光卷积运算装置，由光源 S 和散射板 D 产生均匀的非相干光照明，$m(x,y)$ 和 $O(x,y)$ 是两张透明片，在平面 P 上可以探测到 $m(x,y)$ 和 $O(x,y)$ 的卷积。

(1) 写出此装置的系统点扩展函数。

(2) 写出 P 平面上光强分布的表达式。

(3) 若 $m(x,y)$ 的空间宽度为 l_1，$O(x,y)$ 的空间宽度为 l_2，求卷积的空间宽度。

8.2　参看图 X8.2，设计一个“散焦”（非相干）的空间滤波系统，使得它的传递函数的第 1 个零点落在 f_0 线/厘米的频率上。假定要进行滤波的数据放在距直径为 L 的圆形透镜前面 $2f$ 处，问所要求的“误聚焦距离”Δ 为多少（用 f、L 和 f_0 表示）？对于 $f_0=10$ 线/厘米，$f=10$ cm和$L=2$ cm，Δ 的数值是多少？

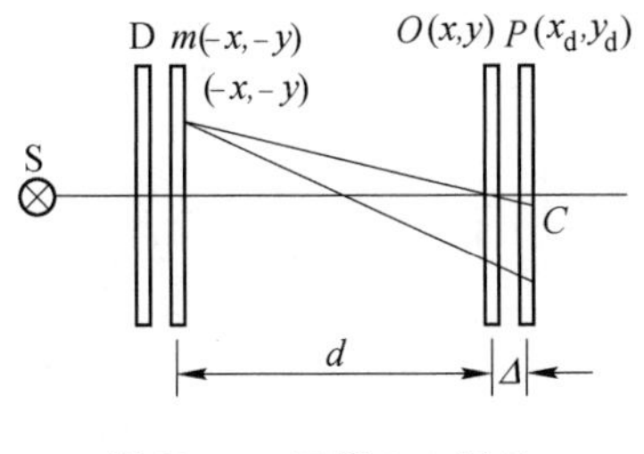

图 X8.1　习题 8.1 图示

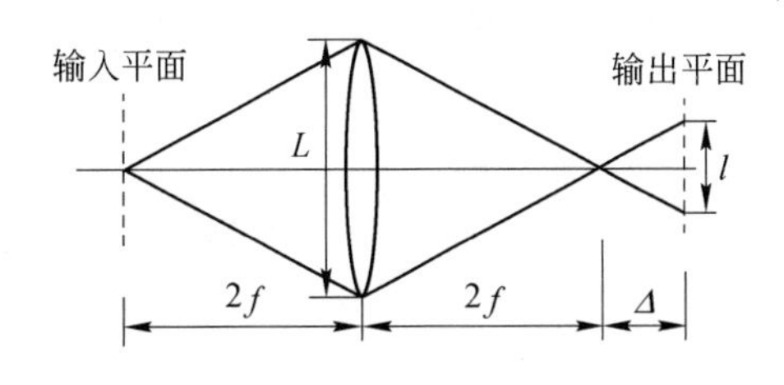

图 X8.2　散焦滤波系统

8.3　用一个单透镜系统对图像进行 θ 调制假彩色编码，如图 X8.3 所示。已知调制物 O_m 的光栅空间频率为 100 线/毫米，物离透镜的距离为 20 cm，图像的几何尺度为 6 cm×6 cm，试问透镜的孔径至少应多大，才能保证在频谱面上可进行成功的滤波操作？设工作波长范围为 444.4～650.0 nm。

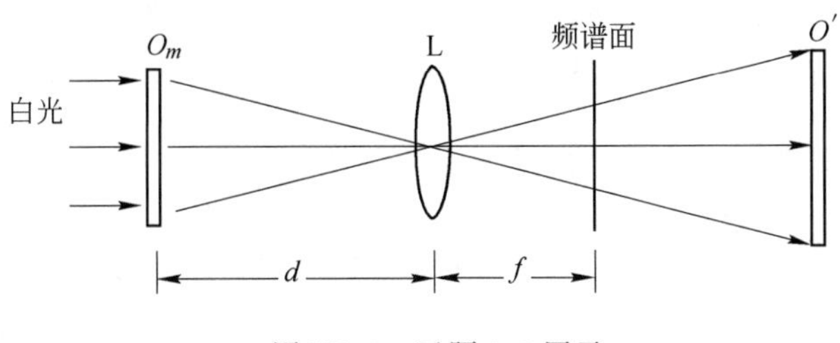

图 X8.3　习题 8.3 图示

8.4 在图8.4.4(a)中,为了得到红花、绿叶、黄底的效果,在4f系统的频谱面上应如何设计滤波器?设花、叶、底上的光栅条纹密度均为100线/毫米,红、黄、绿光波长各取为$\lambda_R=633$ nm,$\lambda_Y=589$ nm,$\lambda_G=515$ nm,透镜焦距$f=50$ cm。

本章参考文献

[1] 杨正寰.光学信息处理[M].母国光,羊国光,庄松林,译.天津:南开大学出版社,1986.

[2] 苏显渝,李继陶,曹益平,等.信息光学[M].2版.北京:科学出版社,2011.

[3] 陈家璧,苏显渝.光学信息技术原理及应用[M].北京:高等教育出版社,2002:265-275.

[4] 朱自强,王仕璠,苏显渝.现代光学教程[M].成都:四川大学出版社,1990.

第9章　信息光学在计量学中的应用

计量是现代化建设中一项不可缺少的技术基础，计量技术水平标志着一个国家的科技和经济发展水平。科学计量学(Scientometrics)也是对科学自身进行定量研究的一门新兴学科，正如马克思所指出的："一种科学只有在成功地运用数学时，才算达到了真正完善的地步"。随着大科学时代的到来，这门学科日益显示出它的重要性。

本章将理论与实践相结合，简要介绍信息光学在计量领域中的一些应用，包括全息干涉计量学、散斑计量学、云纹法与云纹干涉法。

9.1　全息干涉计量的原理和基本方法

9.1.1　全息干涉计量的特点

如果在同一张全息底片上对物体相继进行两次全息记录，则底片经显影、定影等处理后，其上就会记录同一物体的两个全息图。当用原参考光照明此全息图片时，就重现出原物体的两个三维像。由于这两个重现的像是在同一相干光源照明下产生的，各具有确定的振幅和位相分布，并且存在于近似相同的空间位置(只是在两次全息记录之间，物体可能发生了某种微小运动，如位移、转动或形变等)，所以它们相互干涉并产生一系列明暗相间的干涉条纹，这些条纹有时分布在物体表面上，有时分布在物体前方或后方某个空间位置。当观察者移动他们的观察位置时，条纹显示出某种形式的视差。也就是说，如果从不同的方向观看这张全息图，观察者将会发现条纹好像是定域在不同的空间位置。

上述现象称为全息干涉。自然，形成全息干涉条纹不限于相继记录两个物波波面的情况，可以相继记录多个波面相互干涉的情况，也可以只记录一个物波波面的情况，然后使之与来自相干光源的相位相关的物波波面相干涉，等等。因此，定义全息干涉计量为两个或两个以上波面的干涉比较，而这些波面中至少有一个是全息重现波面。这样两个或两个以上波面的合成称为全息干涉图(Holographic Interferogram)。干涉条纹的形状可以随物体类型及其发生的运动状况的不同而有所不同，但这些条纹图样都有一个共同特点，即它们携带着关于物体运动或形变的信息，这样，科技人员就可根据干涉条纹的形状和分布状况来分析或计算物体所发生的运动或形变。这一科技领域称为全息干涉度量学(Holographic Interferometry)。

全息干涉法与经典干涉法十分相似，其干涉原理和测量精度也基本相同，只是获得两束相干光的方法不同。经典干涉中获得两束相干光的方法虽然很多，但总的说来不外两大类，即波面分割法(Wave-front Division,如杨氏双孔)和振幅分割法(Amplitude Division,如迈克尔逊干涉仪)。全息干涉的相干光波则是采用时间分割法(Time Division)获得的,亦即将同一光束在不同的时刻经变化后记录在同一张全息底片上,然后使这些波面同时重现发生干涉。时间分割法的特点是相干光束由同一光学系统产生,因而对光学系统中光学元件的要求要低一些,光学元件的数量也可以少一些。

全息干涉法与经典干涉法也有区别。经典干涉只能测量经过抛光的、几何形状简单的透明物体或反射面;全息干涉不仅可以测量透明物体,还可以测量非透明物体,并且物体可以是表面形状复杂的漫散射体。这是因为全息图具有足够大的信息容量,从而有可能以高的保真度来记录并重现一个复杂波面的细节,并用干涉方法研究三维的漫反射物体。全息照相术还可对事件做永久性的记录,这一特点对于研究瞬变过程(如枪弹飞行、瞬心爆炸场、燃烧场等)是特别重要的。此外,全息干涉术还可以通过物体表面的变化来检测其内部的缺陷,并具有无接触式全场测量的特点,由此逐步形成了全息无损检测(Holographic Nondestructive Testing, HNDT)这一门新兴的应用技术科学。

全息干涉度量学诞生于1965年,由R. L. 鲍威尔、K. A. 斯泰特森提出,其后得到了迅速的发展和广泛应用。现已渗透人们的生活、生产和各种科技领域,成为科学研究和工程检测的有力手段,是全息照相术最成功的应用之一。全息干涉术的要点是设法先在记录的全息图上形成干涉条纹,然后根据条纹的分布来对被测物体进行定性分析或做数值计算。现已形成许多种全息干涉度量术,其中最基本的有:

① 二次曝光全息干涉术;

② 实时全息干涉术;

③ 时间平均全息干涉术。

下面分别对其基本原理进行简要介绍。

9.1.2 二次曝光全息干涉术

二次曝光全息干涉术(Double-Exposure Holographic Interferometry)是使用同一张全息底片,在两个不同时刻对物体做两次全息记录,一次是在物体发生运动或形变之前,另一次是在物体运动或形变后。物体的运动或形变通常是采用各种轻微激励的形式,例如,直接机械加力、加压或抽真空,加热或冷却等。底片经曝光、显影、定影等处理后,在原参考光照明下重现时,不同时刻记录的两个物像被同时重现叠加在一起,发生干涉。

为了从数学上分析在二次曝光过程中所发生的物理现象,假设先后记录的两个物光波用 O_1 和 O_2 表示,参考光波用 R 表示。于是,全息底片上所接收到的总光波场是各次曝光时物光波与参考光波的总和。各次曝光时的光波为

$$A_1=O_1+R, A_2=O_2+R \tag{9.1.1}$$

总曝光量为

$$\begin{aligned}E&=(A_1A_1^*)t+(A_2A_2^*)t\\&=(O_1+R)(O_1+R)^*t+(O_2+R)(O_2+R)^*t\end{aligned} \tag{9.1.2}$$

式中,t 为曝光时间,并设两次曝光时间相等。所以全息底片上总的光强分布可表示为

$$I=|O_1|^2+|O_2|^2+2|R|^2+R^*(O_1+O_2)+R(O_1+O_2)^* \tag{9.1.3}$$

假设全息照相底片工作在线性区内,则由式(9.1.3)求得透射率的两个分量:

$$\begin{cases}\tau_1=\beta R^*(O_1+O_2)\\ \tau_2=\beta R(O_1+O_2)^*\end{cases} \tag{9.1.4}$$

当用原参考光 R 重现全息图时，将得到一个透射场分量，它正比于 O_1+O_2，其结果是全息图片上先后记录的两个虚像相干叠加，从而发生干涉。当用共轭参考光 R^* 照明全息底片时，又将重现出两个实像，它们相干叠加的结果也产生干涉。

假设两个物光波可以分别表示成

$$\begin{cases} O_1 = A_O e^{iks_1} \\ O_2 = A_O e^{iks_2} \end{cases} \tag{9.1.5}$$

式中，s_1、s_2 代表物体运动或形变前后相应的光程，则在重现像中与式(9.1.4)第一式对应的光强分布为

$$\begin{aligned} I_{rec} &= (A_O e^{iks_1} + A_O e^{iks_2})(A_O e^{iks_1} + A_O e^{iks_2})^* \\ &= 2A_O^2\{1+\cos[k(s_2-s_1)]\} = 4A_O^2\cos^2\left[\frac{1}{2}k(s_2-s_1)\right] \end{aligned} \tag{9.1.6}$$

其中，s_2-s_1 表征物体运动或形变所引起的物光波的附加光程变化，而 $\Delta\phi=k(s_2-s_1)$ 表征相应的位相改变。可以看到，重现像的光强分布被余弦因子调制，从而产生条纹。而余弦的宗量正是物体运动或形变所引起的位相变化 $\Delta\phi$，当 $\Delta\phi$ 等于 π 的奇数倍时得暗条纹，等于 π 的偶数倍时得明条纹。

在各种应用场合，$\Delta\phi$ 可以和一些物理量(如位移、转动、应变、折射率、温度及密度等)联系起来。因此，通过分析干涉条纹图样算出 $\Delta\phi$，就可算出与之相联系的物理量。如图9.1.1所示是对某地质构造相似模型拍摄的二次曝光全息干涉图。

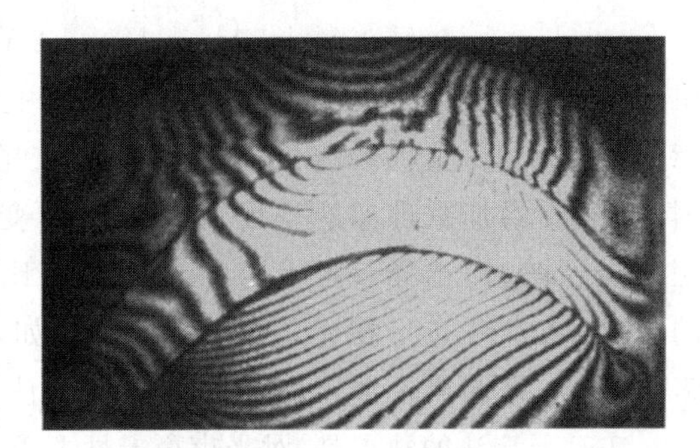

图 9.1.1　对某地质结构模型拍摄的二次曝光全息干涉图

二次曝光干涉术的优点是：可提供均匀的条纹清晰度，并使振幅能在任意位相下被测量。

9.1.3　实时全息干涉术

实时全息干涉术(Real-Time Holography)要求先记录一张原始的(或标准的)物光波面的全息图，经显影、定影等处理后将其精确复位于和记录时相同的位置(复位精度须达到光波波长量级，因而实际操作时，全息干板大多采用专门设计的干板架及显影、定影槽就地处理)，然后用原参考光束和原物光束分别照明全息图片和物体，观察重现的原始(标准)物光波面与待测试物光波面的干涉情况。实时干涉法的特点是：能够目睹物体受到某种作用(机械的、电的、热的……)后，在实时过程中所发生的任何微小变化。因此把这种干涉法称为实时干涉法。实时干涉法在工业生产和自动检测系统中具有实用价值。例如，应用实时干涉法可以检测产品外形或光学面的加工是否合格。其办法是先制作一张标准件(合格产品或标准光学面)的全息图，精确复位后用被测件取代标准件，观察者可以根据所出现的干涉条纹的形状及其疏密分布，判断产品在加工中产生的缺陷。

为了从数学上分析实时干涉法中发生的物理过程，假定原始物光波振幅可表示为

$$O_1(r) = A_{O_1}(r)e^{i\phi_{O_1}(r)} \tag{9.1.7}$$

参考光波表示为

$$R(r) = A_R(r)e^{i\phi_R(r)} \tag{9.1.8}$$

在线性记录条件下,全息图的复振幅透过率为

$$\tau \propto I = A_{O_1}^2 + A_R^2 + A_{O_1} A_R [e^{i(\phi_{O_1} - \phi_R)} + e^{-i(\phi_{O_1} - \phi_R)}] \tag{9.1.9}$$

由于原始物光波面的全息图复位后仍用参考光照明,变化后的物光波也参与照明,故这时全息图的透射光波可表示为

$$\tau' = \tau(A_R e^{i\phi_R} + A_{O_1} e^{i\phi_{O_2}}) \tag{9.1.10}$$

将式(9.1.9)代入式(9.1.10),得

$$\begin{aligned}\tau' = & A_R(A_{O_1}^2 + A_R^2)e^{i\phi_R} + A_{O_1} A_R^2 e^{i\phi_{O_1}} + A_{O_1} A_R^2 e^{-i(\phi_{O_1} - 2\phi_R)} + \\ & A_{O_1}(A_{O_1}^2 + A_R^2)e^{i\phi_{O_2}} + A_{O_1}^2 A_R e^{i(\phi_{O_1} + \phi_{O_2} - \phi_R)} + A_{O_1}^2 A_R e^{-i(\phi_{O_1} - \phi_{O_2} - \phi_R)}\end{aligned} \tag{9.1.11}$$

式中,第1、2、3项是用参考光照明重现的原物零级和正、负一级衍射像;第4、5、6项则是用变化后的物光波照明重现的零级和正、负一级衍射像。其中第2项和第4项所产生的干涉是我们感兴趣的,这一部分透过全息图的光强度为

$$\begin{aligned}I' &= A_{O_1}^2 \left| A_R^2 e^{i\phi_{O_1}} + (A_{O_1}^2 + A_R^2)e^{i\phi_{O_2}} \right|^2 \\ &= A_{O_1}^2 [A_R^4 + (A_{O_1}^2 + A_R^2)^2 + 2A_R^2(A_{O_1}^2 + A_R^2)\cos(\phi_{O_2} - \phi_{O_1})]\end{aligned} \tag{9.1.12}$$

由此可见,在视场中的光强按余弦规律变化,具有两束光干涉的特点。不过由于重现时衍射效率较低,重视物光波与直射物光波的振幅相差很大,使干涉条纹的对比度较差。因此,需要增加重现像的亮度而减小物体变化后的物光照明。通常在实时干涉法中,当记录全息图时,选择参考光与物光的强度比为3∶1比较适宜;而在重现时,增大参考光的强度,使参考光与物光的强度比增加(如增至100∶1)。可以采用可变分束比的分光镜,便于适当调节干涉以使条纹对比度最佳化。

实时干涉法的缺点是:对光束稳定性要求很高,一般难以保证精度;此外,所得干涉条纹的对比度偏低,这给观测带来一定的困难。

9.1.4 时间平均全息干涉术

时间平均全息干涉术(Time-Averaged Holography)是指对周期振动的物体做较长时间单次曝光的全息照相,曝光时间一般远大于物体的振动周期。因此,全息底片上记录了物体振动过程中不同状态的许多全息图,并且与各种状态在曝光期间出现时间的长短成比例分配。虽然在记录过程中各个全息图是依次记录的,但它们却被同时重现,因而能彼此干涉。这样的全息图实际上是记录了由物体散射到全息底片表面的光波的时间平均的复振幅,因此称为时间平均全息图。当物体做正弦振动时,在靠近它的两个最大位移位置,即速度为零处,要占用较多的时间,由于物体的振动频率通常达数百至数千赫兹,而全息记录时间在数十秒范围,故这两个运动状态在整个曝光期间内积累的结果将占据优势,所以主要是记录了物体的这两个运动状态。于是,可以定性地说,以这种方式得到的时间平均全息干涉图样与一张用二次曝光法得到的全息干涉图样有相似之处,它显示了上述两个极端位置之间(处于位相相反状态)物体位移的轮廓线(节点或节线)。

当从数学上处理时间平均法中所发生的物理现象时,为简洁起见,假定只讨论物体做正弦振动的情况,这时物光场可以用下式表示为

$$O = A_O e^{ik\gamma z_2 \cos \omega t} \tag{9.1.13}$$

式中,ω 为振动角频率,z_2 为任一物点的振幅,$z_2 \cos \omega t$ 代表 t 时刻物点的振动位移,γ 是照明

角与观察角的函数。例如，在图 9.1.2 所示的悬臂梁振动的情况下，$\gamma=\cos\theta_1+\cos\theta_2$。

由于时间平均全息图记录了在曝光期间出现的所有的物光场，而这些物光场按每一振动周期重复出现，因而求时间平均时只需求一个周期的平均，即

$$\overline{A}\propto\frac{1}{T}\int_0^T O\mathrm{d}t=\frac{A_O}{T}\int_0^T \mathrm{e}^{\mathrm{i}k\gamma z_2\cos\omega t}\,\mathrm{d}t \quad (9.1.14)$$

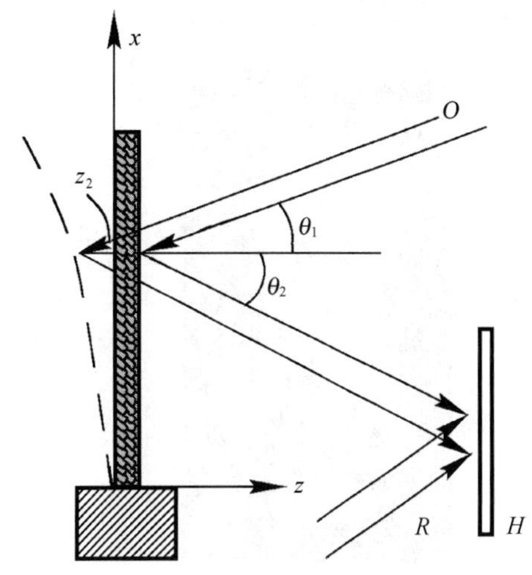

图 9.1.2　悬臂梁的振动

式中，时间平均积分称为正弦振动的特征函数，记作 M_T。于是，重现像复振幅与 $A_O M_T$ 成正比。相应地，其光强度可表示成

$$\overline{I}=|\overline{A}|^2\propto A_O^2|M_T|^2 \quad (9.1.15)$$

根据贝塞尔函数的积分表达式：

$$\mathrm{J}_n(x)=\frac{(-\mathrm{i})^n}{2\pi}\int_0^{2\pi}\mathrm{e}^{\mathrm{i}(x\cos t_1+nt_1)}\,\mathrm{d}t_1 \quad (9.1.16)$$

当 $n=0$ 时，有

$$\mathrm{J}_0(x)=\frac{1}{2\pi}\int_0^{2\pi}\mathrm{e}^{\mathrm{i}x\cos t_1}\,\mathrm{d}t_1 \quad (9.1.17)$$

对周期为 T 的函数进行变量代换，即令 $t_1=\omega t$，则 $\mathrm{d}t_1=\omega\mathrm{d}t$，故式(9.1.17)变成

$$\mathrm{J}_0(x)=\frac{\omega}{2\pi}\int_0^T\mathrm{e}^{\mathrm{i}x\cos\omega t}\,\mathrm{d}t=\frac{1}{T}\int_0^T\mathrm{e}^{\mathrm{i}x\cos\omega t}\,\mathrm{d}t \quad (9.1.18)$$

将式(9.1.18)与式(9.1.14)相比较，得

$$M_T=\mathrm{J}_0(k\gamma z_2) \quad (9.1.19)$$

故式(9.1.15)又可写成

$$\overline{I}\propto A_O^2\mathrm{J}_0^2(k\gamma z_2) \quad (9.1.20)$$

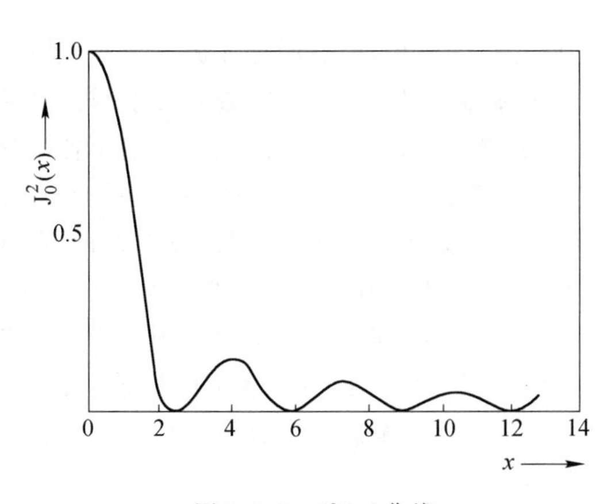

图 9.1.3　$\mathrm{J}_0^2(x)$曲线

即时间平均全息干涉图重现像的光强度按零阶贝塞尔函数的平方分布，其分布曲线如图 9.1.3所示。由图上看到，当零阶贝塞尔函数的自变量等于零时(即 $z_2=0$)，函数取最大值。因此在重现像的振动图样中，不运动的区域(节点或节线)将显示出最明亮的条纹(称为零阶明条纹)，它比其余的明条纹要亮得多。其余明条纹的位置由一阶贝塞尔函数的根给出，因为根据求极值条件及贝塞尔函数的性质，有

$$\mathrm{J}_0'(x)=-\mathrm{J}_1(x)=0 \quad (9.1.21)$$

暗条纹的位置即由零阶贝塞尔函数的根给出。表 9.1.1 给出了 $\mathrm{J}_0(x)$和 $\mathrm{J}_1(x)$的前 10 个根。

由图 9.1.3 中曲线还可看到，随着明条纹级次的增加，其强度是递减的。这说明它与二次曝光法所得的干涉条纹不同。同时，由于 $\mathrm{J}_0^2(x)$调制条纹，使其对比度逐级下降。

根据时间平均全息图上干涉条纹的分布，可以分析振动物体各部位的振幅分布。这种方

法已发展成为全息振动分析的一种成熟技术,并在汽车工业、飞机制造业和机床制造业中获得良好的应用,这对于改进机械结构的设计、分析疲劳和断裂事故以及改进机床的加工精度等都有十分重要的应用价值。

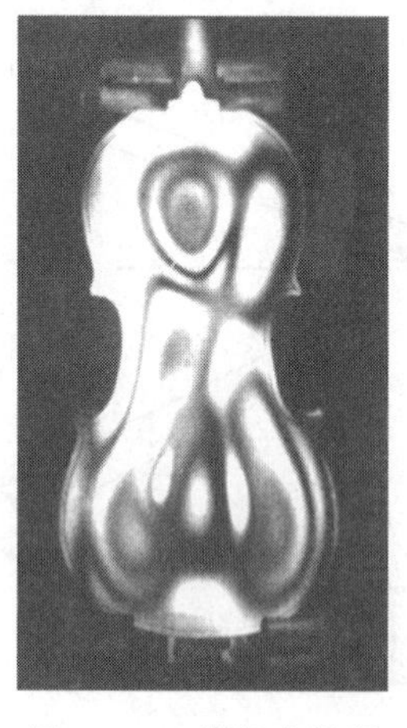

图 9.1.4 激振小提琴的时间平均全息干涉图

表 9.1.1 $J_0(x)$和 $J_1(x)$的前 10 个根

n	$x_n^{(0)}$	$x_n^{(1)}$
1	2.404 8	3.831 7
2	5.520 1	7.015 6
3	8.653 7	10.173 5
4	11.791 5	13.323 7
5	14.930 9	16.470 6
6	18.071 1	19.615 9
7	21.211 6	22.760 1
8	24.352 5	25.903 7
9	27.493 5	29.046 8
10	30.634 6	32.189 7

如图 9.1.4 所示是拍摄的激振小提琴的时间平均全息干涉图,据此对小提琴发生的振型和各部位的振幅分布进行了分析和测试,从而指导普及型小提琴的制作。

9.1.5 动态全息干涉术

二次曝光全息干涉术应以假定在每次曝光过程中物体不发生变化或运动(静态),以及光学系统不受扰动为前提。如果在每次曝光期间内,物体已发生了变化或运动,或者光学系统受到了扰动,哪怕这种运动(或扰动)只有激光波长的几分之一,物光波和参考光波在曝光期间也不可能保持某个确定的位相差。在此情况下要想拍摄出高质量的全息图是不可能的,全息干涉图自然也就记录不下来。

发生位相差随时间的变化,除了上述原因外,还有另一种原因,就是激光光源发出的光波波长随时间变化引起构成全息图的条纹移动,因此,为了拍摄高质量的全息图,首先要求激光光源具有优良的相干性和光学系统稳定性。在此基础上,提高激光束的输出功率,相应地缩短各次曝光时间,可以部分减轻在曝光期间因物体运动或实验台抖动等带来的不良影响。在极限情况下,如果能极大地提高激光器的输出功率,则曝光时间还可大大缩短。例如,缩短到数十纳秒,在这样短的曝光时间内,物体的有限运动或实验台的低频率抖动对于拍摄全息图的影响不会太大。在这种情况下,甚至也无须再用防震工作台,可以直接到靶场拍摄枪弹飞行的流场全息图,拍摄风洞实验中的喷射微粒全息图,还可以直接显示应力波在材料中的传播、生物的生长、人体器官的病变……这些就是动态全息所要研究的范围。前面提到的全息振动分析也是动态全息问题,只不过它研究的是一种周期运动,具有特殊性。

动态全息与前面介绍的“静态”全息在干涉原理上没有任何本质的区别,不同之处在于它采用了相干性优良的高功率脉冲激光器(理想情况,这种激光器应该是单横模和单纵模的),使得在充分短的曝光时间(脉冲宽度)内,被拍摄的物体相对地可被看作不动,从而使全息图仍具有很好的条纹分辨率,因此能重现出清晰的实物三维形象并反映瞬变状态的干涉条纹图样。

假设物体运动速度为 v,脉冲激光器的脉宽为 $\Delta\tau$,获得清晰全息图的条件一般是在曝光期

间由运动所引起的光程变化小于$\frac{\lambda}{10}$，即

$$v\Delta\tau\leqslant\frac{\lambda}{10}\quad 或 \quad \Delta\tau\leqslant\frac{\lambda}{10v} \tag{9.1.22}$$

以红宝石脉冲激光器为例，其 $\lambda=0.6943\ \mu m$，若 $v=1$ m/s（步行速度），则要求其脉宽 $\Delta\tau\leqslant 6.9\times10^{-8}$ s=69 ns；对于 $v=10$ m/s 的高速运动物体（汽车），则要求 $\Delta\tau\approx7$ ns。对于更高速运动的物体（如枪弹），$\Delta\tau$ 必须取更小的值。曝光时间缩短后，为了维持全息干板所需要的曝光量，就必须极大地提高激光器的单脉冲能量。因此，动态全息术常采用调 Q 单脉冲激光器，例如，调 Q 红宝石脉冲激光器，当脉宽 $\Delta\tau=20$ ns 时，单脉冲能量可达数百毫焦耳甚至数焦耳，即相当于功率达到几十兆瓦至几百兆瓦。对于拍摄动态全息干涉图来说，就需要双脉冲调 Q 激光器，或序列脉冲激光器，这在全息高速摄影中具有很大的应用潜力。如图 9.1.5 所示为应用脉冲激光器拍摄的爆炸瞬间含激波的动态全息干涉图，可用于研究国防和工程领域的爆炸流场。

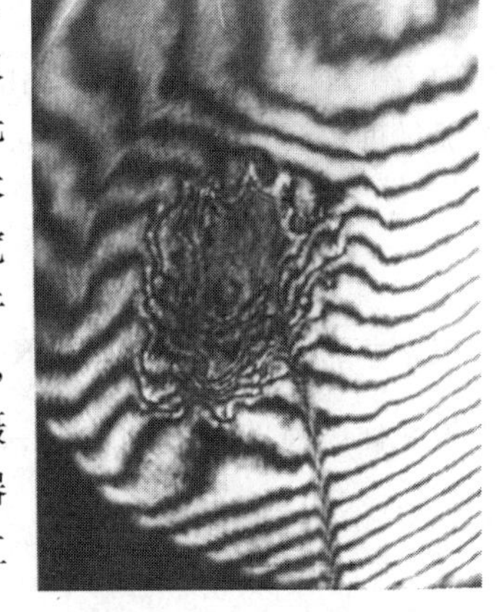

图 9.1.5　爆炸瞬间的含激波的动态全息干涉图

随着脉冲激光器的发展，高速全息摄影技术获得了很大的发展。高速全息摄影能更真实、更完全地反映客观世界中迅变过程的本来面目。皮秒和飞秒脉冲激光器的出现，使高速摄影发生革命，并可对相对论效应做出补偿。1983 年瑞典皇家工业大学的 N. Abramson 教授用 $\Delta\tau=80$ ps 的激光脉冲全息记录了光被反射镜反射的动态过程，并用 $\Delta\tau=30$ ps 的激光脉冲全息记录了光被透镜聚焦的动态过程。这种技术是研究微观过程的有力工具，是近年来全息技术的一项重大应用成果，给全息照相术的应用开辟了新的领域。

9.2　全息干涉图的数据处理方法

全息干涉计量术在其发展初期，主要用于在无损检测中做定性处理。通常这类检测的目的是要确定材料或产品的裂缝、空隙、脱层、残余应力、配合不良、尺寸不准以及材料的非均匀性等缺陷的位置和尺寸。一般来说，若干涉条纹出现局部变密或出现条纹曲率不连续性的区域，则标志着缺陷（或裂缝等）的存在。条纹变密区域的大小与缺陷的大小相对应，而条纹密度则与缺陷的深度有关。这种检测技术的显著特点是简单、直观，并具有全场信息，适合于检查形状相当复杂的零件和对被检测的物体不做特殊要求的场合。因此，全息无损检测一直是全息照相术最具有商业潜力的领域之一。

近 30 年来，随着新理论、新方法、新器件和新纪录材料的出现，以及计算机的普及，迎来了全息干涉计量应用和发展的一个更加成熟的阶段，其特点是：应用新的光电器件提高测量精度，利用计算机处理数据做定量计算，提高速度，从而形成全息干涉计量的各种快速算法和干涉条纹图样的自动分析系统。新的数据处理方法是发展全息干涉度量学的基础，其中对微小三维位移、转动与平动、均匀应变、振动分析等的定量处理尤为基本，由此引申出空间速度场与涡旋场的测量、应变场与应力场的计算、结构设计的检验以及对人齿的矫正运动以及骨骼与细胞组织变化的研

究等。下面就来简要介绍上述基本计量所用的公式及一些典型的快速算法。

9.2.1 用二次曝光法测定三维位移场

测定位移的基本公式为

$$\Omega=\boldsymbol{K}\cdot\boldsymbol{L} \tag{9.2.1}$$

式中 Ω 代表待测点移动前后由照明点源发出到达观察点的两束物光的位相差，$\boldsymbol{L}$ 表示位移，$\boldsymbol{K}$ 是灵敏度矢量(Sensitivity Vector)，其定义为

$$\boldsymbol{K}=\boldsymbol{K}_2-\boldsymbol{K}_1=k(\hat{\boldsymbol{K}}_2-\hat{\boldsymbol{K}}_1) \tag{9.2.2}$$

式中 $k=\dfrac{2\pi}{\lambda}$(λ 为激光波长)，$\hat{\boldsymbol{K}}_2$、$\hat{\boldsymbol{K}}_1$ 各代表沿观察方向和照明方向的单位矢量。在以待测点 P 作为坐标原点的情况下(图 9.2.1)，有

$$\hat{\boldsymbol{K}}_2=\frac{\boldsymbol{R}_2}{|\boldsymbol{R}_2|},\quad \hat{\boldsymbol{K}}_1=-\frac{\boldsymbol{R}_1}{|\boldsymbol{R}_1|} \tag{9.2.3}$$

式(9.2.1)可按图 9.2.2 导出。设物点 P 发生位移后移动到 P′点，位移矢量为 $\boldsymbol{L}$，则由点源 A 经 P 点与 P′点到达观察面给定点的位相差可与灵敏度矢量和位移矢量的标积联系起来，如图 9.2.2所示。其中 $\boldsymbol{K}_1$、$\boldsymbol{K}_2$ 分别是 P 点移动前由照明点源指向待测点的传播矢量和由待测点指向观察者的传播矢量；$\boldsymbol{K}_1$ 称为照明矢量，$\boldsymbol{K}_2$ 称为观察矢量。$\boldsymbol{K}_3$、$\boldsymbol{K}_4$ 分别是 P 点移动后的相应量。

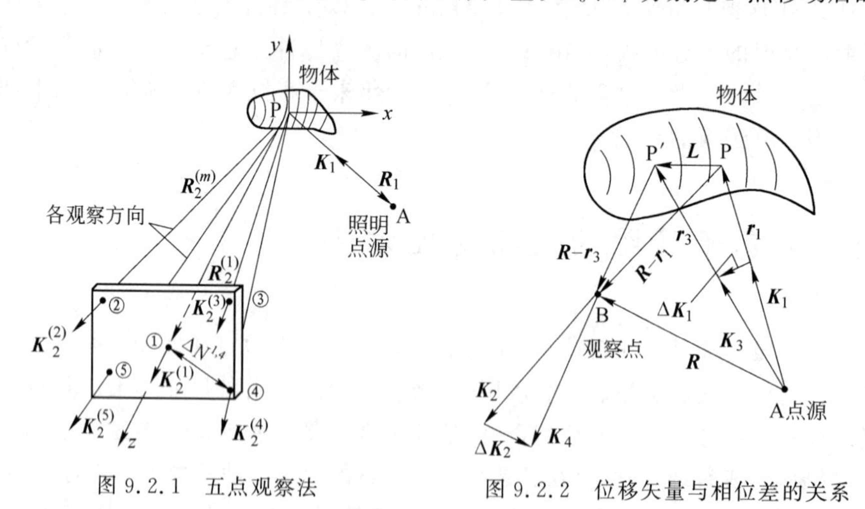

图 9.2.1 五点观察法　　图 9.2.2 位移矢量与相位差的关系

P 点移动前后到达观察者的两束物光的位相分别是(设点源 A 处的初位相等于零)：

$$\begin{cases}\phi_1=\boldsymbol{K}_1\cdot\boldsymbol{r}_1+\boldsymbol{K}_2\cdot(\boldsymbol{R}-\boldsymbol{r}_1)\\ \phi_2=\boldsymbol{K}_3\cdot\boldsymbol{r}_3+\boldsymbol{K}_4\cdot(\boldsymbol{R}-\boldsymbol{r}_3)\end{cases} \tag{9.2.4}$$

遂由观察者测得的位相差是

$$\Omega=\phi_2-\phi_1 \tag{9.2.5}$$

由图 9.2.2 可知

$$\boldsymbol{K}_3=\boldsymbol{K}_1+\Delta\boldsymbol{K}_1,\qquad \boldsymbol{K}_4=\boldsymbol{K}_2+\Delta\boldsymbol{K}_2 \tag{9.2.6}$$

故由上列各式综合整理得

$$\Omega=(\boldsymbol{K}_2-\boldsymbol{K}_1)\cdot(\boldsymbol{r}_1-\boldsymbol{r}_3)+\Delta\boldsymbol{K}_1\cdot\boldsymbol{r}_3+\Delta\boldsymbol{K}_2\cdot(\boldsymbol{R}-\boldsymbol{r}_3) \tag{9.2.7}$$

在实际系统中，$|\boldsymbol{r}_1|$、$|\boldsymbol{r}_3|\gg|\boldsymbol{r}_3-\boldsymbol{r}_1|=L$（微小位移），可以认为 $\Delta\boldsymbol{K}_1\perp\boldsymbol{r}_3$、$\Delta\boldsymbol{K}_2\perp(\boldsymbol{R}-\boldsymbol{r}_3)$，于是，式(9.2.7)中的最后两项标积为零，从而有

$$\Omega=(\boldsymbol{K}_2-\boldsymbol{K}_1)\cdot\boldsymbol{L}=\boldsymbol{K}\cdot\boldsymbol{L} \tag{9.2.8}$$

上式就是测定微小三维位移的公式，也是全息干涉条纹定量解释的基础。当 $\Omega=2N\pi$（N 为整数）时，将得到明条纹；当 $\Omega=(2N+1)\pi$ 时，得到暗条纹；当 Ω 为某一常数时，即确定了物体表面上某个条纹灰度的位置。Ω 称为条纹定位函数(Fringe-locus Function)，N 称为条纹级次(Fringe Order)。

在导出测定位移的基本公式(9.2.8)时，实际上采用了下面的模型：物体表面由大量的点散射体构成，当表面上任一点 P 位移到点 P′时，由点 P 发出的光和由点 P′发出的光产生干涉形成全息干涉条纹；点 P 发出的光和物面上其他点发出的光不会发生干涉。这个模型是方便和充分的。

式(9.2.8)把观察-照明条件及条纹级次与未知位移联系起来。具体计算时，由于 $\boldsymbol{L}$ 是矢量，至少需要 3 个独立方程式联解才能求得；同时，由于条纹的绝对级次通常不易知道，还须引入相应于某任一观察方向的条纹级次的一个相加常数 Ω_0。换言之，为了确定 $\boldsymbol{L}(L_x,L_y,L_z)$ 及 Ω_0，至少需要 4 个独立方程式。这些方程式可以通过 4 次独立观察建立，每次以不同的方向观察便得到一个类似于式(9.2.8)的方程。由于全息干板尺寸有限，再加上对观察点位置的选择有任意性，因此，如果只选择 4 个观察点建立方程组来测量、计算，将产生较大的误差。为了减少实验误差，普遍都经过大于 4 次的观察，这样就形成了测定 $\boldsymbol{L}$ 和 Ω_0 的一个超定方程组(Overdetermined set of Equations)：

$$\begin{cases}\boldsymbol{K}^{(1)}\cdot\boldsymbol{L}=\Omega_0+\Delta\Omega^{1,1}\\ \boldsymbol{K}^{(2)}\cdot\boldsymbol{L}=\Omega_0+\Delta\Omega^{1,2}\\ \quad\vdots\\ \boldsymbol{K}^{(r)}\cdot\boldsymbol{L}=\Omega_0+\Delta\Omega^{1,r}\end{cases} \tag{9.2.9}$$

式中

$$\boldsymbol{K}^{(m)}=\boldsymbol{K}_2^{(m)}-\boldsymbol{K}_1,\ \Delta\Omega^{1,m}=2\pi\Delta N^{1,m}\qquad(m=1,2,\cdots,r) \tag{9.2.10}$$

r 是观察总次数($r>4$)。$\Delta N^{1,m}$代表观察者由沿 $\boldsymbol{K}_2^{(1)}$ 方向连续地改变到沿 $\boldsymbol{K}_2^{(m)}$ 方向观察时，所观察到的通过待测物点的条纹漂移数(见图 9.2.1)，显然有 $\Delta N^{1,1}=0$。当研究物面上不同的测点时，如果物面不太大，应用准直光照明物面是方便的，这时矢量 $\boldsymbol{K}_1$ 是常数，式(9.2.10)中就采取了这种方式。

方程组(9.2.9)可做适当移项，并改写成矩阵形式：

$$\begin{pmatrix}K_x^{(1)} & K_y^{(1)} & K_z^{(1)} & -1\\ K_x^{(2)} & K_y^{(2)} & K_z^{(2)} & -1\\ \vdots & \vdots & \vdots & \vdots\\ K_x^{(r)} & K_y^{(r)} & K_z^{(r)} & -1\end{pmatrix}\begin{pmatrix}L_x\\ L_y\\ L_z\\ \Omega_0\end{pmatrix}=\begin{pmatrix}\Delta\Omega^{1,1}\\ \Delta\Omega^{1,2}\\ \vdots\\ \Delta\Omega^{1,r}\end{pmatrix} \tag{9.2.11}$$

或简写式

$$(\underset{\sim}{\boldsymbol{K}} \quad -1)\begin{pmatrix}\boldsymbol{L}\\ \Omega_0\end{pmatrix}=\underset{\sim}{\Delta\boldsymbol{\Omega}}=2\pi\ \underset{\sim}{\Delta\boldsymbol{N}} \tag{9.2.12}$$

其中,$(\underset{\sim}{\boldsymbol{K}} \quad -1)$是 $r\times 4$ 矩阵,$\begin{pmatrix}\boldsymbol{L}\\ \Omega_0\end{pmatrix}$是 4×1(列)矩阵,$\underset{\sim}{\Delta\boldsymbol{\Omega}}$是 $r\times 1$(列)矩阵。令

$$\underset{\sim}{\boldsymbol{G}}=(\ \underset{\sim}{\boldsymbol{K}}\ ,-1) \tag{9.2.13}$$

则式(9.2.12)可重写成

$$\underset{\sim}{\boldsymbol{G}}\begin{pmatrix}\boldsymbol{L}\\ \Omega_0\end{pmatrix}=\underset{\sim}{\Delta\boldsymbol{\Omega}}=2\pi\ \underset{\sim}{\Delta\boldsymbol{N}} \tag{9.2.14}$$

上式表明,欲计算 $\boldsymbol{L}$、Ω_0,须求出 $\underset{\sim}{\boldsymbol{G}}$ 的逆矩阵,而为了求得逆矩阵,原矩阵应是方阵且满秩,为此,可用 $\underset{\sim}{\boldsymbol{G}}$ 的转置矩阵左乘式(9.2.14)两端,最后得

$$\begin{pmatrix}\boldsymbol{L}\\ \Omega_0\end{pmatrix}=(\underset{\sim}{\boldsymbol{G}}^{\mathrm{T}}\underset{\sim}{\boldsymbol{G}})^{-1}(\underset{\sim}{\boldsymbol{G}}^{\mathrm{T}}\underset{\sim}{\Delta\boldsymbol{\Omega}}) \tag{9.2.15}$$

式中,$\underset{\sim}{\boldsymbol{G}}^{\mathrm{T}}$ 表示矩阵 $\underset{\sim}{\boldsymbol{G}}$ 的转置(下同)。式(9.2.15)就是测定位移的最后公式,是通过建立超定方程组并转换成矩阵形式导出的,这样就便于编写计算机程序做快速计算。同时,式(9.2.15)将待测物点的微小位移量与照明点源、观察点的较大的坐标值以及条纹漂移数联系起来,这样就可以通过测量较大的量来确定微小的量,有利于提高测量精度。

具体测试三维位移场(以及本节后面讨论的其他测试项目)的实验步骤、数据处理和编程计算,见文献[8]第5章。

9.2.2 测定刚体的微小转角与平动

刚体的普遍位移可以分解为转动与平动两部分。因此,刚体上任一点P的总位移可表示为

$$\boldsymbol{L}=\boldsymbol{L}_0+\boldsymbol{\theta}\times\boldsymbol{R}=\boldsymbol{L}_0-\boldsymbol{R}\times\boldsymbol{\theta} \tag{9.2.16}$$

式中,$\boldsymbol{L}_0$ 代表平动位移;$\boldsymbol{\theta}$ 表示刚体的微小转角;$\boldsymbol{R}$ 是由坐标系原点到P点的空间位置矢量。令

$$\begin{cases}\boldsymbol{L}=L_x\hat{\boldsymbol{i}}+L_y\hat{\boldsymbol{j}}+L_z\hat{\boldsymbol{k}}\\ \boldsymbol{L}_0=L_{0x}\hat{\boldsymbol{i}}+L_{0y}\hat{\boldsymbol{j}}+L_{0z}\hat{\boldsymbol{k}}\\ \boldsymbol{\theta}=\theta_x\hat{\boldsymbol{i}}+\theta_y\hat{\boldsymbol{j}}+\theta_z\hat{\boldsymbol{k}}\\ \boldsymbol{R}=x\hat{\boldsymbol{i}}+y\hat{\boldsymbol{j}}+z\hat{\boldsymbol{k}}\end{cases} \tag{9.2.17}$$

则式(9.2.16)可用分量形式表示为

$$\begin{pmatrix}L_x\\ L_y\\ L_z\end{pmatrix}=\begin{pmatrix}L_{0x}\\ L_{0y}\\ L_{0z}\end{pmatrix}-\begin{pmatrix}y\theta_z-z\theta_y\\ z\theta_x-x\theta_z\\ x\theta_y-y\theta_x\end{pmatrix} \tag{9.2.18}$$

或改写成

$$\begin{pmatrix} L_x \\ L_y \\ L_z \end{pmatrix} = \underset{\sim}{\boldsymbol{I}} \begin{pmatrix} L_{0x} \\ L_{0y} \\ L_{0z} \end{pmatrix} - \begin{pmatrix} 0 & -z & y \\ z & 0 & -x \\ -y & x & 0 \end{pmatrix} \begin{pmatrix} \theta_x \\ \theta_y \\ \theta_z \end{pmatrix} \tag{9.2.19}$$

或写成更紧凑的形式：

$$\boldsymbol{L} = \underset{\sim}{\boldsymbol{I}} \boldsymbol{L}_0 - \underset{\sim}{\boldsymbol{R}}_A \boldsymbol{\theta} = (\underset{\sim}{\boldsymbol{I}}, -\underset{\sim}{\boldsymbol{R}}_A) \begin{pmatrix} \boldsymbol{L}_0 \\ \boldsymbol{\theta} \end{pmatrix} \tag{9.2.20}$$

式中

$$\boldsymbol{L} = \begin{pmatrix} L_x \\ L_y \\ L_z \end{pmatrix}, \quad \underset{\sim}{\boldsymbol{R}}_A = \begin{pmatrix} 0 & -z & y \\ z & 0 & -x \\ -y & x & 0 \end{pmatrix}, \quad \begin{pmatrix} \boldsymbol{L}_0 \\ \boldsymbol{\theta} \end{pmatrix} = \begin{pmatrix} L_{0x} \\ L_{0y} \\ L_{0z} \\ \theta_x \\ \theta_y \\ \theta_z \end{pmatrix} \tag{9.2.21}$$

$\underset{\sim}{\boldsymbol{R}}_A$ 代表由 $\boldsymbol{R}$ 的分量构成的反对称矩阵，其行列式等于零；$\underset{\sim}{\boldsymbol{I}}$ 代表 3×3 单位矩阵。

式(9.2.20)中的 $\boldsymbol{L}$ 可按 9.2.1 节介绍的方法测量和计算。遂由式(9.2.20)出发对测试点算出 $\boldsymbol{L}$ 后，便可求解 $\boldsymbol{L}_0$、$\boldsymbol{\theta}$。但 $\boldsymbol{L}_0$、$\boldsymbol{\theta}$ 都是矢量，要解出它们，至少需要两个矢量方程。这些方程可通过选择两个测试点建立起来，相应地有

$$\boldsymbol{L}_1 = \boldsymbol{L}_0 - \boldsymbol{R}_1 \times \boldsymbol{\theta} \quad , \quad \boldsymbol{L}_2 = \boldsymbol{L}_0 - \boldsymbol{R}_2 \times \boldsymbol{\theta}$$

或写成矩阵形式：

$$\begin{pmatrix} \boldsymbol{L}_1 \\ \boldsymbol{L}_2 \end{pmatrix} = \begin{pmatrix} \underset{\sim}{\boldsymbol{I}} & -\underset{\sim}{\boldsymbol{R}}_{A_1} \\ \underset{\sim}{\boldsymbol{I}} & -\underset{\sim}{\boldsymbol{R}}_{A_2} \end{pmatrix} \begin{pmatrix} \boldsymbol{L}_0 \\ \boldsymbol{\theta} \end{pmatrix} \tag{9.2.22}$$

式中，$\underset{\sim}{\boldsymbol{R}}_{A_1}$、$\underset{\sim}{\boldsymbol{R}}_{A_2}$ 的意义与式(9.2.21)中的 $\underset{\sim}{\boldsymbol{R}}_A$ 类似，各自代表由两个测试点的空间位置矢量 $\underset{\sim}{\boldsymbol{R}}_1$、$\underset{\sim}{\boldsymbol{R}}_2$ 的分量构成的反对称矩阵，考虑到它们的行列式都等于零，并且有

$$\begin{vmatrix} \underset{\sim}{\boldsymbol{I}} & -\underset{\sim}{\boldsymbol{R}}_{A_1} \\ \underset{\sim}{\boldsymbol{I}} & -\underset{\sim}{\boldsymbol{R}}_{A_2} \end{vmatrix} = |\underset{\sim}{\boldsymbol{I}}| \cdot |\underset{\sim}{\boldsymbol{R}}_{A_1} - \underset{\sim}{\boldsymbol{R}}_{A_2}| = 0$$

故式(9.2.22)右端的方阵是降秩的，它没有逆矩阵。因此，为了确定刚体的转动与平动，至少需要 3 个测试点。又为了减少由全息干板的有限尺寸以及选择测试点位置的任意性所带来的测量误差，最好选择 $n>3$ 个测试点。对每个测试点可得到类似于式(9.2.20)的一个方程，n 个测试点就有 n 个方程，这样就形成了一个超定方程组，写成矩阵方程即为

$$\begin{pmatrix} \boldsymbol{L}_1 \\ \boldsymbol{L}_2 \\ \vdots \\ \boldsymbol{L}_n \end{pmatrix} = \begin{pmatrix} \underset{\sim}{\boldsymbol{I}} & -\underset{\sim}{\boldsymbol{R}}_{A_1} \\ \underset{\sim}{\boldsymbol{I}} & -\underset{\sim}{\boldsymbol{R}}_{A_2} \\ \vdots & \vdots \\ \underset{\sim}{\boldsymbol{I}} & -\underset{\sim}{\boldsymbol{R}}_{A_n} \end{pmatrix} \begin{pmatrix} \boldsymbol{L}_0 \\ \boldsymbol{\theta} \end{pmatrix} \tag{9.2.23}$$

令

$$\underset{\sim}{\boldsymbol{L}}=\begin{pmatrix}\boldsymbol{L}_1\\\boldsymbol{L}_2\\\vdots\\\boldsymbol{L}_n\end{pmatrix},\quad \underset{\sim}{\boldsymbol{A}}=\begin{pmatrix}\underset{\sim}{\boldsymbol{I}} & -\underset{\sim}{\boldsymbol{R}}_{A_1}\\\underset{\sim}{\boldsymbol{I}} & -\underset{\sim}{\boldsymbol{R}}_{A_2}\\\vdots & \vdots\\\underset{\sim}{\boldsymbol{I}} & -\underset{\sim}{\boldsymbol{R}}_{A_n}\end{pmatrix} \tag{9.2.24}$$

$\underset{\sim}{\boldsymbol{A}}$ 是 $3n\times 6$ 矩阵,这时式(9.2.23)可改写成

$$\underset{\sim}{\boldsymbol{L}}=\underset{\sim}{\boldsymbol{A}}\begin{pmatrix}\boldsymbol{L}_0\\\boldsymbol{\theta}\end{pmatrix} \tag{9.2.25}$$

用 $\underset{\sim}{\boldsymbol{A}}$ 的转置 $\underset{\sim}{\boldsymbol{A}}^{\mathrm{T}}$ 左乘式(9.2.25)两端,最后求得

$$\begin{pmatrix}\boldsymbol{L}_0\\\boldsymbol{\theta}\end{pmatrix}=(\underset{\sim}{\boldsymbol{A}}^{\mathrm{T}}\underset{\sim}{\boldsymbol{A}})^{-1}(\underset{\sim}{\boldsymbol{A}}^{\mathrm{T}}\underset{\sim}{\boldsymbol{L}}) \tag{9.2.26}$$

式(9.2.26)就是测定刚体微小转动与平动的公式。求出 L_{0x}、L_{0y}、L_{0z} 及 θ_x、θ_y、θ_z 后,应用以下公式:

$$L_0=\sqrt{L_{0x}^2+L_{0y}^2+L_{0z}^2},\quad \theta=\sqrt{\theta_x^2+\theta_y^2+\theta_z^2} \tag{9.2.27}$$

便可算出刚体的平动与微小转角的量值。

9.2.3 测定物体的均匀应变

在实验力学中,精确测定物体的应变具有很重要的意义,因为它影响到机械结构或零件的强度、安全和寿命,因而也联系到结构设计误差。在构造力学模拟实验研究中,通过测定地质结构相似模型的应变场,可判定地质构造中存在的裂缝位置,从而为油气勘探提供依据。应变是与位移的导数有关的动态量。故研究均匀应变,可从对条纹定位函数求导(取梯度)着手。令此梯度函数为条纹矢量(Fringe Vector),即

$$\boldsymbol{K}_f=\boldsymbol{\nabla}\Omega \tag{9.2.28}$$

由于在直角坐标系中有

$$\Omega=\boldsymbol{K}\cdot\boldsymbol{L}=K_xL_x+K_yL_y+K_zL_z$$

$$\boldsymbol{\nabla}=\hat{\boldsymbol{i}}\frac{\partial}{\partial x}+\hat{\boldsymbol{j}}\frac{\partial}{\partial y}+\hat{\boldsymbol{K}}\frac{\partial}{\partial z}$$

所以对式(9.2.28)微分运算的结果,得到一个含有 18 项的方程式,经整理可以表示成下列矩阵形式:

$$\begin{pmatrix}K_{fx}\\K_{fy}\\K_{fz}\end{pmatrix}=\begin{pmatrix}L_x^x & L_y^x & L_z^x\\L_x^y & L_y^y & L_z^y\\L_x^z & L_y^z & L_z^z\end{pmatrix}\begin{pmatrix}K_x\\K_y\\K_z\end{pmatrix}+\begin{pmatrix}K_x^x & K_y^x & K_z^x\\K_x^y & K_y^y & K_z^y\\K_x^z & K_y^z & K_z^z\end{pmatrix}\begin{pmatrix}L_x\\L_y\\L_z\end{pmatrix} \tag{9.2.29a}$$

或

$$(K_{fx}K_{fy}K_{fz})=(K_xK_yK_z)\begin{pmatrix}L_x^x & L_x^y & L_x^z\\L_y^x & L_y^y & L_y^z\\L_z^x & L_z^y & L_z^z\end{pmatrix}+(L_xL_yL_z)\begin{pmatrix}K_x^x & K_x^y & K_x^z\\K_y^x & K_y^y & K_y^z\\K_z^x & K_z^y & K_z^z\end{pmatrix} \tag{9.2.29b}$$

式(9.2.29b)可简写成

$$\boldsymbol{K}_f=\boldsymbol{K}\underset{\sim}{\boldsymbol{f}}+\boldsymbol{L}\underset{\sim}{\boldsymbol{g}} \tag{9.2.30}$$

式中

$$\underset{\sim}{\boldsymbol{f}}=\begin{pmatrix} L_x^x & L_x^y & L_x^z \\ L_y^x & L_y^y & L_y^z \\ L_z^x & L_z^y & L_z^z \end{pmatrix},\qquad \underset{\sim}{\boldsymbol{g}}=\begin{pmatrix} K_x^x & K_x^y & K_x^z \\ K_y^x & K_y^y & K_y^z \\ K_z^x & K_z^y & K_z^z \end{pmatrix} \tag{9.2.31}$$

而

$$L_x^x=\frac{\partial L_x}{\partial x},L_x^y=\frac{\partial L_x}{\partial y},\cdots;\quad K_x^x=\frac{\partial K_x}{\partial x},K_x^y=\frac{\partial K_x}{\partial y},\cdots$$

式(9.2.30)是条纹矢量理论中的一个基本关系式。

从弹性力学中知道,应变是一个张量,完全描述它需要 9 个分量,故应变张量(Strain Tensor)可以按以下关系定义:

$$e_{\alpha\beta}=\frac{1}{2}\left(\frac{\partial L_\alpha}{\partial\beta}+\frac{\partial L_\beta}{\partial\alpha}\right)\qquad(\alpha,\beta=x,y,z) \tag{9.2.32}$$

其中

$$e_{xx}=\frac{\partial L_x}{\partial x},e_{yy}=\frac{\partial L_y}{\partial y},e_{zz}=\frac{\partial L_z}{\partial z} \tag{9.2.33}$$

表示法向应变(Normal Strain),而

$$\begin{cases} e_{xy}=\dfrac{1}{2}\left(\dfrac{\partial L_x}{\partial y}+\dfrac{\partial L_y}{\partial x}\right) \\ e_{yz}=\dfrac{1}{2}\left(\dfrac{\partial L_y}{\partial z}+\dfrac{\partial L_z}{\partial y}\right) \\ e_{zx}=\dfrac{1}{2}\left(\dfrac{\partial L_z}{\partial x}+\dfrac{\partial L_x}{\partial z}\right) \end{cases} \tag{9.2.34}$$

表示切应变(Shearing Strain)。显然有

$$e_{xy}=e_{yx},\qquad e_{yz}=e_{zy},\qquad e_{zx}=e_{xz} \tag{9.2.35}$$

因此应变张量是对称张量,它的 9 个元素中只有 6 个元素是独立的。

如果物体除发生切应变外还发生旋转,则物体上任一点 Q 因旋转所引起的位移表示为

$$\boldsymbol{L}=\boldsymbol{\theta}\times\boldsymbol{R} \tag{9.2.36a}$$

其中,$\boldsymbol{\theta}$ 表示微小转角,$\boldsymbol{R}$ 表示由坐标系原点到 Q 点的空间位置矢量。式(9.2.36a)可写成下列分量方程:

$$\begin{cases} L_x=\theta_y z-\theta_z y \\ L_y=\theta_z x-\theta_x z \\ L_z=\theta_x y-\theta_y x \end{cases} \tag{9.2.36b}$$

对上列各式求导,并考虑到 x,y,z 及 $\theta_x,\theta_y,\theta_z$ 是两组各自独立的变量,经整理后便得到物体在

发生应变过程中,绕 x、y、z 轴转动的各分量为

$$\begin{cases}\theta_x=\dfrac{1}{2}\left(\dfrac{\partial L_z}{\partial y}-\dfrac{\partial L_y}{\partial z}\right)\\ \theta_y=\dfrac{1}{2}\left(\dfrac{\partial L_x}{\partial z}-\dfrac{\partial L_z}{\partial x}\right)\\ \theta_z=\dfrac{1}{2}\left(\dfrac{\partial L_y}{\partial x}-\dfrac{\partial L_x}{\partial y}\right)\end{cases} \tag{9.2.37a}$$

因此在做微小运动的情况下,物体的转动也能用位移的导数来表示。将式(9.2.37a)写成矢量形式有

$$\boldsymbol{\theta}=\frac{1}{2}\nabla\times\boldsymbol{L} \tag{9.2.37b}$$

$\boldsymbol{\theta}$ 称为旋转矢量(Rotation Vector)。遂由式(9.2.31)、式(9.2.33)、式(9.2.34)和式(9.2.37)易知,$\underset{\sim}{\boldsymbol{f}}$ 可表示成

$$\underset{\sim}{\boldsymbol{f}}=\begin{pmatrix}e_{xx} & e_{xy} & e_{xz}\\ e_{yx} & e_{yy} & e_{yz}\\ e_{zx} & e_{zy} & e_{zz}\end{pmatrix}+\begin{pmatrix}0 & -\theta_z & \theta_y\\ \theta_z & 0 & -\theta_x\\ -\theta_y & \theta_x & 0\end{pmatrix}=\underset{\sim}{\boldsymbol{e}}+\underset{\sim}{\boldsymbol{\theta}} \tag{9.2.38}$$

式中,$\underset{\sim}{\boldsymbol{e}}$ 称为应变矩阵(或应变张量);$\underset{\sim}{\boldsymbol{\theta}}$ 称为旋转矩阵,它是由 $\boldsymbol{\theta}$ 的各分量构成的一个反对称矩阵;而 $\underset{\sim}{\boldsymbol{f}}$ 称为变换矩阵。由于 $\underset{\sim}{\boldsymbol{f}}$ 可形式地表示成

$$\underset{\sim}{\boldsymbol{f}}=\frac{1}{2}(\underset{\sim}{\boldsymbol{f}}+\underset{\sim}{\boldsymbol{f}}^{\mathrm{T}})+\frac{1}{2}(\underset{\sim}{\boldsymbol{f}}-\underset{\sim}{\boldsymbol{f}}^{\mathrm{T}}) \tag{9.2.39}$$

故由式(9.2.33)、式(9.2.34)、式(9.2.37a)、式(9.2.38)和式(9.2.39)可得下列关系:

$$\underset{\sim}{\boldsymbol{e}}=\frac{1}{2}(\underset{\sim}{\boldsymbol{f}}+\underset{\sim}{\boldsymbol{f}}^{\mathrm{T}}),\quad \underset{\sim}{\boldsymbol{\theta}}=\frac{1}{2}(\underset{\sim}{\boldsymbol{f}}-\underset{\sim}{\boldsymbol{f}}^{\mathrm{T}}) \tag{9.2.40}$$

因此,只要能求出 $\underset{\sim}{\boldsymbol{f}}$,则物体发生的应变和旋转便可求得。

数学推导表明,$\underset{\sim}{\boldsymbol{f}}$ 可以用下式表示:

$$\underset{\sim}{\boldsymbol{f}}=(\underset{\sim}{\boldsymbol{K}}^{\mathrm{T}}\underset{\sim}{\boldsymbol{K}})^{-1}(\underset{\sim}{\boldsymbol{K}}^{\mathrm{T}}\underset{\sim}{\boldsymbol{K}}_{f\mathrm{C}}) \tag{9.2.41}$$

式中

$$\underset{\sim}{\boldsymbol{K}}=\begin{pmatrix}\boldsymbol{K}^{(1)}\\ \boldsymbol{K}^{(2)}\\ \vdots\\ \boldsymbol{K}^{(r)}\end{pmatrix},\quad \underset{\sim}{\boldsymbol{K}}_{f\mathrm{C}}=\begin{pmatrix}\boldsymbol{K}_f^{(1)}\\ \boldsymbol{K}_f^{(2)}\\ \vdots\\ \boldsymbol{K}_f^{(r)}\end{pmatrix}-\boldsymbol{L}\begin{pmatrix}\underset{\sim}{g}^{(1)}\\ \underset{\sim}{g}^{(2)}\\ \vdots\\ \underset{\sim}{g}^{(r)}\end{pmatrix}=\underset{\sim}{\boldsymbol{K}}_f-\boldsymbol{L}\underset{\sim}{\boldsymbol{g}} \tag{9.2.42}$$

角标 $1,2,\cdots,r$ 代表在多次观察中的各次观测值,而

$$\underset{\sim}{\boldsymbol{g}}=\frac{k}{R_0}(\underset{\sim}{\boldsymbol{I}}-\hat{\boldsymbol{K}}_2\otimes\hat{\boldsymbol{K}}_2)-\frac{k}{R_i}(\underset{\sim}{\boldsymbol{I}}-\hat{\boldsymbol{K}}_1\otimes\hat{\boldsymbol{K}}_1) \tag{9.2.43}$$

其中，R_i 是由照明点源到待测点 P 之间的距离，R_0 是待测点到观察点的距离，$\underset{\sim}{\boldsymbol{I}}$ 是 3×3 单位矩阵，⊗表示两个矢量之间的矩阵乘积，其定义如下式：

$$\hat{\boldsymbol{K}}_i \otimes \hat{\boldsymbol{K}}_i = \begin{pmatrix} \hat{K}_{ix} \\ \hat{K}_{iy} \\ \hat{K}_{iz} \end{pmatrix} (\hat{K}_{ix} \hat{K}_{iy} \hat{K}_{iz}) \quad (i=1,2) \tag{9.2.44}$$

乘积的结果得到一个矩阵，其元素是两矢量各分量的所有可能的 9 种乘积。

9.2.4　测定物体的微小振动

分析和测量微幅振动，也是全息干涉计量的一个重要应用领域。用全息照相方法可以测量振动物体表面各点的振幅矢量、共振频率、振动位相以及进行振动的模态识别。这些测量对于分析疲劳、断裂事故，改进机械结构设计、机床的加工精度以及声换能器的质量等，都具有十分重要的实用意义。

在 9.1 节中已讨论到，对于做简谐振动的物体，其时间平均全息图重现像的光强度按零阶贝塞尔函数的平方分布，即

$$I = I_0 \mathrm{J}_0^2(\varphi) \tag{9.2.45}$$

式中

$$\varphi = \boldsymbol{K} \cdot \boldsymbol{A} \tag{9.2.46}$$

其中，$\boldsymbol{A}$ 表示振幅矢量，$\boldsymbol{K}$ 为灵敏度矢量。

如果振动物体是一块平面薄板，其上各点的振动方向与板面垂直，则只有振幅的量值是未知的，这时根据式(9.2.45)、式(9.2.46)便可简单地由 $\mathrm{J}_0(\varphi)$、$\mathrm{J}_1(\varphi)$ 的根及测点的空间位置，求得由时间平均干涉图中明暗条纹分布相对应各点的 $\boldsymbol{A}$ 值。如果振动物体的表面为曲面，则其上各点的振动方向各不相同，这时为了讨论方便，应假定物体上各点的振幅为一个三维空间矢量 $\boldsymbol{A}$。为了测定 $\boldsymbol{A}$，需要建立起类似于式(9.2.46)的 3 个标量方程：

$$\begin{cases} \boldsymbol{K}^{(1)} \cdot \boldsymbol{A} = \varphi_1 \\ \boldsymbol{K}^{(2)} \cdot \boldsymbol{A} = \varphi_2 \\ \boldsymbol{K}^{(3)} \cdot \boldsymbol{A} = \varphi_3 \end{cases} \tag{9.2.47}$$

再联立求解。式(9.2.47)如采用分量表示，则可表示成

$$\begin{cases} K_x^{(1)} A_x + K_y^{(1)} A_y + K_z^{(1)} A_z = \varphi_1 \\ K_x^{(2)} A_x + K_y^{(2)} A_y + K_z^{(2)} A_z = \varphi_2 \\ K_x^{(3)} A_x + K_y^{(3)} A_y + K_z^{(3)} A_z = \varphi_3 \end{cases} \tag{9.2.48}$$

其中

$$\begin{cases} K_x^{(i)} = k(\hat{k}_{2x}^{(i)} - \hat{k}_{1x}^{(i)}) \\ K_y^{(i)} = k(\hat{k}_{2y}^{(i)} - \hat{k}_{1y}^{(i)}) \quad (i=1,2,3) \\ K_z^{(i)} = k(\hat{k}_{2z}^{(i)} - \hat{k}_{1z}^{(i)}) \end{cases} \tag{9.2.49}$$

$\boldsymbol{K}^{(i)}$ $(i=1,2,3)$代表3个不同方向的灵敏度矢量;$k=\dfrac{2\pi}{\lambda}$。

将式(9.2.48)写成矩阵形式,即

$$\begin{pmatrix} K_x^{(1)} & K_y^{(1)} & K_z^{(1)} \\ K_x^{(2)} & K_y^{(2)} & K_z^{(2)} \\ K_x^{(3)} & K_y^{(3)} & K_z^{(3)} \end{pmatrix} \begin{pmatrix} A_x \\ A_y \\ A_z \end{pmatrix} = \begin{pmatrix} \varphi_1 \\ \varphi_2 \\ \varphi_3 \end{pmatrix} \tag{9.2.50}$$

或简写成

$$\underset{\sim}{\boldsymbol{K}}\boldsymbol{A}=\boldsymbol{\varphi} \tag{9.2.51}$$

容易求得

$$\boldsymbol{A}=(\underset{\sim}{\boldsymbol{K}}^{\mathrm{T}}\underset{\sim}{\boldsymbol{K}})^{-1}(\underset{\sim}{\boldsymbol{K}}^{\mathrm{T}}\boldsymbol{\varphi}) \tag{9.2.52}$$

式(9.2.52)即为求解振幅矢量 **A** 的公式。

具体测试时可采用单张全息片记录三重像的办法来建立式(9.2.47)中的3个方程,并通过编程计算微小振幅。

式(9.2.15)、(9.2.26)、(9.2.41)和(9.2.52)具有若干共同特点,可简要概括如下。

(1) 它们将待测物体的微小运动量与观察点、照明点源的较大坐标值及条纹漂移信息联系起来,通过测量较大的量来确定微小的量,这样就有利于提高测量精度。

(2) 它们都应用了矩阵形式,便于构成计算机程序,并且各公式的形式都极相似,这样就减少了编程上的许多麻烦。

(3) 还可以证明,这些公式都符合最小二乘法原理,因而用它们测试算得的结果都具有最小均方误差。

9.3 散斑效应及其基本统计特征

当用激光束投射到一光学粗糙表面(即表面平均起伏大于光波波长量级)上时,即呈现出用普通光见不到的斑点状的图样。其中的每一个斑点称为散斑(Speckle),整个图样称为散斑图样(Speckle Pattern)。这种散斑现象是使用高相干光时所固有的。

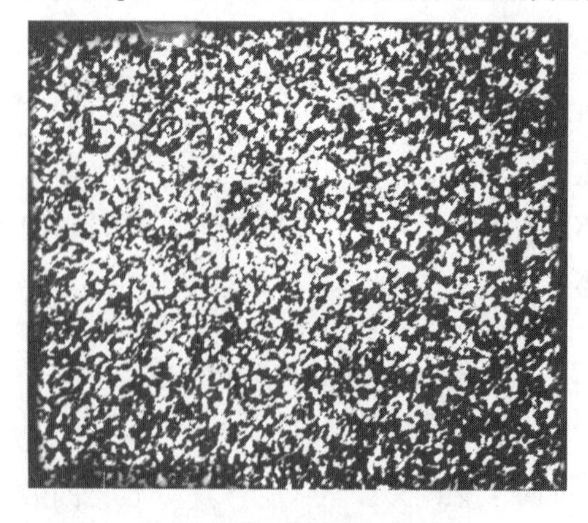

图 9.3.1 激光散斑图样

散斑的物理起因可以简单地说明如下:当激光照射到物体表面时,其上的每一个点(面元)都可视为子波源,产生散射光。由于激光的高相干性,则由每一个物点散射的光将和每一个其他物点散射的光发生干涉。又因为物体表面各面元是随机分布的(这种随机性由表面粗糙度引起),则由它们散射的各子波的振幅和位相都不相同,而且也是无规则分布的。所以由各面元散射的子波相干叠加而形成的反射光场具有随机的空间光强分布。当把探测器或眼睛置于光场中时,将记录或观察到一种杂乱无章的干涉图样,呈现颗粒状结构,此即"散斑",如图9.3.1所示。

在激光器诞生后不久，散斑现象就被发现。在全息照相和相干光图像处理的早期工作中，激光散斑现象往往被看成降低成像质量和限制干涉条纹清晰度的一种光学噪声，称为散斑噪声(Speckle Noise)，但近年来发展起来的散斑摄影术和散斑干涉计量术形成了一门崭新的学科——散斑计量学(Speckle Metrology)。

与全息干涉计量相比较，散斑计量术的主要优点是降低了对机械稳定性、光源相干性和底片分辨率的要求，易于调整测量灵敏度以及易于测量面内位移，且条纹定域于物体表面。其主要的缺点是条纹清晰度较差。

目前，散斑效应已广泛地用于表面粗糙度研究、光学图像处理、光学系统的调整和镜头成像质量评价等方面，但最有前途的应用领域仍然是散斑计量。

激光散斑效应的基本统计特性主要用光强度分布函数、衬度和特征尺寸来表征。

9.3.1　散斑的光强分布函数

前面已指出，散斑场的光强分布具有随机性，故推导光强分布函数要应用统计光学方法。首先考虑自由空间传播散斑场，即研究激光被某个表面散射时形成的散斑，如图 9.3.2 所示，其中 S 为散射面，T 为观察平面。假设散射面上共有 N 个独立的散射面元(N 是一个很大的数)，这些面元具有相同的宏观结构，仅仅在微观上有区别；并设入射光波是线偏振的单色光，且其偏振状态不因散射而改变。令

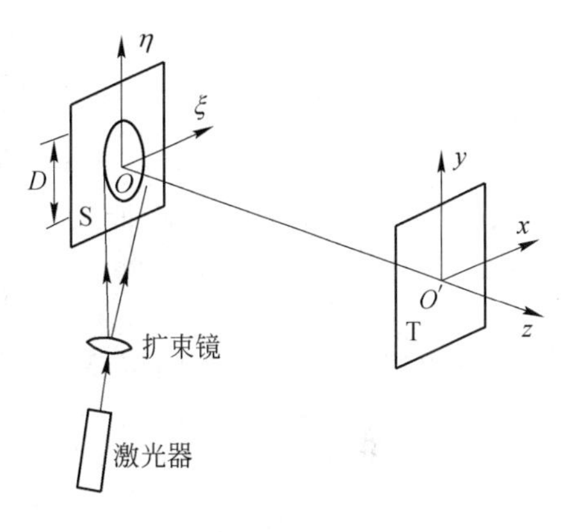

图 9.3.2　自由空间散斑

$$U_k(\boldsymbol{r})=\frac{1}{\sqrt{N}}a_k(\boldsymbol{r})\mathrm{e}^{\mathrm{i}\phi_k(\boldsymbol{r})} \tag{9.3.1}$$

表示由第 k 个散射面元散射到观察点的基元光波复振幅(相幅矢量)，其中$\dfrac{a_k(\boldsymbol{r})}{\sqrt{N}}$表示此相幅矢量的随机长度，$\phi_k(\boldsymbol{r})$为其随机位相，则由 N 个面元散射到观察点的各基元光波叠加以后，最后的复振幅为

$$U(\boldsymbol{r})=a\mathrm{e}^{\mathrm{i}\theta}=\frac{1}{\sqrt{N}}\sum_{k=1}^{N}a_k(\boldsymbol{r})\mathrm{e}^{\mathrm{i}\phi_k(\boldsymbol{r})} \tag{9.3.2}$$

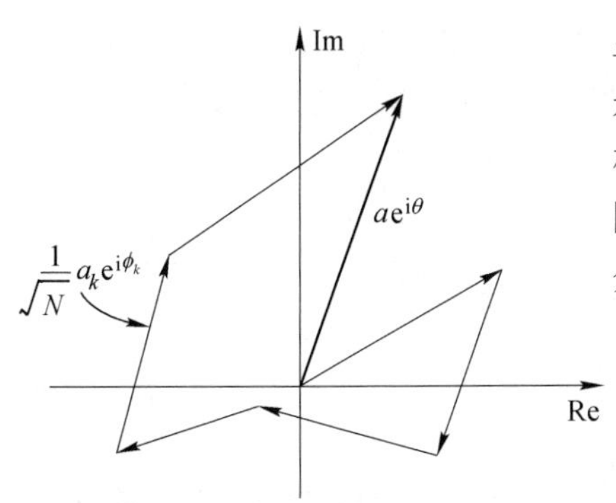

图 9.3.3　随机相幅矢量求和

显然，入射到散射面的相干激光，散射后物面光场不再是激光器发出的空间相干场，而是变成了严格空间非相干的，故式(9.3.2)中的各随机相幅矢量求和完全是随机的，如图 9.3.3 所示。可将复振幅的实部和虚部分别写成

$$\begin{cases}U^{(\mathrm{r})}=\mathrm{Re}\{a\mathrm{e}^{\mathrm{i}\theta}\}=\dfrac{1}{\sqrt{N}}\displaystyle\sum_{k=1}^{N}a_k\cos\phi_k\\ U^{(\mathrm{i})}=\mathrm{Im}\{a\mathrm{e}^{\mathrm{i}\theta}\}=\dfrac{1}{\sqrt{N}}\displaystyle\sum_{k=1}^{N}a_k\sin\phi_k\end{cases} \tag{9.3.3}$$

为了分析方便起见，设基元复振幅具有下列统计

特性：

① 每一个基元光波的振幅和位相是相互统计无关的，并且与所有其他基元光波的振幅和位相也是相位统计无关的，这是由于散射表面的随机涨落高度与随机反射系数之间不存在物理上的联系；

② 对于一切 k，随机振幅 a_k 有完全相同的分布，其均值为 $\langle a\rangle$，二阶矩为 $\langle a^2\rangle$；

③ 各位相 ϕ_k 在 $-\pi$ 与 $+\pi$ 之间的所有值上都是均匀分布的。

这样，当 N 足够大时，在观察点求得的光场 $U(\boldsymbol{r}_0)$ 的实部和虚部是独立的，其平均值等于零，都是无规变量的高斯分布。事实上，由于 a_k 和 ϕ_k 是相互独立的，且对一切 k 都有相同的分布，故其振幅 $U(\boldsymbol{r})$ 的实部 $U^{(\mathrm{r})}$ 和虚部 $U^{(\mathrm{i})}$ 对系统的平均值可由下列两式计算：

$$\langle U^{(\mathrm{r})}\rangle = \frac{1}{\sqrt{N}}\sum_{k=1}^{N}\langle a_k\cos\phi_k\rangle = \frac{1}{\sqrt{N}}\sum_{k=1}^{N}\langle a_k\rangle\langle\cos\phi_k\rangle$$

$$\langle U^{(\mathrm{i})}\rangle = \frac{1}{\sqrt{N}}\sum_{k=1}^{N}\langle a_k\sin\phi_k\rangle = \frac{1}{\sqrt{N}}\sum_{k=1}^{N}\langle a_k\rangle\langle\sin\phi_k\rangle$$

又由于随机位相 ϕ_k 在 $-\pi$ 与 $+\pi$ 之间的所有值上都是均匀分布的，结果当 N 足够大时有 $\langle\cos\phi_k\rangle=0$，$\langle\sin\phi_k\rangle=0$，从而

$$\langle U^{(\mathrm{r})}\rangle=0,\quad \langle U^{(\mathrm{i})}\rangle=0 \tag{9.3.4}$$

还可以证明，复振幅的实部和虚部是不相关的，因为有

$$\langle U^{(\mathrm{r})}U^{(\mathrm{i})}\rangle = \frac{1}{N}\sum_{k=1}^{N}\sum_{n=1}^{N}\langle a_k a_n\rangle\langle\cos\phi_k\sin\phi_n\rangle$$

而

$$\langle\cos\phi_k\sin\phi_n\rangle=\begin{cases}\langle\cos\phi\rangle\langle\sin\phi\rangle=0 & k\neq n\\[2mm] \dfrac{1}{2}\langle\sin 2\phi\rangle=0 & k=n\end{cases}$$

所以有

$$\langle U^{(\mathrm{r})}U^{(\mathrm{i})}\rangle=0 \tag{9.3.5}$$

由此可见，$U^{(\mathrm{r})}$ 和 $U^{(\mathrm{i})}$ 二者是彼此独立的，且都是许多独立的随机贡献之和，故在 N 足够大的情况下，它们都是高斯型随机变量(Gaussian Random Variable)，遂由高斯误差分布定律知，其联合概率密度函数(The Joint Probability-Density Function)为

$$\begin{aligned}p_{\mathrm{r,i}}(U^{(\mathrm{r})},U^{(\mathrm{i})}) &= \frac{1}{\sqrt{2\pi}\,\sigma}\exp\left[-\frac{(U^{(\mathrm{r})}-\langle U^{(\mathrm{r})}\rangle)^2}{2\sigma^2}\right]\cdot\frac{1}{\sqrt{2\pi}\,\sigma}\exp\left[-\frac{(U^{(\mathrm{i})}-\langle U^{(\mathrm{i})}\rangle)^2}{2\sigma^2}\right]\\ &= \frac{1}{2\pi\sigma^2}\exp\left[-\frac{(U^{(\mathrm{r})})^2+(U^{(\mathrm{i})})^2}{2\sigma^2}\right]\end{aligned} \tag{9.3.6}$$

式中，σ 称为复振幅的标准偏差，它是随机变量 $U^{(\mathrm{r})}$ 取值的弥散程度的量度，其平方值 σ^2 称为方差。为了计算 $U(\boldsymbol{r})$ 的方差，首先计算其实部和虚部的方差 σ_{r}^2、σ_{i}^2。对于离散型随机变量 x，方差定义为

$$\sigma^2 = \frac{\sum_{k=1}^{N}(x_k - \langle x \rangle)^2}{N} \tag{9.3.7}$$

而对于 $U^{(r)}$ 和 $U^{(i)}$，因其 $\langle U^{(r)} \rangle = \langle U^{(i)} \rangle = 0$，故为了计算 σ_r^2 和 σ_i^2，可等效地化为计算 $\langle (U^{(r)})^2 \rangle$、$\langle (U^{(i)})^2 \rangle$。应用各个 a_k 和各个 ϕ_k 的独立性，可以写出

$$\langle (U^{(r)})^2 \rangle = \frac{1}{N}\sum_{k=1}^{N}\sum_{n=1}^{N}\langle a_k a_n \rangle \langle \cos\phi_k \cos\phi_n \rangle$$

$$\langle (U^{(i)})^2 \rangle = \frac{1}{N}\sum_{k=1}^{N}\sum_{n=1}^{N}\langle a_k a_n \rangle \langle \sin\phi_k \sin\phi_n \rangle$$

而由于各个 ϕ_k 在 $-\pi$ 与 $+\pi$ 之间的均匀分布，又有

$$\langle \cos\phi_k \cos\phi_n \rangle = \langle \sin\phi_k \sin\phi_n \rangle = \begin{cases} 0 & k \neq n \\ \dfrac{1}{2} & k = n \end{cases}$$

因此可得到

$$\langle (U^{(r)})^2 \rangle = \langle (U^{(i)})^2 \rangle = \sigma^2 = \frac{\langle a^2 \rangle}{2} \tag{9.3.8}$$

于是，σ^2 又可写成以下表达式：

$$\sigma^2 = \lim_{N \to \infty} \frac{1}{N}\sum_{k=1}^{N} \frac{1}{2}\langle a_k{}^2 \rangle \tag{9.3.9}$$

对于连续变化型随机变量 U，方差可定义为

$$\sigma^2 = \int_0^{\infty} (U - \langle U \rangle)^2 p_U(U)\,\mathrm{d}U \tag{9.3.10}$$

式中，$p_U(U)$ 表示其分布的概率密度函数。经展开上式后算得

$$\sigma^2 = \langle U^2 \rangle - 2(\langle U \rangle)^2 + (\langle U \rangle)^2 = \langle U^2 \rangle - (\langle U \rangle)^2 \tag{9.3.11}$$

两个随机变量 U、V 的相关定义为

$$\langle UV \rangle = \iint_0^{\infty} UV p_{UV}(U,V)\,\mathrm{d}U\mathrm{d}V \tag{9.3.12}$$

式中，$p_{UV}(U,V)$ 为其联合分布的概率密度函数。

此外，定义两个随机变量 U、V 的协方差(Covariance)为

$$C_{UV} = \langle (U - \langle U \rangle)(V - \langle V \rangle) \rangle = \iint_0^{\infty} (U - \langle U \rangle)(V - \langle V \rangle) p_{UV}(U,V)\,\mathrm{d}U\mathrm{d}V \tag{9.3.13}$$

上式右端经展开后算得

$$C_{UV} = \langle UV \rangle - \langle U \rangle \langle V \rangle \tag{9.3.14a}$$

或写成

$$\langle UV \rangle = C_{UV} + \langle U \rangle \langle V \rangle \tag{9.3.14b}$$

如果两个随机变量 U、V 是相互独立的，则 $\langle UV \rangle = 0$，从而 $C_{UV} = 0$；反之，当 $C_{UV} \neq 0$ 时，U、V 便不相互独立，而是存在着一定的关系。定义：

$$p_{UV} = \frac{C_{UV}}{\sigma_U \sigma_V} \tag{9.3.15}$$

为随机变量 U、V 的相关系数。式中 σ_U、σ_V 分别表示 U、V 的标准偏差。

归纳起来可以看到，合成散斑场的复振幅 $U(\boldsymbol{r})$ 是一个随机变量，其实部和虚部彼此独立，并具有公式(9.3.4)、(9.3.5)和(9.3.8)所述的特性(即均值为零、互不相关和方差相等)。我

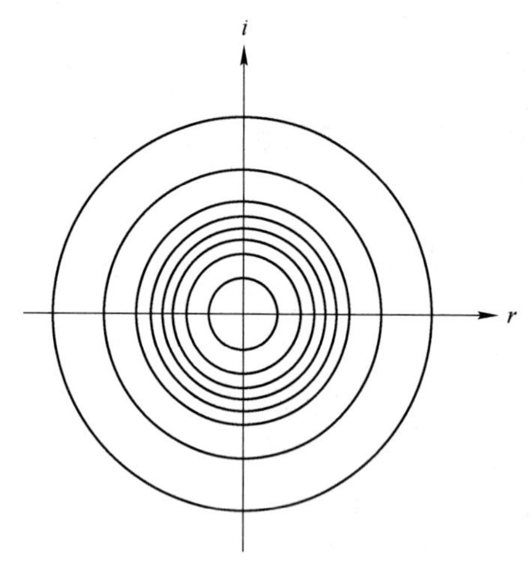

图 9.3.4 (r,i)平面上的等概率密度线

们把满足上述条件的随机变量称为圆型复数高斯随机变量(Circular Complex Gaussian Random Variable),其等值概率密度线是复平面上的一些圆,如图 9.3.4 所示。

下面再来讨论合成散斑场的光强度 I 和位相 θ 的统计分布。它们与复振幅的实部和虚部用下列关系式联系:

$$U^{(r)}=\sqrt{I}\cos\theta,\quad U^{(i)}=\sqrt{I}\sin\theta \tag{9.3.16a}$$

或者等价地:

$$I=(U^{(r)})^2+(U^{(i)})^2,\quad \theta=\arctan\left(\frac{U^{(i)}}{U^{(r)}}\right) \tag{9.3.16b}$$

为了求得 I 和 θ 的联合概率密度函数,可利用多元随机变量的变换方法。即令

$$P_{I,\theta}(I,\theta)=P_{r,i}(U^{(r)},U^{(i)})\,\|J\| \tag{9.3.17}$$

式中

$$\|J\|=\begin{vmatrix}\dfrac{\partial U^{(r)}}{\partial I} & \dfrac{\partial U^{(r)}}{\partial\theta}\\ \dfrac{\partial U^{(i)}}{\partial I} & \dfrac{\partial U^{(i)}}{\partial\theta}\end{vmatrix} \tag{9.3.18}$$

$\|J\|$ 称为变换的雅各比行列式(Jacobian)。将式(9.3.16a)代入式(9.3.18)算得 $\|J\|=\dfrac{1}{2}$,现将此结果和式(9.3.6)代入式(9.3.17),便求得强度和位相的联合概率密度函数为

$$P_{I,\theta}(I,\theta)=\begin{cases}\dfrac{1}{4\pi\sigma^2}\exp\left(-\dfrac{I}{2\sigma^2}\right) & I\geqslant 0,-\pi\leqslant\theta\leqslant\pi\\ 0 & \text{其他}\end{cases} \tag{9.3.19}$$

而强度的边缘概率密度函数(Marginal Probability-Density Function)为

$$P_I(I)=\int_{-\pi}^{\pi}P_{I,\theta}(I,\theta)\mathrm{d}\theta=\begin{cases}\dfrac{1}{2\sigma^2}\exp\left(-\dfrac{I}{2\sigma^2}\right) & I\geqslant 0\\ 0 & \text{其他}\end{cases} \tag{9.3.20}$$

同样,位相的边缘概率密度函数为

$$P_\theta(\theta)=\int_0^{\infty}P_{I,\theta}(I,\theta)\mathrm{d}I=\begin{cases}\dfrac{1}{2\pi} & -\pi\leqslant\theta<\pi\\ 0 & \text{其他}\end{cases} \tag{9.3.21}$$

由此得出偏振散斑场中的光强分布遵守负指数统计(Negative Exponential Statistics),而位相则遵守均匀统计(Uniform Statistics),并且

$$P_{I,\theta}(I,\theta)=P_I(I)P_\theta(\theta) \tag{9.3.22}$$

即在散斑场中任一点处光强度和位相是统计独立的。根据公式(9.3.20),并利用积分公式:

$$\int_0^{\infty}x^n\mathrm{e}^{-ax}\mathrm{d}x=\frac{n!}{a^{n+1}}\quad(n>-1,a>0) \tag{9.3.23}$$

令其中 $n=1,a=1$,还可以求出光强的平均值:

$$\langle I\rangle=\int_0^{\infty} IP_I(I)\,\mathrm{d}I=\int_0^{\infty} I\,\frac{1}{2\sigma^2}\mathrm{e}^{-I/2\sigma^2}\,\mathrm{d}I=2\sigma^2 \tag{9.3.24}$$

因此公式(9.3.20)还可以化为

$$P_I(I)=\frac{1}{\langle I\rangle}\mathrm{e}^{-I/\langle I\rangle} \tag{9.3.25}$$

图 9.3.5 为 $P_I(I)$的曲线。显然，散斑图中光强为零的概率密度最大，而多数可能的光强近似为零，即出现暗斑的地方较多。

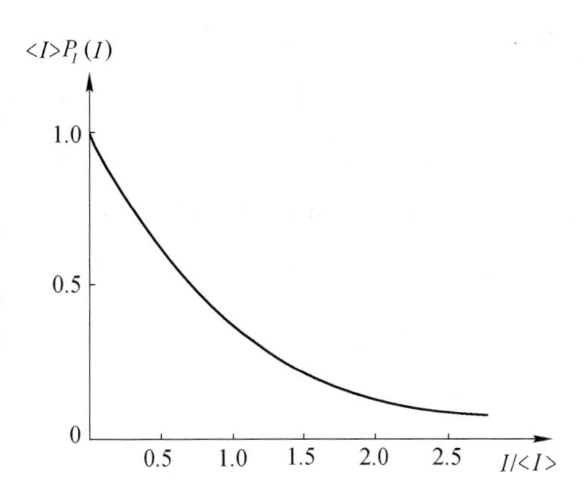

图 9.3.5　散斑图光强的概率密度函数

9.3.2　散斑图的衬度

散斑图的衬度(Contrast)C 定义为光强度的标准偏差 σ_I 与平均强度之比，即

$$C=\frac{\sigma_I}{\langle I\rangle} \tag{9.3.26}$$

而由光强度方差的定义，有

$$\begin{aligned}\sigma_I^2&=\int_0^{\infty}(I-\langle I\rangle)^2P_I(I)\,\mathrm{d}I\\&=\int_0^{\infty}(I^2+\langle I\rangle^2-2\langle I\rangle I)\,\frac{1}{\langle I\rangle}\mathrm{e}^{-I/\langle I\rangle}\,\mathrm{d}I\\&=\langle I\rangle^2\left\{\int_0^{\infty}x^2\mathrm{e}^{-x}\,\mathrm{d}x+\int_0^{\infty}\mathrm{e}^{-x}\,\mathrm{d}x-2\int_0^{\infty}x\mathrm{e}^{-x}\,\mathrm{d}x\right\}\end{aligned} \tag{9.3.27}$$

式中已令 $x=\frac{I}{\langle I\rangle}$。利用积分公式(9.3.23)，对式(9.3.27)中的 3 项分别取 $n=2,0,1$ 及$a=1$，最后算得强度的二阶矩为

$$\langle I^2\rangle=\int_0^{\infty}I^2P_I(I)\,\mathrm{d}I=2\langle I\rangle^2 \tag{9.3.28}$$

强度的方差为

$$\sigma_I^2=2\langle I\rangle^2+\langle I\rangle^2-2\langle I\rangle^2=\langle I\rangle^2 \tag{9.3.29a}$$

由此求得

$$\sigma_I=\langle I\rangle \tag{9.3.29b}$$

所以

$$C=\frac{\sigma_I}{\langle I\rangle}=1 \tag{9.3.30}$$

故散斑图的衬度总是等于 1，即观察散斑图样时，亮暗对比是十分清楚的。

9.3.3　散斑的特征尺寸

通常是由求解观察平面上光场强度的自相关函数，并以它的空间宽度作为散斑特征尺寸的量度。光强的自相关函数是散斑场的二阶统计特性，其定义为

$$e_{\mathrm{II}}(\boldsymbol{r}_1,\boldsymbol{r}_2)=\langle I(\boldsymbol{r}_1)I(\boldsymbol{r}_2)\rangle \tag{9.3.31}$$

自相关函数的宽度给散斑的“平均宽度”提供了一个合理量度，当 $\boldsymbol{r}_1=\boldsymbol{r}_2$ 时，$e_{\mathrm{II}}(\boldsymbol{r}_1,\boldsymbol{r}_2)$总是达到最大值，而当 e_{II}达到最小值时，散斑场相关运算相错开的值 $\Delta\boldsymbol{r}(x_2-x_1,y_2-y_1)$应相当于散斑颗粒的宽度，即特征尺寸(Characteristic Size)。由于在散斑场中每一点处的复振幅都是圆型复数高斯随机变量，则根据其矩定理，在式(9.3.14b)中令 $U=I(\boldsymbol{r}_1)$，$V=I(\boldsymbol{r}_2)$，并将式(9.3.15)中的相关系数与式(4.2.14)中的复相干度对照，同时考虑到式(9.3.29)，有

$$\begin{aligned} e_{\mathrm{II}}(\boldsymbol{r}_1,\boldsymbol{r}_2)&=\langle I(\boldsymbol{r}_1)\rangle\langle I(\boldsymbol{r}_2)\rangle\left\{1+\frac{C_{I(r_1)I(r_2)}}{\langle I(r_1)\rangle\langle I(r_2)\rangle}\right\} \\ &=\langle I(\boldsymbol{r}_1)\rangle\langle I(\boldsymbol{r}_2)\rangle\left\{1+\left|\frac{\langle P(\boldsymbol{r}_1)P(\boldsymbol{r}_2)^*\rangle}{\sqrt{\langle I(\boldsymbol{r}_1)\rangle\langle I(\boldsymbol{r}_2)\rangle}}\right|^2\right\} \end{aligned} \tag{9.3.32}$$

式中，$P(\boldsymbol{r})$表示入射到散射区域的光场的复振幅，$\langle P(\boldsymbol{r}_1)P(\boldsymbol{r}_2)^*\rangle$代表互强度。遂由式(4.2.14)又有

$$e_{\mathrm{II}}(\boldsymbol{r}_1,\boldsymbol{r}_2)=\langle I(\boldsymbol{r}_1)\rangle\langle I(\boldsymbol{r}_2)\rangle\{1+\gamma_{12}(\Delta x,\Delta y)\} \tag{9.3.33}$$

式中，$\gamma_{12}(\Delta x,\Delta y)$称为复相干度。由于散射表面的微结构十分精细，以致经散射后的光场，其相干面积宽度是很窄的，复相干度仅对很小的 Δx、Δy 来说才不等于零，于是在式(9.3.33)中可以取$\langle I(\boldsymbol{r}_1)\rangle\langle I(\boldsymbol{r}_2)\rangle=\langle I(r)\rangle^2$，并可将散射光的互强度表示成

$$\langle P(\boldsymbol{r}_1)P(\boldsymbol{r}_2)^*\rangle=KP(\boldsymbol{r}_1)P(\boldsymbol{r}_2)^*\delta(\boldsymbol{r}_1-\boldsymbol{r}_2) \tag{9.3.34}$$

式中，K 是比例常数。在距离 z 足够大的情况下，由散射面传播到观察面的过程可视为一傅里叶变换，则观察面上的互强度可表示成

$$\langle U(\boldsymbol{r}_{01})U(\boldsymbol{r}_{02})^*\rangle=\frac{K}{(\lambda z)^2}\iint_{-\infty}^{\infty}|P(\xi,\eta)|^2\exp\left[-\mathrm{i}\frac{2\pi}{\lambda z}(\Delta x\xi+\Delta y\eta)\right]\mathrm{d}\xi\mathrm{d}\eta \tag{9.3.35}$$

即为入射到散射区域的光强$|P(\xi,\eta)|^2$ 的傅里叶变换。故得

$$\gamma_{12}(\Delta x,\Delta y)=\frac{\displaystyle\iint_{-\infty}^{\infty}|P(\xi,\eta)|^2\exp\left[-\mathrm{i}\frac{2\pi}{\lambda z}(\xi\Delta x+\eta\Delta y)\right]\mathrm{d}\xi\mathrm{d}\eta}{\displaystyle\iint_{-\infty}^{\infty}|P(\xi,\eta)|^2\mathrm{d}\xi\mathrm{d}\eta} \tag{9.3.36}$$

和

$$e_{\mathrm{II}}(\Delta x,\Delta y)=\langle I(\boldsymbol{r})\rangle^2\left\{1+\left|\frac{\displaystyle\iint_{-\infty}^{\infty}|P(\xi,\eta)|^2\exp\left[-\mathrm{i}\frac{2\pi}{\lambda z}(\xi\Delta x+\eta\Delta y)\right]\mathrm{d}\xi\mathrm{d}\eta}{\displaystyle\iint_{-\infty}^{\infty}|P(\xi,\eta)|^2\mathrm{d}\xi\mathrm{d}\eta}\right|^2\right\} \tag{9.3.37}$$

在大多数情况下，人们对一个漫反射或透射物体都是通过一个成像系统来进行观察的(成像散斑)，故为了估算此种情况下的散斑尺寸，只需将透镜光瞳所围的圆形面看成是一个均匀照明的散射表面即可。由于散射光场是由照明光场和散射面的复反射(或透射)系数决定的，而照明光场一般都是空间缓变的量，故散射光场特性主要由散射面的反射(或透射)特性决定。对于成像散斑系统而言，可以把成像系统的出瞳等价于一个新的非相干光源。于是，令透镜的直径为 D，则有

$$|P(x,y)|^2=\mathrm{circ}\left(\frac{\sqrt{x^2+y^2}}{D/2}\right) \tag{9.3.38}$$

观察面上相应的光强自相关函数为

$$e_{\mathrm{II}}(\Delta x,\Delta y)=\langle I\rangle^2\left\{1+\left|\frac{2\mathrm{J}_1\left(\frac{kDr}{2z}\right)}{\frac{kDr}{2z}}\right|^2\right\} \tag{9.3.39}$$

式中，J_1 为一阶第一类贝塞尔函数；$r=[(\Delta x)^2+(\Delta y)^2]^{1/2}$。由于 J_1 的第一个根等于 3.832，相应的光斑半径为 $\Delta r=\frac{1.22\lambda z}{D}$。而在实际工作中，通常将自相关函数中 J_1 第一次降到极大值的一半时所对应的空间区域定义为相干区域，其线度便是散斑颗粒的直径(特征尺寸)D_{S}。由上所述，在成像散斑的情况下，其特征尺寸为

$$D_{\mathrm{S}}=\frac{1.22\lambda z}{D} \tag{9.3.40}$$

式中，z 为所成的像距透镜的距离。当散射面位于无限远，并在透镜的后焦面上观察散斑图样时，散斑点的平均直径为

$$D_{\mathrm{S}}=1.22\lambda\frac{f}{D} \tag{9.3.41}$$

式中，f 是透镜的焦距，f/D 称为透镜的 f 数。这两种情况都与透镜的口径有关，与散射面的大小无关，属于夫琅和费型散斑图。典型的照相系统其 f 数的范围是 $f/1.4\sim f/32$。若散斑图样是由 He-Ne 激光照明物体表面形成的，$\lambda=632.8$ nm，则相应的散斑特征尺寸变化范围为1～24 μm。

在自由空间传播情况下，被照明的散射表面区域一般是圆面，且在照明区域内光强可近似视为均匀。仿照上面的讨论，可得散斑的平均直径为

$$D_{\mathrm{S}}=\frac{1.22\lambda z}{D} \tag{9.3.42}$$

式中，D 是散射面的直径；z 是观察面与散射面之间的距离。这种情况称为菲涅耳型散斑图。

9.4　二次曝光散斑图的记录和处理

散斑摄影在计量领域中最基本的应用，是利用二次曝光法来测量物体表面的面内位移，并由此引申出空间位移场、应变场的测试，距离及速度测量，振动分析，等等。本节首先结合用二次曝光散斑图测面内位移，简要介绍散斑图的记录和处理方法，然后再讨论空间位移场、位相物体的测量以及振动分析等。

9.4.1　二次曝光散斑图的记录

记录光路如图 9.4.1 所示，拍摄物体在运动或变化前后的二次曝光成像散斑图。假定位移量值大于散斑颗粒的特征尺寸，则在同一底片上就记录了两个相同但位置稍微错开的散斑图。这样，其中各斑点都是成对出现的。这相当于在底片上布满了无数的“双孔”，各“双孔”的孔距和连线反映了“双孔”所在处像点的位移量值和方向。当用激光光束照射此散斑底片时，将发生杨氏双孔干涉现象。

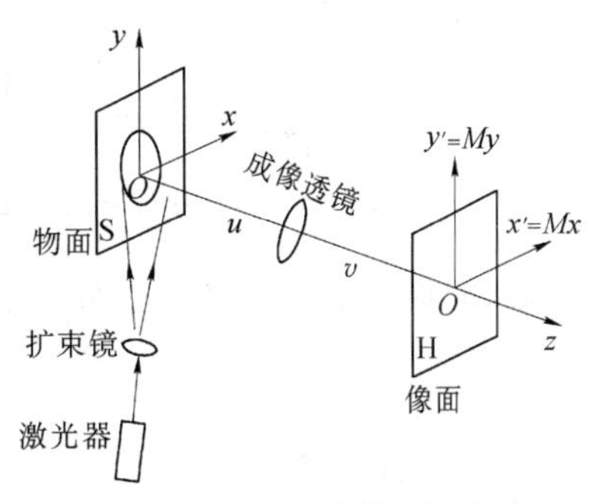

图 9.4.1　记录成像散斑的光路

9.4.2 散斑图的处理方法

散斑图片的处理,通常采用两种方法,即逐点分析法和全场分析法。

图9.4.2表示逐点分析法(Point by Point Analytical Method)光路。用细激光束照明散斑图底片,在观察屏上将看到由被照明小区域"散斑对"产生的杨氏干涉条纹。相邻亮条纹(或暗条纹)的间隔 Δt 均满足下列关系:

$$l=\frac{\lambda z_0}{\Delta t} \tag{9.4.1}$$

式中,l 为"双孔"间距(即位移量),且条纹取向与"双孔"连线(即位移方向)垂直;z_0 代表散斑底片与观察屏之间的距离。注意到上述位移是经过透镜(在记录时)放大了的值,故实际位移量应为

$$L=\frac{l}{M}=\frac{\lambda z_0}{M\Delta t},\quad M=\frac{v}{u} \tag{9.4.2}$$

式中,u、v 各为物距和像距。当位移的大小和取向不同时,条纹的疏密和取向也不同。

图9.4.3表示全场分析法(Full-field Analytical Method)的光路之一。将散斑图底片放在光信息处理系统中进行分析。为了分析方便,设"散斑对"相对于光轴对称排列,且其连线与 x 轴成 θ 角,则此散斑对可用一对 δ 函数表示成

$$\begin{aligned}&A\delta(x-x_1,y-y_1)+A\delta(x+x_2,y+y_2)\\&=A\delta\left(x-\frac{l}{2}\cos\theta,y-\frac{l}{2}\sin\theta\right)+A\delta\left(x+\frac{l}{2}\cos\theta,y+\frac{l}{2}\sin\theta\right)\end{aligned}$$

在变换平面上将得到它们的频谱。应用欧拉公式并令 $f_x=\frac{x}{\lambda f}$,$f_y=\frac{y}{\lambda f}$,经整理最后得

$$\begin{aligned}&\mathscr{F}\{A\delta(x-x_1,y-y_1)+A\delta(x+x_2,y+y_2)\}\\&=Ae^{-i2\pi\left(f_x\frac{l}{2}\cos\theta+f_y\frac{l}{2}\sin\theta\right)}+Ae^{i2\pi\left(f_x\frac{l}{2}\cos\theta+f_y\frac{l}{2}\sin\theta\right)}=2A\cos\left(\frac{\pi}{\lambda f}\boldsymbol{l}\cdot\boldsymbol{r}\right)\end{aligned} \tag{9.4.3}$$

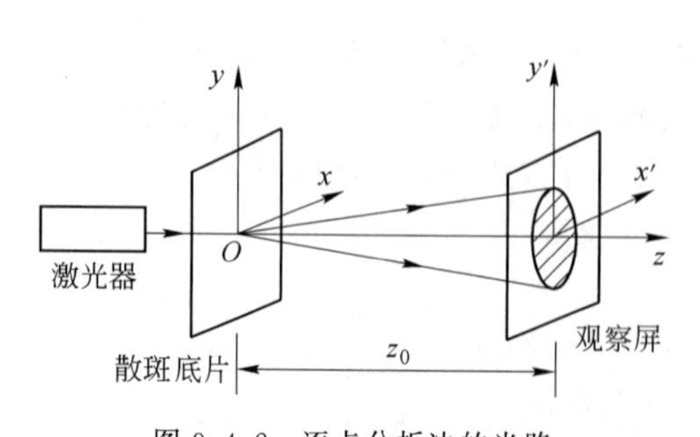

图9.4.2 逐点分析法的光路

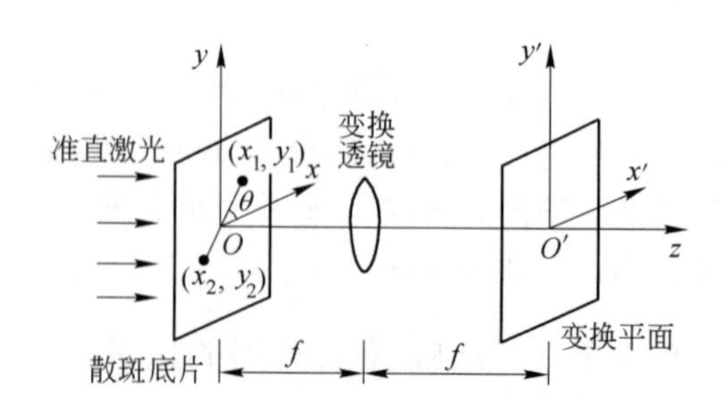

图9.4.3 全场分析法的光路之一

所以,变换平面上的光强分布可表示成

$$I=4I_1\cos^2\left(\frac{\delta}{2}\right) \tag{9.4.4}$$

式中,$I_1=A^2$,而

$$\delta=\frac{2\pi}{\lambda f}(\boldsymbol{l}\cdot\boldsymbol{r}) \tag{9.4.5}$$

式中，$\boldsymbol{l}$ 是位移矢量，$\boldsymbol{r}$ 是变换平面上的位置矢量。显然有

$$\boldsymbol{l}\cdot\boldsymbol{r}=\begin{cases} n\lambda f & (n=0,\pm1,\pm2,\cdots)\text{出现亮条纹} \\ \left(n+\dfrac{1}{2}\right)\lambda f & (n=0,\pm1,\pm2,\cdots)\text{出现暗条纹} \end{cases} \tag{9.4.6}$$

这些条纹分布在散斑图上，构成位移矢量 $\boldsymbol{l}$ 在 $\boldsymbol{r}$ 方向投影的等值线族。若位移场是均匀的(刚性位移)，则由式(9.4.6)有

$$l=\frac{n\lambda f}{r_l}=\frac{\lambda f}{r_l/n} \tag{9.4.7}$$

由此得垂直于位移矢量的一族直线条纹，条纹间距等于$\dfrac{r_l}{n}$，与式(9.4.1)类似。

若位移场是非均匀的，一般在变换平面上看不到干涉条纹。这时需要在变换平面上安置一个滤波小孔。如图 9.4.4 所示，设滤波小孔位于水平位置(x_{f_0},0)，则在像面上凡是位移分量为

$$L_x=\frac{n\lambda f}{Mx_{f_0}} \qquad (n=0,\pm1,\pm2,\cdots) \tag{9.4.8}$$

的点均出现亮条纹，由此得到水平位移相等的点的轨迹。当滤波小孔位于竖直位置(0,y_{f_0})时，则像面上凡是位移分量为

$$L_y=\frac{n\lambda f}{My_{f_0}} \quad (n=0,\pm1,\pm2,\cdots) \tag{9.4.9}$$

的点均出现亮条纹，由此得到竖直位移相等的点的轨迹。滤波小孔位于任意位置时，可类似分析。

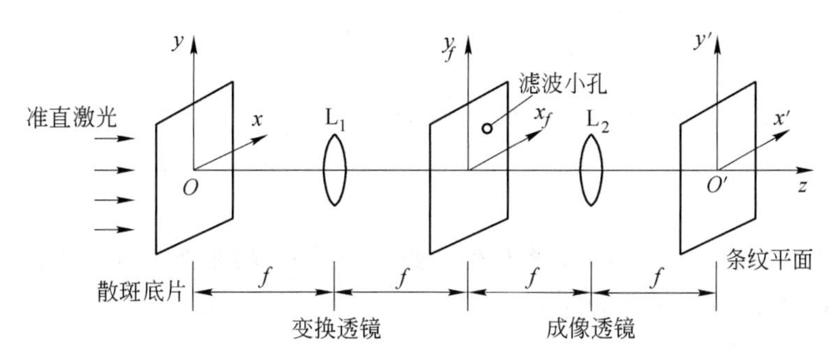

图 9.4.4　全场分析法的光路之二

9.4.3　用双散斑图系统测量空间位移

容易理解，图 9.4.1 的光路布置中，对与观察方向正交的面内位移较敏感，而对其离面位移则是不敏感的。因此，为了测试任意的空间位移，必须发展新的测试方法。新方法的要点是利用了矢量的投影变换，通过测量面内位移来计算空间位移，并把位移矢量的投影变换关系用矩阵方程表示，便于计算机编程，从而实现快速计算。

1. 矢量的投影变换矩阵

在图 9.4.5 中，令 $\boldsymbol{L}_{\mathrm{P}}$ 代表位移 $\boldsymbol{L}$ 在以 $\hat{\boldsymbol{k}}_2$ 为法线的平面上的投影，则有

$$\boldsymbol{L}_{\mathrm{P}}=\boldsymbol{L}-\hat{\boldsymbol{k}}_2(\hat{\boldsymbol{k}}_2\cdot\boldsymbol{L}) \tag{9.4.10}$$

若把 $\hat{\boldsymbol{k}}_2$ 视为观察方向,则 $\boldsymbol{L}_{\mathrm{P}}$ 便是垂直于观察方向的面内位移,当以待测点作为坐标原点时,则有

$$\hat{\boldsymbol{k}}_2=\frac{\boldsymbol{R}_2}{|\boldsymbol{R}_2|} \tag{9.4.11}$$

或写成

$$\hat{k}_{2x}=\frac{R_{2x}}{|\boldsymbol{R}_2|},\hat{k}_{2y}=\frac{R_{2y}}{|\boldsymbol{R}_2|},\hat{k}_{2z}=\frac{R_{2z}}{|\boldsymbol{R}_2|} \tag{9.4.12}$$

$$|\boldsymbol{R}_2|=\sqrt{R_{2x}^2+R_{2y}^2+R_{2z}^2}$$

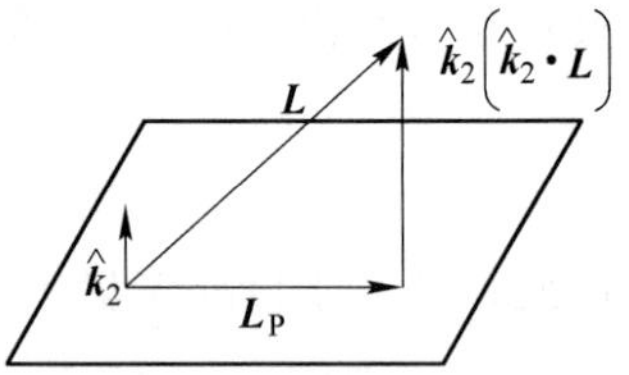

图 9.4.5 矢量的投影

式中,$\boldsymbol{R}_2$ 为坐标原点(待测点)到观察点的空间矢量。将式(9.4.10)改写成矩阵式得

$$\begin{pmatrix}L_{\mathrm{P}x}\\L_{\mathrm{P}y}\\L_{\mathrm{P}z}\end{pmatrix}=\left[\underset{\sim}{\boldsymbol{I}}-\begin{pmatrix}\hat{k}_{2x}\\\hat{k}_{2y}\\\hat{k}_{2z}\end{pmatrix}(\hat{k}_{2x},\hat{k}_{2y},\hat{k}_{2z})\right]\begin{pmatrix}L_x\\L_y\\L_z\end{pmatrix} \tag{9.4.13}$$

式中,$\underset{\sim}{\boldsymbol{I}}$ 为 3×3 单位矩阵,式(9.4.13)可改写为

$$\boldsymbol{L}_{\mathrm{P}}=\underset{\sim}{\boldsymbol{p}}\boldsymbol{L} \tag{9.4.14}$$

式中

$$\underset{\sim}{\boldsymbol{p}}=\underset{\sim}{\boldsymbol{I}}-\begin{pmatrix}\hat{k}_{2x}\\\hat{k}_{2y}\\\hat{k}_{2z}\end{pmatrix}(\hat{k}_{2x},\hat{k}_{2y},\hat{k}_{2z}),\underset{\sim}{\boldsymbol{I}}=\begin{pmatrix}1&0&0\\0&1&0\\0&0&1\end{pmatrix} \tag{9.4.15}$$

$\underset{\sim}{\boldsymbol{p}}$ 称为矢量的投影变换矩阵,它将矢量 $\boldsymbol{L}$ 投影到法线为 $\hat{\boldsymbol{k}}_2$ 的表面上以形成投影 $\boldsymbol{L}_{\mathrm{P}}$。$\underset{\sim}{\boldsymbol{p}}$ 只与 $\boldsymbol{R}_2$ 有关,且具有下列特性(读者可自行证明):

(1)$\underset{\sim}{\boldsymbol{p}}$ 对称,且 $\underset{\sim}{\boldsymbol{p}}\underset{\sim}{\boldsymbol{p}}=\underset{\sim}{\boldsymbol{p}}$;

(2)$\underset{\sim}{\boldsymbol{p}}$ 的行列式等于 0,故 $\underset{\sim}{\boldsymbol{p}}$ 是降秩矩阵,无逆矩阵。

2. 计算空间位移的公式

显然,仅仅依据位移矢量在某个平面上的投影不能确定空间位移矢量本身,至少要根据位移矢量在两个平面上的投影才能确定。解决的办法是:从两个不同的观察方向同时拍摄两张二次曝光散斑图,设 $\hat{\boldsymbol{k}}_2^{(1)}$、$\hat{\boldsymbol{k}}_2^{(2)}$ 代表两个观察方向的单位矢量,对每一个观察方向,可测得物点位移的一个投影(垂直于该观察方向的面内位移),即有

$$\begin{cases}\boldsymbol{L}_{\mathrm{P}1}=\underset{\sim}{\boldsymbol{p}}_1\boldsymbol{L}\\\boldsymbol{L}_{\mathrm{P}2}=\underset{\sim}{\boldsymbol{p}}_2\boldsymbol{L}\end{cases} \tag{9.4.16}$$

式中,$\underset{\sim}{\boldsymbol{p}}_1$、$\underset{\sim}{\boldsymbol{p}}_2$ 为与两个观察方向相应的投影变换矩阵。把式(9.4.16)写成矩阵方程:

$$\begin{pmatrix}\boldsymbol{L}_{\mathrm{P1}}\\ \boldsymbol{L}_{\mathrm{P2}}\end{pmatrix}=\begin{pmatrix}\underset{\sim}{\boldsymbol{p}}_1\\ \underset{\sim}{\boldsymbol{p}}_2\end{pmatrix}\boldsymbol{L} \tag{9.4.17}$$

用转置矩阵($\underset{\sim}{\boldsymbol{p}}_1^{\mathrm{T}}$,$\underset{\sim}{\boldsymbol{p}}_2^{\mathrm{T}}$)左乘上式两端,并注意投影变换矩阵 $\underset{\sim}{\boldsymbol{p}}$ 的对称特点,则有

$$\begin{cases}\underset{\sim}{\boldsymbol{p}}_1^{\mathrm{T}}\underset{\sim}{\boldsymbol{p}}_1=\underset{\sim}{\boldsymbol{p}}_1\underset{\sim}{\boldsymbol{p}}_1=\underset{\sim}{\boldsymbol{p}}_1, & \underset{\sim}{\boldsymbol{p}}_2^{\mathrm{T}}\cdot\underset{\sim}{\boldsymbol{p}}_2=\underset{\sim}{\boldsymbol{p}}_2\underset{\sim}{\boldsymbol{p}}_2=\underset{\sim}{\boldsymbol{p}}_2\\ \underset{\sim}{\boldsymbol{p}}_1\boldsymbol{L}_{\mathrm{P1}}=\boldsymbol{L}_{\mathrm{P1}}, & \underset{\sim}{\boldsymbol{p}}_2\boldsymbol{L}_{\mathrm{P2}}=\boldsymbol{L}_{\mathrm{P2}}\end{cases} \tag{9.4.18}$$

便得

$$\boldsymbol{L}=(\underset{\sim}{\boldsymbol{p}}_1+\underset{\sim}{\boldsymbol{p}}_2)^{-1}(\boldsymbol{L}_{\mathrm{P1}}+\boldsymbol{L}_{\mathrm{P2}}) \tag{9.4.19}$$

式(9.4.19)即计算空间位移的公式,需要测量的是垂直于两个观察方向的面内位移和相应的空间矢量 $\boldsymbol{R}_2$ 的各分量。无论位移是均匀的还是非均匀的,只要按照上述方法测量垂直于观察方向的面内位移,就可由式(9.4.19)算出空间位移。根据最小二乘法原理还可以证明,应用公式(9.4.19)求得的结果具有最小均方误差。

3. 实验与计算实例

实验光路如图 9.4.6 所示,为了减少测量误差,采用了对称结构形式,将两路记录成像散斑的光路布置在入射激光光束两侧。将待测试物体置于可做微小移动的机构上,或放在沿水平方向和竖直方向都可同时加力的光弹仪上。二次曝光散斑图底片经显影、定影和漂白处理后,在图 9.4.3 后焦面翻拍成干涉条纹图样照片(图 9.4.7),用以测出条纹间距 Δt 和条纹相对于 y 轴的取向角 θ,再分别测定 $R_{2x}^{(1)}$、$R_{2y}^{(1)}$、$R_{2z}^{(1)}$ 及 $R_{2x}^{(2)}$、$R_{2y}^{(2)}$、$R_{2z}^{(2)}$。物距和像距的值由以下两式确定:

$$\begin{cases}\dfrac{1}{u}+\dfrac{1}{v}=\dfrac{1}{f}\\ u^{(i)}+v^{(i)}=R_2^{(i)} \qquad (i=1,2)\end{cases}$$

应用上述方法,测试了颅面骨的微小变位场,为口腔正畸提供了有用的数据;实验研究了四川某地区地质构造相似模型裂缝分布规律,从建立产气层顶面的三维位移场出发,据此预测了张性裂缝发育的有利区域,为有效地勘探和开发油气田提供了一定的实验依据。具体的测试方法见文献[8]第 6 章。

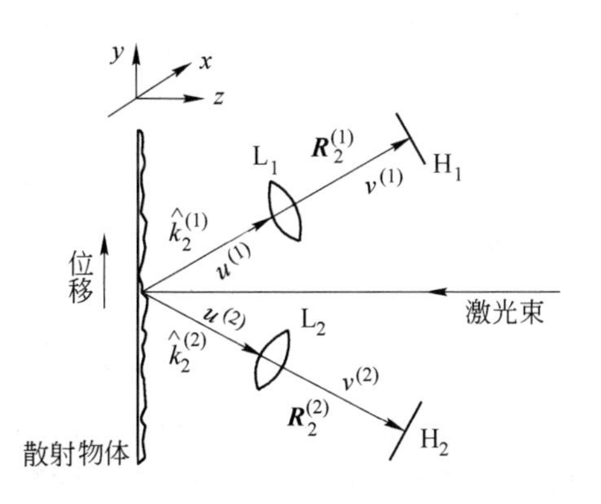

图 9.4.6　用双散斑图测空间位移的实验光路

图 9.4.7　散斑条纹图样照片

9.4.4　用散斑摄影研究位相物体

位相物体是指光波通过其中时,只改变入射光场的位相而不改变光场振幅的物体,俗称透

明体。用散斑摄影研究位相物体的方法,通常有两种:①测量由散射光通过透明介质产生折射而引起的散斑表观位移;②测量由夹杂在透明介质中的细小散射粒子(如粉状 TiO_2,其粒径约 6 μm)的运动而引起的散斑位移。

现仅以方法①为例,讨论用二次曝光散斑照片测定透明固体和液体的折射率、厚度及其非均匀性的原理和方法。在进行产品检测时,这是一种十分有效的手段,它甚至可以在显微术中用来观测小的透明结构(如生物切片),这些结构的折射率与其周围物质的折射率有所不同。

1. 透明固体折射率和厚度的测定

光路布置如图 9.4.8 所示。激光束经扩束准直后,通过半漫透射片照明适当倾斜的待测透明物体,这时,对在底片 H 上形成散斑图样有贡献的光线,由于在透明介质分界面上发生两次折射,因此经过透明介质后将平移一个量 d(见图 9.4.9)。这将使每个散斑点从原来没有透明介质时的位置位移 d。如果在待测透明物体放入光路前后拍摄二次曝光散斑图,那么经显影、定影和漂白处理后,对散斑图底片应用逐点分析法,就可按式(9.4.2)确定各散斑点的位移。进而按下面的讨论计算出待测透明物体的折射率和厚度。

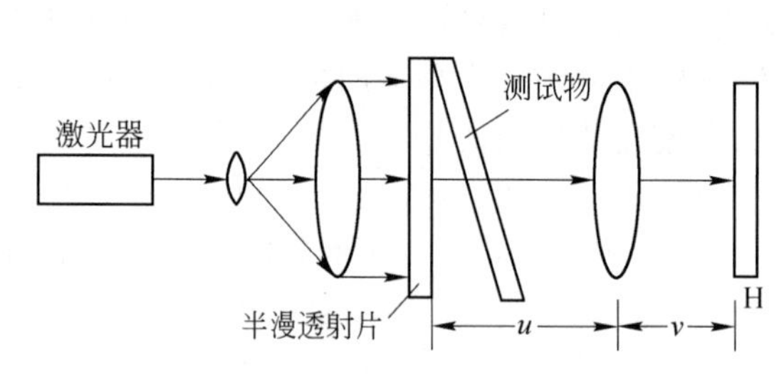

图 9.4.8 散斑照相研究位相物体的光路

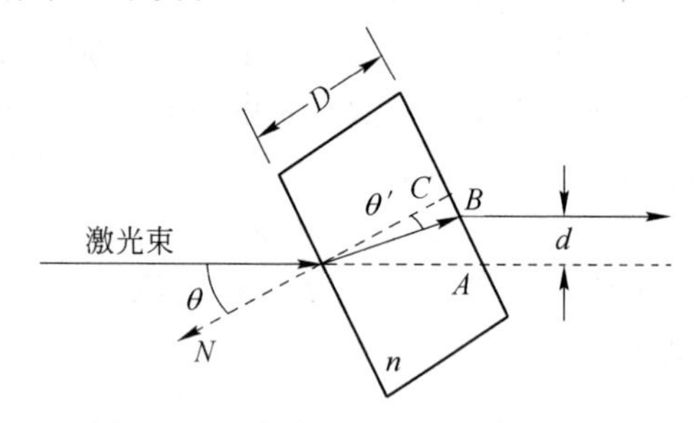

图 9.4.9 光束发生两次折射的图示

由图 9.4.9 有

$$\overline{AB}=\overline{AC}-\overline{BC}=D(\tan\theta-\tan\theta')$$
$$d=\overline{AB}\cos\theta=D(\tan\theta-\tan\theta')\cos\theta$$

应用折射定律又有

$$n_0\sin\theta=n\sin\theta',n_0=1$$

由以上 3 式便可求得

$$D=\frac{d}{\sin\theta-\dfrac{\sin\theta\cos\theta}{\sqrt{n^2-\sin^2\theta}}}\tag{9.4.20}$$

$$n=\sqrt{\left(\frac{D\sin\theta\cos\theta}{D\sin\theta-d}\right)^2+\sin^2\theta}\tag{9.4.21}$$

根据式(9.4.20),如果已知透明介质的折射率 n、激光束在介质界面上的入射角 θ,以及光束通过透明介质后的位移 d,就可算出 D 值,并且该式中的分母在确定的实验条件下为一常数,故由若干抽样点测出位移 d 后,也可利用该式方便地测量透明介质的厚度不均匀性。

根据式(9.4.21),如果已知 θ、d 和 D,便可算出透明介质的折射率 n。这时,如果能保证被测物体的厚度 D 处处一致(为此,要求把待测物体抛光加工成光学平行平面),则仿效以上方法,测出各抽样点的位移 d,也可按式(9.4.21)分析测试物体折射率的不均匀性。

具体处理时，可以在二次曝光散斑图底片上适当选择抽样点阵列，应用激光束扫描或使散斑图底片上下左右运动，测出各抽样点对应的 d 值，再用一个简单的计算机程序进行快速计算。

2. 测透明液体的折射率

这里假设已知某种透明液体（例如水）的折射率，要求另外透明液体的折射率，故称这种测试方法为内标法（Internal Standard Method）。实验光路仍按图 9.4.8 所示，其测试原理如图 9.4.10 所示。在一扁平的容器内先注入水，进行第一次曝光，然后放掉水再注入待测液体（例如酒精）进行第二次曝光。入射激光束通过容器时，分别被两种液体折射。设 D 代表容器内液体的厚度，θ 为激光束的入射角，θ'、θ'' 及 n'、n'' 分别是水和酒精的折射角和折射率，d_1、d_2 分别是激光束先后通过容器中的水与酒精时相应的平移量，则由前面的分析有

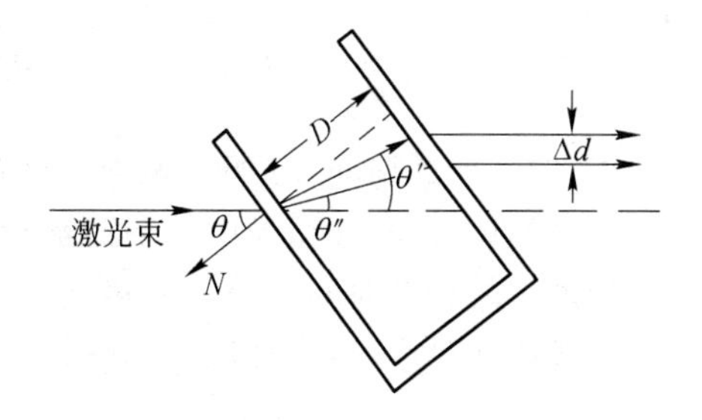

图 9.4.10　激光束通过容器时先后被两种介质折射

$$d_1 = D(\tan\theta - \tan\theta')\cos\theta, \quad d_2 = D(\tan\theta - \tan\theta'')\cos\theta$$

所以

$$\Delta d = d_2 - d_1 = D(\tan\theta' - \tan\theta'')\cos\theta = D\left(\frac{\sin\theta}{\sqrt{n'^2 - \sin^2\theta}} - \frac{\sin\theta}{\sqrt{n''^2 - \sin^2\theta}}\right)\cos\theta \tag{9.4.22}$$

由此解得

$$n'' = \left[\left(\frac{\sin\theta}{\dfrac{\sin\theta}{\sqrt{n'^2 - \sin^2\theta}} - \dfrac{|\Delta d|}{D\cos\theta}}\right)^2 + \sin^2\theta\right]^{1/2} \quad (n'' > n') \tag{9.4.23}$$

或

$$n'' = \left[\left(\frac{\sin\theta}{\dfrac{\sin\theta}{\sqrt{n'^2 - \sin^2\theta}} + \dfrac{|\Delta d|}{D\cos\theta}}\right)^2 + \sin^2\theta\right]^{1/2} \quad (n'' < n') \tag{9.4.24}$$

其中，Δd 按杨氏双孔公式求得。上列两式就是测定透明液体折射率的公式。

9.4.5　用时间平均散斑图分析振动

正如在全息干涉计量中可以用时间平均法分析振动一样，在散斑摄影术中也可以用时间平均法来分析物体的表面振动。设 $D(x,y)$ 表示二维散射物体上的散斑强度分布，按照成像原理，像面上记录的成像散斑的强度分布是物面上的散斑强度分布与成像光路系统单位强度点光源对应的像强度分布的卷积，即

$$D_i(x,y) = D(x,y) * \delta(x,y) \tag{9.4.25}$$

式中，$\delta(x,y)$ 是 Dirac δ 函数。假定物体在其自身平面内做简谐振动 $y(t) = a\sin\omega t$，则 $D_i(x,y)$ 变为 $D_i(x,y+y(t)) = D(x,y) * \delta(x,y+My(t))$，而在整个记录过程中，获得的是时间平均的效果。因此，在时间平均散斑图上记录的成像散斑的强度为

$$\langle D_i(x,y)\rangle=\frac{1}{T}D(x,y)*\int_{-T/2}^{T/2}\delta[x,y+My(t)]\mathrm{d}t \tag{9.4.26}$$

式中,T 为振动周期,M 为成像系统的放大率。

当物体做振动时,像中的散斑被拉长在一条线上。这样记录的散斑图样与散斑在其轨道每处度过的相对时间有关。显然在振动过程中的两个极端位置停留的时间最长。

底片经显影、定影处理后,其振幅透过率为

$$\tau=\alpha+\beta D(x,y)*\int_{-T/2}^{T/2}\delta[x,y+My(t)]\mathrm{d}t \tag{9.4.27}$$

式中,α、β 为常数。若对此散斑图底片采用逐点分析法,则在远场 z_0 处得到透过率函数的傅里叶变换:

$$\tilde{\tau}(f_x,f_y)=\alpha\delta(f_x,f_y)+\beta\tilde{D}(f_x,f_y)\int_{-T/2}^{T/2}\mathrm{e}^{\mathrm{i}2\pi f_y My(t)}\mathrm{d}t \tag{9.4.28}$$

式中,$\tilde{D}(f_x,f_y)$是 $D(x,y)$的傅里叶变换。式中右端第1项代表中心亮斑,它对于分析振动没有意义,可略去;而第2项中的被积函数在代入 $y(t)=a\sin\omega t$ 后可写成

$$\mathrm{e}^{\mathrm{i}2\pi f_y My(t)}=\cos(2\pi af_yM\sin\omega t)+\mathrm{i}\sin(2\pi af_yM\sin\omega t)$$

应用贝塞尔函数关系式:

$$\begin{cases}\cos(x\sin\varphi)=\mathrm{J}_0(x)+2\sum\limits_{n=1}^{\infty}\mathrm{J}_{2n}(x)\cos 2n\varphi\\ \sin(x\sin\varphi)=2\sum\limits_{n=1}^{\infty}\mathrm{J}_{2n+1}(x)\sin(2n+1)\varphi\end{cases} \tag{9.4.29}$$

则式(9.4.28)中的积分项可以展成

$$\begin{aligned}\int_{-T/2}^{T/2}\mathrm{e}^{\mathrm{i}2\pi af_yM\sin\omega t}\mathrm{d}t=&\ \mathrm{J}_0(2\pi af_yM)\int_{-T/2}^{T/2}\mathrm{d}t+2\sum_{n=1}^{\infty}\left\{\mathrm{J}_{2n}(2\pi af_yM)\int_{-T/2}^{T/2}\cos(2n\omega t)\mathrm{d}t\right\}+\\ &2\mathrm{i}\sum_{n=1}^{\infty}\left\{\mathrm{J}_{2n+1}(2\pi af_yM)\int_{-T/2}^{T/2}\sin[(2n+1)\omega t]\mathrm{d}t\right\}\end{aligned} \tag{9.4.30}$$

式(9.4.30)右端两个括号内的积分均为零,故散斑底片在观察面上的频谱与零阶贝塞尔函数 $\mathrm{J}_0(2\pi af_yM)$成比例,其强度分布则与 $\mathrm{J}_0^2(2\pi af_yM)$成比例。令 $f_y=\frac{y}{\lambda z_0}$,则

$$I(f_x,f_y)=\beta^2|\tilde{D}(f_x,f_y)|^2\mathrm{J}_0^2\left(\frac{2\pi aMy}{\lambda z_0}\right) \tag{9.4.31}$$

当贝塞尔函数的宗量$\frac{2\pi aMy}{\lambda z_0}=0$时,函数取最大值,因而不运动的区域将产生高衬度的散斑图。暗条纹的位置由零阶贝塞尔函数的根给出,故第1条暗条纹出现在$\frac{2\pi aMy}{\lambda z_0}=2.40$处,即

$$\tan\theta_1=\frac{y}{z_0}=\frac{0.38\lambda}{aM} \tag{9.4.32}$$

式中,θ_1 为第一暗环的张角,由此便可求得 a 值。

现在,采用某些晶体(如 Fe:$LiNbO_3$、$Bi_{12}SiO_{20}$等)作为记录介质后,已发展成为实时分析振动的一种处理手段。

9.5 散斑干涉计量

散斑干涉是指被测物体表面散射光所产生的散斑与另一参考光相干涉，参考光可以是平面波或球面波，也可以是由另一种散射表面产生的散斑。当物体产生运动（位移或形变）时，干涉条纹将发生变化，由此可测量物体的运动或变化情况。前已指出，散斑计量学包括两大类别，即散斑照相术和散斑干涉术，两者都涉及干涉现象。前面介绍的用二次曝光散斑图进行的测试，就是利用的散斑照相术，但散斑照相术与散斑干涉术也是有区别的。概括说来，如果在两个图像上存在某些区域，其各自的散斑图样之间相关性良好，就把这种方法称为散斑照相术(Speckle Photography)；如果条纹的形成是由于两个图像之间散斑图样相关性的起伏造成的，而不论两图样的相关区域之间有否移动，这种方法就称之为散斑干涉术(Speckle Interferometry)。

下面以散斑剪切（错位）干涉术(Speckle Shearing Interferometry)为例进行讨论。这种技术可以直接显示出位移导数的等值线，故特别适用于应变分析。

1. 散斑错位干涉的基本原理

实现散斑错位干涉的方法很多，下面以双孔径散斑错位干涉为例说明其原理。如图 9.5.1 所示，待测物体用准直激光束照明，在透镜前面放置双孔径板，两小孔相对于光轴对称布置，两孔径间距为 t，小孔直径为 d，要求 $t>d$。记录用底片放置在像面后 Δv 处，这样物面上一点经过透镜后变为两个像点，彼此相距 $\Delta x_i=\dfrac{t\Delta v}{v_0}$。由于孔径的直径 d 很小，致使焦深很长，故两个像点均处于适焦的状态。反之，对底片平面上给定点的散斑产生贡献的光线，来自物面上彼此分离的间距为 Δx_0 的两个相邻物点，且

$$\Delta x_0=\frac{\Delta x_i}{M}=\frac{t\Delta v}{Mv_0} \tag{9.5.1}$$

式中，M 是透镜的横向放大率。底片上该点的光强度为

$$I_1=a^2(x)+a^2(x+\Delta x_0)+2a(x)a(x+\Delta x_0)\cos\varphi \tag{9.5.2}$$

式中，$a(x)$表示 x 轴上位于 x 点附近小面元所散射的光在底片平面上产生的实振幅；φ 是 $a(x)$与 $a(x+\Delta x_0)$之间产生的位相差。物体发生微小形变后，底片上该点的光强为

$$I_2=a^2(x)+a^2(x+\Delta x_0)+2a(x)a(x+\Delta x_0)\cos(\varphi+\delta) \tag{9.5.3}$$

式中，δ 是由于物体变形引起 x 点和 $x+\Delta x_0$ 点相对位移所产生的纯位相变化。底片上记录的总光强度可表示成

$$I=I_1+I_2=2[a^2(x)+a^2(x+\Delta x_0)]+4a(x)a(x+\Delta x_0)\cos\left(\varphi+\frac{\delta}{2}\right)\cos\left(\frac{\delta}{2}\right) \tag{9.5.4}$$

当 $\delta=2N\pi(N=0,1,2,\cdots)$时，$I$ 最大，当 $\delta=(2N+1)\pi(N=0,1,2,\cdots)$时，$I$ 最小，从而产生干涉条纹。

2. 空间滤波

由于物面上各点发生的运动状态不完全相同，上式所描述的是频率变化型的条纹图样。相对于 $\cos\left(\dfrac{\delta}{2}\right)$来说，$\cos\left(\phi+\dfrac{\delta}{2}\right)$是快变化的。所以这种条纹图样要经过空间滤波处理后才能看到，其滤波系统如图 9.5.2 所示。激光束经扩束后由透镜 L_1 聚焦到平面 P 上，该平面即

是点源的像面。由傅里叶变换关系知，当散斑底片置于透镜和此像面之间时，在该像面上将获得散斑图样的傅里叶变换频谱，而散斑图样将成像于其频谱面的后方。通过在频谱面上插入滤波孔径，在其后的像面上显示出条纹图样。

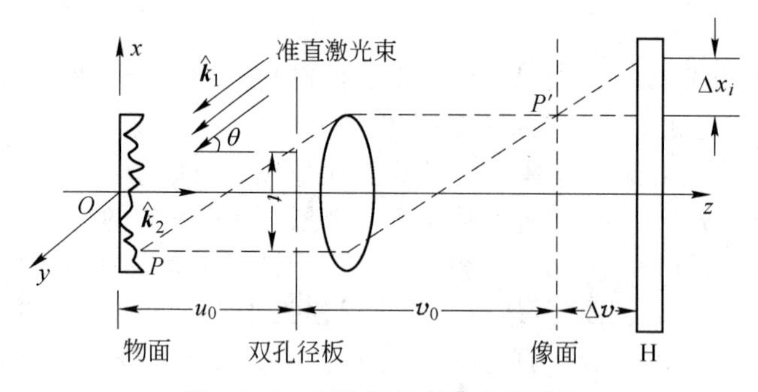

图 9.5.1　双孔径散斑错位干涉仪

式(9.5.4)中的 δ 可由下列的计算得到。对最初位于 x 处的物点因其位移 $\boldsymbol{L}(x)$ 所引起的散射光的位相变化为

$$\delta(x)=\frac{2\pi}{\lambda}(\hat{\boldsymbol{k}}_2-\hat{\boldsymbol{k}}_1)\cdot\boldsymbol{L}(x) \tag{9.5.5}$$

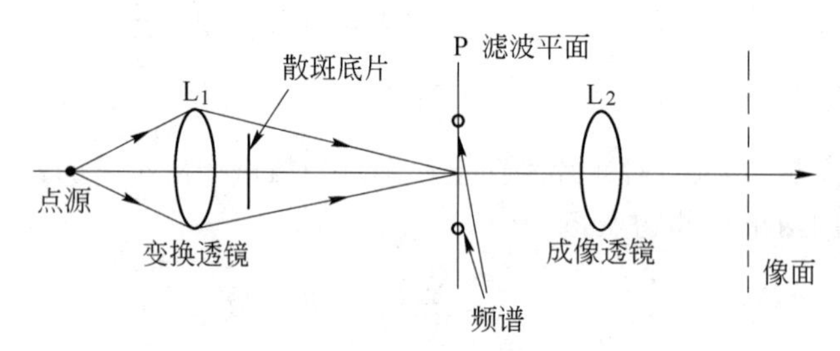

图 9.5.2　空间滤波系统光路图

式中，$\hat{\boldsymbol{k}}_2$、$\hat{\boldsymbol{k}}_1$ 各为观察方向与照明方向的单位矢量(见图 9.5.1)，λ 为激光波长。同样，对最初位于 $x+\Delta x_0$ 处的物点，由位移 $\boldsymbol{L}(x+\Delta x_0)$ 引起的散射光的位相变化为

$$\delta(x+\Delta x_0)=\frac{2\pi}{\lambda}(\hat{\boldsymbol{k}}_2-\hat{\boldsymbol{k}}_1)\cdot\boldsymbol{L}(x+\Delta x_0) \tag{9.5.6}$$

遂由 x 点和 $x+\Delta x_0$ 点相对位移产生的纯位相变化为

$$\delta=\delta(x+\Delta x_0)-\delta(x)=\frac{2\pi}{\lambda}(\hat{\boldsymbol{k}}_2-\hat{\boldsymbol{k}}_1)\cdot[\boldsymbol{L}(x+\Delta x_0)-\boldsymbol{L}(x)] \tag{9.5.7}$$

令 $\boldsymbol{L}(x)$ 的分量为 $u(x)$、$v(x)$、$w(x)$，$\hat{\boldsymbol{k}}_1$，$\hat{\boldsymbol{k}}_2$ 的各分量由图 9.5.1 所示，有

$$\begin{cases}\hat{k}_{1x}=-\sin\theta, & \hat{k}_{1y}=0, \quad \hat{k}_{1z}=-\cos\theta\\ \hat{k}_{2x}=0, & \hat{k}_{2y}=0, \quad \hat{k}_{2z}=1\end{cases} \tag{9.5.8}$$

则由式(9.5.7)得

$$\begin{aligned}\delta&=\frac{2\pi}{\lambda}\{[u(x+\Delta x_0)-u(x)]\sin\theta+[w(x+\Delta x_0)-w(x)](1+\cos\theta)\}\\&=\frac{2\pi}{\lambda}\left[\frac{\partial u}{\partial x}\sin\theta+\frac{\partial w}{\partial x}(1+\cos\theta)\right]\Delta x_0\end{aligned} \tag{9.5.9}$$

由此可见，δ 与位移导数相关联，从而条纹图样将反映位移导数的等值线。应用滤波小孔，让频谱面上的一个亮斑通过，则在成像透镜 L_2 的像面上呈现一组散斑干涉条纹。令 $\delta=N\pi$，则由式(9.5.9)得

$$\frac{\partial u}{\partial x}\sin\theta+\frac{\partial w}{\partial x}(1+\cos\theta)=\frac{N\lambda}{2\Delta x_0} \tag{9.5.10}$$

式中，N 为条纹级次，由测点位置决定。当 N 为偶数时得明条纹，N 为奇数时得暗条纹。

为了同时测出 $\frac{\partial u}{\partial x}$ 和 $\frac{\partial w}{\partial x}$，就要求有两个方程联立求解，为此要从两个不同的照明方向 θ_1、θ_2 记录两组条纹图样，这时得到

$$\begin{cases}\frac{\partial u}{\partial x}\sin\theta_1+\frac{\partial w}{\partial x}(1+\cos\theta_1)=\frac{N_1\lambda}{2\Delta x_0}\\ \frac{\partial u}{\partial x}\sin\theta_2+\frac{\partial w}{\partial x}(1+\cos\theta_2)=\frac{N_2\lambda}{2\Delta x_0}\end{cases} \tag{9.5.11}$$

两式联立求解，最后得

$$\begin{cases}\frac{\partial u}{\partial x}=\frac{\lambda}{2\Delta x_0}\frac{N_1(1+\cos\theta_2)-N_2(1+\cos\theta_1)}{(1+\cos\theta_2)\sin\theta_1-(1+\cos\theta_1)\sin\theta_2}\\ \frac{\partial w}{\partial x}=\frac{\lambda}{2\Delta x_0}\frac{N_2\sin\theta_1-N_1\sin\theta_2}{(1+\cos\theta_2)\sin\theta_1-(1+\cos\theta_1)\sin\theta_2}\end{cases} \tag{9.5.12}$$

式中，N_1、N_2 分别为对应照明角 θ_1、θ_2 的条纹级次。对于不同的测试点，N_1、N_2 的值将有所不同。

若选择 $\theta_2=-\theta_1$（对称光路），则在同等加力条件下，有

$$\begin{cases}\frac{\partial u}{\partial x}=\frac{\lambda}{2\Delta x_0}\frac{(N_1-N_2)(1+\cos\theta_1)}{2(1+\cos\theta_1)\sin\theta_1}=\frac{\lambda(N_1-N_2)}{4\Delta x_0\sin\theta_1}\\ \frac{\partial w}{\partial x}=\frac{\lambda}{2\Delta x_0}\frac{(N_2+N_1)\sin\theta_1}{2(1+\cos\theta_1)\sin\theta_1}=\frac{\lambda(N_2+N_1)}{4\Delta x_0(1+\cos\theta_1)}\end{cases} \tag{9.5.13}$$

对于 y 方向的错位干涉，公式形式是一样的，并且可以取 $\Delta y_0=\Delta x_0=\frac{t\Delta v}{Mv_0}$，同时采用 4 孔径板进行测试(见图 9.5.3)。

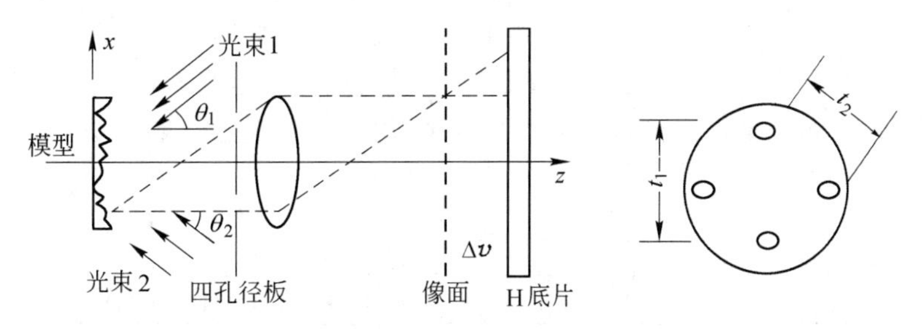

图 9.5.3　四孔径散斑错位干涉

3. 计算机程序

根据上述各公式编写的计算机程序，见本章参考文献[8]第 6 章。该程序采用 Fortran 语言写成，主要用了两个语句函数和多维数组，比较简洁。

9.6 面内云纹法的基本概念

9.6.1 云纹的由来

云纹,又名莫尔条纹,来源于法文 Moiré 一词,意即波纹状的。早在200年前人们就发现,当用两层薄的丝绸叠在一起并做相对运动时,则形成一种飘动的水波花样,当时便称此为莫尔条纹(Moiré Fringe)。1871年瑞利采用云纹技术检测了光栅刻线间隔的均匀性。但真正把云纹作为一种计量方法是在1948年才提出的,近70年来获得了较快的发展。

工程上应用的云纹,是由两组相互重叠的栅线(直线栅或曲线栅)之间的机械干涉现象产生的明暗相间的条纹。所谓机械干涉,是指栅线重叠时产生的遮光阴影效应。显然,云纹法测量的基本元件是栅板,如图9.6.1所示。它由透光和不透光的等距平行线所组成,明暗线相间。暗线称为栅线,相邻两栅线间的距离 p 称为节距(Step),节距的倒数称为栅线密度。常用的栅线密度为2～100线/毫米。

图9.6.1 栅线

云纹法在实验应力分析和精密测量中应用较广,如用于位移测量、形变测量、轮廓测量、自动跟踪、轨迹控制和数控等,而且可以实现实时、全场测量。

9.6.2 均匀线位移引起的云纹效应

为了说明云纹效应的应用,选择从均匀线位移的情况开始讨论。设有两片等间距、亮暗相间的平行线栅板,其中一片胶片栅设法用502胶水固定在被测物体的待测部位,随后撕掉胶片只保留栅线在待测物体表面上,此栅称之为试件栅(Measuring Grating),以 MG 表示。当物体变形时,试件栅随物体一起变形。另一片栅板安置在紧靠试件栅 MG 之上与之比较,称为参考栅(Reference Grating)或基准栅,用 RG 表示,此栅不随物体变形。定义与 RG 栅线垂直的方向为主方向(Principal Direction),与 RG 栅线平行的方向为次方向(Secondary Direction)。

在试件变形前,设法使 RG 与 MG 两个栅板的明、暗线重叠对准,这时两者的栅线完全重合〔见图9.6.2(a)〕。在这种情况下,当用准直光垂直照射它们时,入射于 RG 和 MG 的光线一部分被挡住,一部分透过。试件后面(为便于说明,设试件是透明的)的光场强度将是入射光场强度的一部分(例如一半),而且这个光场强度是"均匀"的,不会产生条纹。

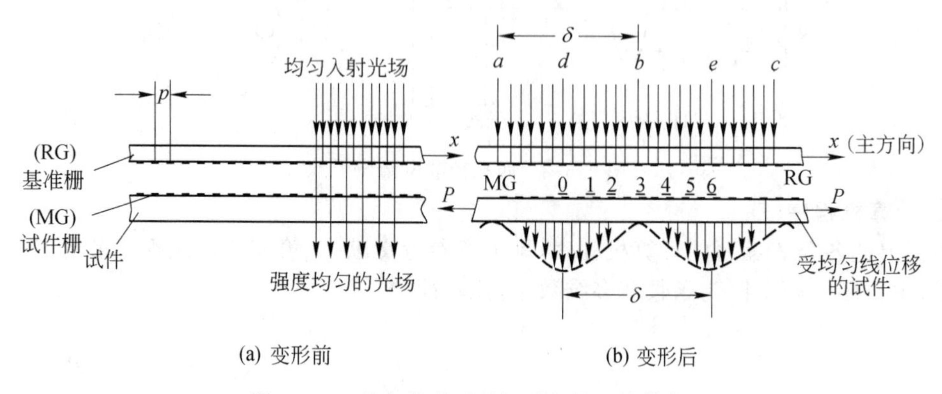

(a) 变形前　　(b) 变形后

图9.6.2 均匀拉伸(压缩)引起的云纹效应

若试件在 x 方向受均匀拉伸(或压缩)，则试件栅 MG 也随之变形，其栅线间距将发生均匀变化。拉伸时 MG 栅线间距变宽，压缩时其间距变窄。以 p 表示 MG 与 RG 的初始栅线间距，则在均匀线性变形的情况下，MG 的栅线间距将由 p 变为 p'，拉伸时 $p'>p$，压缩时 $p'<p$。见图 9.6.2(b)，假设试件变形后于位置 d 处，MG 的栅线与 RG 的栅线重合，则当 MG 的 m 个栅线间距的总变形量刚好等于 1 个节距 p〔即 $mp=(m\pm1)p'$〕时，试件栅与基准栅又将重合〔如图 9.6.2(b)中的 e 位置〕。在 d、e 位置处，由于 MG 与 RG 完全重合，挡光最少；而在另一些位置〔如图 9.6.2(b)中的 a、b、c 处〕，因 MG 变形致使其与 RG 二者的栅线正好错开，入射光被 MG 与 RG 挡光最多，从而在 a、d、b、e、c 处形成暗亮相间的条纹，这种暗(亮)条纹即称为云纹。而在一定的区域内，将出现许多条云纹，这样就构成一幅云纹图案(Moiré Pattern)。每一云纹间距 δ(相邻两条云纹间的垂直距离)内所引起的均匀线性位移恰好等于 p。如果在某一范围内出现了 N 条云纹，那么这一范围内的总变形量就等于 Np。同样，若每一云纹间距 δ 中，参考栅 RG 包含有 m 条栅线，则试件栅 MG 相应的栅线数应该是 $m\pm1$。加号表示栅线数增加，试件受压缩；减号表示栅线数减少，试件受拉伸。由此可见，云纹的产生与试件的变形存在着一定的关系。在均匀拉伸(或压缩)的条件下，p、p'、δ 和 m 存在下列关系：

$$\delta=mp=(m\pm1)p' \tag{9.6.1}$$

若以 MG 栅两相邻栅线变形前的节距 p 为基长(计算长度)，变形后这一基长的伸长量为 $(p'-p)$，则由法向应变的定义有

$$\varepsilon_{xx}=\frac{p'-p}{p} \tag{9.6.2}$$

把式(9.6.1)代入上式可算得

$$\varepsilon_{xx}=\frac{\pm p}{\delta\pm p} \tag{9.6.3}$$

分母中取“+”号表示试件被压缩，取“−”号表示试件被拉伸。对于小的变形，p 相对于 δ 可以忽略不计，于是有

$$\varepsilon_{xx}=\frac{p}{\delta} \tag{9.6.4}$$

式(9.6.4)就是均匀拉伸(或压缩)时线应变的计算公式。

归纳起来，由垂直于栅线方向的均匀线位移引起的云纹图案有以下特点：

① 云纹与栅线平行，与主方向垂直，云纹代表主方向的线位移等值线；

② 云纹是相互平行且等间距的，这反映了均匀线位移的特征；

③ 在所加拉力和所加压力相等的情况下，拉伸和压缩所产生的云纹图案是相同的，所以位移和应变的符号要靠实验者根据边界条件来判断。

需要指出的是，式(9.6.4)对于非均匀线位移(非均匀形变)也是适合的，不过，这时 δ 不再是常数，因而 ε_{xx} 是变量。

在近代技术条件下，p 可以做得比较准确，所以测量线应变的准确度一般取决于对 δ 的测量精度。可以想象，在同样的变形量下，采用栅线较密的栅板，将获得更多的云纹。换言之，p 越小，δ 就越小，云纹就越密，测量灵敏度也就越高。而 δ 越小，意味着基长越短，所测应变又是在 δ 范围内的平均应变，故用较密的栅板可以提高测量精度。但栅线密度受到光栅衍射的限制，且栅线过密将使其复制变得十分困难。对一般普通云纹法，栅线密度低于100 线/毫米。通常，测量弹性小的构件常用栅线密度为 50～100 线/毫米的栅板；测量塑性大的构件常用栅线密度为 10～50 线/毫米的栅板；测量离面位移则采用栅线密度为2～10线/毫米的栅板。

9.6.3 纯转动产生的云纹效应

仍设两片栅板的栅线是等间距的,并假设试件栅 MG 不产生线位移,仅相对于基准栅 RG 转动了一个角度 θ(见图 9.6.3)。这时基准栅与试件栅的栅线相交叉,在 MG 与 RG 二者栅线交叉点的连线上形成亮带条纹,此亮带云纹平分 MG 与 RG 二者栅线形成的菱形的钝角。当基准栅的栅线穿过试件栅的栅线之间的区域时,则遮挡了透过的光线,于是在亮带云纹之间形成暗带云纹。由图可知,亮带云纹间距 δ 近似为 $\frac{p}{\theta}$。因为 MG 相对于 RG 转动了 θ 角,若 RG 与云纹的倾角为 φ,则由图可见,φ 与 θ 的关系为 $\theta+2(\varphi-\theta)=\pi$,故

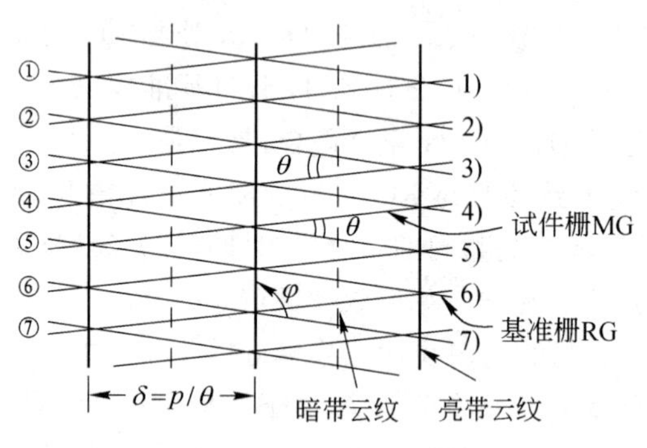

图 9.6.3 由纯转动产生的云纹

$$\varphi=\frac{\pi+\theta}{2} \tag{9.6.5}$$

由此可见,当转角 θ 很小时,云纹相对于 RG 的倾角 $\varphi\approx\frac{\pi}{2}$。这种云纹图案的特点可概括如下:

① 云纹几乎与栅线垂直,而与主方向几乎平行,整个云纹族只代表一个角位移;

② 云纹是试件栅在垂直于参考栅栅线方向即主方向位移的等值线;

③ 云纹是相互平行和等间距的。

在图 9.6.2 和图 9.6.3 中,MG 变形或旋转之前,其栅线与 RG 栅线是相互重叠的,这时若对这些栅线按顺序编号,则显然两栅叠在一起的栅线序号是相同的。MG 变形或转动后,同一云纹恰好是 RG 栅线序号与 MG 栅线序号相减为常数的交点的连线,故称这些云纹为相减云纹(Subtractive Moiré)。

9.6.4 均匀线位移和纯转动并存时引起的云纹效应

这种情况对应于 MG 的栅线间距既发生了均匀的改变,使 p 改变为 p',又相对地发生了转动,转角为 θ。下面研究这种情况下 θ、p' 与云纹倾角 φ、云纹间距 δ 之间的关系。

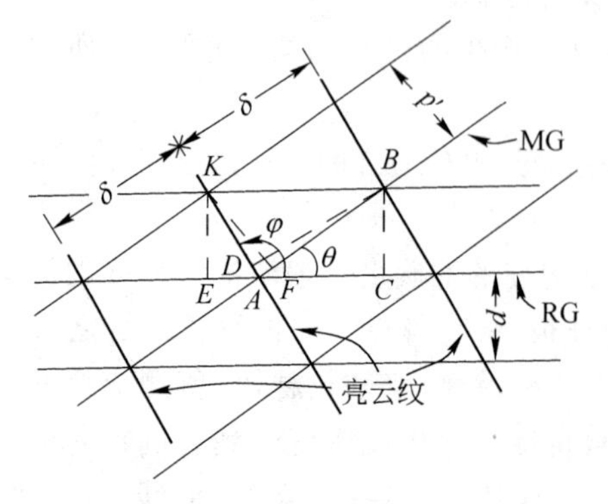

图 9.6.4 既有均匀线位移又有纯转角时的云纹

图 9.6.4 表明了这种几何关系。由 B 点作垂线 BC、BD,垂足分别为 C、D。对图中的 $\triangle ABC$ 和 $\triangle ABD$ 应用正弦定理并注意到 $\overline{AB}$ 是两个三角形的公共边,可得

$$\frac{p}{\sin\theta}=\frac{\overline{AB}}{\sin\frac{\pi}{2}}=\frac{\delta}{\sin(\varphi-\theta)} \tag{9.6.6}$$

把式中的三角函数展开,经整理后可得

$$\tan\theta=\frac{p\sin\varphi}{\delta+p\cos\varphi} \tag{9.6.7}$$

上式表明了与云纹图案有关的各参数之间的关系。由

此可测转角 θ。

由图9.6.4中 K 点作垂线 KE、KF，垂足分别为 E、F，这时还可看到，$\overline{AK}$ 是 $\triangle AKE$ 与 $\triangle AKF$ 的公共边，故有

$$\frac{p}{\sin(\pi-\varphi)}=\frac{\overline{AK}}{\sin\frac{\pi}{2}}=\frac{p'}{\sin(\varphi-\theta)} \tag{9.6.8}$$

于是有

$$p'=\frac{p\sin(\varphi-\theta)}{\sin\varphi} \tag{9.6.9}$$

将上式中的三角函数展开，经整理后又得

$$\tan\varphi=\frac{p\sin\theta}{p\cos\theta-p'} \tag{9.6.10}$$

应用三角公式 $\sin\varphi=\dfrac{\tan\varphi}{\sqrt{1+\tan^2\varphi}}$，并将式(9.6.10)代入，进而得到

$$\sin\varphi=\frac{p\sin\theta}{\sqrt{p^2\sin^2\theta+(p\cos\theta-p')^2}}=\frac{p\sin\theta}{\sqrt{p^2+p'^2-2pp'\cos\theta}} \tag{9.6.11}$$

由式(9.6.6)和式(9.6.9)得

$$p\sin(\varphi-\theta)=\delta\sin\theta=p'\sin\varphi$$

从而有

$$\delta=\frac{p'\sin\varphi}{\sin\theta} \tag{9.6.12}$$

把式(9.6.11)代入式(9.6.12)可以得到

$$\delta=\frac{pp'}{\sqrt{p^2\sin^2\theta+(p\cos\theta-p')^2}}=\frac{pp'}{\sqrt{p^2+p'^2-2pp'\cos\theta}} \tag{9.6.13}$$

再次将三角公式 $\sin\theta=\dfrac{\tan\theta}{\sqrt{1+\tan^2\theta}}$ 运用于式(9.6.12)中的分母，并利用式(9.6.7)，经整理最后得

$$p'=\frac{\delta}{\sqrt{1+\left(\frac{\delta}{p}\right)^2+2\left(\frac{\delta}{p}\right)\cos\varphi}} \tag{9.6.14}$$

通过式(9.6.14)可算出MG发生变化后的节距 p'。同时由上述推导过程还可得到如下重要结论：

① 两片不同栅线节距的栅板叠合时，按 p、p' 和 θ 的不同组合，由式(9.6.10)或式(9.6.11)可以得到任意倾角 φ 的云纹，由式(9.6.13)可求得相应的云纹间距 δ。这些公式对于实际应用的角配合法是有用的。

② 分析式(9.6.10)和式(9.6.11)可见，当 $\theta=0$ 时 $\varphi=0$，这表明两片栅板在平行重叠时，云纹与栅线相互平行，这就是均匀线位移的情况。把 $\theta=0$ 和 $\varphi=0$ 分别代入式(9.6.13)或式(9.6.14)，可得关系式：

$$\frac{p}{\delta}=\left|\frac{p-p'}{p'}\right| \tag{9.6.15}$$

上式表示线应变，称为欧拉应变公式。由式(9.6.15)可见，当 p' 与 p 相差越大时，线应变就越

大,δ 就越小,即云纹就越密;反之,p' 与 p 越接近,线应变越小,δ 就越大。当其差趋于零时 $\delta \to \infty$,整个视场中就不再出现云纹。

③ 当 $\theta \to 0$ 但不等于 0 时,$\sin\theta \to \theta$,$\cos\theta \to 1$,由式(9.6.10)和式(9.6.13)分别有

$$\tan\varphi = \frac{p\theta}{p-p'} \tag{9.6.16}$$

$$\delta = \frac{pp'}{\sqrt{(p\theta)^2+(p-p')^2}} \tag{9.6.17}$$

由式(9.6.16)知,若 $p' \to p$,则 $\varphi \to 90°$,说明此时的云纹几乎垂直于栅线,且由式(9.6.12)有

$$\delta = \frac{p}{\theta} \tag{9.6.18}$$

这与两个等节距的栅板发生纯转动时的情况相同。

以上分析说明,两片等节距的栅板重叠时,若栅线方位有较小的转角(错角),将形成与栅线几乎垂直的云纹。若两片栅板的节距不相等(异距),且有错角时,将形成与栅线有一定倾角的云纹。当两栅板之间的夹角增大时,云纹不断增密,最后形成灰色背景,目视已无法分辨出条纹。

公式(9.6.7)、(9.6.9)和(9.6.14)是根据云纹图的特征(φ、δ 和 p)来测定 p' 和 θ 的。在实际测量中,各点处的线位移和转角是变化的,但是上述 3 式仍适用,可根据它们计算应变和位移。

9.6.5 云纹移动效应和线应变符号的判别

(1) 旋转 MG 时的情况

首先假定 MG 随试件变形后节距 p' 增大了,$p'>p$(p 也是 RG 的节距),$\varepsilon_{xx}>0$。两者在旋转前形成的云纹状态如图 9.6.5 中实线所示,这时的错角为 θ,云纹的倾角为 φ。以图中的 B 点作为分析点(相对定点)。当转动 MG 使错角从 θ 减小到 θ' 时,$\Delta\theta<0$,则由式(9.6.16)可知,云纹倾角将由 φ 增加到 φ',B 点附近与 B 在同一云纹上的 A 点移到 A' 点,移动后的云纹用虚线表示。从上面分析可知,对于一幅云纹图样,要判断某一点的线应变符号,只要改变栅板的错角,同时观察通过该点云纹移动的方向,即可做出正确判断。$\varepsilon_{xx}>0$ 时,亮带云纹的转动方向与试件栅 MG 的旋转方向相反。

如果上述分析的情况是 $p'<p$,即 $\varepsilon_{xx}<0$,则云纹转动的方向将与试件栅 MG 的旋转方向一致。

(2) 改变载荷时的情况

假定在某载荷下 $p'>p$,云纹状态如图 9.6.6 中实线所示。仍以图中 B 点作为观测点,当载荷增加时 p' 变为 p'',且 $p''<p'$,这时 φ 必然减少到 φ',通过 B、A 两点的云纹将分别右移到 B、A' 点,如图中虚线所示。反之载荷减少,必有 $p''>p'$,这时云纹必向左移动。所以,也可以通过改变载荷的大小,观察云纹的移动情况来判断任一点附近的线应变符号。

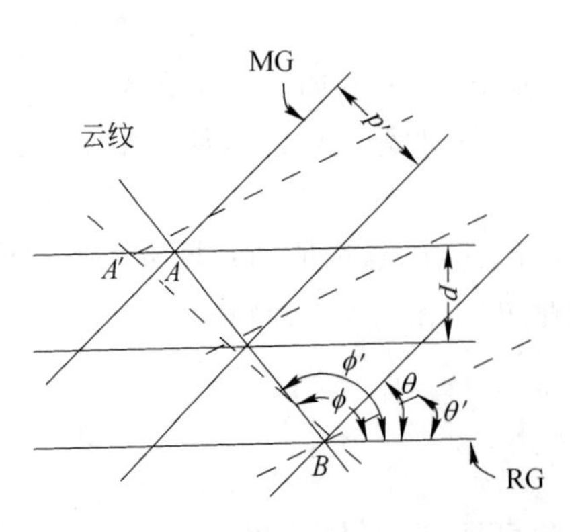

图 9.6.5　$p'>p$ 且错角变小时云纹的移动效应

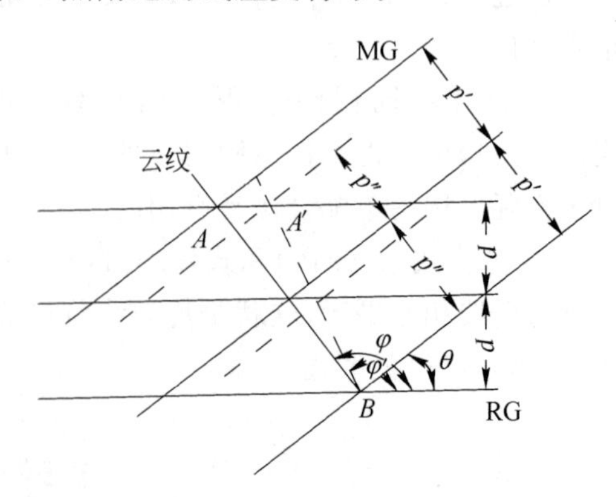

图 9.6.6　改变载荷时云纹的移动效应

9.6.6 云纹图的记录光路

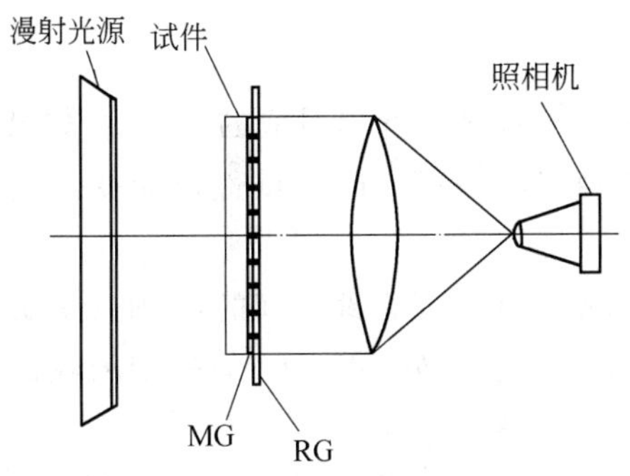

图 9.6.7　RG 与 MG 紧密接触的记录光路

对于透光材料制成的试件，云纹图的记录一般采用下列两种记录光路。

第 1 种记录光路如图 9.6.7 所示，使基准栅 RG 与粘贴在试件上的试件栅 MG 紧密接触，用漫射光照射试件。当试件变形后所形成的云纹图用照相机拍摄或在毛玻璃上描绘。

第 2 种记录光路如图 9.6.8 所示，基准栅 RG 与试件栅 MG 不直接接触。试件变形后 MG 的像呈现在照相机的毛玻璃位置，而基准栅 RG 也放在此处(有的专用仪器，其毛玻璃本身就具有基准栅的功能)，则试件变形后可直接在毛玻璃上观察到云纹图。由于基准栅 RG 与试件栅 MG 没放在同一位置，故对于高温应变测量，此法具有优越性。

对于不透光材料制成的试件，可以采用反射式光路记录，将试件变形后所形成的云纹图通过透镜成像的方式，用照相机拍摄，如图 9.6.9 所示。

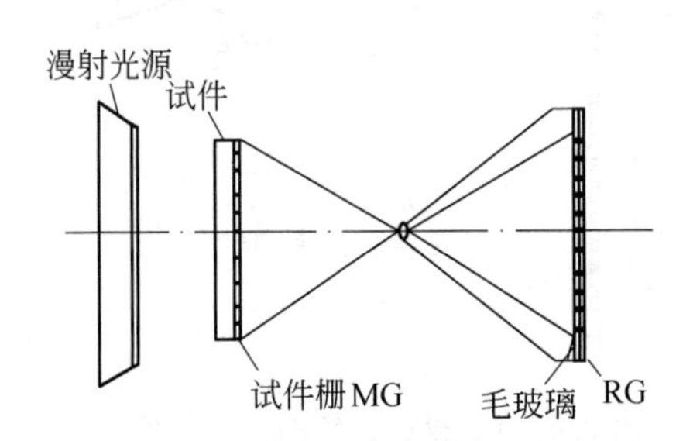

图 9.6.8　RG 与 MG 不直接接触的记录光路

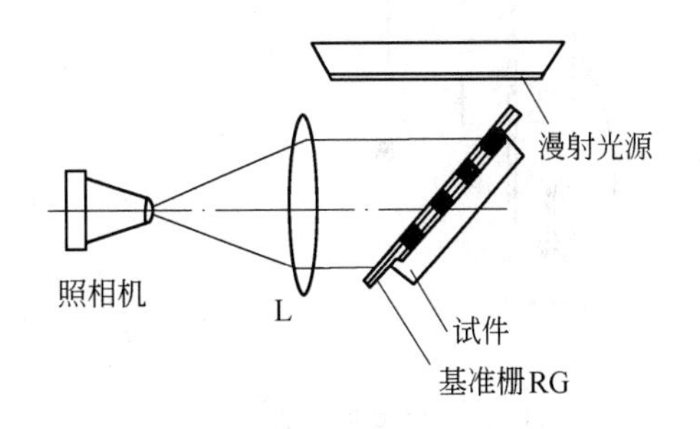

图 9.6.9　反射式记录光路

9.6.7 投影云纹法

利用投影云纹法可以测量离面位移，也可以测量物体表面的等高线。这种测量方法的原理图如图 9.6.10 所示。在被测物体前方放置一基准栅 RG，在垂直于其栅线方向上，用与栅板法线成 α 角的平行光照射基准栅 RG，使栅线投影到被测物体的表面。设其中一束光经基准栅栅线之间的一点 m，投影到试件表面的一个亮点 m' 上，当观察方向与基准栅的栅线垂直，并在与基准栅栅板法线成 β 角方向的远距离处观察时，如果 m'' 点正好是基准栅的栅线之间的点，则观察到一个亮点。因为照射光束是多束平行光，故可观察到一系列的亮点，这些亮点的连线形成多条亮带云纹。由图 9.6.10 可以明显看出，l 长度一定是基准栅节距 p 的整数倍，故有

$$l=Np \qquad (N=0,1,2,\cdots) \tag{9.6.19}$$

由于 $l=\overline{mO}+\overline{Om''}=W\tan\alpha+W\tan\beta$，代入上式便得

$$W=\frac{Np}{\tan\alpha+\tan\beta} \tag{9.6.20}$$

因为观察距离在远处，故对试件上诸点的 $\tan\beta$ 值可近似视为相等。如果 $\beta=0$，则式(9.6.20)

可写成

$$W=\frac{Np}{\tan\alpha} \tag{9.6.21}$$

式中 p 和 α 都是已知的,故根据产生的亮带云纹的级次 N 就可计算出对应的 W 值。如果试件变形前测出 W_0,试件变形后测出 W_1,则两者的差值(W_1-W_0)即为试件对应变形的离面位移。

如果把基准栅接触到试件表面上一点,并且假设接触点正好是栅线之间的点,如图9.6.11所示,则由式(9.6.21)可以看出,因为有 $\tan\alpha\neq0$,所以接触点处($W=0$)的亮带云纹的级次$N=0$。

投影云纹法的记录光路也可以采用图9.6.11所示的装置。据此可形成一种测量技术,叫Moiré 轮廓术,常用于三维面形检测。

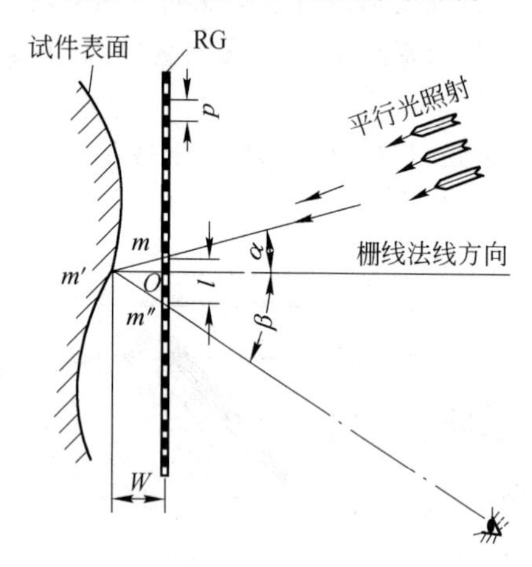

图9.6.10　投影云纹法原理图

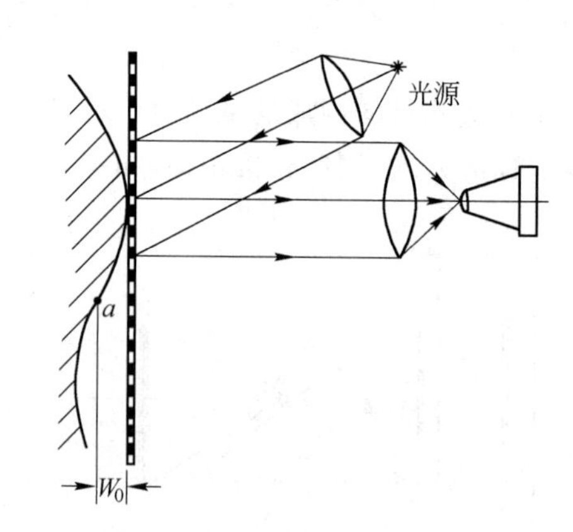

图9.6.11　投影云纹的记录装置

本章重点

1. 全息干涉计量的原理和基本方法。
2. 全息干涉图的数据处理方法。
3. 散斑效应的基本统计特性。
4. 二次曝光散斑图的数据处理方法。
5. 云纹法和云纹干涉法的原理和数据处理方法。

思考题

9.1　二次曝光全息干涉图和时间平均全息图各有什么特点?

9.2　当用公式(9.2.15)测定空间位移时,应该由实验中采集哪些数据?如何采集这些数据?

9.3　既然散斑现象表现为一种光学噪声,那为什么又可作为一种计量手段?

9.4　你在日常生活中是否观察过云纹现象?它具有什么特点?

习 题

9.1 试证明：对于任何随机变量 U 有

$$\langle U^2 \rangle = \sigma^2 + \langle U \rangle^2$$

9.2 试证明投影矩阵 $\underset{\sim}{p}$ 的下列性质：

(1) $\underset{\sim}{p}$ 对称，且 $\underset{\sim}{p}\,\underset{\sim}{p} = \underset{\sim}{p}$；

(2) $\| \underset{\sim}{p} \| = 0$。

9.3 试解释最小二乘法原理的意义，并证明由式(9.2.9)到式(9.2.15)的推导过程符合最小二乘法原理。

本章参考文献

[1] 王仕璠，袁格，贺安之，等. 全息干涉度量学：理论与实践[M]. 北京：科学出版社，1989.

[2] 王仕璠，朱自强. 现代光学原理[M]. 成都：电子科技大学出版社，1998.

[3] 贺安之，阎大鹏. 激光瞬态干涉度量学[M]. 北京：机械工业出版社，1993.

[4] ABRAMSO N. Light-in-Flight and Relativity[J]. SPIE，1986(673).

[5] 厄尔夫. 全息摄影无损检测[M]. 王致新，译. 北京：机械工业出版社，1982.

[6] 王仕璠，刘福祥. 牙齿和颅面骨微小变位的全息干涉计量[J]. 成都电讯工程学院学报，1984(2)：78-96.

[7] 王仕璠. 应用单张全息干涉图测定三维微小位移的一种快速算法[J]. 中国激光，1985，12(11)：699-701.

[8] 王仕璠，刘艺，余学才. 现代光学实验教程[M]. 北京：北京邮电大学出版社，2004.

[9] 王仕璠. 应用全息干涉术测定物体应变的一种方法[J]. 成都电讯工程学院学报，1986，15(3)：57-65.

[10] 王仕璠，范雅林. 用多张全息干涉图测定空间位移场的一种快速算法[J]. 中国激光，1986，13(8)：462-465.

[11] 王仕璠，刘福祥. 用单张全息干涉图测定由矫形力所引起的牙齿的转动和平动[J]. 成都电讯工程学院学报，1985(1)：92-103.

[12] 王仕璠，刘福祥. 应用全息干涉法测定牙体的转动中心和阻力中心[J]. 中国激光，1986，13(4)：241-244.

[13] 王仕璠，黄文玲. 用全息干涉法测定物体表面应变[J]. 激光杂志，1992，13(1)：24-28.

[14] 王仕璠，谢小川. 全息振动测量的两种快速算法[J]. 激光杂志，1990，11(1)：29-33.

[15] 厄尔夫. 散斑计量学[M]. 贺铎民，贺民霞，译. 北京：机械工业出版社，1989.

[16] Dainty J C. Laser Speckle and Related Phenomena[M]. Berlin：Springer-Verlag，1975.

[17] 王仕璠. 激光散斑计量及其应用[J]. 激光杂志. 1989，10(6)：265-270.

[18] 顾德门. 统计光学[M]. 秦克诚，刘培森，曹其智，等译. 北京：科学出版社，1992.

[19] 徐桂芳. 积分表[M]. 上海：上海科学技术出版社，1962.

[20] 王仕璠.应用多张散斑图测定微小三维位移[J].成都电讯工程学院学报,1986,15(1):92-97.

[21] 王仕璠,王元杰,朱力,等.用散斑摄影研究地质构造相似模型裂缝分布规律[J].光电工程,1992,19(6):1-6.

[22] LIU F X,WANG S F. A method of determinating minute deformation and displacement of skull by speckle photography[J]. Proceedings of the Society of Photo-Optical Instrumentation Engineers,1986(673):396-401.

[23] 王仕璠.用散斑摄影术研究位相物体[J].应用激光,1987,7(4):160-162.

[24] WANG SHIFAN,ZHOU L. Speckle Interferometry for strain field of geologic structure model[J]. Chinese Journal of Lasers,1992,1(5):445-452.

[25] GONG Y H,WANG S F. Microcomputer-based speckle pattern imaging system[J]. Proceedings of the Society of Photo-Optical Instrumentation Engineers,1990(1230):162-164.

第10章　信息光学在光通信中的应用

随着现代科学技术的发展，近20年来，信息光学又取得了许多新的进展，这些新进展包括信息光学在光通信、光开关、光互连、光存储、光计算、光传感、光网络、光集成等领域中的应用，以及新一代的全息照相术和光学信息处理技术。新的元器件和新的信息处理系统层出不穷。本书限于篇幅，并考虑到信息光学授课学时数有限，不可能详细讨论这些内容。对于有兴趣继续探究上述内容的读者，推荐去阅读杨正寰教授主编的《光信息技术及应用》。

由于通信系统与光学系统之间具有极大的相似性，特别是随着光纤通信和相应元器件的出现，进一步促进了光学与通信学科的结合。因此，本章仅重点介绍信息光学在光纤通信中的一些应用。

10.1　布拉格光纤光栅

前面讨论的理论主要适用于分析光在自由空间的传播，却不太适用于研究波导器件。这里有其根本的原因：自由空间传播的光波，其自然"模式"是向不同的方位角传播和无限延展的平面波(即信号的傅里叶分量)，然而在集成光波导和光纤等受限介电介质中，传播的自然模式不是平面波分量，而是由波导本身的横截面形状、折射率分布以及波导中的光波波长所决定的独特的传播模式。而且，与自由空间中存在无数个正交模式不同，波导器件只允许有限的正交模式族存在。不过，那些用于分析自由空间光路的方法在某些情况下可以提供分析波导器件工作原理的一阶近似。

10.1.1　光纤的基本结构

光纤是由石英玻璃(Silica Glass)或特制塑料等透明介质制成的一种柔软细丝，分为内外两层：内层称为芯线或纤芯(Core)，直径为5～75 μm；外层称为包层(Cladding)，直径为0.1～0.2 mm。内层材料主体为二氧化硅，其中掺杂其他微量元素，使其折射率 n_1 高于外层材料的折射率 n_2。n_1 的典型值在1.44～1.46之间，而相对折射率差 $\Delta\left(=\frac{n_1-n_2}{n_1}\right)$ 的典型值在0.001～0.02之间。两层之间具有很好的光学接触，形成良好的光学界面。光纤按其折射率沿截面径向的分布形式可分为两大类，即阶跃折射率光纤(Step-Index Fiber)和梯度(渐变)折射率率光纤(Graded-Index Fiber),如图 10.1.1 和图 10.1.2 所示。渐变折射率光纤在其横截面中心处折射率最大。由中心向外逐步变小。这种折射率的渐变通常采用抛物线形式,即在中心轴附近有更陡的折射率梯度,而在接近边缘(包层)处折射率减小得非常缓慢,以保证传递的光束集中在纤芯轴邻近。这类光纤有聚焦作用(见习题 10.6),故又称为自聚焦光纤(Self-Focusing Fiber)。图 10.1.3 表示光线在纤芯内传播时的物理基本形态①。光线 M 射入纤芯后,由于纤芯折射率在渐变,光线也逐步在改变方向,形成图中所示的弯曲波动沿纤芯中心向前传播的形状。它是光线连续不断地被折射的结果,故又称为折射型光纤。光线 N 的传播路径变化过程也是这样。把光线 M 和 N 的路径统一起来看,就好像光纤在不断聚焦,使光线沿光纤中心传播。在阶跃折射率光纤中,纤芯的折射率横截面分布是均匀的,光线在其中的传播基于它沿着光纤连续地进行的全反射现象(故又称为反射型光纤)。因此,当光线进入此类光纤中传输时,必然存在一个临界角 i_c,如图 10.1.4 所示。

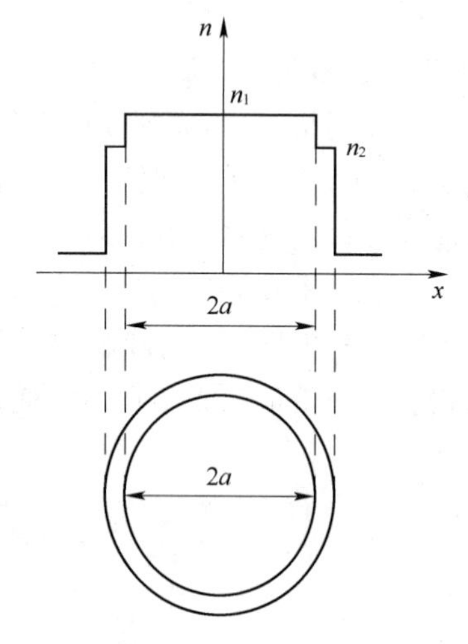

图 10.1.1 阶跃折射率光纤的折射率断面
(纤芯的折射率横向分布是均匀的)

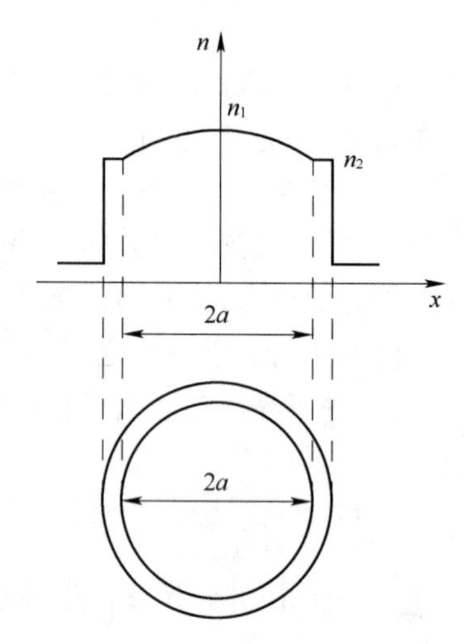

图 10.1.2 渐变折射率光纤的折射率断面
(纤芯的折射率横向分布由中心向外渐减)

设光线在光纤端面的入射角为 i,折射角为 i',则在芯料与包层界面发生全反射的条件为

$$\frac{\pi}{2}-i'\geqslant i_c=\arcsin\left(\frac{n_2}{n_1}\right)$$

即

$$i'\leqslant\frac{\pi}{2}-i_c$$

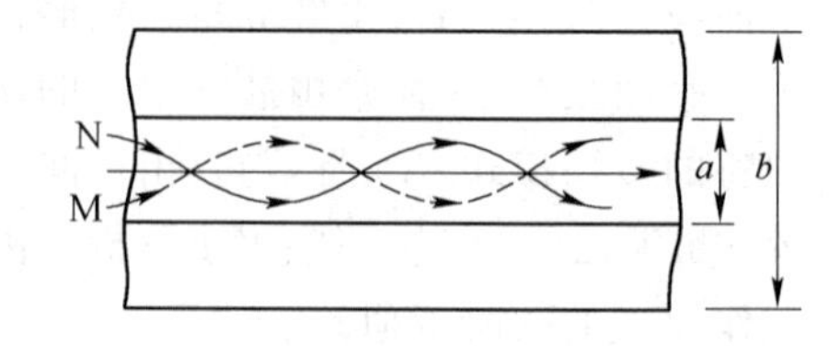

图 10.1.3 自聚焦光纤中的
光波传播路径示意图

按照折射定律:$n_0\sin i=n_1\sin i'$,以上两式结合可得发生全反射的条件为

$$n_0\sin i\leqslant n_1\cos i_c=n_1\sqrt{1-\sin^2 i_c}=\sqrt{n_1^2-n_2^2}=n_1(2\Delta)^{\frac{1}{2}}$$

① 用几何光学讨论光在光纤中的传输,仅是一种粗略的近似,严格的理论应建立在波的传播观点上,即必须采用电磁场理论。

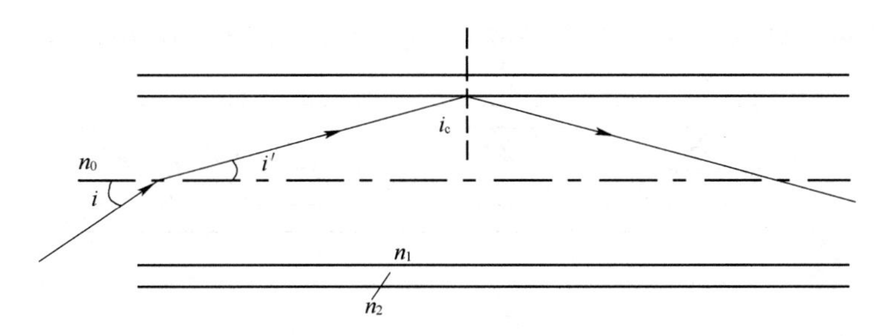

图 10.1.4　全反射与最大孔径角的计算

式中，$\Delta=\frac{n_1-n_2}{n_1}$，是光纤纤芯和包层折射率的相对差值。由上式可得入射光束的最大孔径角为

$$i_0=\arcsin\left(\frac{1}{n_0}\sqrt{n_1^2-n_2^2}\right)$$

$n_0\sin i_0$ 称为光纤的数值孔径(Numerical Aperture，NA)，表示光纤端面接收光线的能力(衡量光纤集光性能)；i_0 称为光纤的接收角。

$$\mathrm{NA}=n_0\sin i_0=\sqrt{n_1^2-n_2^2} \tag{10.1.1}$$

当入射角 $i\leqslant i_0$ 时，光线由于在纤芯和包层界面发生全反射，它能在光纤内没有多少衰减地传播，但当 $i>i_0$ 时，传输的光信号能量将在纤芯和包层界面发生泄漏损失(Leakage Loss)，导致急剧衰减，由于光纤很长，就存在着许多反射时的漏损，故为了确保尽可能低的漏损和衰减，就要求100%全反射。每次反射中一个极小的漏损，都将在多次反射后导致巨大的衰减(见下例)。

【例 1】　设阶跃折射率光纤的 $n_1=1.475$，$n_2=1.460$，$n_0=1.000$，纤芯半径 $a=25\ \mu\mathrm{m}$。

(1) 试计算该光纤端面的最大孔径角和数值孔径 NA。

(2) 在最大孔径角下，对于 1 km 长的光纤将发生多少次全反射？

(3) 若每反射一次产生的功率损耗为 0.01%，问对于 1 km 长的光纤的总损耗是多少？

【解】(1) 由题设条件得临界角 $i_c=\arcsin\left(\frac{n_2}{n_1}\right)=81.81°$，则最大孔径角 $i_0=\arcsin(n_1\cos i_c)=12.11°$，相应的数值孔径为

$$\mathrm{NA}=n_0\sin i_0=\sqrt{n_1^2-n_2^2}=0.21$$

(2) 由折射定律 $n_0\sin i_0=n_1\sin i'$，求得 $i'=\arcsin\left(\frac{n_0\sin i_0}{n_1}\right)=8.19°$，而由图 10.1.4 易知，每发生一次反射所传播的长度是 $L_0=\frac{2a}{\tan i'}$，故总的反射次数是

$$N=\frac{L}{L_0}=\frac{L}{2a/\tan i'}=\frac{10^3\times\tan 8.19°}{2\times25\times10^{-6}}=2.88\times10^6\ 次$$

(3) 总损耗$=10\lg\left(\frac{P_{\mathrm{out}}}{P_{\mathrm{in}}}\right)=10\lg(1-10^{-4})^{2.88\times10^6}=-1\ 238\ \mathrm{dB}$。本例表明，每次反射都必须是 100%的反射率，哪怕是 99.99%的反射率都是绝对不能接受的！

为使光线进入光纤，通常利用显微物镜将来自光源的光束会聚在光纤的端面上。显然，凡是以小于端面最大孔径角 i_0 进入光纤的所有光线都能在光纤中传输。因此，存在着能在光纤中传输的许多不同倾斜角的光线，如图 10.1.5 所示。这些光线在光纤中的曲折传输构成了各自的传输方式，称为光纤中的传输模(Transmission Mode)。光纤按其传输模式性质，又区分为

多模光纤(Multimode Fiber)和单模光纤(Single Mode Fiber)两类。在多模光纤中,一般传输有

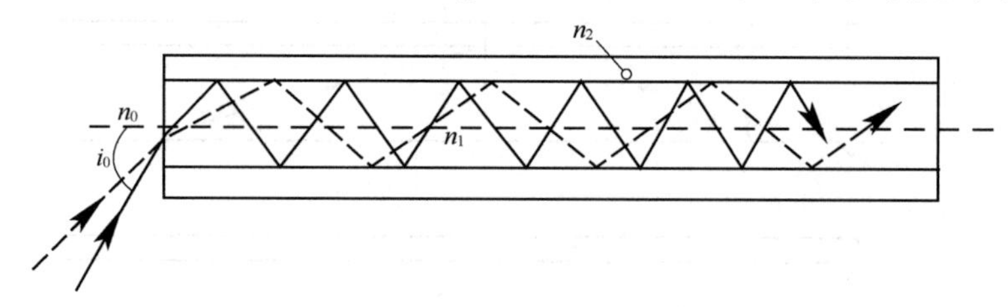

图 10.1.5　光线的各种曲折传播构成了光纤中的传输模

相当数量的模,其 NA 值范围一般在 0.18～0.23 之间,对应的光纤端面入射角为 10°～13°;而单模光纤则只能传输一个模①,其 NA 典型值为 0.15,对应的入射角约 9°。在阶跃折射率光纤中,传输模的数量 N 为

$$N=\frac{2\pi^2 a^2 (n_1^2-n_2^2)}{\lambda^2} \tag{10.1.2}$$

式中,a 为光纤芯的半径。在抛物线型渐变折射率(断面)光纤中,模的数量只有阶跃折射率光纤的一半。表 10.1.1 给出一个光纤模的数值例子,其中光纤芯的半径 $a=25\ \mu\text{m}$,$\sqrt{n_1^2-n_2^2}=0.01$,$n_2=1.45$。由表 10.1.1 及式(10.1.2)可见,模的数量随光源的波长而变,呈$\frac{1}{\lambda^2}$关系,并且 a 和(n_1-n_2)越小,其模的数量减少得越厉害。例如,对阶跃折射率光纤,当控制$(n_1-n_2)\approx 0.01$,且 $n_2=1.45$,$d_{芯}=5\ \mu\text{m}$,$d_{外}=125\ \mu\text{m}$,$\lambda=1.55\ \mu\text{m}$ 时,由式(10.1.2)便得到了单模光纤。可见,单模光纤包层的直径通常远大于纤芯的直径,如图 10.1.6 所示。

表 10.1.1　光纤中的传输模数举例

断面 \ λ	0.83 μm	1.3 μm
抛物线折射率断面	376	153
阶跃折射率断面	753	306

10.1.2　光纤中的色散

不同波长的光在光纤中传输时,其传播速度会有细微的差别,即产生色散。在数字光通信系统中,色散表现为光脉冲宽度在时间上被展宽。色散的大小直接影响光纤的通信容量和通信距离。在单模光纤中,色散包括石英玻璃的材料色散(Material Dispersion)和光纤的波导色散(Waveguide Dispersion)。前者占压倒地位,必须设法补偿这类色散。如果要完全补偿色散,两种色散都必须考虑。由于一个短的光脉冲,其频谱包含相当宽的波长范围,因此发生的脉冲展宽的展宽量由所用的单模光纤的类型、光脉冲的中心波长和光纤长度决定。下面就来讨论一个宽带信号在单模光纤中传播的情况。忽略光信号在光纤中的空间断面分布,则信号 $u(t)$的复数表示式可写成

$$u(t)=U(t)\mathrm{e}^{-\mathrm{i}[\omega t-\beta(\omega)L]} \tag{10.1.3}$$

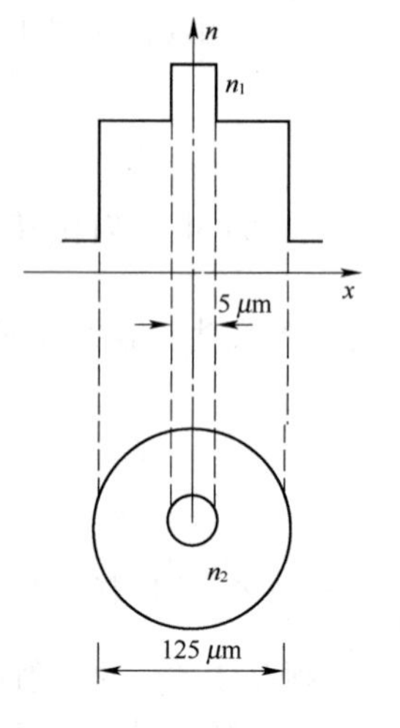

图 10.1.6　单模光纤的折射率断面

① 多模阶跃折射率光纤主要用于低数据速率传输,多模渐变折射率光纤能用于高数据速率传输,单模光纤则能提供最大的带宽。

式中，$U(t)$为复数时变相幅矢量（Time Varying Phasor），表示对入射光信号的幅度和位相调制；L 是信号在其中传播的光纤的长度；$\beta(\omega)=\frac{2\pi \bar{n}}{\lambda}$是传播常数（Propagation Constant），它依赖于频率，一方面是由于玻璃折射率与频率有关，另一方面也由于模式断面分布与频率有关，换言之，随着频率的改变，传播模式渗透到包层中的部分也有微小变化，从而导致该模式传播常数的改变，即波导色散。

由于信号的谱宽通常比信号的中心频率低得多，故可将 $\beta(\omega)$在中心频谱 ω_0 展开为泰勒级数，保留其前 3 项得

$$\beta(\omega)=\beta(\omega_0)+\frac{\partial\beta}{\partial\omega}(\omega-\omega_0)+\frac{1}{2!}\frac{\partial^2\beta}{\partial\omega^2}(\omega-\omega_0)^2 \tag{10.1.4}$$

式中第 1 项是常数，可略去；第 2 项包含一个随频率线性变化的线性相移因子，它只会使信号产生简单的延迟，而不会使信号的时域结构发生内部改变。根据群速度 v_g（即光脉冲沿光纤的传播速度）的定义有

$$v_g=\frac{\partial\omega}{\partial\beta}\bigg|_{\omega_0} \tag{10.1.5}$$

因而脉冲的时延为

$$\tau=\frac{L}{v_g}=L\,\frac{\partial\beta}{\partial\omega} \tag{10.1.6}$$

第 3 项产生二次位相失真，通常在光纤色散中起主导作用。由此项引起的脉冲的时间展宽 $\Delta\tau$ 依赖于信号传播所经过的光纤长度 L 和信号的谱宽 $\Delta\omega$。由式（10.1.6）对频率求导得

$$\Delta\tau=L\,\frac{\partial^2\beta}{\partial\omega^2}\Delta\omega \tag{10.1.7}$$

现定义光纤的群速度色散系数 D 为光脉冲信号在单位长度传播距离内由于波长变化引起的时间展宽，单位为 ps/(km・nm)，则由式（10.1.7）得

$$D=\frac{\Delta\tau}{\Delta\lambda}\Big|_{L=1}=2\pi\,\frac{\partial^2\beta}{\partial\omega^2}\frac{\Delta\nu}{\Delta\lambda}=-\frac{2\pi c}{\lambda^2}\,\frac{\partial^2\beta}{\partial\omega^2} \tag{10.1.8}$$

其中 λ 是光在空气中的波长。由于

$$\Delta\omega=\omega_2-\omega_1=2\pi c\left(\frac{1}{\lambda_2}-\frac{1}{\lambda_1}\right)=-\frac{2\pi c}{\lambda^2}\Delta\lambda$$

式中 $\Delta\lambda=\lambda_2-\lambda_1$，且 $\Delta\lambda\ll\lambda_1,\lambda_2$。将上式代入式（10.1.7），并结合式（10.1.8）便得脉冲的时间展宽为

$$\Delta\tau=|D|L\Delta\lambda \tag{10.1.9}$$

在光纤通信中有多种技术能够消除色散，其中的一种方法是在光纤路径上安置布拉格光纤光栅（Fiber Bragg Grating，FBG）来补偿色散。下面就来介绍 FBG。

10.1.3　布拉格光纤光栅的记录方法

布拉格光纤光栅是 1978 年由加拿大通信研究中心的 Hill 等人发明的。有几种技术可用

来在玻璃光纤中记录布拉格位相光栅。这里仅介绍两种:全息直接干涉法和位相掩模技术。

1. 全息直接干涉法

全息直接干涉法的光路如图10.1.7所示,采用准分子紫外激光λ_{uv}在一段光纤的裸露纤芯区(约数毫米)形成干涉。图中柱面镜用来扩展光束在光纤长度上的照射范围。依靠氢分子在曝光前扩散进入光纤使其对紫外光敏化。这种光纤材料的光敏性最初来源于掺锗石英光纤纤芯的缺陷。纤芯通过掺杂锗来提高折射率,并在纤芯和包层间发生折射率梯度变化(锗浓度的典型值是3%~5%),同时沿光纤产生纵向折射率的周期性变化,从而形成纤芯折射率型光栅。在1.3~1.6 μm的光波长范围内,折射率变化的典型值为0.000 1~0.001,但对于高浓度掺杂的光纤,这个值可大于0.001。由此记录的一个光纤布拉格光栅FBG实际上就是一幅记录在一段石英玻璃光纤上的厚全息图(体积反射全息图)。在该图中,光栅条纹与光纤的长轴方向垂直。由图5.7.4及光栅方程(5.7.13)可知,光栅周期Λ与紫外激光波长λ_{uv}、两束干涉光夹角θ之间满足下列关系式:

$$2\Lambda\sin\left(\frac{\theta}{2}\right)=\lambda_{uv} \tag{10.1.10}$$

而对已制成的光纤光栅,其反射波长λ与周期Λ满足关系式:

$$2\bar{n}\Lambda=\lambda \tag{10.1.11}$$[1]

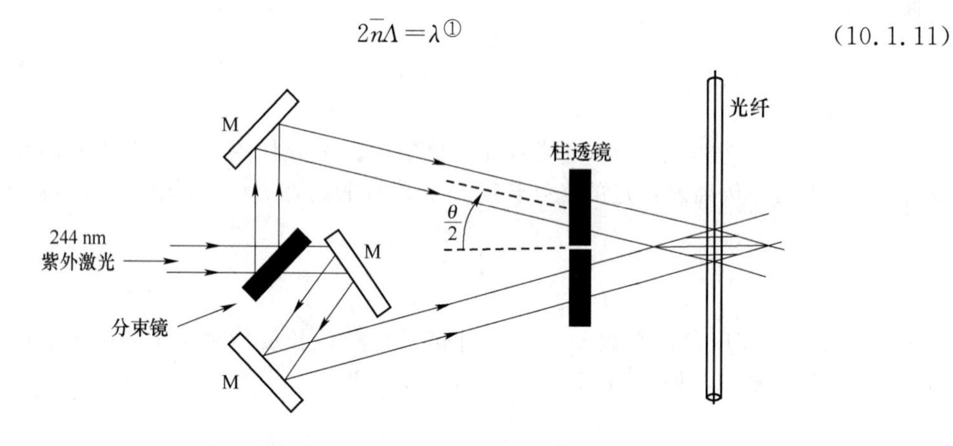

图10.1.7 全息直接干涉法记录布拉格光纤光栅

由以上两式可以看到,λ可以远大于λ_{uv},故用全息直接干涉法记录的FBG可以工作于可见光或红外光区域。只需在记录FBG时适当调节干涉光束间的夹角,以使干涉条纹间隔Λ与所用红外波长(例如1.55 μm)相匹配。这种光栅的主要优点是:光栅是在光纤内部,记录有光栅的这一段玻璃与普通光纤本身就连在一起,从而为在光纤内引入窄带滤波器、色散补偿器等器件提供了一个集成和低损耗的方法。而且用全息法制作的光纤光栅稳定性好,即使光栅被加热到500 ℃,光栅结构也不改变。早在1990年,人们就制作出工作于1.55 μm区域的FBG。此法的缺点是:要求紫外激光具有很高的时间相干性和空间相干性,而目前的准分子激光器光束质量较差。

2. 位相掩模技术

这种技术采用的是制作集成电路的照相平版印刷法。首先利用石英玻璃作为衬底,在其平板上用经电子束印刷和原子刻蚀制成的铬沉积条纹层,刻蚀出凹槽来制成位相光栅母板,其

[1] $\bar{n}$是纤芯材料的平均折射率。

凹槽截面形状非常接近于方波，且其刻槽的凸峰和凹槽之间的光程差所引起的位相差为 π。这样的光栅不存在零级和偶数级衍射光，主要的透射光是两束一级衍射光，包含了 80%以上的透射光能[1]，将掺杂光纤置于位相掩模板下方，当紫外光垂直照射位相掩模板时，其 0 级衍射光受到抑制(其透过率<5%)，±1 级衍射光相互干涉，形成干涉条纹。因此，由紫外光照射母板得到的这两束一级衍射光在光纤中产生干涉形成光纤光栅(图 10.1.8)，其周期为母板光栅周期之半。位相掩模技术的优点是它降低了对记录用光源的相干性要求，因而也可以采用非激光源的紫外灯。而且位相掩模可以制作可变周期的光纤光栅(称为啁啾光栅，Chirped Grating)。还可以通过扫描位相光栅母板或者移动光纤本身，使其不同部分暴露在两束干涉光束下以制成长光栅。例如，目前已制成 5 cm 甚至 1 m 长的光纤光栅，用于光纤传感。

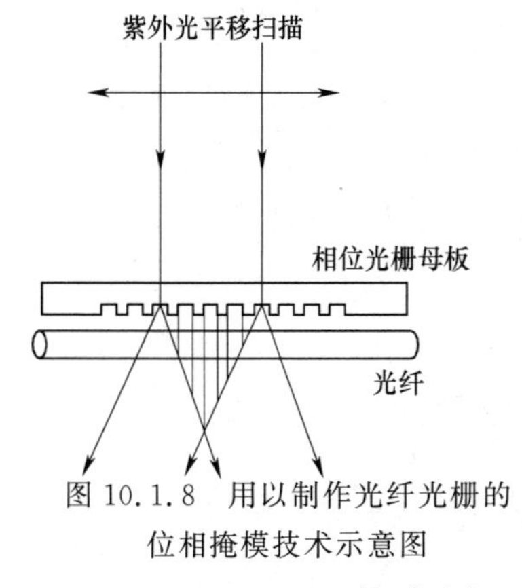

图 10.1.8　用以制作光纤光栅的位相掩模技术示意图

10.1.4　FBG 的应用

布拉格光纤光栅在光通信领域中有许多应用。这里仅介绍反射型 FBG 的几种应用。

1. 用作窄带滤波器(Narrow Band Fitler)

密集波分复用技术(Dense Wavelength Division Multiplex, DWDM)是实现极高速率光学数据传输的常用方法。通过为每一个数据流指定唯一波长的方法，使许多不同的数据流被复用在一根光纤中。不同信道的波长以密集的梳状形式排列，相邻信道间隔为 100 GHz、50 GHz，甚至 25 GHz，一根光纤上可以复用多达几百个信道。

在这样的系统中，关键的器件是分插复用器(Add/Drop Multiplexers, ADM)，它可以在不影响其他信道波长的条件下从光纤提取或向光纤增添一个信道波长。图 10.1.9 为分插复用器的典型结构。利用反射体积光栅对波长敏感的特性，使其具有波长选择性。图中光环行器是一种单向器件，仅允许光在一个方向从输入端向输出端传播，而将反向传播的光送到一个分离端口，在分离端口上只出现向后传播的光。这种器件对向前传播的信号和向后传播的信号的隔离度一般很高(约 50 dB)。穿过第 1 个环行器的光到达 FBG_1，这个 FBG_1 被设计成一个窄带反射滤波器，它仅仅反射波长为 λ_2 的光波，而让所有其他波长的光波通过并到达第 2 个环行器。与此同时，被反射回来的 λ_2 光波按反方向传到分离端口，可以在这个端口上检测到这个特定波长信号并下载。少了 λ_2 的其他波长的光信号不受干扰地穿过第 2 个环行器到输出端。一个新波长 λ'_2 的信道可加到这个环行器的第 2 个输入端口上，向后传到 FBG_2。在这里被反射，然后穿过第 2 个环行器，填满缺了 λ_2 的信道空间的空缺。于是用这样一个结构，就能够提取(下载)一个特定的波长或增添(上载)一个新的波长。如果把两个 FBG 在中间串接起来，第 1 个调谐到 λ_2，第 2 个调谐到 λ'_2，那么就能满足上述设计要求。

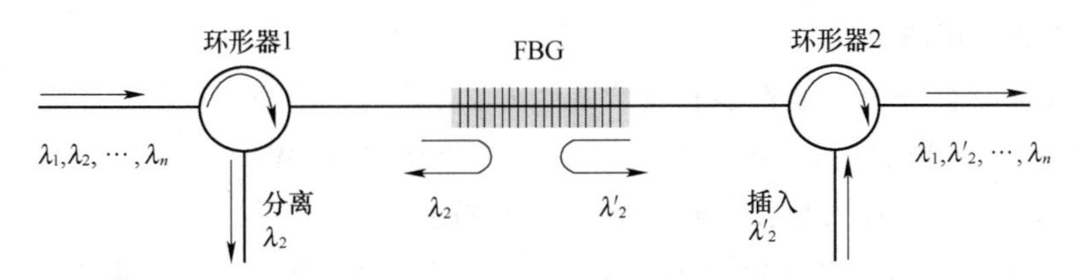

图 10.1.9　一个 FBG 分插复用器的典型结构

[1] 参见 5.3 节(矩形位相全息图的衍射效率)

2. 用作色散补偿器(Dispersion Compensator)

由于在光纤中不同波长的光波以不同的速度传播,色散的出现是必然的。通常情况下,频率更高(波长更短)的分量比频率更低(波长更长)的分量传播得快一些。为了补偿色散,需要制作一个啁啾光纤光栅。这种光栅的周期 $\bar{n}\Lambda$ 沿光纤纵向线性改变,如图 10.1.10 所示。可以采用全息直接干涉法(图 10.1.7)制作啁啾光纤光栅,办法是用不同曲率的干涉波面(由柱面镜调节)来造成干涉图案的条纹间隔不均匀,从而产生变化的 Λ,也可以通过加热或拉伸 FBG 来调谐这种光栅的周期。

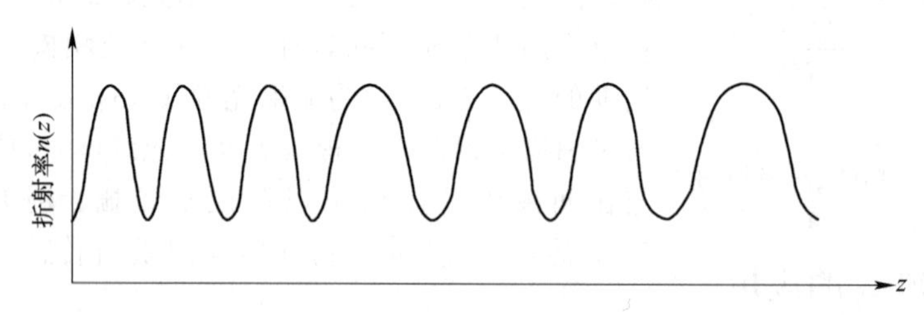

图 10.1.10 啁啾光栅的周期沿光纤纵向变化

图 10.1.11 表示用啁啾光栅实现色散补偿的基本思想。当一脉冲入射到啁啾光栅上时,脉冲的不同谱分量被光栅的不同部分反射,结果,长波长(传播速度慢)虽被色散光纤时间延迟得很多,但在啁啾光纤光栅中却被最早反射回,因而延迟得最少,而短波长的情况则相反。这样,由于色散在光脉冲的长、短波长分量之间产生的距离差,经过啁啾光栅后,滞后的红移分量便会赶上蓝移分量,从而消除了色散效应。目前这种色散补偿已经进入实用阶段。

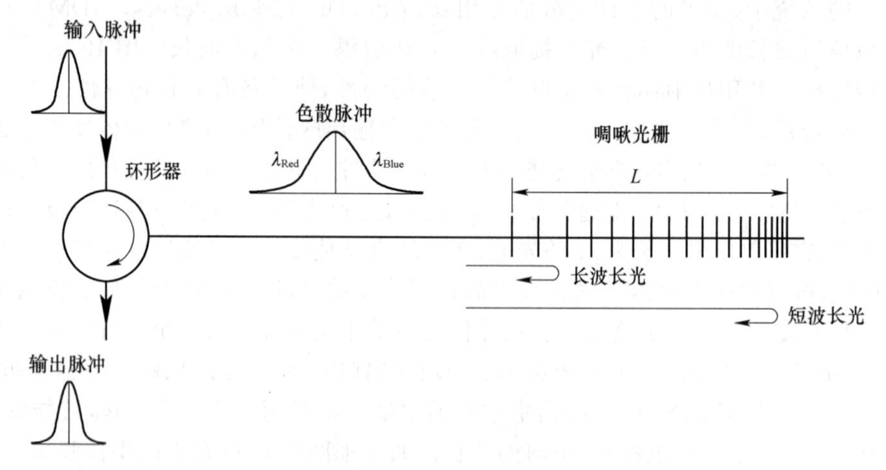

图 10.1.11 啁啾光纤光栅色散补偿原理图

3. 用作波分复用器

由于 FBG 具有良好的滤波性能和较窄的带宽,故利用一组 FBG 的透射特性可以进行合波,利用其反射特性可以进行分波。据此可制成波分复用器(Wavelength Division Multiplexer, WDM),如图 10.1.12 所示。各光栅的中心波长分别为 $\lambda_1, \lambda_2, \cdots, \lambda_n$。复用信号($\lambda_1, \lambda_2, \cdots, \lambda_n$)经过解复用器后,各个波长分别从不同的端口输出,实现了光的解复用。

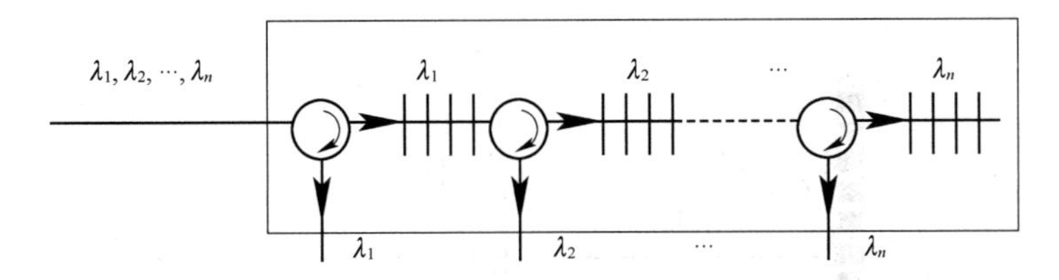

图 10.1.12　光纤光栅型波分复用器原理图

10.2　超短脉冲的整形

10.2.1　时间频率到空间频率的变换

大多数光纤通信系统采用脉冲调制(编码脉冲信号)。通常讲的光脉冲是对时间而言的,脉冲宽度用时间间隔 τ 表示。但从频域来看,一定宽度 τ 的脉冲对应于一定宽度 $\Delta\nu$ 的频谱。每一个频谱分量在光纤中都将可能存在许多模式分量。由于同一频率的不同模式具有不同的传播常数,因而其传播速度各不相同;而同一模式的传播常数随频率而变,因而其相速是频率的函数,经传播一段距离后,光脉冲的能量将逐渐散开,导致脉冲畸变或脉冲展宽(从某一瞬时来看,脉冲在空间的分布展宽;而从光纤中某一点来看,脉冲的持续时间延迟)。脉冲越窄,频谱越宽。例如,现行的脉冲激光器能够产生的光脉冲持续时间已从皮秒级(10^{-12} s)发展到飞秒级(10^{-15} s)范围。飞秒脉冲的谱中就包含了光谱的很大一部分。让我们来计算一下在通常的长距离光纤通信的中心波长 1 550 nm 上,一个 100 fs 脉冲的带宽与中心频率的比值$\frac{\Delta\nu}{\nu_0}$。由式(4.1.19)有

$$\Delta\nu = \frac{1}{\tau} = \frac{1}{100\times10^{-15}} = 10^{13}\,\text{Hz}$$

$$\nu_0 = \frac{c}{\lambda} = \frac{3\times10^{10}\ \text{cm}}{1.55\times10^{-4}\ \text{cm}} = 1.935\times10^{14}\,\text{Hz}$$

所以

$$\frac{\Delta\nu}{\nu_0} = \frac{1}{\nu_0\tau} = \frac{10^{13}}{1.935\times10^{14}} = 5.17\%$$

显然,一个 10 fs 脉冲的同一比值为 51.7%。对于这样大的光频带宽,使用普通的色散元件(如光栅)就能够让频率在空间散布得足够宽,从而易于实现一个从时间频率到空间位置的可用的变换。为此,可以利用透镜的变换性质,将光栅置于其前焦面上,观察透镜后焦面的光分布。这时,透镜将角度变换成后焦面上的位置,即不同的时间频率变换成了后焦面上的不同位置(相当于不同的空间频率)。

为了理解这个变换的细节,现考察一个正弦型透射振幅光栅。其光路如图 10.2.1 所示。由光栅方程(9.7.1)并取$m=+1$,有

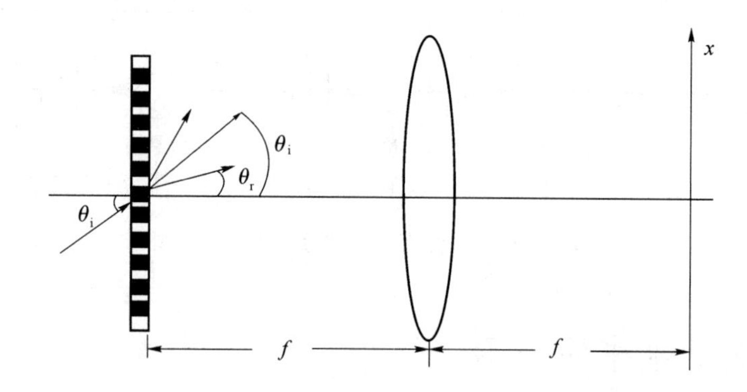

图 10.2.1 将光波频率变换为空间位置的光路

$$\sin\theta_r=\sin\theta_i-\frac{\lambda}{\Lambda} \tag{10.2.1a}$$

式中,Λ 为光栅周期。当 θ_r 较小时,式(10.2.1a)可改写成

$$\theta_r=\sin\theta_i-\frac{\lambda}{\Lambda} \tag{10.2.1b}$$

若将此光栅置于透镜的前焦面上,则在其后焦面上与 θ_r 对应的衍射分量的位置由下式确定:

$$x=f\theta_r \tag{10.2.2}$$

式中,f 为透镜焦距。将式(10.2.1b)代入式(10.2.2),得

$$x=f\sin\theta_i-\frac{f\lambda}{\Lambda}=x_0-\frac{fc}{\nu\Lambda} \tag{10.2.3}$$

式中,$x_0=f\sin\theta_i$ 且 $\nu=\frac{c}{\lambda}$。因此,知道了参数 f、c、Λ 的数值,就可以确定入射平面波的每个时间频率分量(或波长分量)落在后焦面上什么地方。

以上对透射光栅推导的结果对于反射式闪耀光栅,式(9.7.1)同样适用。只需假设光栅的闪烁现象抑制了+1级衍射以及光栅的刻槽深度使零级衍射可以忽略即可。

10.2.2 脉冲整形系统

图10.2.2表示一个能够将超短脉冲变成更复杂的信号的系统。一平面波脉冲从右下方输入,传播到第1个光栅上发生色散,映射到第1个透镜的后焦面上,穿过一个掩模板,该掩模板修正此平面波脉冲的时间频谱的幅值和位相(类似于空间滤波器)。频谱被修改后的光波被第2个透镜和第2个光栅还原为平面波,不过其时间频谱分量已经改变了。最后的时间信号输出到左下角。该系统使用了两个倾斜的反射光栅,前者使衍射光波的方向更靠近透镜的光轴。同时输入光栅成像在输出光栅上,类似于4f系统。掩模板可以是吸收型的,用以修改时间频谱分量的幅值,也可以是位相型的,用以改变它们的位相,还可以是复合型的,用以控制时间频谱分量的复振幅。我们可以采用一个空间光调制器(如LCLV)动态地改变幅值和位相。

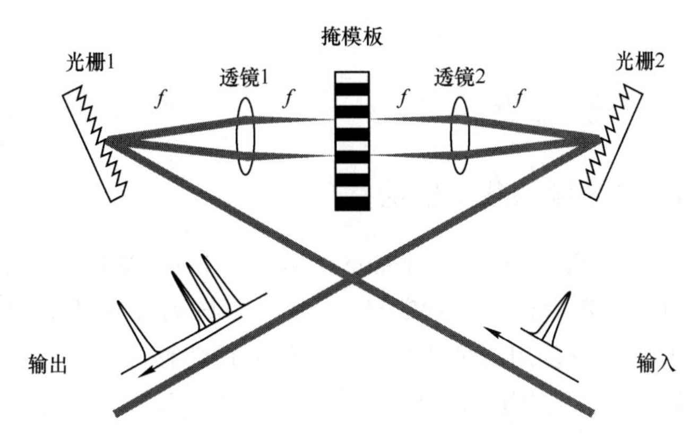

图 10.2.2　用频谱滤波实现脉冲整形

如果是要综合出一个传递函数为 $H(\nu)$ 的时域滤波器，则掩模板的振幅透过率可以从式(10.2.3)解出 ν，然后代入 $H(\nu)$ 中得到，即

$$\nu=\frac{cf}{\Lambda(x_0-x)} \tag{10.2.4}$$

而掩模板的振幅透过率是

$$t(x)=H\left[\frac{cf}{\Lambda(x_0-x)}\right] \tag{10.2.5}$$

从上面的讨论可以看出，在讨论脉冲展宽问题时，总是先将信号从时间域变换到频率域，经过对频率域的分析之后，再变换回时间域，就得到了脉冲的整形。这就是本书所研究的傅里叶分析方法。

10.2.3　超短脉冲整形的应用

上述超短脉冲整形方法已在光纤通信中广泛用于码分多址（Code Division Multiple Access，CDMA）技术，用作信号的编码和解码。CDMA 对一个多用户信道中的每一用户指定一个唯一的编码信号，这个编码信号与分配给所有其他用户的编码信号正交。原来的信息由一系列超短脉冲组成，在给定的时间间隔内出现脉冲代表一个二进制数“1”，而在该段时间间隔内不出现脉冲代表一个二进制数“0”。在发送节点，编码器对数据流的每个比特“1”按规律编码，形成光脉冲序列，比特“0”不编码，由全 0 序列代替。每个节点的码型不同，代表不同用户地址。通过光纤和星形耦合器，将编码后的光脉冲序列发送到每个接收节点。在接收端，如果解码器与编码器匹配①，则解码信号为自相关输出，得到大的自相关峰（同时伴有小的旁瓣），否则为互相关输出。解码信号通过光阈值开关或高速光电接收器接收，在比较器中，输出的电信号与阈值相比较，若信号值大于阈值则输出“1”，反之则输出“0”，从而恢复原始数据。

目前人们比较看好的编/解码器正是基于 FBG 单光束编/解码技术，在一根光纤上按序写入（或接续而成）FBG 阵列，光栅的空间位置和反射就用于编码。

① 实际上，这种解码器就相当于一个匹配滤波器。

10.3 阵列波导光栅

10.3.1 阵列波导光栅的基本结构

密集波分复用(Dense Wavelength Division Multiplexing,DWDM)技术为光纤通信向大容量、高速率发展提供了有效途径,在DWDM系统中,以阵列波导光栅(Arrayed Waveguide Grating,AWG)为基础的波分复用器是波长复用和解复用传输光信号的一种关键器件,其性能的优劣对传输质量起决定性作用。研究开发高性能AWG及其器件是现今光纤通信的一大热点。

阵列波导光栅也称为相位阵列(PHASAR),是荷兰大学M. K. Smit于1988年首先提出来的。它是一种复杂的集成器件,由一些集成元件组成。图10.3.1为一个$N\times N$ AWG结构示意图,它由N个输入/输出波导、两个相同自由传播区的输入/输出聚焦平板波导(Slab Waveguide,又称为星形耦合器)和规则排列的弯曲波导阵列集成在一块衬底上组成,输入波导、输出波导和阵列波导都是矩形波导,而且输入、输出波导是对称的。平板波导芯区厚度与输入、输出波导厚度一致,它们的两个端面的形状都是一段圆弧(半径为R),每段圆弧的曲率中心都在对面的圆弧的中点,因此这两段圆弧是共焦的(焦距$f=\frac{R}{2}$)。输入/输出波导的端口就等间隔地设置在这个半径为R的圆弧上,并对称分布在聚焦平板波导的入口处,弯曲波导阵列则以等间距分布在输入/输出耦合器的端面上,阵列相邻波导长度差为一常数ΔL。星形耦合器的用途是把出现在每个输入端口的信号的一部分传给所有的输出端口(扇出,Fan Out),并且在每个输出端口收集来自每个输入端口的部分信号(扇入,Fan In)。如图10.3.2所示为扇入和扇出操作。

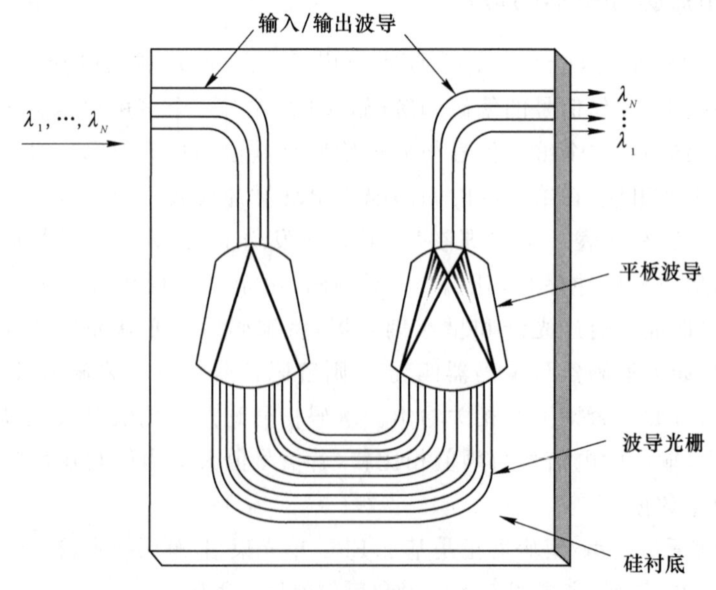

图10.3.1 $N\times N$ AWG结构示意图

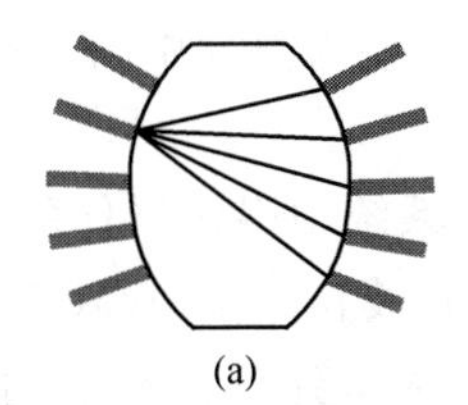
(a)

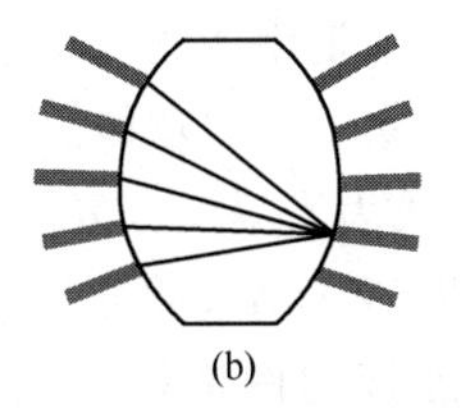
(b)

注：(a)表示从一个特定的输入端口到一切输出端口的扇出；(b)表示从一切输入端口到一个特定的输出端口的扇入。由一切输入端口到一切输出端口的扇出和扇入同时发生。

图 10.3.2　星形耦合器

应当指出，进入一个 AWG 各输入端口的各个光信号通常是互不相干的，它们常常来自不同的互不相干的光源。然而，由任何一个输入波导引进输入星形耦合器左边的光场在这个波导的范围内是相干的。

10.3.2　阵列波导光栅的工作原理

含有 $\lambda_1,\lambda_2,\cdots,\lambda_n$ 波长的复用光信号被耦合到其中一个输入波导，经平板波导衍射后耦合进阵列波导区。因阵列波导端面位于光栅圆周上，所以衍射光以相同位相到达阵列波导端面。相同位相的衍射光经过彼此长度差为 ΔL 的阵列波导后，产生了位相差，且位相差与波长有关，即 $\Delta\phi=\frac{2\pi}{\lambda}n_{\mathrm{g}}\Delta L$。当波长由 λ_0 改变为 λ_1 时，一个波导的输出与其下面一个相邻波导的输出之间的位相差 $\delta\phi$ 将发生下列变化：

$$\delta\phi=\Delta\phi(\lambda_1)-\Delta\phi(\lambda_0)=2\pi n_{\mathrm{g}}\Delta L\left(\frac{1}{\lambda_1}-\frac{1}{\lambda_0}\right)=-2\pi n_{\mathrm{g}}\frac{\Delta L\Delta\lambda}{\lambda_0^2} \tag{10.3.1}$$

式中 n_{g} 是光栅波导中的有效折射率。$\delta\phi$ 的这一变化使离开波导光栅的球面波前发生一个小的倾斜，并使第 2 个星形耦合器的输出端面上的亮点位置发生移动。输出位置 x 随着波长的变化可如下计算：

$$\frac{\partial x}{\partial\lambda}=\frac{\partial\phi}{\partial\lambda}\cdot\frac{\partial x}{\partial\phi} \tag{10.3.2}$$

其中第 1 个因子可由式(10.3.1)求出

$$\frac{\partial\phi}{\partial\lambda}\approx\frac{\delta\phi}{\Delta\lambda}=-2\pi n_{\mathrm{g}}\frac{\Delta L}{\lambda_0^2} \tag{10.3.3}$$

第 2 个因子可以这样求得：把 $\delta\phi$ 变换为波前斜率的变化，计算由波前斜率变化导致的 x 的改变。结果为

$$\frac{\partial x}{\partial\phi}=-\frac{\lambda_0 f}{2\pi n_{\mathrm{s}}\Lambda} \tag{10.3.4}$$

式中，n_{s} 是星形耦合器(平板波导)的有效折射率。综合以上结果得

$$\frac{\partial x}{\partial\lambda}=\frac{n_{\mathrm{g}}\Delta L\cdot f}{n_{\mathrm{s}}\lambda_0\Lambda} \tag{10.3.5}$$

上式表示光栅的色散。于是，不同波长的光波经过输出平板波导以不同的波前倾斜聚集到不

同的输出波导位置,完成解复用功能。反之,可将不同输入波导中的具有不同波长的光信号会集到同一根输出波导中,完成复用功能。

阵列波导光栅已经成为密集波分复用(DWDM)系统中很多器件的核心部分,得到了非常广泛的应用,如波分复用(WDM)、插分复用(ADM)和波长路由(Wavelength Routing,WR;所谓路由,是指通过相互连接的网络把信息从源地点移动到目标地点的活动)等。国外 NTT Lucent 等大公司已开发出商用的 AWG 波分复用器,国内尚处于研制阶段。

本章重点

1. 光纤的基本结构和性能。
2. 布拉格光纤光栅的记录和应用。
3. 超短脉冲的整形。
4. 阵列波导光栅。

思考题

10.1 为什么单模光纤能提供最大的带宽?

10.2 讨论用来制作光纤光栅的全息直接干涉法和位相掩模技术,并比较两种制作方法的特点。

10.3 为什么用紫外光制作的光栅可用于可见光甚至红外光波段?

习题

10.1 已知一阶跃光纤芯区和包层的折射率分别是 $n_1=1.50$,$n_2=1.48$。

(1) 试计算光纤的数值孔径 NA。

(2) 计算空气中该光纤的最大孔径角 i_0。

(3) 如果将该光纤浸入水中($n=1.33$),i_0 改变吗?改变多少?

10.2 设一阶跃折射率光纤的数值孔径 NA=0.2,芯径 $d=60\ \mu m$,$\lambda_0=0.9\ \mu m$,计算该光纤传输的总模数(λ_0 为真空中光波长)。

10.3 试设计一阶跃单模光纤,其纤芯折射率为 $n_1=1.5$,$\Delta=0.005$。分别计算 λ_0 为1.30 μm 和 0.632 8 μm 时的最大芯径 d。

10.4 用方程(10.2.1a)求在反射波长 1.55 μm 附近的布拉格光纤光栅的周期 Λ,设 $m=1$,$\bar{n}=1.45$。

10.5 阶跃折射率光纤芯径 $d=10\ \mu m$,$n_1=1.45$,$\Delta=0.002$,试确定光纤是单模光纤的最短传输波长 λ_c。

10.6 已知光纤纤芯的折射率的平方 $n^2(x)$ 按抛物线函数变化:

$$n^2(x)=n_0^2(1-b^2x^2)$$

式中,n_0 是 $x=0$ 处的折射率,b 是常数。试求光线在此光纤中的传播路径,并说明此光纤具有自聚焦特性。

本章参考文献

[1] YU F T S, JUTAMULIA S, YIN S. Introduction to Information Optics[M]. New York:Academic press, 2001.

[2] 弗朗松.光学的现代主题[M].徐森禄,译.北京:科学出版社,1988.

[3] HILL K O, Fujii Y, Johnson D C. Photosensitivity in Optical Fiber Waveguides:Application to Reflection Filter Fabrication[J]. Applied Physic Letters,1978,32(10):647-649.

[4] STRASSER T A, Erdogan T. Fiber Grating Devices in High-performance Optical Communications Systems[M]. 4th ed. New York: Academic press, 2002.

[5] GOODMAN J W. 傅里叶光学导论[M]. 3 版.秦克诚,刘培森,陈家璧,等译.北京:电子工业出版社,2011.

[6] KASHYAP R. Fiber Bragg Gratings[M]. San Diego: Academic press, 1999.

[7] WEINER A M. Femtosecond Fourier Optics: Shaping and processing of Ultrashort Optical pulses[J]. Heide berg: Springer-Verlag, 1999:233-246.

[8] SMIT M K. New Focusing and Dispersive Planar Component Based on an Optical Phased Array[J]. Electronics Letters,1988,24(7):385-386.

附录　贝塞尔函数关系式表

本书中应用到若干贝塞尔函数的关系式，这里把它们列在一起，以便于应用时查找。

$$J_{-n}(x)=(-1)^n J_n(x) \tag{1}$$

$$J_n(x)=\frac{x}{2n}[J_{n-1}(x)+J_{n+1}(x)] \tag{2}$$

$$J'_n(x)=\frac{1}{2}[J_{n-1}(x)-J_{n+1}(x)] \tag{3}$$

$$J'_0(x)=-J_1(x) \tag{4}$$

$$J_n(-x)=(-1)^n J_n(x) \tag{5}$$

$$e^{ix\sin\varphi}=\sum_{n=-\infty}^{\infty}J_n(x)e^{in\varphi} \tag{6}$$

$$e^{ix\cos\varphi}=\sum_{n=-\infty}^{\infty}J_n(x)i^n e^{-in\varphi} \tag{7}$$

$$\cos(x\sin\varphi)=J_0(x)+2[J_2(x)\cos 2\varphi+J_4(x)\cos 4\varphi+\cdots] \tag{8}$$

$$\sin(x\sin\varphi)=2[J_1(x)\sin\varphi+J_3(x)\sin 3\varphi+J_5(x)\sin 5\varphi+\cdots] \tag{9}$$

$$J_n(x)=\frac{1}{2\pi}\int_0^{2\pi}\cos(x\sin\varphi-n\varphi)\,d\varphi \tag{10}$$

$$J_n(x)=\frac{(-i)^n}{2\pi}\int_0^{2\pi}e^{i(x\cos\varphi+n\varphi)}\,d\varphi \tag{11}$$

$$J_0(x)=\frac{1}{2\pi}\int_0^{2\pi}e^{ix\cos\varphi}\,d\varphi \tag{12}$$

$$\frac{d}{dx}\{x^{n+1}J_{n+1}(x)\}=x^{n+1}J_n(x) \tag{13}$$

$$\frac{d}{dx}\{x^{-n}J_n(x)\}=-x^{-n}J_{n+1}(x) \tag{14}$$